国家级特色专业
国家级一流本科专业 教学用书
安徽省示范本科专业

弹药学基础

Fundamentals of Ammunition

何志伟　黄文尧　编著

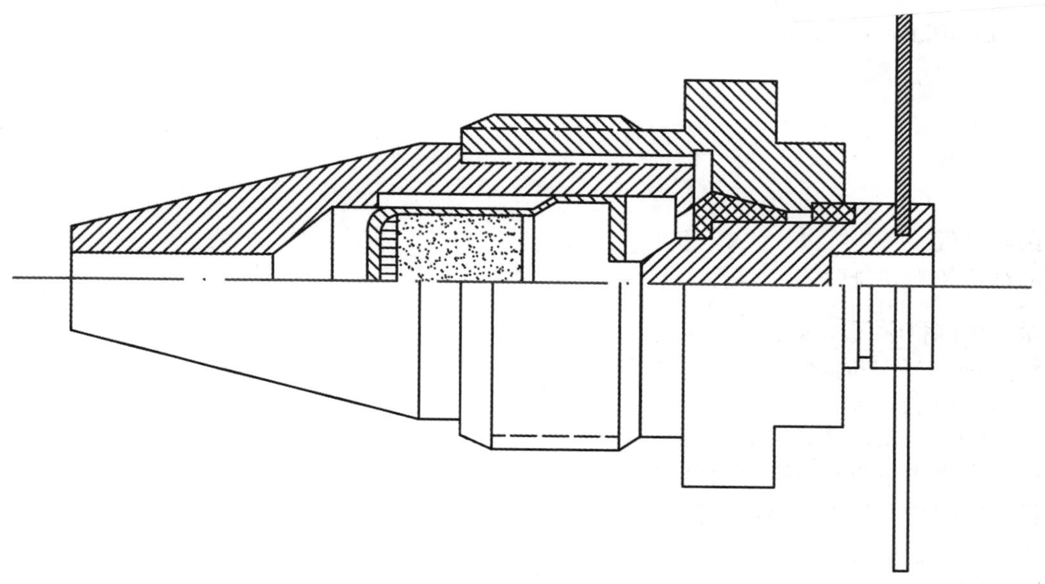

中国科学技术大学出版社

内 容 简 介

本书是国家级特色专业、国家级一流本科专业和安徽省示范本科专业教学用书。全书共9章，主要内容包括普通弹药的发展与基础知识、基本组成与结构、作用对象与基本要求，以及榴弹、穿甲弹、破甲弹、碎甲弹、迫击炮弹、火箭弹、子母弹、特种弹、软杀伤弹、导弹战斗部、民用弹药等弹药的结构与作用原理。本书全部内容立足于服务我国民用爆破行业，具有为我国民用爆破行业培养高质量专业工程技术人才的鲜明特色。

本书可以作为高等院校弹药工程与爆炸技术、特种能源技术与工程、武器系统与发射工程及相关武器类专业本科教材，也可供从事弹药教学、科研、设计、生产、管理、使用、维护等领域的技术和管理人员参考使用。

图书在版编目(CIP)数据

弹药学基础/何志伟，黄文尧编著. —合肥：中国科学技术大学出版社，2021.10
ISBN 978-7-312-05263-7

Ⅰ. 弹…　Ⅱ. ① 何… ② 黄…　Ⅲ. 弹药—高等学校—教材　Ⅳ. TJ41

中国版本图书馆CIP数据核字(2021)第139044号

弹药学基础
DANYAO XUE JICHU

出版 中国科学技术大学出版社
安徽省合肥市金寨路96号，230026
http://press.ustc.edu.cn
https://zgkxjsdxcbs.tmall.com
印刷 合肥华苑印刷包装有限公司
发行 中国科学技术大学出版社
经销 全国新华书店
开本 787 mm×1092 mm　1/16
印张 28.25
字数 723千
版次 2021年10月第1版
印次 2021年10月第1次印刷
定价 64.00元

前　言

弹药是武器系统的核心组成部分，自近现代热兵器兴起以来，弹药发挥着极为重要的作用。弹药学由机械工程、化学工程等学科交叉构成，涉及的知识面较广，学科门类较多。本书主要介绍弹药的基本概念、基本结构和基本原理等，主要面向相关领域的初学者。

在军事科技领域，随着现代信息技术、微电子技术、新材料技术、人工智能技术等高新技术的广泛应用，弹药技术水平得到了快速的发展，进而使常规弹药在精度、威力及射程方面取得了较大的进步；在新思路、新概念等的推动下，常规弹药不断地向模块化、多用途化和智能化的方向发展，出现了末敏弹、通信干扰弹、电磁脉冲弹、微波弹、碳纤维弹、激光弹、智能地雷、云爆弹等一系列新型弹药。为适应国家军民融合发展战略，弹药相关技术应用于射孔弹、震源弹、增雨弹、灭火弹等工农业生产和日常生活等民用领域，产生了巨大的经济效益和社会效益。

《弹药学基础》主要介绍各种类型弹药结构特点、工作原理及使用性能等内容。为了便于开展教学及相关技术人员自学，第1章简要介绍了弹药的定义、基本组成、分类等基本概念和发展简史及发展趋势；第2章介绍了弹药的作用目标、基本要求、弹道理论等基本知识；第3～4章介绍了弹药的引信、发射及战斗部装药等弹药结构相关知识；第5～9章分别介绍了炮弹、新型特种弹药、火箭弹及导弹战斗部、子母弹及航空弹药、民用弹药等的结构、原理及性能。本书可以作为高等院校弹药工程与爆炸技术、特种能源技术与工程、武器系统与发射工程及相关兵器类专业的本科教材，也可供从事弹药教学、科研、设计、生产、管理、使用、维护等领域的技术和管理人员参考使用。本书是安徽理工大学弹药工程与爆炸技术国家级特色专业、国家级一流本科专业和安徽省示范本科专业教学用书，由安徽理工大学何志伟、黄文尧编著，龚悦等参与了部分章节的编写。具体编写分工如下：第3章、第4章、第5章、第7章、第9章由何志伟完成；第1章、第2章、第6章由黄文尧完成；第8章由龚悦完成。全部书稿由何志伟审定。王洋、程奥、孟祥武、王锡东、孟涛、汪扬文、葛玉强、朱文宇、李远园等研究生协助收录、整理了大量参考文献，并绘制、核对了书中相关插图。本书在编写过程中参考了国内外大量相关专著和文献，在此对参考文献的作者致以最诚挚的谢意。

同时，本书在编写过程中得到了安徽理工大学各级领导和同事的关心与大力支持，并得到了中国科学技术大学出版社的大力帮助，在此，一并表示感谢。由于作者知识视野有限，尽管付出了极大的心血和努力，但不足之处在所难免，恳请同行专家和广大读者给予批评指正。

编　者

2021 年 9 月

目　　录

第1章　概　　述

1.1　弹药的基本概念

弹药从广义上讲是指在作战中应用的、能够对各类目标起直接毁伤作用或完成其他特定战术任务的一次性使用装置，是武器系统中的核心组成部分，是武器系统用于直接完成各种作战任务的终端子系统，是毁伤目标或起其他作用的手段，它借助武器（或其他运载工具）发射或投放至目标区域，最终完成既定作战任务。弹药包括各种类型的枪弹、炮弹、火箭弹、导弹、航空炸弹以及各种民用弹等。本章将对弹药及与弹药相关的基本知识作概要介绍，包括弹药的分类、基本原理、结构与性能、弹药的发展简史与发展趋势，以及弹道等基本知识。

1.1.1　弹药的定义

弹药是一个十分广泛的概念。关于弹药的定义，各种资料表述不尽相同。有的定义强调弹药应具有金属壳体，限制了弹药的范畴，同时将导弹、火炸药装置等排除在弹药概念之外；有的定义涉及弹药的抛射方式、一次射击等，限制了弹药的外延。随着科学技术的发展，弹药的发展日新月异，新型弹药、新概念弹药不断涌现。各种炮弹如图1.1.1所示。弹药的概念也应与时俱进，不断丰富其内涵，拓展其外延，突出其基本属性，讲究科学与准确，以适应弹药的发展。纵观国内外关于弹药的定义，本书从更广的角度将弹药定义如下：

弹药（ammunition），一般是指有壳体，装有火药、炸药或其他装填物，能对目标起毁伤作用或完成其他任务（如电子对抗、信息采集、心理战、照明等）的军械物品。它包括枪弹、手榴弹、枪榴弹、炮弹、火箭弹、航空炸弹、导弹、鱼雷、深水炸弹、水雷、地雷、爆破器材、炸药制品等。用于非军事目的的礼炮弹、警用弹以及采掘、狩猎、射击运动中的用弹，也属于弹药的范畴。

图1.1.1　各种炮弹

核武器（如原子弹、氢弹、中子弹等）、生物武器（如细菌弹）和化学武器（如化学炮弹）属于弹药范畴。采用新原理、新技术或综合集成原有的原理与技术，而使性能有较大提高的新概念弹药、新型特种弹药等，也属于弹药概念的拓展。

弹药在战斗中属于一次性使用的物品。通常将供一次发射的射弹和其零部件的总和称为弹药系统。《弹药系统术语》(GJB 102A—1998)对弹药系统的定义如下：

弹药系统是将火药、炸药制品、引信、火工品等部件及与其配套的零部件(装置)等，按照一定的传火序列、传爆序列组合在一起，具有满足规定战术或战略任务功能的有机整体。

火箭属于运载工具，但从火箭武器系统中发射的火箭弹(或导弹)上的全部配备，包括火箭发动机在内都属于弹药系统。

1.1.2 弹药的一般组成

弹药结构应满足发射性能、运动性能、终点效应、安全性和可靠性等诸方面的综合要求。现代弹药通常由战斗部、投射部、导引部或制导部和稳定部等部分组成。

1.1.2.1 战斗部

1. 战斗部的组成

战斗部是弹药毁伤目标或完成既定终点效应的部分。某些弹药(如一般的地雷、水雷)仅由战斗部单独构成。典型的战斗部由壳体(弹体)、装填物和引信组成。

(1) 壳体。

壳体容纳装填物并连接引信，使战斗部组成一个整体结构。在某些情况下，壳体又是形成毁伤元(破片)的基体。

(2) 装填物。

装填物是毁伤目标的能源物质或战剂。常用的装填物有炸药、烟火药、预制或控制形成的杀伤穿甲等元件，还有生物战剂、化学战剂、核装药及其他物品。通过与目标的高速碰撞，或装填物(剂)的自身反应或特性，产生或释放出相应的机械、热、声、光、化学、生物、电磁、核等效应的毁伤元(例如实心弹丸、破片、爆炸冲击波、聚能射流、热辐射、核辐射、电磁脉冲、高能粒子、生物及化学战剂等)，作用在目标上，使目标暂时或永久地、局部或全部地丧失正常功能。

有的装填物是为了完成如电子对抗、信息采集、心理战、照明等其他任务所用的装置或物质。

(3) 引信。

引信是能感受环境和目标信息，从安全状态转换到待发状态，控制弹药在合适的时机、适当的地点，以适当的方式发挥最佳终点效应的控制装置。常用的引信有触发引信、非触发引信。有的弹药配用多种引信或多种功能的引信系统。

2. 战斗部的类型

战斗部中的全部爆炸品，从引信中的雷管(火帽)直至弹体中的炸药装药，按感度递减而输出能量递增的顺序配置，组成爆炸序列，保证弹药的安全性和可靠性。根据对目标作用和战术技术要求的不同，不同类型战斗部的结构和作用机理具有不同特点。

(1) 爆破战斗部。

爆破战斗部通过炸药爆炸后形成高温、高压、高速的爆轰产物的直接作用及介质冲击波，对各类目标产生结构性破坏。这类战斗部具有相对较薄的壳体，内装大量高能炸药，适合攻击各类结构的目标。它主要利用爆炸的直接作用或爆炸冲击波毁伤各类地面、水中和空中目标。

(2) 杀伤战斗部。

杀伤战斗部通过爆炸使壳体产生大量破片，或以其他方式抛射大量预制杀伤元、高速破片或杀伤元穿透并毁伤防护性能较低的目标，如人员、一般车辆、飞机、导弹或其他轻型技术装备等。这类战斗部具有适中厚度整体或刻有槽纹的金属壳体，内装炸药及其他金属杀伤元件，通过爆炸形成高速破片(杀伤元)作用。

(3) 动能战斗部。

动能战斗部又称穿甲弹，具有实心的或装少量炸药的高强度高断面比重的弹体，主要借助弹体的高强度和高动能或高断面比动能穿透各类装甲目标，主要用于攻击坦克及其他装甲目标。

(4) 破甲战斗部。

破甲战斗部具有空心聚能装药结构，空心装药爆炸后，压垮药型罩，利用聚能效应形成的金属射流或自锻破片，对钢甲有极高的穿透侵彻能力，主要用于攻击各类装甲目标。

(5) 碎甲战斗部。

碎甲战斗部内装高猛度的塑性(或半塑性)炸药，弹着目标时直接贴附在钢甲表面爆炸，向钢甲板内传入高强度冲击(压缩)应力波，而在钢甲背面产生碟形破片，在坦克内部起杀伤和破坏作用。

(6) 燃烧战斗部。

燃烧战斗部内装填各类燃烧剂，引发后的火焰温度可达700～800 ℃或2000～3000 ℃，点燃可燃目标，达到纵火目的。

(7) 特种战斗部。

特种战斗部具有较薄的壳体，内装发烟剂、照明剂、宣传品、电视摄像机、通信干扰机等，以达到特定目的。

(8) 子母战斗部。

子母战斗部的母弹体内装有抛射系统和子弹等，到达目标区后，抛出子弹，毁伤较大面积的目标或完成其他任务。

1.1.2.2　投射部

投射部是弹药系统中提供投射动力的装置，使战斗部具有一定速度飞向预定目标。投射部的结构类型与武器的发射方式紧密相关。最典型的弹药投射部是射击式弹药的发射装药和自推式弹药的固体火箭发动机。

1. 发射装药

发射装药由发射药、药筒或药包、辅助元件等组成，并由底火、点火药、基本发射药组成传火序列，用于保证发火的瞬时性、均一性和可靠性；弹药发射后，投射部的残留部分从武器中退出，不随弹丸飞行。发射装药适于枪、炮等射击式武器的弹药。

2. 固体火箭发动机

固体火箭发动机是自推式弹药中应用最广的投射部类型。其与射击式投射部的差别在于它是由装有推进剂的发动机形成独立的推进系统，发射后伴随战斗部一体飞行，工作停止前持续提供飞行动力。常见的有火箭弹、鱼雷、导弹等弹药。

某些弹药，如普通航空炸弹、手榴弹、地雷、水雷等通过人力投掷或工具运载、埋设，无须投射动力，故无投射部。

1.1.2.3 导引部或制导部

导引部或制导部是弹药系统中导引和控制射弹正确飞行的部分。对于无控弹药，简称导引部；对于制导弹药，简称制导部。制导弹药的制导部，既可制成独立完整的制导系统，也可与弹外制导设备联合组成制导系统。

1. 导引部

导引部使射弹尽可能沿着事先确定好的理想弹道飞向目标，以实现对射弹的正确导引。炮弹的导引部主要是弹体表面的上下定心突起或定心舵形式的定心部，有些资料把弹药的弹带或闭气环也归入导引部。无控火箭弹的导引部是导向块或定位器，它们与发射器相配合。

2. 制导部

导弹的制导部通常由测量装置、计算装置和执行装置三个主要部分组成。根据导弹类型的不同，相应的制导方式也不同，有四种制导方式。

(1) 自主式制导——全部制导系统装在弹上，制导过程中不需要弹外设备配合，也无需来自目标的直接信息就能控制射弹飞向目标，如惯性制导。大多数地地弹道导弹采用自主式制导。

(2) 寻的制导——由弹上的导引头感受目标的辐射能量或反射能量，自动形成制导指令控制射弹飞向目标，如无线电寻的制导、激光寻的制导、红外寻的制导等。这种制导方式的制导精度高，但制导距离较近，适合攻击活动目标的地空、舰空、空空、空舰等导弹。

(3) 遥控制导——由导弹的制导站向导弹发出制导指令目标，如无线电指令制导、激光指令制导，由弹上执行装置操纵射弹飞向，适合攻击活动目标的地空、空空、空地和反坦克等导弹。

(4) 复合制导——在射弹飞行的初始段、中间段和末段进行制导，如利用GPS技术和惯性导航系统全程导引，同时或先后采用两种以上方式进行投放制导炸弹、布撒器等，加上末段寻的制导等。远程复合制导可以增大制导距离，同时提高制导精度。

1.1.2.4 稳定部

稳定部是弹药系统中用于保持射弹在飞行中具有抗干扰特性，以稳定的飞行状态、尽可能小的攻角和正确姿态接近目标的装置。弹药在发射和飞行中，由于各种随机因素的干扰和空气阻力的不均衡作用，飞行状态变化不稳定，飞行轨迹偏离理想弹道，形成射弹散布，降低命中率。因此，弹药一般具有稳定部。

典型的稳定部结构，有赋予战斗部高速旋转的炮弹上的弹带或涡轮装置，有使战斗部空气阻力中心移于质心之后的火箭弹、导弹及航空炸弹上的尾翼装置，以及两种装置的组合形式。

1.1.3 弹药的分类

1. 按用途分

弹药按用途可分为主用弹药、特种弹药、辅助弹药。

（1）主用弹药。

主用弹药简称主用弹，是用于直接毁伤各类目标的战斗弹药。它包括杀伤弹、爆破弹、穿甲弹、破甲弹、燃烧弹、子母弹等。

（2）特种弹药。

特种弹药简称特种弹，是为完成某些特定战术任务的战斗弹药。它包括照明弹、发烟弹、宣传弹、电视侦察弹、战场监视弹、干扰弹等。

（3）辅助弹药。

辅助弹药简称辅助弹，是用于部队演习、训练射手、靶场试验或进行教学等非战斗用弹。它包括训练弹、教练弹、试验弹等。

2. 按装填物(剂)类别分

按装填物（剂）的类别可分为常规弹药、核弹药、化学（毒剂）弹药、生物（细菌）弹药四种。核弹药、化学弹药、生物弹药不仅具有大面积杀伤破坏能力，同时污染环境，属于大规模杀伤性武器。

（1）常规弹药。

常规弹药是指战斗部内装有非生、化、核填料的弹药总称。一般以火炸药、烟火剂为主体装填物，还可能含各类预制杀伤元素等。

（2）核弹药。

核弹药是指战斗部内装有核装料的弹药，如原子弹、氢弹、中子弹等。原子弹利用核裂变链式反应，氢弹利用热核聚变反应，放出核内能量产生爆炸作用的弹药。核弹药引爆后，能自持进行原子核裂变或聚变反应，威力极高，可用梯恩梯（TNT）当量表示其威力大小。氢弹威力可高达数千万吨梯恩梯当量。爆炸后产生冲击波、地震波、光辐射、贯穿辐射、放射性沾染、电磁脉冲等，对大范围内的建筑、人员、装备、器材等多种目标具有直接和间接的毁伤作用。

核弹药主要装填在航空炸弹及导弹战斗部中，用于对付战略目标。目前原子弹已日益小型化。20世纪70年代后，美军已制成了核炮弹、核地雷装备部队。中子弹是热核弹药的特殊类型，爆炸后的冲击波及光辐射效应较小，但产生大剂量辐射极强的高速中子流，可在目标（坦克、掩蔽部等）不发生机械损毁的情况下，杀伤其内部人员。

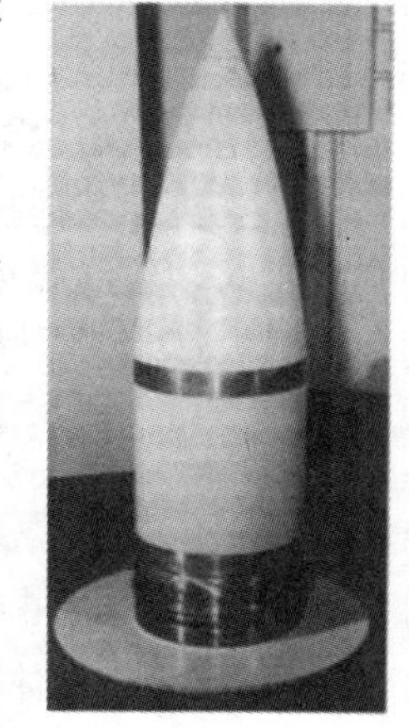

图 1.1.2　美国 MK-23 型核炮弹

核炮弹的核战斗部有裂变型与增强辐射型两种。一般称前者为原子炮弹，称后者为中子炮弹。原子炮弹的威力通常在数百吨至数千吨梯恩梯当量范围，主要用于打击对方机场、桥梁、部队集结地和集群坦克等目标。中子炮弹的威力一般为1～2 kt梯恩梯当量，主要利用中子杀伤部队集结地和集群坦克中的人员。核炮弹具有体积小、重量轻的特点，便于在战场上灵活使用，是战术核武器中最普遍的一种。图1.1.2为美国MK-23型核炮弹。

新研制的核炮弹中除核战斗部（包括引爆控制系统）外，通常还装有目标探测器和助推火箭，以提高射程和命中精度，在野外战地也可将裂变型核战斗部改换成增强辐射型核战斗部。如美国155 mm火炮的W48裂变型核炮弹，威力不到1000 t梯恩梯当量，重54.24 kg，长86.4 cm。美国203 mm火炮核炮弹M753的W79裂变型或增强辐射型（可在临射前更换）核战斗部，当弹体向上抬起便可插入雷管，威力可调，从不到1000 t梯恩梯当量至2000 t

梯恩梯当量，重约 98 kg，长 109 cm，直径 20.3 cm。

(3) 化学弹药。

化学弹药是指战斗部内装填化学战剂(又称毒剂)的弹药，专门用于杀伤有生目标。化学战剂为各种毒性的化学物质，可装填在炮弹、地雷、航空炸弹和火箭弹的战斗部中。化学战剂借助爆炸、加热或其他手段，形成弥散性液滴、蒸汽或气溶胶等，黏附于地面、水中，悬浮于空气中，使人员中毒，器材、粮食、水源、土地等受到污染，经人体接触染毒致病或死亡。图 1.1.3 为化学炮弹。

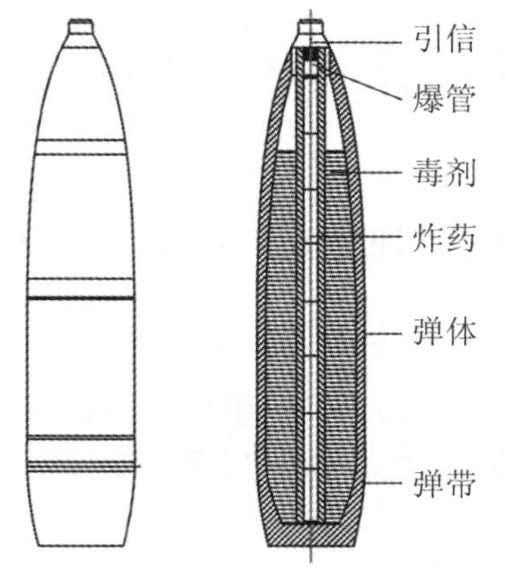

图 1.1.3　化学炮弹

(4) 生物弹药。

战斗部内装填生物战剂的弹药。生物战剂为传染性致病微生物或其提取物，包括病毒、细菌、立克次氏体、真菌、原虫等。能在人员、动植物机体内繁殖，并引起大规模感染致病或死亡。它可制成液态或干粉制剂，装填在炮弹、炸弹、火箭弹的战斗部中。通过爆炸或机械方式抛撒于空中或地面上，形成生物气溶胶，污染目标或通过传染媒介物(如昆虫)感染目标。

3. 按投射方式分

按投射方式可分为射击式弹药、自推式弹药、投掷式弹药、布设式弹药。

(1) 射击式弹药。

射击式弹药是各种枪炮身管武器以火药燃气压力从膛管内发射的弹药，包括炮弹、枪弹。榴弹发射器配用的弹药也属于射击式弹药。炮弹、枪弹具有初速大、射击精度高、经济性好等特点，是战场上应用最广泛的弹药，适用于各军兵种。

炮弹是供火炮发射的弹药，主要用于压制敌人火力，杀伤有生力量，摧毁工事，毁伤坦克、飞机、舰艇和其他技术装备。一般炮弹由弹丸和发射装药构成。炮弹具有类型齐全的各种弹丸。大多数线膛火炮弹丸采用旋转稳定方式，以适应超声速飞行条件。破甲弹为排除旋转对射流带来的不利影响，多采用尾翼稳定方式；滑膛炮弹及迫击炮弹也多采用尾翼稳定。

枪弹是从枪膛内发射的弹药，主要对付人员及薄装甲目标，结构与定装式炮弹类似。普通枪弹弹头多是实心的。穿甲燃烧弹弹头除有穿甲钢心外，还装填少量燃烧剂，借助高速撞击压缩而引燃。20 世纪 60 年代无壳弹开始得到了发展，它的发射药压成药柱形状，再与底火、弹头粘成一个整体。由于去掉了金属弹壳，弹长变短，可提高射速和点射精度，并减轻了弹药重量，提高了单兵携弹量，射击后无需退壳，有利于武器性能的提高。

(2) 自推式弹药。

自推式弹药是本身带有推进系统的弹药，包括火箭弹、导弹、鱼雷等。这类弹药靠自身发动机推进，以一定初始射角从发射装置射出后，不断加速至一定速度后才进入惯性自由飞行阶段。发射时过载低、发射装置对弹药的限制因素少，使自推式弹药具有各种结构形式，易于实现制导，具有广泛的战略战术用途。

火箭弹是指非制导的火箭弹药。利用火箭发动机从喷管中喷出的高速燃气流产生推力。发射装置轻便，可多发连射，火力猛，突袭性强，但射击精度较低，适用于压制兵器对付地面目标。轻型火箭弹可用便携式发射筒发射，射程近，机动灵活，易于隐蔽，特别适于步兵反坦克作战。导弹是依靠自身动力装置推进，由制导系统导引、控制其飞行路线并导向目标的武器。制导系统不断地修正弹道与控制飞行姿态，导引射弹稳定、准确地飞向目标区。小型战术导弹通常采用破甲、杀伤或爆破战斗部，多用来攻击坦克、飞机、舰艇等快速机动目标。装核弹头的大型中远程导弹，主要打击固定的战略目标，起威慑作用。鱼雷是能在水中自航、自控和自导以爆炸毁伤目标的水中武器。以较低的速度从发射管射入水中，用热动力或电力驱动鱼雷尾部的螺旋桨或通过喷气发动机的作用在水中航行。战斗部装填大量高能炸药，主要用于袭击水面舰艇、潜艇和其他水中目标。

(3) 投掷式弹药。

投掷式弹药包括各类航空炸弹、深水炸弹和榴弹、枪榴弹。

航空炸弹是从飞机和其他航空器上投放的弹药，主要用于空袭，轰炸机场、桥梁、交通枢纽、武器库及其他重点目标，或对付集群地面目标。常以全弹的名义质量（kg 或磅），即圆径，标示大小，圆径变化范围宽广（从 1 kg 以下至上万千克）。航空炸弹弹体上安装有供飞机内外悬挂的吊耳。尾翼起飞行稳定作用。某些炸弹的头部还装有固定的或可卸的弹道环，以消除超声速飞行易发生的失稳现象。外挂式炸弹具有流线型低阻空气动力外形，便于减小载机阻力。超低空水平投放的炸弹，在炸弹尾部还加装有金属或织物制成的伞状装置，投弹后适时张开，起增阻减速、增大落角和防止跳弹的作用，同时使载机能充分飞离炸点，确保安全。航空炸弹具有类型齐全的各类战斗部，其中爆破、燃烧、杀伤战斗部应用最为广泛。

深水炸弹是从水面舰艇或飞机发（投）射，在水中一定深度爆炸，攻击潜艇的弹药，也可攻击其他水中目标。手榴弹是用手投掷的弹药。杀伤手榴弹的金属壳体常刻有槽纹，内装炸药，配用 3～5 s 定时延期引信，投掷距离可达 30～50 m，弹体破片能杀伤 5～15 m 范围内的有生力量和毁伤轻型技术装备。手榴弹还有发烟、照明、燃烧、反坦克等类型。

枪榴弹是借助枪射击普通子弹或空包弹从枪口部投掷出的超口径弹药。由超口径战斗部及外安尾翼片内装弹头吸收器的尾管构成。发射时，将尾管套于枪口部特制的发射器上，利用射击空包弹的膛口压力或实弹产生的膛口压力及子弹头的动能实现对枪榴弹的发射。枪榴弹战斗部直径 35～75 mm，质量一般在 0.15～1 kg，射程可达 200～400 m，采用火箭增程可达 700 m。具有破甲、杀伤、燃烧、照明、发烟等多种战斗部，是一种用途广泛的近战、巷战单兵弹药。

(4) 布设式弹药。

布设式弹药包括地雷、水雷及一些干扰、侦察、监视弹等。用空投、炮射、火箭撒布或人工布（埋）设于要道、港口、海域等预定地区。待目标通过时，引信感知目标信息或经遥控起爆，阻碍并毁伤步兵、坦克和水面、水下舰艇等。具有干扰、侦察、监视等作用的布设式弹药，可适时完成一些特定的任务。有的在布设之后，可待机发射子弹药，对付预期目标。地雷是撒布或浅埋于地表待机作用的弹药。防坦克地雷内装集团或条形装药，能炸坏坦克履带及负重轮；内装聚能弹药的防坦克地雷，能击穿坦克底甲、侧甲或顶甲，还可杀伤乘员及炸毁履带。防步兵地雷还可装简易反跳装置，跳出地面 0.5～2 m 高度后空炸，增大杀伤效果。水雷是布设于水中待机作用的弹药。有自由漂浮于水面的漂雷、沉底水雷以及借助雷索悬浮在一定深度的锚雷。其上安装触发引信或近炸引信。近炸引信能感知舰艇通过时一定强度的磁场、音响及水压场等而作用；某些水雷中还装有定次器和延时器，达到预期的目标通过次数或通过时间才爆发，起到迷惑敌人、干扰扫雷的作用。

按投射运载方式所区分的四类弹药，属于弹药的基本类型，随着现代弹药技术的迅速发展，其结构更新，功能增多，某些弹药常有跨越基本类型的混合特征，如火箭增程弹、炮射导弹、火箭或炮射布雷弹等。

4. 按配属分

按配属于不同军兵种的主要武器装备，弹药可分为炮兵弹药、航空弹药、海军弹药、轻武器弹药和工程爆破器材等。

(1) 炮兵弹药。

炮兵弹药是供火炮、火箭炮或反坦克导弹及其他战术导弹等发射装置所发射的弹药的统称。主要包括炮弹、火箭弹和战术导弹等。

(2) 航空弹药。

航空弹药供军用作战飞机和武装直升机的作战需求，所携带弹药的统称。主要包括航空炸弹、航空机枪弹、航空机关炮弹、航空导弹、航空鱼雷、航空水雷等。

(3) 海军弹药。

海军弹药主要配用于海军，包括舰、岸炮炮弹、导弹、鱼雷、水雷及深水炸弹等。

(4) 轻武器弹药。

轻武器弹药是供单兵或班组携行战斗武器所配用弹药的统称。主要包括各种枪弹、手榴弹以及其他由单兵或班组携行战斗的武器用弹。

(5) 工程爆破器材。

工程爆破器材主要配用于工兵和步兵，包括地雷、炸药包、扫雷弹药、点火器材等。

5. 按导引属性分

按导引属性可以分为无控弹药和制导弹药两类。

(1) 无控弹药。

无控弹药是指没有探测、识别、导引、控制能力的弹药。

(2) 制导弹药。

制导弹药又称精确制导弹药。对于射击式弹药、自推式弹药和投掷式弹药，制导弹药发射后，射弹在外弹道上具有探测、识别、导引、控制功能。这类弹药能在制导系统的导引和控制下，按照预定的，或根据目标与其自身等运动信息确定的飞行路线，修正弹道直至准确命中目标。主要包括末制导炮弹、制导航空炸弹、制导子弹药、制导鱼雷等。

制导弹药按制导原理可分为自主式制导弹药、遥控制导弹药、寻的制导弹药和复合制导弹药，其中寻的制导弹药常见的有半主动制导弹药；按制导方式可分为激光制导弹药、毫米波制导弹药、红外制导弹药和电视制导弹药等。

6. 按是否具有信息技术特征分

按是否具有信息技术特征分为信息化弹药和非信息化弹药。

在信息化弹药中，可按信息获取、传递、使用，将信息化弹药分为反信息获取弹药、反信息传递弹药和反信息使用弹药。

7. 按毁伤类型分

按毁伤类型可分为硬毁伤型弹药和软毁伤型弹药。软毁伤型弹药如电磁脉冲弹、碳纤维弹等。

8. 按先进程度分

(1) 常规弹药。

常规弹药是由常规武器衍生而来的，习惯上把有较长使用历史的弹药称为常规弹药，往往作为非制导弹药的代名词。实际上,随着新技术弹药不断出新,目前认为不属常规弹药范畴的制导弹药,将被看作常规弹药。现在的常规弹药,由于成本较低,使用规则成熟,加上有大量产品在役,尚能满足许多场合的使用需要,所以常规弹药暂时是不会被淘汰的。

(2) 灵巧弹药。

灵巧弹药是发射后对目标具有一定的自动或半自动识别攻击能力的弹药。当前以末敏弹为代表。习惯上把末制导炮弹、激光制导航弹都归为灵巧弹药,或许是 smart 一词本身有新式的、时髦的含义之故。常见的有弹道修正弹、简易制导火箭弹、软杀伤弹药、电子对抗弹之间的过渡弹药等。相对于常规弹药来说,它是新式弹药;相对于智能雷来说,它是仅具备部分智能的弹药。长远来看,灵巧弹药就是新的、更有效的、更经济的弹药。它代表着弹药未来的发展方向。

(3) 智能弹药。

智能弹药是具有智慧能力的弹药。所谓智慧是指"对事物有认识、辨析、判断处理和发明创造的能力"。智能弹药必须在给定的环境条件下,在设定的寿命周期内,具有自动探测目标,自动识别目标,并在最有利时机自动打击目标的能力。目前可以列入智能弹药范畴的有智能雷、寻的弹等弹药。矛和盾的对抗发展是永恒的,智能弹药不会是弹药发展的终结,仅仅是现代弹药技术的高级阶段。

1.2 弹药的发展简史与发展趋势

1.2.1 弹药的发展简史

弹药发展的简要历史可划分为三个时期:第一个时期为 19 世纪上半叶以前,称为古代弹药时期;第二个时期为 19 世纪 40 年代至第一次世界大战结束,后装线膛武器弹药出现,称为近代弹药时期;此后进入了现代弹药时期。

1.2.1.1 古代弹药时期

1. 抛射弹

弹药的沿革可追溯到古代人类在狩猎过程中用于防卫和攻击野兽投出的石块、箭等,即最原始形式的"弹药"。它们利用人力、畜力、机械动力投射,利用本身的动能击伤目标。可以将这种雏形弹丸称为"射弹"。雏形弹丸以及从抛石机、弩弓等抛射出的射弹、箭等,属于冷兵器范畴。其特点是投射动力直接源于人力、畜力和简单机械,射弹的杀伤力小。图 1.2.1为古代抛石机。

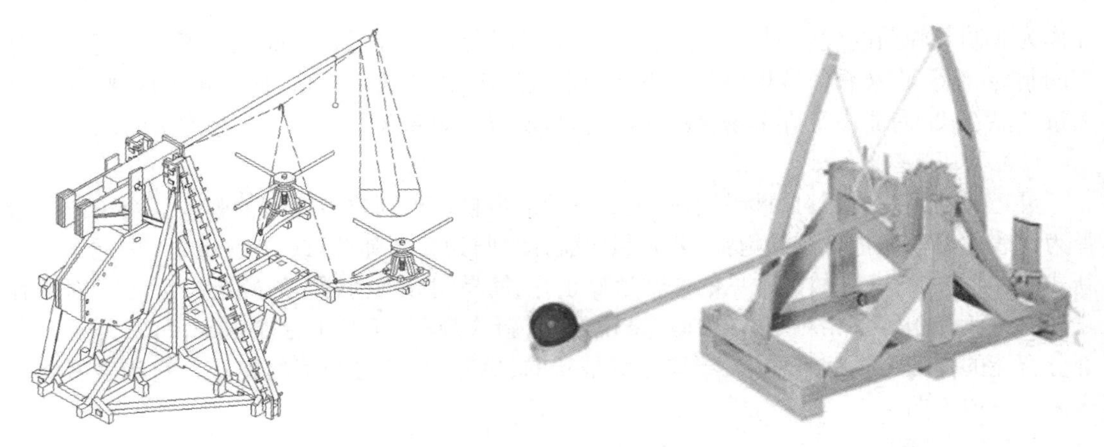

图 1.2.1　古代抛石机

2．火药的发明和西传

中国最迟于公元 808 年发明了四大发明之一的黑火药(简称火药)。火药作为一种能源,与弹丸紧密联系在一起,形成了“弹药”完整的概念,并导致管式火器、枪炮类射击武器的产生和发展。10 世纪,黑火药用于军事,作为武器中的传火药、发射药及燃烧、爆炸装药,在武器发展史上起了划时代的作用。黑火药最初以药包形式置于箭头射出,或从抛石机抛出。

早期火药由于硝含量较低,主要用于纵火。将火药制成药包形式,捆于箭头射出,古称“火箭”,或由抛石机投出,古称“火炮”。12 世纪,中国出现了利用火药燃气喷流反作用原理制成的火箭。这是迄今为止所知世界上最早的军用火箭。

13 世纪,利用火药密闭燃烧的爆发特性,制成了铁壳爆炸弹,又称“铁火炮”或“震天雷”。震天雷爆炸后形成大量高速破片,能毁伤人马和铁甲战具,威力明显提高。在同一时期,开始利用火药作为发射能源。中国最先创造了竹质、纸质的管式喷射火器(古统称火枪),点火后能喷发火焰,起纵火作用,或同时射出子窠,杀伤人员、马匹。填有子窠的突火枪实际上已是枪的雏形,子窠是最原始的子弹。在此基础上,进一步发展了金属铜和铸铁的管式武器——火铳,用黑火药作为发射药,如图 1.2.2 所示。它们属于最早的枪炮射击式武器。

图 1.2.2　元朝至顺三年的铜火铳

13 世纪后,中国的火药技术及火器技术陆续西传至阿拉伯地区,并传至欧洲各国。13 世纪后半叶欧洲应用了火药和火器。早期火器是滑膛的,发射的弹丸主要是石块、木头、箭,以后普遍采用了石质或铸铁实心球形弹,从膛口装填,依靠发射时获得的动能毁伤目标。14 世纪,铁炮已在欧洲各国应用。15 世纪,具有科学配比的粒状黑火药已在欧洲出现,标志着弹药进入一个新的发展阶段。

3. 古代射击式弹药的发展演变

至15世纪,枪炮弹药是战场上使用最为普遍的弹药。总的说来,枪用弹药的发展特点主要表现在装填与点火方式上。火炮弹药的发展特点则更多表现在弹丸类型与结构上。

(1) 射击式弹药装填点火方式的发展演变。

早期射击式弹药是药(发射药)、弹丸分别前装入膛,在枪的火门或炮的火孔处点火,火焰传入并引燃膛内发射药,从而实现射击。

19世纪是一个转折性阶段。这一时期,发明了雷汞、火帽及击发点火方式,取代了长期以来明火引燃(如火门、火绳、燧发)的点火方式。法国首次出现定装式枪弹。这一系列发明,配合螺线枪膛及击发机构的发展,至19世纪40年代终于完成了弹药从枪口前装向枪尾后装与机械击发方式的转变,大大提高了射击式武器的使用性能。

(2) 射击式弹药类型与结构的发展演变。

早期火炮弹药主要为石质实心球形弹,15世纪使用的是铸铁球形弹。16世纪初出现了口袋式铅丸和铁丸的群子弹,对人员、马匹的杀伤能力大大提高,普遍使用铸铁实心球弹,用于攻坚。16世纪下半叶出现了铁壳爆炸弹,由内装黑火药的空心铸铁球和一个带黑火药的竹管或木管信管构成,先点燃弹上信管,再点燃膛内火药。17世纪出现了铁壳群子弹。17世纪中叶发现和制得雷汞。

1.2.1.2 近代弹药时期

19世纪先后发明了雷汞火帽、雷汞雷管、多种猛炸药(包括梯恩梯、硝铵炸药、硝基胍、特屈儿、太安等)、火药(包括单基药与双基药)及烟火剂等。首次将苦味酸作为军用炸药装填于炮弹,并以雷汞雷管成功起爆,取代了黑火药装填弹丸的长期历史,使弹丸的爆炸威力、安全性大幅度提高。19世纪还出现了线膛火炮发射椭圆形弹,由于弹形结构的改进,弹丸的战斗性能得到了很大的提高。19世纪60年代出现的穿甲弹,主要用来对付舰艇和装甲目标。

19世纪后半叶,战场上广泛使用的各类群子弹、榴霰弹,或以小型铁壳爆炸弹为子弹的子母式榴弹(又称榴弹群子弹),基本上呈球形或桶状,且都是从炮口装填的。随着后膛与线膛武器取得进展,在弹丸结构上以铜带加定心突起的闭气导转方案,解决了火药燃气前泄问题。击发火帽及击发点火方式、旋转式弹丸结构、金属壳定装式枪弹结构、雷汞雷管起爆方式、无烟火药的发明和应用、苦味酸、梯恩梯炸药的发明和应用等,是这一时期弹药非常重要的发展。

19世纪末期,近代旋转式长形火炮弹丸结构终于彻底取代了使用了近5个世纪的前装滑膛炮球形弹。由于其断面密度大,飞行中存速能力强,稳定性好,弹药在威力、射程、射击精度、速射性方面提升到一个新的水平。随着战场目标的不断发展,弹药类型增多。射击武器弹药除爆炸弹、榴霰弹、燃烧弹外,还出现了对付舰艇装甲的穿爆弹。在海战中已普遍使用了水雷。19世纪后半叶出现了鱼雷。

20世纪初,引信也向现代结构迅速发展。第一次世界大战中出现坦克以后,穿甲弹在与坦克斗争中得到了迅速发展。其采用高强度合金钢作弹体,内装少量炸药,头部结构有尖头、钝头和被帽等。第一次世界大战中,随着飞机的作战使用,相应发展了各种航空弹药。与此同时,化学弹药也用于战场。为了提高杀伤爆破弹的毁伤效果,可选用威力大的炸药和改进弹体材料,使用各种预制破片(钢珠、小钢箭)、控制破片、子母弹等结构。20世纪80年代已装备有远程全膛弹(ERFB)和次口径远程弹，弹长从 4.5 倍口径增大到 6.2 倍口径，弹形改善也使射程进一步提高。

1.2.1.3 现代弹药时期

第二次世界大战前后，弹药进入了一个新的发展阶段。其中最突出的发展成就表现在反坦克弹药、火箭技术及火箭弹药、制导技术及核弹药等几个方面。

1. 反坦克弹药

现在世界各国的主战坦克，比如中国的 99 式主战坦克，德国的豹 2 式主战坦克，还有美国的 M1A2 等都采用反应装甲。反应装甲是披挂在主装甲外面，依靠爆炸场本身破坏破甲射流的一种半主动装甲。反应装甲的基本构成是在两层薄金属之间加入一层钝感炸药，把这样的单元装在金属盒内，再用螺栓将金属盒固定在坦克需要防护部位的主装甲外。当主装甲射流击中反应装甲后，钝感炸药起爆，利用爆炸后生成的金属碎片和爆轰波来干扰破坏射流，使其不能穿透主装甲。

随着爆炸式反应装甲的出现，反反应装甲弹药系统的研制就尤为迫切。对付反应装甲的方案有多种，目前比较成熟的并得到广泛应用的就是串联战斗部。所谓串联战斗部就是整个战斗部由二级装药组成，第一级小辅助装药口径小、重量轻，起破坏引爆爆炸式反应装甲的作用；第二级为主装药，用于对付主装甲。由于传统战斗部破甲威力被极大地削弱，因此研究能够有效破坏反应装甲且侵彻主装甲的反坦克串联战斗部变得非常重要。

我国的红箭-9 重型反坦克武器系统属于我军第三代反坦克导弹，可以用来对付现代主战坦克和其他装甲目标。其相对于我国第一代反坦克导弹红箭-73 系列和第二代的红箭-8 系列从反坦克导弹的外型设计到性能都有非常大的改进。弹径由 120 mm 增加到 152 mm，弹体有所增长，战斗部为“破-破”式串联战斗部，前级战斗部用来破坏现代主战坦克的反应装甲，主战斗部可击穿目标坦克的主装甲，破甲效果较好，在法线角为 68°时，可击穿 320 mm 厚度的外挂式反应装甲的均质钢装甲。

穿透装甲最厚的反坦克导弹为俄罗斯最新研制的“短号”-E 型反坦克导弹。“短号”只需要对坦克前方最厚且最结实的地方直接进行攻击，就可以毁坏当今世界各国任意的主战坦克。它的侵彻均质钢装甲厚度可以达到 1～1.2 m。“短号”-E 型反坦克导弹的制导方式采用激光驾束半主动制导，同时配有红外热成像仪。“短号”-E 型反坦克导弹射程达 5.5 km。在实际作战中，射手使用热成像瞄准具跟踪目标，向目标发射一种激光束，导弹就会沿着激光束飞行，在激光束的导引下命中目标。

最先进的反坦克导弹为法国“崔格特”中程便携式反坦克导弹，于 1995 年装备法军部队。“崔格特”反坦克导弹是德国、法国、英国联合研制的第三代单兵反坦克导弹。它分为远程导弹和中程导弹两种型号，远程型导弹兼有地空、空地、地地和空空四种作战方式，中程型导弹可车载发射，是世界上最先进的、最复杂的反坦克导弹。“崔格特”反坦克导弹能攻击主动装甲、复合装甲等新型装甲导弹，其单发命中概率可达到 90%～95%。

2. 火箭技术及火箭弹药

早期火箭弹药射程近，落点散布大，被后来兴起的火炮弹药所替代。随着科学技术的进步，火箭技术重新用于弹药。此外，火箭发射过载较小，易于实现制导。这些都使火箭弹药迅速发展，并成为弹药大家庭中的主要成员之一。

第二次世界大战中，苏联、德国、美国研制了不同类型的火箭武器，包括航空火箭弹、对空火箭弹及各种射程的地－地火箭弹，如M13火箭弹等。尤其在战后，苏联、美国积极发展火箭技术，相继研制出包括洲际导弹在内的各种以火箭发动机为动力的弹药，射程超过了10000 km，最大速度达到了宇宙级速度。

中国从20世纪60年代以后陆续研制成功并装备了一系列不同口径及射程的无控火箭弹。航天科技集团的A-300火箭炮射程为290 km，是从射程为200 km的A-200火箭炮基础上发展起来的，A-300是一种革命性的两级炮兵火箭。其第一级是一个大型助推器，第二级火箭则与其前身相似，但动力有所提高。第二级火箭上装有提供升力的弹翼和控制翼面，采用惯性卫星制导系统提供制导。中国兵器集团在珠海展出了AR3型多管火箭炮系统。该系统实现了“一炮多用”，同时具备C4ISR指控和无人侦察功能，是一个数字化、智能化和高度自动化武器系统。在现代火箭技术方面，中国已跨入世界先进行列。

火箭技术、核装药、制导技术的应用及结合，是现代弹药技术中最重大的发展，它使弹药的发展水平达到了一个新的高度。

3．制导技术及制导弹药

制导技术首先用于火箭弹药。20世纪30年代，德国大力开展火箭、制导技术的研究，至20世纪40年代陆续研制成功V-1巡航导弹、V-2弹道式导弹。第二次世界大战后，美国、苏联致力于战略导弹的研究，至20世纪50年代发展了第一代巡航式与弹道式战略导弹。20世纪六七十年代发展了第二代战略导弹。20世纪70年代中期以后，第三代战略导弹进一步发展。

在战略导弹发展的同时，各国发展了针对各类固定目标及活动目标的战术导弹。

20世纪50年代，各国已装备了第一代多属中高空、中远程的地空导弹，主要用于国土防空，并逐步取代了中大口径高炮综合系统。20世纪60年代以后，大力发展了机动能力强的低空近程导弹，并采用了无线电、激光、红外或复合制导，提高了抗干扰能力。20世纪70年代以来，发展了全天候多用途防空导弹，能在远、中、近程上攻击高、中、低空飞机、战术导弹目标。

反坦克导弹经历了三个典型发展阶段：第一代为人工瞄准跟踪，手动操作，有线制导；第二代采用光学瞄准跟踪，红外半主动有线指令制导，命中率大幅度提高；第三代采用寻的制导，去掉了导线，向着“发射后不管”的方向发展。

第二次世界大战后期至20世纪50年代，美国、苏联相继研制出第一代制导航空炸弹并装备部队。20世纪60年代后期，美国加速发展了电视、红外和激光制导的第二代制导航空炸弹。20世纪80年代又进一步发展了更先进的制导航空炸弹。

20世纪70年代，美国发展了口径为155 mm的反坦克制导炮弹“铜斑蛇”，苏联研制了152 mm口径的末制导炮弹“红土地”，实现了曲射火炮远距离射击命中坦克的构想。这两种第一代末制导炮弹，采用激光半主动制导，于20世纪80年代装备部队，使火炮武器系统具备了远距离间接瞄准打击活动点目标的能力。在同一时期，法、德、英、瑞典等国也积极研制末制导炮弹。新一代制导炮弹配用于线膛炮、滑膛炮、迫击炮等；采用毫米波或毫米波-红外的复合制导方式，向“发射后不管”的方向发展。

中国自20世纪50年代起研制导弹。在大型导弹方面已成功发射了洲际导弹、潜地导弹，装备了不同类型的中、远程洲际战略导弹。在战术导弹方面，成功研制装备了HJ系列反坦克导弹、HQ系列防空导弹及其他航空导弹、HY系列及其他反舰导弹以及地地导弹等。

4．核弹药

第二次世界大战后期，美国制成三颗原子弹，一颗用于试验，两颗投在日本。此后至20

世纪 60 年代中期，苏联、英国、法国和中国先后进行了原子弹爆炸试验。

在氢弹研制方面，从 20 世纪 50 年代初至 20 世纪 60 年代后期，美国、苏联、英国、中国、法国等国先后成功进行了氢弹爆炸试验，制造出了第一代核弹药。20 世纪 60 年代以后，发展了弹头质量与尺寸大幅度减小，而威力显著提高的第二代核弹药。同一时期美国发展了 1000 t 梯恩梯当量的原子炮弹，装于普通 155 mm 榴弹炮上。

20 世纪 70 年代末 80 年代初，美国提出了第三代核弹药的构想，即将核爆能量（包括各种射线）通过某种方式转换成聚集的定向能。这样研制成的核定向能武器，可以对特定方向上远距离目标实施攻击。

20 世纪 80 年代末，氢弹通过特殊设计，制成了大幅度增强或减弱某些杀伤破坏因素的特殊氢弹。例如，美国制成的中子弹，即属于增强辐射弹，分别应用于“长矛”导弹及 155 mm 炮弹。在同一时期，美国还研制成功了旨在减低放射性沉降的冲击波弹。

1.2.2 弹药的发展趋势

未来战争对弹药提出了更高的要求，其中，射程远、精度高、威力大是对弹药最基本的要求。弹药作为火力系统发展的最活跃因素，成为发展重点。20 世纪 90 年代以来，随着科学技术的发展以及高新技术的应用，弹药日新月异，迅猛发展。

1.2.2.1 提高射程、威力、射击精度

弹药的射程、射击精度与威力存在相互制约的关系。一般来讲，射程增大必然造成射击精度变差或威力降低，或两者同时受影响。运用高新技术，可较好地解决炮弹的射程、射击精度和威力三者之间的矛盾，尤其是射程与射击精度的矛盾。精确制导弹药的出现，可实现远距离命中点目标。

1. 射程

为打击远距离目标，弹药增程技术得到大力发展。如采用高能发射药、改善弹药外形，或探索简易增程途径等，增大弹药射程。对传统的固体发射药火炮来说，采取增程措施后，射程可得到大幅度提高。目前，155 mm 炮弹的射程已超过 50 km，迫击炮弹的射程达10 km 以上，火箭炮的射程可达 100 km。

2. 威力

提高威力的途径有两个方面：一是研究新毁伤学，研制新原理弹药，如微波弹药的产生；二是在现有毁伤学的基础上挖掘潜力，研究新材料、新工艺、新结构，寻求新突破。主要技术措施有：

(1) 采用高能炸药。

(2) 采用高破片率钢作弹体或装填重金属、可燃金属的预制、半预制破片，提高有效破片数量及破片初速，提高战斗部的杀伤威力。

(3) 采用预制破片或预控破片。

(4) 采用子母战斗部；发展集束式、子母式和多弹头战斗部，提高打击集群目标和多个目标的能力。

(5) 采用定向战斗部。

(6) 采用复合作用战斗部，增加单发弹药的多用途功能。

(7) 发展智能引信,实现引信与战斗部最佳配合,提高战斗部对目标的作用效率。

穿甲弹、破甲弹及其他弹药的威力也将进一步提高。如穿甲弹的垂直侵彻深度将在800 mm以上,破甲弹的垂直侵彻深度将在1400 mm以上。

3. 射击精度

为实现远程精确打击,制导弹药得到了迅猛发展。在航空弹药和炮弹上加装简易的末段制导或末段敏感装置,提高弹药对点目标的命中精度,使弹药可在外弹道上自动探测、识别、跟踪、导引、控制,直到命中并毁伤目标。陆军用的制导弹药如末制导炮弹、炮射导弹等有的已装备于部队,有的已进入工程研制阶段;另外,弹道修正弹、简易控制弹、传感器引爆弹药也得到快速的发展。海军用制导弹药主要有对空、对舰导弹和鱼雷等,空军用有对空、对地导弹以及制导航空炸弹和撒布器等。世界主要军事大国的远程制导弹药的装备数量都有所提高,在弹药基数中远程制导弹药的比重加大。

1.2.2.2 新弹药不断涌现

为了提高性能与对付新目标,新弹药将不断涌现。新型远程弹药、新型破甲战斗部弹药、高速穿甲弹、制导弹药以及弹道修正弹、简易控制弹、传感器引爆弹药、新型特种弹(如信息、侦察、监视、干扰等弹药)、光电对抗弹药以及非致命弹药普遍得到发展并列装,适应未来全方位作战需要。

新概念弹药将会得到进一步发展。战术激光弹药与战术微波弹药将得到快速发展,并走向实用化。非致命弹药如次声弹、失能弹等的发展步伐将加快,有的可能用于装备部队。新型光电对抗弹药与新型特种弹如电视侦察弹、战场监视弹、通信干扰弹、诱饵弹等将得到发展与应用。

杀伤爆破弹在提高威力方面将采用很多新技术,如应用冶金法、激光技术、等离子技术等预控破片。破甲弹采用新技术、新材料与新结构,威力将有新突破。超高速动能穿甲导弹将走上实用化道路。末敏弹、弹道修正弹、末制导炮弹、炮射导弹等将普遍用于装备部队。

电磁发射技术对弹丸的要求很高,除了要满足强度、弹道性能要求外,还要求电磁炮管与弹丸要有良好界面,弹丸必须采用绝缘材料作电隔离。目前,新发射原理弹丸还仅是试验用弹丸,随着电磁发射技术的日益成熟,其弹丸研究也日益受到重视。

作为弹药的发展方向之一的智能化弹药将快速发展,其突破口将是智能导弹和智能地雷系统。

利用现有技术的综合与集成研制新弹药,既能提高弹药的性能又很经济,是一条既好又快的捷径。因此,利用现有技术综合与集成的新弹药将得到新的发展。

1.2.2.3 弹药结构性能的发展趋势

弹药结构性能的发展趋势是实现通用化、系列化、组合化(模块化)、多用途化和智能化,简化生产及勤务管理。

1. 通用化、系列化、组合化(模块化)

通用化、系列化、组合化(模块化)简称“三化”。通用化是在互相独立的系统中,选择和确定具有功能互换性或尺寸互换性的子系统或功能单元的标准化形式。系列化是将产品或其参数、结构、尺寸作出合理设计和规划,排出相应型谱表,从而有目的地指导今后的发展。组合化是用若干通用部件和专用件组合成某种产品的各个品种,从而形成产品系列。对独立的组合单元的结构、尺寸、参数、功能进行系列化和系列型谱的制定工作，对零部件实行通用化和标准化，以标准单元、通用单元的形式组织生产，将这些单元与特定设计制造的专用单元组装成不同用途的产品，不同零部件的不同组合就能形成新的弹药。如标准弹体内不同模块的组合就构成不同的战斗部，且通过模块的组合又可组成性能不同的导引部。安装不同的导引部和不同的战斗部就构成不同制导体制、不同性能的灵巧弹药或制导炮弹。

“三化”是在长期标准化实践中所形成的、行之有效的军用标准化系统工程基本方法，也是最重要的方法。推行“三化”，是在弹药领域落实科学发展观的关键环节。

2. 多用途化

战场上目标是多样化的，如果每种弹药仅能对付一种目标，那么在生产和使用中会有诸多不便。这就要求弹药的终点效应不能单一化，要有多种作用，如一种弹药就应具有爆破、杀伤、燃烧，甚至反装甲性能，充分发挥其效能。多用途弹药的应用将越来越广泛。

3. 智能化

弹药智能化是指弹药“打了就不管”，而且能获得最佳作用效果。要求弹药能探测、识别、跟踪目标，选择薄弱部位攻击直到毁伤目标，比制导弹药以及末敏弹药、弹道修正弹药、简易控制弹药等具有更大的优越性。世界主要军事大国都在制导弹药的基础上，研制智能弹药。未来，反坦克、反舰和反武装直升机智能弹药将可能用于装备部队。

第 2 章　弹药的基本知识

2.1　弹药的作用目标以及对弹药的要求

2.1.1　弹药的作用目标及特性

弹药的主要目的是摧毁各种军事目标，弹药技术的发展与其对付目标的防护特性的变化是密切相关的。因此，从事弹药设计、研制和使用的人员首先必须对目标特性有较深入的了解。

未来战争将是核威胁下的高技术常规战争，作战的基本要求是在陆、海、空的广阔空间范围内实施的空地一体的大纵深、高机动性立体战争，这意味着战场情况的复杂多变和战场目标的多样化。未来战场上常规弹药对付的主要目标有以下几类：

(1) 空中目标。包括军用飞机（战斗机、攻击机、轰炸机、无人机、武装直升机），各种来袭导弹及各类制导与半制导炸弹。

(2) 地面机动目标。包括坦克、轻型装甲车辆及有生力量等。

(3) 地面固定目标。包括建筑物、地下永备工事、掩蔽部、雷达、野战工事、机场、桥梁等。

(4) 海上目标。包括水面舰艇、潜艇和其他（如水雷等）。

2.1.1.1　空中目标

(1) 空间特征。目标是点目标，其入侵高度和作战高度从数十米到几万米不等，作战空域大。

(2) 运动特征。空中目标的运动速度快，机动性好，可做水平飞行、俯冲、爬高、侧向转弯、翻转、规避机动等机动作战。

(3) 易损性特征。空中目标一般没有特殊的装甲防护，有些军用飞机驾驶舱的装甲防护约为 12 mm，武装直升机在驾驶舱、发动机、油箱、仪器舱等重要部位有一定装甲防护。

(4) 空中目标区域环境特征。采用低空或超低空飞行，即掠海、掠地飞行，利用雷达的盲区或海杂波、地杂波的影响，降低敌方对目标的发现概率。

(5) 空中目标的对抗特征。为了提高空中武器系统的生存能力，采取对抗措施，如电子对抗、红外对抗、烟火欺骗、激光报警、机动对抗、隐身对抗等。

2.1.1.2　地面机动目标

1. 地面机动目标的分类

地面机动目标一般分为坦克与轻型装甲车辆两类。

（1）坦克。坦克集火力、防护和机动性于一身，并把这三者完美地结合起来，其火力是攻击性武器，装甲是抵御攻击的手段，而机动性则使其火力发挥更大效能，使防护效果更佳。坦克在战场上既能承担攻击性任务，也能承担防御任务，因此，坦克是集攻防于一体的地面机动作战武器。

（2）轻型装甲车辆。步兵战车是轻型装甲车辆中最主要的车辆，它是在装甲步兵战车的基础上发展起来的。目前已成为坦克在战场上的主要伙伴，其配置数量往往多于坦克。它具有机动性强和自身防护性能好的特点，在武器的对抗中占有明显优势。

2．坦克防护类型与装甲分类坦克防护类型

（1）坦克防护类型可分为主动防护和被动防护。

① 主动防护。在弹药未碰击装甲前将其摧毁或者削弱其效能，使其达不到预期毁伤目的。

② 被动防护。借助装甲抗弹能力来防御反坦克弹药的攻击。

（2）装甲可分为均质装甲、复合装甲（含间隙装甲）、反应式装甲与贫铀装甲。

① 均质装甲。它是一种传统的轧制钢装甲，是第一代装甲，它是通过提高装甲的强度，增加装甲的厚度与增大装甲的倾斜度来提高其对抗性能。均质装甲是坦克作为防护的最基本装甲，发展重点是增强硬度、提高强度和增大冲击韧性。

② 复合装甲。1976 年问世，它是由两层或多层装甲板之间放置夹层材料所组成的。夹层材料一般采用玻璃钢、碳纤维、尼龙、陶瓷等。复合装甲的特点是抗侵彻性能明显优于等重量的均质装甲，抗穿破甲综合性能好，还具有一定的防核辐射能力，且材料来源丰富。

③ 反应式装甲。由美国于 20 世纪 70 年代发明，1982 年问世，是一种用于主装甲之外的附加装甲。每块反应式装甲由两层金属板中间加一层钝感炸药组成，可根据需要采用不同的排列方式和角度，用螺栓固定在车体的前部、炮塔和侧部。其特点是抗破甲弹效果好，重量轻，如图 2.1.1 和图 2.1.2 所示。

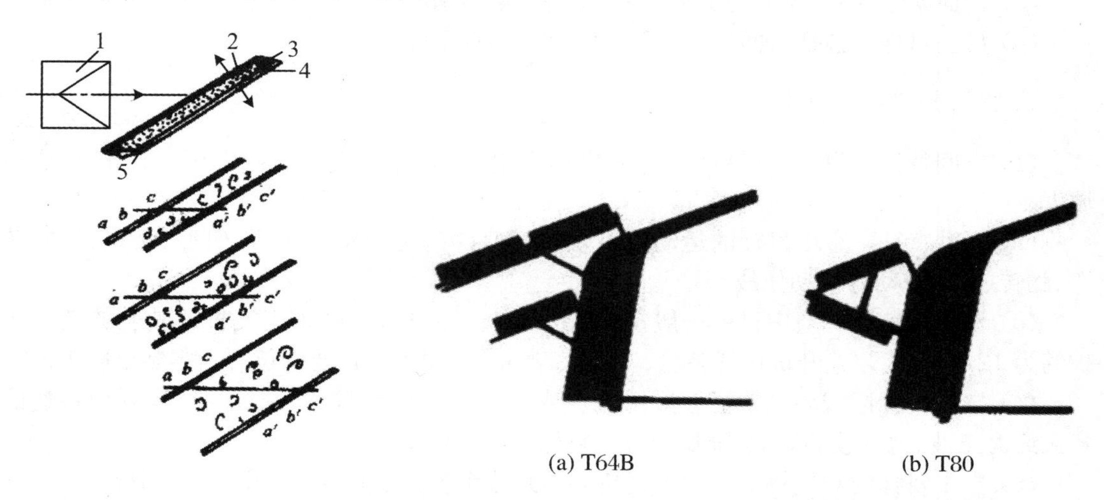

图 2.1.1　爆炸式反应装甲结构

1．空心装药弹；2．前板；3．炸药；
4．后板；5．反应式装甲块

图 2.1.2　苏联 T64B、T80 反应装甲安置示意图

④ 贫铀装甲。贫铀装甲是复合装甲的一种，由美国在 1988 年首先研制成功。它由钢-贫铀夹层-钢三层组成，是一种高技术新型装甲，也是目前世界上防护性能最高的复合装甲。

贫铀装甲的主要特点：

a. 强度高、密度大。贫铀的密度为24 g/cm^3，约为钢的2.5倍，经适当热处理后，强度可提高至4倍，其硬度也相当高。

b. 防御性能好，贫铀装甲既可防破甲弹，又可防穿甲弹。

2.1.1.3　地面固定目标

地面固定目标较多，按防御能力可分为硬目标和软目标，按集结程度可分为集结目标和分散目标。地面固定目标大多是建筑物、地下永备工事、掩蔽部、雷达、机场、桥梁，面积较大，结构形式多样化，坚固程度不等。

除了野战工事、炮兵阵地及一些障碍物是战术目标外，地面目标大多数是战略目标。对付这类目标需要较大口径的弹药战斗部和航空炸弹。研究地面固定目标的特性及其易损性，对研制地面压制火炮弹药、对地导弹及航空炸弹有重要意义。

为便于分析，通常按目标的防护能力分类。对有掩盖的野战工事的抗力等级规定为简易型、轻型、加强型、重型、超重型五个等级；对掘开式永备工事的抗力等级规定为轻型、加强型、重型、超重型四个等级。

地面固定目标的基本特性为：

(1) 地面目标不像空中目标、海上目标、地面活动目标那样有一定的运动速度和机动性，地面固定目标有确定的位置。

(2) 一般为集结目标。

(3) 对纵深战略目标都有防空部队和地面部队防护。

(4) 对于为军事目的修建的建筑和设施，都有较好的防护，采用钢筋混凝土或钢板制成，并有盖层，抗弹能力强，有的深埋于地下十几米。

(5) 地面固定目标一般采用消极防护，如隐蔽、伪装等措施。

2.1.1.4　海上目标

1. 海上目标的分类

海上目标主要是指海面上的各种作战舰艇、各种运输补给工具以及水下潜艇等，可笼统分为水面舰艇、潜艇和其他目标。

(1) 水面舰艇。按其作战方式和吨位可分为航空母舰、战列舰、巡洋舰、驱逐舰、护卫舰、鱼雷艇、两栖作战舰艇、高速作战舰艇等，除了上述这些战斗舰艇之外，还包括大量的勤务舰船（又称辅助舰船），如各种运输船、修理船、油船、淡水补给船、测量船、卫生船、防护救生船、训练船等。

(2) 潜艇。按其动力源可分为核动力潜艇和常规动力潜艇两种；按其作战方式又分为战略型和攻击型潜艇。

(3) 其他目标。在海上用于防御敌方进攻的水面障碍物（如水雷）、开发石油的钻井平台等目标统称其他目标。

2. 海上目标的基本特性

(1) 属于点目标。舰艇再大（如最大航母也不过340 m×80 m），但相对海岸，相对舰载武器的射程而言都是渺小的，加上在海洋航行之间需保持一定距离，因此舰艇属于点目标。

(2) 具有较强的防护能力。舰艇的防护能力是指舰艇自身免遭破坏和毁伤的能力，这种防护能力包括了直接和间接防护。直接防护系指来袭反舰武器命中后如何不受损失和少损失;间接防护系指如何防护来袭的反舰武器命中。第二次世界大战之前,世界各国主要是发展带厚装甲和强火力的战列舰,加厚装甲的厚度是主要防御途径之一。但第二次世界大战的大量海战表明,这种被动式的防御都逃脱不了被击毁的命运。这些经验引起了战后舰艇设计者的注意,舰艇的结构设计不再采用厚装甲作为主要防御途径,而是采用了轻装甲快速、轻便、机动性强的攻击性舰艇模式,在防御的模式上体现了主动性,如发展了预警、隐身、干扰、电子对抗和反导、反鱼雷等技术。舰艇防护模式的变化,应引起武器系统和弹药设计人员的高度重视。

(3) 损害管制能力强。损害管制能力是指在战斗中处理受害、局部损伤,维持恢复战斗的能力。现代舰艇在结构设计上考虑舱段的密封性和不透水性,为了保持舰船的不沉性和平衡,还考虑了强迫一些受害的舱段进水的措施,在船舷和船底层还有灌水和燃油的特殊舱室,作为减弱战斗部爆破作用的缓震器。

(4) 火力装备强。在各种舰艇上装备有导弹、火炮、鱼雷、作战飞机等现代化的武器进行全方位的进攻和自卫。

(5) 机动性强。大炮巨舰时代的战列舰已经或即将全都退出现役,现在使用最多的是轻装甲、高速度和导弹化的护卫舰、驱逐舰等。

(6) 要害部位大。如航空母舰储备 8000～18000 t 舰载机燃油,2000～3000 t 舰载机弹药,7000～8000 t 舰用燃油,这些都是被攻击的极薄弱处,即使是机动性很强的现代舰艇,在外暴露的电子设备(如雷达)、武器系统等,也是它们的要害。

3. 海上目标的生命力与毁伤

现代舰艇具有先进的作战性能,概括起来包括三个方面:适航性良好、机动性良好和火力强。作为对付这类海上目标的反舰武器来说,如果能用有限的发数将它击沉,自然是破坏了舰艇的上述三个方面的性能,也就是我们通常所讲的击沉概念。

然而,并非击沉才算使舰艇毁伤,有时即使武器命中了舰艇也不会受伤。按照目前舰艇的生命力(舰艇遭受武器命中后,继续保持舰艇作战的能力)的评估方法,舰艇的损伤破坏等级有如下五类:

(1) A 类:舰艇沉没、断裂或因严重火灾失控而弃船,为完全丧失生命力。

(2) B 类:舰艇已无作战、机动能力,漂浮水面,基本不沉没为基本丧失生命力。

(3) C 类:舰体或主要设备系统遭受局部破坏,但仍基本具有不沉没性,在 30 min 内修复后,仍具有手动操作下的舰艇机动能力和主要防御作战能力,为具有基本的生命力。

(4) D 类:舰体或主要设备系统连受局部破坏,但仍基本具有不沉没性,在 30 min 内修复后,仍具有手动操作下的舰艇机动能力和作战能力,为具有完全的生命力。

(5) E 类:舰艇完好,毫无损失。

由于全舰艇的电源系统、主动力、操船系统、武器系统是构成舰艇(除舰体本身)主要结构的四大分系统,因此每个分系统的毁伤将是舰艇丧失生命力的判据。每一个分系统的完全破坏,都会使全舰艇丧失或基本丧失生命力。

舰艇遭受武器命中后,武器对舰艇的破坏形式有以下几种:

(1) 接触爆炸(在舰体上层建筑或舱室内爆炸)。爆炸直接引起破损,爆轰产物的高温毁伤设备;高速破片、爆炸冲击波、振动对设备和人员的损伤以及爆炸引起的火灾、弹药舱的爆炸等二次效应。

(2) 非接触爆炸(鱼雷和深水炸弹等水下爆炸)。主要是强烈的冲击对舰体、设备的破坏和人员伤亡。

综上可知,弹药与目标的关系就好比矛和盾的关系:

(1) 弹药与目标是一对互相对立而又紧密联系的矛盾统一体。

(2) 不同的目标有不同的功能及防护特性,必须采用不同的弹药对其进行毁伤。

(3) 目标的多样性决定了弹药的多样性。

(4) 弹药毁伤效率的提高,迫使目标抗弹性能不断改善。

(5) 目标的发展与新型目标的出现,又反过来促进弹药的不断发展与新型弹药的产生。

2.1.2　对弹药的要求

弹药是武器系统的重要组成部分,战争中弹药的用量很大,它最终体现了火炮的威力。各种弹药虽然结构不同,但它们都必须满足一些共同的要求。对弹药的要求是根据以往的战斗经验、军事科学技术的成果,以及国家的经济能力提出来的。它的内容也随着社会生产力、科学技术的发展及未来战争的方式而变化。对于不同的弹药(及其元件)要根据具体情况进行分析,提出相应的要求。

2.1.2.1　战斗要求

1. 弹丸威力大

弹丸威力是指弹丸对目标的杀伤和破坏能力。要求弹丸的威力大,就是要求弹丸对目标必须具有足够大的作用效能。

弹丸的威力是很重要的指标,威力大的弹丸不仅可以有效地完成战斗任务,而且可以减小弹药的消耗量,缩短完成战斗任务的时间,减少所需火炮的数量。对各种不同用途的弹丸有不同的威力要求。例如,对杀伤弹要求就是使尽可能多的敌人失去战斗力,也就是要求杀伤半径大且在此半径内的杀伤元素多;对反坦克弹药,要求对敌人的坦克有足够的摧毁能力;对照明弹,要求照明时间长,发光强度大、光色好。常见弹药的威力指标如表2.1.1所示。

表2.1.1　弹药的威力指标

弹药作用	威力指标
杀伤	杀伤面积,有效杀伤破片数,平均破片速度、质量和破片分布密度
爆破	漏斗坑体积,最小抵抗线高度,在一定距离上的冲击波超压,炸药量
倾彻	在一定距离上穿透一定倾角的装甲板厚度,在一定距离上穿透标准靶板的厚度
碎甲	层裂片的质量和速度,靶厚一定距离处的冲击波超压

提高弹丸威力的基本方法是:增大弹径,提高炸药的威力,设计合理的弹丸结构,以充分发挥弹丸对目标的杀伤、破坏等作用;寻找各种新的作用原理,使弹丸威力有较大幅度的提高。

2. 远射性好

远射性是指炮弹能够杀伤、破坏远距离目标的性能,用弹丸在正常条件下的最大飞行距离(距炮口的最大水平距离)来表示。射程是火炮与弹丸合理匹配的结果,要求火炮的弹药具有好的远射性。

远射好的弹药,可以保证火炮在不变换阵地的情况下实施火力机动,以较长时间的火力支援步兵和坦克作战;便于火炮在较大的地域内迅速地集中火力,能够对敌人纵深的重要目标进行射击。此外,射程大可以使我军火炮配置在敌人火炮射程之外,又能在防御时将火炮作纵深梯次配置。

各种武器弹药的任务不同,对它们的远射性要求也不同。影响射程的主要因素是弹丸的初速、弹道系数和飞行的稳定性。因此,增大射程的基本方法是在保持一定弹丸重量的条件下增大弹丸的初速,同时应从弹丸的外形和质量分布上减少空气阻力对弹丸飞行的影响,并保证弹丸有良好的飞行稳定性。也可采用火箭增程等技术来增大射程。

3. 射击精度好

要求弹丸的射击精度好。只有射击精度好,才能在最短的时间内用最少量的弹药消灭敌人。特别是对付活动目标,如飞机、坦克,往往需要直接命中才能有效毁伤,这要求弹丸有很高的射击精度。

所谓射击精度,包含命中准确度与射弹密集度,如图 2.1.3 所示。一组弹着点的平均位置称为散布中心,一组弹着点偏离散布中心的程度称为射弹密集度;散布中心偏离瞄准点的程度称为命中准确度。

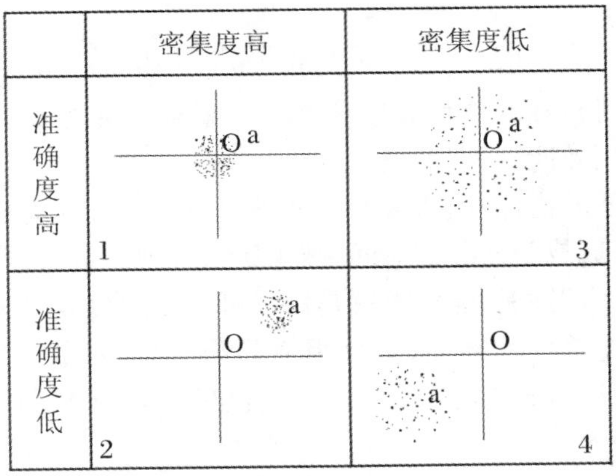

	密集度高	密集度低
准确度高	O a 1	O a 3
准确度低	a O 2	O a 4

图 2.1.3　射击精度示意图

2.1.2.2　勤务要求

1. 射击和勤务处理安全性好

射击和勤务处理时的安全必须有绝对的保证,要求炮弹应满足:内弹道性能稳定;弹丸发射强度足够;药筒作用可靠;引信保险机构确实可靠,即火工品和炸药装药能够承受强烈振动而不爆炸。

2. 操作简单、方便

操作简单、方便主要是指射击前的准备工作应简便、易行,如取消或简化不必要的引信时间装定,可变装药的调整等,以保证操作容易,提高射速。

3. 长期储存性好

要求弹药至少储存 10～15 年不变质,即在储存期内炮弹组成元件的金属部分不生锈;

装药不受潮，不分解变质；火工品不失效等。

2.2　内弹道学及外弹道学的基本知识

关于火箭和弹丸运动的科学称为弹道学。质心运动的轨迹称为弹道。内弹道学是研究弹丸在膛内的运动。研究弹丸自炮口飞出到伴随流出的气体消失为止的运动是内弹道学的一部分，通常称为中间弹道学。

关于火箭和弹丸与发射装置之间力的相互作用中断后的飞行科学称为外弹道学。下面对内弹道学及外弹道学的基本知识分别作简要的介绍。

2.2.1　内弹道学的基本知识

炮弹内弹道过程概括地说就是利用火药在炮管中燃烧所产生的高温高压气体膨胀做功，推动弹丸沿身管运动的过程。显然它是一种能量转换的热力学过程。身管、火药及弹丸是进行此过程的物质基础。其中身管为工作机，火药为能源，而弹丸是做功的对象，三者构成火炮系统。

身管是一个强度很高的钢管。弹药在后端装填后即完全封闭，发射时，它为弹丸运动提供支撑和导向的作用，如图 2.2.1 所示。

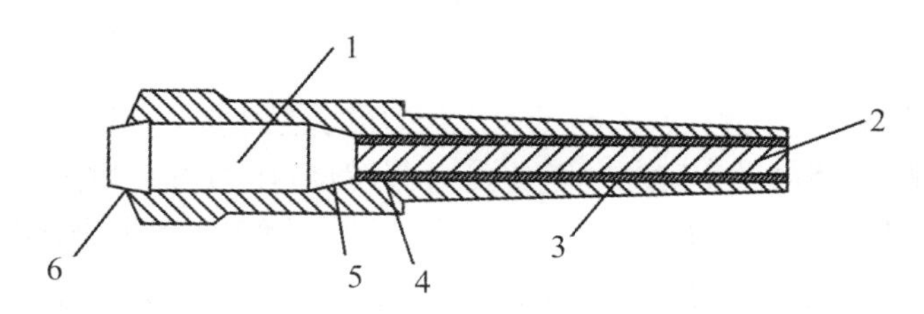

图 2.2.1　身管示意图

1. 药室；2. 炮口；3. 膛线部；4. 膛线起始部；5. 坡膛；6. 炮闩

身管的后端装有炮闩，它的作用是通过闩体的开启和关闭进行弹药的装填和保证身管的封闭状态。此外，闩体中还装有击发机构，以便弹药装填后进行击发。炮闩前方安装药包或药筒的空间称为药室。药室前端逐渐缩小的部分称为坡膛。从坡膛最小端面开始直到炮口，内径保持不变，在身管的这一段中，内壁刻有与炮膛轴线成角度的若干条螺旋形沟槽的膛线以导引弹丸作旋转运动。

枪炮射击时，从击发开始到弹丸出炮口所经历的全过程称为内弹道过程。

枪炮的击发通常是利用枪闩或炮闩的击发装置的机械作用，使击针撞击药筒底部的底火，或用电热方式使底火药（通常是雷汞、氯酸钾和硫化锑的混合物或者是高氯酸钾、硫化锑和苦味酸钾的混合物）着火，其火焰又进一步点燃底火中的点火药（通常是黑火药或多孔性硝化棉火药），产生高温高压的燃气和灼热的固体微粒，再点燃药室中的火药，使其着火燃烧，这就是射击开始的点火过程。

弹丸在膛内运动的速度变化及其在炮口处的速度值(v_0)取决于膛压做功$\left(\int_0^t p\mathrm{d}l\right)$,并与膛压曲线的形状、身管长度 l、炮膛横断面积及弹丸质量等因素有关。其中膛压 p 为膛内压力,表示膛内火药燃气在弹丸后部空间的平均压强。

图 2.2.2 以弹丸装填到位后弹底的位置作为坐标原点时膛压、速度行程曲线。图 2.2.3 是以弹丸开始运动的瞬间作为时间坐标的原点的膛压、速度-时间曲线。

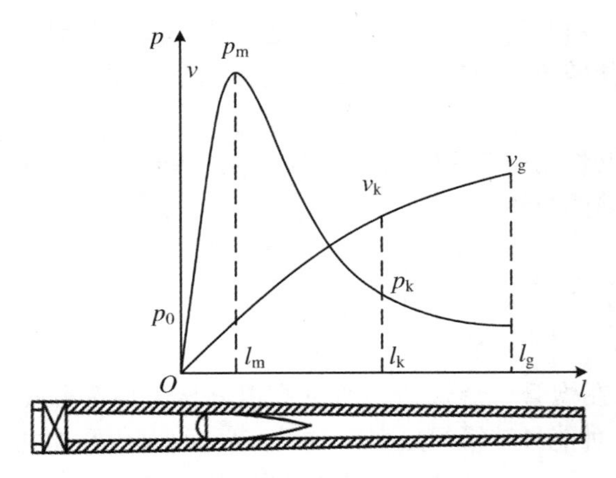

图 2.2.2　膛压、速度-行程曲线

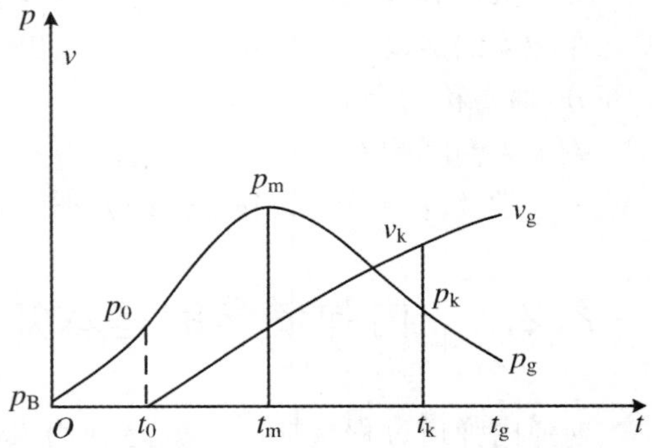

图 2.2.3　膛压、速度-时间曲线

弹丸在膛内运动可分为以下四个时期:

1. 前期

前期是指击发底火到弹丸即将启动的瞬间。图 2.2.3 中以 t_0 表示,此时 $p=p_0$,$v=0$,$l=0$。

发射时,底火被击发着火后,点火药迅速燃烧,压力达到 p_0,接着瞬时引燃发射药,p_B 称为"点火压力",一般 p_B 为 2～5 MPa。随着发射药燃烧,压力不断增加,弹带开始被挤入膛线,产生塑性变形,其变形阻力将随着挤入长度的增加而增大,弹带全部挤入膛线时阻力值最大,此时,弹带被切出与膛线吻合的凹槽。弹丸迅速向前运动,弹带不再产生塑性变形,阻力迅速下降。与最大阻力相对应的膛内火药燃气的平均压力称为"挤进压力",用 p_0 表示。在内弹道学中认为膛压达到挤进压力时弹丸才开始运动。所以,常将挤进压力称为"启动压力"。火炮中,一般 p_0 为 25～40 MPa。

前期特点:忽略弹带宽度全部挤进膛线的微小位移,认为弹丸在前期是在定容情况下燃烧,弹丸不动。前期火药燃烧量占总发射药量的 5%左右。

2. 第一时期

第一时期是指弹丸开始运动时起到发射药全部燃烧结束的瞬间为止,即图 2.2.3 中 t_0～t_k 段。这是一段重要而复杂的时期。

第一时期特点:火药全部燃烧完生成大量燃气,使膛压上升,但弹丸沿炮膛轴线运动速度越来越快,使弹后空间不断增加,这又使膛压下降,这种互相联系又互相影响的作用贯穿着射击过程的始终。

第一时期开始阶段,由于弹丸是从静止状态逐渐加速,弹后空间增长的数值相对较小,这样发射药在较小的容积中燃烧,燃气生成率 $\mathrm{d}\psi/\mathrm{d}t$ 猛增(为已燃的发射药量与发射药总量之比的百分数),燃气密度加大,使膛压随燃烧时间改变的变化率 $\mathrm{d}p/\mathrm{d}t$ 不断增大,$\mathrm{d}p/\mathrm{d}t>0$,

膛压急骤上升。但膛压增加，使弹丸加速运动，弹后空间不断增加，又使燃气密度减少；同时，由于燃气不断做功，其温度相应地会减少，这些因素都促使膛压下降。此时，发射药虽仍在燃烧，它所生成的燃气量使膛压上升的作用已逐渐被使膛压下降的因素所抵消。当对膛压影响的两个相反因素作用相等时，出现了一个相对平衡的瞬间 t_m，使 $dp/dt=0$，所以在 p-t 或 p-l 曲线上出现一个压力峰值 p_{max}，称其为最大膛压 p_m，与此相对应的时间、弹丸行程和弹丸运动速度分别为 t_m、l_m 和 v_m。通常，如出现在弹丸运动了 2～7 倍口径行程内，在 l_m 点之后，弹丸速度 v 因压力做功而迅速增加，弹后空间又猛增，燃气密度减少，$dp/dt<0$，膛压曲线逐渐下降，直到发射药燃烧结束。此时，在 p-t 或 p-l 曲线图上对应的膛压为 p_k，与此相对应的时间、弹丸行程和弹丸速度分别为 t_k、l_k 和 v_k。由于弹丸底部始终受到火药燃气压力的作用，其速度 v_k 一直是增加的。

最大膛压 p_m 是一个十分重要的弹道数据，直接影响火炮、弹丸和引信的设计、制造与使用，对身管强度、弹体强度、引信工作可靠性、弹丸内炸药应力值以及整个武器的机动性能都有直接影响。因此，在鉴定或检验火炮火力系统的性能时，一般都要测定 p_m 的数值。现代火炮中，除迫击炮和无后坐力炮的值 p_m 较低外，一般火炮的 p_m 在 250～350 MPa 范围内。近年研制的高膛压火炮其 p_m 值已超过 500 MPa。

3．第二时期

第二时期是从火药燃烧结束的瞬间起到弹底离开炮口断面时为止。在图 2.2.3 中为 t_k～t_g 段。

第二时期特点：虽然发射药已全部燃尽，因这段时间极短，膛内原有的高温、高压燃气相当于在密闭容器内绝热膨胀做功，继续使弹丸加速运动，弹后空间仍在不断增大，膛压继续下降，当弹丸运动到炮口时，其速度达到膛内的最大值，称为炮口速度，对应的压力、行程及时间分别称为炮口压力 p_g、膛内总行程 l_g 及弹丸膛内运动时间 t_g，现代火炮 v_g 值高达 1900 m/s，炮口压力 p_g 在 20～100 MPa 的范围内冲击炮口，然后流失于大气中。

从前期到第二时期称为膛内时期。现代火炮 t_g 都小于 0.01 s，在此极短的时间内要使弹丸速度由零增至所要求的炮口速度，其加速度值是很大的。

4．后效时期

后效时期是指从弹丸底部离开膛口瞬间起到火药燃气压力降到使膛口保持临界断面的极限值（即膛口断面气流速度等于该面的当地音速）时为止。该极限值一般接近 0.18 MPa。

后效时期特点：火药燃气压力急剧下降，燃气对弹丸的作用时间和燃气对炮身的作用时间是不相同的，即起点相同，而结束点各异。在膛内时期，火药燃气压力在推动弹丸沿身管轴线向前运动的同时，也推动炮身向弹丸行进的反向运动（称为后坐），后效时期开始，燃气从炮口喷出，燃气速度大于弹丸的运动速度，继续作用于弹丸底部，推动弹丸加速前进，直到燃气对弹丸的推力和空气对弹丸的阻力相平衡时为止，此时，弹丸的加速度为零，在炮口前弹丸的速度增至最大值 v_{max} 之后，燃气不断向四周扩散，其压力与速度大幅度下降，同时弹丸已远离炮口，燃气不能再对弹丸起推动作用。可是，在整个后效时期中，膛内火药燃气压力自始至终对炮身作用，使其加速后坐，直到膛内压力降到约 0.18 MPa 为止。显然，这段作用时间是较长的。图 2.2.4 绘出了发射过程中各时期的燃气压力、弹丸速度两者随时间变化的一般规律。图中 τ_1 和 τ 分别代表后效期内火药燃气对弹丸作用和对炮身作用的时间。

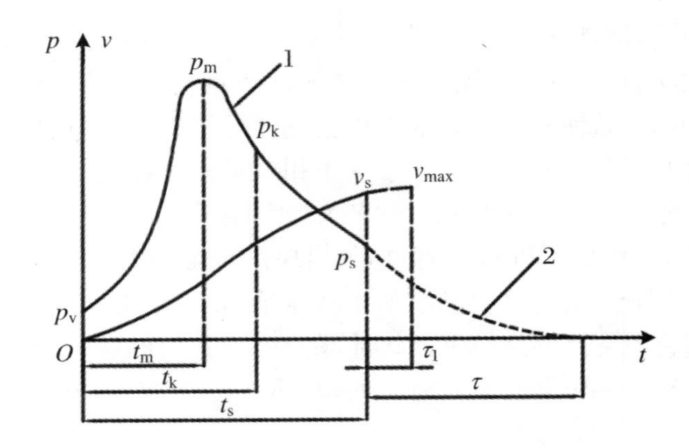

图 2.2.4　各时期膛压、速度-时间曲线

1. 膛内时间(实线)；2. 后效时期(虚线)

初速 v_0 是为了简化问题而定义的一个虚拟速度，它并非弹丸质心在枪炮口的真实速度 v_g。弹丸在后效期末达到最大速度 v_m，此后效时期内弹速的真实变化曲线大致如图 2.2.5 中实线上升段所示。由于目前对后效期内弹丸运动的规律研究不够，尚难对此时期的弹速进行准确计算，因此在实用中假设弹丸一出枪炮口即仅受重力和空气阻力作用，好像后效期并不存在，为了修正这一假设所产生的误差，采用一虚拟速度即初速 v_0。这个 v_0 必须满足当仅仅考虑重力和空气阻力对弹丸运动的影响而不考虑后效期内火药气体对弹丸的作用时，在后效期终了瞬间的弹速必须与该瞬时的真实弹速 v_m 相等。

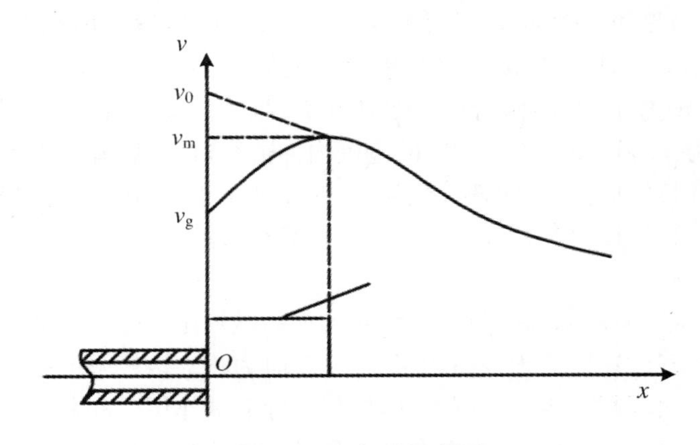

图 2.2.5　初速示意图

最大压力和初速是火炮内弹道的两个最重要弹道量，它们是火炮性能和弹药检验的主要标志量。

对内弹道学的研究有不同的研究方法，从而形成了不同的内弹道体系。目前已有经典的内弹道、内弹道势平衡理论和内弹道气动理论三种体系。

2.2.2　外弹道学的基本知识

弹丸和火箭弹与发射装置失去力的联系后在空气中的运动是外弹道学的研究内容。

弹丸在膛内运动过程中，弹轴与炮膛轴线并不重合，这是由于弹炮间隙、弹丸的质量偏心误差以及炮膛磨损等因素造成的。当弹丸出炮口时，后效期火药燃气对弹丸的作用也是不均匀的，因此使弹丸轴线 ξ 与速度矢量 v(即弹道切线)不重合，它们之间的夹角称为攻角 δ(章动角)，如图2.2.6所示。

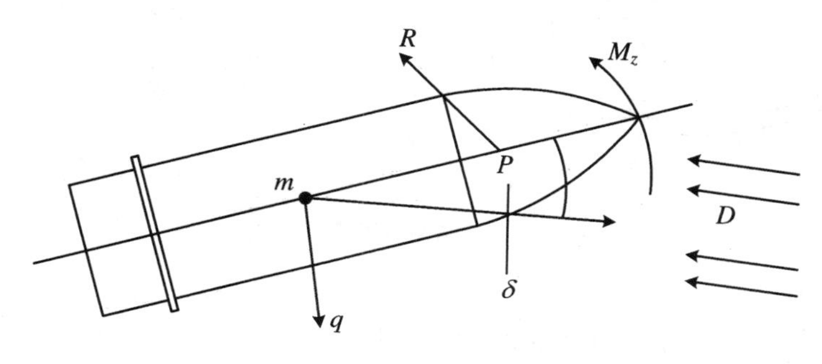

图2.2.6　弹丸的攻角

作为刚体运动的弹丸，在飞出炮口以后，除受重力作用外，还将受到空气动力和力矩的作用。在速度坐标系中，总的空气动力和力矩的诸分量有迎面阻力、升力侧向力、滚动力矩、偏航力矩、稳定或翻转力矩。对火箭弹来说，除上述力和力矩外，在火箭发动机工作的一段弹道(主动段)上还将受到推力和推力矩的作用。

由于长圆形弹丸头部是圆锥面，弹丸质心靠近弹尾，头部受空气阻力作用面积大，头部压力也比尾部压力要大。因此，空气阻力 R 的作用点 P(又称阻心)偏向弹丸前部，即在弹顶与质心 m 之间。在有攻角 δ 的情况下，由于弹丸迎向气流一方的压力比背向气流一方的压力大，这又使 R 与 v 不平行，使 R 的指向偏向攻角增大的方向上。所以，空气阻力 R 的作用线既不通过弹丸质心 m，也不与 v 平行，从而产生了一个使弹丸绕其质心 m 旋转的力矩。即相当于将阻力 R 从 P 点平移至质心 m 处，转化成一个力矩 M_z(由 RR_2 组成的力偶)及一个作用于质心的 R_1 力。M_z 使弹轴 ξ 绕质心 m 远离 v 而翻转，称 M_z 为翻转力矩。R_1 可分解为与 v 反方向的分力 R_x 和垂直于 v 的分力 R_y，R_x 就是前述的 δ 空气阻力，或称为迎面阻力；R_y 改变 v 的方向，称为升力。翻转力矩 M_z 的作用方向和升力 R 的方向都是指向使 δ 增大的方向，M_z 和 R_y 在数值上也都随 δ 的增大而增加。

1. 空气阻力

当弹丸与空气之间存在相对运动时，空气对弹丸的作用即空气阻力。

在一定条件下，气流静止、弹丸运动，与弹丸静止、气流运动两者原理基本相似。将弹丸放置在风洞即产生一定速度的均匀气流的实验装置中，进行吹风试验，已经分析出空气阻力是由摩擦阻力、涡流阻力及超音速时的波动阻力组成。下面简要说明此三种阻力的物理本质。

(1) 摩擦阻力。

只要空气与弹丸之间存在相对运动，此时空气虽环绕弹体流过呈现所谓环流现象，如图2.2.7(a)所示，但必产生摩擦阻力，其物理原因是空气有黏性(或称内摩擦)。所谓黏性，就是流体阻抗其一层相对于邻层作移动的特性。黏性的产生是由于流体层与层之间分子交换而引起的，速度快的流层中的分子，进入速度慢的一层使慢层加速，或反之。黏性的影响仅限于具有相对运动弹丸表面的一层，谓之附面层或黏层，此层以外的空气运动，与没有黏性的理想气体一样，如图2.2.7(b)所示。由于附着在弹表面的空气分子带动附面层内的空气一起运动，消耗着弹丸运动的能量，使弹丸减速，与此相当的阻力即摩擦阻力，显然，此阻力的大小除受气流黏性及弹速影响外，还与弹丸表面积的大小及弹表面的光洁度有关。

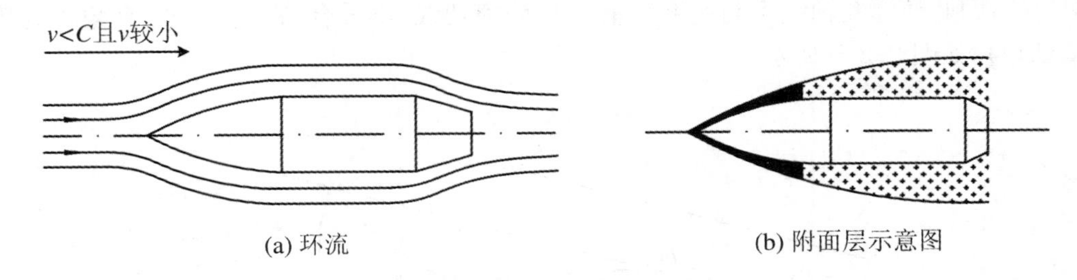

图 2.2.7　环流附面层示意图

(2) 涡流阻力。

当增大弹丸与空气之间的相对速度 v 至一定程度且 v 小于音速 C 时，气流明显地不环绕弹表流动，并在弹底附近出现旋涡，如图 2.2.8 所示。这是由于除摩擦阻力外，伴随涡流的出现又增加了涡流阻力，此阻力的形成原因较复杂，可粗略地解释如下：

在一定条件下，由于气流流动的惯性使弹表的附面层与弹体表面分离，而弹体尾部附近没有气流流过，形成了接近真空的低压区，周围压力较高的气流向低压区闯入填补，造成杂乱无章的旋涡。实验发现，涡流区压力远小于弹头附近气流中的压力，弹头与弹尾的压力差，既构成所谓的涡流阻力。影响此阻力的主要因素是弹尾部形状、弹丸与气流之间相对运动速度的大小和方向以及弹丸底部是否排气等。在一定条件下，弹尾做成收缩形状不易出现涡流。

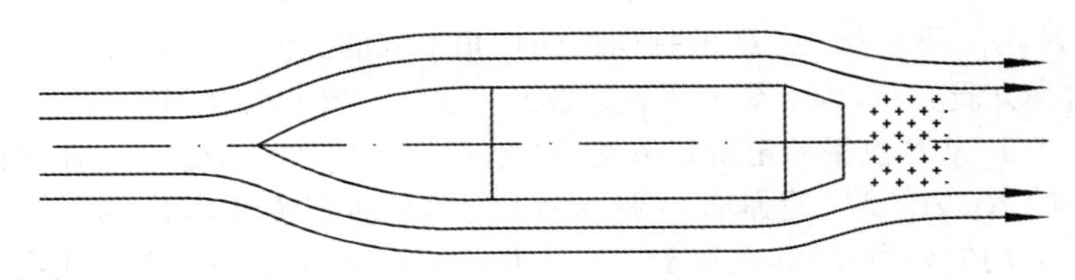

图 2.2.8　涡流示意图

(3) 波动阻力。

当弹丸与空气之间的相对运动速度 v 大于音速 C 时，除前述的摩擦阻力和涡流阻力外，又增加了一种波动阻力或称激波阻力，此阻力是伴随着近似圆锥形的微波而产生的。激波的出现与空气的可压缩性密切相关。音速 C 是表示介质可压缩性的量，C 的数值大时可压缩性小，或反之。当弹丸在具有可压缩性的空气中运动时，空气受到压缩扰动，即弹丸周围空气的密度、压力等发生变化，此时，弹丸称为扰源。

当弹丸超音速飞行时，沿弹头表面以及弹带、弹尾等凸凹不平处，在其附近各条流线的每一点上，气流方向被迫向外转折。每点成为一个点扰源，均各产生一个马赫波(由微弱扰动波重叠而成)，如图 2.2.9 中虚线所示，是由无数个马赫波重叠的结果，即为激波。在弹头部的称为弹头波，而弹带及弹尾部位的则分别称为弹带波及弹尾波，总称为弹道波。在弹道波上，可形成空气压力、密度和温度的强烈变化。

对于中等速度(即 500 m/s 左右)的现有制式弹而言，在总的空气阻力中一般摩擦阻力占 6%～10%，涡流阻力及波动阻力则占 40%～50%。

弹丸表面加工应有一定的光洁度，有的进行表面涂漆，其目的之一就是为了减小摩擦阻力，但由于在总阻力中摩擦阻力占的比重较小，故对弹丸表面光洁度的要求一般不是很高，必须注意的是，对于同一种弹丸而言，应力求各弹丸的表面光洁度基本一致。否则，将影响误差。

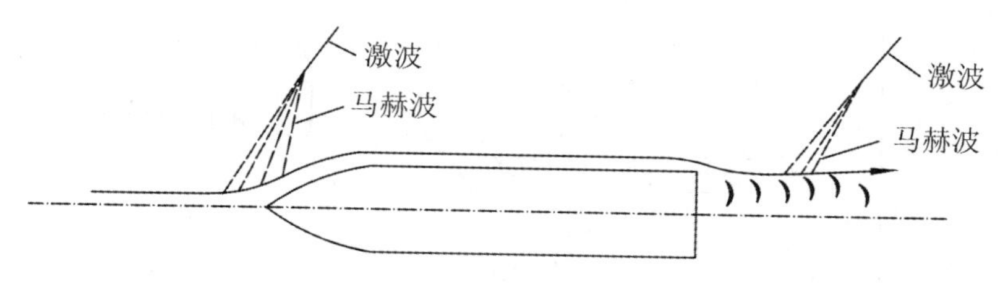

图 2.2.9 激波的形成

弹丸在亚音速飞行时，涡流阻力占总阻力的大部分，此时，为了减小阻力应尽量地将弹丸尾部设计成流线型以减小涡阻，比如亚音速的迫击炮弹就是这样。

弹丸初速在中等速度以上时，一方面，由于在一定的时间内弹丸超音速飞行，应将弹丸设计得锐长一些以减小波阻；另一方面，由于弹丸出枪炮后弹速不断变化，可能在大部分时间内以亚音速或跨音速飞行，故应注意减小涡流阻力。考虑到上述两方面及其他有关要求，常将弹尾部做成截锥型(一般称作船尾型)，如图 2.2.8 所示。对于某些初速的制式榴弹，锐化头部时弹头半顶角一般不大于 20°，以避免出现波阻较大的分离波；而船尾角一般在 6°～9°时产生的涡流阻力最小。这些角度的范围在空气动力学中均有理论或实验依据。

对于某些弹丸，如近程穿甲弹等，几乎在全弹道上均以超音速飞行，波阻在总阻力中起决定性的作用，一般不考虑减小涡阻的问题，而将弹尾部做成圆柱形。

2. 空气阻力计算

(1) 空气阻力表达式。

根据量纲分析理论及实验研究得知，空气阻力的一般表达式为

$$R_x = \frac{\rho v^2}{2} S C_{x_0}\left(\frac{v}{C}\right) \tag{2-2-1}$$

式中，R_x 为空气阻力，亦称迎面阻力或切向阻力(N)，其指向与弹丸质心速度矢量 v 共线反向；ρ 为空气的密度(kg/m³)；$S=\pi d^2/4$，为弹丸特征面积(m²)；d 一般可取弹丸的最大直径(m)；$C_{x_0}\left(\frac{v}{C}\right)$为阻力系数，无因次，在一定速度范围内近似为 $M\left(\frac{v}{C}\right)$数的函数，下角“0”表示攻角 $\delta=0$ 的情况。

(2) 阻力定律及弹形系数。

大量实验发现，对于形状相差不大的弹丸Ⅰ及弹丸Ⅱ，它们各自的阻力系数曲线，彼此之间存在如图 2.2.10 及式(2-2-2)所示的特性。

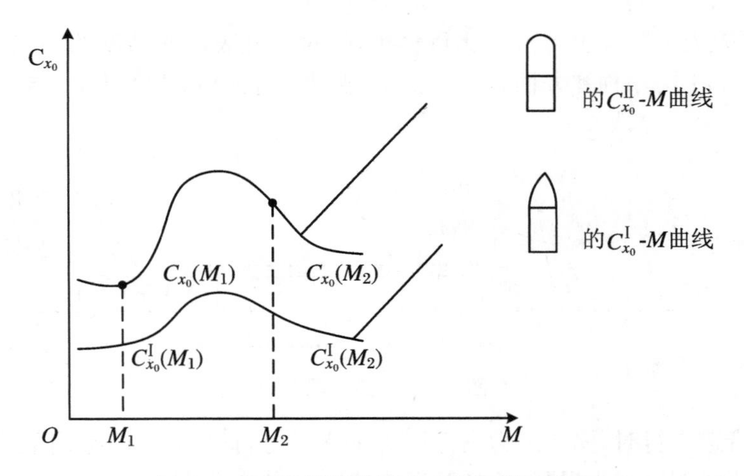

图 2.2.10 旋转弹的阻力系数曲线示意图

$$\frac{C_{x_0}^{\text{I}}(M_1)}{C_{x_0}^{\text{II}}(M_1)} \approx \frac{C_{x_0}^{\text{I}}(M_2)}{C_{x_0}^{\text{II}}(M_2)} \approx \cdots \approx \text{常数} \tag{2-2-2}$$

式中,上角“Ⅰ”及“Ⅱ”分别表示对应于弹丸Ⅰ及弹丸Ⅱ,下角“0”仍表示 $\delta=0$。式(2-2-2)说明:形状相差不大的两个弹丸,它们在 M 数相同且 $\delta=0$ 时的阻力系数比值近似等于常数。

如果取定某个标准弹,精确地测出 $\delta=0$ 时的阻力系数曲线(也可用一组标准弹测出它们平均的 C_{x_0}-M 曲线),此种标准弹的阻力系数与 M 数的关系,称为阻力定律,记作 $C_{x_0N}(M)$。目前我国常用的是 43 年阻力定律即 $C_{x_0N_{43}}(M)$,它用的标准弹为旋转式弹丸,其弧形弹头部长 $h_r=(3.0\sim3.5)d$,如图 2.2.11 所示。阻力定律曲线如图 2.2.12 所示。

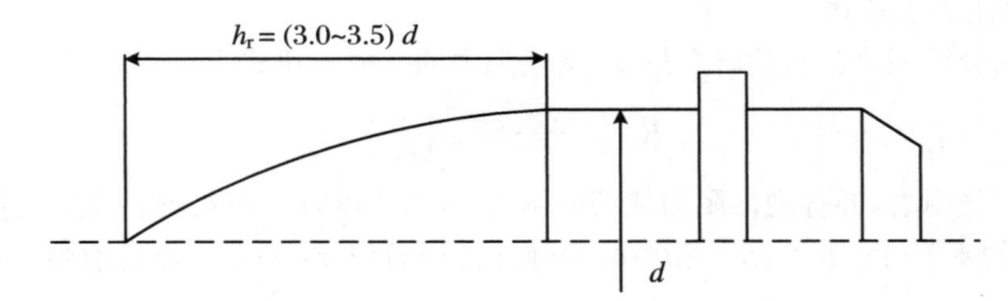

图 2.2.11 43 年阻力定律的弹形示意图

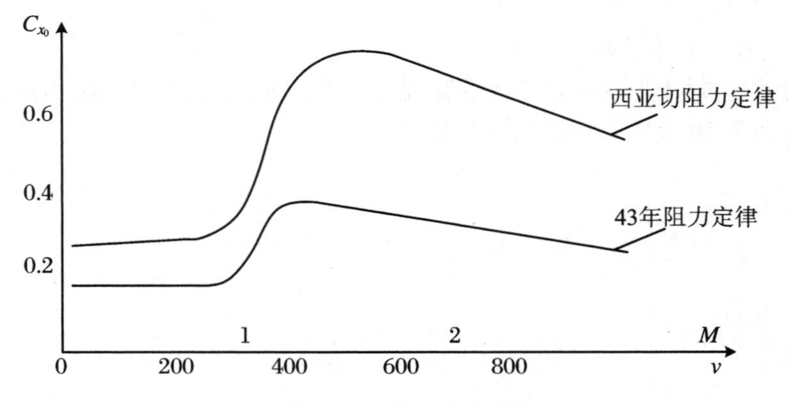

图 2.2.12 阻力定律曲线

有了阻力定律，则对于和标准弹形状相近的某待测弹，只需用少量实验测出任一马赫数 M_1 处的 $C_{x_0}(M_1)$ 值，然后用简便的计算法便可得出该待测弹的阻力系数曲线

$$\frac{C_{x_0}(M_1)}{C_{x_0N}(M_1)} \approx i(\text{常数}) \tag{2-2-3}$$

式中，i 为弹形系数，其定义为：某待测弹相对于某标准弹的弹形系数，是该待测弹与该标准弹在相同马赫数下且 $\delta=0$ 时阻力系数的比值。i 值反映了弹形差异所引起的阻力系数差异并从而引起的阻力差异。由于待测弹的 i 值必相对一定的标准弹而言，所以，i 值的大小与待测弹形状和标准弹形状（或阻力定律）均有关。在一定的 M 数下，一定的弹丸只有一个阻力系数值，但由于所取阻力定律不同却有不同的 i 值。在实际应用中，曾出现不同的阻力定律，我国还采用过西亚切阻力定律，其标准弹仍为旋转式弹丸，但 $h_r=(1.2\sim1.5)d$。

i 是反映弹形特征的重要参数，它的取值大小标志着枪炮及弹丸的设计质量。比如，i 值过大说明弹丸所受空气阻力大，要求枪炮具有较高的初速才能使弹丸飞行到给定的距离，而初速过大则对弹、炮枪的设计均可能产生不利影响。i 值如果过小，则在一定条件下必须使弹丸设计得锐长一些，这对旋转弹的飞行稳定性可能不利，或使炸药装药量减小而降低威力。在具体设计中，必须针对设计任务，结合对弹丸结构及气动外形等进行全面深入的反复研究才能得出合适的 i 值。

3. 弹道系数

在各种力的作用下，弹丸和火箭弹在空气中的质心运动轨迹即为弹道。在图 2.2.13 中，Oa 段是火箭发动机继续工作的一段，称为主动段，而 asC 一段称为被动段。

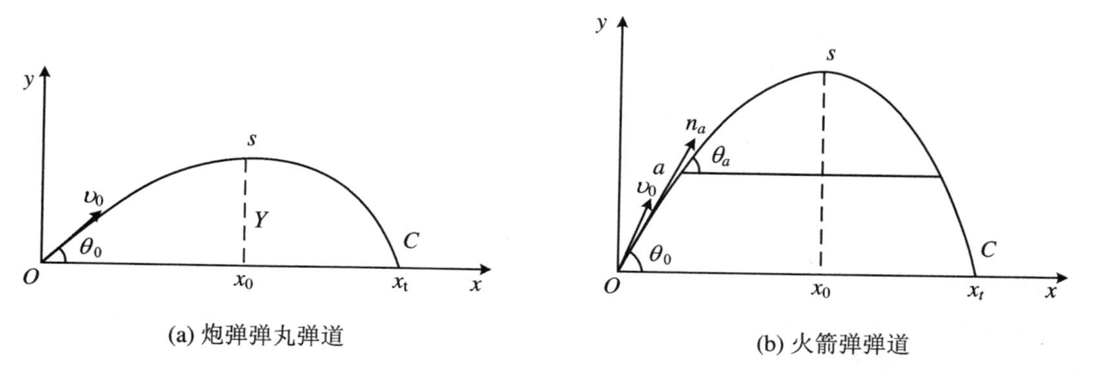

(a) 炮弹弹丸弹道　　(b) 火箭弹弹道

图 2.2.13　外弹道示意图

为方便起见，常用脚注“O”“s”“C”和“a”分别表示射出点、顶点、落点和主动段终点的弹道诸元。采用英文大写字母表示主要弹道诸元，如 X 表示全射程，Y 表示最大弹道高度等。

对质心运动研究表明，弹丸的外弹道诸元由所谓弹道系数 c、初速和射角所决定。对射程而言，可以写出如下函数关系：

$$X = X(c, v_0, \theta_0) \tag{2-2-4}$$

其中，初速和射角对射程（或弹道诸元）的影响是显而易见的。在此只对弹道系数的影响作一说明。

弹道系数的表达式为

$$c = \frac{id^2}{m} \tag{2-2-5}$$

式中，i 为弹形系数，对于确定的弹丸可视为常数；d 为弹丸直径；m 为弹丸质量。

由式(2-2-5)可知，弹道系数反映了弹丸保持运动速度的能力。弹道系数大，说明作惯性运动的弹丸容易失去其速度；弹道系数小，说明弹丸保持其速度的能力强。由于弹丸质量 m 与弹丸的体积相关，即有 $m \propto d^3$。若引入弹丸质量系数(或称弹丸相对质量)

$$c_{\mathrm{m}} = \frac{m}{d^3} \tag{2-2-6}$$

则式(2-2-5)可写为

$$c = \frac{i}{c_{\mathrm{m}} d} \tag{2-2-7}$$

不同种类的弹丸，其质量系数不同。但对于相似的同类弹丸，其质量系数将在不大的范围内变化。可见，形状相似的同类弹丸，其弹道系数与弹径成反比，即弹径越大，弹道系数越小，因此空气阻力的影响也小。

弹丸的飞行稳定性问题是弹丸绕质心运动所要研究的主要应用问题。只有满足飞行稳定性，才能在弹道落点处保证弹丸的头部着地，使其正常发挥作用。在诸力矩的作用下，满足飞行稳定性的弹丸，其绕质心的运动可以分解为章动、进动和自转三种运动(图 2.2.14)。这里所说的章动，是指弹轴在弹轴与速度矢量所确定的平面上的摆动运动；进动是指弹轴绕速度矢量的转动运动；自转是指弹丸绕其轴线的旋转运动。

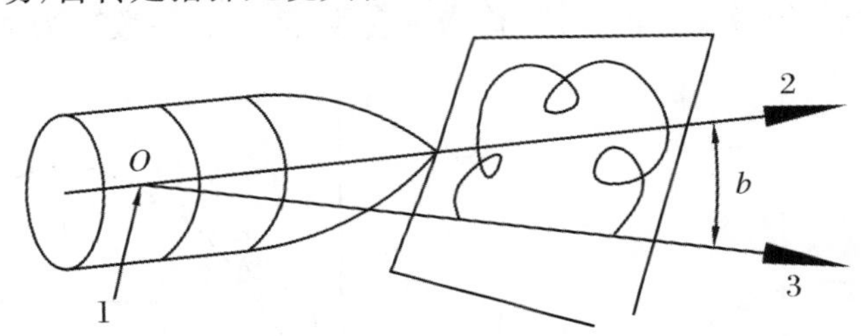

图 2.2.14 弹丸的转动运动

1. 质心；2. 弹轴；3. 速度矢量

在弹丸和火箭弹设计中，究竟采用哪种稳定方式好呢？一般来说，旋转稳定弹丸在结构上要比尾翼稳定弹丸简单，其精度也会高些，且造价较低。因此，如无其他不利的因素，均以采用旋转稳定为宜。但是，以下情况却常常采用尾翼稳定方式：

(1) 尾翼稳定弹丸比旋转稳定弹丸具有更大的长径比。只要其长度不超过勤务处理(储存、维修和装填等)的限制，为了取得比相应旋转稳定弹丸大的炸药装填容积，尾翼稳定弹丸长径比可尽量增加。

(2) 弹丸的威力或其他终点效应若因弹丸的旋转而降低时。例如，空心装药破甲弹就是这种情况。

(3) 弹丸的战斗使命若要求在大射角下进行射击时。这是因为旋转稳定弹丸在射角大于 65°时将使稳定性严重变坏，其精度急剧下降，而尾翼稳定弹丸却不会出现这种情况。

(4) 弹丸可以设计成由滑膛炮发射时。对于火箭弹来说，旋转稳定除使喷管结构变得复杂外，还将使推力损失增加。尚须指出的是，在外弹道学中，真实的气象条件和弹道条件是通过修正的方法来解决的。

第3章　引信及其火工品

3.1　引信的概述及要求

弹药是武器系统的终端子系统，引信是弹药的重要组成部分，因此为了使弹药十分安全可靠，对引爆弹丸的时间、地点和条件均有严格的要求。这些要求是靠引信的作用来实现的。

3.1.1　引信的定义

引信的本质是信息控制系统和引爆或点火装置。这在常规弹药引信中是正确的，但在尖端武器引信中，通常只指信息控制系统，而不包括引爆或点火装置。为此，提出引信定义："引信是直接的或间接的利用目标信息控制弹丸（或战斗部）爆炸的（引爆或点火）装置仪（系统）。"

20世纪50年代，美国将引信定义为"发现目标并在最佳时机使弹头起爆的部件"。1989年，我国构建的引信定义为"利用环境信息与目标信息，在预定条件下引爆或引燃战斗部装药的控制装置"。这里把"信息"和"控制"引入到引信中。20世纪90年代，又把"控制装置"改为"控制装置或系统"，把"系统"引入引信定义中。

所谓引信，是通过自身的敏感装置感觉目标或按预定条件（如时间、地点、指令等）来控制弹药爆炸序列适时爆炸的系统，如图3.1.1所示。引信也可以作为点火装置使用，如用来点燃抛射药，起爆战斗部，抛出照明炬、燃烧炬、子母弹的子弹等。

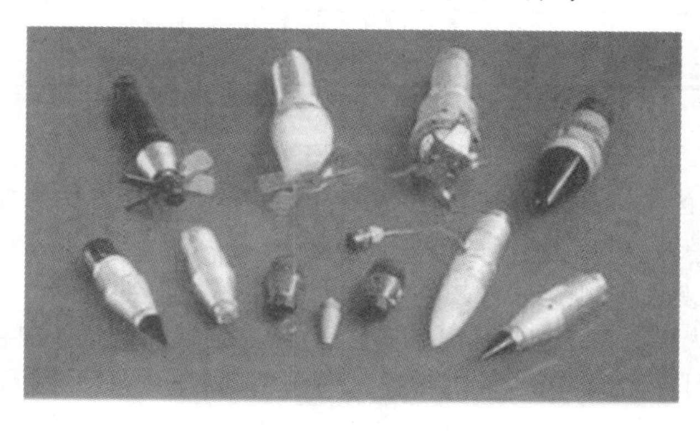

图3.1.1　各种引信

现代引信可以定义为利用目标信息、环境信息、平台信息和网络信息，按预定策略引爆或引燃战斗部装药，并可选择攻击点、给出续航或增程发动机点火指令以及毁伤效果信息的控制系统。

引信系统是指一个战斗部中同时配用几个引信，或一个引信分几个部件配置，或引信和附件（如电子时间引信的装定器）的组合。

引信的起爆作用对弹丸或战斗部的精度和终点效能（杀伤、爆破、侵彻、燃烧等）具有重要的甚至是决定性的影响，其作用相当于弹药的大脑。引信的作用就是要控制在最佳起爆位置或时机引爆弹丸或战斗部，以便使目标遭到最大程度的杀伤或破坏。引信的控制作用利用的是目标信息和环境信息。目标信息是表征目标状态和特性的物理量（如坐标、形状、尺寸、材料强度、磁场强度、电磁波反射特性、热辐射特性等）。环境信息是间接的目标信息，即目标所处环境的信息（如电磁辐射与反射、气动力加热、各种形式的作用力等）。

3.1.2 引信的基本组成

引信主要由目标探测与发火控制系统、安全系统、爆炸序列、能源等组成。引信的基本组成部分、各部分间的联系及引信与环境、目标、战斗部的关系方框图见图 3.1.2。

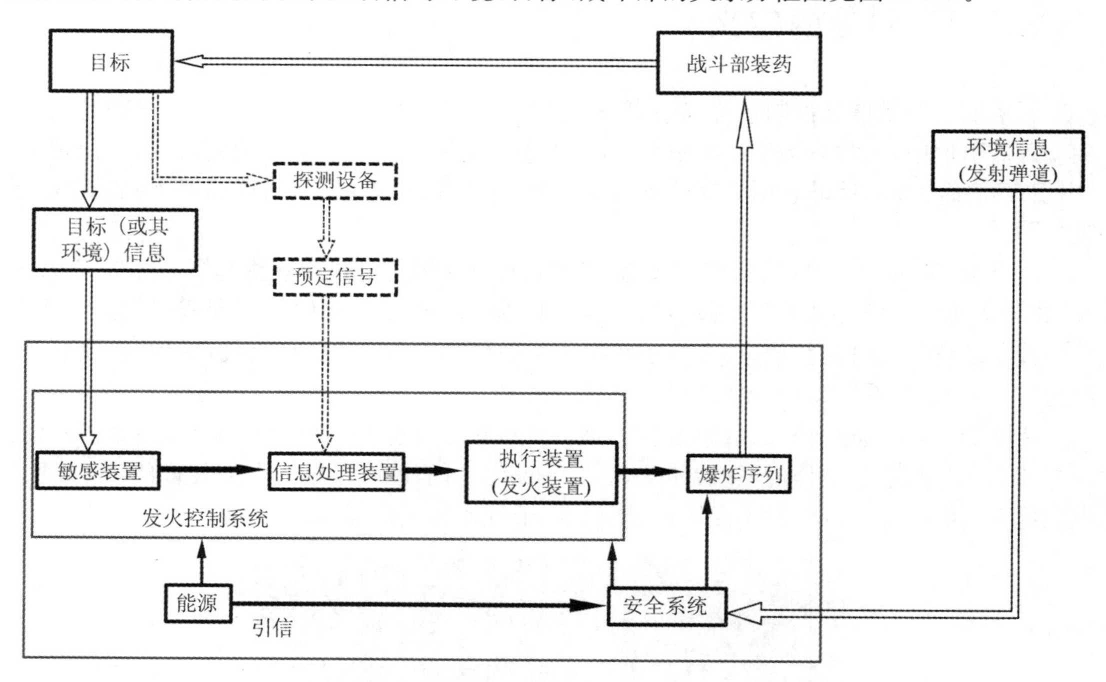

图 3.1.2 引信的基本组成部分、各部分间的联系及引信与环境、目标、战斗部的关系方框图

注：虚线表示间接感觉信息的目标敏感装置和引信发火控制系统的关系。

1. 目标探测与发火控制系统

目标探测与发火控制系统包括信息感受装置（敏感装置）、信息处理装置和发火系列。

引信是通过对目标的探测或指令接收来实现引信起爆的。目标探测系统通过识别这些目标信息作为发火控制信息。引信中爆炸序列的起爆由位于发火装置中的第一个火工元件即首级火工品开始。首级火工品往往是爆炸序列中对外界能量最敏感的元件，其发火信息可由执行装置或时间控制、程序控制或指令接收装置的控制，而发火所需的能量由目标敏感装置直接供给，也可由引信内部能源装置或外部能量供给。爆炸序列中首级火工品的发火方式主要有机械发火、电发火、化学发火三种。

2. 引信爆炸序列

爆炸序列是指各种火工品按它们的敏感度逐渐降低而输出能量递增的顺序排列而成的组合。它的作用是把首级火工元件的发火能量逐级放大，让最后一级火工元件输出的能量足以使战斗部可靠而完全地作用。对于带有爆炸装药的战斗部，引信输出的是爆轰能量。对于不带有爆炸装药的战斗部，如宣传、燃烧、照明等特种弹，引信输出的是火焰能量。爆炸序列根据传递的能量不同又分别称为传爆序列和传火序列。引信爆炸序列的组成随战斗部的类型、作用方式和装药量的不同而不同。需要说明的是，引信中用作保险的火工元件不属于爆炸序列。

3. 引信安全系统

引信安全系统是为确保弹药平时及使用中安全而设计的，安全系统主要包括对爆炸序列的隔爆、对隔爆机构的保险和对发火控制系统的保险等。安全系统在引信中占有重要地位。

安全系统涉及隔爆机构、保险机构、环境敏感装置、自炸机构等。引信的环境敏感包括对膛内环境、膛口环境、弹道环境、目标环境以及目标内部环境的敏感。随着现代信息技术、微电子技术的飞速发展，对环境的充分利用将变得更容易。引信安全系统根据其发展，主要包括机械式安全系统、机电式安全系统以及电子式安全系统。

(1) 机械式安全系统。

早期的机械式引信，为了利用发射过程中的惯性力，安全系统中的保险元件又作敏感元件用。保险元件在惯性力作用下，克服约束件产生位移，隔爆件释放，发火机构解除约束，引信解除保险。

在引信中广泛应用的后坐保险机构是一种典型机械式安全系统，如图 3.1.3 所示。其中质量块作为保险件，弹簧作为约束件，发射时的后坐力作为惯性力，防止爆炸序列对正的可移动零部件作为隔爆件。

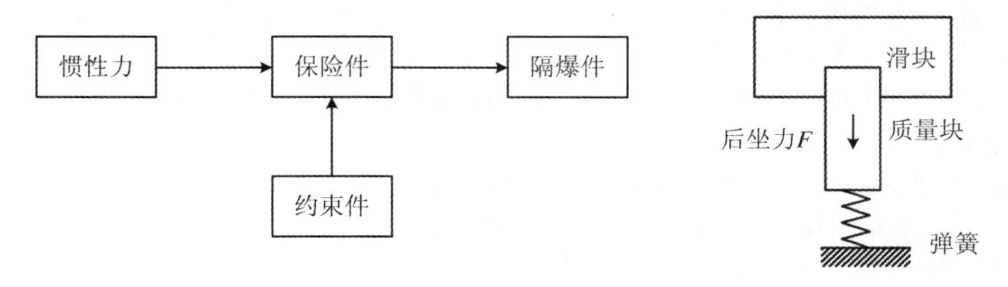

图 3.1.3　后坐保险机构原理

机械式安全系统中，保险结构包括惯性保险机构、曲折槽机构、双行程直线保险机构、双自由度后坐保险机构、互锁卡板机构等。机械式安全系统结构形式简单，技术成熟，在引信中有较好的应用。但由于机械机构本身固有特性的限制，难以充分利用各种环境信息，难以改进各种环境条件的识别算法，难以实现保险件的组合控制。

(2) 机电式安全系统。

随着科学技术的发展，机械式安全系统已不能满足现代武器对引信高精度、高安全性的要求，这就促使了机电式安全系统的出现。机电式安全系统含有机电转换装置，能够实现感受弹道环境信息与解除保险动作的分离，主要特征是利用环境传感器代替机械环境敏感装置。

机电式安全系统能更好地识别环境信息。环境传感器灵敏度高，除了可以探测后坐加速度和离心力等环境信息外，还能探测发射过程中及弹道上的其他环境信息，其中有些信息明显不同于非发射环境信息。利用这些信息为引信解除保险，可进一步提高系统的安全性和可靠性。机电式安全系统是目前引信安全系统的发展主流。

国外在 20 世纪 70 年代初开始机电式安全系统的研究，20 世纪 80 年代已应用于制式引信中。典型的引信，如美国的 XM762A1、MK432MOD0 多选择引信，也采用了机电式安全系统。该引信为美国大、中口径榴弹的通用引信，已经被大量生产并广泛应用于部队装备。

(3) 电子式安全系统。

新型武器的发展对引信提出了更高的要求，低成本、智能化、微型化成为引信安全系统的特点，电子式安全系统可以很好地体现这些特点。

电子式安全系统以直列式爆炸序列为基础，采用以钝感起爆药为首级火工品的爆炸序列，通过控制发火能量的供给以保障引信的安全。电子式安全系统没有运动零部件，不存在润滑问题，可靠性高，环境识别和状态控制精确，定时和延时精度远远高于机械式安全系统。

电子式安全系统是一种新型引信安全系统，需要多个环境传感器识别引信使用的环境信息，目前只有在高价值弹药引信中才有应用，在常规弹药信息中的应用仍处于研究阶段。

4. 引信能源

引信能源是引信工作的基本保障。包括引信环境能、引信物理或化学电源。

机械引信中用到的多是环境能，包括发射、飞行以及碰撞目标的机械能量，实现机械引信的解除保险和起爆等。引信物理或化学电源是电引信工作的主要能源，用于引信电路工作、引信电起爆等。在现代引信中，引信电源一般作为一个必备模块单独出现，常用的引信物理或化学电源有涡轮电机、磁后坐电机、储备式化学电源、锂电池、热电池等。

由于引信内涵发展变化，引信的组成也有发展，对应网络技术时代的引信组成原理如图 3.1.4 所示。它是在原有的四个基本组成部分的基础上，增加了两个新的子系统，即平台/网络信息收发系统和攻击点火控制系统。平台/网络接收系统接收平台/网络传来的信息，经过处理传递给攻击点控制系统，选择或更新最佳攻击点或所攻击目标；也可以传给发火控制系统对最佳起爆点、起爆时机进行控制；还可以传给安全系统，根据平台或网络发出的指令解除保险。

面向 21 世纪网络技术时代的引信，有必要对引信的定义、功能和组成进行深入的研究，加深对引信特征的再认识，以便正确认识和把握引信及其技术新的发展机遇，推动中国引信装备和技术提高到一个新的水平。

在引信新的定义中，涵盖了 20 世纪 80 年代引信定义的内涵，它是引信赖以存在的基础，是引信核心功能所在。新的定义较 20 世纪 80 年代定义增加的内涵有以下四点：

(1) 在引信输入即引信所利用的信息方面，增加了平台信息和网络信息。

(2) 在引信输出方面，增加了选择攻击点、给出续航/增程发动机点火指令以及毁伤效果信息三个新的功能，以“并可”二字统领，表示这些功能并非每个引信都有。

(3) 将“预定条件”改为“预定策略”，包括安全系统解除保险/恢复保险的策略、引爆战斗部的策略(如根据目标类型选择单点起爆、多点同步起爆、多点序贯起爆等)，多引信对付多目标的目标分配策略、攻击时机策略、对单个或多个攻击点的选择控制与更新策略等。

(4) 将定义的“属”定位在“控制系统”上，因为现代引信的“控制系统”特征已远强于“控制装置”特征。

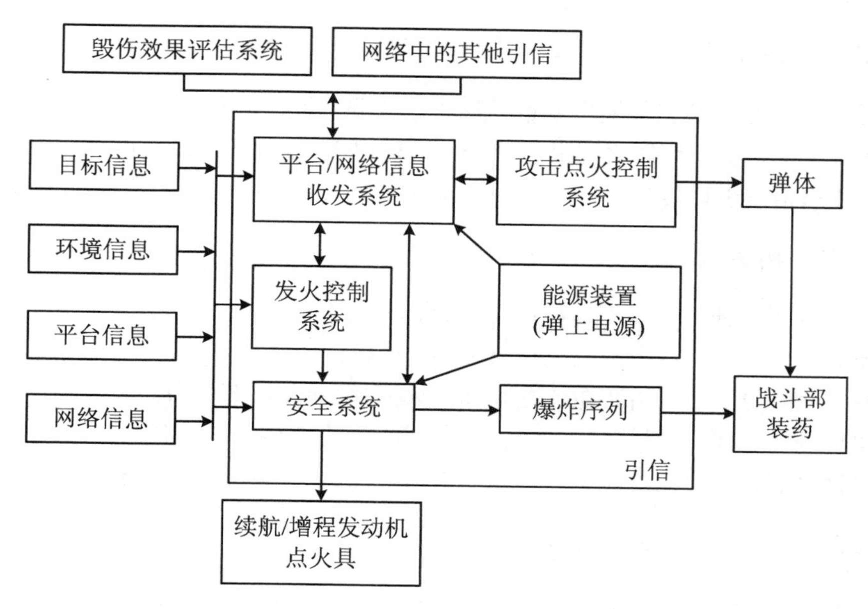

图 3.1.4　网络技术时代引信组成原理框图

目标信息除为引信发火控制系统选择最佳起爆时机所用外，安全系统还可以利用它实现目标并解除保险，攻击点控制系统可以利用它选择、更新最佳攻击点或从多个目标中选择特定的目标。

环境信息包括弹药的发射、投放、飞行、多级发动机分离、子母式弹药的抛撒、子弹药的飞行等各类环境信息。

平台信息包括运载平台(如飞机)传给引信的信息，如从载机上向航空炸弹传输的引信解除保险时间、引信延期作用时间等信息；发射平台(如火炮)通过接触式、感应式或射频式向引信传输的关于目标位置、射击诸元、气象诸元、引信作用方式、作用时间等信息；指挥控制平台通过遥控指令向引信传输的安全系统解除保险或恢复保险信息，弹道修正引信的修正执行装置工作信息，向自组网引信中的“网关引信”下达的目标特征及对抗策略等信息；飞行平台的制导系统向引信传输的安全系统解除保险信息、弹目交会特征信息、目标形体特征信息等。

网络信息包括引信接收定位卫星网络的定位信息、地面及空中传感器网络传给引信的战场态势及目标特征信息、指挥控制网络传给引信的对抗策略信息；自组网引信间的通信信息等。引信借此可以确定自身的空间位置、精细地识别目标(包括敌我识别)和跟踪目标，有目的地改变引信的空间位置、有选择地毁伤目标，并将对目标的毁伤效果传给指控网络毁伤效果评估系统或网络中的其他引信。

3.1.3　引信的分类

为了适应各类弹药的特殊需要，有多种多样的引信。同一引信从不同的角度分类有不同的名称。为了便于研究分析，引信常根据需要按其特点进行分类。分类方法较多，可按弹种、用途、战术使用、装配位置、安全程度、作用方式和作用原理等进行分类。现介绍几种常用的分类方法。

3.1.3.1 按用途分类

按用途分类就是按照引信输出能量的形式进行分类，可分为：

(1) 起爆引信。引信传爆序列最后一个元件输出爆轰冲量，用以起爆弹丸中的炸药。

(2) 点火引信。引信传爆序列最后一个元件输出火焰冲量，用以引燃弹丸中的抛射药。

3.1.3.2 按装配位置分类

根据引信在弹丸或战斗部上装配的部位，可分为：

(1) 弹头引信。指装在弹丸或战斗部头部的引信。

(2) 弹底(弹尾)引信。指装在弹丸底部或火箭弹、导弹尾部的引信。

(3) 弹头-弹底引信。引信的敏感装置在头部，而其余部分在尾部。

(4) 弹身引信。指装在弹体中间部位的引信，一般在导弹上使用较多。

3.1.3.3 按作用方式和原理分类

引信的作用方式，主要取决于获取目标信息的方式。引信获取目标信息的方式可以归纳为触感式、近感式和间接式(执行信号式)三种。因此，引信相应地可以分为触感引信、近感引信和执行引信三大类。在实际使用中，上述三大类引信结合作用原理又可以作进一步分类。

(1) 触感引信是指按接触感方式作用的引信。又称触发或者发引信。按其作用原理，目前使用最多的是机械式和压电式两大类。其中机械式触感引信又可根据引信作用时间分为瞬发式、惯性式和延期式等。

① 机械式触感引信。

a. 瞬发式引信是指利用接触目标时对引信的反作用力获取目标信息而作用的引信。此类引信都是弹头引信，其作用时间很短(100 μs 左右)。因此，适用于杀伤弹、杀伤爆破弹和破甲弹。

b. 惯性式引信(也称短期引信)是指利用碰击目标时急剧减速对引信零件所产生的前冲力获取目标信息而作用的引信。惯性发火机构具有经济性与可靠性好，抗干扰能力强的特点。作用时间一般在 1～5 ms 范围。配用此类引信的榴弹，爆炸可在中等坚实的土壤中产生小的弹坑，在坚硬的土壤中有小量侵彻。这对榴弹的杀伤作用有影响，但可用于跳弹射击，以实施空炸，如图 3.1.5 所示。而对穿甲弹与爆破弹来说，它的延期时间短，因此单独使用较少。此类引信有装在弹头的，也有装在弹底的。

图 3.1.5 跳弹空炸

惯性触发机构一般由活击体、相对作用部件和中间保险零件组成。活击体可以是前端固定击针的击针惯性体，或者是前端固定起爆元件的起爆元件惯性体，由引信需要的能量输出方向来确定，在引信空间允许的条件下，选用质量较大的活击体，一般是通过选择密度大的材料、在活击体中加铅心或附加惯性筒等措施来增加活击体的质量。相对作用部件通常是固定的，作为活动部件时一般是在双动着发引信中。中间保险零件可以是弹簧等弹性零件或者支耳、支筒等刚性零件。

c. 延期式引信是指目标信息经过信号处理延长作用时间的触感引信。延期的目的是保证弹丸进入目标内部爆炸。延期时间一般为 10～300 ms。此类引信可以为弹头引信，也可以为弹底引信。但是在对付很硬的目标时，总是用弹底引信。

② 压电式触感引信（简称压电引信）是指用压电元件将目标信息转化为电信号的触感引信。压电引信的作用时间短（小于 100 μs），可以实现弹头触感和弹底引爆，常配用于破甲弹。

引信作用时间是指从获取使引信输出发火控制信号所需的目标信息开始到引爆输出所经过的时间。对触感引信来说，作用时间从接触目标瞬间开始计算。

(2) 近感引信是指按近感方式作用的引信，又称近炸引信。按其借以传递目标信息的物理场源可分为主动式、半主动式和被动式三类。

① 主动式近感引信是指由引信本身的物理场源（简称场源）辐射能量，利用目标的反射特性获取目标信息而作用的引信，如图 3.1.6 所示。由于物理场源是由引信本身产生的，与外界偶然因素关系较小，工作稳定性好。但是，增加场源会使引信线路复杂，并要求有较大功率的电源来供给物理场工作，给引信设计增加了一定的困难。此外，这种引信容易被敌人侦察发现，从而有可能被敌人干扰。

② 半主动式近感引信是指由我方（在地面上、飞机上或军舰上）设置的场源辐射能量，用目标的反射特性并同时接收场源辐射和目标反射的信号而获取目标信息进行工作的引信，如图 3.1.7 所示。这种引信的结构简单，场源特性稳定，而且可以控制。但该引信鉴别从目标反射的信号和场源辐射的信号时需要一个大功率场源和一套专门设备，使指挥系统复杂化，且易暴露。目前，除导弹外，这种引信使用较少。

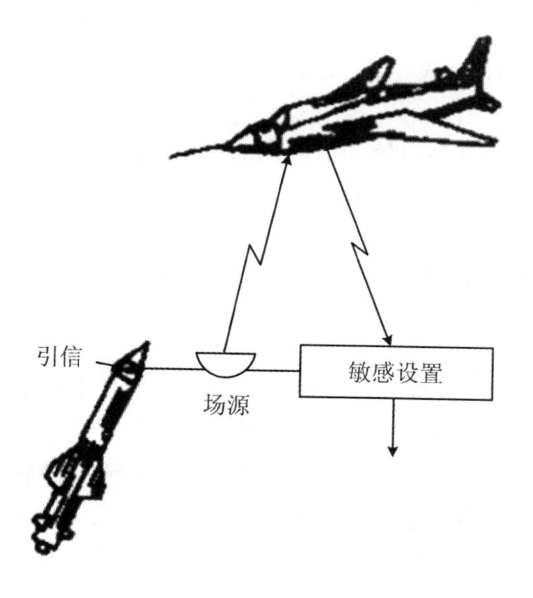

图 3.1.6　主动式近感引信的作用方式

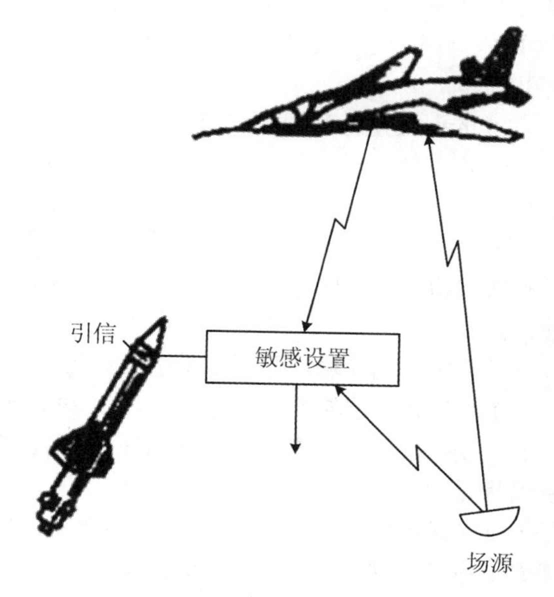

图 3.1.7　半主动式近感引信的作用方式

③ 被动式近感引信是利用目标产生的物理场获取目标信息而工作的引信，如图 3.1.8 所示。大多数目标都具有某种物理场，如发动机就可以产生红外光辐射场的声波，高速运动的目标因静电效应而存在静电场，铁磁物质有磁场等。这类引信由于本身不产生物理场，不但可以简化结构，减少能源消耗，而且不易暴露给敌人。但是，引信获取目标信息完全依赖于目标的物理场，会造成引信工作的不稳定性。因为各种目标物理场的强度可能有显著的差别，敌人也可能采取特殊的措施使目标物理场产生变化或减小，甚至可以暂时消失，如喷气发动机将气门关闭或喷气孔后加挡板。然而，在通常情况下目标物理场仍具有一定稳定性，很多红外引信就是被动式的。

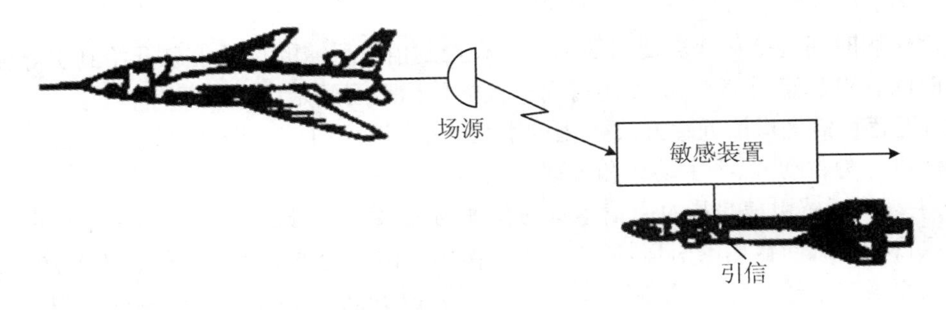

图 3.1.8　被动式近感引信的作用方式

近感引信按其借以传递目标信息的物理场的性质，可以分为无线电、光、磁、声、电容(电感)、周炸等引信。

① 无线电引信是指利用无线电波获取目标信息而作用的近感引信。在这些引信中，有许多是采用如同雷达原理获取目标信息的近感引信，俗称雷达引信。在近感引信中，无线电引信是应用最广泛的一种引信。

无线电引信按其工作波段可分为米波式、微波式和毫米波式等；按其作用原理可分为多普勒式、调频式、脉冲调制式、噪声调制式和编码式等。其中米波多普勒无线电引信，由于简单可靠，应用十分广泛。目前，正在研究的还有定向多普勒引信、脉冲多普勒引信、调频多普勒引信等。

② 光引信是指利用光波获取目标信息而作用的近感引信。根据光的性质不同，又可分为红外引信和激光引信。红外引信应用较为广泛，特别是在空对空火箭和导弹上应用更多。激光引信是一种新发展的抗干扰性能好的引信。

③ 磁引信是指利用电磁波获取目标信息而作用的近感引信。这种引信只能用来对付具有铁磁物质的目标，如坦克、车辆、舰艇和桥梁等。目前主要配用于航空炸弹、水中兵器和地雷。

其目标探测模块采用了基于电涡流效应的磁近感传感器。在每个子弹壳体的外部安装有一个由漆包线绕制而成的小探头，当对线圈通以高频的交流电时，线圈的周围会产生一高频的交变磁场。当子弹靠近铁磁物质时，钢板内便会产生高频的感应电流。该电流呈闭合漩涡状，故称为涡流。此涡流同时也产生一个交变磁场。根据相关电磁定律，电涡流磁场总是抵抗原磁场的存在，使得导体内产生涡流损耗，并引起原探头线圈等效电感的降低。而且随着子弹与铁磁物质之间距离的减小，钢板中的电涡流效应会越来越强，线圈的感抗也会越来越小。这样就把弹目之间距离的变化转变成探头线圈电感的变化。只要在后续处理电路中将电感变化检测出来即可作为目标探测信号送给发火控制单元。

④ 声引信是指利用声波获取目标信息而作用的近感引信。许多目标如飞机、舰艇和坦克等都带有功率很大的发动机，有很大的声响。因此，常使用被动式声引信，主要配用于水中兵器。

⑤ 电容（或电感）引信是指利用静电感应场获取目标信息而作用的近感引信。电容（或电感）引信具有原理简单、作用可靠、抗干扰性能好等优点；缺点是作用距离近。目前电容引信主要用于空心装药破甲弹，也有用于榴弹的。

⑥ 周炸引信是指利用目标周围环境信息而作用的近炸引信。常用的周炸引信有气压式（利用大气压力的分布规律）与水压式（利用水压力与水深变化规律）两种。目前，近感引信还常按"体制"进行分类。所谓引信体制是指引信组成的体系，因此按体制分类，就是按引信组成的特征进行分类。由于引信的组成特征与原理紧密相关，所以通常与原理结合在一起进行分类。如多普勒体制、调频体制、脉冲体制、噪声体制、编码体制和红外体制等。

(3) 执行引信是指直接获取外界专门的仪器装置发出的信号而作用的引信。按其获取方式可分为时间引信和指令引信。

① 时间引信是指按预先（发射前）装定的时间而作用的引信。按其原理又分为机械式（钟表计时）、火药式（火药燃烧药柱长度计时）和电子式（电子计时）。这类引信多用于杀伤爆破榴弹、炸弹和特种弹等。

② 指令引信是指利用接收遥控（或有线控制）系统发出的指令信号（电的和光的信号）而工作的引信。此种引信只需设置接收指令信号的装置，因此结构较简单。但是，它需要一个大功率辐射源和复杂的遥控系统，容易暴露，一旦被敌方炸毁，引信便无法工作，因此很少使用，目前多用在地空导弹上。

3.1.3.4　按弹种和战术使用分类

这种分类方法很重要。因为，我们研究和设计任何引信都要满足战术要求。同时，各种火炮的性能，特别是所配用战斗部的性能和用途，将决定引信的功能和性能。因此，按此分类方法可以使战术与技术结合起来，既便于研究当前引信的具体情况，又便于为今后引信研究与发展指出方向。战术使用的改变，新目标的出现以及新弹种的研制都将促使新的引信随之出现。

(1) 炮弹引信主要包括航炮、高射炮、加农炮、榴弹炮、迫击炮和无后坐力炮等所用的榴弹、破甲弹、碎甲弹和穿甲弹引信等。

(2) 火箭弹和导弹引信。

(3) 航空炸弹引信。

(4) 水中兵器弹药引信。

(5) 地雷引信。

(6) 手榴弹引信。

(7) 特种弹引信，主要包括照明弹、燃烧弹、发烟弹、宣传弹和曳光弹等所配用的引信。

3.1.3.5　按安全程度分类

这种分类方法只适用于起爆引信。引信在勤务处理和发射时（尚未解除保险）会受到各种力的作用，从而有可能导致火帽或雷管意外地发生自炸。引信按安全程度可分为：

(1) 非隔离型引信是指保险状态时传爆序列中各元件的传火通道和传爆通道均不被隔

断的引信。这类引信在勤务处理或发射中，无论是火帽或是雷管万一发生自炸，都会引爆传爆药，如图 3.1.9(a)所示。从这个意义上说，这类引信安全性较差，现已被淘汰。

(2) 隔火型引信又称隔离火帽型引信，即保险状态时火帽传火通道被隔断的引信，如图 3.1.9(b)所示。在勤务处理或发射中，若火帽发生作用，则不会引爆雷管；但若雷管自炸，仍会引爆传爆药。这类引信不符合《引信安全性设计准则》。

(3) 隔爆型引信又称隔离雷管型引信，即保险状态时雷管与导爆管(或传爆管)的传爆通道被隔断的引信，如图 3.1.9(c)所示。在勤务处理或发射中，无论是火帽还是雷管发生作用，都不会引起传爆管爆炸。这类引信安全性最好，是引信发展的趋势。

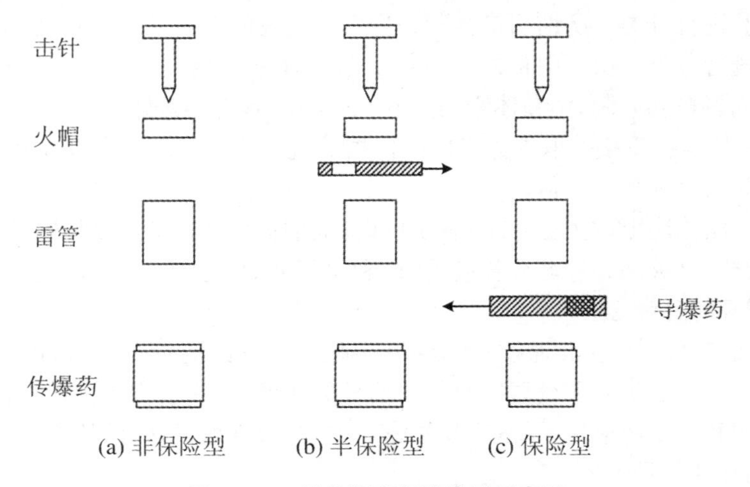

图 3.1.9　引信隔离保险类型示意图

3.1.4　引信的功能

引信具有保险、解除保险、感觉目标、起爆(包括点燃，下同)四大功能：

(1) 保险。必须保证引信在预定的起爆时间之前不起作用，保证弹药在储存、运输、勤务处理和发射中的安全。

(2) 解除保险。引信必须在发射后适当的时机解除保险，进入待发状态。通常是利用发射过程和飞行过程中产生的环境力，也可以利用时间装置、无线电信号使引信解除保险。

(3) 感觉目标。引信可以通过直接或间接的方式感觉目标。

凡引信直接从目标获得信息而起爆的属于直接感觉。直接感觉有：

① 接触目标。引信或弹体与目标直接接触而感觉目标。

② 感应目标。引信或弹体与目标不直接接触，而利用感应目标导致的物理场变化的方法来感觉目标。

引信通过其他装置感觉目标信息属于间接感觉。间接感觉有：

① 预先装定。根据测得的从发射(包括投掷、布置)开始到预定起爆的时间或按目标位置的环境信息进行预先装定。

② 指令控制。引信根据其他装置感觉的目标信息发出的指令而起作用。

(4) 起爆。引信必须在产生最佳效果的条件下起爆弹丸装药或战斗部。引信可以在接触目标前、接触目标瞬时或接触目标后起爆，这取决于对引信的战术技术要求。

所有引信，无论它们是用来起爆何种弹丸都应具有上述四大功能。其中，第一、二个功能主要由引信的安全系统来实现；第三个功能由引信的发火控制系统来实现；第四个功能由引信传爆系统来实现。

3.1.5　引信的作用过程

引信作用原理也可以用信息传输作用过程方框图描述，如图3.1.10所示。

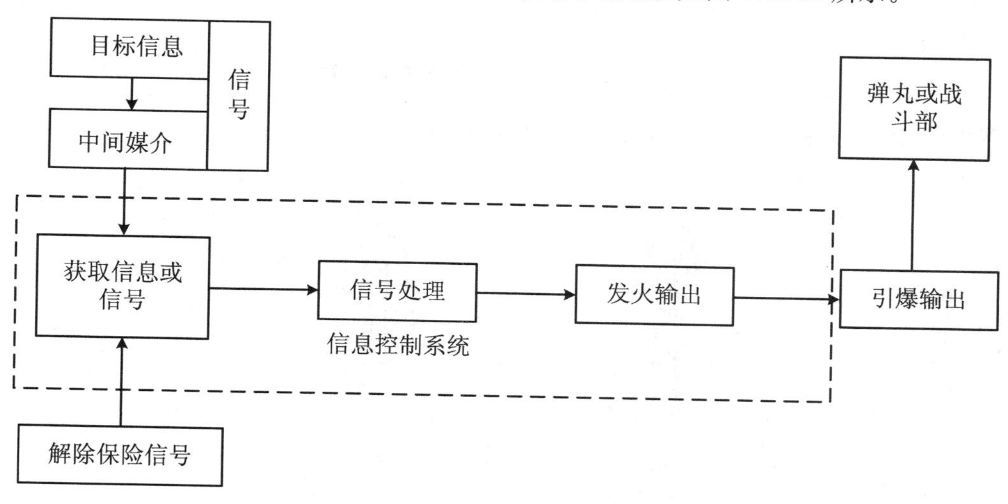

图3.1.10　引信作用原理

中间媒介是信息传输的运载工具，引信中常用的有力(反作用力和各种惯性力)、机械波(应力波和声波)和电磁波等。中间媒介可以来自引信本身，作为信息控制的组成部分场源，这类引信称之为主动式引信；中间媒介也可以来自目标，称之为被动式引信。

引信的作用过程是指从弹药发射、投掷、布置开始直至整个爆炸系列起爆，输出爆轰冲量(或火焰冲量)引爆弹丸或战斗部的主装药(或抛射药)的整个过程。引信爆炸系列的第一火工元件(雷管或火帽)是非常敏感的，即使很微弱的信号也能反应，所以对引信还要保证弹药的安全。这一任务由保险机构、隔爆机构、各种开关和控制电路的引信安全系统完成。弹药发射、投掷、布置一旦开始，引信安全系统将由保险状态向待发状态过渡，称为解除保险过程。

图3.1.11为一个典型的引信解除保险过程中各个阶段的情况。a点表示发射开始，在a点左边，引信处于保险状态，因此在储存、运输、勤务处理过程中是安全的，由a点到b点，保险机构尚未启动。在b点，保险机构启动，引信从弹道环境或内储能源获得能量，解除保险过程开始，所以，b点称为启动点。在c点，所得到的能量已经足够大，保险机构将继续自动完成解除保险过程。到d点，雷管对正，但解除保险过程尚未最终完成，如某些开关尚未闭合。到e点时，解除保险过程终了，引信进入待发状态。在b点和c点之间，如果输入的能量终止，保险机构将自动恢复到保险状态。一旦越过c点，解除保险过程将不可逆转，因此，c点称为转折点。

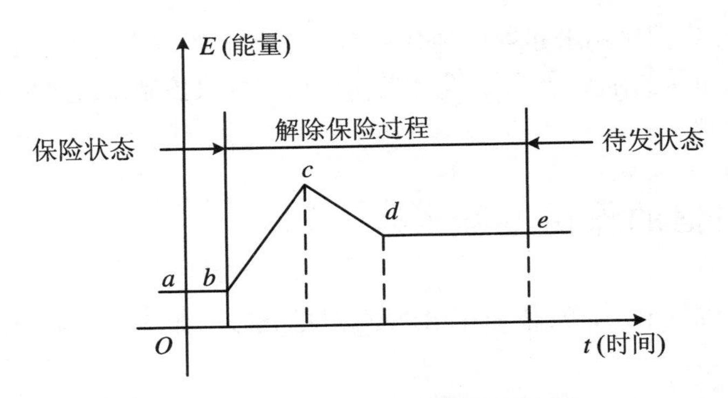

图 3.1.11 典型的引信解除保险过程

现以图 3.1.12 所示的 Ƅ-37 引信为例，说明引信的作用过程。

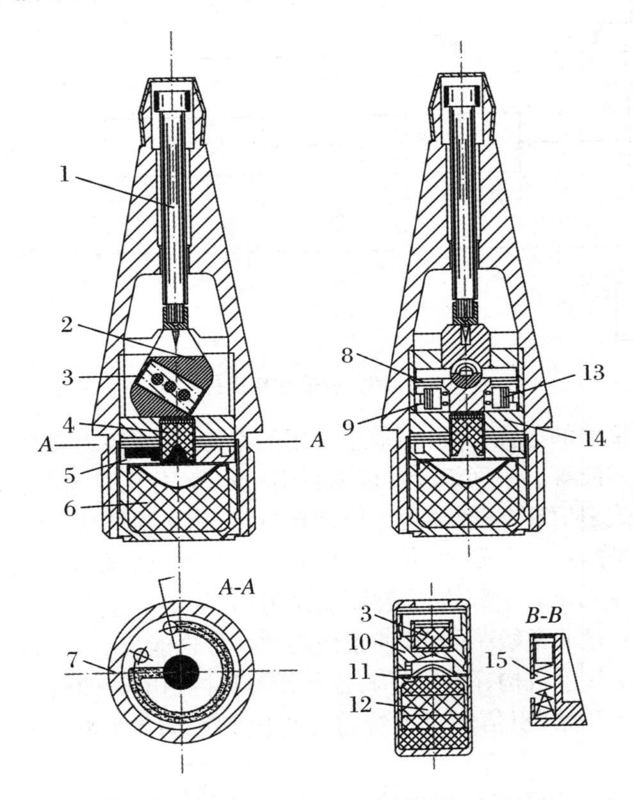

图 3.1.12 Ƅ-37 引信结构图

1. 击针；2. 转子；3. 火帽；4. 导爆药；5. 自炸药盘；6. 传爆药；7. 时间药剂；8. 火药保险；9. 保险火药；10. 延期药；11. 弓形片；12. 雷管；13. 离心子簧；14. U 形座；15. 膛内发火机构

Ƅ-37 引信配用于 37 mm 高炮榴弹，攻击空中目标，以触感方式获取目标信息。

1. 保险

平时，击针抵在转子的缺口上，不能下移刺发火帽。转子中的火帽倾斜 68°，不与击针对正。转子被离心子簧和火药保险销锁住不能转动，而处于保险状态。同时，转子中的雷管与转子座中的导爆药错开，隔断传爆序列的爆轰能的传递通道。这样，在平时，击针不会刺击火帽而发火，引信处于保险状态。

2. 解除保险过程

发射时,膛内发火机构获取后坐力信息,由火帽转换为位移信号,使击针刺发火帽点燃固定火药保险销的保险火药与自炸药盘的时间药剂。炮弹出炮口 20 m 后,保险火药燃烧完毕,同时在离心力信息的控制下,离心子簧与火药保险销都甩开,释放转子。此时,转子也在离心力矩信息作用下立即转至平衡位置。这样,火帽对正击针,而雷管也正好对正导燃药,解除保险过程结束,引信处于待发状态。

3. 信息作用过程

碰撞目标时,目标的反作用力将目标信息(定位信息)传递给击针,并由击针转换为位移信号,即完成目标信息获取。位移信号又通过击针传输给火帽,即击针移动刺向火帽,输出火焰能信号,完成发火输出。而发火信号经过延期体上的斜孔和环形火道,得到一定的延时,通过弓形片上的小孔传转到雷管,对发火信号进行信号放大,则信号处理完成。此时炮弹进入目标内部,引信完成信息作用过程。

4. 引爆过程

从雷管输出爆轰能信号后,就进入引爆过程,先后引爆导爆药和传爆药,最后向主装药输出爆轰引爆信号,引爆过程结束,弹丸爆炸。

5. 自炸

若炮弹未命中目标,经过 9～12 s,在弹道的降弧段上自炸药盘燃尽,输出发火信号,引爆导爆药和传爆药,并输出引爆信号使弹丸爆炸,以免弹丸落入我方地区碰地爆炸,危及人员和物资设备的安全。

3.1.6　对引信的基本要求

引信是弹药的“大脑”,它的性能好坏将直接影响弹丸效能的发挥。为充分发挥弹丸的效能,根据武器系统战术使用特点和引信的功能与作用,对引信提出一些必须满足的战术技术要求和经济技术要求。由于对付的目标不同以及引信所配用的战斗部性能不同,对各类引信还有些特殊要求。这里主要介绍对引信的基本要求。

1. 安全性

引信的安全性是指引信除非在预定条件下才作用,在任何其他场合下均不作用的性能。这是对引信最基本的也是最重要的要求。爆炸或点火的过程是不可逆的,所以引信是一次性作用的产品。引信不安全将导致勤务处理中爆炸或发射时膛炸或早炸,这不仅不能完成消灭敌人的任务,反而会对己方造成危害。

(1) 勤务处理安全性。

勤务处理是指由引信出厂到发射所受到的全部操作和处理,包括运输、搬运、弹药箱的叠放和倒垛、运输中的吊装、飞机的空投、对引信电路的例行检查、发射前的装定和装填、停止射击时的退弹等。勤务处理中可能遇到的比较恶劣的环境条件是运输中的振动、磕碰,搬运、装填时的偶然跌落,空投开伞和着地时的冲击,以及周围环境的静电与射频干扰等。要求引信不能因受这些环境条件的作用或由于例行检查时的错误操作而提前解除保险、提前发火或失效。

(2) 发射安全性。

火炮弹丸在发射时的加速度很高,某些小口径航空炮弹发射时加速度峰值可达 110000 m/s^2,

中大口径榴弹和加农炮榴弹发射时加速度峰值可达1000～30000 m/s^2。火箭弹弹底引信靠近火箭发动机，发射时引信会因热传导的影响被加热。坦克作战中可能有异物进入炮膛，发射时弹丸在膛内遇异物而突然受阻。在这些环境影响下，引信的火工品不能自行发火，各个机构不应出现不应有的紊乱或变形。

(3) 弹道起始段安全性。

要求弹道起始段安全是为了保证己方阵地的安全。用磨损了的火炮射击时，引信零件在炮口附近有时受到高达零件重量500～800倍的章动力。如果引信保险机构在膛内已解除保险，引信已成待发状态，在这样大的章动力下，就可能发生炮口早炸。如果隔离火帽的引信在膛内提前发火，灼热气体可暂时贮存在火帽附近的空间内，而弹丸一出炮口，隔离机构中堵塞火帽传火的通道就被打开，气体下传，也会引起引信的炮口早炸。对空射击时，炮口附近遇到树枝、庄稼等障碍物，多管火箭炮在发射时，前面的火箭弹喷出的火药气体会对后面火箭弹的引信有影响。在上述情况下都要求引信不能发火。

弹道起始段安全性由保险机构和隔离机构来保证。解除保险(或解除隔离)的距离，最小应大于战斗部的有效杀伤半径，最大应小于火炮的最小攻击距离。具有一定解除保险距离的保险机构，又称为远距离解除保险机构。

(4) 弹道安全性。

引信保险机构解除保险、隔离机构解除隔离以后，引信在弹道上飞行时的安全性称为弹道安全性。在弹道上，引信顶部受有迎面空气压力；弹丸在弹道上做减速飞行、减速炸弹在阻力伞张开时，引信内部的活动零件受到爬行力或前冲力，大雨中射击时，引信头部会受到雨点的冲击；在空气中高速运动，引信顶部生热而使温度升高；近炸引信会受到人工和自然的干扰等。在上述这些环境条件的作用下，引信不能提前发火。这可由弹道保险、防雨保险、抗干扰装置等来保证。

2. 作用可靠性

引信的作用可靠性是指在规定的储存期内，在规定的条件下(如环境条件、使用条件等)引信必须按预定的方式作用的性能。主要包括解除保险可靠性、解除隔离可靠性和对目标作用的可靠性。对目标作用的可靠性包括发火可靠性和传爆序列最后一级火工品的起爆安全性。

3. 引爆特性要求

引爆特性要求是直接完成引信任务的一项战术技术要求。它将最终影响目标的毁伤效果，因此又称它为功能性要求。

所谓引爆特性(简称引爆性)，是指引信选择引爆战斗部的最佳时间或空间位置，并使其完全爆炸的性能。这一要求主要包括两个内容：一是炸点选择的时间或空间特性，通常称为适时性；二是使战斗部完全爆炸的性能，通常称为完全性。

为了满足适时性要求，在引信设计中，应力求使引爆战斗部的时间和空间特性与战斗部毁伤区相一致，以保证战斗部充分发挥威力。在导弹武器系统中，将解决最佳时间或空间特性问题称为“引战配合”，意思是引信配合战斗部取得最大毁伤效率。为了满足完全性要求，则必须合理地设计传爆序列，保证引信输出的爆轰能量足以引爆战斗部主装药，使其爆炸完全。

引信种类不同，描述适时性的特征量也不同。例如，在触感引信中是“瞬发度”和“延期时间”；在近感引信中是“炸高”(对地目标)和“作用距离”(对空目标)。这些特征量参数即为评定引信适时性要求的定量指标。

4. 使用性能

引信的使用性能是指引信的检测、与战斗部配套和装配、接电以及作用方式或作用时间的装定、对引信的识别等战术操作项目实施的简易可靠、准确程度的综合。它是衡量引信设计合理性的一个重要方面。引信设计者应充分了解引信服务的整个武器系统，特别是引信直接相关部分的特点，充分了解引信可能遇到的各种战斗条件下的使用环境，研究引信中的人因工程问题。确保在各种不利条件下(如在能见度很低的夜间或坦克内操作，在严寒下装定等)操作安全、简便、快速、准确。应尽可能使引信通用化。使一种引信能匹配多种战斗部和一种战斗部可以配用不同作用原理或不同作用方式的引信。这对于简化弹药的管理和使用，保证战时弹药的配套性能和简化引信生产都有重要意义。

5. 抗干扰性要求

引信从勤务处理到按预定方式作用以前的整个期间，会受到各种环境因素的影响，而不能正常工作直到失效。广义地讲，所有这些影响因素都称为干扰。但是，引信延期解除保险结束的干扰影响，已作为引信安全性要求提出，所以引信抗干扰不包括这些干扰。所谓抗干扰性，是指引信在延期解除保险后抵抗各种干扰仍能保持正常工作的能力。

一般引信延期解除保险结束，就处于待发状态，因此抗干扰的实质是提高引信识别目标的能力，故这些干扰又称为假目标。

应当指出，引信抗干扰性要求与引信安全性一样，也是从引信可靠性要求中独立出来的。从抵抗干扰来说，抗干扰性与安全性的最大区别在于前者主要是采用提高引信识别目标的能力，而后者是采用保险措施。

引信干扰的种类可分为内部干扰、自然干扰和人工干扰。

(1) 内部干扰。

引信自己产生的干扰称为内部干扰。引信在各种力的作用下，机构零件、电子元器件和电源发生机械振动，在其他物理现象影响下，机构零件变形与误动作、电子元器件与电源产生噪音，以及在线路中开关接电或断电时所产生的瞬变过程等，都是属于内部干扰。特别是电子元器件与电源的噪音，一般在弹道初始较大，经过放大后，就能产生足够大的电压而使引信发火。

(2) 自然干扰。

由引信工作环境中各种自然现象与物理现象，包括雷电、雨集云、太阳以及摩擦静电、空气动力热等所产生的干扰，称为自然干扰。例如，闪电的光和太阳光对光引信的干扰，空气动力热对压电引信的干扰等。不同原理的引信会受到不同的自然干扰。

(3) 人工干扰。

人工干扰是人为制造的干扰，多用于干扰无线电引信，又分为无源干扰和有源干扰。

① 无源干扰又称消极干扰，如在空中撒下大量的锡箔或强反射能力的特制金属针以及等离子形成物等，使引信误动作。

② 有源干扰是使用专门的大功率发射机，发射各种类型的无线电信号来模拟含有目标信息的信号，对引信实施干扰，破坏引信正常工作。这种发射机通常称为引信干扰机，是目前最常见的一种人工干扰。

对无线电引信来说，抗干扰问题尤为突出。因为无线电引信干扰与反干扰是电子战的一部分。

通常用有干扰与无干扰条件下杀伤效率之比来评定引信抗干扰能力的大小，称为效率准则。由于干扰手段的多样性，引信抗干扰能力总是对一定干扰条件而言的。另外，在具体应用中，根据不同的侧面，还有功率准则、信息准则和线路改善因子准则等。

6. 经济性

经济性的基本指标是引信的生产成本。在决定引信零件结构和结合方式时，应考虑尽量简化引信生产过程，采用生产效率高、原材料消耗少的工艺方法，以便于实现生产过程和装配过程的自动化和系列化。

采取上述措施，不仅可降低引信的生产成本，同时引信生产过程的简化和生产效率的提高还可以使引信的生产周期缩短。这为战时提供更多的弹药创造了条件。它的意义已不仅限于经济性良好这一个方面。

7. 长期储存稳定性

弹药在战时消耗量极大，因此在和平时期要有足够的储备。一般要求引信储存15～20年后各项性能仍能合乎要求。零件不能产生影响性能的锈蚀、发霉或残余变形，火工品不得变质，密封不得破坏。设计时，应考虑到引信储存中可能遇到的不利条件。对可能产生锈蚀的零件应进行表面处理；引信本身或其包装物应具有良好的密封性能，以便为引信的长期储存创造良好的条件，尽可能延长引信的使用年限。

8. 引信标准化

标准化是引信现代化的标志之一。它包括引信系列化、通用化和标准化，通常简称“三化”。设计引信时应符合引信标准化的要求。

引信系列化和通用化，不仅可以使后勤供应大为简化，减少使用、供应和调运中的差错，便于战时操作，并且可使新型引信的研发周期大为缩短，有利于提高质量和减少生产设备、降低成本，提高生产效率。

在上述对引信的战术技术要求中，其最基本的要求是安全性、引爆性、可靠性和经济性，可称为引信的四大战术技术要求，而其他要求多数是由这四大要求引申出来的。显然安全性要求大大超过引爆性要求，但引爆性是由战争的基本规律所决定的，在引信的发展中始终起主导作用，而安全性只是保证引爆性的前提条件，明确这一点对引信的发展是很重要的；可靠性是保证充分发挥引信引爆性和安全性的作用，否则引信将失去使用价值，经济性对这种一次性使用和大量消耗的引信具有重大意义，在一定程度上对引信的“命运”起着决定性的作用，因此绝不能一味追求引信的功能，而忽视其经济性。

3.1.7 影响引信性能的因素

爆炸元件是引信爆炸序列的组成单元，引信爆炸序列的首发爆炸元件与引信目标探测、发火系统及能源密切相关。引信爆炸序列的所有敏感爆炸元件，特别是末级敏感爆炸元件，与引信保险与解除保险装置密切相关。此外，引信能源与解除保险装置也有应用爆炸元件的。引信安全性和作用可靠性更是直接依赖于爆炸元件，尤其是敏感爆炸元件。可以说，爆炸元件，特别是首发敏感爆炸元件和末级敏感爆炸元件是引信的核心，其技术是引信技术所涉及的核心技术之一，其优化设计对于引信总体设计优化和性能的提高，会带来事半功倍之效。因此，为促进爆炸元件技术的发展，有必要从引信系统设计角度讨论现代引信对爆炸元件的发展需求问题。引信中应用的火工品主要是爆炸元件，也有索类火工品，但不包括火工装置。

3.1.7.1　引信技术发展对爆炸元件的功能需求分析

1．输入感度

确保勤务处理、装填和发射冲击过载以及在战场电磁干扰环境中安定(不意外发火)的前提下，敏感爆炸元件的输入感度，无论是机械感度(如针刺)、火焰感度还是电感度，越高越好。这样不但可以减轻发火装置能量(如电源和压缩弹簧的内储能)设计的压力，节省引信内腔空间，而且还会提高发火可靠性。提高敏感爆炸元件的火焰输入感度，有助于解决非对正情况下的传火可靠性，特别是绝火功能的实现。而在敏感爆炸元件小型化设计之后，其生产与使用过程中的安全性问题已得到先天保障，即已从根本上得到了解决，因此敏感爆炸元件的不发火感度指标已无意义。事实上，MIL-HDBK-777《美国引信火工品手册》中的绝大多数爆炸元件均无不发火感度指标数据。

对于电爆炸元件而言，与桥丝式相比，薄膜式发火可靠性高、耐过载能力强、小发火能量低。薄膜式小发火能量可达 40 μJ，而桥丝式要在 100 μJ 以上。

此外，根据引信总体结构布局的需要，敏感爆炸元件的输入端不一定要设置在轴向上，也可以设置在径向上。对于针刺爆炸元件而言，针刺敏感区域应足够大，以确保引信发火可靠。

2．输出威力

引信敏感爆炸元件的输出威力主要是雷管的输出威力，与工程雷管不同，不宜认为输出威力越大越好。虽然引信雷管输出威力不宜过小(过小导致传爆不可靠)，但更不宜过大。小威力能保证生产安全，而威力过大对生产安全和引信隔爆安全均不利。为了有助于引信的隔爆安全性设计，应采用控制雷管威力散布的设计和试验方法(如应用钢块或铝块凹痕试验)，同时探讨威力定向输出(轴向或径向定向输出)的结构，开发小威力针刺药、起爆药和微气体延期药，还有必要探讨小直径(如 3.2 mm 以下)雷管和底凹聚能雷管对引信导、传爆管的轴向传爆可靠性问题。如果需要提高微小尺寸雷管的威力，其猛炸药装药可考虑以奥克托今替代太安和黑索今(特别是替代虫胶造粒黑索今)。

为有助于引信隔爆安全性设计，雷管装药应尽可能采用炸药力比较低的药剂，如氮化铅和奥克托今，而尽可能不采用炸药力比较高的药剂，如二硝基重氮酚、四氮烯和太安。

为便于对引信隔爆安全性设计提供相对参考，提出了引信雷管隔爆威力氮化铅当量相对评定的概念和方法。

与输入问题类似，根据引信总体结构布局的需要，敏感爆炸元件的输出端不一定设置在轴向上，也可以设置在径向上。但径向输出的威力评定方法需要尽快建立起来。

3．延时

延时功能是引信爆炸元件极其重要的功能，可以简化引信设计，实现引信的延期解除保险、起爆和自毁时机控制。

与战场未爆弹药有关的爆炸物处理特性，是近年来联合国《特定常规武器公约》的《战争遗留爆炸物议定书》对引信设计提出的新要求。利用发射时的后坐环境点燃引信延时爆炸元件，从而实现定时自毁是一种不受落地姿态影响且较为可靠的爆炸物处理特性。不但小口径防空弹药需要自毁性能，其他类型的弹药在原则上讲也都需要增加自毁性能，这就需要燃速更低，但可靠性较高的延期药。同时延期药最好是微气体延期药，以尽可能避免出现非线性燃烧特性，并避免对其他爆炸元件和引信内其他组成单元的不利影响。新闻报道过中国台湾学者开发出了无烟的纳米蚊香，建议借鉴该技术开发新型的纳米微气体延期药，特别是纳米微气体长延期药。

上述自毁用延期药还存在提高延时精度的问题，而且解除保险延时和触发延时同样也需要提高延时精度。提高引信爆炸元件作用时间精度，可能是火工品领域永恒的研究课题之一。如果对地攻击时自毁延时精度差则有可能贻误己方的进攻，提高自毁延时精度，可以缩短从攻击到冲锋的间隔时间，有利于抓住战机，防止己方误伤。若解除保险延时精度差，则难以解决引信膛口安全距离和小攻击距离之间的矛盾。

上述两个问题对于轻武器弹药引信更为明显和突出。由于触发延时直接决定了弹丸战斗部对目标的毁伤效能，因此延时爆炸元件在这方面大有可为。与电子延时技术相比，爆炸元件延时具有抗冲击过载能力强（但也有一些问题）、技术成熟度高、应用方便、占用空间小、成本低廉、延时失效仍能起爆的特点。

高精度、高可靠性、反映引信应用实际且简便易行的延时性能测试技术，是影响引信爆炸元件延时性能提高的因素之一。

4. 钝感传火药

传统的传火药是黑火药，但黑火药感度高于特屈儿，按《引信安全性设计准则》不适于直列状态使用。硼/硝酸钾虽然感度合适，但成本较高，点传火性能较低。因此，需要开发火焰感度高、传火能力强的钝感传火药。

5. 安全性与安定性

引信隔爆设计使得引信敏感爆炸元件的意外发火问题由安全性问题转变成了可靠性问题，即引信敏感爆炸元件的安定性问题。由于电雷管在引信中的短路与断开要增加引信的复杂性、多占用空间、增加成本和降低引信可靠性，所以有必要开发小型化、低成本、发火能量低、耐电磁环境而又不需要平时短接的钝感电雷管。

引信的电发火能量耗散特性使得首发爆炸元件为电爆炸元件的引信有了一定的爆炸物处理特性。首发爆炸元件为针刺爆炸元件的引信，如能匹配设计击针尖材料与针刺爆炸元件的输入端装药（针刺药），使瞎火引信的击针尖在刺入针刺药但未发火的情况下能被针刺药所腐蚀，同时针刺药及起爆药也能变钝感，这样也在某种程度上实现了爆炸物处理特性。

以许用钝感火炸药为装药成分的安全型雷管，给引信设计带来了一场深刻变革。但目前仅适用于大体积、高价值弹药引信。若要推广，则要解决低成本和小型化的问题。

6. 接口

电接口不仅包括电爆炸元件，还包括针刺爆炸元件针刺敏感部位的位置和大小。从系统角度来看，引信爆炸元件的外界接口十分重要。接口问题解决得好，引信结构就简单，可靠性也高。引信爆炸元件外形尺寸及其公差，也是重要的接口尺寸。除非特殊需要，在保证起爆威力的前提下，引信爆炸元件外形尺寸越小越好。

7. 高可靠性

引信爆炸元件的可靠性非常重要，特别是高价值弹药所常配用的电爆炸元件的可靠性。

8. 低成本

为了适应更多种类引信智能化的发展需要，电爆炸元件不但要朝小型化方向发展，更要实现低成本特性。

9. 耐高过载

轻武器引信和小口径炮弹引信的发射后坐过载以及穿甲弹、攻坚弹引信的穿靶前冲过载都比较大，发射后坐过载可达十几万克，膛口转速可达十几万转/分钟，穿靶前冲过载可达几十万克甚至是上百万克。相关引信爆炸元件要适应此过载环境。柔性延期索若要进一步推广应用，也要解决此问题。

10. 耐高低温

火焰雷管应推广全密封技术，并进一步提高火焰感度。针刺雷管应确保针刺部位厚度既能可靠密封又不影响针刺感度。

高低温环境对爆炸元件特别是敏感爆炸元件的正常作用及威力输出影响较大。为了解决引信高温隔爆安全性和低温传爆可靠性之间的矛盾，有必要借鉴低温度系数发射药的概念和原理，探讨低温度系数爆炸元件装药和低温度系数爆炸元件结构，如非金属“保温”壳壁结构。

3.1.7.2　引信用爆炸元件及其装药技术的发展趋势

随着引信技术的发展，所需的具体爆炸元件及其装药新技术主要有：

(1) 针刺发火装置瞎火后击针尖和针刺爆炸元件自钝感(自失效)技术。

(2) 高可靠性、低成本、接口和界面友好、耐电磁环境干扰而不需短路连接的微小型电爆炸元件。

(3) 引信敏感爆炸元件精细化与性能优化技术，如有助于引信隔爆安全性，同时也有助于传爆可靠性的新型引信敏感爆炸元件及其装药技术(如优化药剂品种)。

(4) 低温度系数爆炸元件及其装药技术。

(5) 针刺爆炸元件的径向输入与威力输出技术。

(6) 雷管对导、传爆管的聚能原理远距离传爆技术。

(7) 小尺寸、高精度的短延期雷管技术。

(8) 耐高冲击过载、高感度但威力仍较大的微小型雷管技术。

(9) 高火焰感度的全密封火焰雷管技术。

(10) 低成本、小型化的安全型钝感装药雷管(直列状态使用)技术。

(11) 高针刺感度、小威力针刺药技术。

(12) 高精度、极低燃速、微气体延期药技术。

(13) 小直径、高精度、极低燃速、耐高冲击过载的延期索技术。

(14) 耐高冲击过载的钝感装药传爆索技术。

(15) 高性能的安全型传火药技术。

(16) 低成本的安全型导、传爆药技术。

(17) 小直径钝感炸药装药的燃烧转爆轰和爆轰转燃烧技术。

(18) 长期贮存后可靠性不衰退或衰退较少的爆炸元件及其火工药剂技术。

3.1.8　引信的发展简史与展望

引信是随着火药用于兵器而出现的。火药是中国四大发明之一，中国也是引信的发源地。在我国，自唐末宋初发明引信以来，引信及其技术的发展已有1000多年的历史。随着战争的需要和相关技术的发展，引信的性能、功能以及观念内涵都得到了提高和发展。

16世纪在欧洲出现了用于铸铁球弹上的引信，是将火药装入芦苇管或木管中，用发射药的火焰点燃。1835年出现药盘时间引信。19世纪60年代触发引信在战争中得到了应用。19世纪80年代弹丸的装药采用了苦味酸炸药，对引信的发展产生了重大影响，出现了包含雷管和传爆药的传爆序列。出于对发射安全的要求，1896年出现了隔离雷管型引信。1908年出现了钟表时间引信。20世纪30年代出现了电引信和声、光原理的近炸引信。1943年美国研制成功了无线电引信。20世纪50年代出现了压电引信和红外引信。20世纪60年代以来，引信技术发展更快，出现了各种作用原理的近炸引信。20世纪70年代在集成电路发展的基础上出现了电子时间引信，以及兼有触发、近炸、时间等两种以上作用的多选择引信，可以在发射前装定或发射后遥控装定。20世纪70年代末，随着电子计算机技术和微电子技术在引信上的应用，出现了按射弹与目标交会条件变化参量，自动选择起爆位置或时机的自适应引信。20世纪80年代中国研制出了大中口径炮弹引信。

引信技术的发展，主要是为了解决引信本身的安全性和对目标作用的有效性，使战斗部在相对目标最有利的位置或时机起作用。如反坦克导弹引信要求提高识别目标和精确定位的能力；对地、对空兵器弹药要求发展能适应不同目标、不同交会弹道的遥控装定多选择引信和自适应引信；地空导弹引信应提高超低空截止距离性能；空空导弹引信要满足全向攻击目标要求；锚雷或沉底水雷引信和深水炸弹引信要求发展根据目标位置控制水雷上浮方向及控制深水炸弹下沉方向的导向引信；为提高战略武器引信的抗干扰和抗攻击能力，发展精确惯性路程长度引信和当核弹头被攻击毁伤前能起爆的自救引信等。为提高引信安全性、可靠性，发展工作环境传感器、程控技术、固态隔离模件、电子式安全系统和高能、低能直列爆炸序列。为提高战斗部的毁伤效率，发展引信的多点、多次、定向起爆控制技术。以微电子技术为基础，提高引信的目标探测识别性能、炸点精确控制性能，实现多功能与智能化是现代引信技术发展的重要课题。

3.1.8.1 现代战争对引信的要求

现代战争的特点决定了对现代化武器的要求。列宁指出，战术是由军事技术水平决定的。战争形式和作战方式总是随着科学技术的发展而改变。现代化武器和掌握现代化武器的人相结合，就会使现代科学技术转化为一种巨大的战斗力。在一定意义上讲，现代战争的一个突出特点就是科学技术的打拼。因此，在引信的科研生产中，必须不断地采用先进的科学技术，以最优良的引信装备部队。

未来的战争可能在陆地、空中、海上甚至太空一齐打，不分前方后方，形成多层次的立体战。我军在未来反侵略战争中实行陆海空三军诸军兵种联合作战，实行主力兵团和地方兵团相结合，正规军和游击队、民兵相结合的人民战争，这就要求配用于各类武器的引信做到战略配套、战术配套，实现标准化、系列化、通用化。

在现代战争中要对付的目标是异常繁多的，天上有飞机，地面有坦克，海上有军舰。这些目标都是处在运动或高速运动之中的点目标，它们大都比较灵活且机动，具有相当强的生命力，既不太容易命中，也不太容易毁伤。这就要求提高武器系统的射击精度和威力。在这两方面，引信都可以发挥作用，例如，发展高精度的电子时间引信和近炸引信，加速研制末段制导引信，并给提高威力的新弹种配上优良引信。

现代战争带有很大的突然性，作战双方为了充分利用火力突击效果以完成战役战斗任务，将实现高速度机动作战。尤其在核条件下更是如此，要求分散配置，迅速集中。这就要求武器装备机动性能好，火力反应快。要求引信多用途，并能遥控装定。

现代战争规模大，参加作战的军队兵种多，战场情况瞬息万变，敌我态势犬牙交错，作战方式转化迅速，部署变更快，这些都要求武器适应性强，要求引信适于各种装药、各种射角、各种射程和各种目标。

现代武器系统的机械化、自动化程度越来越高，要求通信指挥、情报传递、侦察预警和火力控制系统实现自动化。引信作为控制弹丸起爆的终端控制系统，应与全盘自动化相匹配，引信应具有可控性，应能根据不同情况，自动装定、自动选择炸点和自动寻找目标。

总之，现代战争对引信的要求越来越高，为了加速实现引信的现代化，我们必须大胆创新，努力采用世界最新的科学技术，迅速赶上和超过世界先进水平，这是我们的着眼点。但是，考虑到我国当前的科技水平和工业基础，考虑到引信的生产和装备现状，要保证部队战备的急需，立足于现有装备打仗，我们既要高瞻远瞩，又要脚踏实地，对现有引信进行调查研究，分析鉴定，对比较成熟的产品给予肯定，进而以新技术对其改进提高。与此同时，我们还要大力开展各种新型引信的研制，大大加快引信现代化的步伐。

3.1.8.2　探索和发展新型引信和部件

首先，简要谈谈发展新型引信零部件。新型引信的研制，在很大程度上取决于新型零部件的研制成果，搞好新型零部件的研制工作是发展新型引信的基础。分析美国引信工程发展阶段较快的原因，其中重要一条就是它重视发展引信的标准零部件。这个成功的经验是值得我们学习的。

引信的零部件很多，这里只举几例。譬如在保险机构中可发展标准的双重保险、安全指示器、射流保险、逻辑电路和固态保险等。在电引信中，电源是心脏部件，研制新型电源对发展电引信十分重要。当前电引信使用的热电池、化学储备电池等微型电源不能完全满足电引信发展的需要，而气动射流发电机是有发展前途的，它除了作电源以外，又可以作保险机构，还可以作时基振荡器和着发传感器。

下面简要谈谈对发展新型引信的设想和国外引信的发展概况。

(1) 反坦克破甲弹引信。反坦克破甲弹目前主要使用压电引信。压电引信为了满足使用性能，需要提高大着角发火，并解决擦地炸等问题。如采用聚偏二氟乙烯塑料压电薄膜来代替压电陶瓷，就有可能大大提高压电引信的性能。

此外，还要大力发展破甲弹近炸引信。如电感电容近炸引信、磁近炸引信以及微波近炸引信等。

(2) 子母弹引信。子母弹在现代战争中应用越来越广泛，其杀伤效果主要取决于引信。目前母弹主要用钟表和电子时间引信，但正在大力发展炸高较高的近炸引信。如日本研制火箭子母弹近炸引信，瑞典发展 FH77 式 155 mm 榴子母弹近炸引信。子弹目前用机械惯性引信，如美国 M223 式子弹引信。

(3) 应用新物理场的近炸引信。激光引信国外已应用于导弹和航空炸弹上。随着技术的发展，激光器的体积会越来越小，可以预计，不久的将来激光引信就可以应用在炮弹上。激光引信的优点是使用安全可靠，抗干扰性能好。

此外，据资料报道，瑞典已在研制配用于 155 式榴弹的 FFV574 电容近炸引信，它利用静电场实现近炸。

(4) 较高级的无线电引信。据资料报道，美国正在研制高分辨力多普勒引信、对空定向多普勒引信、原型视线引信和对空调频定向多普勒引信等。美国刚刚开始生产的 M732 榴弹通用无线电引信，采用激光微调，生产自动化程度很高，质量稳定，其正常作用率高达99.76%。

在电子对抗中，出现了一些抗干扰性能较强的引信。如美国麻雀Ⅲ导弹配用的双通道跳变引信，法国的PIE2型微波调频引信，日本的分米波调频引信。此外还有比相测速引信、噪声雷达引信和低频双通道引信等。

(5) 多用途引信。目前，美国、瑞典等国已有多用途引信。据资料，瑞典配于155式榴弹上的ZELAR多用途引信有七种作用，即延期、短延期、高灵敏度的着发、一般灵敏度的着发、高灵敏度的近炸、低灵敏度的近炸和一般灵敏度的近炸，使用时，根据目标、地面特点和大气环境选择。再如美国的M734引信有四种作用，法国的FU－RAF3引信有三种作用。

(6) 遥控电子时间引信。美国从20世纪60年代开始研制电子时间引信，目前已有几个产品装备部队，如M574式、M578式和M724式。现在美国匹卡汀尼兵工厂正在为105 mm坦克炮箭式杀伤弹研制XM742式遥控装定电子时间引信。这种引信可以看作是近距离装定、长延迟时间的指令引信。它由火控系统遥控装定，大大提高了发射速度和时间精度。

(7) 自动装定引信。时间引信和多用途引信在武器齐射、速射时，装定问题不好解决。尤其像多管火箭和自动火炮高速射击时，用手工装定引信就会供不应求。同时，坦克和自行火炮的弹药手也不允许编制过多，这就要求引信能够根据目标的变化而由火炮系统自动装定。上文说的遥控装定是较高级的自动装定，这里说的自动装定是发射前由火炮装填机自动装定。瑞典40 mm耐高炮用的近炸、着发双用引信可以根据目标的特点由装填机自动装定近炸或者着发，它在自动装填机上设计一种机构，当炮弹经过它时，根据目标需要选取一种作用，去掉另一种作用。

(8) 末端制导引信。末端制导寻的器，包括激光寻的器、射频(反辐射)寻的器、红外寻的器、毫米波雷达寻的器和全息相寻的器等。这些与近炸引信的敏感部件是相似的。随着微型化技术的发展，这些寻的器都可能装在引信体内。制导引信的其他部件，主要是解决高过载下的冲击强度和工作可靠性。

3.2 引信火工品

引信火工品是指装有少量炸药、火药或烟火剂的一次性作用元件。其中引燃(点火)元件主要包括火帽、底火、延期药、点火具等；起爆元件主要包括雷管、导爆药、传爆药等。其装药以燃烧或爆炸方式进行反应，释放出大功率的能量，用来引燃、引爆或做功。由于火工品具有体积小、反应速度快、功率大和威力高等特性，因此它们在军用弹药以及民用工业中均得到了广泛应用。在弹药中，用火工品引爆弹丸中的爆炸装药、点燃药筒内的发射药、点燃火箭发动机等；在民用工业中，用量最大的是爆破工程雷管，仅我国每年耗量就超过数亿发。近年来新出现的一些火工品，如爆炸铆钉、动物捕捉弹、铆钉枪等也是火工品在工业上的应用。显然，随着人们对炸药和爆炸现象认识的加深，火工品的应用还会不断扩大。

3.2.1　引信火工品的分类

火工品种类繁多,通常按输入和输出的能量形式以及其所起作用来划分火工品,见表3.2.1。

表 3.2.1　火工品分类

类别	形式	火工品
按输入的能量形式	针刺	针刺火帽、针刺雷管、组合火工品
	撞击	撞击火帽、撞击雷管
	火焰	火焰雷管、延期雷管、延期索、组合火工品
	电能	电雷管、电引火管、电点火管
	爆炸	导爆管、传爆管
按输出的能量形式	火焰	火帽、延期药、电点火管
	爆炸	雷管、导爆药、传爆药、电雷管、电爆索
	做功	爆炸螺栓、爆炸铆钉、启动器、电作动器、切割器
按所起的主要作用	能量传递	火帽、雷管、导爆管、传爆管
	延期	延期雷管、延期药盘、延期药管

对传火和传爆序列来说,需要首先考虑的是序列的输入和输出;而对单个火工品来说则是其本身的输入和输出。好的火工品是组成有效传爆序列或传火序列的关键。为此,火工品应满足以下共性要求:合适的感度、适度的威力、长储安定性、适应环境的能力、小型化等。

火工品是弹丸发射和爆炸的先导,要保证弹药按战术技术要求适时和可靠,必须正确地选用火工品,并运用火工品组成所需要的爆炸序列。下面将介绍在引信中常用的火工品。

3.2.1.1　火帽

火帽是将弱小的激发冲量转化为火焰的点火元件,通常作为弹丸中发火系列的第一个元件,也可单独完成某种特殊任务,如点燃保险药柱、推动保险件、激活热电池等。它的作用是将机械能冲量转为热冲能——火焰,用它点燃延期药、时间药盘、传火药或火焰雷管等。

按激发冲量的形式,火帽可分为机械激发火帽和电激发火帽。

机械激发火帽分为:

(1) 针刺火帽:由击针刺击而发火。

(2) 撞击火帽:由撞针撞击而发火。

(3) 摩擦火帽(拉火帽):由摩擦生热而发火。

(4) 压空火帽:由空气绝热压缩升温而发火。

(5) 碰炸火帽:由引信头部碰撞变形挤压发火。

电激发火帽包括电点火管和电点火头。它们大都是金属桥丝式的,其输出与机械火帽相似。电点火头的结构比较简单,一般由引线、铂铱桥丝、发火药和保护套筒组成(图3.2.1),其用途不同,保护套筒形状也不同。电点火管通常带有金属管壳,发火头(包括铂铱桥丝及电发火药等)被包封在金属管壳里面,引线具有独脚式和引线式(图3.2.2)两种结构。可用于引信的爆炸序列,如用于时间药盘和自炸药盘的点火装置等,但更多的是用于发射装置的点火机构,有时也作为引信保险机构动作的能源。

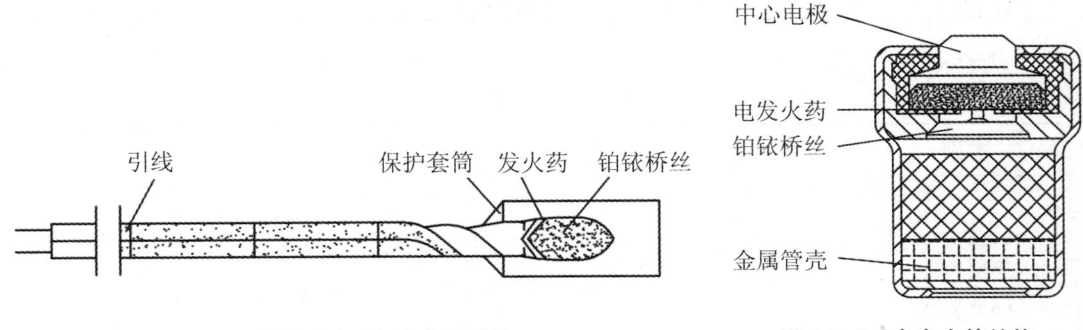

图3.2.1 电点火头结构　　**图3.2.2 电点火管结构**

引信用得最多的是针刺火帽和撞击火帽。

(1) 针刺火帽一般由帽壳、加强帽(或盖片)和针刺发火药等组成。针刺火帽的典型结构如图3.2.3所示。主要用于引信的爆炸序列中,因此,有时也将针刺火帽称为引信火帽。火帽的尺寸与结构决定于引信中火帽的用途和位置。火帽的直径一般为3~6 mm,高度为2~5 mm。火帽的外壳为盂形,多数是平底,也有的是凹底的,火帽壳使火帽具有一定的形状。外壳材料一般是用紫铜片冲压成壳体后,表面镀镍而制成。火帽的盖片多数也是盂形的,有的为小圆片,也是用紫铜片冲成的,材料较薄。针刺火帽中的药剂常称为击发药(剂),它用来产生一定强度的火焰,以有效地点燃被点火对象。它是针刺火帽的核心,火帽的性能主要由它决定。激发剂一般由氧化剂、可燃物及起爆药组成。针刺火帽一般只装一种击发药,有时为了提高输出威力而装两种药剂,即击发药和点火药。

针刺火帽是靠击针刺穿加强帽或盖片,使发火药受到摩擦和冲击而发火。有时,针刺火帽也用于没有击针的头部碰击发火机构中。这时,火帽主要靠高速碎片的冲击而发火。针刺火帽的主要性能包括针刺感度、点火能力、发火时间、抗冲击能力以及长储存性等。

针刺火帽应满足以下的战术技术要求:有足够的点火能力;合适的感度;对发射振动的安全性;具有一些对火工品共同的要求。此外,火帽还应具有长期储存性能安定,相容性好,同时还应考虑成本低,原料来源广泛、无毒。

针刺火帽的发火机理可归纳为:击针刺击→帽壳变形→应力集中→产生"热点"→击针刺入药剂一定深度,"热点"达到一定温度,并维持一定时间→感度较大的药剂分解→整个药剂激起爆炸变化。

影响针刺火帽发火的因素中,外界因素是击针刺入的条件(如击针的硬度、刺入药剂的速度和深度),内在因素是药剂的性质(如药剂的感度)。

(2) 撞击火帽一般由火帽壳、盖片、击发药、火台等组成。撞击火帽典型结构如图3.2.4所示。主要用于枪弹药筒和各种炮弹的撞击底火、迫击炮的尾管及特种弹的药筒中,用来引燃底火与传火管中的传火药,因此也称为底火火帽。我国常用撞击火帽的外径为5.9~9.07 mm,高为2.79~6.08 mm,底厚为0.23~1.35 mm。火台可以装在底火中、枪弹壳上或与火帽结合在一起。火帽多采用黄铜冲压而成,通常采用涂虫胶漆或采用镀镍的方法,提高火帽壳与药剂的相容性。火帽壳的作用是装击发药、固定药剂、密封防潮和调节感度。为了保证使用的安全性，要求火帽壳具有一定的机械强度。另外，火帽壳底厚、壁厚以及底到壁的过渡半径均应配合适当。激发药的作用是保证火帽有合适的感度和足够的点火能力。盖片通常由金属箔或涂虫胶漆后的羊皮纸冲压而成，起密封药剂、防潮等作用。

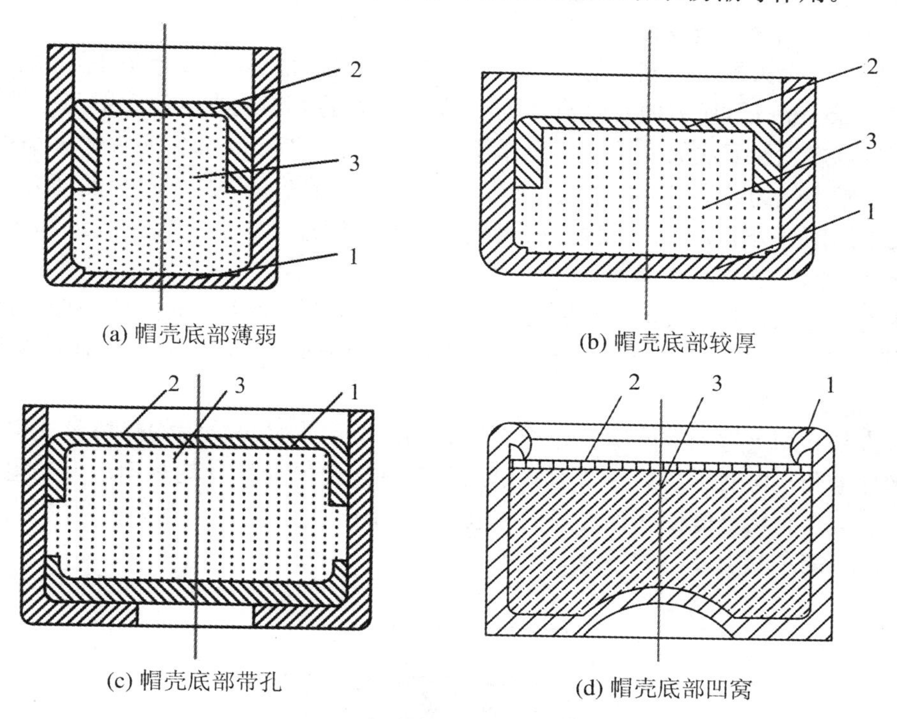

图 3.2.3　针刺火帽的典型结构

1. 帽壳；2. 加强帽(或盖片)；3. 药剂

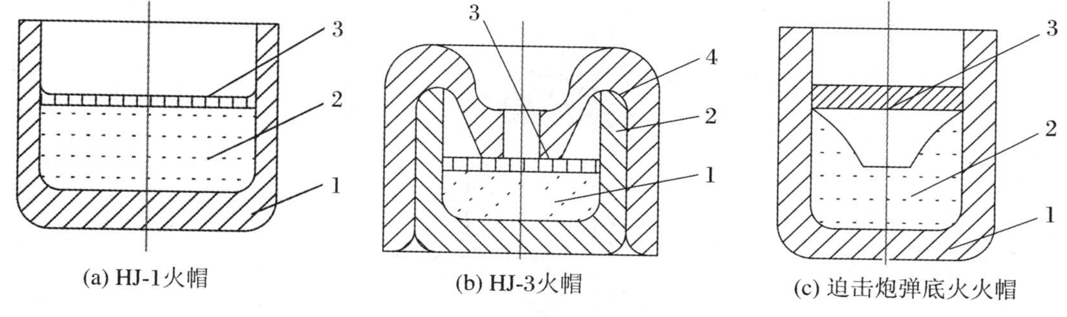

图 3.2.4　撞击火帽的典型结构

1. 火帽壳；2. 击发药；3. 盖片；4. 火台

撞击火帽用于弹药中应满足一定要求：具有点燃火药的可靠性和作用一致性。包括点火时间的一致，点火效果的一致，从而保证火药装药弹道性能的一致；有适当的撞击感度。撞击火帽在 0.196～0.883 J 的能量作用下必须确实发火；壳体有一定的强度；撞击火帽爆炸反应的生成物不应对武器产生有害影响。

火帽的装压药工艺为：火帽壳入模→装药→预压→放加强帽或盖片→终压→退出→去浮药→涂漆→滚光→外观检查→组批包装→入库。

3.2.1.2 底火

底火是一种复合的火工品。它由火帽、黑药及若干机械零件组成。火帽给出的火焰引燃黑药,再由黑药引燃发射药。

单独使用一个火帽来引燃发射药只适用于枪弹和口径很小(25 mm 以下)的炮弹。当弹的口径大于 25 mm 后,所装的发射药量增加,单个火帽的火焰就难以使发射药正常燃烧,这时发射药的点燃就要靠底火完成。当炮弹口径更大(大于 37 mm)时,底火的火焰也满足不了发射药正常燃烧的要求,还要增加点火药包,点火药包的药量随炮弹口径的增大而增加。

底火常用两种分类方法。一种是按火炮输入底火能量形式分为撞击底火和电底火,还有一种分为撞击和电两用底火。

机械撞击底火是利用火炮击针撞击能量而发火的,这类底火的底火体一般都用钢质材料,底部要求有一定的强度和硬度,以满足发火感度和底部强度的要求。目前部队现装备的后装炮弹底火多数属这种类型。

电底火是利用火炮上电能激发作用而发火的。电底火又可分为灼热桥丝式电底火(图 3.2.5)和导电药式电底火。灼热桥丝式电底火是利用电能使桥丝灼热而激发的电底火;导电药式电底火是利用电能使两极之间的导电药激发的电底火。对电底火的要求为作用时间短;耐高膛压;能承受上膛时的振动。

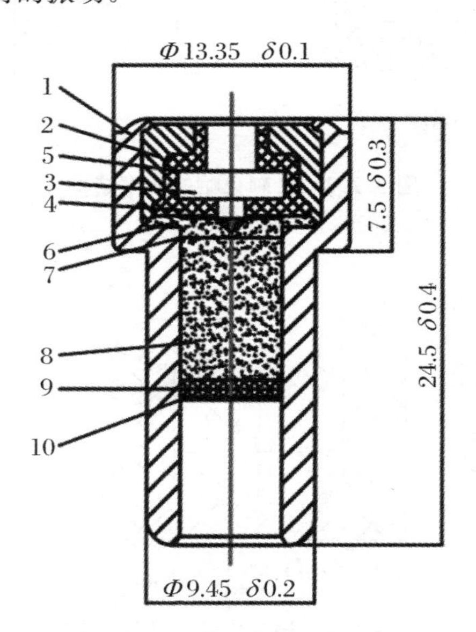

图 3.2.5 "海双-30"电底火

1. 黄铜外壳;2. 环电极;3. 芯电极;4. 绝缘垫片;5. 绝缘塑料;

6. 桥丝;7. 斯蒂酚酸铅;8. 传火药;9. 纸垫;10. 漆

注:本书图中凡未标注计量单位的尺寸均为 mm。本书相同之处不再说明,供参考。

电撞两用底火是利用撞击机械能或电能都可以激发的底火,这种底火的发火可靠性较高,通用性较好。

"海双-30"电底火由黄铜外壳、黄铜环电极、黄铜芯电极、绝缘垫片、桥丝、点火药、绝缘塑料和纸垫等组成。主要性能指标为:产品电阻为 1.5~3.5 Ω,10 min 不发火的安全电流为 200 mA,100%发火的最小电流为 800 mA。发火过程为:当击针撞击底火底部时,击针同底火芯电极接触，构成通电回路。这时的电路为：兵器电源→击针→底火芯电极→双灼热电桥→环电极→底火壳→兵器电源。通电后桥丝升温，点燃点火药，进而点燃传火药。当其生成物压力达到一定值时，火焰冲破纸垫点燃火药装药。此时电底火要承受高压高温火药气体的冲击，而不出现底火的击穿、漏烟和芯电极突出等现象。

底火按火炮的口径分为小口径炮弹底火（口径在 37 mm 以下）和大中口径炮弹底火（口径在 57 mm 以上）。

小口径炮弹通常是指 25 mm、30 mm、37 mm 三种口径的弹，最先采用的底火分别为"纳氏"传火管（图 3.2.6）、"底-16"底火、"底-2"底火以及后来在此基础上研制的"底-14"底火（图 3.2.7）和改进的"底-14 甲"底火（图 3.2.8）。中大口径弹通常指 57～157 mm 口径的各种炮弹，采用的底火有"底-4"底火（图 3.2.9）、"底-13"底火（图 3.2.10）、"底-5"底火、"底-9"底火（图 3.2.11）等。迫击炮弹底火如图 3.2.12 所示。

此外，底火也可按与药筒配合方式可分为旋入式和压入式两类。旋入式底火的可维修性较好，一般用于中大口径炮弹上。压入式底火靠底火体与药筒底火室之间的过盈配合固定，底火体外无螺纹，因此可维修性差，一般用于小口径炮弹上。按发射后是否消失底火又可分为可燃（可消失）底火和不可消失底火。可燃底火在发火后可完全燃烧或汽化而不留固体残渣。专用于可燃药筒等特殊场合。不可消失底火即在发射后除底火装药燃烧外，其他零件完整地保留下来，这些零件一般为金属零件。

底火应满足的战术技术要求有：足够的感度，有良好的发火可靠性，瞎火率小于 0.1%；足够的点火能力，以保证发射装药能迅速确实地被点燃，保证稳定的内弹道性能；足够的机械强度，射击时不能出现击穿、破裂、漏烟等情况；射击后不影响开闩；旋入式底火射击后，应能较方便地旋下以便修复药筒，良好的安全性能，射击时不出现迟发火、二次发火，搬运和装填中不得出现振动发火等；密封性好，具有较好的长储性能；通用性好，成本低廉。

底火是产生火焰的引燃火工品。底火种类很多，按其弹药种类来分有枪弹底火和炮弹底火两种；按击发能量来分有撞击底火、电底火及机电两用底火，电底火又分为桥丝式电底火和导电药式电底火。

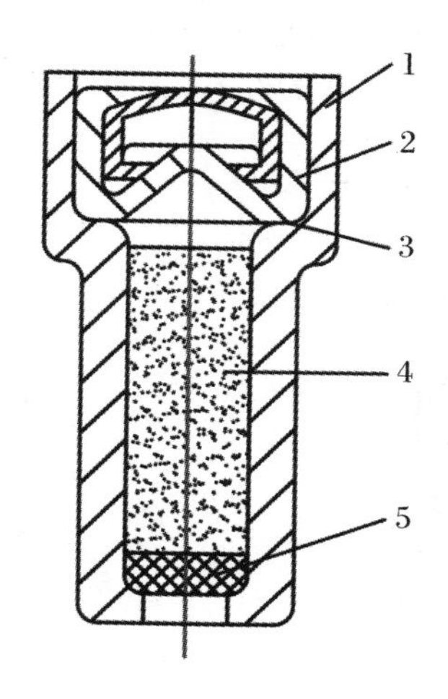

图 3.2.6　"纳氏"传火管

1. 底火体（黄铜镀锡）；2. "HJ-3"火帽；3. 铅垫圈；4. 黑火药；5. 纸垫

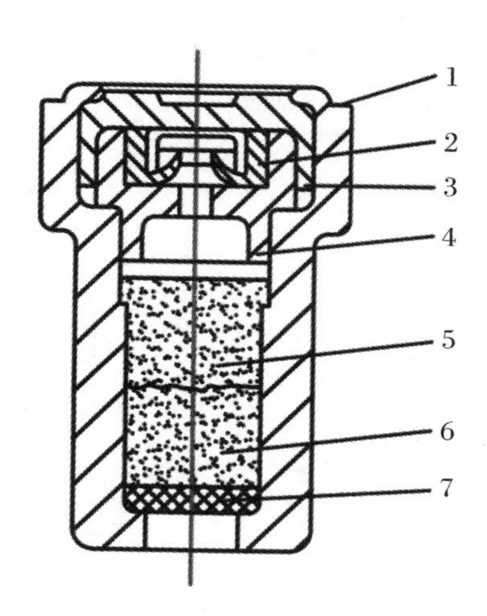

图 3.2.7　"底-14"底火

1. 底火体（黄铜镀锡）；2. "HJ-3"火帽；3. 外壳（覆铜钢镀锡）；4. 火帽座（紫铜）；5. 点火药；6. 黑火药；7. 纸垫火药柱

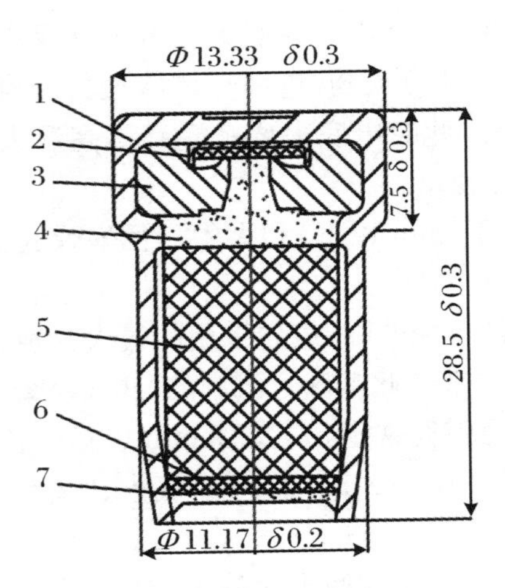

图 3.2.8 "底-14 甲"底火

1. 底火体(钢制)；2. "HJ-9"火帽；3. 火台(黄铜件)；4. 松装黑火药；5. 黑火药；6. 纸垫；7. 掺有细铝粉的硝基胶液

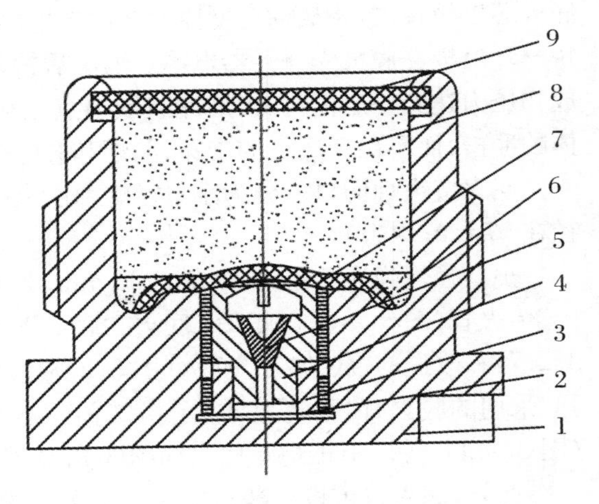

图 3.2.9 "底-4"底火

1. 底火体；2. "HJ-1"火帽；3. 压螺；4. 火台；5. 闭气塞；6. 松装黑药；7. 纸盖片；8. 黑药饼；9. 纱布纸垫片

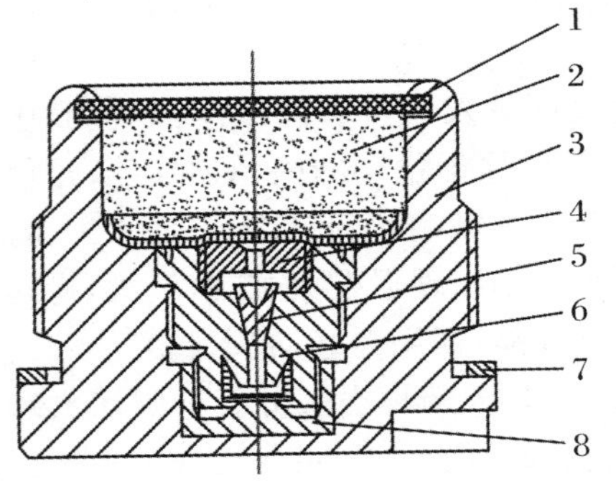

图 3.2.10 "底-13"底火

1. 盖片；2. 黑药饼；3. 底火体；4. 压螺；5. 闭气锥体；6. 火台；7. 密封圈；8. 底座垫

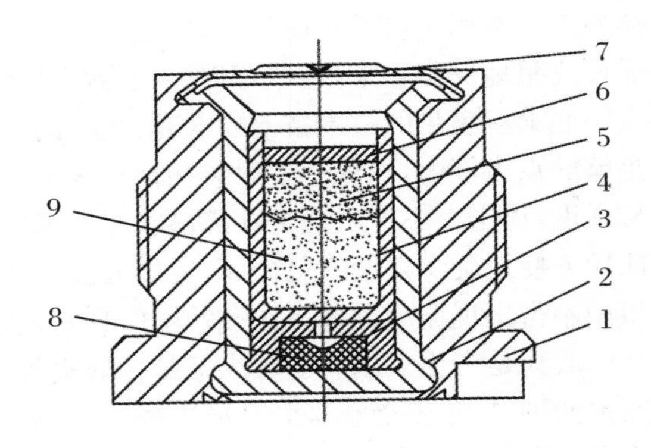

图 3.2.11 "底-9"底火

1. 底火体；2. "HJ-1"火帽；3. 压螺；4. 火台；5. 闭气塞；6. 松装黑药；7. 纸盖片；8. 黑药饼；9. 纱布纸垫片

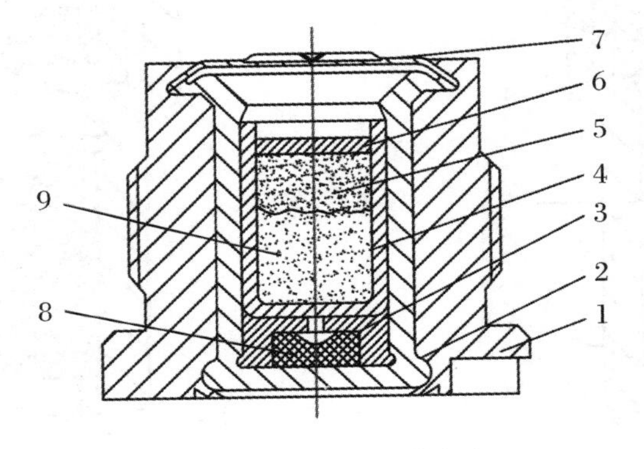

图 3.2.12 追击炮弹底火

1. 底火体；2. "HJ-1"火帽；3. 压螺；4. 火台；5. 闭气塞；6. 松装黑药；7. 纸盖片；8. 黑药饼；9. 纱布纸垫片

底火由底火体、发火机构和传火药三个基本部分组成。底火体由黄铜、覆铜钢或钢质材料冲压、挤压或轧制,并对表面进行处理而成,应具有一定的强度,它的作用在于将各个部件组装成整体。撞击底火的发火机构由撞击火帽、火帽座、火台等组成,例如,常用的HJ-3撞击火帽是大多数撞击底火的最初发火元件,用于点燃作为底火点火药的黑药,并且在部分底火中起到密闭燃气流的作用。电底火的发火机构由点火电极、点火元件和点火药等组成。为防潮和防止漏药,底火中装有密封装置(如盖片),并在结合缝处涂清漆。

1. 底火发火过程

(1) 撞击底火发火过程。枪弹底火的作用过程为:当枪弹推入枪膛,扣动枪机,撞针撞击底火,底火底部变形(凹陷),底火内击发药受到冲击力,药筒上的火台相对地挤入击发药内,击发药受到摩擦和挤压后,发出火焰,火焰穿过药筒的两个传火孔,将药筒内发射药引燃,火药燃烧产生的高压气体将弹丸发射出去。

(2) 炮弹底火的作用过程。弹药射击时,底火在药筒的底部,在火炮击发机构的撞针撞击下,底火体底部变形,并且导致火帽受挤压变形发火,高温高压气体通过传火通道点燃底火上部的点火药,点火药的燃烧输出大量能量,引燃发射药筒内发射装药,发射装药迅速燃烧,产生大量气体,形成较高的膛压,将弹丸送出炮膛。

(3) 含闭气塞底火发火过程(以俄AK-130为例)。俄AK-130底火为双闭气塞闭气结构。当底火底部受到火炮上的撞针撞击时,底火体底部受力变形挤压火帽,使火帽内的击发药发火,击发药产生的火焰气体推动闭气塞向前运动,使火焰从闭大毛塞锥体与闭气塞间的间隙通道向前流动点燃药盂中的点火药(即黑火药),点火药燃烧产生的火焰气体冲破闭气盖,向传火管中输入,同时该气体又作用在底火中的闭气塞上,使锥体向后运动并变形,紧贴在压螺的锥孔中,使火焰不至于回流,起到闭气作用。底火输出的火焰和气体从传火管中的锥体孔流入传火管,立即点燃传火管内的黑火药,该黑火药产生大量的火焰和气体从传火管体周围均匀分布的60个直径为4.2 mm的孔喷出,几乎同时点燃周围的发射药,使药筒和炮膛内形成高压气体,一方面将炮弹发射出去,同时,在高压气体的作用下,传火管底座中的闭气塞体向下运动,并受力变形紧贴在锥孔中,保证了底火和传火管能够承受高压。

2. 底火设计技术要求

由底火的发火过程可知,底火需满足下列技术要求才能完成其点火的作用:有合适的感度,保证炮弹发射点火的确定性;有足够的点火能力,底火不仅起引燃发射药的作用,而且对弹丸的弹道性能影响很大;有足够的机械强度,炮弹射击后,膛内的高压气体不仅作用于弹丸,将弹丸发射出去,同时也作用于药筒的底火体上,此时底火的壳体不允许产生裂纹、底部不能过分鼓起、击穿或严重漏烟等,要保证射手的安全,使火炮击发机构正常击发;应有良好的密封性、耐震性。

3.2.1.3 点火具

点火具是引燃火箭弹中火箭火药的装置,其在火箭弹中的位置如图3.2.13所示,其结构如图3.2.14所示。点火具的作用是将火箭火药的表面迅速地加热到它的起燃温度以上,并在燃烧室中建立一定的压力,以便火药装药正常地燃烧。火焰喷射器也用电点火具来点火。点火装置由发火部分及点火药组成,发火部分受到外界冲量作用后,产生一定的火焰,点火药起着扩大发火部分火焰的作用,使火箭火药能迅速全面地燃烧,以达到火箭弹燃烧时弹道性能一致。

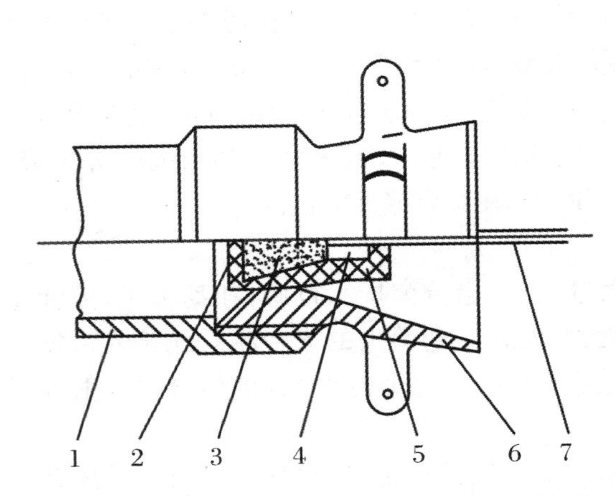

图 3.2.13　139 电点火具在火箭弹中的位置示意图

1. 燃烧室；2. 点火具盖体；3. 黑药；4. 发火头；5. 点火具体；6. 喷管；7. 导线

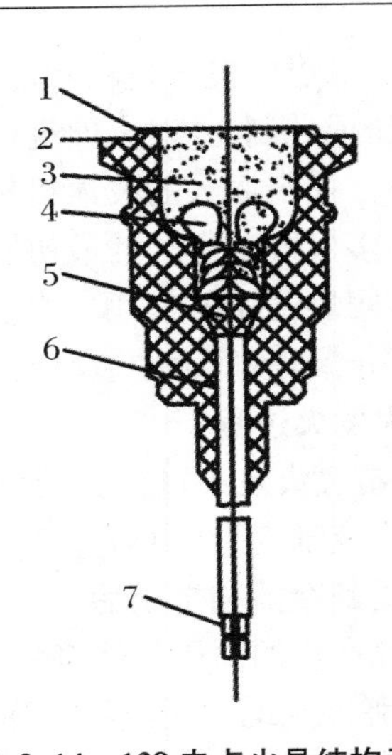

图 3.2.14　139 电点火具结构示意图

1. 盖片；2. 壳体；3. 黑药；4.引火头；5. 密封塞；6. 固化胶；7. 导线

点火具按初始冲能的形式分为电点火具和惯性点火具(机械点火具)两类。

(1) 电点火具。电点火具中有发火头，根据发火部分的结构分为桥丝式、火花式和导电药式三种。常用的是桥丝式的。

桥丝式点火具是由电发火头和点火药组成，根据电发火头和点火药的安装位置又可分为两类，即整体式点火具(图 3.2.15)和分装式点火具(图 3.2.16)。① 整体式点火具是将点火药和引火头做成一个整体的点火装置。在点火药盒内，导线引出与弹体的电极部分相接，用于各种小型火箭弹上。为了保证点火的可靠性，一般都采用两个或两个以上并联的电发火头。这种结构的优点有：结构简单，点火延迟时间短。② 分装式点火具是点火药与电引火头不做成一体，而采用分别安装的方法。这种结构的优点有：发火头和点火药可以分别贮存和运输，安全性好；便于更换其中个别零件，不需装拆整个装置，也不致使整个装置报废；使用方便，经济性好；便于使发火头生产标准化。这种结构的缺点有：结构复杂，零件数量多，还容易造成点火延迟时间较长等。

电点火具的作用过程：电源电能转变为热能引燃电发火头，燃烧火焰引燃点火药，扩大了的火焰再引燃火箭火药。电发火头的发火是属于热激发过程。

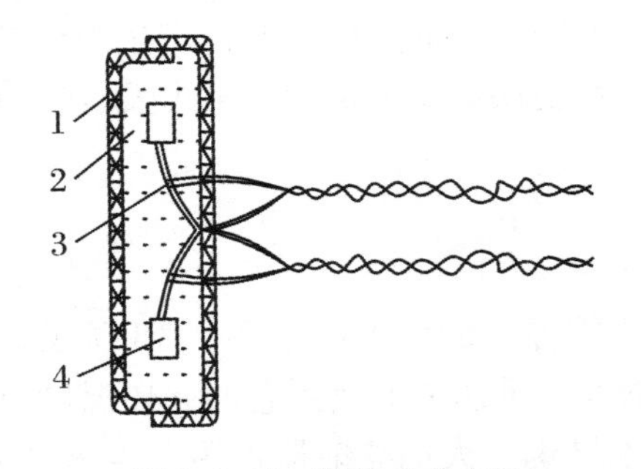

图 3.2.15　整体式点火具

1. 点火药盒；2. 点火药；3. 导线；4. 发火头

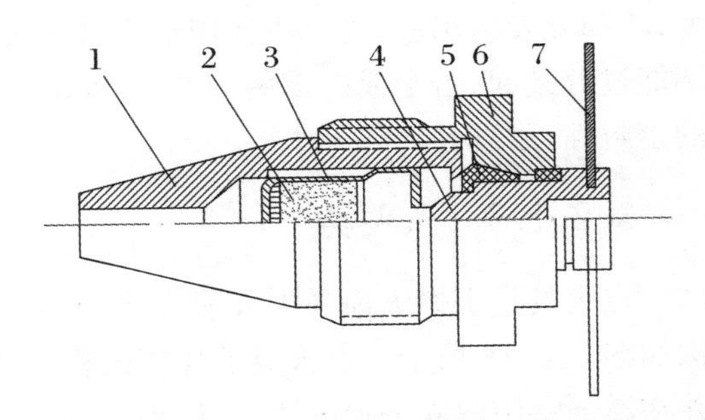

图 3.2.16　分装式点火具

1. 喷嘴；2. 点火具；3. 弹簧；4. 导电杆；5. 绝缘体；6. 本体；7. 导电盖

(2) 惯性点火具。惯性点火具在弹药中用于火箭的增程点火，主要由惯性膛内发火机构、延期机构及点火扩燃机构等组成，图 3.2.17 所示是用于新 40 火箭弹的惯性点火具。发火机构由火帽、击针和击针簧组成。延期机构主要是延期药，点火扩燃机构主要是点火药盒。

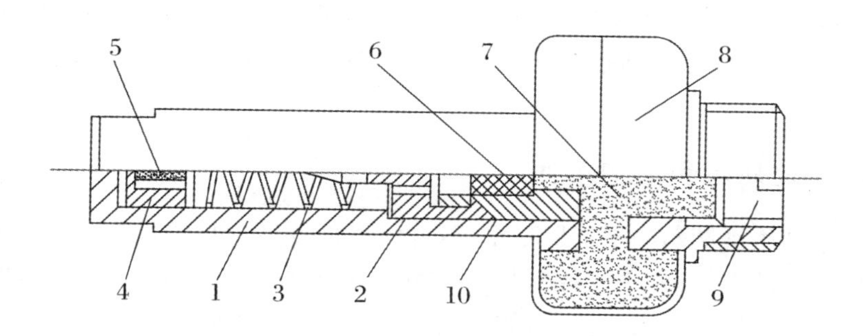

图 3.2.17 新 40 火箭弹惯性点火具结构示意图

1. 点火具体；2. 击针；3. 弹簧；4. 火帽座；5. 火帽；6. 延期药；7. 点火药；8. 药膜；9. 螺塞；10. 密封圈

惯性点火具的作用过程为：当弹丸在发射筒内向前运动时，火帽连同火帽座一起产生一个直线惯性力，此力可以使火帽(连同火帽座一起)克服弹簧的最大抗力向击针冲去，火帽受针刺作用而发火，火帽的火焰通过击针上传火孔点燃延期药，经 0.09～0.12 s 燃烧后再点燃点火药，点火药燃烧形成 5.89 MPa 的点火压力，并迅速地点燃弹丸的火箭火药，完成点火作用。

辐射式延期点火具用于“红缨-5 甲”地对空导弹，其结构如图 3.2.18 所示。延迟点火具由两个部分组成，即带隔板起爆的辐射传火管和延迟点火管。辐射传火管由辐射罩、热辐射火帽、带隔板的传火管体、冲击激发火帽和套筒等组成；延迟点火管由密封垫、引燃火帽、延期药、点火药和点火管壳等组成。

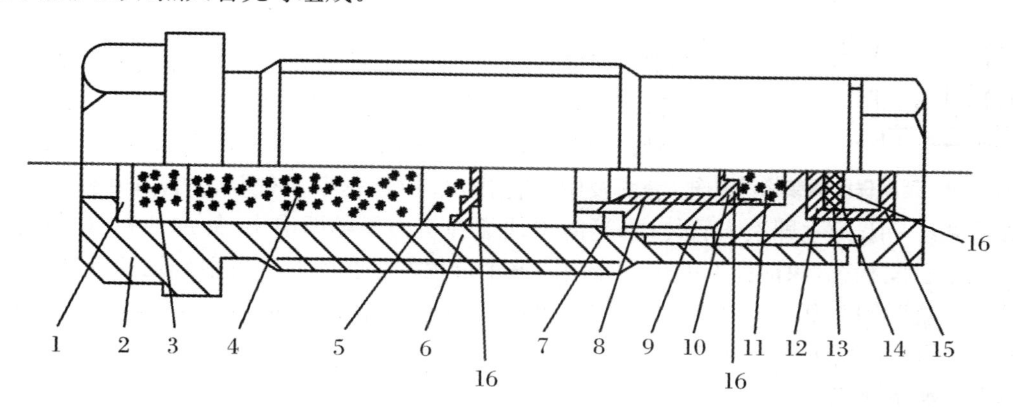

图 3.2.18 辐射式延迟点火具

1. 顶盖；2. 延迟点火管壳；3. 传火药；4. 延期药；5. 斯蒂芬酸铅；6、10、14. 火帽壳；7. 密封垫圈；8. 套筒；9. 辐射传火管壳；11. 针刺药；12. 氮化铅；13. 三硝基间苯二酚铅；15. 辐射罩；16. 绸垫

点火具的作用过程为：当导弹的第一级发射药燃烧时，燃烧温度很高，其辐射能将延期管的辐射罩(Al 材料)加热达到熔融状态，此温度引燃斯蒂芬酸铅(三硝基间苯二酚铅)，引燃斯蒂芬酸铅再引爆氮化铅，冲击波通过 1 mm 钢片引燃扩焰药，然后依次引燃斯蒂芬酸铅、延期药、传火药，点燃发射装药推动导弹沿着发射目标前进。

延迟点火具的特点有：结构严谨，性能稳定。例如，采用了耐腐蚀的不锈钢外壳，不易受潮且延迟时间准确的全密封型结构；只要外界无 100 ℃以上热源直接辐射或直接接触传热，应用就安全；利用隔板起爆，两部分均有自己的完整传火体系，既完成了传火作用，又完成了密封发动机作用。

点火具应满足的战术技术要求有：在外界激发能量作用下，点火具应切实可靠发火；点火具的点火药燃烧后，应可靠地点燃火药装药；当点火具用于弹道上点火时，还应有严格的时间要求。

3.2.1.4 延期药和延期元件

延期元件是利用延期药的平行层稳定燃烧而获得一定延期时间的火工元件。引信中的延期元件主要分为两类：一是用于控制传火系列或传爆系列的作用时间，如延期管、时间药盘、保险药管等；二是用于点火与传火，如点火药、加强药、接力药柱、导火索等。延期元件中所装的延期药按它们燃烧后产物状态分为有气体和微气体（或叫无气体）两种。所谓的有气体延期药是指黑药，微气体延期药通常是指金属类可燃剂和氧化剂的混合物。对应的延期元件分为通气式和密封式。

在引信中使用的延期元件主要有保险药柱、短延期药柱、时间药盘等。

1. 保险药柱

保险药柱在弹药中应用很普遍，在“电-2”引信中的延期保险螺中就配有保险药柱，如图 3.2.19 所示。延期保险螺由两个部分组成，即外壳和保险药柱。

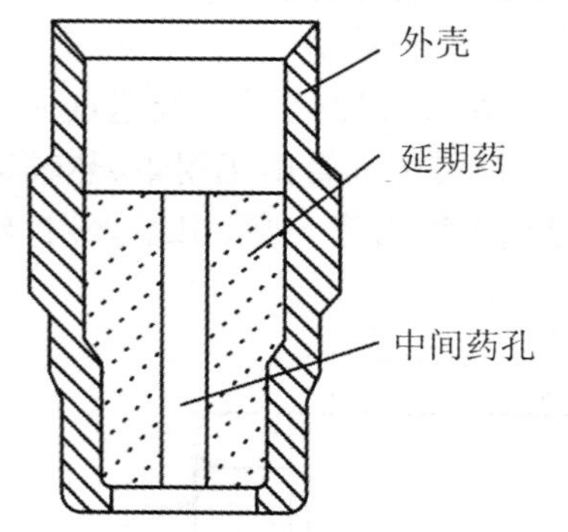

图 3.2.19 延期保险螺结构示意图

延期保险螺的作用是使雷管和引爆管错开一定位置起隔爆作用，即在引信不作用时要求保险，当引信作用时需解除保险。

延期保险螺的作用过程为：在延期药未被点燃时保险塞在延期管端部，保险塞紧紧卡住滑块，不使滑块移动，使得雷管和引爆管错开一定位置起隔爆作用。当火帽火焰点燃延期药后，火焰沿表面传播的同时向内部燃烧，生成物从表面及中间孔排出，一旦延期药燃烧完毕，管内就空出位置，保险塞（一钢球）立即滚入管体内，这时滑块靠弹簧力量随即滑出，使雷管和引爆管位置对正，处于触发状态，保证弹丸的可靠作用。这个过程发生在弹丸从发射到远离阵地一定距离，药剂燃烧时间为 0.09～0.12 s。延期药的配方质量分数为锆粉 20%，四氧化三铅 37%，过氯酸钾 25%，硫 14%，弱棉 4%。

2. 短延期药柱

短延期药柱在穿甲弹弹底引信中应用较多，如“甲-1”引信的自调延期机构，由五个零件组成，即延期管座、网垫、延期药柱、惯性片和延期药管，如图 3.2.20 所示。

延期管座用于组装各个零件，有两个传火孔；网垫的作用是固定延期药柱，隔开管座与延期药，且可以减弱对延期药柱的振动；延期药用于延迟传火的时间；惯性片用于靠自身质量自动调节对延期药施加惯性力；中间的小孔用以传递火帽火焰；延期药管用于固定药剂且便于装配。

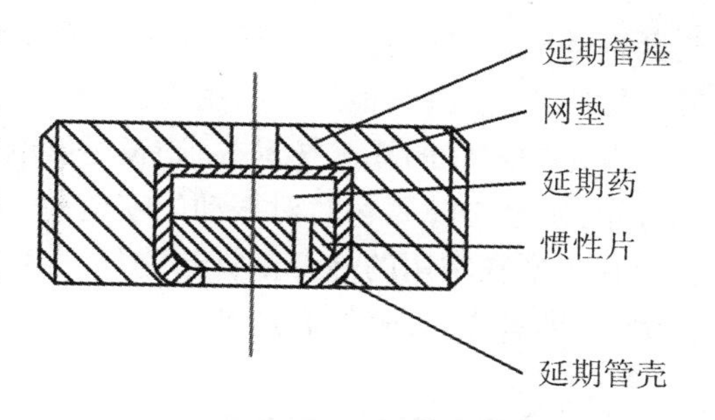

图 3.2.20　“甲-1”引信的自调延期机构

自调延期机构的作用过程为：当穿甲弹碰击目标时，弹底引信火帽发火，火焰通过延期管座、延期药管及惯性片传火孔，点燃延期药柱。同时惯性片在弹丸惯性力作用下紧紧地压在延期药上，延期药只在小孔(Ø0.5 mm)周围燃烧，燃速慢。当弹丸传出钢甲后，阻力显著下降，惯性力离开延期药表面，延期药的燃烧迅速地沿着药面展开，燃烧面扩大，压力增加，燃烧速度加快，这样用改变延期药燃烧表面大小的方法来达到自动调整延期的作用。延期药燃烧时间为 0.003～0.015 s，这段固定延期时间，保证了弹丸进入钢甲一段距离后爆炸。延期药用的是普遍黑火药(634 延期药)，配方质量分数为硝酸钾 75%，硫 10%，木炭 15%。

3．时间药盘

在弹药引信中，延期药盘和自炸药盘均属于时间药盘。

延期时间机构如图 3.2.21 所示。定位销用于药盘在引信上定位。点火药接受火帽火焰来点燃延期药。延期药稳定燃烧，起到准确延迟点火的作用，且不应发生窜火及表面传火速燃等。

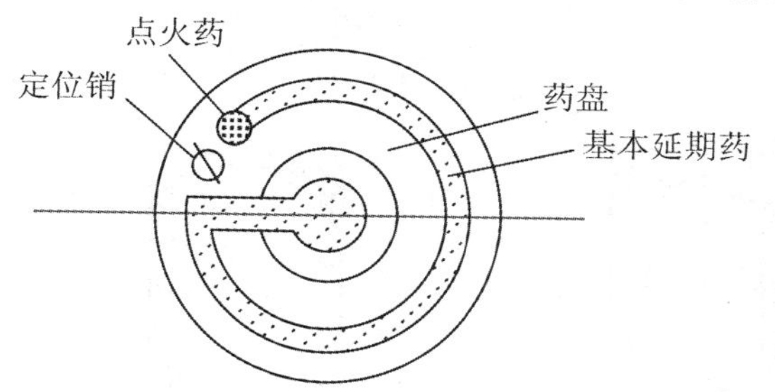

图 3.2.21　延期时间机构示意图

由于延期时间要求长，药量就多，所以采用药盘形式能节省体积。延期药盘上、下两面都有环形沟槽，内压有时间药剂，可以调整延期时间，长延期为 13～15 s，短延期为 7～9 s。如在“榴-5”引信中，存在三种装定，即瞬发、惯性(短延期)和延期。如果装定延期，即需要该引信起延期作用，瞬发传火通道被堵死，火焰从侧面经延期药下传，使弹丸起到杀伤破坏作用。

自炸药盘也是延期药盘，其结构和延期药盘相同，根据要求时间不同而有不同的延期时间，即可以用黑火药，又可以用烟火药。例如，引信的自炸延期药盘装的药剂是 600 微烟药，配方质量分数为铬酸钡 79%，氯酸钾 10%，硫化锑 11%，弱棉 2%。

延期药和延期元件除了应满足火工品的共同性要求外，还应满足以下基本要求：足够的延期时间和一定的时间精度；较好的火焰感度；足够的火焰输出；足够的机械强度；燃烧可靠、不中断、不熄灭；长期储存性能稳定等。

3.2.1.5　炮弹雷管

炮弹雷管是组成引信传爆系列的主要元件，它能将一个较小的起始冲能(机械、热、电、光等)转化为爆轰输出，从而引爆下一级完全由猛炸药构成的火工品(如导爆药、传爆药)。这也是它和火帽最本质的区别。引信中雷管的性能直接影响引信的作用，一些膛炸、早炸和瞎火等严重事故常常与雷管有关。

炮弹雷管按其激发冲能的形式不同可分为：针刺雷管，由击针刺击而引爆；火焰雷管，由引信火帽、延期药、扩焰药等的火焰引爆；电雷管，由不同形式的电能而引爆；化学雷管，由化学药剂的反应来引起雷管爆炸；碰炸雷管，由碰击的冲能使雷管起爆；激光雷管，由入射激光能量使雷管起爆；其他形式的雷管。

对炮弹雷管的战术技术要求有：足够的起爆能力；合适的感度；发射时和弹丸（特别是含药穿甲弹）碰击障碍物时对振动的安全性；运输和勤务处理中的安全性；长期储存的安定性。

我国现在常用的炮弹雷管结构如图 3.2.22 所示。从图中可以看出雷管结构可分为三个部分，即管壳、加强帽和药剂。

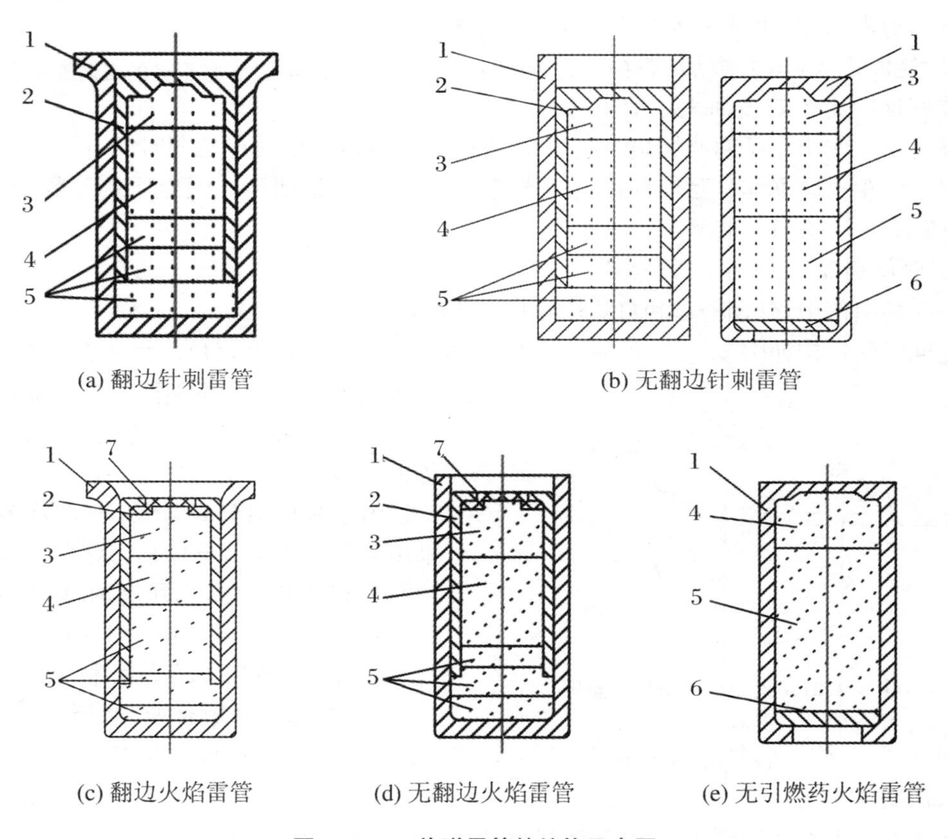

(a) 翻边针刺雷管　(b) 无翻边针刺雷管

(c) 翻边火焰雷管　(d) 无翻边火焰雷管　(e) 无引燃药火焰雷管

图 3.2.22　炮弹雷管的结构示意图

1. 雷管壳；2. 加强帽；3. 起爆药；4、5. 猛炸药；6. 盖片；7. 绸垫

雷管在尺寸上有大有小，药量也有差别，从外观来看，雷管有翻边、不翻边和收口三种。翻边的便于装配，这是引信结构所要求的。收口的耐振动性能比较好，但装配工艺比较麻烦。加强帽无孔的适合于针刺起爆，有孔的适合于火焰起爆，孔下面有绸垫，以保证装药不撒出来。

国外的雷管多为收口的，有的雷管底部冲孔，并垫有垫片，有的底部冲得薄一些，其目的是为了增加底向的威力。因为收口，所以没有必要用加强帽，只需盖片就可以了。火焰雷管也没有传火孔，用纸或铝盖片盖住火焰输入端。

我国的针刺雷管和火焰雷管的管壳是用铜镍合金冲压成的盂型壳体，地雷中所用的雷管是用铝冲压的。铜镍合金强度比较大，能耐发射时的振动，它的延展性好，便于冲压，防腐性能也比较好。

雷管加强帽是用铝带冲压而成的，火焰雷管的加强帽底中心有直径为 2.5 mm 的孔，下垫一层绸垫以防撒药。对于受振动比较大的"海-甲"引信中所用的"LH-5"雷管，要用双层绸垫。针刺雷管的加强帽不需要传火孔，但是为了提高感度，通常把底部中心部分冲得薄一些，这样击针刺入时消耗的能量可以减少一些。

雷管中的药剂是决定雷管性能的主要因素，炮弹雷管中装药有三层：最上层是保证感度发火药，对针刺雷管来说为针刺药，火焰雷管为斯蒂芬酸铅；中间的一层是氮化铅；底层药是猛炸药，常用的猛炸药有特屈儿、太安或黑索今。由于黑索今不容易压成药柱，所以一般要用虫胶漆、树脂酸钙或 PVA 等造粒。这种三层装药结构工序多，经过改进把第一层起爆药和第二层起爆药混合起来使用以减少一次装药工序，这对小雷管装配尤为有利。例如，在制造氮化铅的过程中令斯蒂芬酸铅同时生成，用含斯蒂芬酸铅的氮化铅来装火焰雷管，以保证雷管的火焰感度；或者在制造氮化铅时先加入四氮烯作为晶核和氮化铅共同沉淀，得到含有四氮烯的氮化铅，用来装针刺雷管，以保证雷管的针刺感度。

炮弹雷管尺寸较小，一般外径为 5～6 mm，高为 9.7～15 mm；而小型雷管直径在 2.5～4.5 mm，高为 3～8 mm，实际总装药量不到 0.5 g。

我国引信雷管的命名均以汉语拼音的第一个字母来表示，L 表示雷管，Z 表示针刺，H 表示火焰，所以 LH 表示火焰雷管，LZ 表示针刺雷管，其后面的数字表示顺序号。例如，"LH-3"叫作 3 号火焰雷管，"LZ-1"叫作 1 号针刺雷管。

炮弹雷管的装配工艺流程是根据产品结构、性能和设备来设置的。不同的产品其流程不同，以 LZ-4"炮弹雷管"的生产为例，其工艺流程如图 3.2.23 所示。

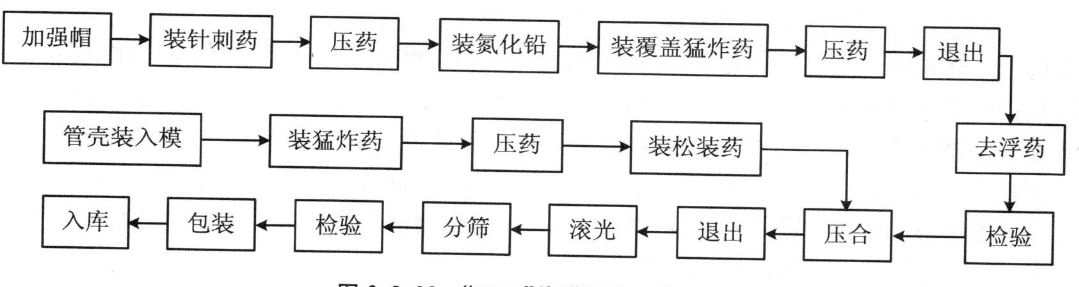

图 3.2.23　"LZ-4"炮弹雷管工艺流程

由于 LZ-4 加强帽长，必须先把加强帽中的装药过程分离出来，先装好，再和装了底部药的管壳结合，这称为分离法装药。

该工艺流程是针刺雷管装药工艺过程，如果是火焰雷管，则在加强帽装药工序中稍有改变，即装针刺药改为装斯蒂芬酸铅，取消装针刺药工序而在装斯蒂芬酸铅前加一个放绸垫工序，其他工序不变。

3.2.1.6　导爆药柱和传爆管

导爆药柱和传爆管都是用猛炸药制成的火工品，其作用是放大和传递爆轰能量。对导爆药柱和传爆管的基本要求是起爆和传爆可靠，机械强度足够，化学性能稳定。

导爆药柱能将雷管产生的爆轰放大后传给传爆管，一般装在雷管和传爆管之间的隔板中，有带壳和不带壳的两种结构形式，如图 3.2.24 所示。

带壳的导爆药柱是将猛炸药直接压在金属管壳内，或者预先压成药柱后再装入管壳而组成的独立的元件，叫作导爆管。导爆管有翻边型(图 3.2.24(a))和收口型(图 3.2.24(b))两种。翻边型的是在输出端翻边，药柱敞开；收口型的是在输入端加金属盖片，收口封闭。

不带壳的导爆药柱是将猛炸药预先压成药柱装入隔板孔内(用黏结剂固定),或直接在隔板孔中压药(图 3.2.24(c))。

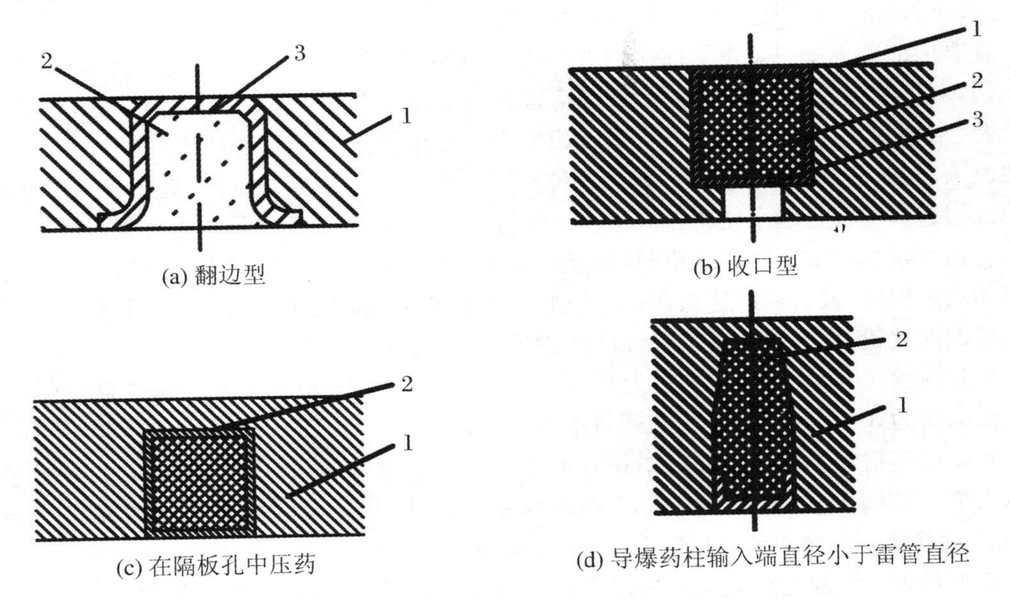

图 3.2.24　导爆药柱的结构形式

导爆药柱一般为圆柱体,其高度和直径要根据上下级爆炸元件的性能和尺寸以及隔爆机构的结构来确定。从可靠传爆来考虑,输入端直径以略大于雷管直径为宜,输出端直径最好与传爆管的直径不要相差太大。有时为了保证隔离安全,可采用图 3.2.24(d)的形式,输入端直径则可小于雷管的直径。导爆药柱的高度取决于隔板的厚度。在一般情况下,高度与直径之比应接近于 1∶1。隔板用铝合金等强度较低的材料制造时,高度应大于直径。

导爆药曾广泛使用钝化黑索今、泰安,目前一般使用的导爆药有聚黑-14、聚黑-6、聚奥-9、聚奥-10 和钝黑-5 等。导爆药柱密度一般为 1.5～1.65 g/cm^3。确定药柱密度的原则是既要保证药柱易于被雷管起爆,又要保证药柱能可靠地起爆传爆管。导爆药柱的装药量由药柱的尺寸和密度来决定。

传爆管是爆炸序列中最后的一个火工品,其作用是将导爆药柱或雷管的爆轰能量放大,以便主装药完全起爆。大部分传爆管是靠螺纹连接实现与引信之间的密封,但是,螺纹连接密封不够可靠,因此一般应在传爆管药柱面上压一纸垫片(如标准厚纸等),或在传爆管壳上罩一金属片之间加一纸片(如羊皮纸等),以防药柱直接受金属挤压。传爆管拧入引信体时,应在螺纹结合处涂红丹与酯胶清漆混合物或加塑料密封圈等来密封。另外,对高速旋转的引信,还应当采用固紧螺圈压紧,滚口或点铆固定等方法使传爆管与引信连接得更牢固些。

3.2.1.7　组合火工品

所谓组合火工品,是将常规通用的击发药(或发火药)、点火药、延期药、起爆药、猛炸药用不同的管壳装配成不同功能的单件,使其有机而巧妙地密封组装在一起,形成发火、点火、延期、起爆一套完整的传爆序列,完成引信需要的功能,这种火工品元件就称为组合火工品。

输入件能够在径向 360°条件下任意激发发火;根据引信装配要求,也可以在轴向上激发发火,并且具备一定能量的点火强度。延期件应具有任意弯曲的装配条件,按照引信性能要求制造相应匹配的有不同尺寸、不同延期时间系列的延期件。输出件能够轴向或径向起爆，按照引信要求做输出功。三件组合后的火工品有很好的密封性能。常见的组合火工品有：

(1) 单延期序列的组合火工品。单延期序列的组合火工品如图3.2.25所示。这种火工品适用于带自炸作用的引信，目前已经应用于机械1B型子弹引信中。

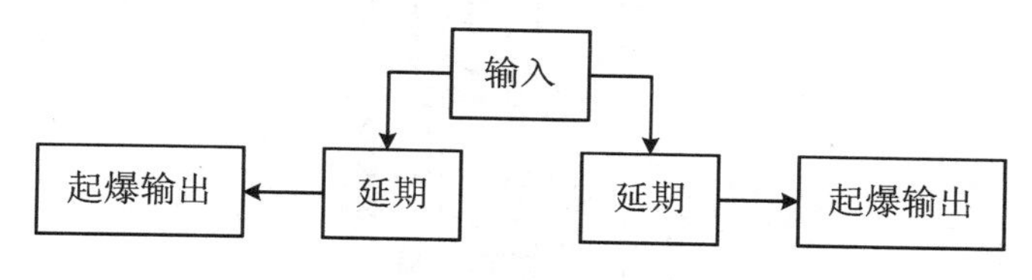

图3.2.25　单延期序列的组合火工品

(2) 双延期序列的组合火工品。这种火工品是由两个单延期序列的组合火工品组成的。它具有径向一端输入，两端延时并输出的功能，如图3.2.26所示。它利用一端延期爆炸来解脱引信中的一道保险，完成引信远解作用。另一端可以完成引信自炸作用。这种火工品已在DST-1型引信中试用，并取得成功。

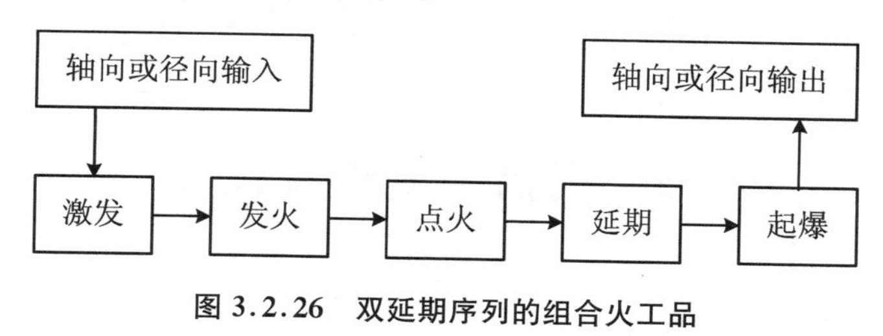

图3.2.26　双延期序列的组合火工品

3.2.2　火工品在弹药中的应用

火工品是弹丸发射和爆炸的激发器材。弹药中火工品的应用分为下列几个方面：

(1) 组成引信中的传爆序列，引爆弹丸装药。

(2) 组成引信中的传火序列，引燃特种弹的抛射药等。

(3) 组成发射药的传火序列，引燃火炮发射药及火箭发动机等。

现以加农炮全装药杀伤榴弹(图3.2.27)为例具体说明火工品在弹药中的运用。图3.2.28为榴-3式引信。炮弹上膛后，首先由击针撞击底火，底火发火点燃发射药，发射药燃烧产生很高的气体压力，把弹丸推出炮膛。弹丸到达目标后，引信首先起作用。引信中各个火工品组成传爆系列，达到适时可靠的引爆弹丸中的装药。从每发全弹的作用过程来看，弹丸的发射要底火先起作用，弹丸中炸药爆炸又要引信先起作用，而底火和引信都装有火工品。

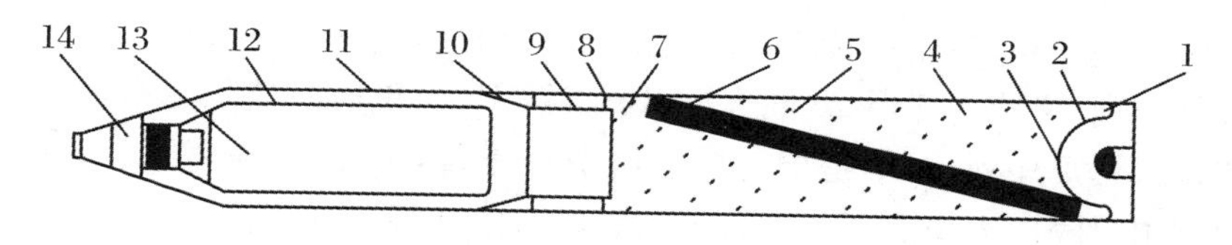

图3.2.27　加农炮全装药杀伤榴弹

1. 药筒；2. 底火；3. 点火药；4. 粒状发射药；6. 管状发射药；13. 炸药；14. 榴-3引信；其余为引信其他部件

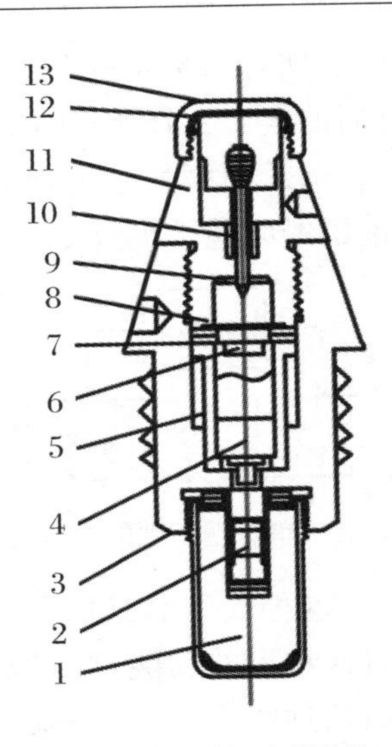

图 3.2.28　榴-3 式引信

1. 传爆管；2. 雷管；6. 火帽；其余为引信其他部件

3.3　引信的机构及设计

引信的一般结构组成是由引信的基本要求所决定的。为了增加可靠性，引信通常设有爆炸序列和发火机构，有的还有延期机构和装定机构。为了确保安全，引信通常设有保险机构和隔离机构，有的还设有自毁机构。组成引信的各种机构相互联系、相互制约，使引信成为一个有机整体。本章将详细讲述引信的各机构及其设计原理。

3.3.1　引信爆炸序列

爆炸序列在引信中起能量传递和放大作用，从初始发火的首级火工品到最后引爆或引燃战斗部主装药的爆炸或抛射/点火药，是引信不可缺少的组成部分。随着引信类型和配用弹种的不同，爆炸序列的组成有各种不同的形式。

1. 爆炸序列的分类

(1) 按隔爆形式的不同，可分为隔爆爆炸序列(错位爆炸序列)和无隔爆爆炸序列(直列爆炸序列)。

以隔离件将爆炸序列中的敏感爆炸元件与其下一级爆炸元件用机械方式隔开，从而切断爆轰(火焰)传递通路，防止在解除保险之前引爆(引燃)其下一级爆炸元件的爆炸序列，称为错位式爆炸序列，又称为隔爆型(隔火型)爆炸序列。这里所说的隔爆型爆炸序列，是指点火引信的错位式爆炸序列，而不是指起爆引信中只隔离火焰而不隔离爆轰的爆炸序列。这种在爆炸序列中只隔离火焰而不隔离爆轰的起爆引信，旧称半保险型引信，也称为火帽保险型引信。由于其设计不符合现代引信的安全性设计思想，故新设计中一般已不再采用。采用隔爆型爆炸序列的起爆引信，称为隔爆型引信，旧称全保险型引信，也称雷管保险型引信。

各爆炸元件之间不存在隔爆件的爆炸序列为无隔爆爆炸序列，又称为直列爆炸序列。直列爆炸序列可分为在安全性能上存在着本质差异的两类：一类是其所有爆炸元件中的火炸药装药感度均满足安全性要求的直列式爆炸序列，可称为钝感式直列爆炸序列。现代起爆理论和起爆技术的迅猛发展，使得钝感式直列爆炸序列的实用性已有所突破。而另一类则是其中的某些爆炸元件中的火炸药装药为起爆药或其他敏感药剂，其感度不满足安全性要求，可称为敏感式直列爆炸序列。现代弹药发射系统所用的爆炸序列，几乎均是这种爆炸序列。历史上所广泛采用、目前仍有某些装备使用的非隔爆型引信（旧称非保险型引信），也采用了这种爆炸序列。隔爆爆炸序列是在解除保险之前，起爆元件与导爆药和传爆药之间的爆轰传递通道被隔断的爆炸序列，此种爆炸序列中的起爆元件均装有敏感的起爆药；无隔爆爆炸序列是不装敏感药的起爆元件，不需采用隔爆件，起爆元件与传爆药柱直接对正的爆炸序列。

(2) 按弹药或爆炸装置所用主装药的类型或输出能量的形式分为传爆序列和传火序列两种。典型的传火序列和传爆序列如图3.3.1所示。

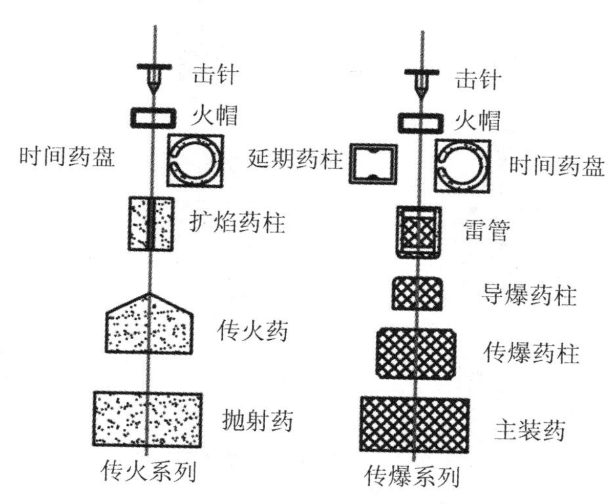

图3.3.1　典型的传火序列和传爆序列

由图3.3.1可知，典型的爆炸序列一般由以下火工品组成：转换能量的火工品（如火帽和雷管）；控制时间的火工品（如延期药柱和时间药盘）；放大能量的火工品（如扩焰药柱、传火药或导爆药柱、传爆药柱）。其中，传火药柱往往是点火引信最终输出火焰能量的元件，传爆药柱是起爆引信最终输出爆轰能量的元件。

① 引信中的传爆序列。

传爆系列最终给出爆轰冲能，用以起爆弹丸中的炸药。所以传爆序列一定要有给出爆轰冲能的火工品——雷管。它把击针给出的针刺能或火焰给出的火焰能转变为爆轰冲能，适用于起爆引信。

引信传爆序列如图3.3.2所示，可以大致分为四类：

a. 最简单的传爆序列由一雷管组成。其传爆序列为：引信击针→雷管→弹丸装药。如图3.3.2(a)所示。引信与弹丸装配后，雷管即埋入装药中。适用于弹丸装药量较少的小口径榴弹的非保险型引信中。

b. 35 mm以上的弹丸非保险型引信，因弹丸直径较大，装药量较多，光用雷管起爆弹丸装药可能引起半爆，所以传爆系列增加一个传爆药柱，将雷管爆轰冲能放大。其传爆序列为：引信击针→雷管→传爆药→弹丸装药。如图 3.3.2(b)所示。

c. 保险型引信，雷管靠一定厚度的金属隔板与传爆药柱隔离，以保证平时及击射时的安全。为使雷管可靠的引爆传爆药柱，就需要在隔板上装有导爆药，其传爆序列为：引信击针→雷管→导爆药→传爆药→弹丸装药。如图 3.3.2(c)所示。

d. 中大口径榴弹有的需要延期装定，就在火帽和雷管之间装上延期药，以后再实现能量逐级放大。其传爆序列为：引信击针→火帽→延期药→雷管→导爆药→传爆药→弹丸装药。如图 3.3.2(d)所示。

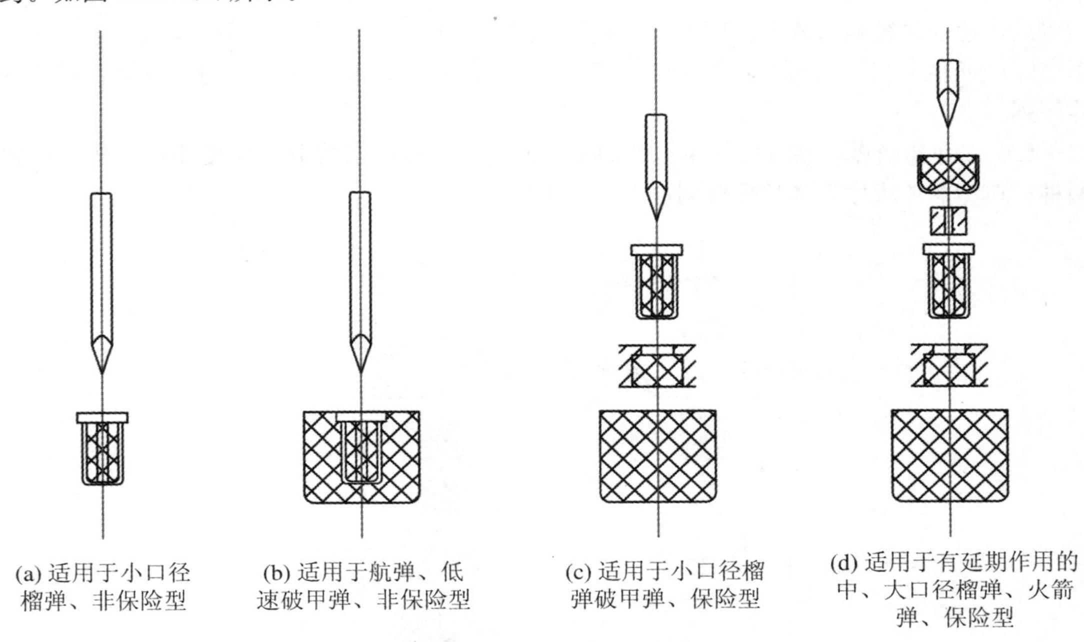

图 3.3.2　引信传爆序列

传爆序列基本上就分为上述四类。当然根据引信的战术技术要求及具体结构，尚可有其他衍生形式。

电引信及雷达引信中，传爆序列的第一个火工品接受的激发冲能是电能，这就要求该火工品为电火工品。其传爆序列为：电源电雷管延期药→传爆药→弹丸装药。

随着新武器的发展，某些引信还利用无线电波、红外线、声效应、磁效应和光效应等。这些都仅仅是敏感元件不同，火工品所接收的仍然是电能，故发火序列与电引信相同。

综上所述，组成传爆序列的最基本的火工品是雷管和传爆药，通过它们完成能量的转换和放大。根据输入冲能和用途不同，可进一步考虑增减火工品，以组成满足引信战术技术要求的传爆序列。

② 引信中的传火序列。

传火序列最终给出火焰冲能，用以引燃弹药中的火药装药，适用于点火引信。如特种弹中的宣传弹、照明弹等没有爆炸装药，不需要爆轰冲能来引爆，但有火药装药构成抛射药，需用火焰冲能点燃。这类弹丸引信的爆炸序列为传火序列。另外弹丸发射时，点燃发射药也靠传火序列。

a. 引信传火序列类型。

最简单的传火序列为:引信击针→火帽→弹丸装药。有延期作用和时间要求的,其传火序列为:引信击针→火帽→时间药剂→扩焰药→弹丸装药等;或引信击针→火帽→定时药→弹丸装药等。

b. 底火传火序列类型。

步枪和机枪中,因口径小,发射药量少,其传火序列只有一个火帽组成,即撞针→火帽→发射药。炮弹口径在 37 mm 以上时,只用一个火帽不能完成引燃发射药的任务,这时采用发火能量较强的火工品——底火。底火由火帽和黑药组成,火帽发出的火焰由黑药燃烧而扩大,其传火序列为:撞针→底火→发射药。在大口径炮弹中,为扩大底火火焰,又增加了传火药。其传火序列为:撞针→底火→传火药→发射药。一些自动武器和大口径火炮多数采用电能激发,其传火序列为:电源→电底火→传爆药→发射药。

c. 火箭发动机中火箭装药的传火序列。

分为机械能激发及电能激发两类,其传火序列为:机械冲能→火帽→点火具→点火药→火箭装药;或电冲能→电点火管→点火具→点火药→火箭装药。从上列各类传火序列看,构成传火序列的基本元件是火帽和传火药,由它们来实现能量的转换和放大。

(3) 爆炸序列还可以分为瞬发爆炸序列、延期爆炸序列和自毁爆炸序列以及它们的组合序列。

① 瞬发爆炸序列。

瞬发引信、近炸引信以及电子时间引信等要求引信瞬发度高,其主爆炸序列一般都是瞬发爆炸序列。当接收到发火信息后引信立即作用在最短时间内产生相应能量输出。

瞬发爆炸序列的第一个火工品一般为针刺雷管或电雷管,以保证整个爆炸序列有比较高的瞬发度。瞬发爆炸序列典型组成一般为雷管 + 导爆管 + 传爆管,早期瞬发爆炸序列也有采用火帽作为首级火工品。下面给出几种采用瞬发爆炸序列的引信,其爆炸序列一般组成为:

a. 瞬发引信:雷管→导爆药柱→传爆管。

b. 电子时间引信、近炸引信:电雷管→导爆药柱→传爆管。

c. 钟表时间引信:火帽→雷管→导爆药柱→传爆管。

② 延期爆炸序列。

当引信炸点需要进行延期控制时,除通过发火控制系统进行延期控制外,一般采用延期爆炸序列。采用延期爆炸序列的引信通常包括小口径榴弹引信(带短延期功能)、火药时间引信、穿甲爆破弹引信、混凝土侵彻爆破弹引信等。

火药延期(包括气孔延期)引信和药盘时间(包括自炸药盘)引信,其爆炸序列的第一个火工品一般为火帽。少数短延期引信也有直接用延期雷管的。这种延期雷管实质上是火帽、延期药和雷管的组合体。

火药延期爆炸序列的典型构成为:火帽→延期管→雷管→导爆药柱→传爆管。

起爆用药盘时间引信爆炸序列的典型构成为:火帽→时间药盘→加强药柱→雷管→传爆管。

点火用药盘时间引信爆炸序列的典型构成为:火帽→时间药盘→加强药柱→抛射药。

③ 自毁爆炸序列。

带火药自毁机构的引信,其爆炸序列在雷管之前由两个平行支路组成:碰目标发火支路和膛内发火支路。为了增强引信发火可靠性,有时引信采用几个单行的发火系统,同时起爆导爆药。

带火药自毁机构引信的自毁爆炸序列构成一般为：火帽→自毁药盘→导爆药柱→传爆药。

④ 组合型爆炸序列。

现代引信一般都具有多种作用方式，因此引信中的爆炸序列除了以上三种爆炸序列以外，还有它们的不同形式的组合。

具有瞬发和延期等多种装定的引信，在火帽与火雷管之间有三个通道：瞬发（惯性）装定时，火帽火焰直接引爆火焰雷管；延期装定时，火帽先点燃延期药，延期药的火焰再引爆火焰雷管。多种装定的机械引信爆炸序列组成如图 3.3.3 所示。

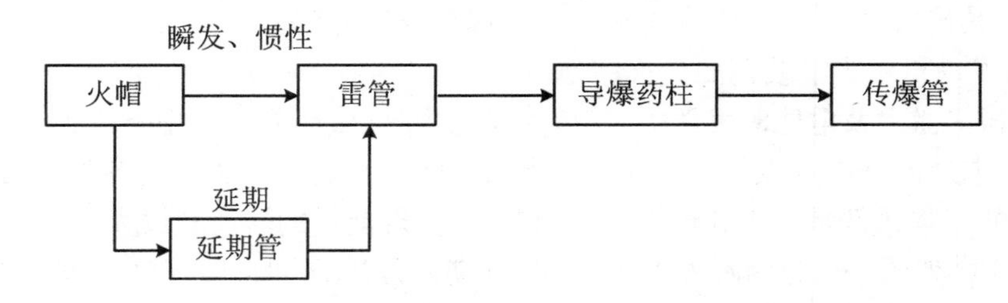

图 3.3.3　多种装定的机械引信爆炸序列组成

有的引信采用不同的首发火工品实现不同的发火方式，举例如图 3.3.4 所示。

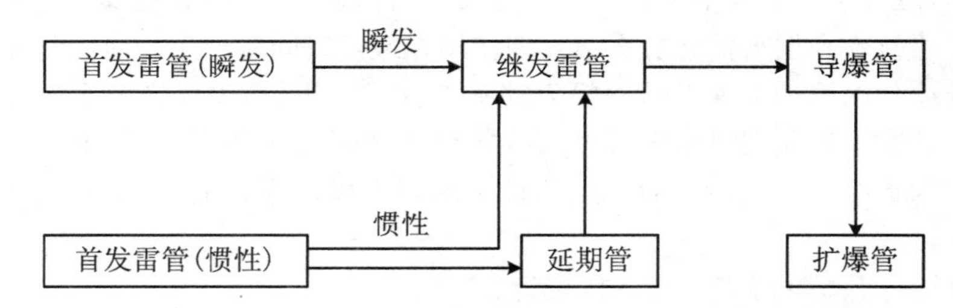

图 3.3.4　采用不同的首发火工品的引信实现不同的发火方式举例

⑤ 其他常见的引信爆炸序列如下：

a. 带自毁的小口径榴弹触发引信，如图 3.3.5 所示。

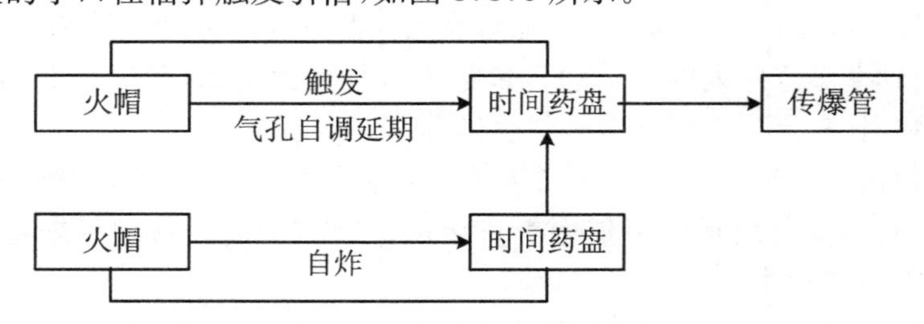

图 3.3.5　带自毁的小口径榴弹触发引信

b. 带自毁的航空火箭弹引信，如图 3.3.6 所示。

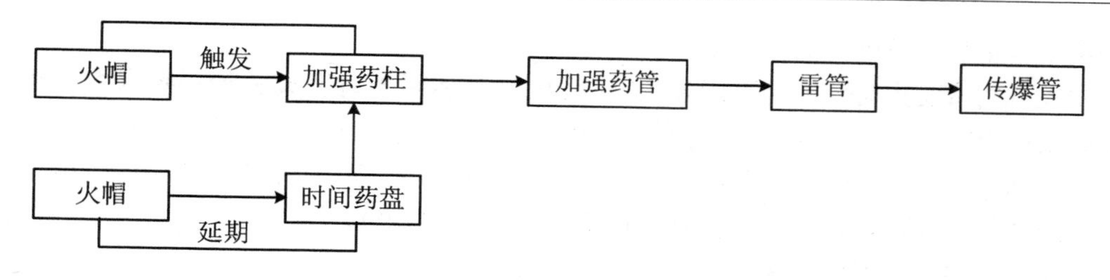

图 3.3.6　带自毁的航空火箭弹引信

c. 导火索时间引信，如图 3.3.7 所示。

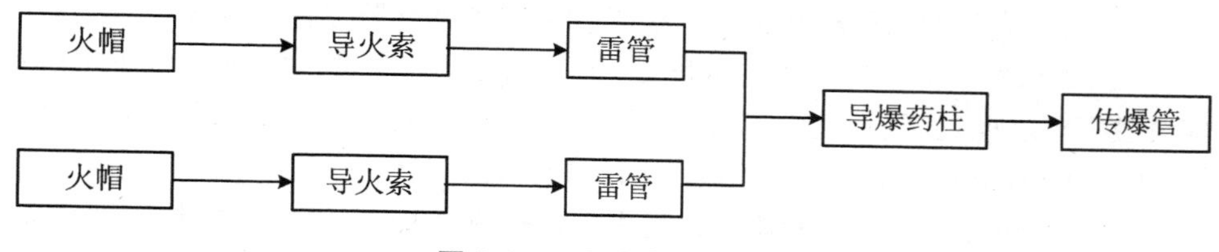

图 3.3.7　导火索时间引信

3.3.2　发火机构

发火机构是引信中利用环境能或内储能使火工元件作用以产生火焰冲量或爆轰冲量的机构。它一般由击针或其他激发装置与爆炸序列中第一火工元件组成，其作用是在目标作用下利用环境力（能）或内储存能使传爆序列爆炸。发火机构是引信中必不可少的重要机构。

发火机构种类很多，通常按其获得的初始冲量的性质和方式进行分类，如图 3.3.8 所示。

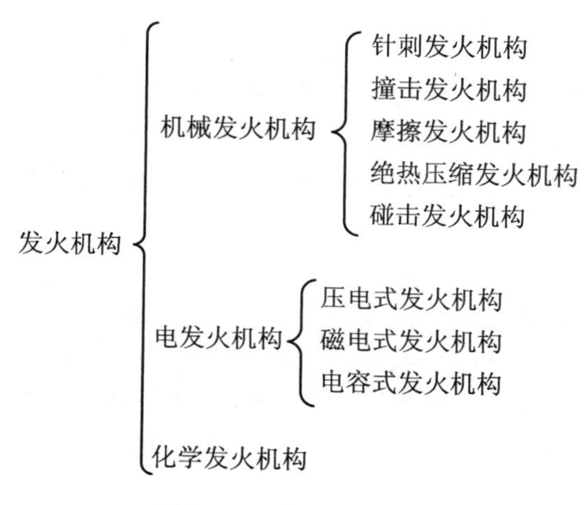

图 3.3.8　发火机构分类

其中机械发火机构是最基本最常用的发火机构，而电发火机构因具有作用迅速等许多优点，近年来已用得越来越多了。电发火机构其电能来源有化学电源、电容器电源、磁电发电机、压电陶瓷等多种；按电点火管和电雷管发火的原理有桥丝式、火花式、薄膜式和导电药式等。利用化学能作用的发火机构主要是利用化学变化放出的热量引爆火药，这种机构目前仅用于地雷和空投弹药上。

发火机构按发火时机分为膛内发火、飞行中发火和弹着时发火三种。膛内发火机构一般都利用后坐力发火，主要用于火药时间引信、延期解除保险装置和火药自毁机构中。飞行中发火多利用压缩弹簧的能量，也可利用离心力和电能等。弹着时发火可利用目标反作用力，也可利用弹着减速惯性力，或者兼用这两种力(双动作用)。

对发火机构的基本要求为：

(1) 足够的安全性。安全性包括生产、储存、勤务处理和使用时的安全，即在正常的生产、储存、勤务处理、设置(人工布设、机械布设及火箭、火炮、飞机撒布)时不得发火，为了保证其安全性通常由专门的保险机构或是配属于发火装置的保险零件来保证。

(2) 一定的灵敏度和瞬发度。灵敏度是指引信发火机构对目标或环境作用的敏感程度，引信灵敏度要求取决于引信所要对付的目标。瞬发度即迅速性，是指从目标作用到引信爆炸所经历时间的长短，瞬发度要求取决于引信的特性。

(3) 作用确实可靠且能适时起爆。这是引信的根本作用，在非目标作用下要求安全，在目标作用下要求可靠动作，且在战斗部能发挥最佳效能的位置上起爆。这是由构成发火装置的零部件的可靠性及灵敏度和瞬发度的正确选择来保证的。

1．机械发火结构

大多数机械引信的机械发火机构都采用针刺发火机构，这种机构是由击针来戳击起爆元件而发火的，通常由击针、击针蝶簧、火帽(雷管)和保险零件等构成。这一类发火机构除时间引信外通常是由目标的触发作用发火的，定时引信是当其达到装定时间时自动发火的。针刺式发火机构的部件设计主要是击针、击针蝶簧、火帽(雷管)。

(1) 击针的设计。

击针的布设至少要考虑三个方面的问题：针刺灵敏度要高，以尽量减少所需输入的能量；要保证击针尖的强度；要求工艺简单，易于大量生产，成本低。而影响这三方面的主要因素有材料、重量、外形和光洁度等。

① 重量。

在击发能量不变的情况下，击针的重量将直接影响引信的灵敏度和迅速性。击针的重量越小，则灵敏度和迅速性越高。所以要求灵敏度和迅速性高的引信其击针重量要轻；要求灵敏度和迅速性低的引信其击针重量要重一些，但对于运动体引信的击针重量不作严格的规定。

② 材料。

对于材料的选择主要考虑：要保证针尖足够的强度；要保证击针重量和形状的匹配；要考虑到加工工艺和成本；多用50号钢、铝合金制成击针尖；击针杆则可用木材、铝镁合金和塑料等制成。当要求引信灵敏度、迅速性高时，则要求击针头部直径大、重量小，这就要用轻一点的材料作击针杆，以减小重量，同时增大击针头部直径。

③ 外形。

外形的设计主要考虑：提高针刺灵敏度；保证一定的强度；加工方便，便于自动车床大量生产。

④ 光洁度。

击针尖光洁度太高，则针刺时产生的热量太小，且发热区也小，只在针尖和棱角处产生热量，因此刺发灵敏度不高；但反过来击针尖表面太粗糙，尽管产生的热量大，击针尖刺入火帽(雷管)需要的能量也大,且发热区也大,因此击发灵敏度也不高。根据经验击针尖的光洁度多取$\nabla_4 \sim \nabla_6$。

(2) 击针碟簧的设计。

特种形状的碟簧平时处于稳定状态,当受到一定的外力作用时,它将失稳,并迅速移动到另一稳定状态,同时释放能量。如图 3.3.9 所示,碟簧再通过平衡位置后,不需任何外力即可弹到另一个位置上。

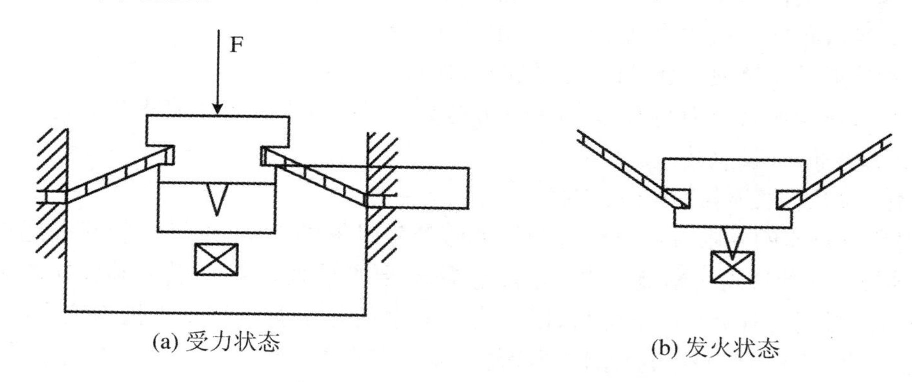

图 3.3.9　击针碟簧

碟簧按以下方程设计。在使用这个方程时,单位应取一致。弹簧的力由下面各方程给出:

$$F = \frac{4E}{d_0^2(1-\mu^2)B}\left[\left(h-\frac{y}{2}\right)(h-y)t_s + t_s^2\right]y \tag{3-3-1}$$

式中,E 为材料的弹性模数;t_s 为碟簧片厚度;y 为碟簧的挠度;h 为碟簧片离中心点的初始距离;μ 为材料的泊松比;d_0 为碟簧的外径;$B=\dfrac{6(d_0-d_1)^2}{d_0^2\ln\dfrac{d_0}{d_1}}$,其中 d_1 为碟簧内径。当

$$y = h - \sqrt{\frac{h^2-2t^2}{3}} \tag{3-3-2}$$

时,

$$F = F_{\max} \tag{3-3-3}$$

当 $y=h$ 时,碟簧内缘上产生的最大应力 $\sigma_{\max}$ 由下式给出:

$$\sigma_{\max} = \frac{4Eh}{1-\mu^2}\left[\frac{h\left(\dfrac{d_0-d_1}{d_1}-\ln\dfrac{d_0}{d_1}\right)}{2\ln\dfrac{d_0}{d_1}(d_0-d_1)^2} + \frac{t_s}{2d_1(d_0-d_1)}\right] \tag{3-3-4}$$

为了可靠起爆,设计者最好将火帽或雷管布置在击针具有最大动能的位置上。

我们假定,在 F 作用下碟簧被压平时,外力做功全部在反转时用来戳击火帽或雷管。故下式应满足

$$E \geqslant U_{\max} \tag{3-3-5}$$

式中,E 为全部功;$U_{\min}$为火帽或雷管 100%发火时所需的最小能量。

为了保证准确可靠起爆,建议采用下式进行计算:

$$E \geqslant 1.3U_{\min} \tag{3-3-6}$$

这样依据 F 与位移的关系,可求出全部功,而 $U_{\min}$为已知量。故在碟黄设计后,可以校核 100%发火的可靠性。

碟簧设计中，首先根据战术技术要求确定动作压力 F；再依据结构确定 d_0 和 d_1；材料选定后 E 及 μ 均已知。未知数就剩下 h 和 t，可用试算法求出合乎要求的 h 和 t。

当上述设计完成后，再进行强度校核，如 σ_{max} 超过 $[\sigma]$ 许用应力值，则重新设计，直到满足全部要求为止。

2．化学瞬发发火机构

化学瞬发发火机构在目标作用下，发火机构迅速发生化学反应，并释放足够的热量，点爆雷管。其组成包括发火物质、玻璃器皿、击发火药室。

发火物质通常是硫酸、氯酸钾和糖的粉末，玻璃器皿为耐酸玻璃。

化学发火机构通常分为两大部分：一部分是直接引起发火的化学发火物质；另一部分是玻璃器皿（玻璃瓶）及发火药室。

（1）化学物质（液体与粉末）的选择。

① 对化学物质的要求有：进行反应时，能够产生足够的热量，点燃雷管起爆地雷；化学反应速度快，以达到瞬间速燃爆炸的战术技术要求；要求平时安定，保管和勤务处理安全。

② 选择：根据已有资料归纳分析，既速燃又安全的化学物质被发火机构应用的有硫酸和氯酸钾。（浓）硫酸有强烈的吸水性、吸湿性，能从有机水合物（如糖等）一类的物质中夺取水而产生碳化作用并游离出碳，因碳是易燃的，可迅速燃烧。

氯酸钾与浓硫酸作用时，生成一种黄色的气体，是强氧化剂，受热或与有机物，特别是易燃物（磷、硫、碳）相接触时，很易燃烧，迅速地放出大量的热，使引信瞬间作用产生爆炸。必须说明，化学物质的选取，通常都是由实验来确定适当的配方。

（2）玻璃器皿（玻璃瓶）及发火药室的选择。

玻璃瓶用耐酸玻璃制成，有良好的封闭性及适当的壁厚，体积一般为 0.2～0.3 cm^3，发火药室可用金属、塑料等材料制成，药室应开阔，使液体与粉末有足够的接触面积。药室深度也不宜过大，以使火焰能快速传给起爆装置。

3．电子发火控制装置的构成

与机械触发引信、机械钟表定时引信和火药定时引信等非电引信相比，电引信具有更高的瞬发度和定时精度，此外还可以实现诸如碰目标后的精确延期起爆、定距起爆、近目标起爆等复杂的控制功能。这些优异特性均得益于电子技术的发展和电子发火控制装置的使用。在电引信中，电子发火控制装置根据引信的工作方式控制起爆元件作用，在最佳时刻引爆战斗部或者使引信内的某个机构动作，成为现代引信的重要组成部分。

一般来说，电子发火控制装置由信息处理单元、逻辑控制单元和执行单元组成。信息处理单元通过传感器感知的引信的外部环境状态，经信号处理后进行分析、判断，从而获取诸如弹丸出炮口时机、弹丸的飞行速度、旋转圈数与目标的接近程度等控制信息；逻辑控制单元根据这些控制信息以及给定的装定信息，按照引信的逻辑控制要求在适当的时机给出发火控制信号；执行单元得到发火控制信号后接通发火回路，向电起爆元件输出发火能量，完成发火控制。电子发火控制装置的功能框图如图 3.3.10 所示。

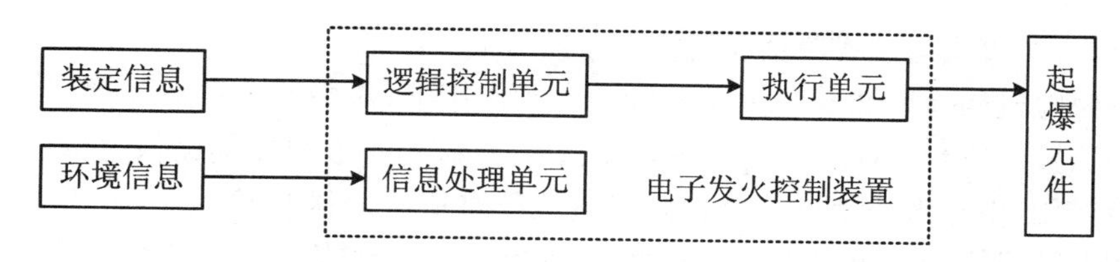

图 3.3.10　电子发火控制装置功能框图

3.3.3　保险机构

保险机构是防止引信的发火机构、隔爆机构和其他机构或内含能源在勤务处理中或发射过程中发生意外解除保险或作用，并在预定条件下才能解除保险的机构。具有的功能包括：对环境信息的识别与转化功能；对引信安全系统状态的转换与控制。保险机构在预定时机之前不应发生作用，保证引信的发火机构、隔爆机构和内含能源平时处于保险状态，但到预定时机以后必须作用以解除保险而使引信成为待发状态。因此，保险机构具有构成保险和解除保险双重作用。

对保险机构的基本要求是安全性和作用的可靠性。安全性指在非预定条件下，要确实可靠地固定被保险零件，使之在勤务处理时不因弹丸有偶然跌落、振动、滚动等，而引起保险零件不正常动作，以确保引信安全；作用的可靠性指在弹丸发射或飞行过程中，在各种环境力的作用下，又要可靠解除对被保险零件的约束，使引信处于待发状态。其关键是控制击针的戳击动作或电点火电路中的点火脉冲，也就是控制什么时候击针、火帽或雷管相对被固定或隔离；控制什么时候释放危险零件进入待发状态；控制什么时候使击针戳击火帽或雷管。保险机构可以依靠内含能源或环境能源解除保险。内含能源指引信在装配时就带有的能源，包括电池、弹簧、火药原动机等；环境能源指能产生压力、温度或加速度等环境的弹道环境。

保险机构一般由保险零件、解除保险零件和保险器组成。保险零件是用以管制危险零件的零件，如保险钢珠、保险销、离心子等。所谓危险零件是指该机构的执行零件，只要它运动到位，该机构就发生作用，如发火机构中的击针和活动火帽（雷管）座，传爆序列中的雷管座等。解除保险零件是用以克服保险器阻力的零件，平时它管制着保险零件，射击时它解除对保险零件的管制。惯性筒、惯性销、离心子均属解除保险零件。保险器是保险机构中支撑解除保险零件的零件，通常称为抗力零件，平时固定或支撑保险零件，使其处于保险位置，目前用得最多的是能提供一定抗力的零件，如保险簧、保险片等。

根据不同的战术技术要求，对相同用途的不同引信和用途不同的引信，其保险机构是千差万别的。有时在同一个引信中，具有几种保险机构。

保险机构类型很多，按构成保险的时期分为运输保险机构、膛内保险机构、远距离保险机构、弹道保险机构和某些特殊情况下的保险机构，如膛内阻滞保险机构、迫击炮防重装保险机构等。

保险机构按解除保险的工作原理分为后坐保险机构、离心保险机构、空气动力保险机构、火药保险机构等。目前引信中使用最为广泛的是后坐保险机构和离心保险机构。

（1）后坐保险机构。利用后坐力解除保险机构，广泛应用在各类引信中，特别是炮弹引信中。按惯性零件的运动方式分为直线运动式和非直线运动式。其中，直线运动式包括单行程和双行程，非直线运动式包括曲折槽和互锁卡板。

单行程保险机构指惯性零件在膛内后坐力的作用下，从装配位置下降到一定距离时就解除保险的装置。单行程保险机构在膛内即已解除保险，一般只作辅助保险机构，主要用于平时起保险作用，由它来控制另一个保险机构或隔爆机构，机构较简单。图 3.3.11 所示为几种单行程保险机构的典型结构。双行程保险结构指惯性零件在内外弹道环境力的作用下，经过下沉和上升往返运动后才解除保险的装置。双行程保险机构在膛外解除保险，可用于旋转弹、非旋转弹。双行程保险机构作用过程如图 3.3.12 所示。曲折槽保险机构指在惯性筒壁上开有曲折槽并通过导向销约束，以延迟解除保险时间的保险机构，也称制动式保险机构。

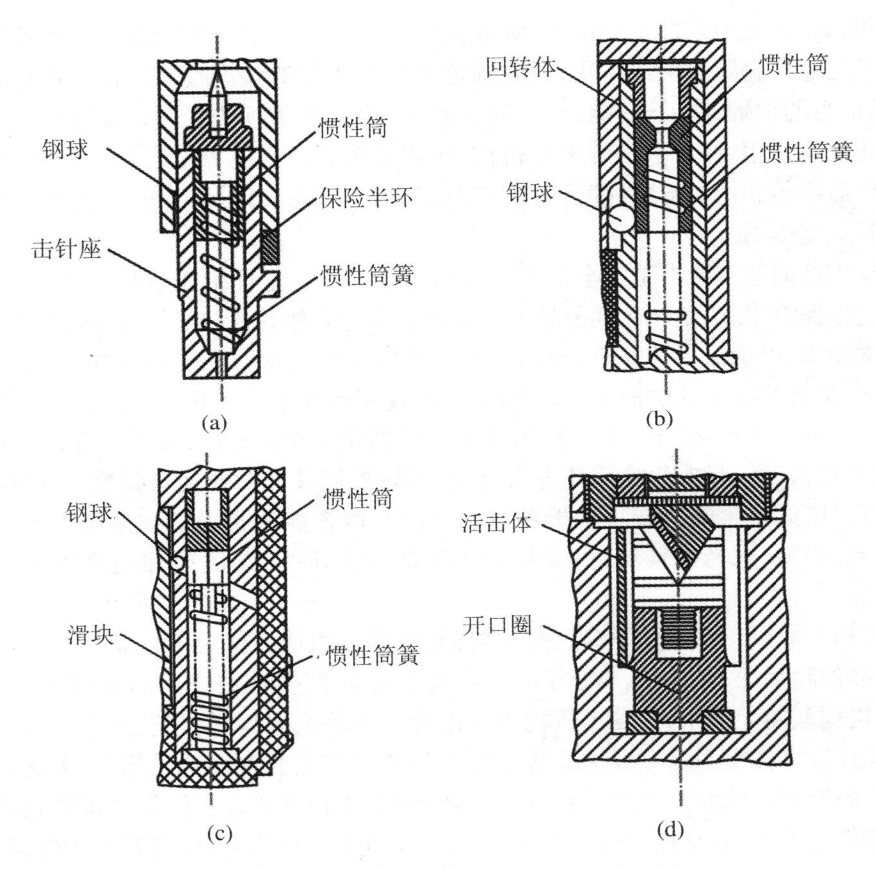

图 3.3.11　单行程保险机构的典型结构

(2) 离心保险机构。靠离心力解除保险的机械保险机构，主要用于旋转弹。通常分为离心销、离心板、环状簧、软带保险机构。

保险机构按引信的工作环境分为静止引信保险机构和运动引信保险机构。静止引信的保险机构通常是在人工或目标作用时解除保险的；运动引信保险机构是在发射过程中各种环境力作用下解除保险的。静止引信保险机构通常用的有弹簧钢珠式保险机构、异径孔启动杆式保险机构、刚性抗力保险机构、隔离保险机构、延期保险机构等；运动引信保险机构通常用的有后坐保险机构、离心保险机构、空气动力保险机构、燃气动力保险机构、易熔合金保险机构、火药保险机构、气压或水压保险机构、化学保险机构、电力保险机构、流体保险机构、综合保险机构等。

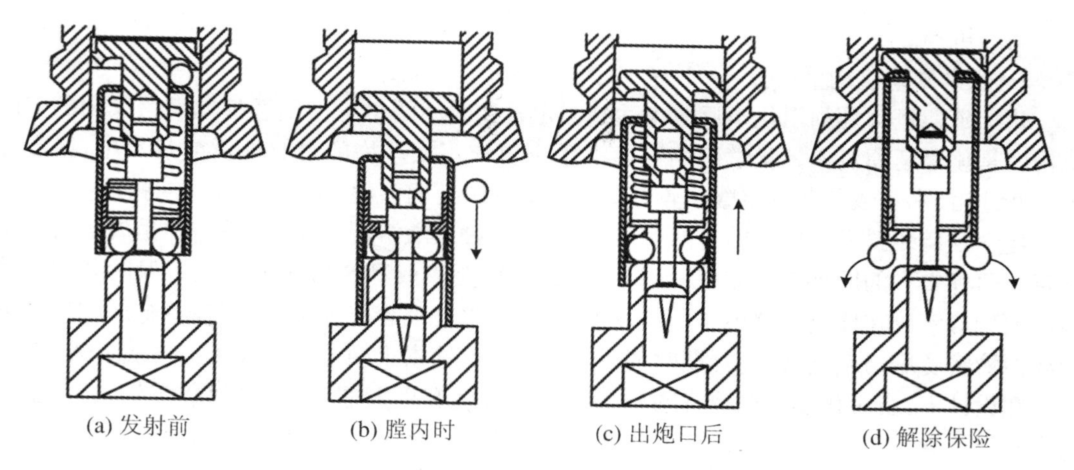

图 3.3.12　双行程保险机构作用过程

3.3.4　隔爆机构

隔爆机构是在引信保险状态下，能将传爆（火）序列中的一个火工元件与下一级火工元件隔离，以隔断爆炸传递通道，而在待发状态下又能使爆炸传递通道畅通的引信机构，又称隔离机构。

引信发火机构一般都设有保险，那么为什么还要隔爆机构呢？这是因为即使发火机构没有解除保险，火帽或雷管仍可能因振动而自炸。尽管出现这种情况的机会很少，但万一发生，对人员、武器装备等危害极大。为防止这种意外情况的出现，除尽量提高火帽、雷管安全性外，还需要采用隔离机构来确保引信在平时和发射时的安全。隔离机构对各类引信都是有益的，对于高膛压火炮用引信、中大口径榴弹用引信和航炮用引信更是必不可少的。

隔离机构按所隔断的火工元件可分为隔离火帽机构和隔离雷管机构。对起爆引信来讲，隔离火帽还不够安全，只有隔离雷管才能保证安全。对今后新研制的引信，都要求必须是隔离雷管型的。

对隔离机构的要求有：在需要安全时能够可靠隔离；在转为待发状态时能可靠隔离；在作用时要起爆完全。

3.3.5　延期机构

为充分发挥弹丸作用效能，有时要求触发引信有适当的延期作用时间。如使用爆破榴弹摧毁土木工事时，要求弹丸钻入目标一定深度后让引信再起爆。延期机构是碰目标后获得一定延迟时间使引信爆炸的机构。延期机构按对延迟时间的控制作用分为固定延期、可调延期和自调延期三种；按延期作用原理分为火药延期和气体动力延期、化学延期、电化学延期、机械延期和电子定时等多种。

1. 火药延期机构和气体动力延期机构

火药延期机构是利用火药柱单行层燃烧特性来延迟引信爆炸时间的机构。气体动力延期机构是利用小孔和空室节制火帽爆炸生成物的运动速度、压力和温度,以延迟点燃火焰雷管时间的机构。

2. 化学延期机构

化学延期机构是利用化学反应来达到一定延期时间的机构。化学延期引信采用的定时机构就是化学延期机构。化学延期引信多用于要求不太严格的定时地雷或装药中,或者作为某些地雷、水雷或装药的自毁装置。如美军的M1延期引信、英国的AC延期引信。

化学延期装置目前使用的有两种主要类型:一种是酸溶解金属丝;另一种是丙酮溶解赛璐珞。两种类型的原理基本相似,平时一般都是用金属或赛璐珞使击针处于保险状态。将酸或丙酮溶液放在玻璃容器内。引信设置完毕后,将玻璃容器破碎,酸溶液将金属丝熔断或丙酮溶液将赛璐珞软化,经过延期时间后,释放击针,撞击火帽或雷管起爆地雷或装药。

在设计上,由于化学延期装置的延期时间与温度有极大的关系,时间散布较大,目前尚无准确计算化学延期时间的方法,因此化学延期机构设计中的金属材料及直径、赛璐珞的厚度等参数,通常都靠经验与试验来确定。理论的计算仅能作为参考。

3. 电化学延期机构

电化学延期机构是利用电化学原理来达到延期的目的。苏联曾装备的ЭХВ-5、АВДМ及美军动磁炸弹引信中使用的保险延时器,都是利用电化学原理来达到延期的。

目前使用的电化学延期机构主要有两种类型:一种是直接采用电解电极,另一种是通过电极上的电镀来达到延期。电化学延期机构的设计主要包括电解系统的选择和延期时间及延期电阻的计算。

4. 机械延期机构

机械延期机构中最常见的是钟表定时机构,其常用于钟表定时引信,在完成预定的延期时间后直接起爆或接通起爆电路,使地(水)雷或装药进入待发战斗状态。我军工程兵装备的69式磁性定时水雷引信,苏军ЧВМ-120型引信,美军M3钟表定时引信等都是采用钟表定时机构。

钟表定时机构在引信中起到计时作用,主要是利用摆的振动对时间的规律性来度量时间,从而达到控制时间的作用。由于钟表摆运动时,受到空气阻力、轴承摩擦的影响,运动不断衰减。为了使摆等速运动,必须补充能量。主动力矩通过传动齿轮系统传递能量,这就是一般钟表机构的调速器、传动齿轮系和发条原动机的作用原理。

钟表定时机构组成一般包括调速器、传动轮系、原动机、计时器。调速器是由卡摆与擒纵轮组成的冲击振动系统;传动轮系是传递运动与能量的中间过渡机构;原动机为卡摆适时启动、维持其连续冲击振动提供能源。一般旋转弹采用离心原动机,主动段长的火箭弹和导弹采用后坐齿条原动机,迫击炮弹和航空炸弹采用扭力簧或发条原动机;计时器是保证引信传爆序列适时对正的一种时间控制装置。

在设计上,钟表定时机构作为引信的定时部分,一般是根据战术技术要求选用国家已定型的型号,如果不能满足要求,可以对钟表机构进行重新设计。

在战术技术要求中,钟表定时机构应着重考虑延期时间的要求,另外还要考虑一些其他特殊要求,如使用条件等。根据延时时间要求,通常可以选用已标准化的钟表机构。对长延期定时引信,还要进行强力发条和齿轮系的设计。短延期装置可根据具体的要求来确定结构,有些结构只需要简单的发条、摆轮和几个齿轮便可以完成定时延期的作用。在设计中,不能因为单纯追求钟表定时机构的高精度和完整性,而造成引信结构的复杂性和经济性差的现象。另外，有些引信要求在一定深度的水中使用，对引信的密封性有较高的要求，因此钟表定时机构设计时也要予以考虑。

5．电子定时机构

电子定时机构是采用电子器件组成的定时电路完成精确延期和定时的装置。与化学延期和钟表定时相比，电子定时具有定时精度高、延期时间准确、可控制性好等特点。电子定时机构主要用于各种电子引信中，如电子时间引信的发火时间控制装置、电子延时保险装置、电子定时自毁装置等。

根据原理的不同，电子定时电路主要分为模拟定时电路和数字定时电路两大类。

(1) 模拟定时电路。

模拟定时电路是一种利用按一定规律变化的电压或电流计时的电路。它通常由电阻、电容、开关和检测器组成，如图3.3.13所示。检测器是用来检测计时电容上的电压或其他器件电流的。使检测器动作的电压或电流称为检测器的阈值。所以模拟计时器的工作时间是由计时电路的参数和检测器的阈值电压共同确定的。当检测器电压或电流低于阈值电压或电流值时，电路不动作。只有当计时电容上的电压达到阈值电压才启动。

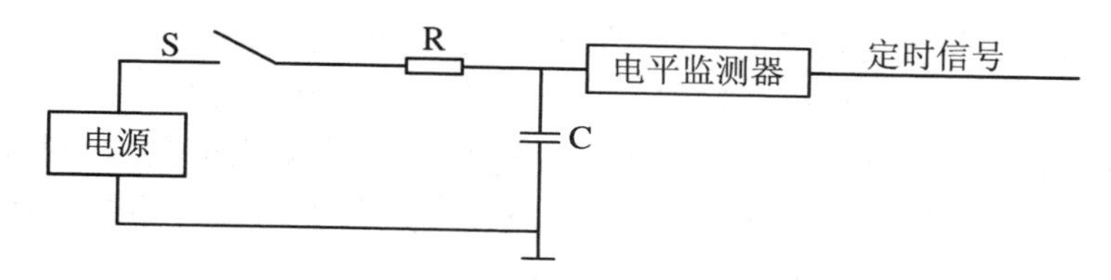

图3.3.13　模拟定时电路的组成

模拟定时电路虽然计时精度不高，但其电路非常简单，作用可靠性很高，在很多方面都有应用。模拟定时电路的种类很多，概略地可分为基本RC电路、储能电容供电RC电路、级联RC电路、差动RC电路等。

(2) 数字定时电路。

数字定时电路主要由时基、分频器、计数器和预置电路构成，如图3.3.14所示。其工作原理通过计数器对某一频率已知的时间基准信号进行计数，当计数值达到预置电路设定的数值时给出定时输出信号。

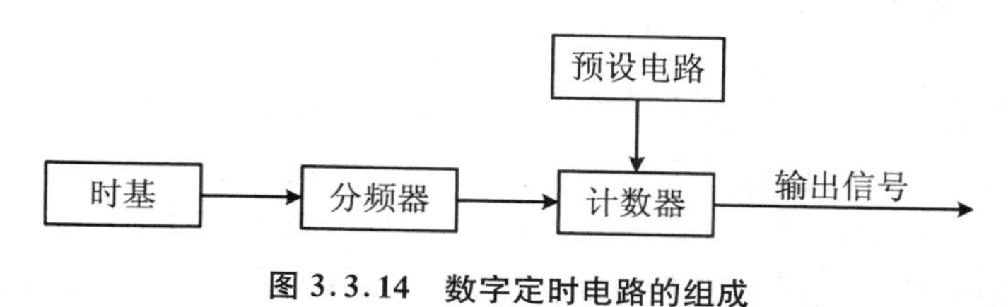

图3.3.14　数字定时电路的组成

当时基频率为F，分频系数为N_{div}，预置电路给出的计数常数为N_{cnt}时，该电路的定时时间T_{cnt}为

$$T_{cnt}=\frac{1}{F}N_{div}N_{cnt}=\frac{N_{div}N_{cnt}}{F} \tag{3-3-7}$$

3.3.6 装定机构

有些引信具有两种以上的作用方式，或其作用时间、技术参数等是可以选择的，因此需要装定机构。装定机构是根据目标性质或炮目距离，对引信作用方法、作用时间和技术参数等进行选择、调整的机构。触发引信根据目标性质进行装定，时间引信则根据炮目距离进行装定。

装定机构有连续型和离散型两类。时间引信装定机构是连续型的，可在引信作用时间范围内装定任意时间；离散型的只能进行几个不同作用方式的变换，如瞬发、惯性、延期等。

装定机构按装定方法有人工装定和机械自动装定两种。中大口径高射炮弹配用的时间引信，通常是由火炮上的引信混合机自动进行装定的。

按装定原理可分为机械装定装置和电子装定装置。机械装定装置有装定扳手、测合机等；电子装定装置有电子时间引信、遥控、磁感应装定器等。

按装定方式可分为接触式装定装置和非接触式装定装置。接触式装定装置有装定扳手、测合机、装定器等；非接触式装定装置有遥控装定器、感应装定器。

装定机构的应用特点有：机械装定装置具有结构简单、操作方便、成本低等优点；电子装定装置可对引信的电子线路进行检测，对于不合格引信，可在射击前剔除；同时，也可对引信设定工作时间进行检测，以检验装定是否正确，以便实现与射击指挥系统的信息交联；遥控装定装置具有远距离装定引信的特点，装定速度快，满足快速反应作战要求；炮口感应装定装置在不接触引信的情况下，在弹丸飞出炮口的瞬间完成装定，常用于中小口径高炮时间引信的装定。

装定机构的基本要求有：装定精度高；装定速度快；装定可靠性高，要求装定装置的装定必须准确、可靠，不能出现误装定或装定失效，对于能够检测装定是否正确的引信，要有检测功能；维护性好，要求装定器具有较好的维修性；操作简单，要求装定装置操作简单，更换装定方式和装定时间要快速、方便。

3.3.7 自毁机构

自毁机构是使得弹丸（战斗部）在未命中目标或工作不正常失去战机时，能使引信按预定条件（时间、高度等）将弹丸（战斗部）炸毁的装置。它广泛用于地-空、空-空导弹引信。

自毁机构按作用原理可分为火药自毁机构、离心自毁机构和钟表自毁机构。此外，电引信可采用电子定时自毁装置或无线电指令控制发火机构实现自毁，一般利用无线电遥控方式实现弹丸的自毁对抗干扰的要求比较高。电子定时是采用电子元件来实现定时，主要有阻容延时电路、专用 IC 电路、专用时钟芯片及单片机等。

火药自毁机构是利用药环或药柱按平行层燃烧来控制自毁时间的。通常靠膛内发火机构来点燃。火药自毁机构容易受潮而使自毁时间延长，必须严格密封和注意防潮。钟表自毁机构控制时间较准确、长储性较好，但制造较困难、成本较高；离心自毁机构结构简单、长储性好，但只适用于高速旋转的引信，通用性较差。

引信的上述各个机构并不是孤立存在的，它们相互联系、相互制约，共同组成一个有机整体，为最终控制弹药适时爆炸而发挥作用。发火机构接收外界能量刺激适时发火；传爆序列将能量逐级放大并起爆弹丸；延期机构或时间机构可使引信获得延迟作用时间；装定机构可使引信选择不同的作用方式或作用时间；自毁机构可将错过了作用时机的弹丸（战斗部）及时销毁；为了控制上述机构使之适时作用，以保证安全，所有的引信都必须有保险机构；此外，还必须有连接和保护上述各种机构的引信体。图3.3.15为机械类引信的一般机构组成框图。

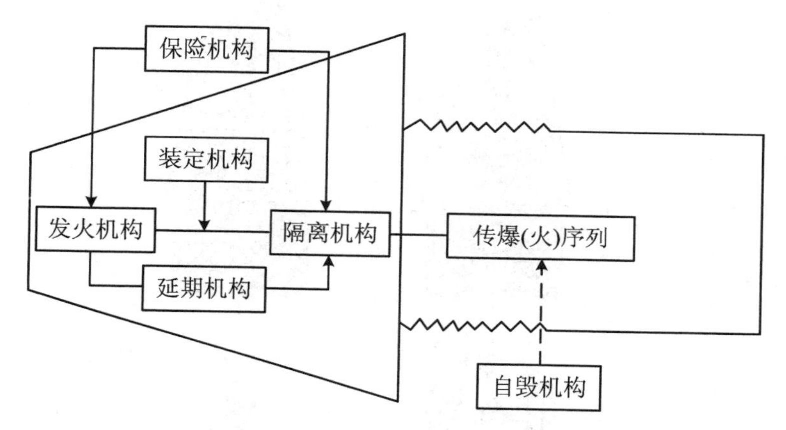

图 3.3.15　机械类引信的一般机构组成框图

3.4　典型的引信机构及设计

3.4.1　小口径弹头机械触发引信

小口径弹药主要配备于高射炮和航空机关炮，对付3000 m以下的低空目标。除对引信的一般要求外，该类弹药引信的主要战术技术要求有：

(1) 灵敏度要高，以利于高空中对飞机蒙皮类“弱目标”可靠发火。

(2) 瞬发度不能太高，有一定的短延期以利于钻入目标内部起爆。

(3) 要有足够的安全距离。

(4) 引信应有自炸性能，以避免对空失效后落回己方阵地造成不必要的破坏。

(5) 大着角发火可靠以适应目标的流线型结构。

3.4.2　俄 Ь-37 引信

3.4.2.1　基本结构

俄Ь-37引信是一种具有远距离保险性能和自炸性能的隔离雷管型弹头瞬发触发引信，配用于37 mm高射炮和37 mm航空炮杀伤燃烧曳光榴弹上，主要用于对付飞机等空中目标。俄 Ь-37 引信由发火机构、隔爆机构、保险机构、闭锁机构、延期机构、自炸机构以及爆炸序列等组成,如图 3.4.1 所示。

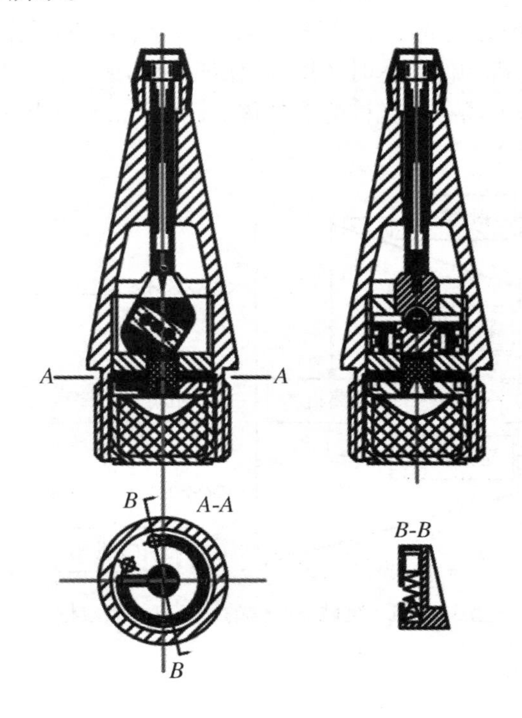

图 3.4.1　俄 Ь-37 引信结构图

1．发火机构

该引信的主发火机构为瞬发触发机构,包括木制击针杆、杆下端套装的钢之棱形击针尖,以及装于雷管座中的针刺火帽。击针杆用木材制造,以保证质量轻,头部直径较大,以增加碰击时的接触面积。这样可以使引信具有较高的灵敏度。

击针合件从引信体上端装入,并被盖箔封在引信体内。盖箔的作用是密封引信,并可在飞行中承受空气压力,使空气压力不会直接作用在击针杆上。

另外该引信还有一套用于解除保险和自毁的膛内发火机构,包括火帽、弹簧和点火击针。

2．隔爆机构

隔爆机构为垂直转子隔爆机构,包括一个 U 形座,内装一个近似三角形的钢制雷管座,在雷管座中装有针刺火帽和火焰雷管。

雷管座在 U 形座中由两个转轴支持着,雷管座两侧面的下方各有一个凹坑,一个是平底,一个是锥底,用来容纳从 U 形座两侧横孔伸入的两个离心子。头部是平头的离心子被离心子簧顶着,头部是半球形的离心子由保险黑药柱顶着,这两个离心子平时将雷管座固定在倾斜位置上,使其上面的火帽与击针、下面的雷管与导爆药柱都错开一个角度,从而使雷管处于隔离状态。

3．保险机构

保险机构为冗余保险,分别为后坐加火药延期以及离心保险。保险机构包括保险黑药柱,两个离心子,以及装在 U 形座侧壁纵向孔中的膛内发火机构。

膛内发火机构由点火击针、弹簧和针刺火帽组成。装有膛内发火机构的纵向孔的侧壁上有一小孔与保险黑药柱相通。黑火药燃烧产生的残渣可能阻止离心子飞开，因此将雷管座上的凹槽做成锥形，借助于雷管座的转正运动，可通过锥形凹槽推动离心子外移。

4. 闭锁机构

闭锁机构为一个依靠惯性力作用的限制销。雷管座的右侧钻有一个小孔，内装有限制销，当雷管座转正时，它的一部分在惯性力作用下插入U形座的槽内，将雷管座固定于转正位置上，起闭锁作用。

5. 延期机构

延期机构为小孔气动延期，包括延期体和穹形保险罩。延期体是铝制的，上下钻有小孔，中部有环形传火道。延期体装在火帽和雷管之间，火帽发火产生的气体必须经斜孔、环形传火道进入延期体下部的空室，膨胀以后再经保险罩上的小孔才能传给雷管。传给雷管的气体压力和温度达到一定值时，雷管才能起爆。这样就可保证得到0.3～0.7 ms的延期时间。

6. 自炸机构

自炸机构采用火药固定延期方式，包括膛内发火机构和自炸药盘。自炸药盘是铜的或用锌合金压铸而成，位于雷管座的下面，盘上有环形凹槽，内压微烟延期药。药的起始端压有普通点火黑药，终端引燃药与导爆药相接。药盘上盖有纸垫防止火焰窜燃。

7. 爆炸序列

爆炸序列有两路，分别分为主爆炸序列以及自毁爆炸序列。主爆炸序列包括装在雷管座中的火帽、雷管、导爆药和传爆药。自毁爆炸序列包括膛内点火机构的火帽、自炸药盘、导爆药和传爆药。

3.4.2.2　引信的作用过程

俄Б-37引信平时依靠双离心子约束，对主爆炸序列隔爆以实现引信的安全。

发射时，膛内发火机构的火帽在后坐力的作用下，向下运动压缩弹簧与击针相碰而发火，火焰一方面点燃保险黑药柱，一方面点燃自炸药盘起始端的点火黑药。瞬发击针在后坐力的作用下压在雷管座开口槽的台肩上，引信主发火机构膛内不作用。弹丸在出炮口前，平头离心子在离心力作用下已飞开。由于保险药柱通过球形头离心子的制约以及后坐力对其转轴的力矩的制动作用，雷管座不能转动，从而保证膛内安全。当弹丸飞离炮口20～50 m时，保险黑药柱燃尽，球形头离心子在雷管座的推动以及离心子自身所受的离心力的作用下已飞开，解除对雷管座的保险。这时后效期已过，瞬发击针受爬行力向上运动，雷管座在回转力矩作用下转正。雷管座中的限制销在离心力作用下飞出一半卡在U形座上的槽内，将雷管座固定在待发位置上，实现闭锁，此时雷管座上部的火帽对正击针，下部的雷管对正导爆药。引信进入待发状态。这时，自炸药盘中的时间药剂仍在燃烧。

碰目标时，引信头部在目标反作用力的作用下使盖箔破坏，击针下移戳击火帽，火帽产生的气体经气体动力延期装置延迟一定的时间，在弹丸钻进飞机一定深度后，引爆雷管，进一步引爆导爆药和传爆药，从而引爆弹体装药。

发射后9～12 s，若弹丸未命中目标，在弹道的降弧段上，自炸药盘药剂燃烧完毕，引爆导爆药，进而引爆传爆药，使弹丸实现自炸。

3.4.3 中、大口径榴弹机械触发引信

中、大口径榴弹是指口径在75 mm以上的各种杀伤弹、爆破弹和杀伤爆破弹，主要用来对付地面目标，包括压制敌人的炮兵、集群坦克，歼灭集结、行进和冲锋的步兵，摧毁敌人的指挥中心、交通枢纽，破坏敌人的轻型掩体、技术兵器，切断敌人的燃料和弹药供应线以及在雷区开辟通道等。该类引信主要战术技术要求包括以下五个方面：

(1) 引信应具有瞬发、惯性、延期等多种作用方式，以利于对付种类繁多的目标。

(2) 战斗部威力一般比较大，引信要有足够的解除保险距离。

(3) 引信要有足够的强度和刚度，以适应发射及碰目标的环境力冲击并保障正常发挥作用，避免出现膛炸和早炸事故。

(4) 引信要有一定的抗章动能力，避免出炮口后由于章动力作用出现弹道炸。

(5) 引信性能和外形等应能满足通用化要求，以提高在不同武器、不同弹药上的适应能力。

3.4.4 俄B-429引信

3.4.4.1 引信构成

俄B-429引信是苏军大口径(100 mm、122 mm、130 mm、152 mm)加农炮榴弹用的主要引信。由触发机构、装定装置、隔爆机构、保险机构等组成，结构如图3.4.2所示。

1. 触发机构

触发机构为具有瞬发、惯性发火能力的双动发火机构，其保险机构为后坐保险机构。由击针杆、惯性筒簧、装有火帽的活击体、一颗上钢珠、两颗下钢珠以及惯性筒等零件组成。这套机构自成一个独立合件。击针用50号钢制成，因其坚硬锋利，有利于发火。击针杆用杜拉铝制成，圆顶部直径12 mm，这使它既轻又有较大的受力面积，有利于提高瞬发触发灵敏度。黄铜制活机体(即惯性火帽座)的凸缘部是有意加高的，用以提高导向性能。活机体周围有120°等分的三道直槽，用来在活机体前冲时排气，使其轴向运动更灵活，以提高引信的瞬发触发灵敏度与瞬发度。

安全状态为惯性筒簧的一端支承在活击体的上端，另一端支承在惯性筒底部。惯性筒与击针杆之间有一颗上钢珠，由于惯性筒的阻挡，两颗下钢珠在活击体的孔内，卡在击针的锥面上。

勤务处理中，当引信头朝上坠落，弹丸碰到障碍物时，击针、上钢珠、惯性筒作为一个整体一起向下运动，一直到击针细颈部上面的台肩抵住下钢珠，此时击针尖仍与火帽保持一段距离。由于此时坠落惯性力作用的时间较短，惯性筒来不及下移到足以释放上钢珠的位置。惯性力消失后，在惯性筒簧作用下，机构恢复原状。

2. 装定装置

装定装置为通道切断的调节栓式装定机构，位于引信下体的中部，主体是一根带锥度的黄铜调节栓，它与引信体的孔配合紧密，有良好的气密性。调节栓的一端制成D形，与装定

扳手的 D 形孔相适应，另一端被切去一个半圆，与定位销配合，使调节栓相对引信体只能转动 90°，而使传火道打开或关闭。调节栓外露的端面刻有箭头，箭头与引信体上的“3”字对准时，传火道被堵塞，火帽火焰经延期管传给雷管，引信为延期作用；箭头与“O”字对准时，传火道打开，火焰直接传给雷管，此时引信为瞬发作用。同时，该引信的引信帽也作为装定机构的一部分，以实现惯性与瞬发的作用方式选择。

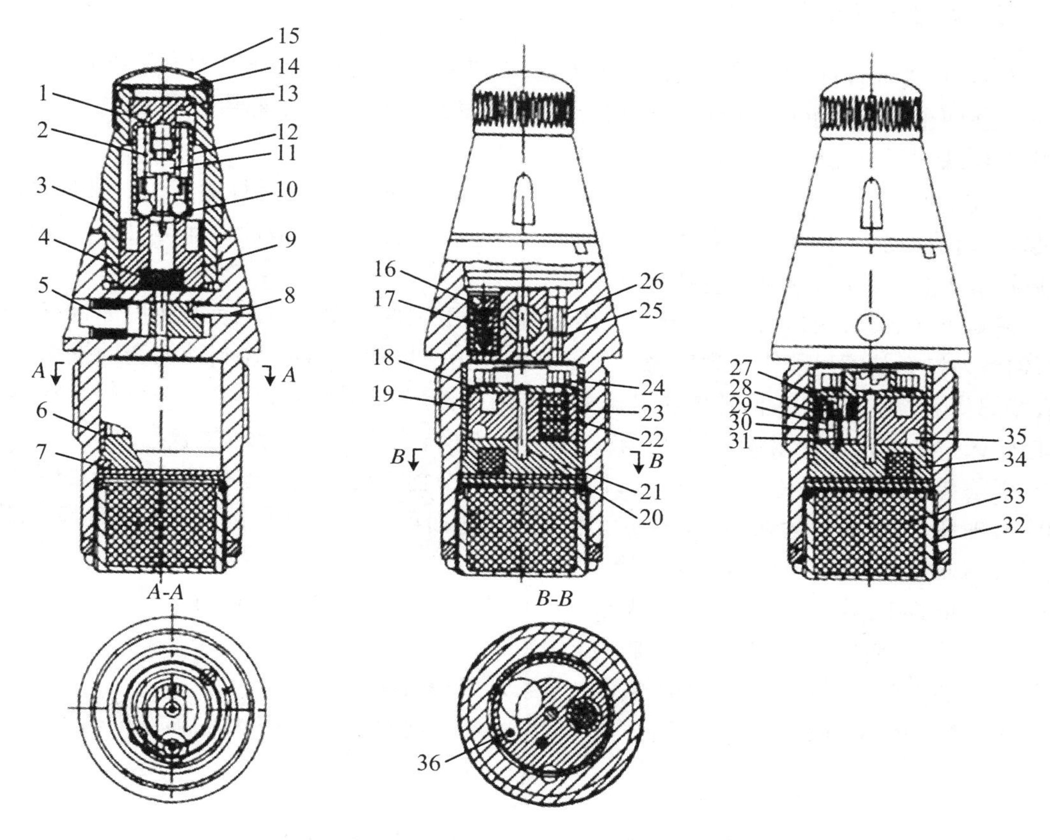

图 3.4.2　俄 B-429 引信

1. 上钢珠；2. 惯性筒簧；3. 引信上体；4. 火帽；5. 调节栓；6. 引信下体；7. 轴座制转销；8. 定位销；9. 活击体；10. 下钢珠；11. 击针；12. 惯性筒；13. 击针杆；14. 防潮帽；15. 引信帽；16. 调节螺；17. 延期管；18. 盘簧座；19. 衬套；20. 轴座；21. 中轴；22. 雷管；23. 回转体；24. 盘簧；25. 切断销；26. 副制转销；27. 钢珠；28. 后退簧；29. 制动栓；30. 后退筒簧；31. 制动栓簧；32. 传爆管；33. 传爆药；34. 导爆药；35. 回转体定位器；36 回转体定位销

3．隔爆机构

隔爆机构采用盘簧驱动的水平转子隔爆机构，是一个独立的部件。火焰雷管装在水平回转的回转体内，回转体套在固定于轴座上的中轴上。回转体回转的动力来自装配时卷紧的盘簧。盘簧的外端固定在衬套上，内端固定在盘簧座上。衬套与轴座铆接固定，盘簧座通过两个螺钉与回转体固定。盘簧力矩用来使回转体与轴座产生相对转动。

装于回转体里的后坐保险机构使回转体与轴座处于保证雷管与导爆药错开的位置。轴座用冲击韧性好的中碳钢制造，以保证隔爆部分有足够的强度，万一雷管在隔爆位置爆炸，既不会引爆导爆药，也不会引爆传爆药。

4．保险机构

隔爆机构的保险也采用后坐保险，由钢珠、后退筒、后退筒簧、制动栓及制动栓簧组成。

保险状态为后退筒簧顶着后退筒，钢珠压着制动栓，将制动栓端部压入轴座孔内，阻止回转体与轴座的相对转动。隔爆机构由引信下体底部装入，再装入一个轴座制转销与引信下体连接，保证轴座相对引信体无转动。引信的爆炸序列包括火帽、延期管、雷管、导爆药和传爆药。

3.4.4.2 引信作用过程

发射时，击针合件（击针杆与击针）与上钢珠、惯性筒一起向后运动，到击针细颈上部的台肩压在两个下钢珠上而不能继续运动时，惯性筒继续向后运动，而抵在活机体上。在此过程中上钢珠被释放而脱落。

弹丸出炮口后，后坐力明显下降，惯性筒簧将惯性筒顶起，然后惯性筒与击针杆接触，并一起在弹簧作用下向前运动，直至击针锥面将下钢珠推出钢珠孔，击针头部与引信上体顶部台肩接触为止。此时，触发机构处于待发状态。

发射时，隔爆机构的后退筒下降，在离心力作用下钢珠外撤。由于后退筒顶部带有一台肩，钢珠外撤后就不可能恢复到原来的位置。弹丸出炮口后，制动栓在制动栓簧的推动下升起，端部从隔板孔中拔出，回转体在盘簧力矩作用下转正。圆转体底部的半圆弧槽及轴座上的回转体定位销保证使雷管正好和导爆药对正。此时，引信完全处于待发状态。

引信装定瞬发时，在发射前必须拧掉引信帽，调节栓上的传火通道打开。碰击目标时防潮帽被破坏，击针向后运动，活击体则在因弹丸减速而产生的爬行力作用下向前运动，击针戳击火帽而发火，火焰及气体直接传给雷管。

如果带着引信帽射击，调节栓仍处于上述位置，则碰击目标时活击体在惯性力作用下前冲，火帽撞击针而发火，这时引信是惯性作用。

引信装定延期时，不必拧掉引信帽，火帽经延期药引爆雷管。

触发机构的击针和活击体（即火帽座）均可运动，这种触发机构称双动触发机构。

3.5 MEMS 引信机构及设计

3.5.1 MEMS 技术的基本概论及特点

MEMS 技术的英文全称为 Micro Electro-Mechanical System，一般也称作微机电系统技术，它是随着半导体集成电路微细加工技术和超精密机械加工技术的发展而发展起来的，其含义是指可批量制作的，集微型机构、微型传感器、微型执行器以及信号处理和控制电路、直至接口、通信和电源等于一体的微型器件或系统，如图 3.5.1 所示。

MEMS 技术并非是简单的宏观机械的微小化，它的研究目的是通过微小型化和模块化来实现原理新颖、功能全面的集成系统，开创新的技术领域和产业。微机械学、微电子学、微动力学、微光学、微热力学、微流体力学、微结构学、微摩擦学和微生物学等共同构成了 MEMS 的理论基础。

MEMS 在学科上表现为多学科前沿高度综合、交叉和渗透，在技术上表现为可大批量生产、功耗低、机电集成，在产品上表现为多功能集成、微型化、智能化、成本低。MEMS的应用领域非常广阔，如信息领域的光开关及其阵列、RF MEMS开关、数字微镜器件(DMD)、MEMS可调电容、电感等传感器领域的压力、流量、温度、湿度、气体传感器等，以及微加速度计、微机械陀螺生物领域的生物芯片、微型流体通道分析系统、毛细管电泳、芯片实验室，等等。MEMS的发展非常迅速，1959年，诺贝尔奖得主Feynman·R提出微型机械的设想，可看作MEMS技术的萌芽；1987年，美国加州大学伯克利分校(UC Berkeley)发明了基于表面牺牲层技术的微马达，引起国际学术界的轰动，人们看到了电路与执行部件集成制作的可能性；1988年，美国一批著名科学家提出“小机器、大机遇”，呼吁美国应当在这一重大领域的发展中走在世界的前列；1993年，美国ADI公司采用MEMS技术成功地将微型加速度计商品化，并大批量用于汽车安全气囊，标志着MEMS技术商品化的开端。此后发达国家先后投巨资，并设立国家重大专项，对其进行研发。

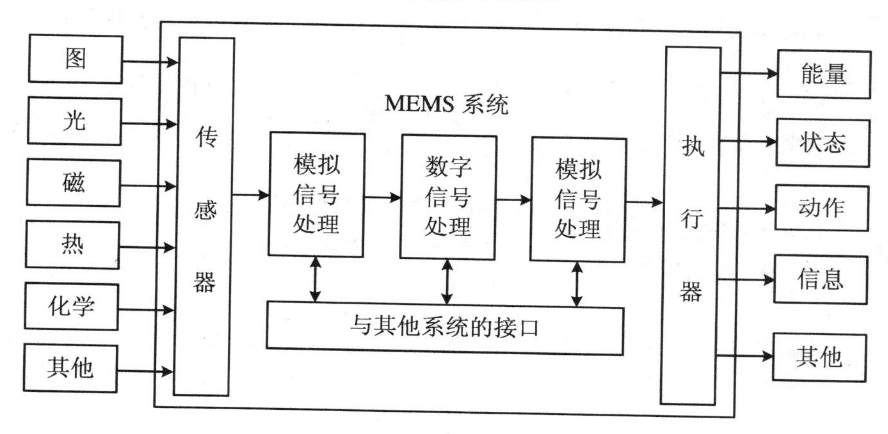

图3.5.1　MEMS器件模型

MEMS技术的特点主要有：

(1) 微型化：器件体积小、重量轻、耗能低、惯性小、谐振频率高、响应时间短。

(2) 以硅为主要材料：机械电器性能优良的硅的强度、硬度和杨氏模量与铁相当，密度类似铝，热传导率接近钼和钨。

(3) 批量生产：硅微加工工艺在一片硅片上可同时制造成百上千个微型机电装置或完整的MEMS。批量生产可大大降低生产成本。

(4) 集成化：以把不同功能、不同敏感方向或致动方向的多个传感器或执行器集成于一体，或形成微传感器阵列、微执行器阵列，甚至把多种功能的器件集成在一起，形成复杂的微系统。微传感器、微执行器和微电子器件的集成可制造出可靠性、稳定性很高的MEMS。

(5) 多学科交叉：MEMS涉及电子、机械、材料、制造、信息与自动控制、物理、化学和生物等多种学科，并集约了当今科学技术发展的许多尖端成果。

3.5.2　微驱动器的功能及分类

微驱动器是微机电系统的驱动或执行单元，作用是对微系统进行内能量的转换、运动和力的传递以及响应系统信息。微驱动器利用各种物理效应，根据光、电、热等控制信号完成微机械运动，如产生力、力矩、位移、速度、加速度等。

在引信 MEMS 装置中，作为可动部分的微驱动器，主要用来控制滑块等零部件的运动，从而控制系统解除保险。微驱动器的动作范围、可动效率等指标直接决定了系统解除保险的成败，是引信 MEMS 保险系统中的重要组成部分。微驱动器根据作用机理的不同可以分为静电驱动器、压电驱动器、电磁驱动器、电热驱动器、形状记忆合金驱动器等几种类型。表 3.5.1 简述了这几种微驱动器的特点以及优缺点。

表 3.5.1　各种微驱动器特点及优缺点

驱动器	特点	优点	缺点
静电驱动器	依靠静电力工作，静电力与尺寸的平方成反比	响应速度较快，耗能低，制作工艺简单	驱动电压高，动作范围小，与集成电路难兼容
压电驱动器	利用逆压电效应工作，驱动电压在数十伏到数百伏	响应速度快，带宽高，能量密度高，输出力大	制作工艺较复杂，位移小，压电材料容易受外界干扰
电磁驱动器	基于电、磁互相作用产生的驱动力来工作	位移较大，效率高，能在恶劣环境下工作，装配较容易	结构体积较大，线圈加工困难，能耗大，需考虑散热问题
电热驱动器	利用微结构通电发热产生的位移、力、力矩来工作	驱动电压低，结构简单输出力和输出变形大，易于同集成电路工艺相兼容	响应时间较长，能耗较高，热惯性较大
形状记忆合金驱动器	当温度升高，材料内部发生相变，产生很大的变形力	有很高的力重量比，较低的驱动电压，驱动力较大，结构简单，容易设计	性能不稳定，连接元件易损耗，难以与硅微器件的制作工艺兼容

另外，还有很多利用其他物理效应的微驱动器，如超导微驱动器、光微驱动器、磁悬浮微驱动器等，不同工作原理的微驱动器有各自的优缺点。理想的微驱动器应具有较大的驱动位移，能产生较大的驱动力，响应时间短，工作频率高，工作温度范围广，易于连续控制等特点。但不同驱动机理的微驱动器也有各自的局限性和不足之处，适用于不同的工作场合。

3.5.3　电磁驱动引信 MEMS S&A 装置总体结构设计

引信 MEMS S&A 装置是通过 MEMS 技术加工的、用于引信安全和起爆控制的新型装置。引信 MEMS S&A 装置以机械结构实现隔爆功能，驱动保险件最常用的两个环境力为离心力和后坐力。根据《引信安全性设计准则》，引信 MEMS S&A 装置隔爆机构必须有一个或一个以上的隔爆件，由两个或两个以上保险件直接锁定在安全位置上，启动保险件的激励环境至少有一个为发射环境或发射周期内的环境（如后坐力、离心力），并且应有保险件起到延期解除保险的功能，以满足安全距离的要求。弹丸在出炮口到引信 MEMS S&A 装置最后一道保险解除时的飞行距离为延期解除保险距离，设计中为了保证安全性，要控制延期解除保险距离大于战斗部的杀伤半径。

美国专利（US7007606B1）中电磁驱动式引信 MEMS S&A 装置，适用于非旋转弹及微旋弹，如图 3.5.2 所示。该装置为平行基板式引信 MEMS S&A 装置，可以配用在子弹药、枪榴弹和迫击炮弹等非旋转弹药上，体积小，可靠性高。

起爆药12为敏感性装药如（如 $Pb(N_3)_2$），与电桥丝13直接接触，电桥丝13连接到起爆电路上。当起爆电路接收到起爆信号后，电桥丝通电发热，起爆药12被引爆，之后爆炸序列被逐级引爆，直到主装药及弹丸主体发生爆炸。

按照起爆顺序，起爆药12、输入药11、传爆药4和输出药8组成传爆序列，并且敏感度逐渐降低。其中传爆药4安装在隔爆机构的传爆孔中。

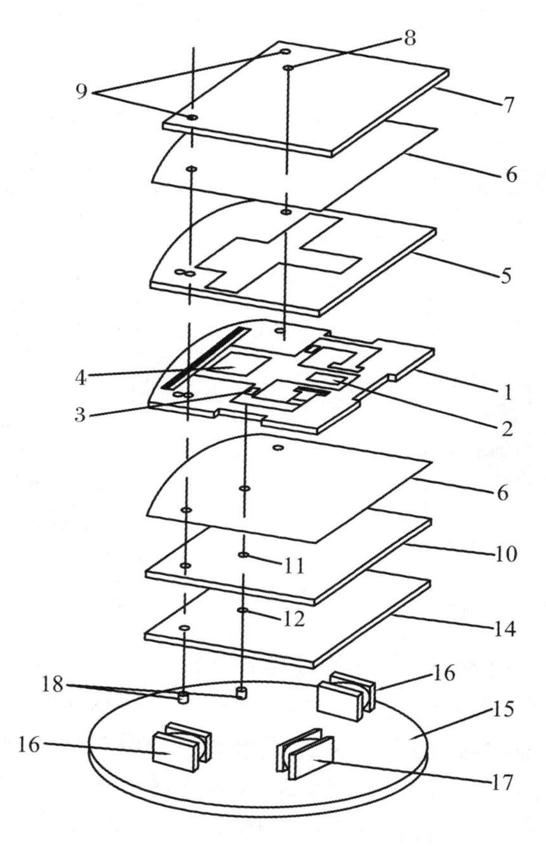

图3.5.2 引信 MEMS S&A 装置

1. 隔爆机构；2. 滑块磁体；3. 锁销磁体；4. 传爆药；5. 隔板；6. 密封板；7. 输出药板；8. 输出药；9. 销孔；10. 输入药板；11. 输入药；12. 起爆药；13. 电桥丝；14. 起爆药板；15. 电路板；16. 锁销电磁驱动器；17. 滑块电磁驱动器；18. 定位销

锁销电磁驱动器16、滑块电磁驱动器17以及引信控制电路组成电路板组件。锁销电磁驱动器和锁销中的磁体相互作用，控制锁销头在引信 MEMS S&A 装置解除保险时退出滑块上的保险卡槽，解除保险完成后进入解除保险卡槽。滑块电磁驱动器克服弹簧阻力，拉动滑块运动到解除保险位置。

引信 MEMS S&A 装置中最为关键的结构是隔爆机构5，起到隔爆和解除保险的作用，是整个引信 MEMS S&A 装置的核心部件。隔爆机构如图3.5.3所示，图3.5.4为该隔爆机构的原理图。

隔爆机构主要由滑块弹簧、传爆孔、锁销、锁销弹簧、滑块等组成，由金属经光刻掩膜技术和刻蚀技术加工而成，所有组件采用一体化技术制造，无需装配。锁销弹簧的作用是控制锁销在既定位置上，即保险状态时控制锁销在滑块上的保险卡槽内，保证勤务处理时的安全性，如图 3.5.3 所示。当左右两侧保险解除、锁销在电磁驱动器的作用下脱离保险卡槽、中间滑块运动到解除保险位置时，锁销在锁销弹簧恢复力的作用下移动到滑块上的解除保险卡槽内，保证弹丸发射后引信作用的可靠性。

隔爆机构采用错位式隔爆原理，即输入药、输出药采用轴向错位式设计（图 3.5.4 中的 FIG.1A），这样设计的目的是为了防止输入药偶然作用引爆输出药，提高引信系统的安全性。只有在滑块运动到解除保险位置，传爆序列对正时（图 3.5.4 中的 FIG.11B），才能传递爆轰能。

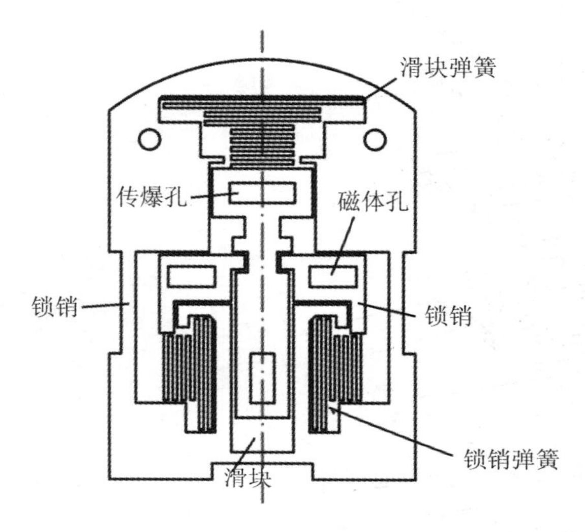

图 3.5.3　隔爆机构图

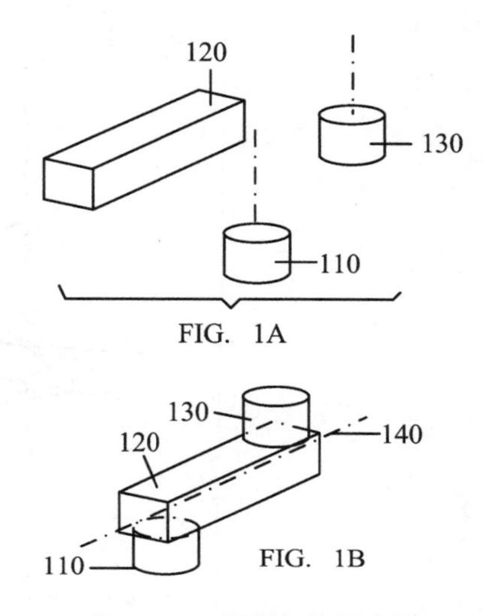

图 3.5.4　隔爆机构原理图

电磁驱动引信 MEMS S&A 装置作用过程如下：

弹丸发射后，加速度传感器检测到 10000 m/s^2 左右的后坐加速度，发送解除保险信号至与之连接的锁销电磁驱动器，驱动器通电，与锁销磁体孔中的磁体相互作用，锁销受电磁拉力作用，从保险卡槽中退出，引信 MEMS S&A 装置解除第一道保险。当感受第二环境信息的传感器检测到解除保险环境信号（如地磁场信号）后，将信号发送至第二个锁销电磁驱动器，锁销受电磁力的作用，从第二个保险卡槽中退出，此时，左右两侧锁销与保险卡槽处于相互分离状态，并保持一段时间。

当延时结束，滑块电磁驱动器通电，与滑块磁体孔中的磁体相互作用，滑块受电磁力的作用，向下运动到解除保险位置。随后，引信控制电路作用，控制锁销电磁驱动器断电，左右锁销在锁销弹簧的拉力作用下，运动到滑块两侧对应的解除保险卡槽中，并将滑块锁定在解除保险位置。此时，传爆序列对正，引信 MEMS S&A 装置处于解除保险状态。

当点火控制系统接收到起爆信号后，电桥丝通电发热，产生的热量将起爆药引爆，然后逐级引爆输入药、传爆药和输出药，传爆序列完成引爆功能，最后传爆序列能量引爆弹丸主体中的主装药，引信完成预定功能。

该电磁驱动式引信 MEMS S&A 装置的主要特点是没有直接利用后坐力、离心力等环境信息解除保险，而是利用环境传感器探测解除保险信息，解除保险环境多，灵敏度高，解决了非旋转弹第二解除保险环境难以设计的问题，该引信 MEMS S&A 装置还可用于弹道修正引信中，具有很好的应用前景。

3.5.4　电热驱动引信 MEMS S&A 装置总体结构设计

电热微驱动器的功能是将电能转换为热能后输出机械运动或力。利用特殊介质在微尺度下的热特性来实现驱动，介质可以是固体或液体。传统电热微驱动器要产生平面直线位移或弯矩，一般有两种方法：一种是同一平面内的类双金属结构，另一种是 U 形梁或 V 形梁电热微驱动器。同一平面内的类双金属结构虽然能产生较大的平面位移，但所产生的驱动力却很低，通常为 μN 级，并且其 MEMS 加工工艺比较复杂；U 形梁或 V 形梁电热微驱动器采用金属作为结构材料，能产生较大的平面位移和输出较大的驱动力，但发热量大，有较大的能量损耗在传输上。

利用热膨胀原理的电热微驱动器有两种：面外运动驱动器和面内引动驱动器。本书设计一种面内运动电热微驱动器，即电热微驱动器产生的驱动力和驱动位移与驱动梁在同一平面内，驱动器不发生翘曲。两种典型的电热微驱动器如图 3.5.5 所示，其中图 3.5.5(a)为 U 形梁电热微驱动器，图 3.5.5(b)为 V 形梁电热微驱动器。

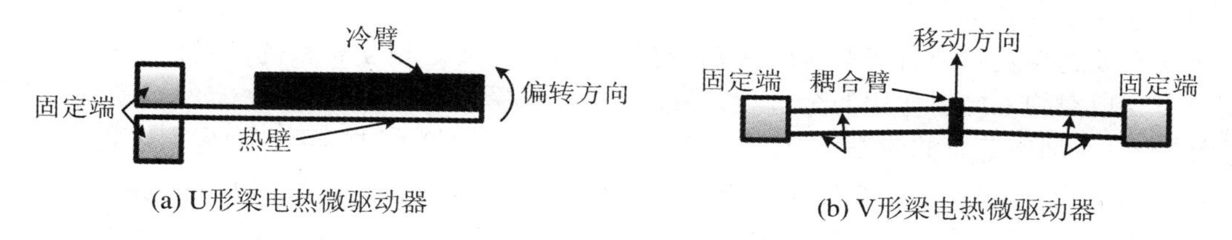

图 3.5.5　电热微驱动器

对于 V 形梁结构的电热微驱动器，工作原理为在驱动器的两个固定端施加电压，单一材料的悬臂梁受热膨胀，互相推挤产生驱动力和驱动位移。

U 形梁电热微驱动器是一种新型结构，设计时，热臂通常比冷臂薄，因此热臂的电阻比冷臂的大。当有电流通过时，热臂上的温度和发热量远远大于冷臂。由于热臂和冷臂由同一种材料加工而成，有相同的热膨胀系数，所以热臂上的高温使热臂的膨胀率远远大于冷臂，导致微驱动器产生与热臂相反方向的位移。

在同样的电压下，U 形梁电热微驱动器能产生比电磁微驱动器更大的位移，而体积却比电磁微驱动器小。在热臂长度和电压相同的情况下，双热臂 U 形梁电热微驱动器产生的位移比单热臂 U 形梁电热微驱动器大。为了得到更大的驱动位移，本书选择双热臂 U 形梁电热微驱动器作为设计思路。

第 4 章 发射及战斗部装药

4.1 发射装药

发射装药(propelling charge),是指满足一定弹道性能要求,由发射药及必要的元部件按一定的结构组成,用于发射的组合件。

发射装药是炮弹的重要组成部分,是炮弹的能源,它赋予弹丸一定的初速,对射击精度和射击安全性有着重大影响。

发射装药与发射药有着本质的区别,同时它们之间又是相互联系的。发射装药与弹丸配合可完成对弹丸抛射作用的全过程,并能使弹丸承受一定膛压,获得一定的运动状态(高速旋转、直线加速等),同时发射装药还必须满足操作使用等特殊需要。而发射药能在外界能量作用下,发生迅速的化学反应(燃烧),放出大量热量,生成大量气体产物。因此发射药是发射装药的能源,是发射装药不可缺少的组成部分。发射装药是由一定形状、尺寸、性能和重量的发射药与其他辅助元件配合,构成一定的装药结构,用于一次射击装填使用的整体。

1. 发射装药的组成

发射装药通常由发射药(火药)、药筒、底火、辅助元件组成。

(1) 发射药(火药)是发射弹丸的能源,一种或数种牌号的发射药和用来点燃发射药的点火传火系统是装药必不可少的基本元件。

(2) 药筒用来连接弹丸、底火和盛装发射药,保护发射药不受潮和损坏。发射时,筒体膨胀与火炮药室贴紧以密闭火药燃气。

(3) 底火受火炮机械的或电的作用发火,点燃发射药,产生膛压推动弹丸运动。

(4) 根据武器性能要求,装药中还可选择其他辅助元件,如减缓火药燃气对内膛表面烧蚀的护膛剂;清除因铜质弹带与膛壁摩擦而残留在内膛表面积铜的除铜剂;抑制射击时产生的膛口焰、炮尾焰的消焰剂;减少射击时生成烟雾的消烟剂;紧塞具、绑扎火药的袋、绳、纸等。发射药通常盛装在药筒或药包中。

为了正确无误地使用发射装药,在发射装药的外包装表面印有明显的标记,有适用的武器、弹种、火药牌号、生产厂家、年份、批次等。

装药元部件和装药结构的变更,会引起射击武器内弹道性能变化。因此,优化匹配的装药结构是保证射击武器的弹道性能稳定性和安全性的先决条件。调整装药元部件和装药结构,是改变武器内弹道性能最灵活、最有效的手段。

2. 发射装药的分类

发射装药的种类很多,不同的发射装药,有不同的弹道性能,能满足不同的射击要求。按照发射装药的不同特征,可以有各种不同的分类方法。

(1) 按用途分。

① 战斗用发射装药,即战斗用弹使用的发射装药。

② 试验用发射装药,即专用于试验火炮或弹药性能的发射装药。如水弹用发射装药、强装药和特减装药等。

③ 训练用发射装药,主要指空包弹装药和模拟练习弹的专用装药。目标练习弹及某些模拟练习弹,借用战斗用弹装药不属于这一类。

(2) 按使弹丸获得的初速大小分。

① 全装药,使弹丸获得表定最大初速的发射装药。这种发射装药的药量通常都较大,如果是定装药,则称全定装药;如果是变装药,则称全变装药。

② 减装药,使弹丸获得表定最小初速的发射装药。这种装药的药量通常都较小,如果是定装药,则称减定装药;如果是变装药,则称减变装药。

③ 特种装药(专用装药),使弹丸获得特定初速或具有特殊用途的发射装药。它是专为某一种或某一类弹药而设计的发射装药。如 1956 年式 85 mm 加农炮次口径超速脱壳穿甲弹专用装药。

(3) 按所配炮弹的装填方式分。

① 定装式炮弹装药。定装式炮弹各元件是固接在一起的,发射药量不能调整,因此只能用定装药。为保证弹药具有较大的射程范围和特殊的使用要求,定装式炮弹装药还可细分为以下三种类型:

a. 全定装药。全定装药是使弹丸获得一个表定最大初速的定装药。这种装药发射药量较大,最大膛压较高,弹丸初速大。例如,56 式 85 mm 加农炮弹全装药(图 4.1.1),最大膛压约为 250.07 MPa,初速为 793 m/s。

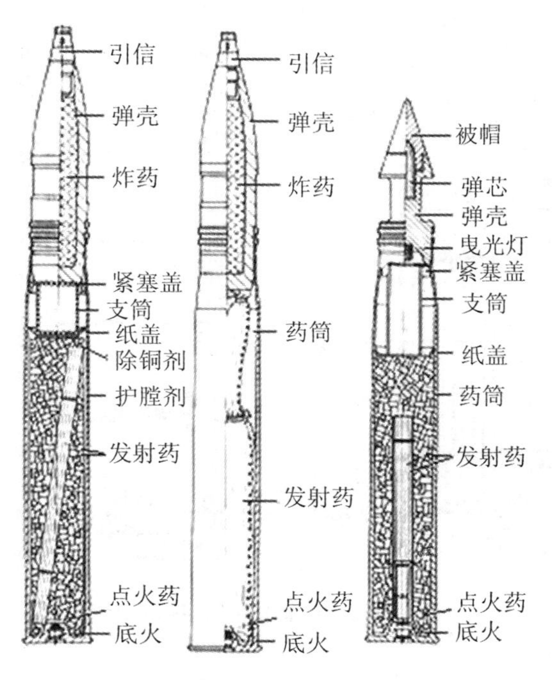

图 4.1.1　定装式炮弹装药

b. 减定装药。减定装药是使弹丸获得一个比表定最大初速小的表定初速的定装药。

这种装药发射药量小，最大膛压较低，能使弹丸获得一个较小的初速。例如，56 式 85 mm 加农炮弹减定装药(图 4.1.1)，最大膛压为 230.46 MPa，初速为 655 m/s。

c. 专定装药。专定装药是使弹丸获得一个特定初速或具有特殊用途的定装药。这种装药在最高膛压不超过规定值的条件下，使弹丸获得表定初速，满足所配弹丸的特殊需要。例如，56 式 85 mm 加农炮超速穿甲弹专用装药(图 4.1.1)，最大膛压约为 250.07 MPa，初速为 1050 m/s。

② 药筒分装式炮弹装药。药筒分装式炮弹的弹丸与药筒是分离式的，为了增加弹丸的射程范围，满足火力机动性要求，一般都采用变装药结构。药筒分装式炮弹装药按发射药量和结构的不同，可分成三类。

a. 全变装药。全变装药是使弹丸获得表定最大初速和部分较大等级初速的变装药。全变装药通常由一个基本药包(束)和多个附加药包(束)组成。基本药包(束)是该发射装药在射击使用时必不可少的药包(束)，附加药包(束)是在使用时根据需要可添加或取出的药包(束)。后装炮弹变装药在射击使用时的基本调整原理是：不取出附加药包(束)时可获得该弹的表定最大初速；取出不同数量的附加药包时可获得该弹的几个较大表定初速。按我军习惯，取出药包的数量由少到多，装药编号由小到大。例如，66 式 152 mm 加榴炮榴弹全变装药，如图 4.1.2 所示。其发射药总重为 8.165 kg，可调至 7.445 kg，可得到 655 m/s 和 606 m/s 两种不同的初速，如表 4.1.1 所示。

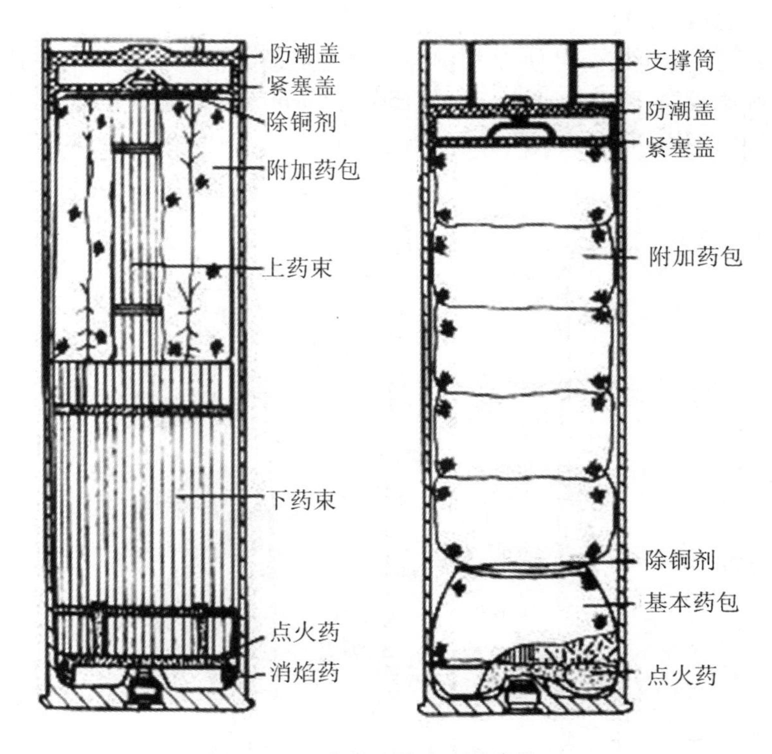

图 4.1.2　药筒分装式炮弹装药

b. 减变装药。减变装药是能使弹丸获得表定最小初速和部分较小等级初速的变装药。减变装药通常由一个基本药包(束)和多个附加药包组成。减变装药的装药编号与全变装药号连续编排。使用时，若减变装药中不取出附加药包，其装药号比全变装药的最大装药号大一号。每取出一个附加药包增加一个装药号。例如,66式152 mm加榴炮榴弹减变装药(图4.1.2)。发射药量可在1.315~4.14 kg范围调整,从而使弹丸获得从282~511 m/s范围的5个不同等级的初速,如表4.1.1所示。

表4.1.1　66式152 mm加榴炮弹发射装药

项目	全变装药		减变装药				
	全	$1^{\#}$	$2^{\#}$	$3^{\#}$	$4^{\#}$	$5^{\#}$	$6^{\#}$
基本药包	上下束各一个		一个瓶形基本药包				
附加药包	2	0	5	3	2	1	0
发射药重(kg)	8.155	7.455	4.14	3.01	2.455	1.88	1.315
膛压(MPa)	230.456	≥88.26	≤205.94				≥73.55
初速(m/s)	655	606	511	127±4	380±3.5	335±3	282
初速或然误差(m/s)	2	2	1.5	–	–	–	1

c. 专用装药。专用装药是专门配用于某一种或某一类弹丸的发射装药。这类装药的初速通常是固定的,因此发射药量不需调整。

③ 药包分装式炮弹装药。药包分装式炮弹没有药筒,因此发射药都装在药包(袋)内或扎成捆。它的装药结构和调整方法与药筒分装式炮弹装药相似,目前我军仅配用在岸舰炮上。

(4) 其他分类方法。

发射装药也可按其他方法分类,如按发射药量可变与否,分为定装药和变装药,即定装式炮弹装药和药筒分装式炮弹装药及药包分装式炮弹装药;按发射药牌号的多少,分为单一装药和混合装药;按装药所获得的不同弹道性能,分为正装药、强装药和减装药。此外,还有按装药特定结构和特定功能而特殊命名的装药,如随行装药、密实装药、固定装药、超远射程装药、低温度系数装药、标准装药等。

3. 对发射装药的要求

(1) 安全性要求。

发射装药发射安全性是指发射过程中发射装药产生的膛压不超过允许值而不发生膛炸、膛胀的性能。随着高初速、高膛压、高装填密度等现代高性能火炮武器的不断发展,火炮膛内力学环境越来越恶劣,发射安全性问题愈来愈突出。世界各国在武器弹药的研制、军事演习和战场上相继发生过大量的膛炸、早炸等灾难性事故,使得发射安全性问题成为长期制约现代火炮武器发展的世界难题,如何评定发射装药发射安全性成为国内外竞相攻克的重大课题。

国外对发射装药发射安全性的研究,始于20世纪70年代,美国、德国等西方国家投入大量的人力、物力,从理论、计算、试验等方面研究发射装药发射安全性,主要研究手段有实弹射击模拟膛炸事故、各类物理仿真实验、内弹道两相流动力学理论和数值仿真等。在过去40多年,德、美两国在发射装药发射安全性理论与试验研究方面一直处于国际领先地位,建立了发射装药发射安全性评定试验规程并用于工程实践。国内对发射装药发射安全性评定的研究起步相对较晚,由于20世纪90年代初我国高膛压火炮研制过程中多次出现膛炸事故，发射装药发射安全性研究逐步得到多方重视。

膛炸是由于发射装药点传火过程中燃气生成速率太大，弹丸刚开始运动甚至还未运动膛压就超过身管的极限应力。根据内弹道学理论，燃气生成速率表征了膛压变化规律以及发射安全性。因此，只要测定了弹底发射装药被点燃前的膛压及燃气生成速率变化，就能评判发射装药发射安全性。由于相同组分的发射药，燃气生成速率取决于发射装药的燃烧面积，也就是说发射装药发射安全性取决于发射装药的燃烧面积。

(2) 弹道要求。

在给定温度范围内(一般为 $-40\sim50$ ℃)最高膛压 P_m、初速 V_0、初速或然误差 EV_0 应符合产品图的规定。譬如：全装药最高膛压不得超过火炮身管强度的允许值；减装药和最大号装药时应确保引信可靠解除保险，在常温条件下能获得规定的初速和初速或然误差。为此要求发射药有规律地燃烧且必须在膛内燃尽。

(3) 战术技术要求。

① 使炮弹在规定的最大射程至最小射程范围内不存在射程“空白”。即在全装药与减装药之间，变装药各号装药之间，它们的最大射程和最小射程必须相互搭接。

② 使用时副作用小。首先要求对炮膛的烧蚀要小，以延长火炮身管的寿命。其次要求发射时尽可能少产生炮口焰和炮尾焰以及烟雾，以免暴露发射阵地，烧伤炮手，影响瞄准；特别是坦克炮和自行火炮的炮后空间狭小，更要求无炮尾焰和炮尾烟。

③ 变装药的编号合理，标志鲜明，调整操作简便。为便于夜间操作，不同的药包最好在形状、尺寸或重量等方面有显著的区别。

④ 勤务处理安全，能长储。

(4) 生产经济要求。

能大量生产，生产过程机械化或自动化；成本低，原材料丰富并立足于国内；装药能顺利装入药筒或药室。

以上四大点是身管武器对发射装药的共性要求，但对于大口径远射程火炮、高膛压高初速火炮、高射速火炮、无后坐力炮以及迫击炮等还需分别满足一些特殊要求。

① 对于加农炮和榴弹炮的发射装药注重于以下三点：

a. 控制发射药的燃温，使发射药具有低的烧蚀性能。依据该原则，目前榴弹炮和加农炮多采用单基发射药和 M30 或 M31 系列的硝基胍发射药。

b. 精选装药，控制并减少装药的燃尽系数，使燃烧的装药在接近炮口前尽早地燃尽，降低火炮射击的中间偏差。

c. 减少发射装药中的难燃组分，采用消焰剂等装药原件，减少火炮的焰和烟。

② 高初速火炮对发射装药的要求集中于以下四点：

a. 用能量高的发射药和高密度的装药，以获得发射装药的高能量密度，既保证了系统对装药潜能的需要，同时又减少了药室的容积，从而减轻了火炮系统的质量。

b. 发射药及其装药应具有良好的力学性能，特别是在高压和高应变速率的环境下，仍能保持燃烧的规律性。

c. 减少发射装药中的难燃组分，采用消焰剂等装药元件，减轻焰、烟及它们对射击条件的影响。

d. 使用低易损性发射装药，防止武器系统的自我毁伤。

③ 高射速火炮对发射药的要求为以下两点：

a. 使用具有高渐增性、低烧蚀性能的发射装药。

b. 炮口少焰、少烟的发射装药。

④ 迫击炮和无后坐力炮对发射装药的特殊要求是以下三点：

a. 使用高燃速、易点燃的薄弧厚发射药。已装备于迫击炮的美国M8和M9、苏联的H6、我国的双迫等发射药都是高燃速、易点燃的薄弧厚发射药，以利于发射药在恶劣条件下被迅速点燃，并迅速建立发射药稳定燃烧条件，保持在较低压下燃烧。

b. 采用局部高密度装填的低密度装药结构。

c. 迫击炮装药采用基本药管和附加药包(片)的装药结构。

总之，对于身管武器的发射装药不仅要满足最基本的要求，还应根据各自的特点满足其特殊要求，这样才能有利于发射药潜力的发挥，同时也有利于突出武器的特征及其威力。

4.1.1　发射药(火药)

火药用于枪炮发射弹丸装药时又称为发射药(gun propellant)。发射药装在药筒或弹壳内如图4.1.3所示。当发射时，发射药在膛内经底火点燃瞬间进行燃烧，迅速地将发射药的化学能转变成热能，同时在膛内产生大量的高温高压气体。这种高温高压燃气，在膛内进行膨胀做功，推动弹丸高速射出，达到发射弹丸的目的。发射药是使弹丸获得一定初速的能源，是发射装药的基本部件。不同的弹药所配用的发射药牌号及重量各不相同，一般是通过理论计算和射击试验相结合的方法选定的。

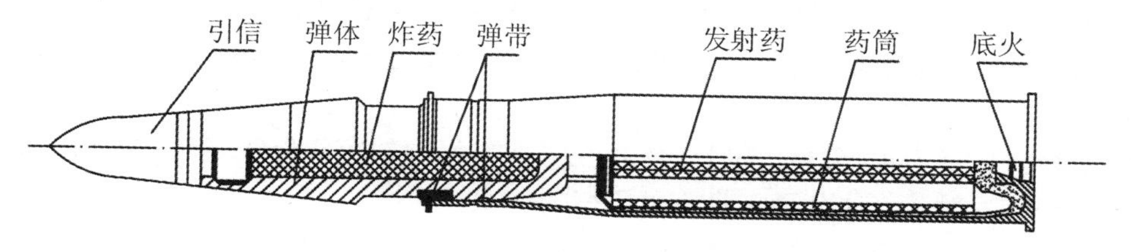

图4.1.3　炮弹示意图

发射药在枪、炮膛内燃烧时，所达到的最大压力称为最大膛压(简称膛压)。弹丸在离开枪、炮出口处的速度称为初速。显然，人们希望发射药装药燃烧后产生的膛压低，弹丸所获得的初速高，对环境温度(－40～50 ℃)的依赖性小。膛压和初速是衡量枪、炮发射药内弹道性能的两个重要参数，也是承制单位交验装药产品的重要指标。

火药用于火箭弹、导弹发动机装药时又称为固体推进剂。固体推进剂按设计的药型装在圆体火箭或导弹发动机燃烧室内，如图4.1.4所示。按组可分为双基推进剂、复合推进剂和复合改性双基(CMDB)推进剂。发射时，固体推进剂经点火装置点燃后按规律进行燃烧，将推进剂的化学能转化为热能，同时释放出大量的高温气体。固体推进剂是在半密闭状态的固体火箭发动机燃烧室内进行燃烧，形成一定压力的高温燃气，经由发动机尾部的喷管高速喷出膨胀做功，从而产生推力作用于弹体上，使火箭弹、导弹获得一定的飞行速度。固体推进剂燃气喷出的速度愈大，排气量愈多，发动机获得的推力也愈大。固体推进剂通常用单位质量的推进剂在火箭发动机中所产生的冲量——比冲来衡量固体推进剂能量的大小，也可用密度比冲来衡量。

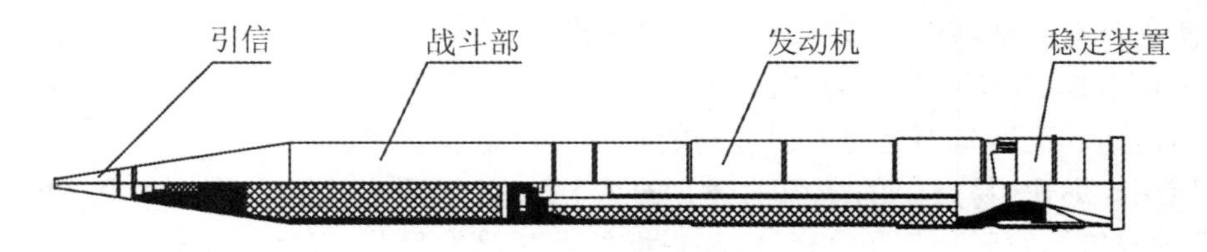

图 4.1.4 火箭弹示意图

1. 发射药的类型及组成

早期的发射药是黑火药，现代发射药出现在硝化棉和硝化甘油的发明之后。按发射药的物态，可分为固体发射药和液体发射药。按相态，固体发射药又可分为均质发射药、异质发射药。均质发射药是以硝化纤维素（硝化棉）为主体成分和溶剂作用形成单相的结构均匀体，经过塑化、密实和成型等物理及机械加工过程而成为一种固体发射药，包括单基发射药、双基发射药、混合硝酸酯发射药；异质发射药是在可燃物或均质发射药的基础上加入一定的固体氧化剂混合而成的发射药，如黑火药、三基药、高分子黏合剂发射药等。

（1）发射药主要性能参数。

① 火药力。1 kg 发射药在绝热定容的条件下进行燃烧，其燃烧后产物，自由膨胀到 1 个大气压时所做的功，单位为 J/kg。

② 爆热。1 kg 发射药在隔绝空气氧的条件下进行绝热定容燃烧，并使燃烧产物冷却到规定温度时（水为液态）所放出的热量，单位为 J/kg。

③ 定容火焰温度。发射药定容绝热燃烧后，燃烧产物所达到的最高温度。

④ 定压火焰温度。发射药定压绝热燃烧后，燃烧产物所达到的最高温度。

⑤ 比容。1 kg 发射药燃烧后，气体生成物在标准状态下（水为液态）所占的体积，单位为 L/kg。

⑥ 余容。1 kg 发射药气体的分子体积在气态方程中的容积修正，单位为 cm^3/kg，其物理意义是 1 kg 发射药气体分子本身不可压缩的体积。

⑦ 比热比。又称绝热指数，指燃气平均定压比热容与定容比热容之比。

⑧ 燃速温度敏感系数。在一定压力条件下和某一温度范围内，发射药初始温度变化 1 ℃时，燃烧速度的相对变化量。

⑨ 化学安定性。发射药在储存条件下，保持其化学性能不发生变化的能力。

（2）发射药的性能要求。

发射药的发明对武器的发展起着重大的推动作用，现代武器的迅速发展，反过来也对发射药提出各种不同要求，以满足武器的各项技战术指标。因此必须在充分了解武器对发射药性能要求的前提下，完成发射药的配方设计，才可能用来提高和改善武器的某些性能，或应用于新武器的设计。随着现代武器的不断发展和改进，尤其是大口径榴弹火炮和坦克炮等地面武器对发射药提出了更高要求：

① 对能量性质的要求。发射药是各类武器系统的能源材料，通过燃烧等化学反应将发射药的化学能转化为热能，通过能量转换将弹丸输送到目的地。要达到远程打击、高效毁伤的目的，提高武器的机动性，发射药的高能量密度和能量利用率的提高始终是追求目标。

② 对力学性能的要求。发射药应具有足够的机械强度，以适应短时间高工作压力的环境，承受发射和运输时所产生的动力负荷发射药应具有较小的热膨胀系数，以适应储存、运输和使用过程中所要承受的环境温度。

③ 对燃烧性质的要求。发射药的性质直接影响着武器弹道的稳定性。燃烧产物应具有良好的热力学性质,即产物分子量小、应有较宽的使用温度和应具有较宽的燃速范围,以供武器选择。因此提高发射药的能量性能和力学性能一直是发射药研究的目标,对高能高强度的发射药技术的研究也在不断深入。高能高强度发射药技术成为未来高膛压高装填密度武器中必备技术之一,也是提高武器性能的重要手段。

(3) 各类发射药及其特点。

① 单基发射药。

单基发射药是以硝化纤维素为唯一能量组分的发射药,简称单基药,也称硝化棉火药、B火药。

单基发射药主要由91%～96%的硝化棉以及少量挥发物(溶剂和水)、安定剂(二苯胺)、钝感剂(如樟脑)、消焰剂(硝酸钾)、降温剂(二硝基甲苯)和光泽剂(石墨)等组成。

单基发射药爆热3000～4500 kJ/kg,比容900～1000 L/kg,爆温2200～3000 K,火药力900～1000 kJ/kg。单基发射药的缺点是生产周期长,难制成大尺寸的药柱;储存期间发射药中挥发物含量有变化,对发射药的内弹道性能有影响。

发射药表面钝感技术的应用,使单基发射药的性能大有提高。对普通发射药进行表面钝感处理可赋予发射药低烧蚀、高示压效率、低温度系数等优越性能;同时可以保持发射药优良的力学性能;钝感处理工艺简单,多数情况下在水中进行,工艺安全性好。瑞士研制成功的改性单基发射药,具有高初速、低烧蚀、低温度系数特点,大幅度提高了火炮炮口的动能水平,在各种中小口径火炮、迫击炮中得到了广泛应用,取得了显著的军事效益。

我国20世纪90年代初开始进行高能钝感单基药(简称HEDS发射药)的技术研究,近年来随着发射药程序控制燃烧概念的提出,相关研究工作得到明显加速。已有研究表明,对比传统单基药,HEDS发射药能量水平有一定的提高,燃烧渐增性得到显著提高,堆积密度接近或略高于制式单基药,因此HEDS发射药是一种典型的程序控制燃烧发射药。目前,我国已基本解决HEDS发射药技术相关的高分子钝感剂材料、两步法钝感工艺、专用钝感设备、特种性能测试等基础问题。

单基发射药制造工艺均采用醇醚溶剂溶塑硝化纤维素挤压成各种形状尺寸,药形一般为单孔或多孔粒状、单孔管状,还可制成片、带、环等其他形状。主要用于各种口径的加农炮和榴弹炮发射装药,用于轻武器时采用粒状药。

例如,美国Ml单基发射药质量组分(%)如下:

硝化纤维素(13.15%N)	85	二苯胺	1～1.2
二硝基甲苯	10	乙醇	0.75
酞酸二丁酯	5	水分(残余)	0.5
火药力	911.05 kJ/kg		
定容火焰温度	2417 K		

美国M10单基发射药质量组分(%)如下:

硝化纤维素(13.15%N)	98	石墨(外加)	0.1
硫酸钾	1	乙醇(残余)	1.5
二苯胺	1	水分(残余)	0.5
火药力	1012.6 kJ/kg		
定容火焰温度	3000 K		

中国12/7单基发射药质量组分(%)如下：

硝化纤维素(12.8%～13.0%N)	98	外挥	1～1.8
二苯胺	1～2	总挥	≤4.8
内挥	≥1		
火药力	994.8 kJ/kg		
定容火焰温度	2822 K		

② 双基发射药。

双基发射药是含有硝化纤维素和多元醇硝酸酯两种主要能量组分的发射药。通常多元醇硝酸酯为硝化甘油。为了降低发射药对武器的烧蚀性，有时用硝化二乙二醇或硝基叔丁三醇三硝酸酯来取代或部分取代硝化甘油。同时为了改善双基发射药的力学性能，也有用硝化三乙二醇或硝化二乙二醇和硝化甘油按一定比例组成混合硝酸酯溶剂的，还有同时采用以上三种作混合溶剂的。这样制成的发射药，通常称为混合硝酸酯发射药。

双基发射药根据制造过程中是否加挥发性溶剂而分为两个类型。如用高氮量硝化棉作原料，仅靠硝化甘油还不能使其完全塑化，还需加挥发性溶剂(如丙酮)来完成双基药的制造，这种方法所制得的发射药称为柯达型双基发射药，其主要成分的含氮量高达13%～13.5%；若用低氮量硝化棉，则不需附加挥发性溶剂，这种方法制成的双基发射药称为巴利斯太型双基发射药。巴利斯太型双基发射药的主要成分为低氮量硝化棉(含氮量约为12.2%)50%～60%，硝化甘油(或硝化二乙二醇，或混合硝酸酯)25%～40%，和少量附加物，如增塑剂(苯二甲酸二丁酯和二硝基甲苯)、化学安定剂(中定剂)、弹道改良剂(铅的化合物)、工艺附加剂(凡士林)、消焰剂(硫酸钾)、钝感剂(石蜡)等。主要使用在各种口径的加农炮、无后坐力炮中。

双基发射药爆热为3000～5400 kJ/kg，比容为750～1000 L/kg，爆温为2400～3800 K，火药力为900～1200 kJ/kg。

双基发射药可制成管状、片状、带状和内孔星形等药形，也能制成直径较大的药柱，还可用浇注法制成各种异形药柱。双基发射药能量范围大，常用作大口径火炮、迫击炮发射药和火箭发动机装药。

双基发射药与单基发射药相比，优点是能量高、吸湿性小、物理安定性和弹道稳定性好，能制造尺寸较大、形状较复杂的药柱。缺点是爆温高，对炮膛烧蚀较严重，生产时危险性较大。

例如，美国M2双基发射药质量组分(%)如下：

硝化纤维素(13.25%N)	77.45	乙基中定剂	0.6
硝化甘油	19.5	石墨	0.3
硝酸钡	1.4	乙醇(残余)	2.3
硝酸钾	0.75	水分(残余)	0.7
火药力	1075.33 kJ/kg		
定容火焰温度	319 K		

美国M8双基发射药质量组分(%)如下：

硝化纤维素(13.25%N)	52.15	酞酸二乙酯	3
硝化甘油	43	乙基中定剂	0.6
硝酸钾	1.25	乙醇(残余)	0.4

火药力	1141.05 kJ/kg
定容火焰温度	3695 K

中国双芳-2双基发射药质量组分(%)如下：

硝化纤维素(11.75%～12.09%N)	56	中定剂	3
硝化甘油 26.5 凡士林	1		
二硝基甲苯	9	水分	≤0.7
酞酸二丁酯	6		
火药力	941.68 kJ/kg		
定容火焰温度	2424 K		

俄国HIT-3双基发射药质量组分(%)如下：

硝化纤维素(11.75%～12.09%N)	56	中定剂	3
硝化甘油	26.5	凡士林	1
苯二甲酸二丁酯	4.5		
二硝基甲苯	9		
火药力	960 kJ/kg		
定容火焰温度	2600 K		

③ 三基发射药。

三基发射药是在双基发射药组分中加入固体炸药(如硝基胍等)作为基本能量组分所组成的发射药,采用溶剂法挤压成型工艺生产,主要用于大口径炮弹的发射装药。

典型的三基发射药由硝化纤维素、硝化甘油和硝基胍三种能量组分组成,通常也称硝基胍火药。

三基发射药一般含有硝化纤维素(含氮量约为12.6%)20%～28%,硝化甘油19%～22.5%,硝基胍47%～55%及少量安定剂(中定剂)、消焰剂(硫酸钾或冰晶石)和钝感剂(石墨)等。

三基发射药爆热约为4000 kJ/kg,比容约为1000 L/kg,爆温一般小于3000 K,火药力接近1100 kJ/kg。三基发射药与双基发射药相比,爆热低,比容高,所以能量高,烧蚀性小,又称冷火药。

三基发射药的制造工艺流程一般为:吸收→驱水→造粒→胶化→压伸→切药→预烘→烘干→光泽→筛选→混同包装。该工艺流程中,胶化是指通过有机溶剂的媒介,使增塑剂和硝化纤维素形成塑化均匀的双基黏合剂系统,同时通过胶化机的机械作用,将固体填加物均匀地分散在双基黏合剂中与双基黏合剂充分混合。因此,胶化工序中捏合效果的好坏直接关系到三基发射药中固体填加物在双基黏合剂中的分散程度,直接影响发射药的力学性能和燃烧性能,胶化工序是三基发射药制造工艺流程中的关键工序。

例如,美国M30三基发射药质量组分(%)如下：

硝化纤维素(12.6%N)	28	石墨	0.1(外加)
硝化甘油	22.5	冰晶石	0.3
硝基胍	47.7	乙醇(残余)	0.3
乙基中定剂	1.5		
火药力	1087.28 kJ/kg		
定容火焰温度	3040 K		

中国三胍-11三基发射药质量组分(%)如下：

硝化纤维素(12.60%N)	28	中定剂	1.5
硝化甘油	22.5	其他	0.3
硝基胍	47.7		
火药力	1087.28 kJ/kg		
定容火焰温度	3040 K		

20世纪70年代中期，国外开始研制硝胺发射药，该药由硝化纤维素、硝化甘油和硝胺类炸药(如黑索今或奥克托今)等组分组成，是一种高能发射药。为了提高武器弹药战场生存能力，有效地减少高速破片和火焰引起的弹药燃烧、爆炸事故，发展了低易损性发射药，主要由70%～85%的黑索今或奥克托今、15%～30%的黏合剂和其他附加物组成。低易损性发射药已受到国内外的高度重视，具有良好的发展和应用前景。

④ 液体发射药。

液体发射药是由液态物质组成用于身管武器发射的火药。

液体发射药分为单组元和双组元两种。单组元液体发射药可以由单一材料组成，也可以由几种相容性好的、互溶的或易混合均匀的物质组成，早期使用的单组元发射药是以1,2-丙二醇二硝酸酯和葵二酸二丁酯为主要成分的，称为奥托Ⅱ的发射药。20世纪90年代已被由硝酸羟胺、三乙醇胺硝酸盐和水组成的HAN基发射药所代替。双组元发射药是在注入枪、炮膛之前，分别储存的液态氧化剂和燃料，如用作氧化剂的硝酸、四氧化二氮，用作燃料的肼、一甲基肼和三乙基胺等。

液体发射药的优点是能量高、火焰温度低、烧蚀性小、安全性较好、成本低，可以调节喷入药量和燃烧速度，采用液体发射药还可取消药筒，便于火炮操作自动化，可使弹丸初速达到2000 m/s以上，是大幅度提高枪、炮性能的重要措施，是身管武器发展史上的一项重大变革。液体发射药的研究始于20世纪40年代后期，其应用主要取决于如何向枪、炮药室灌注和密封技术的解决，预测液体发射药火炮和电热炮将成为新概念火炮发展的重点。

⑤ 固体推进剂。

固体推进剂在某些性能特别是低温冲击强度方面较发射药有较大的优势，可以设想，将固体推进剂的某些技术应用于发射药，对发射药性能，特别是力学性能将有较大的提高。

战术火箭与导弹的固体推进剂装药分两大类，分别为双基推进剂和复合推进剂。双基推进剂以硝化醋增塑硝化棉为主要成分的推进剂，复合推进剂是以高分子化合物黏合剂为连续相，加入固体氧化剂分散相为主要组分的一类复合材料。

影响固体推进剂力学性能的因素可分为三类，分别为黏结剂系统的网络结构固体组分的含量和粒度级配固体组分与黏结剂的界面结合情况。前两个因素与配方的设计有关，在配方已经确定的前提下，固体颗粒与黏结剂的黏结状况便是影响固体推进剂力学性能的关键因素。常用的增强推进剂的力学性能的方法是将含能固体颗粒进行预包覆，即在混合半流质混合物之前，用一种黏合剂将固体颗粒先包覆起来，这种黏合剂通过聚合形成高度交联的、坚硬的聚合外壳，然后将预包覆好的固体颗粒与黏合剂混合从而增加推动剂的力学性能。另外一种方法是在混合半流质混合物的过程中加入键合剂，从而在黏合剂和固体颗粒之间形成有效的界面键合效应。

2. 发射药的牌号

(1) 炮用发射药种类。

从炮用发射药种类看，由于硝化棉火药（单基药）容易制成燃烧层薄、假密度大的粒状火药，因此榴弹炮弹和口径在100 mm以下的加农炮弹大多使用单基药。对于100 mm以上的加农炮，由于火药燃烧层加厚，如用单基药，在制造工艺上有困难，因此多用双基药。

(2) 炮弹配用发射药的热量。

从炮弹配用发射药的热量看，初速大、膛压高的大威力火炮（一般指100 mm以上的加农炮），为延长身管寿命，一般配用热量较低的火药，其热量一般不超过3347 kJ/kg，最高不超过3975 kJ/kg。如双芳-2和双芳-3，其爆热分别为2971 kJ/kg和2301 kJ/kg。对于榴弹炮，炮膛烧蚀不是主要问题，且其发射装药多为变装药，为保证小药量装药（大号装药）在膛内燃烧完全，使用热量稍高的火药比较有利，但也不超过4393 kJ/kg。如54式122 mm榴弹炮榴弹使用4/1和9/7单基药，其爆热分别为3577 kJ/kg和3632 kJ/kg。

(3) 炮弹配用发射药的形状。

从炮弹配用的发射药形状看，85 mm口径以下的中小口径加农炮，因其装药量和药室均较小，宜用粒状药，尤以七孔粒状药使用最为广泛。这是由粒状药燃烧的增面性和装填密度较大等优点所决定的。对于口径在100 mm以上的加农炮和加榴炮的减装药以及榴弹炮的装药，也采用颗粒状火药，尤以七孔粒状为最多；但其基本药包装药多采用燃烧层较薄的减面燃烧颗粒状火药，以保证在药量较少的情况下，引信可靠解除保险。对于使用颗粒状火药而又采取纵向传火的发射装药来说，若药室容积较大且药室较长，如全部使用颗粒状药则全部装药难以实现同时点火。为改善点火条件，常采取两种措施：一是在粒状药中间加一些管状火药（如56式85 mm加榴弹全装药及减装药）；另一种方法是采用带长传火管的长管底火，对于远射程的口径在100 mm以上的加农炮全装药或全变装药，一般都采用管状火药；因为管状药近于等面燃烧，又便于传火，在药量较多的情况下，其最高膛压不致过高。

(4) 发射药的燃烧层厚度。

从发射药的燃烧层厚度看，燃烧层厚度大的适用于长身管火炮的弹药；燃烧层厚度薄的火药适用于短身管火炮的弹药。全装药药量大时，为避免最高膛压过高，宜用燃烧层厚度大的火药。减装药药量小时，为避免最高膛压过低，宜用燃烧层厚度薄的火药。

3. 发射药的质量

加农炮用发射装药的发射药量较大，全装药的发射药量最大，口径大的发射药量的绝对值也较大。具体用量根据每批发射药的具体情况通过靶场试验确定，以在规定的膛压范围内达到规定的初速为准。

4. 发射药的使用方式

定装式炮弹发射药一般直接装于药筒内。分装式炮弹发射药一般装入药袋内或捆扎成药束，以便于调整发射药。药袋材料应当是与发射药的相容性好、有足够强度、不易腐烂、有利于点火和燃烧后残渣少的材料。常用丝绸和细布制作。

变装药为便于调整药量都是由基本药包（束）和附加药包组成的。基本药包（束）放于附加药包和点火具（底火）之间，在靠近点火具（底火）附近通常还有点火药。附加药包主要是为了便于调整发射药量。附加药包有等重和不等重两种类型，调整时应严格按规定顺序取出附加药包。

装药量少药室余留空间大时，为防止产生反常高压，发射药应沿药室轴向均匀放置。实践证明，若装药高度小于药室高度的三分之二时，发射时容易产生压力激波，使膛压反常增高。为改善发射药在药室内的分布，减装药或减变装药的基本药包多制成瓶形状结构（如56

式 85 mm 加农炮榴弹减装药)。

5. 点火药

(1) 点火药的作用。

使发射药的燃烧面同时被点燃,确保发射装药具有理想的内弹道性能。

(2) 点火药的种类。

点火药一般采用黑火药。黑火药具有燃速快、火焰力强等特点,燃烧后能迅速形成一定点火压力,可保证发射药各燃烧面能被全面点燃。常用的点火药有 1# 或 2# 大粒黑火药。但黑火药又具有热量低、易吸湿的缺点,因此某些国家采用黑火药与硝化棉火药制成混合点火药,这种点火药具有能量高、传火迅速、吸湿性小等优点。

(3) 点火药的用量。

点火药用量要适当。若用量过大,特别是集中使用的点火药量过大,发射时容易产生压力波,若点火药量过小,容易造成迟发火或内弹道性能不能满足要求。一般点火药量根据发射药量选定,通常点火药量为发射药重量的 1%～2.5%。

(4) 点火药的使用方式。

点火药一般都装在药包或药管内使用,只有极个别的是将粒状压成块直接使用(如 130 舰炮发射装药中的点火药)。

点火药在发射装药中的位置取决于发射装药的高度和发射药的形状。对于粒状药,当整个装药不是很高,长径比为 1～5 时,点火药可装在特制的药包内,放在装药的底部;当装药较高时(长径比为 3～7),可制成点火药管,放在装药的下部中央;当装药很高时,分别放在装药底部和上、下药包之间。

很多弹药的发射装药采取中心传火管作为点火手段。中心传火管有以下优点:径向传播火药燃气,可防止或减轻轴向压力波;传火和点火均匀、迅速,发射药燃烧规律性好,有利于减小初速或偶然误差,提高散布精度。中心传火管常用于药筒轴向尺寸较长、装药量较多、发射药为粒状药的发射装药中。中心传火管壳多用金属材料加工而成,其内壁贴有衬纸,内装点火药,当底火点燃点火药达到一定压力时火药燃气才向外喷出。可燃药筒通常使用可燃传火管。可燃传火管一般组分为 1# 硝化棉 80%、牛皮纸浆 18%、二苯胺 1%、古尔胶 1%。

传火管多直接连在底火前端,传火药包则多缝(捆)在基本药包底部。发射药散装于药筒内时,为使点火药固定在发射装药的底部,可将点火药包缝在带中心孔的硝基药盂上,然后再放入药筒底部,如图 4.1.5 所示。

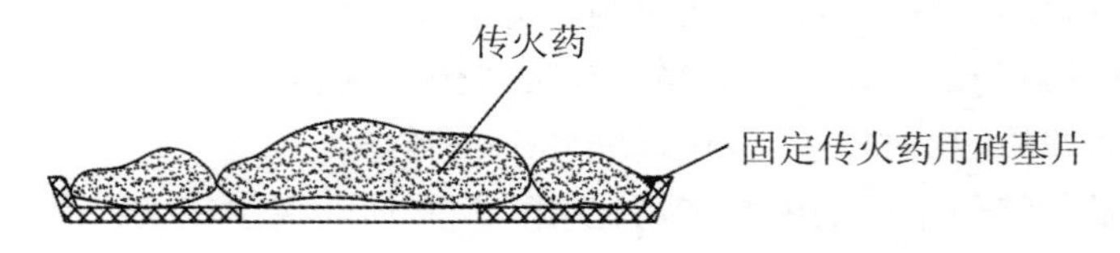

图 4.1.5　缝在硝基药盂上的点火药包

6. 21 世纪发射药研究的重要内容

(1) 发射药配方技术。

① 作为发射药组分的高能量密度材料和叠氮类化合物的研究将受到重视。在 21 世纪初的 30 年内,预测发射药的主要组分仍是碳、氢、氧、氮系材料。由于身管武器要求发射装

药能量高、烧蚀低，要在膛内瞬间燃烧完全，不希望有固体残渣留在膛内，为了提高能量，降低烧蚀，在21世纪就要发展高能量密度材料和叠氮类化合物。

作为发射药组分具有很高能量的一类物质，要探索亚稳定固态物质，高能量密度材料化合物，以及可能具有极高能量密度的物质。

② 低易损性发射药。海湾战争后，美国将陆军技术基础总体规划调整为致力于“防御力和攻击力”，更加重视了武器的生存能力。因此，近年来，美、英、法、德、日、印度等国都在不断完善、改进和发展LOVA发射药技术。美国将降低作战平台的易损性、改进隐身特性和低特征信号等，列入今后火炸药研究的主要目标，把安全性放在十分突出的地位。这些情况表明研制新型高性能低易损性发射药已成为今后较长时期火炸药的发展方向。

③ 高能、高强度发射药。在微秒、毫秒级瞬间，变化的高温高压（5～800 MPa或更高）、高加速过载（5～100 gn或更高）、与多相物质的流动过程中，发射药与装药元件之间的化学与燃烧反应，点火冲量，挤进阻力，挤进过程等外界因素，要求发射药具有高强度。高强度发射药是高膛压、高初速发射的基础条件。

④ 液体发射药是21世纪“先进野战火炮系统”的发射能源，液体发射药的装填密度可达1.4 g/cm^3；比固体发射药的能量高30%～50%；液体发射药在膛内燃烧时还兼有随行效应，液体发射药可以使火炮的初速和射程有大幅度的提高。

(2) 装药技术。

① 高能量密度装药。火炮超高速新型发射技术将有重大进展，提高初速增加武器系统的杀伤威力和综合作战效能，满足“精确打击、高效毁伤”的作战效果始终是火炮发射追求的目标。反坦克火炮和超远程发射，将需要进一步提高炮口动能。可能采用新型高能、高装填密度和低烧蚀的发射装药。采用密实技术，使装填密度提高到1.35 g/cm^{3}或更高，采用低温感技术、钝感与阻燃或变燃速技术，有望在最大膛压不变的情况下提高30%炮口动能。但在21世纪，使战术火炮的初速超过2 km/s，还必须使用特效的发射技术。

解决高能量密度问题的根本途径是发展发射药的组分——高能量密度材料，这是解决高能量密度技术的根本方法。随着高能量密度技术的应用，点传火技术将成为装药研究的一项技术内容。预计要采用非传统的点火系统，例如，激光点火装置、等离子体点火系统等。

② 刚性模块组合装药。刚性组合装药将成为21世纪先进加榴炮系统弹药用的发射装药，它易于实现装药、装填和发射的自动化，从而满足未来先进野战火炮系统的高射速、远射程、低特征信号和烧蚀小的要求，它将是21世纪发展的主要装药。

③ 高射速的装药技术。要求发展高燃速、低烧蚀的发射药。

④ 膛内外增速技术的组合装药技术。以底排技术、火箭增程、冲压发动机技术、滑翔技术、高能量密度装药技术、压实固结整体装药与随行装药等技术为基本模块进行组合，以实现超远程发射技术。

⑤ 发展新概念发射技术。液体发射药发射技术、电热化学能发射技术、冲压发射技术和电磁发射技术是有前途的发射技术。21世纪有望实现液体发射药发射技术，尤其是实现电热化学能发射技术。电热化学能炮可用作车、舰、机载武器以及未来防空反导、反装甲和远程压制武器，陆、海、空军都可使用。

(3) 发射药工艺和发射药与环境。

① 发射药制造技术的近期发展趋势。将改变现有发射药生产的专用性、单品种、大批量的生产模式。发射药柔性制造工艺将成为发射药制造技术的发展趋势。柔性生产工艺及

其生产线适合于多品种，大、小批量通用和军民通用的生产模式。该工艺除具备“多功能”的特点外，还采用先进的监控系统，实现了生产过程控制和管理的自动化和连续化，它将发射药生产的安全程度及产品质量提高到一个新的水平。

② 发射药与环境。在20世纪曾忽视了发射药发展所带来的负面效应，已经对世界的生态和环境造成了影响。在进一步发展中，需要考虑已存在的和新建发射药企业的污染问题，如果处理不当，还将继续耗费资源，造成生态环境的退化，破坏“人与自然”“人与人”之间的和谐与平衡。世界各国都会以高度的科学知识与道德责任感，自觉地规范行动，控制对环境的污染程度，认真对待和治理已造成的污染。

4.1.2 药筒

药筒是盛装发射装药、底部装有点火具(底火)的炮弹部件，它为完善后膛炮的发展、提高发射速度和实现自动化装填创造了条件，除少数大口径炮弹和迫击炮以外，其他火炮的弹药都采用药筒。自19世纪70年代药筒出现以来，均用黄铜制造。1918年，德国开始研制钢质药筒。20世纪60年代，我国已开始采用钢质药筒。制造金属药筒需要消耗大量金属材料，还需大型压力设备并消耗大量能源。为节省金属材料、设备、能源，许多国家都致力于非金属药筒的研究，特别重视可燃药筒的研制，并取得了一定成果，现已应用在坦克炮和自行火炮上。

药筒的用途有以下几个方面：

(1) 盛装发射药、点火具及其他装药辅助部件，保证发射药各部件位置不变，密封发射装药防止受潮变质，保护发射装药免受直接机械损伤等影响。

(2) 金属药筒在发射时可密闭火药燃气，阻止火药燃气向炮尾流动，保护炮膛药室和炮口不被烧蚀。

(3) 在定装药中，它起连接弹丸和其他装药元件的作用，便于机械自动装填和勤务处理，提高射速。

(4) 炮弹装入炮膛时，药筒以其斜肩部或底缘使炮弹定位。

药筒的种类很多。通常可以按以下方法进行分类：

(1) 按配用炮弹的装填方式，可分为定装式药筒和分装式药筒。中小口径炮弹及要求自动装填的炮弹药筒通常采用定装式结构。中大口径炮弹及发射装药需作调整的炮弹药筒通常采用分装式药筒。国外还有半分离式药筒，药筒构造与定装式相近，这种弹药发射装药可以调整，射击时全弹一次装填。

(2) 按药筒材料，可分为金属药筒、非金属药筒和非金属与金属组合药筒。

金属药筒常用的有黄铜药筒和钢质药筒。金属药筒具有修复后可重新使用、良好的闭气性、退壳性和防腐性等特点。

非金属药筒是用可燃或不可燃材料制成的药筒。包括可燃药筒、不可燃的可消失药筒和塑料药筒三种。非金属药筒重量轻、成本低，特别适用于坦克或自行火炮，但也存在储运中防潮性较差、强度比金属低、难于密闭火药燃气的问题。目前，非金属药筒只在某些炮弹中得到应用，但其发展前景是广阔的。

金属与非金属组合药筒又称为中可燃药筒。通常金属底座与可燃筒体胶结而成。射击时，筒体全部燃烧。金属底座安装底火和起密封火药燃气作用，射击后退出炮膛。

此外，还可以按炮种分为普通炮用药筒、无后坐力炮用药筒、自动炮用药筒；按加工方式分为冲压药筒（铜质或钢质）、焊接药筒（钢质）；按结构分为整体式药筒、装配式药筒等。

对药筒的要求有以下几个方面：

(1) 装填时能顺利装入炮膛，发射后能顺利退壳。

(2) 发射时能确实密闭火药燃气，有足够的强度，发射后药筒根部不允许有任何破裂。

(3) 长期储存不锈蚀变质，并能与发射装药相容。

(4) 定装式炮弹药筒能与弹丸牢固结合，拨弹力符合要求。

(5) 黄铜药筒经修复后能多次使用。

(6) 原料便宜，且国内有丰富来源，结构简单，制造容易，适于大量生产。

1. 药筒的一般构造和作用

(1) 药筒的一般构造。

① 药筒的外形。

药筒就其整体外形来说，有瓶形和截锥形两种。定装式炮弹药筒多为瓶形，由筒口、斜肩、筒体、底缘和底火室等组成；分装式炮弹药筒多为截锥形，无筒口和斜肩。如图 4.1.6 所示。

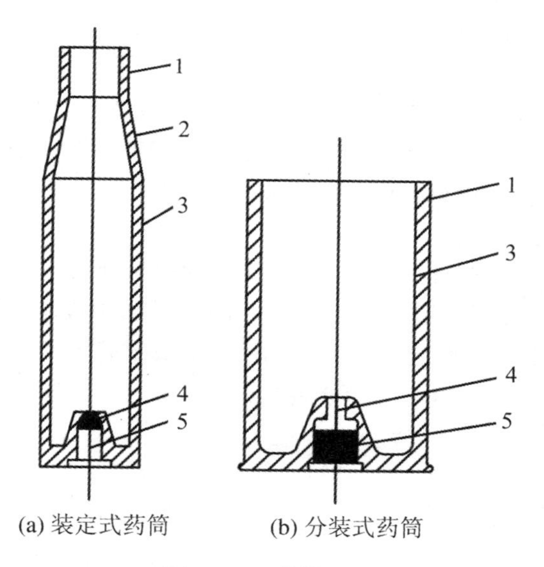

(a) 装定式药筒　　(b) 分装式药筒

图 4.1.6　药筒结构

1. 筒口；2. 斜肩；3. 筒体；4. 底火室；5. 底缘

瓶形是指筒口小、筒体大、中间有明显过渡段的外形。筒体平均直径与火炮口径的比称为瓶系数。它表明筒体相对于筒口的扩大程度。瓶形系数的大小应适当。炮用药筒的瓶形系数一般不超过 1.25。

a. 筒口。筒口为圆柱形，主要用以与弹丸连接和发射时密闭火药燃气。筒口的长度对药筒与弹丸的连接强度有显著影响，筒口与弹丸的接触面越大，则连接越牢固。但受弹尾圆柱部的限制，一般筒口长度为口径的 0.8～1.25 倍，通过一定的过盈量与弹尾圆柱部紧密地配合。

定装式炮弹，在药筒与弹丸的结合部涂有密封油防潮。为防止弹丸与药筒结合松动，降低拔弹力和密封性，炮弹装箱时都用卡板固定，但在勤务处理时仍应避免过大的振动。

b. 斜肩。斜肩是由筒口至筒体的过渡部分，它与火炮药室的斜面相配合，有的药筒用其作定位面，防止火药燃气直接与药室接触，减少烧蚀。斜肩的锥度不宜过大，否则加工困难；锥角也不宜太小，否则将会影响斜肩在装填时定位的准确性。药筒斜肩的锥角一般为30°～50°。

c. 筒体。筒体是药筒用以盛装发射药的主体。筒体也有一定的锥度（外表面锥度为1/120～1/60），以便装填和退壳，锥度越大装填和退壳（抽筒）越容易，其壁厚由口部到底部逐渐增大，以保证足够强度，密闭气体。

d. 筒底。筒底是药筒的后端，发射时与炮闩镜面接触，中央有安装底火的空室。筒底的结构对火炮关闩、击发、闭气和退壳都有影响。筒底平面应控制不平度要求，否则将影响关闩和击发发火。药筒底部应有一定厚度以确保强度，防止射击时出现鼓底或开闩困难现象。炮弹药筒底厚多为8～18 mm。

e. 底缘。底缘是筒体与筒底的过渡部分。底缘在装填时使炮弹或药筒定位。发射后靠它退壳。后装炮弹多数药筒均设底缘。退壳时，底缘将受到较大的拉力，因此底缘不仅应有足够的宽度和厚度，而且还要有足够的强度和韧性。

f. 底火室。底火室用于装配底火或点火具，它包括凸起部（火台）与传火孔，火台的尺寸取决于底火结构，传火孔用于传递底火的火焰。

② 药筒与炮膛的间隙。

药筒的外形与火炮药室的内部形状是一致的，但药筒外壁与炮膛内壁之间应有一定的间隙，以保证顺利装填和退壳。射击前药筒外壁与炮膛内壁之间的间隙称为初始间隙。初始间隙过小，将造成退壳困难；初速间隙过大，发射时闭气性不好，同时也难以保证发射强度。

一般定装式药筒口部或斜肩下的间隙值较大。使得炮弹装填顺利。因为定装式炮弹有一定的拔弹力，弹丸运动时有一定的起始压力才能从药筒中拔出，此时药筒口部已开始变形，从而能防止火药燃气向炮尾排泄，故允许药筒口部或斜肩下面的初始间隙大一些。而分装式药筒筒口处的间隙较小。这是因为分装式炮弹药筒较短，密闭火药燃气困难。

③ 药筒壁厚。

为保证顺利退壳和密闭火药燃气，药筒一般采用变壁厚结构，从药筒口部主筒底壁厚逐渐增加。筒口部的壁厚从闭气性来看应当薄一些，但过薄将影响它与弹丸的结合强度，射击时会造成严重烧蚀，并在修复收口时易产生裂纹，不利于多次使用。但筒口也不宜过厚，否则不利于闭气，故筒口壁厚应在0.7～2 mm范围。

药筒斜肩部以下壁厚逐渐增大，以保证勤务处理和使用时有必要的刚度，不致因磕碰而产生过大变形。壁厚大，射击时产生的残余变形小，有利于退壳。

④ 药筒材料。

后装炮弹金属药筒通常使用黄铜和低碳钢两种材料，我国以前生产的后装炮弹多采用黄铜药筒。85 mm（含）以上炮弹常使用60黄铜（铜60%、锌40%），又称四六黄铜；57 mm（含）以下炮弹常用70黄铜（铜70%、锌30%），又称三七黄铜。黄铜机械性能好，加工方便，射击后可修复使用，修复使用次数可达几次到十几次，射击闭气性能好，容易退壳，抗腐蚀性好。但价格昂贵、成本较高。近年来，我国较广泛地采用低碳钢制造药筒。低碳钢药筒在闭气性、退壳性、长期储存的防腐性、拉伸工艺等方面都不如黄铜药筒。但钢材来源丰富，价格低廉，有取代黄铜药筒的趋势。

⑤ 药筒的防腐层。

为防止药筒在长期储存中生锈腐蚀，所有药筒在出厂前都要进行表面防腐处理，使药筒表面有一层薄的抗锈耐蚀的防腐层。要求防腐层防腐性能好，经久耐用，射击时不脱落、不影响退壳等。

黄铜药筒的防腐层：目前一般采用铬酐钝化后再烤107号漆或62号漆。这种办法防腐能力强，但废液中含铬离子浓度大，污水处理麻烦。近年来，有的厂家正在研究用单宁酸处理，后经铬酐封闭，然后再烤漆。此种方法防腐效果好，污染较轻。黄铜药筒过去还采用过涂虫胶漆、油质氧化处理、低温氧化处理、烤202号漆、铬酐钝化、铬酐钝化后涂溶剂性清漆等防腐处理措施，但防腐效果均不太好，现已很少采用。

钢质药筒的防腐层：普遍采用磷化后再烤107号漆，烤漆后的药筒表面呈暗褐色，漆膜光亮，防腐能力较强。钢质药筒过去还采用过镀锌后钝化、镀锌后涂虫胶漆、镀锌磷化涂虫胶漆和磷化后涂漆等防腐措施，防腐效果均不理想，现已不再采用。

(2) 发射时药筒的作用过程。

金属药筒从底火发火到弹丸出炮口、抽出药筒，整个作用过程可分为以下四个时期：

① 第一时期：底火发火点燃发射药，膛压逐渐增加，药筒变形，直到其外壁与炮膛内壁相接触。这个时期药筒的变形是从筒口开始的，随着膛压的增加，变形逐渐向筒体和筒底发展。药筒材料变形的初期是弹性变形阶段，随着变形的增加，逐步发展成塑性变形。

② 第二时期：药筒外壁与炮膛内壁接触开始，到膛压达到最大值为止。这个时期药筒壁与炮膛药室壁将一起变形，直到产生最大变形为止。一般而言，在最大变形处火炮药室壁仅发生弹性变形，而药筒壁则发生了塑性变形。这时若药筒材料强度不够或塑性太低，将发生破裂，这是应当避免出现的情况。

③ 第三时期：最大膛压出现之后，火药燃气压力下降，炮膛壁和药筒壁弹性恢复，直到炮膛壁恢复到原始状态为止。这时药筒的外壁仍然与炮膛药室内壁紧密接触。

④ 第四时期：膛压继续下降，药筒壁仍继续弹性恢复，药筒外表面逐渐脱离药室内壁，直至膛压降至大气压。药筒壁的弹性恢复停止，此时药筒的外柱面与炮膛药室内壁之间存在一定的间隙，称之为最终间隙。由于药筒在变形过程中有一定的塑性变形。这种塑性变形是不能恢复的，因此最终间隙一定小于初始间隙。最终间隙的形成是保证顺利退壳的重要前提。

2. 可燃药筒

金属药筒是弹药中的消极部分，射击后它即变为废壳，战斗中会有大量堆积，占有一定的空间，这对坦克炮和自行火炮显得更加突出。因此，在20世纪50年代开始发展了一种新型可燃药筒。目前，国内外在各种不同的火炮中都使用了可燃药筒，并正在研制性能更好的新一代可燃药筒。

可燃药筒由可燃物制成，它平时起药筒的作用，发射时在膛内全部燃尽，并能为弹丸获得一定初速提供部分能量。

目前，国内外生产弹药绝大部分都改用钢质药筒，但是又要消耗大量的优质钢材，同时还需要大型压力设备，消耗大量能源。对坦克炮来说，射击后的金属药筒堆放在车内，不仅占据了车内有限的空间，而且其中残留燃气会污染车内空气，余热烤人，对乘员很不利。同时，金属药筒质量重，不便于贮存和运输，尤其在战时，会给后勤的补给和勤务处理增加很大困难。因此，兵器专家们一直在积极致力寻找质量轻、生产工艺简单、成本低的药筒用材料与生产工艺。

第二次世界大战后期，德国人首先开始研究可燃药筒，第二次世界大战结束后，美国优先获取和利用了这一科研成果。并且在技术上取得突破性进展。且很快生产出世界上第一批可燃药筒，随即又在芝加哥装甲兵基地首试成功。开始遇到的主要技术难题是不能确保射击瞬间燃烧完全。直到后来由物理学家德鲁卡为首的研究组取得了突破性进展，其核心技术是使可燃材质的内在结构毡状多孔。

所谓可燃药筒，是以硝化纤维素为主，辅加木质或纸质纤维、树脂及二苯胺等可燃材料制成的炮弹药筒。硝化纤维素是供氧材料，纤维和树脂起增强、黏合、加固作用。二苯胺为安定剂。采用真空吸附法、离心驱水法、丝缠法和卷制法等方法制造成药筒。

可燃药筒与金属药筒相比较，具有许多明显的优点：既可起药筒的作用，又类似火药可以提供一定的能量与燃气；减轻了炮弹的质量，便于炮弹的装填及供应；改进了火炮操作条件，提高了发射速度，节省了坦克炮和自行火炮战斗室的空间；节省了大量的贵重金属，可燃药筒材料来源丰富，生产工艺简单，价格低廉。但同时它也具有容易受潮，强度低，组分和重量变化时对内弹道性能有一定影响等缺点。

(1) 可燃药筒的类型与构造。

可燃药筒有全可燃药筒和半可燃药筒两大类，构造如图 4.1.7 所示。

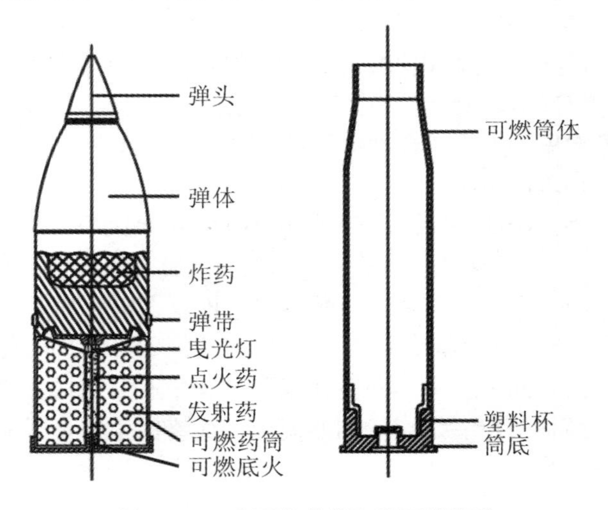

图 4.1.7　全可燃药筒和半可燃药筒

① 半可燃药筒。

由可燃筒体与金属底座胶结而成的药筒叫半可燃药筒。这种药筒应采用金属底火。射击时，筒体全部燃烧，金属底座起密封火药燃气的作用，射击后退出炮膛。在可燃筒体与金属底座的连接处设置有塑料闭气环，发射时起密闭火药燃气的作用。

半可燃药筒的出现，虽然在很大程度上克服了金属药筒的缺点，但由于底座部分仍为金属，所以退壳过程、消耗金属、沉重等问题尚未全部解决，而且还出现了新的问题，如对炮(枪)膛的烧蚀，燃烧不完全及壳筒壁和金属底座间的连接困难等。

② 全可燃药筒。

全部由可燃材料制成的药筒叫全可燃药筒。全可燃药筒必须配用可燃底火或感应点火装置及可燃传火管。射击时炮膛依靠炮闩或专用金属闭气环来闭气。

最初，这种药筒是很不完善的。它在高速武器的高膛温和高膛压下经常出现自燃，而在低速和常速武器中却常出现燃烧不完全现象，结果使枪膛、炮膛中遗留下有害的残渣。这些现象直接缩短了武器的使用寿命，降低了作战质量。针对这一系列后来出现并上升为主要矛盾的问题，有人采用了像聚氨基甲酸醋这样的泡沫塑料作隔热材料来解决自燃问题。这样虽然避免了自燃，却因燃烧过慢导致了再度的燃烧不完全和难以解决的筒壁超厚现象。为达到易燃和速燃，人们又在药筒材料里加进了炸药。其结果虽然满意，但却不能适合所有的可燃材料。这个问题直到20世纪80年代才基本解决，其途径是用一种由聚氨基甲酸酚树脂（作主要成分）和挥发性好的溶剂（如三氯乙烯或甲苯）所组成的涂料，对药筒表面进行包覆处理，并且药筒底端用易燃的材料构成，口部有足够的机械强度。

（2）对可燃药筒的一般要求。

① 可燃物质必须燃烧完全。

任何条件下，射击的瞬间，可燃物质必须完全燃烧，这是对可燃药筒最基本的战术技术要求。如果开闩后火炮药室内残留有大的残渣，则会影响下一发炮弹的装填。残留有正在燃烧的可燃物，则会将继续装填尚未发射的可燃药筒点燃。这就必然会发生事故，轻者关闩后炮弹自行发射，重者因装填或关闩还不到位，造成严重的爆燃事故。

② 具有足够的强度。

在使用和勤务处理中，要求可燃药筒具有足够的强度。不允许有影响合膛性能的变形：定装式炮弹不允许弹丸从药筒上脱落；半可燃药筒不允许掉底。美国定型试验中要求能经受模拟汽车运输4000 km以上的颠震试验。属于装备战车的可燃药筒，还应将炮弹放在战车内规定的弹仓或挂链上行驶500 km进行颠震试验。可燃药筒抗拉强度σ_b值一般在14.7 MPa以上，有些可达42.14 MPa。

③ 良好的内弹道性能。

采用可燃药筒后，一般最大膛压略高于金属药筒，初速或然误差也略有增大，但必须保证内弹道性能稳定，火炮射击精度在规定的范围之内。

④ 不允许自燃。

保证在火炮允许的射击速度和一次性最大射击数量的情况下，再装填一发时，不能因火炮药室温度升高而自燃。这就要求可燃药筒的燃点必须大大高于射击完规定发数时药室的最高温度。

⑤ 接触火源不能太敏感。

可燃药筒对明火的敏感程度将直接影响弹药的安全性能。因此可燃药筒在研制中应进行被明火点燃的可能性试验。通常进行烟头接触试验、电火花试验和火焰接触试验，以考验可燃药筒在烟头、明火以及坦克、自行炮上电源产生的电火花作用时的点燃敏感性能。

⑥ 半可燃药筒金属底座要有良好的闭气性能、强度和退壳性能。

半可燃药筒的金属底座相当于一个短药筒，所以必须满足金属药筒的主要性能要求。即射击时能可靠密闭火药燃气，不破裂，射击后能顺利退壳等。

⑦ 其他要求。

可燃药筒应有良好的长贮性能。可燃药筒与发射装药各元件应有良好的相容性。在核爆炸、装甲或工事被击穿等情况下，或者在子弹和弹片的作用下，其安全效应不能低于普通药筒所要求的指标。

（3）可燃药筒材料及其制造。

① 材料。

制造可燃药筒用的原材料，一般随着药筒的品种不同而有差异。但总的说来，所有原材料应满足供氧、增强、黏合和安定等方面的要求。因此，制造可燃药筒的原材料有以下四大类：供氧材料、增强材料、黏合剂和安定剂。除上述基本材料之外，有的可燃药筒中还加入少量的增塑剂和其他附加材料。

a. 供氧材料。这是一种可燃物质，是能量的主要提供者。一般采用含氮量为12.6%以上的硝化纤维素，如硝化棉纤维等。硝化棉纤维是可燃药筒的主要组分，有较高的能量，燃速很快，来源充足。硝化棉纤维含量较少时，燃烧完全性不好，易留残渣，影响下一发装填或引起自燃，故目前投入生产的可燃药筒的硝化棉纤维含量大都在55%～70%。国外早已探索过在供氧材料中添加较高能量的氧化剂，如太安、黑索今、梯恩梯炸药等，在这种情况时硝化纤维素的含量可以适当降低些。试验结果表明，含有适量较高能量氧化剂的可燃药筒能在较宽温度范围内完全燃烧，弹道性能比较均匀，而且比硝化纤维素药筒的耐热。

b. 增强材料。它在可燃药筒材质结构中起骨架支撑作用，可以提高药筒强度。增强材料一般采用木质或纸质纤维，有的还加入少量聚丙烯纤维。我国目前选用的是漂白亚硫酸盐水浆纤维(牛皮纸的半成品)。增强材料含量多少，会影响可燃药筒的强度和燃烧性，含量太低时药筒强度太差；含量太高射击烟雾较大，甚至留下大量的灰烬和残渣。一般增强材料含量在18%～30%。为了同时提高可燃药筒的力学性能与燃烧性能，出现以含能纤维作为可燃药筒的增强组分。含能纤维的引入，可有效提高可燃药筒的力学性能；有利于药筒的点火，同时提高了药筒能量，使药筒燃烧速度加快，燃尽时间缩短，且随药筒中含能纤维含量的增加，这种趋势更为明显；而从枪弹模拟射击试验结果推论，与对比配方相比含能纤维可燃药筒能降低装药燃烧产生的固体残渣和可燃气体，减弱射击特性信号。

c. 黏合剂。它是可燃药筒中关键材料之一。它对可燃药筒的强度、可燃性和工艺性都有很大影响。常用的黏合剂有聚乙烯醇缩甲醛、聚乙烯醇缩丁醛、聚醋酸乙烯酯、酚醛树脂等。其中聚醋酸乙烯酯可溶于水，因此工艺性较好，我国一般将其用作成毡法制造可燃药筒的黏合剂。聚乙烯醇缩丁醛虽然要配成酒精溶液使用，但用它作黏合剂的药筒的低温韧性和防潮、防霉性能较好，我国一般将其用作抽丝药筒的黏合剂。黏合剂的含量少时，药筒的强度小，工艺性也不好；黏合剂含量大时，药筒的强度较高，防火性能较好，但是容易产生残渣。因此，用聚醋酸乙烯乳液的含量多在10%～18%，用聚乙烯醇缩甲醛的含量多在5%～10%。

d. 安定剂。它是为保证硝化纤维素的安定性而加入的，通常使用二苯胺。其含量多少以确保硝化纤维素的安定性为准，不宜太多，一般在可燃药筒组分中占1%～2%。因为二苯胺呈碱性，可以对硝化纤维素起缓解作用；同时二苯胺能使产品变化颜色，根据颜色的变化可以判断出硝化纤维素的分解程度，所以又能起指示作用。

e. 增塑剂及其他附加材料。在可燃药筒组分中加入少量的增塑剂，以提高加工成形时的可塑性和流动性能，并使成品具有柔韧性。常用有癸二酸二辛酯等。

② 组分配比。

可燃药筒较成熟的配方可分下列几种：

a. 用黏结剂和发射药在一起的配方。

这种配方对药粒和黏结剂的具体要求是：所用发射药必须是固体，并在化学上与所用树脂相容。发射药粒的基本配方如表4.1.2所示(火药组分的重量为90%)。

表 4.1.2 发射药粒的基本配方

硝化棉 13.5%N	二硝基甲苯	邻苯二甲酸二丁酯	二苯胺
87.0±2.0%	10.0±2.0%	3.1±1.0%	添加份

在表 4.1.2 配方中再加 Epon 828 黏结剂 5 份、Vorzmid 125 硬化剂 5 份，便为成品配方。该配方适于制作燃烧时间短，结构强的大型壳壁，燃烧时无烟。适合铸模工艺连续生产。

b. 由硝化纤维素组成适合模铸工艺的配方。

这种配方是用来制造多组分壳体的，若制造单组分壳体，可用其中一种，基本配方见表 4.1.3。若用表 4.1.3 配方制造多组分的壳体，显著优点是燃烧充分，无残渣，可连续生产。缺点是可塑性和热塑性稍差。

表 4.1.3 由硝化纤维素组成的适合模铸工艺的配方

弹壳纵向区段 / 成分	底部和较底部	中部	顶部
硝化棉(13.5%～17.7%)	80.0%	70.0%	60.00%
造牛皮纸用纤维素	12.0%	18.0%	24.0%
合成树脂黏结剂	8.0%	12.0%	16.0%

c. 适合螺旋缠绕工艺的配方。

采用这种配方时，虽然缠绕线可以用人造纤维丝或聚偏二氯乙烯织品。但从可用性、优质和药筒易成形等因素出发，最好是用棉纱丝。至于浸渍缠绕线所用溶液中的合成树脂，它的选料范围很宽。溶液中的氧化剂是采用高氯酸铵或高氯酸钾，基本配方见表 4.1.4。

表 4.1.4 适合螺旋缠绕工艺的配方

成分	占比
高氯酸铵	64.3%
乙基纤维素	10.3%
Neolyn 23	6.7%
Dow 增塑剂	4.0%
棉纱 36×44mm	14.7%

③ 添加剂、黏结剂和表面处理。

为提高药筒的综合性能，在基本配方中增加添加剂是目前流行做法之一，添加剂所遵循的原则是必须在化学上与配方的组分相容。据美国一专利报道，在棉纱 9.3%、VYHH 树脂 30.4%和高氯酸铵 45.3%组成的配方中加进惰性添加剂氯化钠 15.0%，制出的药筒在发射时的最大压力、压力上升速度和峰压值的时间都有显著降低，而且不影响弹道性能。同类添加剂还有氯化钾、氯化钡等。据欧洲一专利报道，为解决燃烧不充分现象，在涂料中添加黑索今或奥克托今可获得满意的效果，类似的添加剂还有二硝基聚苯乙烯、含能硝基炸药混合物及硝基胍等，这方面的研究在火药领域已比较广泛，但运用于可燃药筒还需做更多的研究。

黏结剂是配方的主要成分，对它的要求是强度高，稳定性好，在化学上与配方的其他成分要相容，药筒燃烧后不留残渣，无烟、无毒，无烧蚀和成本低等。目前用于配方中符合要求的有：聚氯乙烯-醋酸乙烯酚、聚苯乙烯、聚醋酸乙烯酚、聚乙烯醇缩丁醛、聚氯乙烯与聚醋酸乙烯醋的共聚物、氢化松香的丙三醇酯类、乙基纤维素、聚乙烯醇缩甲醛、醋酸丁酸纤维素、松香的季戊四醉醇酚与二元酸化合而成的树脂、聚丁二烯等。环氧树脂也可在配方中使用，但有报道称它是发射后残渣的主要来源之一。硝化棉黏结剂虽在发射后不留残渣但不宜长期保存。总之，黏结剂的选择范围很宽，其更优良品种的出现将为期不远。

表面处理也是提高药筒综合性能的主要手段之一。它的具体形式常见于给药筒表面涂一层保护层，现有的资料未见到对其机理研究的专门论述，但作为防水，防油和隔热(防自燃)等应用实例，有几篇资料可供参考。防水防油而不影响弹道性能的涂层是由两层组成，其内层是由聚乙烯醇和树脂组成，其外层是由1,1-二氯乙烯与丙烯共聚物组成，效果不错。还介绍一种氯化橡胶。聚氯乙烯醇树脂黏结剂等任意一种为主要成分，加入空心微粒组成的有机黏结剂涂料，它解决自燃问题很理想。这方面的研究还在深入。

④ 其他。

从现有的资料可看出可燃药筒配方的新动向。近年来，人们用聚乙烯醇硝酸酯组成的可塑性复合材料制造的药筒并不亚于上述配方。其优点在于该配方的材料好，在合适的比例下很利于模铸工艺生产。聚乙烯醇硝酸酚含能较高，用它组成的配方生产的药筒燃速高，生产安全。该配方的基本组成是聚乙烯醇硝酸酯、聚乙烯醇醋酸酯(或选硝化棉)和2-硝基二苯胺。据报道，在配方中可用滑石粉代替丙烯酸系列，以减少枪筒磨损和烧蚀，这也是近年来颇有价值的尝试。

a. 我国初期生产的可燃药筒成分配比大致如下：

硝化棉70%；牛皮纸纤维20%；聚醋酸乙烯乳液10%；二苯胺1%。

b. 美国152 mm坦克炮可燃药筒成分配比如下：

硝化棉68%；纤维素纤维12%；聚醋酸乙烯酯19%；二苯胺1%。

c. 法国155 mm自行火炮可燃药筒成分配比如下：

硝化棉65%；木质牛皮纸纤维25%；聚丙烯酸树脂9%；二苯胺1%。

⑤ 制造方法。

可燃药筒生产方法有三种：一是真空吸附法，二是可燃纸卷制法，三是丝缠法。

真空吸附法。首先将基本组分和附加组分制成悬浮状浆液，再采用真空吸附法或离心驱水法，使浆液中各组分不规则地沉积在多孔模上形成雏坯，然后经压制除水成型。黏合剂可加入悬浮状浆液中，或用浸渍法使之渗入可燃药筒雏坯内。这种方法制造的药筒为毡状，具有多孔性，火药燃气容易侵入而使药筒迅速破碎和燃烧。这种药筒是目前世界各国装备最多的一种。

可燃纸卷制法。首先将硝化棉、木质纤维、黏合剂和二苯胺按比例配成纸浆，然后采用抄纸工艺制成规定厚度的可燃纸，直接卷制药筒。硝化棉含量在50%以上的可燃纸可直接用来卷制药筒。硝化棉含量低的可燃纸卷制药筒时，纸层间还需加入梯恩梯(溶液)等炸药。卷制可燃药筒比真空吸附制造的可燃药筒韧性高。

丝缠法。将用溶剂溶解的硝化棉抽成丝材，然后通过胶液缠绕在与药筒内部尺寸、形状相同的芯模上，取下后再经溶剂浸渍、烘干、整形等工序制成。这种筒体的毡状筒体坚硬，表面光滑，燃速快，但工艺复杂，膛压偏高。

由于可燃药筒容易受潮，制造时应选用具有防潮能力的黏合剂；表面须涂硝化(醋酸)纤维-丙酮溶液、铝粉＋聚乙烯醇丁醛溶液、聚酸酯溶液、虫胶漆等。表面涂层通常采取复合涂层的形式，具有防潮、缓蚀和隔热三大功能。

工艺详细介绍如下：

a. 模铸工艺。

模铸工艺的程序为：混料→稀释搅拌→打浆→铸模成型(冲模、干燥)→阶段整理→最终整理→检查→成品。

(a) 混料，将表 4.1.3 中的组分混合。(b) 稀释搅拌。(c) 打浆。(d) 注模，将稀释好的溶液从药筒模具的底、中、上三个区段注入(见图 4.1.8)。在模具内 500～700 mmHg 柱真空下喷淋 10 min，得到壳体为多孔纤维状的半成品。(注：打浆和铸模在同一模具中进行) (e) 阶段整理，在该半成品上喷涂由硝化棉 40.0%，牛皮纸用纤维素 20.0%，渗硅处理纤维素 25.0%，合成树脂黏结剂 5.0%组成的外衣。(f) 干燥。(g) 成型。最后取下的制品再经热压、熔合，切毛边而成一坚硬、光滑、牢固的可塑模制弹壳，壁厚 16 mm，外衣厚 0.1～0.2 mm。

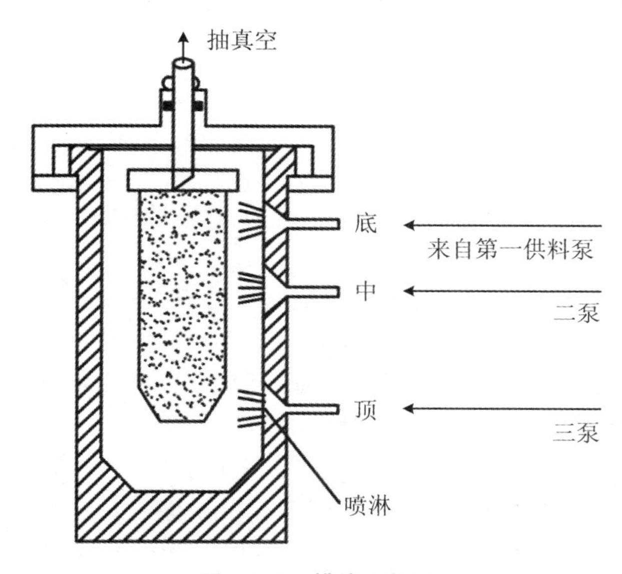

图 4.1.8　模铸工艺图

模具内部是空心的，作用是吸收喷入浆的水分，使该浆铸模成型。此外，它一直旋转，这样就可使喷入浆均匀地黏结在它的周围，逐渐形成一个筒状毛坯。

b. 螺旋缠绕工艺。

螺旋缠绕的工艺程序为：选料→浸渍黏结剂→缠烧成型→黏结壳底→最终整理→成品。

(a) 选料，类似聚丙烯聚酯纤维、酰胺纤维等其有高拉伸强度的纤维都可作为可燃药筒缠绕线。(b) 浸渍，将选好的缠绕线放入硝化棉溶液或聚氨酯溶液中浸渍。(c) 缠绕成型，将上述处理的缠绕线放到缠绕机上缠绕至少三层，每层都用不同的方法缠绕，应达到上下层每圈互成角度而不平行。此外，还需在壳体纵向放入增强丝。(d) 黏结壳底，将绕好的壳筒从黏结壳体上取下。(e) 最终整理，最终成型后烤干，上涂料，钝化，便可得到高强度壳体。

(4) 可燃药筒在保管使用中应特别注意的问题。

① 防潮。可燃药筒质地较疏松，特别是用成毡法制成的筒体，不仅可以透湿，还可以吸

油渗水，因此可燃药筒表面要经防潮处理并密封包装。若药筒表面有大面积防潮层破坏或包装失封，不宜继续长期储存，应及时进行修理。

② 防水浸油浸。可燃药筒若遇水浸油浸不仅将影响其燃烧性能，还将会使之形成较多的残渣，影响装填，甚至导致装填起火事故。因此，可燃药筒弹药在阵地上应防雨淋。尤其对表面有破损、划伤的药筒，更应注意防水。

③ 防强烈冲击、震动、磕碰、钝器划伤。可燃药筒材质的强度比金属药筒低，受冲击易碎，特别是药筒与弹丸连接部位、可燃筒体与金属底座的连接部位易受震脱落。可燃药筒表面防护层剥落，不仅使其防潮性能显著下降，而且使其防火隔热性能也显著下降。

④ 装填前应注意观察炮膛，如有残渣、残燃物，应及时清除后再装填。

⑤ 可燃药筒在高温炮膛内停留时间不易太长，以防烘烤自燃造成事故。

4.1.3 底火

底火是利用机械能或电能激发以引燃发射药或传火药的引燃性火工品。它是发射装药传火序列第一级火工品。在第 2 章已经进行了详细介绍，这里就不再重复了。

4.1.4 辅助元件

药筒内装的辅助元件有消焰剂、除铜剂、护膛剂、紧塞具和防潮盖等。

1. 消焰剂

炮弹发射时，发射药在膛内燃烧后的生成物中含有大量的一氧化碳（CO，占 45%～48%）、氢气（H_2，占 12%～20%），甲烷（CH_4，占 0.2%～2%）等可燃气体。这些气体混合后的发火点较低，一般为 620～720 ℃。弹丸出炮口后，这些燃气随同其他气体生成物一起喷出炮口。开闩后，少量燃气从炮尾排出。炮口和炮尾喷出的燃气与空气中的氧相混合，混合气体的温度超过 800 ℃，最高可达 1200 ℃。因为高于可燃气体的发火点，所以便猛烈燃烧，在炮口和炮尾形成炮口焰和炮尾焰。

炮口焰的温度为 1500～3000 ℃，火焰长为 0.5～50 m，宽为 0.2～20 m，白天在1 km 内可见，夜间远离 15 km 也能看见。因此，夜间射击时容易暴露发射阵地。在直接瞄准射击时，会使射手眼花，影响瞄准，降低射速。炮尾焰比炮口焰小，但危及射手安全，并能引起炮后易燃物燃烧。尤其是坦克炮、自行火炮根本不允许产生炮尾焰。

为减小射击时的炮口焰和炮尾焰。可在发射装置中使用消焰剂。一般使用钾盐类物质作为消焰剂，消焰剂用量一般为发射药量的 1.5%～2%。

通常使用的消焰剂有以下几种方式：

（1）在制造发射药时，加入适量的硫酸钾作消焰剂。如 105 mm 无坐力炮弹用的 9/14 高钾火药。

（2）制成专门的消焰火药，做成环状药包，放在底火周围点火药包的下部。这种消焰药包的作用主要是消除炮尾焰。例如，85 mm 加全装药炮弹，其发射药由 14/7＋18/1＋8/1 松钾组成，其中 8/1 松钾就是消焰火药。此外，也有将消焰火药分插在药束内的，如 73 式 100 mm 滑装药炮弹。

(3) 药筒分装式炮弹装药，通常将硫酸钾装入环形袋中制成消焰药包使用。这种消焰药包很容易受潮，平时单独密封包装，需使用时才从密封包装中取出放入药筒内。这种消焰药包放入药筒后，发射时对膛压、初速都有影响，使用时，应根据射表进行修正。

消焰剂消焰作用原理如下：

(1) 冲淡和隔离作用。发射时钾盐变成粉末，与火药燃气一同喷出炮口，将可燃气体浓度冲淡，使可燃气体难于和空气中氧接触，因此不易产生火焰。

(2) 降温作用。在发射装药中加入多碳物质，如松香、中定剂、苯二甲酸二丁酯、樟脑等，使火药燃烧时，氧化不完全的生成物（CO、H_2）增多，虽然可燃气体量增加了，但却降低了火药燃气的温度，使可燃气体与膛外空气混合后的温度低于自身的发火点，而不易燃烧。

消焰剂并不是发射装药中不可缺少的成分。消焰剂的使用，会增大炮口前的烟雾，白天射击时不仅影响火炮阵地的视线，反而容易暴露自己。

2. 除铜剂

发射带有铜弹带的弹丸时，弹带被强行嵌入膛线，铜质弹带会被磨掉一部分挂在膛线上，在炮膛左面产生挂铜现象，从而使阳线和阴线的表面变得不平滑，甚至使局部内径变小，影响弹丸在膛内的正常运动，弹丸出炮口时达不到规定的旋转角速度，使飞行稳定性变差，射击密集度下降，严重时影响射击安全。

除铜剂是用以减少炮膛挂铜的低熔点金属或合金，有铅、铝或铅锡合金等，形状分为丝状、带状、片状三种。我国使用丝状除铜剂，装药时把它绕成环状，放在发射药和紧塞盖之间，采用瓶形装药可把除铜剂套在细颈部。除铜剂的用量为装药重量的0.5%～2%。

除铜剂在火药燃气高温下熔化为雾状，与挂铜形成较脆、附着力较小的铜铅（铜锡）合金。这种物质易被火药燃气或被下一发弹丸带出炮膛，从而保证弹丸在膛内的正确运动。

除铜剂与挂铜的共熔物形成许多固体微粒，会增加发射时的烟雾，而且除铜剂对火药燃气与空气中的氧的作用会起催化作用，因此容易产生炮口焰。

除铜剂受空气中氧气长期作用后，可产生白色粉状氧化物，失去除铜作用。为避免氧化，除铜剂表面浸涂一薄层可燃清漆。

在对变装药进行调整后。应注意放回除铜剂。

3. 护膛剂

炮弹发射时，炮膛在高温、高压的火药燃气的多次作用和冲刷下，炮膛表面初期失去光泽，随后出现网状的细小裂纹，进而裂纹加深加长甚至使部分金属剥落，最后表现为药室增长，膛线损坏，初速下降，射击密集度变差。这种现象称为炮膛烧蚀现象。炮膛烧蚀现象在口径较大、初速较高的加农炮上尤为显著。

为减轻火药燃气对炮膛的烧蚀，延长火炮身管使用寿命（以发射的炮弹数量计），发射装药中通常应使用护膛剂。护膛剂通常以护膛衬纸的形式使用，即在纸、绸或布上涂有主要成分为地蜡、石蜡、凡士林、石油脂等高分子碳氢化合物的元件。护膛衬纸有片状和槽纹状两种形式，如图4.1.9所示。

护膛剂的用量取决于发射药的性质和重量，对于双芳型发射药，护膛剂用量为装药重量的2%～3%；对单基药一般为装药重量的3%～5%；对高热量的双基药为装药量的5%～8%。片状护膛衬纸上涂敷护膛剂量较少，一般常用于中小口径且使用粒状发射药的炮弹发射装药中。槽纹状护膛衬纸上涂敷护膛剂量较多，一般用于大中口径炮弹发射装药中。

护膛衬纸通常设置在发射药的周围。定装式炮弹多将护膛纸固定在发射药周围的药筒内壁上；分装式炮弹多将护膛衬纸固定在药包(束)周围。护膛衬纸固定在药包周围(多在药包内壁)的可随药包的调整而调整护膛剂的用量。大部分护膛剂的位置应放在发射装药的上部周围，以利于在火药燃气作用下，喷涂在炮膛表面。少部分在发射装药下部周围，可起到减少炮尾焰的作用。

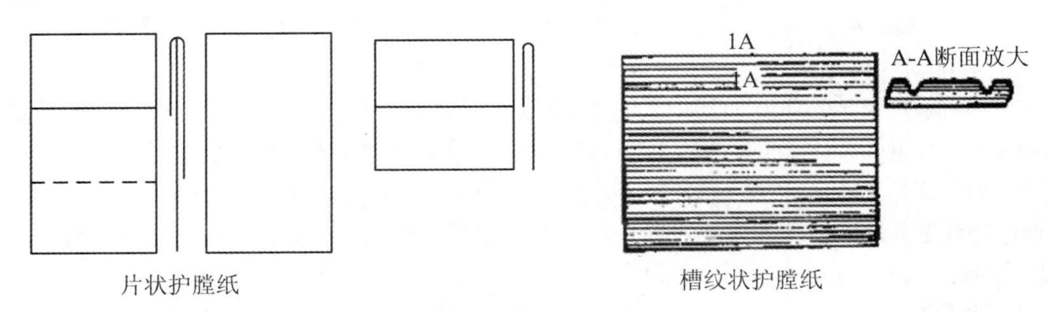

图 4.1.9　护膛衬纸的结构

发射时，在达到最高膛压之前，护膛剂熔化、气化和分解，需要吸收一部分热量，降低了火药燃气的温度。同时分解生成的低分子产物混合在火药燃气中，使火药燃气的导热性降低。由于上述原因，减轻了火药燃气对膛壁的烧蚀，延长了火炮身管的使用寿命。在最高膛压后，低分子物质与火药燃气进一步作用，有的还可放出热量，从而弥补了前一段吸热的影响。因此，使用护膛剂，既可减轻炮膛烧蚀，又不影响初速。

4. 紧塞具

紧塞具是药筒内固定发射装药的组合件。定装式炮弹发射药的紧塞具一般由纸盖，支筒和紧塞盖组成，见图 4.1.10。药筒分装式炮弹的发射药只有一个带提绳的紧塞盖，见图 4.1.11(a)。

紧塞具的作用：平时固定发射装药，防止它在药筒内移动、碰碎；射击时产生径向膨胀，密闭火药燃气，防止火药燃气在导带嵌入膛线前从膛壁和弹壁间隙中逸出；同时还使得发射药燃烧的初期压力迅速提高，使药筒口部迅速膨胀，贴紧炮膛药室内壁，防止火药燃气向炮尾逸出。

紧塞具由标准纸板制成。支筒用纸或纸板卷制。纸盖用标准纸板或硝化棉软片压制而成。有一些炮弹对紧塞具有一些特殊要求，例如装有曳光管的弹丸。为了确保点燃曳光剂。它的紧塞盖上应有圆孔，或者曳光管口部用可燃的赛璐珞盖片。气缸尾翼式炮弹一般应用可燃紧塞具，以防未燃尽的碎片堵塞活塞孔。

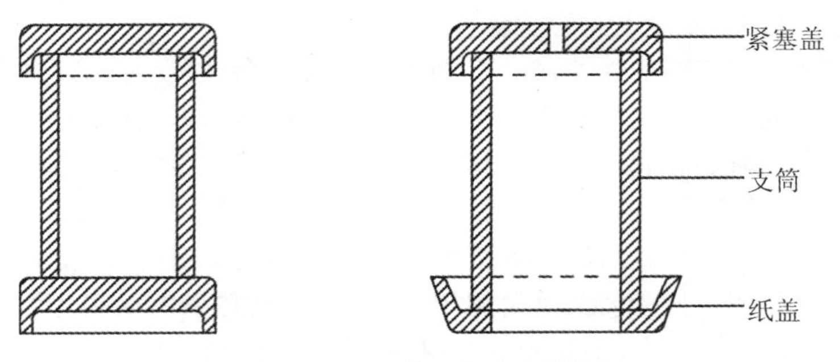

图 4.1.10　定装式炮弹用紧塞具

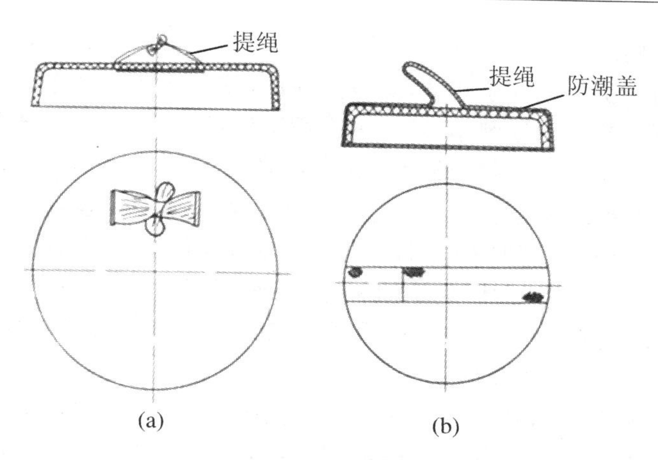

图 4.1.11　带提绳的紧塞盖

射击时紧塞具是必须使用的。因此，药筒分装式炮弹在调整完装药后，应注意放回紧塞盖，并用力将发射药压紧，有利于发射药正常燃烧。

5. 防潮盖

防潮盖也叫密封盖，其结构见图 4.1.11(b)。防潮盖只在药筒分装式炮弹装药中使用。防潮盖用标准纸板制成，位于紧塞盖上面。为取盖方便，通过盖外沿套有一个大的环状提绳，防潮盖上面浇注有 3～5 mm 厚的弹药保护脂，以便密封防潮。装药量大的药筒装药。储运中防潮盖容易轴向窜动而失去密封，故在防潮盖与包装容器之间常用支筒支撑定位。

防潮盖仅用于平时密封防潮，射击前必须去掉，否则会增大膛压。

自 1991 年起，部分炮弹发射装药采用钢质密封盖结构。钢质密封盖与药筒的密封采取橡胶圈密封形式。这种密封盖省去了弹药保护脂密封层。具有密封工艺简单、启盖方便等特点。但经长期贮存，有拨盖力增大、用手提拉拨盖困难的情况。这时可用木棒利用杠杆原理将其取出。

4.1.5　新型发射装药

1. 模块装药

模块装药由若干个刚性装药模块组合而成的发射装药，可根据使用时不同射程的要求决定装填模块的个数。它是一种用于大口径火炮的新型发射药，正在取代传统的布袋式药包装药。由于现代战争要求武器的快速反应能力，要求火炮有更高的射速，因此现代大口径火炮一般都配置弹药快速填系统。传统药包装药无法适应快速自动装填的要求，因此刚性组合装药技术便应运而生。组合装药的模块外壳是由硝化棉和纸浆加工制成的可燃容器，它具有足够的强度，以保证装药的刚性。模块内盛发射药，并配置可靠的点传火系统以及其他元件。由于可燃容器及可燃传火管等也具有一定能量，成为装药发射能源的组成部分，因此对其配方、几何尺寸及质量公差均有严格要求，以保证装药弹道性能稳定及射击后燃烧完全，不遗留未燃尽的残渣。刚性组合装药有全等式和不等式(刚性装药各模块的外形、尺寸、内部结构完全相同的为全等式，否则为不等式)。目前，美、英、法、德等国已研制成功由两种模块组成的发射装药系统，如美国的 M231 和 M232 模块化火炮装药系统。

（1）全等式结构。

全等式结构即单元模块完全相同，具有互换性，其内部结构对称，装填无方向性。优点为有利于实现计算机控制自动装填，减少射击逻辑计算负担，减少失误机会，便于训练和操作。缺点为无法同时满足最小号和最大号装药的弹道要求。当满足了最大号装药弹道要求时，最小号装药往往火药不能燃尽，膛压偏低而不能解除引信保险，严重时产生弹丸留膛现象；当满足了最小号装药弹道要求时，最大号装药的膛压往往偏高，超出了身管的承受能力。全等式模块装药与其他装药相比，它在机械化、射速、武器重量、弹药基数、寿命等方面的性能占有明显的优势，是世界各国都在努力研究的课题。以色列的 CL3317 模块装药、南非的 M62A1 模块装药采用全等式模块装药技术。

以色列军事工业公司研制的 CL3317 全等式模块装药系统于 2004 年 1 月开始生产。该模块装药系统的所有单元模块装药都是相同的，且结构均匀对称，单元模块装药装有 M30A1 粒状发射药和除铜剂、消焰剂、护膛剂。单元模块装药既可用连接环连接起来进行手工装填，也可自动装填，装填时无方向性要求，适用温度范围为 − 20～63 ℃。该模块装药系统还具有很好的兼容性，不仅适用于 JBMOU 的 39 倍口径和 52 倍口径 150 mm 火炮系统，也适用于非 JBMOU 的 39 倍口径、45 倍口径和 52 倍口径 150 mm 火炮。由于单元模块尺寸较大，因此，在 18 dm^3 药室容积的 39 倍 155 mm 火炮系统中采用 4 个单元模块组成最大装药号。该模块装药还适应于 M185、M71、M284 式 150 mm 火炮。

（2）不等式结构。

不等式结构即单元模块不相同，不能互换，装填按规定顺序组合。优点为通过调节每个模块的发射药量和药型尺寸等，便可使装药满足全弹道要求。缺点是增加了勤务处理困难。为尽可能保留全等式结构的优点，设计了一种“双模块系统”结构。

双模块装药系统由 A、B 两种单元模块组成。A 单元模块中装填燃烧层尺寸较小的火药，用于小号装药，以保证小号装药火药的燃尽性。B 单元模块中装填燃烧层尺寸较大的火药，用于大号装药，以保证大号装药膛压不超过指标要求。双模块装药系统一般采用 6 个模块，其组成为：1 号装药使用 1 个 A 单元模块，2 号装药使用 2 个 A 单元模块，3 号装药使用 3 个 B 单元模块，4 号至 6 号装药依次使用 4～6 个 B 单元模块。双模块装药要满足全射程的要求，必须使由一个 A 模块组成的 1 号装药满足最小射程要求，由 6 个 B 模块组成的 6 号装药满足最大射程要求，且 A、B 模块装药之间满足射程重叠量要求。

美国陆军与通用动力公司军械与战术系统分部、阿姆特克军品公司、联合技术系统公司共同组成了一个 MACS 研究组。该研究组在 20 世纪 90 年代末，成功地研制出 150 mm 火炮用 M231/M232 双模块发射装药系统。该模块装药系统包括绿色的 M231 和浅褐色的 M232 模块装药，其适用温度范围为 − 46～63 ℃。

中国兵器工业集团公司的有关单位进行了 GC45 − 155 mm 火炮刚性模块装药系统研制。该模块装药于 1998 年完成技术鉴定。该模块装药系统由两种不等式模块装药组成。一种是可变药量的模块装药，组成 8-9 号装药，通过调整可燃容器内的装药，使该模块装药能够根据使用要求进行 8 号装药或 9 号装药变换，该模块装药内装 19 孔单基发射药。另一种模块装药单独作为 10 号装药，该模块装药内装孔三基发射药。

（3）插接方式。

插接方式分为插接式和非插接式。插接式又分为两种，自扣式和非自扣式。从模块结合方式综合来看，非插接式更适应于自动装填，而插接式方便于手工装填。

非插接式模块装药组合是各单元模块装药不用机械的方式连接在一起，各单元模块装药相对独立，使用不同数量的单元模块装药组合成不同的装药号。因此，在非插接式模块装药组合结构中，不考虑单元模块装药的连接方式问题。由于非插接式模块装药组合没有单元模块装药连接问题，在单元模块装药结构设计中，可采用完全对称的外形结构。非插接式模块装药组合使用时，其组合结构为单元模块装药自然堆接，无需特殊的连接。

插接式模块装药组合是通过各单元模块装药机械连接组合结构组合成不同的装药号。在插接式模块装药组合结构中，需研究模块装药的组合方式。

2. 低温感装药

低温感装药技术就是利用同材质、复合层、变燃速的包覆火药结构，降低温度对弹道性能的影响。包覆药药粒是在主装药外表面包覆一层阻燃覆层，此包覆层由内层和外层按一定的比例包覆于火药表面，包覆层内层的材料是与主装药同材质的，包覆层外层比内层多加一定量的阻燃剂（TiO_2），阻燃剂的迁移能力很小。模块内药粒的燃烧过程如下：先是未包覆的主装药点燃，产生大量的气体，包覆药因为有阻燃效果的包覆层，在起始阶段燃烧缓慢，当膛内压力达到足够大时，包覆层破裂，包覆火药的内层暴露，包覆火药开始增面燃烧。由于采用了部分阻燃技术，使发射药装药的燃烧具有较强的渐增性。由于包覆火药的包覆层具有高温下强度高、韧性好，低温下强度低、脆性大的特点，将包覆火药和主装药按一定的比例混合装入模块内，在低温下包覆火药破孔早，燃面增加得多，燃气增加得也多，起到补偿低温膛压不足的问题；高温下包覆火药破孔迟，燃面增加得少，燃气增加得也少，起到减缓高温膛压增长的作用。从而达到高温、常温、低温下火炮初速基本一致，减小或消除了火炮的温度系数。

低温感包覆火药装药技术能显著提高弹丸初速，提高火炮的射程和威力，从原理上讲，该技术从三个方面提高弹丸初速。

(1) 改变火炮膛内的 p-l 曲线的形状，增加 p-l 曲线的面积，通过增加做功能力来提高弹丸的初速。不经过任何处理的单一装药不可能形成“平台”现象。单一的包覆火药也如此。所以要想在 pm 处形成“平台”，提高弹丸初速，增加射程，低温感的装药结构必须是混合装药。

低温感包覆火药是在多孔基药的外面包了一层包覆层，含有阻燃剂，燃烧速度远小于基体火药。当包覆火药在膛内点火时，只有外层缓慢燃烧，燃烧到某一时刻包覆火药破孔，基药开始燃烧，这就使包覆火药能在最大压力附加发挥增面性，改变 p-l 曲线的形状。

(2) 降低温度系数所产生的膛压余量，通过提高常温膛压指标来提高火炮的初速。低温感包覆火药装药技术能降低弹道温度系数，尤其能降低高温膛压，这样给常温膛压提供余量，可通过增加常温膛压指标来提高弹丸初速，增加射程。通过实验确定应用低温感装药技术可获得 25 MPa 可调空间。在提高初速和降低温度系数方面，低温感装药技术可以同时满足。

(3) 提高装填密度、增大装药的总能量来提高火炮初速。由于低温感装药技术采用了混合装药，大小药粒混装能有效地提高装填密度。实验表明，混合装药能提高装填密度 2%。对于目前的高膛压火炮，所提高的装药量是一个不小的数值。低温感装药技术利用膛压余量和高装填密度等因素的结合可以提高初速、增加射程。

3. 密实装药

通常，发射装药的装填密度小于 1 g/cm^3，而密实发射装药可超过 1.35 g/cm^3。为了适应近年来高性能武器的发展，在药室容积不变的情况下，通过对增加装药量来提高弹丸初速就成为装药技术的一个“热点”。以 120 mm 坦克炮为例，如果在 12.5 dm^3 的药室容积中装填密度由 0.94 g/cm^3 提高到 1 g/cm^3，装药量就可增加 2～3 kg，初速可提高 200～300 m/s。一般高性能火炮所用发射装药的装填密度大约为 0.9 g/cm^3。使用粒状药机械压实的密实药的装填密度可提高到 1.25 g/cm^3，装药量与弹丸质量比值增加 40%，在最大膛压没有明显增加的情况下初速可增加 10%以上。因此，这种能够大幅度提高装填密度的密实发射装药技术得到了迅速发展。当前采用的制造密实装药的主要方法有：

（1）多层结构密实发射装药。

为了精确控制发射药的燃烧速度，以便在高装填密度下使膛压在极短时间迅速升至最大允许值，而此最大膛压在弹丸行进的短促时间内能够保持，美国等国研制了多种多层结构的密实发射装药。

“多层密实结构”系指由多层发射药片叠加而成，各层之间有明显的界线，每一层都有自己的燃速，每一层的“热值”也不相同，各层的燃烧时间为总燃烧时间的一部分，如是总燃烧时间的 15～20%。采用这种药后，不但可以增加装药量，不去考虑或少去考虑药的几何外形，而只通过不同热能或选择不同燃速的多层药组分，就能制备所需要的渐增性燃烧的发射药。

① 采用复式压伸法工艺生产的多层装药。

采用冲压式或螺压式设备使多种不同组分的药料，通过多层药模进行齐压或包覆挤压二成多层结构的药。例如，已制备了外层（一般是燃速较慢）由 11%N 的硝化纤维素，第二层由 13.2%N 的硝化纤维素，中心则用加人燃烧添加剂（如二硝基乙腈钾）增燃的化合物，制成的多层密实发射药。

② 圆片叠成的圆柱密实装药。

这种装药由数个发射药圆片叠成。装药中间留有圆柱形孔，每个圆片至少在一个面上.覆有燃烧抑制剂和留有传火缝，圆柱体外表面有空穴，空凹是由各圆片的缺口构成。这种装药除明显提高装药量外，还能使燃烧气体迅速达到最大压力，并在此最大膛压的水平线上保持燃烧，直到所有发射药燃烧尽。

③ “快芯”密实发射装药。

1988 年，美国陆军弹道研究所研究了一种多层结构的“快芯”（Factcoer）密实发射药，它是通过由冷的外层用海军军械站的 Nosol318 到能量较高的“热”的内层 Nosof363 的发射药燃速性能的变化，来提高气体生成率并增加装填密度。

（2）由小粒药压实成密实发射装药。

① 美国陆军弹道研究所利用 Olin 公司生产的球形药，采用溶剂蒸汽软化技术将药粒软化，再进行压实成圆柱形装药。

② 美国陆军弹道研究所最近委托赫克力斯公司、压实开发公司、匹克汀尼兵工厂分别制造压实“圆饼”状装药。三家均采用单孔、双基 M5 型 RAD-64597 批药，但所用工艺各异。

赫克力斯公司将丙酮蒸汽吹人搅拌器内的药粒中，经搅拌混合，在挤压机的模具中闭合压制约 1 min，在温度为 68 ℃ ± 2 ℃ 的烘箱中固化。固化压块的周边涂覆 EA-946 环氧树脂，填满压块周边表面的孔隙，并在室温下进一步固化。

压实开发公司采用 75%丙酮和 25%乙醇的混合溶剂，使发射药粒在蒸汽相内溶剂化，并进行压制。压块在 50 ℃加压空气下干燥 24 h。这些装药的周边也用环氧树脂涂覆。

匹克汀尼兵工厂则在压实前先用阻燃枯合剂均匀涂覆药粒。黏合剂由硝化纤维素(12.6%N)、酞酸二丁酯和丙酮组成。每克发射药需用0.1 ml黏合剂。之后，将这种药料在模具中压实并在55 ℃烘箱中烘干。

(3) 利用纺织技术制造的密实发射药。

美国和日本曾研究了纺织式的固体密实发射装药。其制造工艺是将发射药组分溶于挥发性溶剂(如丙酮)制成黏稠溶液，在一定压力下通过抽丝器抽成一定细度的丝。抽丝方法与通常的合成纤维醋酸醋所用的抽丝方法相同，分干法和湿法两种。干法工艺是：细丝离开抽丝器后，在温暖湿润的环境中，通过一定距离进行固化，并蒸发掉挥发性溶剂；湿法工艺为：细丝直接进入水浴进行固化和除溶剂。

在固化和成型段需拉伸细丝给以足够的张力，使其实现分子定向以增加细丝的抗张强度。可采用一般的纺织机将螺丝按预定式样绕成一定形状或绕在一定的火药管上，再用黏合剂黏合或用合适的涂层涂于药柱外表面。其结构、尺寸和密度可依弹道需要而定。

为此，美国专门研究了高氮量硝化纤维素的抽丝工艺。采用这种工艺制造密实发射药，可以在战时广泛动员纺织行业力量转产发射药。

4. 随行装药

随行装药，又称兰维勒装药。射击过程中，部分装药固定在弹丸底部与弹丸一起运动的一种发射装药。

对于常规发射装药，发射药主要集中于药室内，当推动弹丸加速时，发射装药与弹丸分离，并散布在整个弹后空间进行燃烧。随着弹丸的运动，弹后未燃尽的固体火药在火药气体的驱动下将追随着弹丸而沿膛内流动，使得膛底和弹底之间形成一个接近于在拉格朗日假设下抛物线形式的压力分布，膛底压力远高于弹底压力。由于这一压力梯度的存在，使得推动弹丸运动的弹底压力仅是膛底压力的70%～80%；同时，火药燃烧释放出的能量，不仅用于推动弹丸运动，还要用于加速弹后空间的火药气体，以保证部分气体与弹丸以相同的速度运动，因此严重地影响了弹丸初速的提高。尤其是高膛压、高装填密度的反坦克炮，弹丸的炮口速度越高，膛底和弹底之间的压力差就越大，气体和装药运动所消耗的能量也就越大。随行装药技术是在弹丸底部携带有一定量的火药，并使之随弹丸一起运动。由于随行装药的燃烧能够在弹丸底部形成一个很高的气体生成速率，从而有效地提高了弹底压力，降低了膛底与弹底之间的压力梯度，在弹丸底部形成一个较高的、近似恒定的压力；同时，局部的、高速的固体火药燃烧生成的火药气体，在气固交界面上形成很大的推力，与普通装药火炮相比，该推力与弹丸底部附近的气体压力相结合，导致了对弹丸做功能力的增加，直至该部分火药燃尽。因此在相同的装药量与弹丸质量的比值 ω/m 下，使用随行装药技术能够使弹丸获得比普通装药更高的初速。目前，随行装药技术还没有达到应用的程度，其关键技术是高燃速发射药燃速稳定性、弹体与药柱之间的结合还没有突破性进展。

随行装药一般可以分为三大类型：

(1) 固体随行装药。固体随行装药就是指组成随行装药结构的主装药和随行装药均采用固体火药。作为随行装药的固体火药一般都采用气体生成速率较高的火药，采用随行技术将火药固定于弹丸的尾部，使其随弹丸一起运动。

(2) 液体随行装药。液体随行装药是指组成随行装药结构的主装药和随行装药均是液体火药。作为随行装药的液体火药一般是装在位于弹丸尾部的容器内。液体药用作随行药可使随行药达到较高的装填密度，密封装置和点火延迟装置便于设计，能实现能量快速释放。液体随行装药主要采用以下三种技术方式：

① 整装式液体随行技术。

在液体药燃烧室内加入多孔介质，并采用一种简单的点火延迟装置。将液体药附着在弹丸尾部的燃烧室内，经过一定的点火延迟后开始燃烧，产生的高温高压气体通过喷口喷出，注入弹后空间。该随行技术有效地补充了膛内最大压力以后的压降，增大了膛内压力曲线的示压面积，提高了弹丸的推进效率。

② 喷射式液体随行技术。

在弹丸尾部附着一再生式喷射机械，经过一定的点火延迟时间后，将液体随行药向弹丸尾部喷射，在喷射压力和膛内高速气流的作用下，迅速雾化成细小液滴，进而快速燃烧，降低由于弹丸高速运动而在弹丸尾部产生的压力梯度，增加弹后压力。但是该技术在第二级液体随行点火延迟过程中存在的严重压力波问题，而且采用再生式喷射随行，弹丸结构复杂，附加质量也相对较大。

③ 固液混合随行方式。

20 世纪 80 年代末期，美国通用电器公司提出了固液两级随行方案，将随行装药分为两级，第一级用固体药，第二级用液体药。两级之间用一个空腔发生器相连，作为点火延迟装置，实验结果表明弹丸初速得到了明显的提高，但是弹道性能不稳定，膛压和初速波动均较大，主要是因为点火延迟和液体药燃烧速率难以控制。

(3) 固液混合随行装药。固液混合随行装药是指随行装药结构的主装药是固体火药，随行装药是液体火药。它充分地利用了固体火药燃烧稳定可靠、液体火药便于携带的优点。这是目前研究比较广泛的一种随行装药方案。

5. 特种装药技术

特种装药技术是王泽山院士发明的一项专利技术，是在混合装药中除了主装药和包覆药之外再加入一些小粒药，以适当补充燃气。

小号装药在较低的压力下容易发生药粒燃烧不完全，难以解除保险，或发生弹丸留膛的危险。如果在小号装药燃烧时适当地补充燃气，使压力升高，可以使药粒燃烧完全；而且补充的燃气对最大号装药的膛压影响不大，这就要求确定合适的补充燃气的小粒药的装药量和合适的药型。

4.2 战斗部装药

战斗部装药又称弹药装药，是指在弹体药室中装填各种炸药、烟火药、预制或控制形成的杀伤穿甲等元件，还有生物战剂、化学战剂、核装药及其他物品。通过装填物(剂)的自身反应或其特性，产生相应的机械、热、声、光、化学、生物、电磁、核等效应来毁伤目标或达到其他战术目的。常规弹药战斗部内装填物一般为炸药，也称为主装药。

弹药装药技术是研究如何将炸药装入弹体中，并满足长期贮存和作战使用的要求。装入弹体中的炸药一般称为“爆炸装药”，它是以炸药为原料，根据弹药的战术技术要求，经过加工的具有一定强度、一定密度、一定形状的药件。

弹药对敌人有生力量的杀伤作用、对技术兵器的破坏作用、对各种防御工事的摧毁作用，主要取决于弹体药室中的炸药品种、装药量、装药质量以及弹体与装药的耦合，为了达到对不同目标的最大的破坏作用，不同的弹药对装药的要求也不完全相同。一般而言，对弹药的战术技术要求有如下几个方面：

（1）保证弹药或战斗部对目标作用有足够的破坏威力。

① 对反坦克用的破甲弹和碎甲弹，要求炸药装药有尽可能高的爆压。对破甲弹而言，同时要求装药结构的均匀性和较大的装药密度。对碎甲弹而言，要求装药有一定的塑性和低感度，使弹丸或战斗部在碰靶和变形过程中不早炸，应达到一定接触面积和变形最有利的堆积形状时才由引信起爆。通过在装甲钢板中形成的压缩应力波及反射拉伸波之间的相互作用，在钢板背面剥离掉数块具有一定动能的飞碟片，起杀伤和破坏作用。

② 对爆破弹药和水中弹药，要求炸药装药应具有最大的做功能力，选用爆热高、爆容大的炸药。

③ 对海军和对空武器弹药及穿甲弹等，不但要求有大的做功能力，为了达到纵火目的，还要求破片的温度越高越好，一般选用爆热高的炸药和热值大的金属粉作为炸药装药。

④ 对于杀伤榴弹，要求装药药量、装药密度、猛度等应与弹丸金属材料的强度和厚度相匹配，达到最多的有效破片数，并达到最大的杀伤半径。

（2）装药质量优良，确保弹药发射时安全可靠，不膛炸、不早炸。

弹丸在高膛压发射力的作用下受到巨大的加速度（或碰靶时的加速度）而使炸药装药受到很大的惯性力作用。在装药内部各截面上产生大小不等的应力，装药在这种应力作用下应确保发射的安全性和作用的可靠性。

（3）保证弹药或战斗部在引信作用下能可靠地适时完全爆轰。

为了保证弹药装药适时完全爆轰，要求弹药装药有良好的爆轰感度，传爆药柱应有足够的起爆能力，并保证装配位置的正确性。

（4）保证弹药或战斗部在贮存、运输时安定可靠，长期贮存不变质。

按战技指标的要求，弹药一般要贮存10～20年。我国地跨寒带和亚热带，气候条件复杂。弹药在北方使用和贮存时，要求耐−40 ℃以下的低温，在南方则需耐40～55 ℃的高温。因此弹药的使用温度范围为−40～55 ℃。在复杂的气候条件下，弹药装药应具有稳定的物理、化学性质，经长期贮存后，仍能正常使用。水中武器还要求耐海水的侵蚀。

（5）弹药装药的易维护性和经济性。

随着科学技术的发展，对弹药装药的要求也在不断提高。为了保证使用的安全性，要求弹药易于维护、便于勤务处理。在保证产品战术技术性能的前提下，装药结构应简单，所用原料应丰富、价廉。

（6）战斗部的低易损性。

由于战斗部是弹药的重要组成部分，是弹药毁伤目标的能量来源。因此，在战场对抗条件下的作战功能及整个武器系统的安全性角度来看，弹药的低易损性主要体现在战斗部的低易损性。所谓低易损性弹药是指该弹药确实达到了所赋予的性能、战备和操作技术要求，当遭受意外的刺激时，它能把偶然引发的比燃烧反应更剧烈的概率和随之产生的对弹药载体（包括人员）损害程度减小到最低限度。从试验的角度来说，低易损性弹药就是在快烤（FCO）、慢烤（SCO）、子弹冲击（BI）、破片冲击（FI）试验中只发生不高于燃烧的反应，在射流（SCJI）、殉爆（SR）时不发生爆轰等级反应。

以122 mm火箭弹战斗部装药为例，其装药技术要求为：

(1) 对战斗部空体、炸药和环境的要求。

装药前战斗部空体应100%检验,并应符合下列要求:

① 内表面无锈,内、外表面漆层质量符合要求。

② 药室不准有油污和杂质。

③ 螺纹不允许有锈、毛刺以及轮廓的歪斜等。

④ 装药前战斗部空体、检验装药质量的开合弹、药面成型冲及螺纹保护套都应按规定预热,温度为40~60 ℃。

装药用的炸药不得有油污,变质及肉眼可见的杂质。梯黑铝混合装药在成分合格、无杂质的情况下,经破碎后可重复使用。

装药工房的温度应不低于22 ℃。

(2) 对装药质量的要求。

① 按产品图和技术条件的要求配制混合炸药,混合均匀后取样进行成分分析。装药前混合炸药的温度控制在100~115 ℃范围。

② 药柱结构质量用开合弹检验。在相同条件下混合的炸药,并以相同的装药条件进行装药的产品,每30~50发分为一个装药组,其中有一发开合弹。

③ 梯黑铝混合装药的任意部位实测密度不小于1.64 g/cm³。

④ 开合弹测密度及配比成分,在药柱的上、下两部位取样。检验时允许有:

a. 分布在整个装药剖面上不同位置且其直径和高度不超过6 mm的疵孔,数量不超过3个;直径和高度不超过10 mm的疵孔,数量不超过2个。

b. 分布在整个装药剖面上的裂纹,总数不超过2条,总长不超过100 mm,宽度不超过2 mm,但横向只允许有一条裂纹,且长度不超过30 mm。裂纹与疵孔连通时,疵孔直径不大于6 mm。

c. 先装入传爆药柱(用成型冲固定),后装炸药,以开合弹检验。允许传爆药柱的钝感剂渗出与混合炸药的交界面相混,但不允许传爆药柱歪斜。

d. 两装药端面允许有分散的、直径2 mm以下的麻点,数量不计;深度不超过5 mm的崩落,其总面积不超过所在端面面积的10%;直径和深度不超过5 mm的气孔,数量不超过5个。允许装药端面与弹壁局部分离,但不超过1/2圆周;不允许药柱松动和转动;允许有表面细裂纹及因清理药面产生的刀痕和药面成型冲痕迹。

e. 炸药底端面应平整,不允许刮成斜面。如果破片圆筒底端面上有炸药层时,应将其炸药刮掉,允许炸药端面出现倒角,倒角深度不大于5 mm。

4.2.1 炸药的类型和组成

炸药按组成可分为单组分和混合组分两类,分为单质炸药和混合炸药。单质炸药在其结构中含有氧化元素和可燃元素。其中最重要的是以—C—NO_2、—N—NO_2及—O—NO_2分别构成三种类型的单质炸药,如硝基化合物炸药(如梯恩梯)、硝胺炸药(如黑索今、奥克托今)、硝酸酯炸药(如硝化甘油、硝化棉、太安等)。混合组分是由两种以上物质组成的能发生燃烧、爆炸的混合物。混合炸药属于多种组分混合而成的含能物质,其中主要组分是含有氧化元素和可燃元素的爆炸性化合物。有些组分在混合过程中发生化学反应,如以高分子化合物为黏结剂的热固性混合炸药。

很多能够发生爆炸的化合物，由于各种不同的因素而不能单独使用，单组分的炸药中只有梯恩梯作为熔铸炸药仍在弹药装药中继续使用；而品种繁多的混合组分，如混合炸药，被广泛应用于不同类型弹药装药。

混合炸药是由两种或两种以上物质组成的爆炸混合物。根据组成形式可分为三类：由两种或两种以上的单质炸药组成的混合炸药；以单质炸药为主加一定量添加剂组成的混合炸药；由氧化剂与可燃剂组成的混合炸药。单组分炸药和添加剂或由氧化剂和可燃剂按适当比例混合加工制成。按组分特点可分为以熔铸混合炸药、复合体系类高聚物黏结炸药、含金属单质粉的混合炸药等。而其组分的均匀性是保证性能的最关键环节，决定其混合均匀性的生产工序正是混合。各种火炸药组分需要通过专用的特殊混合分散设备混合均匀，然后才能制造成各种装药产品。混合过程中，材料间既有物理作用又有一定的化学反应，因此混合分散是火炸药产品制造最危险的工序。国外火炸药相关统计也表明混合是事故高发环节，也是最关键的环节，混合的均匀性与火炸药的性能及产品品质重现性密切相关。混合工艺影响产品性能、关乎安全生产，历来都属于火炸药生产工艺的核心技术。

军用混合炸药是指用于军事目的的混合炸药，主要用于装填各种武器弹药，少量用于核弹药。其特点是能量水平高，安定性和相容性好，感度适中，生产、运输、贮存、使用安全，且炸药性能和其他物理机械性能良好。军用混合炸药没有统一的分类方法，一般按物理状态可分为固体混合炸药、液体混合炸药、气体爆炸混合物等；按形状可分为塑性炸药、挠性炸药、弹性炸药及黏性炸药等；按性能特点可分为高爆速混合炸药、高威力混合炸药、高强度混合炸药、耐热混合炸药、特种混合炸药及不敏感混合炸药；按装药方法可分为压装型混合炸药、熔铸型混合炸药、浇铸固化型混合炸药及塑态挤注型混合炸药等。通常采用按混合炸药的组成特点进行分述，具体如下：

(1) 以梯恩梯为载体的混合炸药。这类炸药是以熔融状态进行铸装成型，其组成主要为两种或两种以上单质炸药的混合物，有时加入少量的添加剂。其中必须由一种单质炸药梯恩梯作为载体，或与其他炸药形成低共熔物作为载体，便于熔铸。如梯黑炸药是由梯恩梯和黑索今等硝胺炸药按比例混合而成的熔铸炸药。

(2) 高聚物黏结炸药。这类混合炸药是以粉状高能炸药为主体，加入黏结剂、增塑剂、钝感剂或其他添加剂制成的。品种繁多的混合炸药，包括造型粉压装炸药、热固性炸药、塑性炸药、挠性炸药及低密度炸药等。

(3) 浇铸固化炸药。这是将液态高聚物或可聚合的单体与单质炸药混合，再加入固化剂等其他添加剂固化成型的混合炸药。它克服了熔铸炸药脆性大、强度低，易产生缩孔、结晶、裂纹及高温渗油等缺点，具有铸件强度高、与弹体结合力强、形状稳定、便于加工等优点。

(4) 含金属粉的混合炸药。这类混合炸药加入了高热值的金属粉(如铝粉、镁粉等)，提高了混合炸药的爆热，又称高威力混合炸药。

(5) 燃料空气炸药。这类炸药是以固体或液体燃料与空气组成爆炸混合物，当燃料与空气混合至一定比例时才成为炸药。因燃料抛散后在目标上空形成云雾，无孔不入，所以引爆后杀伤破坏效应高。常用的燃料有环氧乙烷、环氧丙烷、硝基甲烷、硝酸丙酯、二硼烷、无水偏二甲肼及铝粉等。

(6) 液体炸药。它是液体或某些能溶于液体或悬浮于液体的物质所制成的混合炸药。液体炸药流动性好，密度均匀，可随容器任意改变形状，可渗入被爆炸物的内部或缝隙中。

为了改善混合炸药的性能，在混合炸药中加入一些添加剂，常用的添加剂有：

(1) 黏结剂。用于黏结各组分，使之均匀分散而不产生离析，改善炸药装药的物理力学性能，易于成型、加工、提高尺寸的稳定性。

(2) 增塑剂。用来降低黏结剂的玻璃化温度，增加黏结剂的可塑性。

(3) 钝感剂。用来降低混合炸药的感度，保证安全生产、运输、加工和使用要求。

此外，为了改善注装混合炸药的流动性，可以加入表面活性剂；为改善混合炸药中某些组分的安定性，可加入少量的安定剂；为防止混合炸药中高聚物的老化，可以加入防老化剂；对低密度炸药要加入发泡剂；对热固性炸药还要加入固化剂等。表 4.2.1 给出了部分国产炮弹炸药(药剂)代号。

表 4.2.1　国产炮弹炸药(药剂)代号

名称	曾用代号	说明
梯恩梯炸药	T	
铵梯炸药	A-80	硝酸铵 80%，梯恩梯 20%
铵梯炸药	A-90	硝酸铵 90%，梯恩梯 10%
铵梯炸药 + 梯恩梯炸药	AT-80	口部装梯恩梯，下部装铵梯 80
铵梯炸药 + 梯恩梯炸药	AT-90	口部装梯恩梯，下部装铵梯 90
梯恩梯 + 烟火强化剂（梯恩梯 + 铝粉）	TL	上部装梯恩梯，下部装烟火强化剂
梯萘炸药	TN-42	梯恩梯 58%，二硝基萘 42%
黑索今炸药	H	钝化黑索今
黑铝炸药	HR	黑索今 80%，铝粉 20%
黑梯炸药	HT-50	黑索今，梯恩梯各 50%
发烟剂	L	黄磷
照明剂	MN	镁粉 61%，硝酸钠 32%，其他 7%
照明剂	BM	硝酸钡 57%，镁粉 27%，其他 16%
8321 高能炸药		黑索今 94%，4 号炸药 3%，聚醋酸乙烯酯 2%，硬脂酸 1%
塑-4 炸药		黑索今 91.5%，聚异丁烯 2%，癸二酸二辛酯 4.8%，45 变压器油 1.6%
RS320(热塑 320)		黑索今 12%，梯恩梯 18%，二硝基萘 35%，硝基胍 35%
1871 炸药		黑索今 96.5%，石墨 1.0%，有机玻璃 0.7%，聚异丁烯 1.8%

4.2.2　弹药混合技术

混合是利用混合装置使性质或形态不同、呈分区状态的物料达到随机分布的均匀状态，可以分为固固混合、液液混合、气液混合和固液混合。火炸药的混合是指将原料等按一定的顺序加入混合机内，进行捏合、搅拌，使固液界面湿润，固体颗粒被良好包覆，各组分分散均匀一致，并发生适度高分子增链化学反应，形成工艺性、可浇注性良好的高黏度悬浮体——药浆的过程。

4.2.2.1　常用混合炸药混合工艺

对于炸药混合工艺的发展，可以从现有主流工艺和新型先进工艺技术中获得初步了解。主流工艺中，根据混合炸药的不同类型，有着不同的生产制造工艺。

1. 造型粉压装炸药

对于造型粉压装炸药的混合，多采用水悬浮法工艺。具体来说首先将高分子等黏结剂溶解在适当的有机溶剂中，为了加快溶解常进行加热和搅拌，得到黏稠的溶液。在混合器中加入水和炸药，搅拌形成水浆液。在室温或较高温度下把上述溶液加到水浆液中，溶液可以为室温也可以预热，通过搅拌形成黏浆液。升温蒸出溶剂，然后降温，停止搅拌，进行过滤、洗涤、干燥和筛选，最后得到成品。该流程通常叫作黏浆法或标准黏浆法。为了防止物料黏在器壁或搅拌器上，并且保护颗粒均匀密实，通常加入表面活性剂和保护胶体。水是分散介质，它的作用是保证安全操作，防止黏壁和结大块，保证颗粒均匀和改善包覆性能。溶剂应当不溶于水或者水溶度较小。

水悬浮法工艺应用很多，具有操作简便，安全且易于大量生产的优点。制造数量也可以任意变更，适用性广，获得产品质量较好，粒度较均匀，粉尘较少。该方法可以说是国内外应用最多的火炸药制备工艺方法。其缺点是操作时间长，且因操作是间歇式的，故效率不高，设备较为复杂，同时消耗一些溶剂，因此成本较高。存在环境污染较大、效率低、配方中主成分的密度差要求小以及不能添加水溶性（或者反应性）组分等问题。水悬浮法不适合制备高分子黏结炸药。

2. 熔铸炸药

熔铸炸药是各国广泛应用的一类混合炸药，在军用混合炸药中占有重要地位，被广泛用于破甲弹、导弹等常规弹药。熔铸炸药可以说是经熔化铸成的混合炸药，装药混合工艺在液态载体材料下作用。熔铸炸药的典型代表为B炸药（由黑索今与梯恩梯为主组成的混合炸药），B炸药以梯恩梯为液相载体。对于熔铸炸药来说，其制备工艺中的混合属于液-固混合。混合过程可用有桨的混合釜或无桨的对角锅来进行操作。其中对角锅与混合釜都属于机械驱动搅拌达到混合效果。

3. 浇注炸药

浇注工艺因为热固性炸药多采用此工艺而使用广泛。其中真空振动浇注工艺是在立式混合机中混合得到黏浆液或是原材料放入卧式捏合机内捏合得到黏塑性面团再经过真空振动浇注和固化成型。而挤压或注射成型工艺则可在桨叶型混合机中将黏结剂等与炸药混合均匀得到中等黏度悬浮液然后在极大压力下挤压或注射成型最后固化获得压伸浇注炸药。

因为混合物料的黏度较大，所以需要依赖于桨与桨间的或是桨与混合机桶壁间产生的高剪切力来混合。

此外吸收釜也可用于浇注、压伸工艺中的混合工序。其操作简单，安全可靠，涉及原料硝化棉的混合、部分物料在吸收釜中的混合以及压伸造粒前的捏合。部分物料在吸收釜中搅拌混合需要大量的水，因此吸收设备体积较大，需要的搅拌电机功率高，工艺过程的冷却与吸收后物料离心脱水会产生较为严重的水资源浪费。

4. 含铝炸药

含铝炸药的混合有干混法和捏合机直接法、非水悬浮法等几种。

(1) 干混法。

干混法又称机械干混法。具体来说在适当混合器中，把粉状炸药和黏结剂混合均匀即可。炸药中加入铝粉或氧化镁也是用这种方法。混合机采用圆筒形金属转筒，可加入一些聚四氟乙烯圆球帮助混合均匀。该方法操作最简单，设备也简单，生产周期短，容易大量和快速生产，但均匀性较差，压制药柱的均匀性也不够好，混合过程容易产生静电，安全性不大好。该工艺方法劳动条件差，不能得到粒状产品，但是工艺简单成熟，仍在使用。

干混法可分为冷混与热混两种。冷混工艺分为原料准备、称量、混药、取样分析等主要工序，混药也是在一个特制的滚筒中进行。冷混工艺十分简单，但混制时会有较大的粉尘。混好的产品一般应放在较高温度下存放一段时间从而使组分间黏结，也防止铝粉出现离析现象。热混工艺过程与冷混类似，混药是在一立式带热水夹套的锅中进行的，锅内装有行星式搅拌器。先将设备预热，放入钝化黑索今再放入铝粉搅拌混制一定时间即可。热混比冷混有较好的质量均匀性和稳定性，但工艺设备和操作较复杂。

(2) 捏合机直接法。

捏合机直接法就是将预混均匀的主体炸药和铝粉放入盛有液相黏结体系的混合锅中，同时进行搅拌，基本混匀后倒入捏合机内进行捏合，物料出现拉丝状并自动散开时捏合完毕。该方法操作简单，工序较少，易于生产。但设备复杂，混合过程有不安全因素，产品均匀性不够理想而且造粒过程会破坏钝感。

工艺角度上，立式捏合机是火炸药推进剂行业的重要设备。混合锅和搅拌桨叶是立式捏合机两个关键组分。立式捏合机通常采用双桨叶或者三桨叶装配模式。立式捏合机的两个桨叶垂直安装，两个桨叶均作自转和公转运动，以不同的自转角速度互相包络啮合(有间隙)运动，桨叶不仅与混合锅内壁物料有剪切作用，两桨叶还有互相包络剪切作用。一个桨叶为实心，另一个桨叶为空心，容易使物料分散而不致在混合中重新结块。物料在捏合过程中，必须在料罐中自上而下、自下而上地充分翻动，以达到良好的捏合效果。立式捏合机属于间歇式批量生产，批次间存在质量差异，生产效率也较低。

(3) 非水悬浮法。

含铝炸药的混合因为铝与水接触会起反应，据1998年美国相关专利显示非水悬浮法为了不使铝粉与水接触而产生氢气，使用全氟辛烷作为溶剂分散剂。其化学惰性与热稳定性保证了混合的安全性也有利于连续生产。但是该混合中全氟液体物质在自然环境中通常不能降解，不能直接释放到环境中去。

4.2.2.2 炸药新型混合技术

上述都属于传统的炸药混合工艺技术。事实上随着高能毁伤火炸药产品高固含量与原材料添加多样性的发展趋势，传统混合分散技术局限性愈发明显。以传统有桨混合工艺为例，从动力来说其需要传动部件，且会消耗较大动力；增加桨叶的转速可有效地提高捏合机的最大扭矩，从而增大桨叶与药浆的剪切力，一定程度上提高了混合效果但也加大了能耗负担。从均匀度要求来说传统工艺也有不少缺陷，如有桨工艺的桨叶与锅底间隙存在也会使药浆不能揉捏成团而进行有效搓合及剪切，影响其均匀性。从安全性来说，物料与转动部件接触，在混合或捏合过程中物料易与内部结构摩擦，而物料大部分是含能材料，随着对高能物质的需求日益增加，固体含量也越来越高，超细金属粉用量也增多，火炸药的能量、燃速、装填密度等技术指标近年来一再被刷新。在提高能量的同时，物料的工艺特性也产生变化，黏度明显变大，物料流动性差，产生的摩擦阻力也大，增大了发热量加大了设备运转负荷，甚至物料过于黏稠无法捏合，混合生产的难度越来越大，生产安全形势日益严峻。以生产连续化来说，工艺上的不连贯导致的效率低下与浪费等现象屡见不鲜。

与此同时，近年来火炸药混合工艺方面也有不少先进技术得到应用，如精确控制喷雾造粒技术、连续化挤出工艺、双组分混合工艺、声共振混合工艺等。

1. 精确控制型喷雾造粒技术

喷雾造粒工艺是金属化炸药制备的一种先进工艺，其过程的基本原理是：高分子黏结剂通过高压气体形成雾状从喷嘴喷出，小液滴把黑索金、铝粉等物料黏接在一起，随着双锥釜的不断转动，造型粉的粒度不断增大。目前的喷雾造粒方法可分为滚筒式喷雾造粒、流化床喷雾造粒、直接喷雾造粒。滚筒喷雾造粒和流化床喷雾造粒实际上都是附聚造粒，颗粒逐渐黏附、长大；直接喷雾造粒是一次成粒。

在该工艺混合造粒机中，双锥混合罐的结构和外形使其使用广泛。双锥混合罐中，物料混合过程中主要的机械作用是摩擦作用，撞击作用小。为了使转筒内的物料混合均匀，提高效率，在转筒内设计增加了抄板，希望其能在混合器内起到物料导流的作用，避免出现“死角”。

实际上整个工艺是通过滚筒混合原理进行固体物料的干混，然后通过喷嘴将黏结剂溶液雾化喷洒到固体物料中的，溶剂真空去除后即可得到含铝 PBX 炸药。整个混合过程在密闭条件下完成，不污染环境，炸药的干燥与混合一步完成，提高了效率，降低生产周期和成本；喷雾方式的加入，黏结剂溶液“湿化”了炸药细粉组分，避免了制备过程粉尘的飞扬现象。工艺过程决定了该工艺具有节能环保的优点，首先制造炸药造型粉所用时间短，减少了生产设备的能耗；其次将高聚物黏结剂溶液喷洒较其他制造方法减少了溶剂用量，降低了生产炸药的化学需氧量(COD)，提高了环保性。

目前，研究集中在颗粒微观设计与颗粒材料，功能化精密造粒系统的开发上，亦有研究者将其较好的应用于膨化硝铵的制备中。精确控制型喷雾造粒系统是在原有工艺基础上，通过更加精确、高效的混合方法，提高物料的混合均匀性，加入大量的工艺本质性参数监测来分析造粒过程中工艺参数与造粒成型、均匀性等特性之间关系，提高工艺的适用性，将工艺向自动化、数字化方向发展。

2. 连续化挤出工艺

连续化挤出造粒就是指采用双螺杆挤压方式进行炸药造型粉制备的工艺，属于火炸药柔性制造技术。很明显不同于间歇式批量生产的立式捏合机等设备，双螺杆挤出机属于连续混合设备。目前，双螺杆挤压技术已在美国、德国、法国、瑞典等国家用于含能材料的生产加工，如美国匹克丁尼兵工厂采用双螺杆挤压机成功地进行了 PAX-2A 高能含铝炸药装药。最近 15 年内，含能材料的双螺杆挤出成型制造技术在机器设计、控制系统与模拟方面取得了显著的进步，也促进了该工艺的发展和成熟。近年来，国外开展了含有纳米材料的含能材料的混合效果研究。美国史蒂文斯科技学院的奥兹坎设计了一种螺距为 7.5 mm 的双螺杆挤出机，用来研究含有凝胶型黏结剂的纳米铝基含能材料模拟物的混合效果。纳米铝基含能材料模拟物采用双螺杆挤出工艺比传统工艺制备的混合均匀效果更好，使得连续化挤出工艺可用于纳米铝基含能材料中。2014 年，美国陆军 ARDEC 和 TNO 研究机构还合作对连续无溶剂双螺杆挤出制备 JA-2 对等发射药进行了研究探索。

连续化挤出工艺可用于浇注炸药挤出成型过程中的混合。双螺杆挤出机的特点之一就是具有极强的混合能力和极高的混合效率。在国外，火炸药行业所用的双螺杆设备都是组合式同向旋转双螺杆。然而，通过理论分析和实践证明，锥形异向旋转双螺杆更适宜用于火炸药加工，它不仅能满足火炸药的高扭矩、高机头压力的特殊需求，而且安全性也大有提高。锥形异向旋转双螺杆可以承受较高的机头压力、较大的扭矩，且安全性好、温升低、结构简单、可靠性高、造价低。对于不需要机头压力太高的场合，如 PBX 炸药的装药，也可采用平行异向旋转双螺杆。

连续化挤出造粒工艺利用螺杆混合方式通过高扭矩、高旋转的强制混合分散手段，将高聚物黏结剂分散在炸药基体中，解决了抗过载压装炸药的制备问题。连续化挤出造粒工艺效率高，工艺成本低，柔性化程度高，符合现代社会高效、环保的理念。

3. 双组分混合工艺

对于传统混合方法，混合物通常需要在适用期内使用，降低交联催化作用程度就可以延伸适用期。双组分混合法主要是将具有大约相同品质标准、黏度及化学安定性的两种聚合物以分批的方式制得放于混合器内，随后以约 1∶1 质量比将该两种成分加以连续混合。两种成分黏度不同。

两个组分是其中一个包括所有多元醇预聚合物及所有粉状装药的膏状成分；另一组分包括所有聚异氰酸酯单体的液体成分。所使用的容器是静态混合器。工艺为在静态混合器中分别预混合后在捏合系统中再完成混合然后装药成型固化。静态混合主要通过液流在交叉通道的多次分流来实现。静态混合器通道外壳往往是各种大小圆管，里面混合单元有多种结构。静态混合器能耗低、传动部件少、结构简单、能连续生产。好的静态混合器可在很短的管道内完成混合，流量和黏度改变均不影响效果。事实上，其不仅可混合液体，也可混合气体、气液两相物料等，正得到越来越广泛的应用。

双组分混合工艺在制备浇注 PBX 上使用较为广泛。对于黏度较高的 PBX 炸药装药，关键设备是捏合混药机，用于 PBX 混制，有卧式双桨混合机和立式混合机。近年来，美、英、法、瑞典等国开展了一系列双组分成型工艺研究，相继建立了浇注 PBX 炸药连续化生产线。2007 年有报道显示，法国对双组分成型工艺的产品性能、机械感度和安全性进行了优化。目前，浇注 PBX 炸药组分混合基本使用的是立式双桨行星混合机。

4. 声共振混合工艺

21 世纪初，美国在混合技术的研究方面获得了突破性进展，发明了声共振混合分散技术。其属于新型无桨混合技术，是传统主流混合技术的替代性新技术。理论上，声共振混合技术应用领域非常广泛，可用于固-固、液-液、液-固、气-液混合。近年来位于美国蒙大拿州的 Resondyn TM AcousticMixers 公司开发了 LabRAM、RAM5、RAM55 三种不同型号规格的设备，其中型号为 LabRAM 的声共振混合器应用于实验室级别，混合容量为473 mL，型号为 RAM5 的混合器是应用于中式的设备，混合容量为 19 L，型号为 RAM55 的混合器应用于生产规模，混合容量为 208 L。后两种型号的仪器在美国已经应用于生产。根据 2011 年发表的专利显示，新技术对共振振动器的装置进行了进一步改进。

声共振混合技术是一种不直接接触技术，依赖低频声场领域促进混合。新引进的新兴技术已经演示出在复合和多相系统中的许多优势。声共振混合技术能显著降低成本，并提高频率。声共振混合技术的优点在于：

(1) 兼容多种材料体系，包括液-液（如乳液、聚合物/液体体系）、液-固相（纳米悬浮体系、剪切敏感材料)、气-液(氢化、气体夹带、化学合成)、固-固相(如粉末混合、颗粒包覆、纳米颗粒混合)系统,有广泛的适用性。该技术可用于混合低黏度、高黏性和非牛顿系统以及固-固相系统,对同一类型的容器,在叶轮设计、转盘或其他复杂的、侵入性的组件,如喷油器、喷油嘴等结构上没有改变。

(2) 高度的安全性。声共振混合分散技术没有机械转动部件与物料接触,遥控操作,实现人机隔离,提高过程的本质安全性。混合快速,可直接用弹药壳体作混合容器,可混合不同干粉及凝胶,混合物料形态可以为固体、液体及凝胶,可混合危险物料。

(3) 快速高效和混合质量高度均匀一致。混合效率很高,与传统混合技术相比大幅度缩短混合时间;有很好的混合均匀性与一致性,混合质量高。

(4) 易清洁。混合时,将物料放于容器内,将容器置于声共振混合分散设备内,混合完,将容器取出即可。混合容器类似圆筒类容器,无复杂结构易清理。这些特点相较于传统混合工艺有强大优势,可以替代原有混合分散技术。

可以说,声共振混合分散技术是影响整个行业工艺水平的关键技术,能有效提高工艺本质安全性和效率,实现生产工艺关键技术的突破和混合分散技术的跨越式发展。

4.2.3　弹药装药方法的分类及装药工艺过程

弹药装药是生产各种弹药和战斗部必不可少的组成部分。弹药装药的质量优劣,对弹药的安全性和威力的大小都有直接的影响,而弹药装药的质量优劣与选择合适的装药方法和装药工艺有密切关系。

1. 弹药装药方法的分类

弹药装药方法较多,最古老的方法是压装法,这与炸药性质和发现的早晚有关。在弹药的发展史上,黑火药的发现最早、使用最广。在我国古代用黑火药制作的火攻武器中其成型用的是捣装法,常见的有以下几种:

(1) 捣装法。此法是最古老的操作,也是最简单的一种方法,一般用手工或简单工具将松散炸药装入药室后捣紧。

(2) 压装法。它也是较早出现的一种炮弹装药方法。它是通过压机将散粒状炸药直接压入弹体成型,或事先将散粒状炸药在模具中压成药柱,而后再用黏合剂装入弹体。现在这种装药方法应用也很广泛。其优点是可装填不易熔化且威力较大的混合炸药,它对炸药的适应性最大,亦能获得较高装药密度。缺点是受到炮弹形状和口径的限制,不能装填异型弹体和装药口部较小的弹体,不宜装填中大口径榴弹,生产效率低。

(3) 注装法。此法就是将炸药熔化为液态后,注入弹体内,待其凝固后就成了装好药的炸弹。其优点是不受弹体形状的限制,也不受口径大小的限制,同时用注装法得到的装药密度较大,注装的设备简单。在战时,它对于迅速组织分散或小规模的装药生产很有意义。缺点是装药过程中易产生疵孔、底隙等疵病,影响弹药的发射安全性,生产率也低。同时,注药过程的炸药蒸汽污染严重危害人员健康。

(4) 螺旋装药法。此法是用螺旋装药机,靠螺杆作用将散粒体炸药输入药室,并压紧的方法。螺旋装药法与压装法本质上基本相同,其特点是能适应较大药室形状的变化,适于装填弧形药室的弹药,但只能使用摩擦感度和冲击感度小的炸药。现在,这种方法主要用于装填中大口径榴弹、迫击炮弹、火箭弹等。其优点是自动化程度高、生产率高、工艺成熟,缺点是只能装填感度及杀爆威力较低的梯恩梯炸药，其装药相对密度也低。

（5）塑态装药法。此法是将塑态炸药在压力作用下装入弹体后固化为固体炸药的方法。

以上几种方法是最基本的几种炸药成型法，用得最多也最普遍。每种方法有它的优点，但也有一些不足之处。为了满足弹药发展的需要获得高威力优质药柱，往往采用复合装药的方法，即任意两种方法的结合或在一种方法中再采用其他措施。如有的弹药，一部分炸药装药用螺旋装药法，另一部分用注装法，或者有用压装和注装的合用。如以下装药法：

（1）振动装药法将较高黏度的熔态悬浮炸药，装入弹体内，用振动的方法使它密实，然后凝固成型。无论注装或压装均可能获得固相含量高、药柱密度高的优质药柱。

（2）压力注装工艺将熔态药倒入弹体或模具内加压，利用压力升高，凝固点升高的原理使炸药凝固，这种方法可获得固相含量高、药柱密度高的优质药柱。

（3）离心浇注和挤压浇注这两种方法都可以提高黑索今的百分比含量，利用离心力作用和压力的作用使炸药成型。

（4）压滤法是将梯黑炸药注入模内后，施加一压力（作用力很小），靠筛网和柱塞孔的"过滤作用"，将梯恩梯液滤到上面，使药柱下面固相含量增加，从而提高高能炸药的百分比含量。

（5）分步压装药法为进一步提高战斗部的杀爆威力和发射安全性，21世纪初，我国引进了一种新型装药法——分步压装药法，其主要特点是将高能混合炸药广泛装填于中大口径炮弹中，装药密度高，装药质量好，且提高了弹药的发射安全性。它是在螺旋装药和压装药基础上，将两者结合为一的装药法，生产效率高。

实际上，还有其他一些装药工艺同样可以提高炸药装药的密度，如静态压注工艺、颗粒级配工艺等。

最常用的装药法是注装、压装、螺旋装药三种主要方法。

按照炸药是否直接装入弹体，又可分为两种。一种是将炸药直接注入或压入弹体药室中，称为直接装药；另一种药柱成型后，用黏合剂或其他方式将药柱固定于药室中，称为间接装药。间接装药只适用于药室简单的情形，其优点是药柱与弹体分装，易于长期贮存，制成的药柱能全部检验。

选择何种装药工艺方法，是根据弹药类别、炸药性质、药室形状等条件确定的。

2. 弹药装药及装配的总工艺过程

弹药装药与装配的工艺过程由一系列连续的工序组合而成。工序的数目与内容，由于弹药的种类和炸药的性质不同以及采用的装药方法的不同，其总工艺过程也不完全相同，但基本上差别不大。一般分为五个部分：弹体准备；炸药准备；装药、药柱加工与装配；装药技术检验；总装配、防锈处理及修饰包装。

弹体准备的任务，是将弹体准备到适合于装填炸药的状态。主要的工作为：拆箱、去油、清理弹体表面检验弹体金属质量、弹体预热并输送到装药工序。

炸药准备的任务，是将炸药过筛、加热或混合。对注装法则是将炸药预先熔化、晶化处理等。

药柱加工的目的是在装药后除去药室中多余的炸药，如刮平药面、黏传爆药、清理螺纹等，使药柱满足产品图的要求。如果是压装的药柱必须再进行药柱加工，但要与弹体结合。一般用黏合剂，也有塑料圈使药柱在弹体中紧固。带有口螺或带有底螺的中大口径弹体，在分别装药完毕后，还要进行口螺或底螺与弹体的结合工作，保证连接处的密封性。

装药技术检验对于保证弹药的质量有特别重要意义。在弹药的生产中，原材料及半成品在投入生产之前必须经过检验，在装药中和装药后都设置有检验工序，需满足产品图和技术条件中的有关装药的各项指标要求。

总装配工作，包括弹体外表面除锈、涂漆、装配零件、检验、印标记、包装等。

在整个工艺过程中，从质量和安全方面要求来看，装药是关键；而装药前的弹体准备和炸药准备以及装药后的修饰完成则又是必不可少的辅助工序。

4.2.4 弹药装药中常用的几种技术

1. 注装技术

炸药注装就是将固体炸药加热熔化，经过预结晶处理再将其注入弹腔或模具中，经护理、凝固、冷却制得装药的一种工艺方法。

(1) 注装应用范围。

注装法在炸药成型历史中并不是最早的，因为炸药成型是与炸药性质密切相关的。注装法的应用是在第二次世界大战时。当时炸药主要是苦味酸和梯恩梯，它们可以熔化且熔点不太高，适合于注装，几乎所有的炮弹和战斗部都能用注装法装填。直到现在世界各国仍然普遍采用注装法。之所以如此，与注装法的优点是分不开的。注装不受弹体(或模具)药室形状的限制，特别是对弧形大、形状较复杂的注件不受口径大小的限制，更适用于装药量大的一些弹种，如鱼雷、水雷、深水炸弹、航空炸弹、火箭弹、口径大于 155 mm 的榴弹、工兵用地雷以及一些后膛用的破甲弹(如 100 滑破甲弹)等。

也可用不同炸药按不同比例组成的悬浮液炸药进行注装，使炸药应用种类增加。注装成型可获得结构均匀、装填密度较大的药柱，从而保证弹药的威力。此种方法所采用的设备也比较简单，尤其在战时，可在简单设备下进行生产，满足战时大量弹药的需要。

注装法也存在着不足：生产的弹药质量不易控制，受人为因素影响较大，护理不当易出现废品；一旦有疵病，弹药发射时安全性受到影响；炸药熔化、结晶凝固的周期较长；炸药加热熔化时，炸药气体对人体健康影响较大等，因此生产应密闭化、管道化和自动化。

对于不同的弹种，注装工艺基本上是相同的，整个生产流程大致包括以下几个步骤，如图 4.2.1 所示。

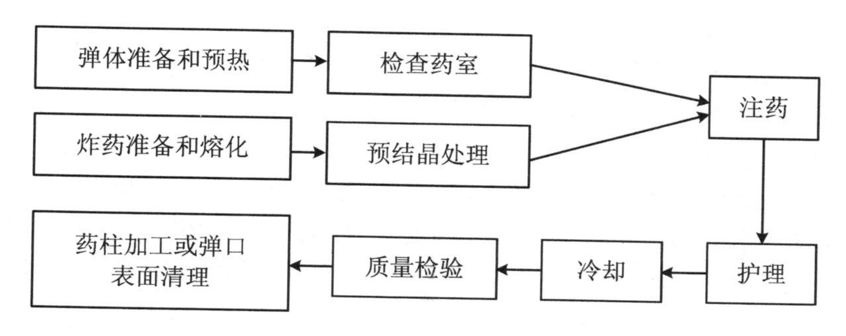

图 4.2.1 注装工艺生产流程

(2) 注装法对猛炸药的要求。

猛炸药种类很多，但能够用来直接注装成型的猛炸药目前来说就几种，如梯恩梯、苦味酸(苦味酸由于在长期贮存时不安定,一般情况下各国都不采用)以及以它们为主所组成的二元和三元低共熔物(梯恩梯与特屈儿、梯恩梯与二硝基甲苯、梯恩梯与二硝基萘等),或以梯恩梯为主与黑索今、奥克托今、铝粉、硝酸铵等组成悬浮液的混合物。使用该方法对炸药的要求为:

① 足够大的威力,即单位质量的炸药含有足够的能量,且这种能量能以极大的速度释放出来。威力大才能满足需要,弹药的毁伤效应才理想。

② 炸药熔点不宜过高,一般应控制在 110～130 ℃范围,以便用热水或蒸气来加热容器,使之工作安全、方便。

③ 炸药在温度高于熔点 20～30 ℃时,保持 1～2 h 不分解。

④ 要求炸药蒸气、粉尘无毒或毒性很小。

注装法对炸药的特殊要求使许多炸药的应用受到限制。例如,对熔点较高且接近于熔点要分解的一些炸药,只能以固相颗粒加入到熔化的梯恩梯中,作为注装混合炸药来使用。

注装法根据炸药液态的性质不同可分成几种类型:纯液态炸药的注装、悬浮液炸药的注装以及块装(药块加入到液态炸药中的注装)。

根据注装压力条件不同,又可分为常压下的普通注装、真空振动注装、压力下的注装等。

对于大型的弹药或战斗部,如水雷、鱼雷、大型火箭战斗部及航弹,大都采用块装法。口径大于 152 mm 的弹丸、工兵地雷及一些破甲弹也采用注装法。

然而,不论何种类型的注装过程,均伴随有三种变化:

① 物态变化——熔态炸药在弹体内的结晶和凝固。

② 热量变化——熔态炸药凝固时,要放出结晶潜热和冷却热(由于炸药是热的不良导体,放热时间长)。

③ 体积变化——熔态炸药凝固和冷却时,体积要收缩。

熔态炸药注入弹体后,随着温度下降由液相结晶为固相时,如果未控制好,会出现粗结晶。在弹体中的凝固次序不当将产生缩孔。熔态的炸药如存留于其中的气体过多,炸药凝固后则形成气孔。刚凝固完的炸药,当药柱中温度不均、冷却速度太快时,可能会出现裂纹。

粗结晶、缩孔、气孔和裂纹均为注装药柱中的常见疵病。

粗结晶的药柱结构疏松,密度和强度都较低,当炮弹发射时,在惯性力的作用下可能使药柱破裂摩擦而造成膛炸,粗结晶药柱的爆轰感度低还容易引起药柱起爆不完全。

药柱中的缩孔、气孔和裂纹都会使药柱强度降低,产生应力集中现象,在炮弹发射时导致膛炸。注装工艺的主要任务就是要获得无疵病的优质药柱。

(3) 溶态炸药在弹腔中结晶、凝固及疵病的预防。

① 溶态炸药在弹体中的结晶。

溶态炸药注入弹腔后,由于弹壁的冷却作用,立即生成了大量晶核,这层炸药是细结晶晶体。由于结晶放出了结晶潜热,从而加热了弹体,使第二层炸药凝固时的过冷度较第一层小,故炸药结晶较为粗大。随着凝固的进行,不断放出结晶潜热,炸药凝固层越来越厚,而炸药又是热的不良导体,故弹腔中心总是处在最小过冷条件下,加之原有晶核常因重力作用而下沉,使装药中心呈粗结晶晶体。为制备细结晶装药,在实际生产和科研中常采用以下措施:

a. 预结晶处理。

(a) 外加晶核。在溶态药注入弹体前,先加入一些细小的炸药颗粒作为晶核,同时搅拌药浆促使晶核生成，在溶态炸药已有大量晶核的条件下，再将溶态炸药注入弹腔中。

(b) 搅拌。将熔化的过热炸药，加以人工或机械的搅拌，加速炸药的冷却，并对炸药施以机械作用，促使大量的晶核生成。搅拌还可使较大的晶体破碎。

用以上两种方法进行预结晶处理的熔态炸药注入弹体中，均能得到细结晶的药柱。

b. 加入共溶物，即在溶态炸药如梯恩梯药浆中，加入某些少量物质，显著降低晶体长大线速度，从而获得细结晶装药。常加的物质有β-三硝基甲苯、γ-三硝基甲苯或2,4-二硝基甲苯或间位二硝基苯三硝基苯或三硝基二甲苯，一般填加量为质量分数的0.5%～1.5%。搅拌、机械振动、超声波等都能促使溶态物质产生大量晶核。

② 溶态炸药在弹体中的凝固。

溶态炸药在弹体中的自然凝固，一般是按平行层的方式进行，弹腔中心的溶态炸药最后凝固，有溶态转为固态体积要收缩，以梯恩梯为例，由二级结晶变为常温固态时，密度由1.48 g/cm³ 增为1.6 g/cm³，收缩率为7.5%。假设一次浇注后，未有后续溶态炸药来补充收缩的空间，就会在最后凝固处产生缩孔，如图4.2.2所示。消除缩孔的方法是将溶态炸药的平行层凝固，改为自下而上的凝固，使得每一层凝固时的收缩量，都有上面溶态炸药来补充。具体技术措施如下：

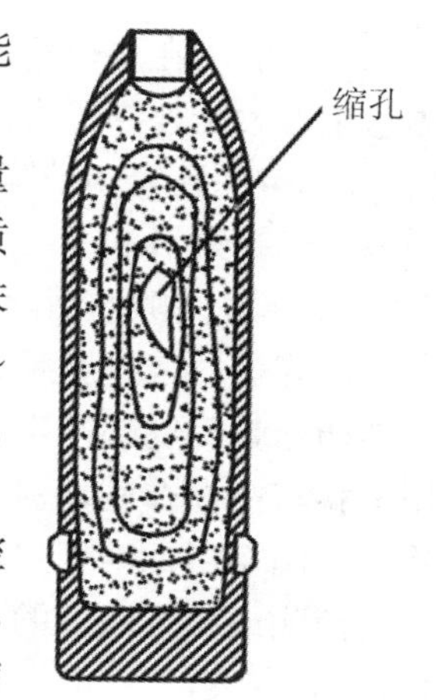

图4.2.2　弹体一次注装凝固的情形

a. 分次注装，即将预结晶好的熔态炸药分若干次注入弹体中。每一次注入后，冷却一定时间再注第二次以保证熔态炸药自下而上的凝固次序，最终将缩孔引入帽口漏斗内。对于中口径弹丸，梯恩梯注装可分为3～4次，大口径弹则为8次之多。

b. 控制晶次，即将晶核含量高的炸药先注入弹腔，后注入晶次低的炸药。晶核含量高的炸药凝固稍快，收缩量也稍小。晶次低的炸药，即晶核含量少的炸药便于补充缩孔，最终目的仍是将缩孔引入帽口漏斗内。

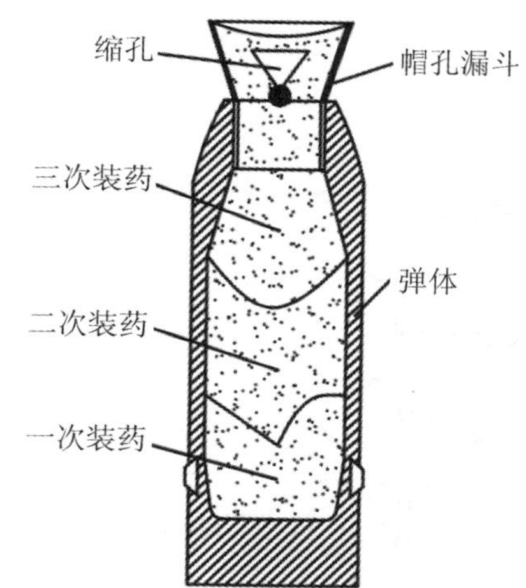

图4.2.3　弹丸装药的分次注装

c. 在弹口部装上帽口漏斗，漏斗内装晶次低的熔态炸药作为补充弹体内最后凝固部分的收缩量，使缩孔引至帽口中。图4.2.3为带有帽口漏斗分次注装的榴弹。为了保证帽口能引出缩孔，帽口漏斗内必须具有足够的补缩熔态炸药量和液柱高度。实验表明，帽口漏斗的容积为药室容积的一半，高度为弹体药室高的1/3比较合适；此外，帽口漏斗还需要良好的保温，使补缩炸药尽可能长时间保持熔融状态。

③ 装药裂纹的防止。

注装药凝固时，其各部分温度是不均匀的，装药中心的温度最高，向弹壁的方向依次降低，因此，装药冷却时各部分的收缩量也不同，于是产生了热应力。当热应力超过装药的强度限时，装药就会产生裂纹。防止裂纹产生的具体措施是在装药冷却过程中，控制室温，减小工作间的空气流动速度，使用保温箱，注装弹体或模具包覆保温套等。从提高装药强度入手，也可达到防止裂纹的目的，如在溶态梯恩梯炸药中，加入少量低熔点物质等。

④ 装药中气孔的防止。

溶态炸药混入气体，凝固前未能排出而在装药中形成了壁面光滑分布较散的小孔，称为气孔。

气体能否在炸药凝固前排出弹腔，是制备无气孔装药的先决条件。当溶态炸药中的气体总压力大于外界压力总和时，则气泡容易逸出液面。二者压力差越大时，气泡越容易逸出，故真空注装容易消除气孔。如果外界压力很大时，气泡也难以生成，故压力注装也能达到消除气孔的目的。

⑤ 弹底间隙的消除方法。

因炸药的线膨胀系数是钢铁的 8 倍，因此炸药装药凝固时，其收缩量与弹体相差很大，故装药与弹腔底部产生间隙，称之为底隙。弹丸发射时，由于底隙的存在，装药在惯性力作用下猛烈撞击弹底，底隙中的气体也会受绝热压缩而产生高温，可能引起装药的早炸或膛炸。美国军用标准规定弹底底隙不能超过 0.381 mm。

消除或减少底隙的方法较多，如将带有装药的弹体加温，使与弹腔内表面接触的炸药熔化，而后在装药上加压顶进去，就是常用的方法之一。美国研究出一种消除底隙的新方法：将装填好的弹丸加热到 43 ℃以上或未经加热的室温弹丸，在弹口上加一杠杆螺塞(螺塞使药柱在水中承受 1.10 MPa 的压力，在空气中承受 1.51 MPa 的压力)，然后挂在传送带上，将弹丸浸在约 82 ℃的热水中约 90 s，而后在室温中缓慢冷却，经上述处理过的弹丸，经 X 光检验，可满足底隙在 0.381 mm 以内的要求。

(4) 梯恩梯注装的主要工艺过程。

弹体准备与预热：弹体准备，是为了得到内膛涂漆的清洁弹体。预热是为了减少装药的热应力，通常是把弹体预热到工房温度。对弹径较大的弹体，可用热空气预热到 40～50 ℃。

炸药的熔化与预结晶处理：炸药的熔化根据任务的需要，可用间断式或连续式熔药锅进行。目前工厂常用双锥面夹层熔药锅，如图 4.2.4 所示。炸药熔化后，经预结晶处理方可注入弹腔。

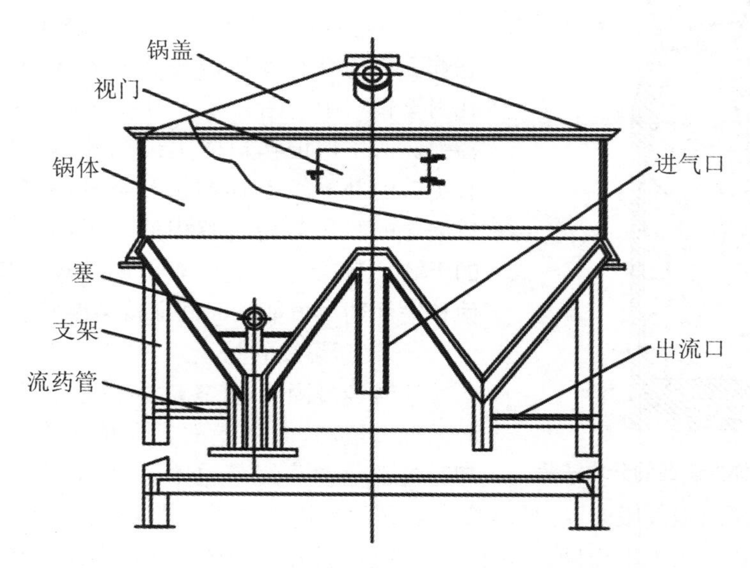

图 4.2.4　双锥面夹层熔药锅

炸药注入弹体及护理：一般都采用分次注装并加以适当保温。随着弹径增大，注药次数就要相应增多,这对消除缩孔有利。护理工作应在注药后立即进行,在药浆中用铜钎做螺旋式搅拌,消除药浆中的气泡,击碎粗结晶。还要保证漏斗药液能畅通地流入弹腔,使缩孔能引入帽口漏斗中来。而后就是保温冷却、卸帽口漏斗、检查装药质量。

(5) 悬浮液混合炸药注装。

为了提高威力,要求弹丸装高威力炸药,可以将黑索今、奥克托今等,按一定配比混入梯恩梯药液中来解决。由于上述炸药熔点高,在药液中呈悬浮状,故提出了悬浮液混合炸药的注装问题。目前B炸药应用较广,以其为例讨论悬浮液混合炸药的注装工艺特性。B炸药中黑索今的质量分数一般在50%~60%,其中约有4%的黑索今溶于溶态梯恩梯中,其余部分悬浮于梯恩梯药液中。

① 黑索今在溶态梯恩梯中的沉降。

悬浮液具有动力不稳定性。悬浮液中粒子的粒径在10~30 μm范围,而黑索今的粒径还要大些,所以在溶态梯恩梯中黑索今沉降较快,另外,在悬浮液中黑索今与溶态梯恩梯间密度差较大,如在82 ℃,黑索今的密度为1.76 g/cm^3,而梯恩梯药液密度为1.44 g/cm^3,显然这是造成黑索今沉降的又一因素。

经研究,黑索今的沉降速度与其直径平方和固、液两相密度差成正比,与悬浮液黏度成反比。因此,减缓黑索今的沉降,必须从上述因素入手。

② 悬浮液混合炸药的黏度。

以B炸药为例:

a. 黑索今的含量影响。

实验证实,当黑索今在悬浮液混合炸药中的质量分数超过65%以后,难以进行用常规注装。相反,当黑索今的质量分数低于40%以下时,悬浮液的黏度太小,黑索今沉降较为严重,致使装药成分不均匀。

b. 黑索今粒度及形状的影响。

黑索今粒径在75~150 μm时,梯/黑配比为35/65的装药黏度太大,难以保证装药质量。而粒径在300~500 μm时,得到了较为理想的装药。

黑索今的晶体形状,对悬浮液的黏度影响也是较大的。实验证实,黑索今的晶体愈远离球型,则悬浮液黏度就愈大。

c. 温度的影响。

在黑索今的粒度、晶体形状、质量分数相同条件下,悬浮液的黏度随温度降低而增大,反之黏度降低。

影响悬浮液黏度的因素除上述外,还与表面活性剂、颗粒级配、机械搅拌等有关。

③ 梯黑悬浮液混合炸药的注装工艺。

以某破甲弹为例,介绍梯黑50/50悬浮液炸药的注装工艺,如图4.2.5所示。

a. 弹体与帽口漏斗准备:将弹体和帽口漏斗预热。

b. 梯黑悬浮液混合炸药的制备:将经过检查的梯恩梯称量后,倒入熔药锅中,用蒸气间接加热熔化,再加入经过筛和称量的黑索今,待梯黑悬浮态药浆混合较均匀,即可用于注装。

c. 注装、护理及质量检查:第一次浇注,将药浆注到高出药型罩顶部处,用铜钎搅拌护理。第二次注药要注到漏斗容积的3/4以上,并继续用铜钎护理。护理完毕待炸药全部凝固,检查装药质量。

d. 卸下漏斗:炸药冷却后,在专门的防爆室,拔下漏斗。漏斗药检验、称量按一定比例投入使用。

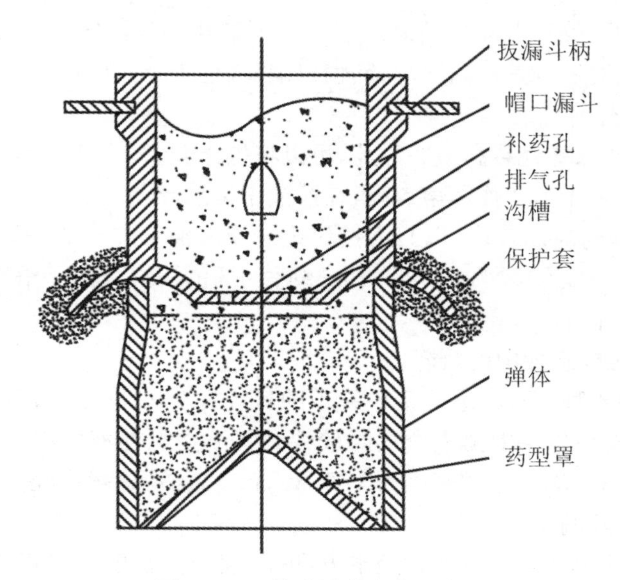

图 4.2.5　某破甲弹注装示意图

(6) 块注工艺。

块注法，即将梯恩梯溶化后制成各种规格的药块，然后按一定次序与熔态梯恩梯先后装入弹体中，制成符合弹药战术技术要求的装药。在块注中，一般加入药块质量为总质量的40%左右。使用块注法可以大大提高装药的凝固速度且块注法不会形成大缩孔，但装药中的分散小缩孔是难以避免的，加上药块与熔态药间的温差较大，产生局部热应力，使装药强度降低。故用块注法不适宜装填承受过载较大的弹种，块注法广泛用于航弹、大口径火箭弹、鱼雷、水雷、地雷等装药。

块注法也适用于梯黑悬浮液炸药，操作方法与梯恩梯炸药相同。用片状梯恩梯代替药块装药，省去了制块和捣实的操作，平均密度也比块注法提高了0.01 g/m^3。

(7) 注装新技术。

由于注装法具有不受弹径和弹腔形状的限制，可以装填具有合适配比的悬浮液高能混合炸药，而且还便于实现机械化、自动化，因此各国给予了充分关注。以梯黑悬浮液炸药为例，出现了许多注装新技术。

① 离心注装。

离心注装有两种形式，即垂直式离心注装和悬臂式离心注装。

垂直式离心注装，就是弹体装药后垂直放在离心机上，弹体绕离心机轴心旋转，在重力和离心力作用下，悬浮液中的黑索今向弹腔底部沉降。如装破甲弹，初始炸药为梯黑40/60，装填后药型罩锥顶处黑索今可达68%，药型罩底部黑索今更高达75%以上；帽口漏斗中心处的黑索今仅为45%～50%。

悬臂式离心注装，按离心机的型号分有双臂和四臂两种。弹体装药后外加保温套，然后垂直挂在离心机的悬臂上，开机后，弹体在离心力作用下，绕离心机主轴在水平方向上旋转。当离心加速度大于重力加速度时，黑索今则向弹底沉降，弹腔内装药黑索今含量可达70%以上，装药密度一般可达1.72 g/cm^3 左右。

② 压力注装。

用普通注装法(常压下注装)装药时,熔态炸药结晶时所释放出的热,是通过弹壁(或模壁)以及药与空气接触的表面传走的,且总是最外面的最先凝固,而导热性很小的凝固层又阻碍了内层炸药的凝固,所以凝固较慢。由于相变时,体积有明显的收缩,如果没有外来液体补充,就会产生集中缩孔,以及由于混入炸药中的气体未能逸出而产生分散气孔。

压力注装,是加压于熔融的炸药,利用一般物质压力增加,熔点升高的规律,来使熔态炸药达到凝固的目的。由于熔融炸药各处所受的压力基本相同,所以整个体积基本同时发生凝固,较常压注装有外及里的凝固次序相比,时间肯定有所缩短。加压于熔态的炸药还有利于炸药中空气的排出,使药柱结构中无明显空隙,更无集中缩孔,而且药柱密度大。加压于熔态炸药可以使温度分布产生的热力较小而不易产生裂纹。

压力注装方法较多,如活塞式压力注装、筛网式压力注装、筛网式振动压力注装等。现以筛网式压力注装为例,其工作原理是黑索今在熔态梯恩梯的加热状态下,通过外界压力的推动作用,得到充分沉降,从而得到高含量黑索今装药。

由于挤压活塞的作用,梯恩梯药浆从下部通过隔板内的铜筛网,流到上部的帽口漏斗中,黑索今被筛网隔住,留在弹体药室中。药室内的黑索今的质量分数从原来的 60%提高至 73%左右;装药密度从普通注装的 1.67 g/cm^3 增至 1.73 g/cm^3 以上。

③ 真空振动注装。

当梯黑悬浮液炸药中的黑索今质量分数过高时,药液变得黏稠,很难注装。在振动下振动能量可以克服颗粒间的摩擦力和黏附力,提高了药液的流动性,故可进行高含量黑索今装药。另外,气泡也容易逸出。

在振动作用下,装药密度明显提高。振动对液态药的结晶起着重要作用,促使晶核形成速度增快并能破碎粗结晶。如果再采取抽真空,会使装药密度和装药质量进一步提高。

(8) 精密注装技术。

精密注装技术研制了一套以压滤工艺为主,同时采用炸药颗粒级配、真空振动、自动程控冷却等一系列先进工艺和设备,提高了装药中的固相含量和质量。并成功地应用到模拟轻弹破甲弹的配方及工艺研究中,使装药在提高能量的同时,使装药的成分及密度均匀对称。它将为提高反坦克导弹战斗部的破甲射流质量提供一种新的装药工艺。

① 采用振动压滤技术提高战斗部装药的固相含量。

在诸多的注装工艺中,如真空注装、压力注装、振动注装和离心注装都不同程度地提高了装药中的固相含量,而采用振动压滤的工艺,使药浆中固液分离,可使装药中的固相含量达到 90%左右,这是提高装药中的固相含量最有效的方法。

将奥克托今/梯恩梯配比为 60/40 或 70/30 的药浆,进行真空处理,在真空状态下将药浆注入加热的模筒中,同时在振动台上进行一段时间的真空振动。然后再把模筒放在压机上,把带有筛板的冲头放入模筒内,用压机对冲头进行加压,随着对冲头的加压,模筒中的液态梯恩梯通过筛网进入冲头空腔内,使模筒内装药中的固相含量不断增大,使之从 60%(或 70%)增加到 90%左右。

为了使压滤过程达到精确控制,把加压速度、最高压力、保压时间等输入到计算机程序中,则整个过程的控制由计算机自动完成。

② 采用程控顺序冷却技术保证战斗部装药质量。

注装炸药最难控制的是凝固过程,这也是影响装药质量的关键,自然冷却时装药热量是由里向外经过壳体进行传递,这样总是外层先降温凝固,然后由外向里一层层降温凝固,最后中心部位才凝固。在冷却凝固过程中，中心部位由于得不到液态炸药的补充，因此产生缩孔缩松，不均匀的冷却还会使装药产生裂纹。程控冷却的目的是在装药的壳体外部造成两个移动的温度场，低温 30～40 ℃的冷却水逐步从装药的壳体底部向上移动，对装药进行冷却，高温 90 ℃保温套和冷却水同步向上移动，同时对装药进行保温，使装药凝固部分的体积收缩，可以由装药上部保温区的熔态炸药进行补充，最后完成装药的分层顺序凝固，避免了缩孔缩松的产生。

整个冷却系统由计算机实现自动控制。只要把各种冷却条件，如冷却水温度、保温温度、冷却水上升速度，输入到程序中去，就可以对装药进行精确的冷却控制。

(9) 高固相熔注炸药装药技术。

随着武器弹药的不断更新和发展，注装药技术逐步向装填高固相熔注炸药的方向发展。提高装填高固相熔注炸药的工艺技术水平，确保发射时安全和提高威力成为现代注装药工艺技术发展的方向。

为了提高战斗部威力，达到高效毁伤的目的，工程兵某产品的战斗部装药采用梯黑铝混合炸药，梯恩梯比例占 24%，是一种典型的高固相熔铸炸药。在常规的普通注装药的基础上，采用添加炸药助剂、固相成分的颗粒级配、药浆抽真空、冒口保温护理等工艺技术，成功地解决了注装药常见疵病。装药的主要工作流程为：弹体内膛涂漆→弹体称重→弹体工装加热→弹体检验→炸药准备→炸药称量→熔混药→注药→冒口保温冷却→开模卸漏斗→后固化护理→工装清擦→修药面清理螺纹→装药质量检验。

高固相熔注炸药装药技术提高了装药中的固相成分，有效改善了常规装药中易出现的各类装药疵病，提高了装药密度、装药量和弹药的威力，在水下弹药、火箭弹、航空弹药等低过载弹药和聚能弹药上具有广泛的应用前景，是目前高威力弹药注装药的发展方向。

根据高固相熔注炸药的性能特点，结合注装药装药疵病形成的理论机理，采取以下工艺技术方法：

① 添加炸药助剂。

炸药助剂由钝感剂、乳化剂和降黏剂组成。助剂的加入，全面改善了高固相熔注炸药的综合性能。首先，炸药助剂降低了炸药药浆的黏度，提高了药浆的流动性，使熔混药和注药过程中不易混入气体，同时有利于将药浆中的气泡抽出，减少药柱产生气孔疵病，影响装药密度和弹药使用威力；其次，助剂在降低炸药感度的同时，提高了炸药药柱的机械性能，能在一定程度上避免药柱裂纹的产生，防止渗油现象的出现，提高弹药在发射时的安全性和长期贮存性；最后，助剂的加入改变了炸药各组分的充分混合，减少了黑索金或铝粉的沉降现象，使蜡状物等轻质成分充分融入炸药中而不漂浮于药浆上，使炸药各组分混合均匀，保障装药质量的稳定。

② 固相成分的颗粒级配。

高固相熔注炸药的固相成分一般为黑索金或铝粉。选用两种以上的不同粒度的黑索金，同时对铝粉的粒度进行严格选用，在不采用机械振动和加压等特殊手段的前提下，可以注装出固相含量高的药柱。在颗粒分布宽的固相组分中，有不少小颗粒填充于大颗粒之间，将大颗粒中间的自由梯恩梯挤出，使流动的梯恩梯量增加，从而降低药浆的黏度。炸药黏度的降低有利于消除气孔、缩孔等装药疵病，使高固相熔注炸药具有装药的批产性。当然，固相成分颗粒的形状和表面状况对黏度也有比较大的影响，一般选用球形等表面规则不粗糙的颗粒。

③ 药浆抽真空。

在炸药的颗粒之间夹存着一定量的空气，在炸药熔化及混合的过程中也会带进一定的空气，炸药凝固后形成内壁光滑的孔洞，这便是气孔。气孔的存在一方面会影响弹药的发射安定性，另一方面会影响弹药的整体装药密度和装药量，进而影响弹药的爆炸威力。

在炸药熔化和搅拌混合的过程中抽真空能充分排出药浆中的气泡，明显消除气孔疵病。由于高固相熔注炸药药浆的黏度较大，气泡逸出的阻力较大，需要在较高的真空度的条件下才能逸出。同时，抽真空的时间以及抽真空时是否搅拌对气泡的排除具有明显的影响。当然，这些工艺参数应视熔混药锅的大小、炸药量的多少、固相成分的比例大小确定。

④ 冒口保温护理。

药柱的裂纹问题是注装药生产中普遍存在的装药缺陷，是炸药在凝固时内应力作用的结果。裂纹的存在会影响发射的安定性，容易造成膛炸，所以应严格控制裂纹的产生。保温护理是解决裂纹问题的有效方法，让炸药在一定的温度条件下凝固，减小炸药中心和外层的温差，降低炸药凝固时的内应力，防止裂纹的产生。

熔注炸药在从液态向固态的转化过程中，体积要收缩，炸药收缩后的空间如果没有药浆去及时填充便会形成空洞，也就是缩孔。缩孔一方面会影响弹药的发射安定性，另一方面会影响装药的整体密度，影响弹药的爆炸威力，是必须要解决的装药疵病。根据熔注炸药凝固的规律，在弹体口部加上冒口漏斗，并对冒口漏斗和弹体口部保温。让炸药从弹体底部自下而上的顺序凝固，保障炸药凝固收缩留下的空间被源源不断的药浆补充，最终将缩孔提升到冒口漏斗中，防止在弹体中产生缩孔。

2. 压装技术

将散粒体炸药装入模具或弹腔中，用冲头施加一定的压力，将散粒体炸药压成具有一定形状、一定密度、一定机械强度的药件或装药，此装药法称为压装法。图 4.2.6 为压制圆柱形药件的示意图。

压装法是很古老的装药方法。迄今为止，压装法仍然是一种广泛应用的装药方法，因为它有两个突出的优点：

① 压装法使用的炸药很广，且生产周期短。

压装法与注装法不同，它不必使炸药熔化，只要炸药具有一定的钝感条件、一定的可压性都可以应用于压装，因此采用的炸药较广。尤其对一些熔点高于 130 ℃，具有高威力、高爆速的炸药，如黑索今、太安和奥克托今等，普通注装时其含量最多不能超过 60%，否则浇注十分困难，所以这些高威力炸药的应用受到了限制。可是经过钝感处理后就可用于压装，含量可达 95%以上。

② 压装药柱的爆轰感度比注装药柱的爆轰感度大。

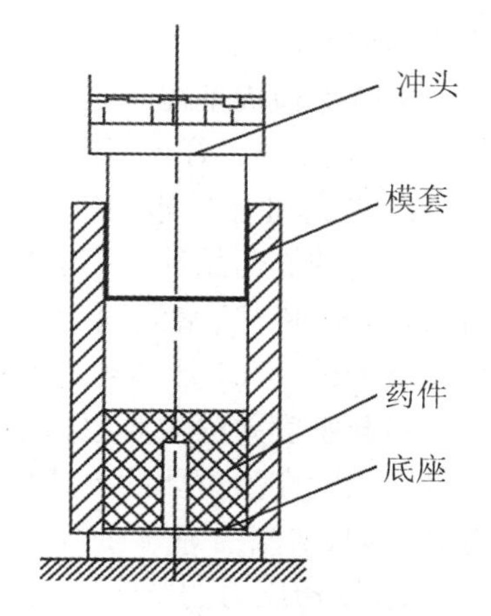

图 4.2.6　压制圆柱形药件的模具

压装药柱比注装药柱具有较高的爆轰感度，这是由于两种方法药柱成型机理不同所致，压装法压制的药柱是在外力作用下将松散颗粒状炸药压制成型，其内部和外表面有很多微小空隙，爆轰波作用时很容易产生热点而发展成为爆轰。所有传爆药柱都采用压装法装药，小口径弹药也用压装法装药，为的是使弹药能适时、可靠地发挥作用。

但是压装法也有一定的局限性，如形状复杂、药室有突起部分的弹体就不能用压装法；

大口径弹药的药柱太大，考虑到压药时的危险性较大也不宜采用压装法，必要时可以分块压装然后再进行拼接。

(1) 压装的应用范围。

压装法的使用范围，就弹径而言，适用于药室无曲率或曲率较小的中小口径榴弹、普通穿甲弹、破甲弹。

大型航弹、鱼雷、水雷、核武器的传爆序列、工兵用各种药块、各种引信的传爆管内的装药均用压装法制备。

由于压装过程是机械挤压过程，不仅要求炸药的机械感度要低，而且还要求炸药具有较好的成型性。适用的炸药有梯恩梯、钝化黑索今、8701、8702等。

(2) 散粒体特性及散粒体炸药受压变形。

散粒体是指大量大致同样的单个颗粒所组成的物体。它的物理性质介于固体和液体之间。组成散粒体的颗粒间隙称为空隙，散粒体在常压下不振动时，单位体积的质量称为松装密度。松装密度是压模设计的重要参考依据。影响松装密度的主要因素是颗粒大小、颗粒级配、表面光滑程度、颗粒形状等。

散粒体炸药在受压初期，以颗粒互相滑动靠近为主。随着压力增加，散粒体孔隙的减少，主要靠颗粒的弹性变形和塑性变形来实现。与此同时，也会出现颗粒棱角处脆性破裂的现象。从试验得知，一般散粒体炸药加压至196 MPa时，密度增加约一倍，继续升压，密度变化很小。

压制散粒体炸药时，压力主要消耗在使装药密实上。但是，也有一部分压力消耗在克服颗粒间和颗粒与模壁间的摩擦上。为了使有效压力增加，应尽量减少颗粒间和颗粒与模壁间的摩擦力。

(3) 散粒体炸药的成型性及影响因素。

散粒体炸药具有随压药压力增加，装药密度和装药的机械强度随之提高的性质，此即为炸药的成型性。

影响炸药成型性的主要因素有炸药的物理性质、压药压力、炸药的粉碎程度、药温、油质与附加物、装药长径比、压药模具等。

① 物理性质的影响。

不同的炸药品种，在相同工艺条件下压制的装药，其密度差较大。如压药比压为216 MPa，药温、模温、室温同为20 ℃，装药高度与装药直径均为30 mm，装药密度梯恩梯约为1.58 g/cm^3，8701炸药约为1.698 g/cm^3。

引起密度差的主要原因是各种炸药的结晶密度不同。梯恩梯为1.663 g/cm^3；8701炸药是以黑索今为主体的黏结炸药，黑索今的结晶密度为1.816 g/cm^3。另外，8701炸药还含有黏结剂、增塑剂等附加物，对提高装药密度有利。

② 压药压力的影响。

在其他条件相同时，装药密度随着压药比压增大而提高，尤其比压在196 MPa以下时，密度提高较快。在密度提高的同时，装药强度也随之提高，而且强度提高的速率比密度快许多倍。如梯恩梯装药，密度由1.35 g/cm^{3}增至1.59 g/cm^3，其抗压强度由166 kPa增至6830 kPa，提高了近40倍。

③ 炸药粉碎程度的影响。

在工艺条件相同时，装药密度将随炸药粉碎程度的增大而增加。当然，也不是炸药粉碎得越细越好。如果炸药颗粒过细，则颗粒间和颗粒与模壁间的摩擦力增大，相反会影响炸药装药的成型性。

④ 炸药温度对炸药成型性的影响。

在压药压力不变的情况下，装药密度将随炸药温度的提高而增加。因为药温增高，降低了炸药本身的机械强度，易使炸药塑性变形。另外，还可能使炸药颗粒表面低熔点液态混合物的渗出量增多，起润滑剂的作用，有利于炸药压制成型。

⑤ 油质和附加物的影响。

梯恩梯在长期储存中或在高温下，其所含的低熔点杂质呈液态油状物渗出。曾经就梯恩梯压药密度与油质含量的关系做过试验，试验结果表明装药密度随梯恩梯炸药的油质含量的增加而增大。

附加物对成型性的影响取决于附加物的物理性质。能改善成型性的附加物，是一些能起润滑作用的钝感物质，如石蜡、地蜡、硬脂酸、硬脂酸锌等。纯黑索今和纯太安炸药很难压制成型，但加入上述附加物后，就较易压制成型，其中钝化黑索今和钝化太安就是比较典型的例子。

⑥ 装药高度 h 与装药直径 d 比值的影响。

实践证实，当 $h/d\leqslant 1$ 时，单向压药的装药上下密度差，可控制在 0.01 g/cm^3 以内。如果 $h/d\geqslant 2$ 时，继续采用单向压药，则装药的上下密度差加大。因为压药时，只有靠近冲头的药层才完全承受了冲头的压力，所以当装药高度过高时，一般均采用双向压药来达到减小装药上下密度差的目的。

⑦ 压药模具的影响。

模套内壁粗糙度高，会使装药的轴向密度差和径向密度差加大，如果粗糙度太大，在压药过程中，甚至会产生爆炸事故。因此总的原则是，无论压制何种炸药，为安全起见，模具工作表面的粗糙度数值越小越好。

(4) 压装工艺过程。

压装法装填，一般分直接压装和间接压装两种。

直接压装是将散粒体炸药直接压于弹腔中。一般适用于弹壁较厚的普通穿甲弹和其他小口径弹丸。在采用与弹壁外形尺寸配合较精密的模具时，弹壁较薄的破甲弹也可采用直接压装法装填。

间接压装法是将散粒体炸药先在模具内压成药柱，然后用黏合剂将药柱固定于弹腔中。间接压装法一般适用于弹丸药室为圆柱形或圆锥形的中小口径榴弹、破甲弹及普通穿甲弹和核武器中的传爆序列装药、云爆武器的抛射序列装药等。

两种装药工艺可视弹径或药柱直径大小，尽量选择群模压，以提高生产效率。

压装工艺较复杂，有些工艺出于技术要求，是不能省略的。

以间接压装法为例，工艺过程如下：

① 炸药准备。

将工厂验收合格的炸药运到压装工房，开箱（或拆袋）对炸药进行对外观检查，而后过筛，除去混在炸药内的杂质，这对预防技术安全事故的发生十分必要。

② 称量。

称量的关键是准确。采用定位法，保证药柱高度一致，药量少时就会造成装药密度不够；若采用定压法，单模压时，药量少就会造成装药尺寸不合格，群模压时，某一模药量过多就会使之单模承受群模的压力，易造成爆炸事故。

③ 压药。

炸药经称量、装药入模、放冲头，接着就进入了压装工艺过程的核心——压药工序。

压药在油压机上进行。炸药压装是危险作业，必须隔离操作，即油压机安装于专门的防爆室内，高压泵和操作台分别置于另室内。另外，压机柱塞运行速度要求平缓，避免出现液压冲击、空穴、柱塞运行速度过快等现象。

压药工序能否正常安全进行，还取决于模具的状况：除模具工作面的粗糙度要达到技术要求外，模冲的配合间隙还应选择合适。实践证实，间隙过小容易卡模；间隙过大则压装时翻药严重，给模、冲的清理擦拭带来困难。总之，无论间隙过小还是过大，对安全生产都不利。

另外，在压药前应认真清理、检查模具，模套内部刻痕过多、过深、过长者，应及时更换。模具装配要到位，以使压药能顺利进行。

④ 退模。

退模仍属危险作用，也必须在防爆室内隔壁操作。为使退模既安全又能保证药柱质量，在模套的药柱退出方向，要给出一定的锥度。使药柱退模时，一经推动即与模壁脱离。

(5) 压装药疵病的预防。

① 药柱长大。

炸药在压装过程中，既有塑性变形又有弹性变形，装药退模后，由于被压炸药的弹性恢复，装药会出现长大现象，装药长大会直接影响到弹药装配。模具设计，必须考虑装药长大问题，否则制备的装药难以装入弹腔。

减轻或消除装药长大问题，有两条途径可循，即提高炸药的预热温度和增加压药时的保压时间。

② 药柱裂纹与断裂。

药柱裂纹与断裂，与装药长大现象有关。在压药过程中，装药各部分的受压状态不同，因此药柱的弹性恢复即长大也不同，于是装药本身受着不均匀的张应力。在张应力的作用下，就会使装药在强度较差处产生裂纹或断裂，这一疵病将危及弹丸发射时的安定性。

消除方法为提高炸药预热温度，增加压药的保压时间，减小压药压力，减缓装药退模速度等。

③ 起泡。

预热温度选择不当，容易引起另一疵病，即起泡。其表现为在装药表面上有微微凸起，轻轻一敲会脱落，这一疵病常发生在梯恩梯炸药压装上，其他炸药少见。

④ 装药密度不合格。

装药密度直接影响到弹药威力。解决措施为控制炸药预热温度，控制压药保压时间，装药长径比较大时，采用双向压药等。

(6) 压药新技术。

上述的压装法，是将散粒体炸药装入弹腔或模具内，用冲头传递压力进行。这种压装属一维压缩。由于各种阻力的作用，导致压药压力和装药密度存在梯度。另外，一维压缩装药的弹性恢复量大，长大现象严重。

炸药属于颗粒状粉体，堆积在一起的炸药间不可避免地存在空气，压药时压力在炸药颗粒中传递时会有损失。接近冲头处的药粒受力大，颗粒也易运动，因此密度较大；离冲头越远处则密度越小。炸药开始受压时，密度从松装开始变化，颗粒间的空气很快排净，因此密度很快增大；随着压力的继续增加，炸药被压碎，体积被缩小，密度缓慢增加；当密度大到一定值后，炸药已接近实体。基本上不被压缩，因此随着压力的增加密度几乎不增大；压力过大炸药易被压缩。密度随压力增大的变化过程近似为抛物线的过程。这些只是密度沿压药轴向变化的一个方面。

另一方面是密度沿药柱的径向变化情况。由于炸药在模子内相对模子侧壁运动时有摩擦阻力存在，阻碍炸药颗粒的运动，减少了冲头压力的传递，造成了在距冲头不同距离的横截面上，中心密度与边缘密度分布有所不同的复杂情况。接近冲头的横截面，中心密度稍小于侧边密度；远离冲头或接近底座的横截面，中心密度又稍大于侧边密度。

新技术有等静力压装，它是将炸药装入一个橡皮袋中，袋的四周充满加压流体，使炸药三维受压，因此装药密度分布得较均匀。此法仅适用于间接压装法。分步直接压装也得到应用。

(7) 分步压装药的工作原理及工作流程。

① 工作原理：螺旋杆在分步压装机压头带动下实现上、下往复和旋转的复合运动，在运动过程中，不压药时(螺旋杆向上运动)螺旋杆旋转输药，压药时(螺旋杆向下运动)螺旋杆停转压药，通过螺旋杆不断输药和压药将炸药装满弹体，并使其达到预期的密度。

② 工作流程：图 4.2.7 为分步压装机正视图，图 4.2.8 为分步压装药工艺流程图。

③ 分步压装药在中、大口径弹体装药中工艺参数的研究：

根据分步压装工艺对炸药流散性的要求，通过采用模拟药对不同口径弹体进行分步压装，并对压装过程中的参数进行研究分析，最终确定螺杆直径、输药量、油压抗压力等参数的控制对分步压装药的质量好坏起着决定性的影响。

a. 弹体口径与螺杆直径之间的关系。我们对同一螺杆直径条件下，对装药直径与装药密度的关系进行了装药实验，结果显示，在相同压力下，随着弹体装药直径的增大，周边和平均装药密度均呈线性下降的趋势。因此，对于装药直径较大的弹体，如果选择较大直径的螺杆，装药过程中炸药层面所受的压力区域相应较大，装药密度及均匀性较高。

弹丸装药密度受到弹体内膛形状的影响较大，由于分步压装工艺周边密度主要是靠螺杆挤压作用形成的，因此，装药平均密度及密度分布受药室直径影响较大。在同样压力作用下，对不同直径局部密度测量发现，不同直径装药密度分布均为中间高周边较低的态势，装药直径越大，其周边平均密度越小。

b. 抗压力与装药密度的关系。在分步压装过程中，油压机压力与装药密度有着密切的关系。为了了解抗压力与装药密度的关系，首先利用普通油压机对炸药在准静态压力下比压与装药密度的关系进行研究，了解炸药比压与密度变化的规律。从研究的结果可以看出装药密度随比压增大而增大，当比压增大到一定程度，密度增加趋于缓和。其次在分步压装设备上，通过改变油压抗压力进行分步压装药试验，并对局部装药密度进行测量，结果表明，分步压装动态油压抗压力与装药密度是正比关系，在一定的范围内，动态抗压越大，装药密度越大。与准静态压力作用下装药密度的变化趋势基本一致。

根据动态油压抗压力与装药密度的关系，考虑弹体直径、输药量、螺杆直径、装药温度和装药过程的安全性要求等因素选择油压抗压力大小。

因此，对于不同的装药弹体，应结合弹体直径、对抗压力、每次进药量等工艺参数进行优化选择，在保证装药过程安全的前提下，使装药密度达到要求。

图 4.2.7 分步压装机正视图

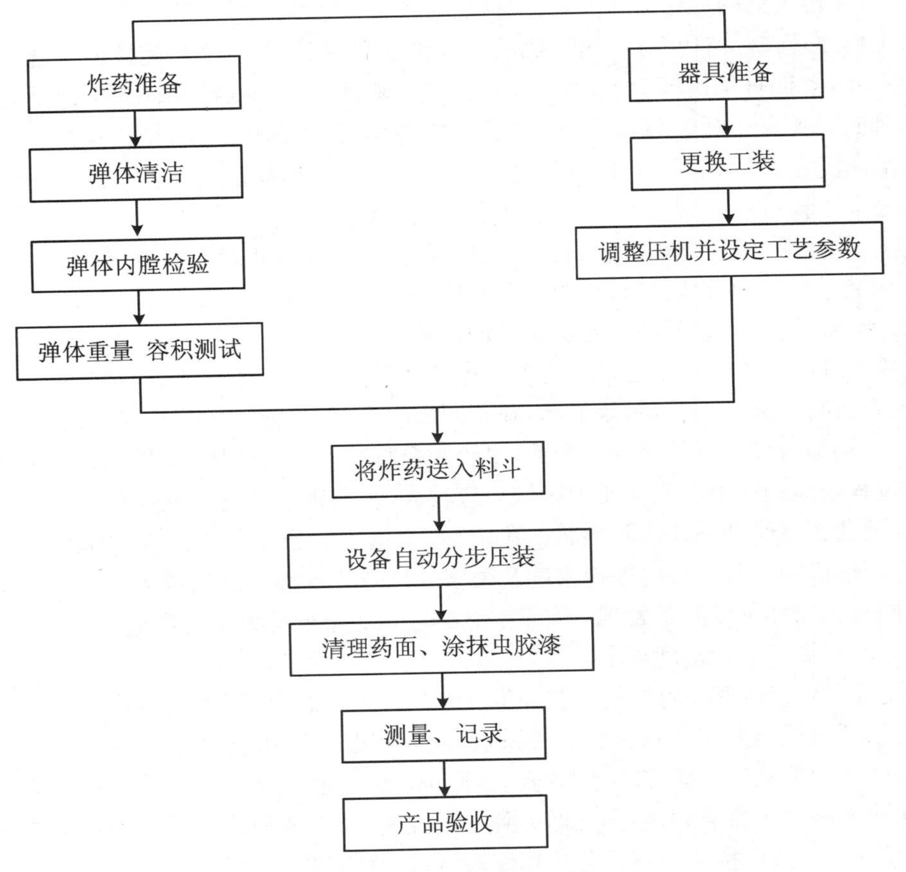

图 4.2.8 分步压装药工艺流程图

(8) 分步压装药法的实际应用性研究。

① 分步压装药压装弹体的密度检测。为进一步研究分步压装药法在中、大口径弹体装药中的应用，我们结合某 122 mm 榴弹的研制工作，在该产品上采用分步压装药，开始时先用惰性物压装开合弹 11 发，确定工艺参数后压装钝黑铝炸药。

② 分步压装药装药质量的检测。为了检查分步压装药工艺的装药质量，对分步压装钝

黑铝炸药和螺旋压装梯恩梯炸药进行了装药质量检测，结果发现，采用分步压装工艺的装药密度比较均匀，无疵孔、底隙等，未发现装药缺陷，而螺旋压装梯恩梯炸药则存在明显的密度疏松。

③ 分步压装药的安全性评估。在相同试验条件下，利用大型撞击加载装置对不同密度（1.534～1.771 g/cm^3）钝黑铝和梯恩梯、B炸药、改B炸药进行了撞击加载实验。药柱尺寸为Ø40 mm×40 mm，加载锤重为400 kg。

（9）结论。

① 通过对分步压装基础工艺研究结果表明，工艺参数与装药质量有密切的关系，在一定范围内，装药平均密度随压力的增大而增大，随装药直径的增大而减小。

② 通过对分步压装装药质量进行检测，未发现疵孔、底隙等装药缺陷，与螺装梯恩梯检测结果相比，分步压装钝黑铝炸药装药质量明显优于螺装梯恩梯。

③ 发射安全性研究结果表明，分步压装钝黑铝炸药可承受的应力过载远高于弹体发射时的炸药底层应力，满足中大口径弹丸的发射过载，其安全性高于B炸药，接近改B炸药。因此，可在中大口径战斗部装药方面得到广泛应用。

3. 螺旋压装技术

通过螺杆旋杆旋转，将散粒体炸药由装药漏斗输入弹腔内。随着炸药的陆续下送，在螺杆端部就产生了挤压力。炸药在挤压作用下被压实，并产生反作用力。当反作用力超过机器的压力时（由反压开关控制），弹体被迫向后移动。直到螺杆退出弹体药室，装药过程结束，此即为螺旋压装法，见图4.2.9。螺旋压装法效率高于前述的压装法，而且是小药量逐层压实，所以又称为微分压装法。螺旋压装分为立式螺压和卧式螺压两种，其装药机理基本一致。

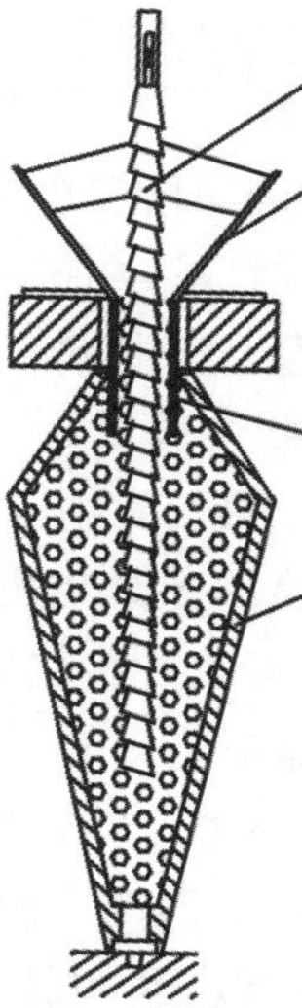

图4.2.9　螺杆压装示意图

（1）螺旋压装的应用范围。

使用螺旋压装法的炸药有梯恩梯、铵梯、梯萘等机械感度不高的炸药。用于装填82～160 mm迫击炮弹、85～155 mm榴弹等。

在螺压中，螺杆与炸药摩擦最为激烈，所以机械感度高的炸药不能用螺压。因螺杆受弹口限制，杆径不能太大，而弹腔内径又较大，因此会出现装药中心与周边密度差过大，甚至出现装药与弹壁结合不牢的现象，所以弹径不能过大。

（2）螺压装药的成型机理。

螺压分为两个阶段，即装填阶段和压实阶段。

在装填阶段里，由螺杆输入的炸药刚一进入弹腔，即因离心力作用而离开螺杆向四周散落。当炸药填满弹腔后，螺杆继续向弹腔输药，从螺旋面下挤出的炸药所产生的压力逐渐加大，当压力超过机器的压力时（由反压开关控制），弹体被迫向下移动，装填阶段结束，压实阶段开始。

在压实阶段里，由于炸药的不断输入产生的压力一直大于机器的压力，弹体均匀向下移动，直至螺杆退出弹体药室，此时压实阶段结束，装药制备完毕。

为提高生产率，可采用预装药的方法来缩短装填阶段的时间。

（3）螺旋压装的工艺过程。

不同类型的螺压机，用来装填不同的弹种，其装药工艺过程差异不大。

在正式装药前，必须进行检验螺杆端面到弹底距离是否符合技术规定，不符合立即调整；先装一发开合弹，检验装药密度是否合格，合格后，方可正式进行生产。

① 空弹体加热。

加热的目的主要在于清除防锈油，还可使弹腔内壁沥青漆软化，提高装药与弹壁结合的牢固性，也可减少装药的热应力，防止裂纹的产生。

② 弹体预装药。

预装药可缩短装填时间，提高生产效率，此点对大口径弹尤为重要。

③ 弹体和炸药的温度。

在弹药装药上，习惯将室温、弹(模)温、药温称为三温。三温对装药质量影响很大。

提高弹温、药温，有助于提高装药密度，并使装药与弹壁结合牢固。但是，温度过高会使炸药和弹壁涂层熔化，使炸药与金属壁直接接触，并有可能造成卡壳(螺装疵病之一)。如果温度过低，则炸药塑性差，压制困难，不仅造成周边密度过低，而且易使装药松动。弹温与药温均需通过试验确定。

④ 室温。

室温过低时，螺压机的液压油黏度增大，从而使反压力增加，反压力过高也易引起卡壳。另外，还会造成装药密度减小并有可能使装药产生裂纹。室温过高，在螺压中炸药易熔化，会出现卡壳。室温同样靠试验确定。

⑤ 检验装药质量。

装药质量与发射安全性和充分发挥战斗部威力密切相关。检验手段因条件不同而异：采用无损检测则对装药100%进行检验；采用开合弹进行检验，开合弹数一般为产品数量的2%～3%，开合弹合格则这批产品合格。

(4) 螺旋压装的主要疵病。

① 装药密度不合格。

炸药熔点高而三温又偏低，是装药平均密度不合格的主要原因。消除的方法为：正确选择螺杆，增大压药的侧压力，选择合适的三温等。如果装药的下部分密度小，可适当调整螺杆端面到弹腔底部的距离。

② 裂纹。

裂纹常发生在弹口部相当于螺杆外径处，产生的原因为：

a. 弹口部反压力控制不当。弹口部反压力过低时，则装药界面强度低(界面系指装药中心与装药边部，由于密度差形成的分界面)；反压力过高时，又使螺杆外径处装药过于密实，因此与相邻炸药层结合不好。

b. 弹口部冷却过快。在装药密度合格的前提下，冷却快者装药容易产生裂纹。

③ 药柱松动。

药柱松动是由于装药边部密度太低造成。这种疵病常在弹腔曲率较大的弹种中出现，如迫击炮弹出现此疵病较多而榴弹则较少。

④ 药柱长大。

装入弹体的螺旋装药，在弹体涂漆后经干燥炉时，如果炉温较高，则会出现药柱长大现象并常伴有环状裂纹发生。药柱长大部分允许用刮刀刮平。

⑤ 卡壳。

卡壳,就是螺杆继续转动,但却失去了输送和压紧炸药能力,反压力为零,大多在压实段产生,与装药质量紧密相关。出现卡壳的主要原因如下:

a. 反压力过高。反压力过高时,螺杆底下和螺杆外径附近的炸药压得密实、光滑,第二层炸药上去难以接牢,产生卡壳。

b. 炸药可塑性的影响。药温低时可塑性差,为了得到与药温高时相同的装药密度,就必须提高反压,而反压过大则易造成卡壳。

c. 炸药过热熔化的影响。炸药熔化常在螺杆端部发生。熔化的炸药被螺杆挤压上翻,遇到温度较低的炸药和螺杆时,重新凝固,若沾在螺杆上堵住螺扣,就造成了卡壳。所以,凡是易使炸药熔化的因素,如反压过大、药温过高、螺杆长时间停留在某处旋转等,都应尽力消除。

d. 炸药流散性影响。炸药流散性差或炸药中粉末太多,增加了螺杆与炸药间的摩擦力,使炸药随同螺杆旋转而不能往下输送,造成卡壳。一般发生在装填阶段。

引起卡壳的原因另外还有漏斗药供药中断,漏斗药由于过度搅拌而使输药量减少等。

⑥ 缩孔。

靠近螺杆的炸药所受的挤压力大,摩擦最为激烈,装药将出现局部熔化。当凝固时体积收缩而又得不到补充,因此产生缩孔。克服办法主要是消除局部熔化现象,压药时使各处压力分布尽量均匀。比较有效的措施是采用斜头螺杆,其压药端面与螺杆轴线成某一角度,将侧压力提高,并使炸药向中心补充。

4. 塑态装药

塑态装药就是使待装炸药处于塑性状态,在压力作用下将炸药装入弹体,然后炸药再变成固体的装药方法。塑态装药又分为冷塑态装药和热塑态装药。

塑态装药最大的特点是具有塑性,在外力作用下,易发生不可逆变的变形,且容易相互连接成团。它的密实性好,易于得到高密度装药。由于其抗水性良好,还可以在潮湿地带和水下使用,并可按需制成不同形状或装入任何不规则的弹体中。由于塑性炸药的能量、稠度和黏性都可以通过配方组分进行调整,在 $-42\sim60$ ℃范围内均具有黏性。同时,它还具有生产效率高,作业面积小,劳动条件好,能装填具有任何形状的弹腔,对炸药适用性广等优点,因此得到了广泛的应用。

(1) 冷塑态装药。

冷塑态装药,就是将液态高聚物或可聚合的单体与炸药混合,而后在常温下注入或压伸到弹腔内固化,形成符合战术技术要求的装药。

与一般的炸药注装不同,冷塑态装药克服了原来注装药脆性大,易产生缩孔、裂纹、底隙、气孔等疵病,并具有装药强度高、与弹壁结合牢等优点。它和压装高聚物黏结炸药也不同,前者靠注入、压伸等方法填入弹腔,靠化学反应将具有流动性物料固化。后者是靠压力成型。前者黏结剂等不含能的物质含量较高,后者含量较小。

冷塑态炸药通常由主体炸药、黏结剂、固化剂、催化剂、引发剂组成。

主体炸药多采用黑索今、奥克托今等炸药,其质量分数一般为70%～80%。

黏结剂有聚酯、聚氨酯、环氧树脂、丙烯酸酯、聚硅酮树脂等。

冷塑态装药的制备工艺大体经过捏合、注入、固化三个阶段而成。

为提高弹药威力,力求装药中高威力主体炸药含量大,但又要求炸药具有良好的流动性,这一矛盾可通过选择合适的颗粒级配、选择合适的温度、选择和加入分散剂等途径来解决。

冷塑态装药的根本缺点在于不含能的组分过多,因此未能得到广泛应用。

(2) 热塑态装药。

热塑态装药就是将两种以上炸药混合配制成遇热呈塑态、常温呈固态的混合炸药。在热塑状态下,用螺旋注塑器专用设备,将炸药装入弹腔,并用成型冲挤压,排出弹腔多装的炸药,形成引信孔。此法主要用于迫击炮弹等装药。

热塑态炸药的特点是低熔点炸药含量较小,高威力、高熔点的炸药含量较多,一般在混合组分中质量分数为80%左右。热塑态装药所用的炸药必须具有两种组分:既有低熔点物质又有高熔点物质,才能具有可塑性。前者常用的如梯恩梯及其二元、三元低共熔物;后者常用的如黑索金。在有的配方中还加入钝感剂如硬脂酸、石墨,还有增加爆热的物质如金属粉等。总之,热塑炸药是含有两种以上组分的混合炸药,其配方选择除应满足战术技术要求以外,还必须符合工艺性的要求。热塑态装药可以使用高爆速、高威力的黑索金等炸药,配比成分可达到60%以上,能够提高弹药威力;热塑态装药工艺能满足不同药室形状的弹药,产品适应性好;作业面积小,劳动条件相对较好等,使得其在生产中得到一定应用。

① 热塑态装药原理。

热塑态炸药均为混合炸药,其中必含有低熔点炸药如梯恩梯;另一种或数种为高熔点炸药如黑索今、奥克托今和含能物质等。将此混合炸药加热,温度控制在低熔点炸药的熔点以上,使混合炸药呈塑态,并将其装入带有蒸气夹套的螺旋注塑器内,用夹套保温。把待装弹体固定在小车上,并使输药管进入弹腔。装药时,在旋转螺杆压力的作用下,炸药通过输药管进入弹腔,装药小车克服重锤阻力,渐渐离开装药机,装药完毕螺杆自动停转,如图4.2.10所示。把带中心孔的成型压冲压入装药完毕的弹体口部,使炸药装药密实成型,并由成型压冲的中心孔排出多余的炸药,然后在保压下,缓慢冷却到塑态药固化为止。

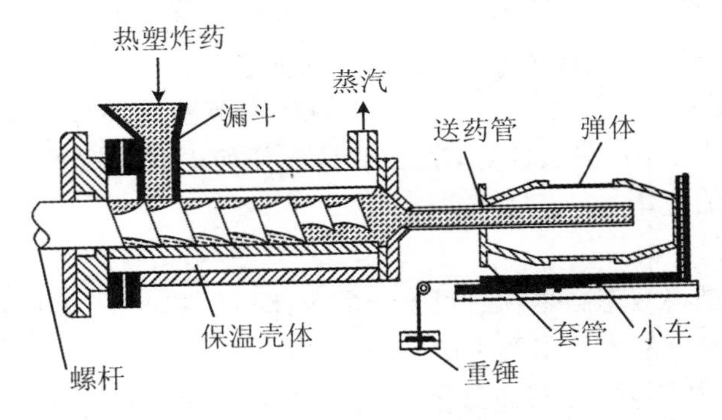

图4.2.10 热塑态装药示意图

② 热塑态装药工艺过程及主要工序。

热塑态装药工艺过程视弹种和炸药组分不同,略有差异,但基本过程一样。以RS211炸药为例,采用热塑装药法可装填各种口径的钢质榴弹、迫击炮弹和半穿甲弹、混凝土破坏弹以及火箭弹和航弹。

热塑态装药工艺流程如图4.2.11所示。

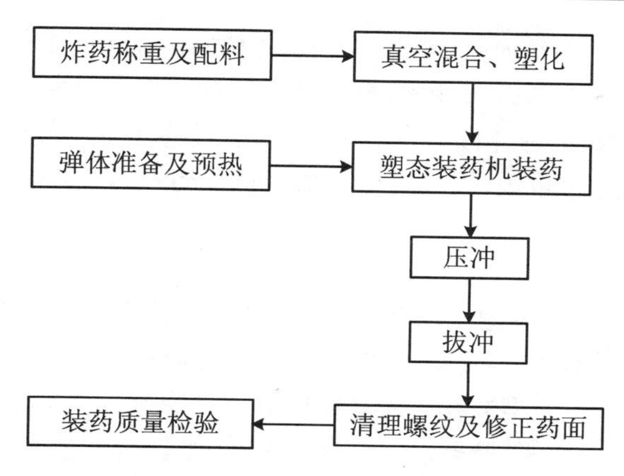

图 4.2.11　热塑态装药工艺流程

a. 炸药混合、塑化和弹体预热。

用蒸汽将绕对角线旋转的塑化器加热至 85～110 ℃，如图 4.2.12 所示。

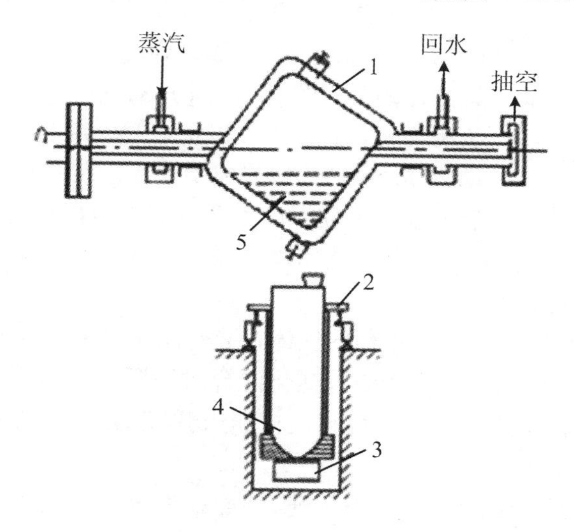

图 4.2.12　真空装药振动系统

1. 真空塑化机；2. 振动小车；3. 振动器；4. 大型产品；5. 塑化炸药

装料：将配制好的炸药装入斜角夹套筒内然后将盖盖紧。

抽空：在斜角夹套筒不加热、不旋转、处于静止状态时抽空，此时温度不超过 70 ℃。

冷混：当真空度达到 500 mm Hg 柱以上时开动混药筒，转速为 10～15 r/min，进行冷混。

塑化：混药筒夹层通入蒸汽加热，药温为 95～98 ℃，梯恩梯受热熔化，将各组分混合均匀。塑化时间为 30 min 。

弹体预热：弹体预热的温度控制在 55～70 ℃，室温控制在 18 ℃以上。弹体温度和炸药温度对装药密度和装药质量有很大影响，弹温和药温过高会出现粗结晶，使装药密度降低。

b. 装药。

将混塑好的炸药送入装药机漏斗中，进行装药。

工艺条件：装药机温度在 85～95 ℃；装药管温度不低于 70 ℃；弹体温度在 55～70 ℃；装药机螺杆转速为 200 r/min。

由于螺杆的旋转，炸药不断地通过输药管进入弹体内。输药管最初伸入弹体离底部10～23 mm处。由于炸药不断送入并被压紧，螺杆通过炸药对弹体产生一推力，当此推力超过一定的抗力(0.1～0.2 MPa)后弹体向后移动，随着弹体不断后退，炸药就在一定的压力下装满弹体。抗力的大小可通过重锤、气缸或弹簧来控制。抗力小时装药密度低，抗力过大则不安全。

c. 压冲。

把带有中心孔的成型冲(见图4.2.13)快速压入装药后的弹体口部，并将成型冲固定，使塑态炸药在压力下冷却凝固密实成型，并由成型冲的中心孔中挤出多余的塑态炸药。因成型冲在压入弹体口部时与弹壁发生摩擦，为安全起见，在弹口部装药之前先装上铜制保护套。成型冲中心孔直径不宜过大，直径过大会影响装药密度。某海军榴弹用的成型冲排药小孔直径为2.5 mm，装药平均密度可达1.63 g/cm³。当孔径过大时，装药密度会明显降低。

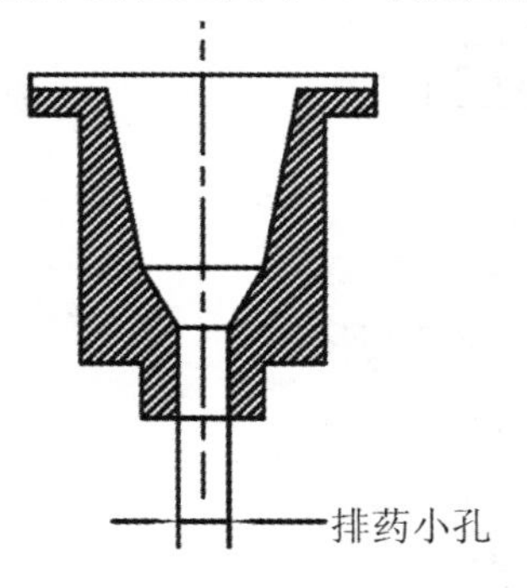

图4.2.13　成型冲

大型弹药的热塑态装药采取真空振动等措施。其工艺方法如下：将鱼雷、水雷或航弹的弹体装卡在振动机上。将混塑好的炸药装入弹体，同时开动振动机边装药边振动直至炸药装满为止，与此同时也可加入少量药块。炸药装满后继续振动2～3 min，然后将成型冲压入装药口，并用螺销固定。冷却10 h以上，室温不低于25 ℃，装药前的弹体温度为20～25 ℃，振动机频率为20～22 Hz，振动机振幅为1～2 mm。装RS211炸药平均密度不低于1.65 g/cm³。

③ 热塑态装药的主要疵病。

a. 气孔：炸药塑化混合时，混入炸药的气体在装药固化时未能排出。

b. 疙瘩、硬皮和炸药颗粒团：由于炸药塑化混合时混药不均匀，塑态药表面层在空气中冷却结成硬皮。装药时，结成的硬皮未熔化而被压入弹腔，因此装药中就出现了硬皮、疙瘩和炸药颗粒团，从而影响了装药强度。

c. 裂纹：混药不均匀、装药时退车不等速、装药在模内或退模后骤冷，都会使装药产生纵向或横向裂纹。

d. 弹底底隙和径向收缩：装药时存在相变，加之固化时由高温逐渐降为常温，造成装药的轴向和径向收缩。一般情况轴向收缩大，从而产生弹底底隙。

e. 密度过低：由于药温、弹温过高，成型冲的中心排药小孔过大，装药时退车阻力过小等，均可造成装药密度过低。

f. 装药表面疵病：药温过高而室温或成型冲温度过低，将使装药表面产生缩孔和气孔。弹温、药温过高，装药易产生粗结晶。

④ 热塑态装药的优缺点。

热塑态装药的优点有：

a. 热塑态装药的主要优点是可以使用高能量的单质炸药作为固相组分，含量较高，可达60%以上，这就为各种炸药广泛用于弹药装药和提高弹药的威力开辟了新的途径。

b. 设备简便、造价低。热塑态装药所用的螺旋压伸机比油压机和螺旋装药机都简便，因为它不需要高压系统。混塑炸药的设备也不复杂。

c. 生产效率高。热塑态装药的效率比注装和螺装高，注装的生产周期最长，因为炸药浇注以后必须缓慢冷却凝固,否则容易产生疵病。

d. 作业面积小。注装法生产周期长,产品必须在工房内等待凝固,制品量大时作业面积就大。螺装时因为必须要有钻引信孔、刮平药面、炸药预热等工序,故作业面积也较大。

e. 工作环境好。注装时炸药蒸汽多,块装和螺装时炸药粉尘太大,尤其是在钻引信孔和刮平药面操作时。因此相对来说热塑态装药的工作环境较好。

f. 与压装、螺装比热塑态装药对不同形状弹体的装药适应性强。

g. 药柱质量好,密度均匀,疵病少。

热塑态装药的缺点有:

a. 废品不好处理,药柱有收缩(径向不明显)。各种炸药的收缩值不一样,如果收缩量大,在弹底出现底隙,在高膛压情况下发射不安全。而冷塑装药则可以避免收缩,也能避免炸药蒸汽,可进一步改善劳动条件。

b. 热塑态装药所采用的炸药必须含有威力较低的低熔点炸药,且炸药的混合、塑化工艺要求严格。热塑态装药时,低熔点炸药处于熔化状态,冷却时不能像注装法那样有熔态炸药的补充,因此形成许多分散的微观缩孔,使得装药密度不够高。例如,RS111 炸药热塑态装药密度为 1.82 g/cm^3,仅达到理论密度的 91%,而压装密度一般可达理论密度的 95%以上。因此,热塑态装药得到的药柱其爆炸性能不如压装法药柱高。

5. 振动装药

振动装药工艺的研究起源于水中兵器的需要,国内外早已开始采用。

装药威力和发射安全是近年来各国研究的重点,解决的途径是提高混合炸药中高能炸药的百分含量和提高装药密度。对于高固体含量以及高黏度的推进剂药浆,由于流变和流平性能比较差,在装药过程中,前后进入的药浆往往存在固体填料颗粒架空和界面间接触不平等现象,非常容易形成气孔、缩孔等缺陷,直接影响了药柱的可靠性和发动机的内弹道性能。因为黏度大,药柱会出现诸如气孔、缩孔等疵病,尤其对于大型弹药(如航弹、水雷、鱼雷等)用普通注装不可避免的会出现欠缺。水中兵器如水雷、鱼雷装填 A-IX-2 炸药,其中所含铝粉按炸药性能来讲颗粒越细越好,但颗粒细了会使混合炸药的黏度增加;梯黑炸药中,若增加黑索金的含量,同样使药液黏度增加。黏度增加使流动性变差会给装药质量带来欠缺而不适于注装。生产部门往往采取加压浇注,提高真空度,调整浇注速度等技术手段来提高浇注质量,而效果并不令人满意。

随着聚合物材料和加工技术的研究和发展,一些新的加工工艺开始得到应用。开始将力学直接应用于聚合物,特别是将机械和声波超声波的振动作用下研究聚合物的成型状况,在聚合物的主要流动上叠加一个附加应力,使聚合物处于组合应力的作用下,在此条件下来研究聚合物的物理和流变现象。在生产实践中发现,如果给推进剂药浆一定的频率和振幅的振动,会使颗粒密实,增加药浆表面的流平性,同时有助于逸出药浆中的气体,消除药柱中的微气孔。因此,通过研究振动和振动方式对聚合物加工性能的影响和对推进剂料浆性能的影响,从而在装药工艺中引入振动技术,解决目前存在的问题。应用振动装药再加上真空处理可以解决上述问题,提高了药柱的质量。同时劳动条件、生产周期也比注装优越,因此今后很有发展前景。

(1) 真空振动装药机理。

振动装药(包括电磁振动、超声波振动、搅拌以及旋转等)之所以能获得优质药柱,其关键是降低了混合药液内的摩擦力,能在使晶粒细化的同时使柱状晶体缩小;注件的化学成分和结构组织均匀，抗热裂倾向增强。

熔态混合炸药梯恩梯/黑索金、梯恩梯/黑索金/铝粉等，其中梯恩梯为液相。黑索金和铝粉为固相，当固相含量高时，混合物颗粒间被液相薄膜包围，可流动相梯恩梯减少，所以黏度很大，也即内聚力和摩擦力很大，不能很好地充满药室，气泡也很多。振动可使混合物中固体颗粒获得加速度和惯性力。由于颗粒的质量不同，获得相等加速度的惯性力也不同。此惯性力的差值如果超过了颗粒间的内聚力和摩擦力，则黏性薄膜被破坏。颗粒在惯性力和重力的作用下发生位移，并力图向平衡位置移动而重新排列。因此颗粒互相靠近而挤出中间的液体和气泡，从而可获得较大的流动性，也有利于充满药室和有利于补缩孔。

振动还可使气泡逸出，在振动条件下小气泡互相碰撞变成大气泡，使浮力加大容易逸出。悬浮炸药受振动后，靠近振动器的颗粒首先受力，它们一方面自己振动，一方面迫使距振动器较远的那些颗粒也振动。由于摩擦力的影响使远距离处颗粒的振幅愈来愈小，颗粒的振动又把振动力传给较远处的颗粒。这样在其内部就有应力波在交替传播，所以悬浮炸药在某处有时受拉有时受压。当局部炸药受张力作用时，可看成是形成短时间的低压区，给气体分子集聚及气泡上升创造了良好的条件。或者说由于在振动作用下，振动能量可以克服颗粒间的摩擦阻力及黏附力而使流动性增加，使得气泡易于上浮而最后逸出液面。如果再采用真空处理，则气泡更容易逸出。

振动还能使晶粒细化。关于振动能使晶粒细化的说法有以下几种：

① 振动使枝晶破碎。这主要是由于振动力的作用造成了液体的运动而发生相对位移。因为混合物液体存在着黏性，所以液体各部分的运动速度存在着差异。枝晶在长大过程中被运动着的液体所冲击（或者说剪断），这种“黏性剪切”特别在液体和正在长大的枝晶之间更为严重。这样，枝晶前沿或尖端因剪切而机械破碎，枝晶成长被破坏。破碎了的枝晶在液体中成为新的结晶中心而使晶核数量增加。

② 振动使枝晶熔断。振动所产生的扰动可以使长大过程中的枝晶周围的液体前进或后退。这样将造成局部的热温起伏而使局部温度升高，促使某些枝晶的熔断，特别是在溶质偏析系数大而产生有脖颈枝晶的状态下更易被熔断，熔断的枝晶有利于晶核数目的增加。即使枝晶没有被熔断，其枝晶强度也会降低，从而在液体运动冲击下也易被剪断。

③ 振动增加游离激冷晶的数目。振动作用破坏了液体的薄膜，使液体炸药与注型壁的湿润度增加，因此使液体与注型能很好地接触，使注型对液体的激冷作用增强，而产生较多的晶体。这些激冷晶体在振动作用所引起的液体扰动下发生游离而形成大量的无定型晶体分布于液体中，明显地使晶核总数增多。

④ 振动提高了液相线平均温度，从而增加了过冷度，使自发晶增多。尤其是超声波振动对液体有产生空穴的作用。基于这种原因，超声波振动对液体有良好的除气作用，因为空穴对熔解在熔体中的气体来说是真空。当空穴崩溃时，周围液体必然进去填充。此时液体流动的动量将足以产生很高的压力。这种压力的增加会使液态炸药的熔点温度升高。梯恩梯由液相凝固为固体时，体积总是减少的。因此，当压力升高时，其熔点温度随压力的增加而升高。从而局部提高了液相梯恩梯的过冷度，势必造成自发晶核数量的增加，有利于结晶细化。总之，振动装药对晶核的形成、晶核的细化是有利的。

以上是振动装药的机理，也是提出真空振动装药的理论基础。

振动对结晶过程有很大影响，振动能使凝固速度加快。例如，梯恩梯/黑索金混合炸药的完全凝固时间，加振动比不加振动提前 7 min。之所以结晶速度加快是因为振动使晶核数量增加，使晶核生长速度加快，加快了热传递的过程。对振动条件下梯恩梯炸药的凝固过程可以认为，当炸药液体注入弹体时，由于弹壁冷却的原因，使弹壁内表面立即生成凝固层（该层的凝固过程与振动无关）。由于在结晶过程中所放出的结晶潜热是经弹壁传走的，所以在熔态炸药的中心到边缘有一温度差。当边部炸药温度降到结晶温度时，而中心药温仍较高，振动使弹体内溶态炸药发生相对运动，使中心和边部的药温差减小。另外在结晶过程中，固-液界面处的半凝固层中的树枝晶体，若是自然缓慢冷却，则树枝晶体发展成为柱状晶体；如果加有振动，则会使树枝晶体破碎并分布到整个没凝固的液相中去，从而增加了晶核数。以上两个因素都使得熔态炸药的中部和边部产生大量晶核。由于晶核数的增加，加快了凝固速度。

振动使液体黏度降低，气泡上升速度增加，这样就使大量气泡在炸药凝固之前逸出药面，使装药中气体大大减少。

气体量的减少同样使黏度下降，提高了药柱的质量和密度。如果真空度在620 mm Hg柱下，抽空15～20 min，则梯恩梯药柱密度可达1.62～1.65 g/cm^3。

综上所述，振动可使混合炸药的内摩擦力大为减少，增加了流动性，更易于充满药室。振动也使得晶核数增加，有利于获得细结晶药柱。真空振动还可消除气泡。因此，真空振动装药可获得结构均匀、密度高、强度高、结晶细、无气泡的优质药柱。

(2) 振动装药工艺条件。

振动作用的效果决定于振幅 A 与频率 n 平方的乘积。An^2 的量纲与加速度的量纲一样被称为振动加速度。振幅和频率的大小与炸药颗粒大小、黏度、配比等一系列因素有关。对于某一种弹药来说，振动装药的工艺条件合理才能保证质量和安全。经研究发现，振动加速度与黏度有关系。当振动加速度达到一定值时，药液黏度下降趋势加大，此时振动获得最大效果。

选择合理的工艺条件方法是：

① 根据混合物颗粒大小选择最优频率。

② 根据频率选择临界振幅，在此振幅与频率配合作用下，能对该混合物起到足够的振实效果。

③ 混合物在容器中振动时，器壁是混合物的振动源，振动经过其中的混合物传递才能达到各个部分。随着振动源距离的增加，振动衰减较快。所以，为了保证各处混合物获得临界振幅以上的振幅，必须考虑振动在混合物中的衰减，也就是说，为了保证离器壁最远点达到临界振幅，振动台的振幅应适当地加大。

(3) 振动装药的作用效果。

① 使混合炸药充满药室，起到使药柱密实的作用。

② 减小液相黏度，使液相中气泡易于排除。

③ 振动使晶核生成速度大，并使长大的树枝晶振碎，有利于晶核数的提高，也有利于获得细结晶的优质药柱。

④ 振动相当于搅拌，加快了凝固速度。

⑤ 振动结合抽真空更有利于气泡的逸出。真空振动对高猛炸药含量高、黏度大的液相炸药来说是有利的。振动装药易于机械化。

4.2.5 我国弹药装药装配技术现状及发展对策

弹药是武器装备中使用最多的装备。弹药技术的水平不仅能反映国家的国防制造能力,还能衡量国家的国防能力。由于弹药装药的质量直接关系到精确打击能力和毁伤能力,而弹药装药的质量是与装药装备密切相关的,因此,提高弹药装药装备的能力是提高我国弹药质量的重要途径。但由于军品订货起伏很大,市场竞争激烈,一些弹药生产企业基于自身保护的需要,对一些先进制造技术进行保密,导致这些技术不能在行业中推广,成为制约我国弹药制造技术发展的主要原因之一。

1. 我国目前弹药装药装配现状

经过几十年不断创新,以及近十年来国家对弹药行业的技改、安改以及条件建设等的投入,我国弹药制造技术水平有了大幅度的提升,弹药生产逐步由过去手工加专机的模式向专机和自动生产线方式发展,部分弹药制造装备已走出国门,如在小口径枪弹生产方面,已成功研制出转盘式全自动装配线,包括在线质量检测,目前我国小口径枪弹制造大多数企业采用该技术。虽然该技术已接近世界先进水平,但在装配速度和可靠性方面还需进一步提高。在战斗部制造方面,由于产量少,基本上采用专机生产模式。弹药制造总体技术在制造自动化、装药工艺、效率、质量以及安全绿色要求等方面仍与发达国家有较大差距。由于缺乏成熟(已工程化)的先进弹药生产技术,因此相当一部分弹药企业仍然沿用现有生产工艺,仅在现有的部分工艺设备基础上加装部分自动化装置或安全防爆等局部改进措施,完成生产线的技术改造,实现有限的技术进步,虽然产品的一致性得到了提高,但生产效率和产品质量不能得到本质的提高。

随着弹药毁伤对象的防御能力越来越强,现代战争对弹药毁伤能力的要求也不断提高。但长期以来,由于我国弹药装药技术与自动化水平与国外的差距较大,造成我国大多现行的弹药装药技术的装药密度低,有的还不能装填高能量药剂等局面,使我国现役弹药,特别是面压制武器平均毁伤威力比欧美、俄罗斯等先进国家低,不能满足现代战争的要求,因此,我国急需提高弹药毁伤威力。决定弹药毁伤能力有三个关键技术:采用高能量源、先进的弹药战斗部结构设计和采用先进的弹药装药技术(包括装药工艺技术及装备技术)。其中弹药装药技术是弹药的核心技术之一,是非核高效毁伤的重要内容。弹药制造技术对弹药战斗部结构设计、核心功能件及高能炸药的采用具有很大的甚至是决定性的制约作用。所以,发展装药技术不仅是提高我国现役弹药毁伤能力的急切需要,也是新型先进弹药的必然要求,同时也能在很大程度上推动先进弹药的发展。目前,我国在弹药制造方面需向安全、高效和绿色制造等方面发展。

弹药装药装配行业是一个涉及国家安全、具有高危险性以及污染严重的特殊行业,历来受到国家的高度重视。近十年来,国家通过安改、技改、条件建设、高新工程专项等多种渠道加大了对弹药装药装配行业的投入,使我国弹药装配行业技术水平有了较大提高,特别是本质安全性有了明显提高。我国弹药生产行业的基本现状如下:

(1) 装药装配总体技术水平较低。

我国弹药装药工艺技术在苏联援建的基础上发展起来,又吸收了西方技术。建国以来,我国弹药企业进行了几轮技术改造,特别是近十年来的大规模技术改造,工艺技术水平有所提高。但由于长期以来,我国一直缺乏成熟的可直接应用于技术改造的先进弹药自动装药装配技术成果,多数弹药企业仅在原有生产工艺与设备的基础上,进行自动化或防爆隔离操作等局部有限的安全生产技术改进,生产的安全性虽有所提高,但生产效率和产品质量仍未大幅度提高,与国外先进水平仍有较大差距。

(2) 装药装配质量不高,影响弹箭的毁伤效能。

目前我国大批量生产的现役弹箭装药方法主要是压装与注装,其中螺旋装药技术应用较为成熟。螺装工艺虽然装药生产效率高,但由于只能装填梯恩梯等低能量炸药,抗过载能力弱,如果不能对螺旋装药的装备进行有效改造,则螺旋装药工艺有被自动连续分步压装(捣装)工艺替代的趋势。自动连续分步压装工艺吸收了螺装工艺和压装工艺的部分优点,既保留了螺旋装药工艺的高效率,又具有压装药工艺能装填高能量混合炸药疵病少的特点。该工艺是从国外引进的,在引进消化的基础上也研制出相应的装药设备,但无论是引进还是自主研制的捣装机,均存在很多问题,包括:装药药面高度不能精确控制;补药与上下弹人工操作,粉尘污染较重;气动逻辑控制系统不可靠;可压药剂品种与弹种还需扩展等,离大范围推广使用还有一定的差距。由于我国自制的压药设备是民用普通压机加防爆改装而成的,与国外先进的专用精密数控压装药设备相比,还存在许多问题,包括:不能精密双向自动压药;在压制成型过程中,药柱的温度、比压、保压时间、药柱高度不能精确控制;推拉模、称装药、模具转换、模具清擦等辅助工序均为手工作业等。注装药技术基本上是通过引进发展起来的,但对引进技术尚未完成消化吸收,近十年,国内自行改建和新建十余条注装生产线,在安全、环保、劳动条件自动化程度和装药质量方面均有较大提高,但在混药均匀性和装药疵病方面仍存在问题。

北京理工大学的低比压顺序凝固技术是一种注装药中冷却的新工艺,具有药柱疵病少、药柱密度较均匀等优点,尽管已在个别企业应用,但其冷却工艺较复杂,产品质量一致性等有待提高。在热塑装药工艺方面,我国从20世纪60年代中期开始自主开发,70年代初定型推广应用,并不断改进提高。由于采用了真空熔混、真空振动浇注、加压凝固养护和程序控制冷却等新技术,有效降低了装药疵病,提高了装药密度,使塑装药工艺可广泛应用于大口径、大当量的海空各类导弹、航弹及水中兵器等新型弹药。但由于梯恩梯凝固收缩补充有限,故时有超标疵病产生,塑化设备和装药工艺有待进一步提高。

(3) 弹药装配效率低,不能满足突发性弹药消耗量大的需求。

目前,我国枪弹和中小口径炮弹的弹药装配技术水平仍与国外有一定差距。我国枪弹装药装配生产仍然沿用从苏联引进的技术,采用各工位自动专机技术的成批生产方式。而美国则采用多头快速转子技术的连续生产方式,其枪弹生产效率和发射药装药质量高得多(美国为1200发/分,而我国仅为100发/分)。我国小口径炮弹装药装配生产大多采用手动或半自动专机由人工参与完成,生产效率低、生产线上待制品与人员多而混杂、安全隐患严重。全自动装药装配技术尚未完全突破,生产节拍现只能达到每分不超过10发。与美国G&W公司设计的20 mm、25 mm、30 mm、35 mm弹药装药装配转子自动线每分生产600发的先进水平相比,相差很远。

(4) 弹药生产线在线无损检测技术不能满足快速生产要求。

大中口径弹药的检测重点是药柱密度与装药疵病,目前国内大多采用批抽样离线切割检测的方法。抽样合格,一批就合格,否则一批都报废。虽然引进了工业CT等无损检测设备,但由于检测精度受弹体壁厚差影响大,检测速度慢,仍需离线抽样检测。小口径弹药的检测重点是弹药装配质量,如弹药产品的同轴度、底火的装入深度、弹头与弹壳间的结合度等。目前,国内只有少数生产线采用在线光电无损自动检测,但检测效率较低,成为提高生产节拍的主要障碍。枪弹生产的高速在线无损检测技术的研究刚刚起步,离工程化应用还有距离。

(5) 药重与弹重自动计量技术自动化水平低。

弹箭的药剂重与弹重、火工品的药剂重主要靠人工用天平来称量,称量效率低,无法保证称量精度与安全。枪弹发射药采用计量板定容法自动计量,而枪弹弹头和全弹重采用机械旋转大秤进行自动称量分类,计量、分类精度低,稳定性差,效率较低。

(6) 弹药自动包装技术落后。

无论是炮弹还是枪弹与火工品的弹药成品,均采用人工方式进行包装。包装是弹药生产线中人员最多最密集、弹药制品存量最大的危险点。另外,我国弹药包装未形成完善的标准体系,导致各弹药厂的包装方式、结构、尺寸、装弹数量、重量不统一,包装标志混乱,通用化程度低。

2. 制约我国弹药制造技术发展原因分析

通过长期不断的技术攻关,我国弹药制造技术取得了显著的成绩,特别是近十年来,在上级有关部门的大力支持下,一些先进的制造技术得到应用,正在逐步缩小与国外发达国家的差距。但由于别国也在进步,缩小与国外发达国家差距的进程比较缓慢,其原因主要包括:

(1) 缺乏总体发展目标,技术推进缓慢。

据了解,我国近十年来,均没有制定弹药制造技术的发展总体目标,每当制定五年计划时,基本上都是企业根据自身产品的需求提出项目,仅靠企业自身的技术力量或寻找一家合作伙伴来实施,难以聚集整个行业专家的力量,不仅项目推进缓慢,而且实施效果也很难达到预期目标,更谈不上具有带动整个行业的作用。

(2) 企业间相互封锁意识严重,制约行业技术发展。

弹药装药装配技术大同小异,在一些关键环节得到突破,就可以使技术大进一步。企业出于自身的利益,不可能公开这些关键技术。因此,对某种产品,企业之间采用的技术并不相同,有的已经是比较先进的技术,但有的还是比较原始的制造模式。目前,如何转让这些技术还缺乏行之有效的办法,这种封锁意识制约了整个行业的技术进步。

(3) 相关标准不适应技术发展,制约先进技术发展。

近年来,在上级部门的支持下,不少企业通过技改或安改,在装药装配技术方面取得了进步,特别是在枪弹和中小口径炮弹的装配方面取得了历史性的突破,使长期依靠手工或部分专机的装配方式转变为自动装配方式。不仅使弹药的质量得到了提高,而且完全实现了人机隔离,提高了生产的安全性。尽管这些技术已在企业得到应用,但要在整个行业进行推广还有一些难度,主要问题是成本高,而产生成本高的主要原因是目前我国没有这种自动装配线的相关安全标准,在安全评估时,都是参照原手工装配的相关标准。在生产线中,有的元件本身既不会产生静电也不会引起爆炸,但就是要求采用防爆产品,使部分元件价格增加几倍甚至十几倍,从而造成整体成本的增加,直接影响到推广应用。

(4) 难以更改定型工艺,制约先进技术的应用。

目前,我国弹药装药装配工艺已经定型多年,凡是定型工艺均不能随意更改。由于这些工艺绝大多数都是针对原手工生产方式而制定的,随着技术的发展以及将手工装配方式改为自动方式,往往需要对原有工艺进行变更,而这种工艺变更手续非常复杂。再加上工艺变更后生产的产品必须经过多种试验，需要一定的经费支持。因此，不少企业在现有手段能满足需求的情况下，不愿意采用新的技术，也制约了弹药行业的技术进步。

3. 我国弹药制造技术发展思路探讨

为尽快提升我国弹药制造水平，在分析制约我国弹药制造技术发展原因的基础上，对弹药制造技术的发展提出以下建议：

(1) 充分利用工程中心平台，引领我国弹药制造技术发展。

2008年，原国防科工委正式挂牌成立的“国防科技工业弹药自动装药技术研究应用中心”(简称“工程中心”)标志着弹药技术的发展已引起国家的高度重视。该工程中心成立后，立即组织了对重点弹药企业的调研，通过分析目前我国弹药制造企业的现状以及与国外发达国家的差距，根据国家对弹药的需求，编制出了近十年来我国第一个关于弹药行业的发展规划。

① 以“十二五”规划为发展目标。

由于工程中心“十二五”规划是站在整个行业角度提出的，故上级部门在项目安排上应考虑符合发展规划中所涉及的研究内容，在弹药行业技改或安改等方面的安排上也应尽可能将是否符合发展规划作为条件之一，这样，才能确保该发展规划的实施。

② 充分发挥行业专家的作用。

工程中心成立了由行业专家组成的中心专家委员会，他们对行业的现状以及急待解决的问题了如指掌。故上级在安排弹药制造方面的项目时，应尽可能由工程中心专家委员会评审决定，以免造成以前“广撒网”的方式：只解决相对容易的技术，而制约我国弹药制造技术发展的关键技术却长期得不到解决。同时，对项目实施中出现的问题，由工程中心召开专家委员会专门攻关，对项目进度实行监控。

(2) 尽快完善行业内知识产权转让制。

目前，通过上级单位的支持，有不少企业在弹药制造技术方面取得了成绩，许多技术都可在行业中推广。但由于市场企业间的竞争关系，企业不愿公开其技术(某些国防基础科研项目所取得的知识产权并非企业独有)，更不用说技术转让。其根本原因是没有在行业内部制定如何保护知识产权的相关制度，通过技术转让，使企业不仅能保住自己的饭碗，还能产生良好的经济效益。因此，尽快制定这方面的制度也是推动行业技术进步的一个重要的手段。

(3) 尽快制定行业相关标准。

目前，很多弹药制造方面的标准都不能适应当前技术的发展。在没有对应标准的情况下，就只能套用相关标准，因此，两个差异较大的生产方式可能会套用同一个标准。如前所述，弹药自动装配生产线的安全标准就套用原手工装配的相关标准，为了满足相关标准的要求，不得不耗费不必要的人力和财力。因此，为了适应高新技术在弹药制造技术领域的应用，制定相关标准已经迫在眉睫。

4. 加大对弹药制造装备的研发能力

弹药装药所采用的工艺基本类似，但某些产品，我国的毁伤威力就是比国外的低，其主要原因是我国的装药装备与国外差别较大，典型的例子就是螺旋装药这种使用较普遍的装药工艺，国外对螺装机进行改造，使改造后的螺装机能装高能炸药，弹药的毁伤威力立即提高30%以上。由此可见装药装备的重要性。另一方面，弹药制造装备的水平如何，也直接关系到弹药制造自动化的实现。

(1) 加大对称装药装备的研发能力。

在手工装配中,采用天平人工称重的称装药方式,而在自动装配中,自动称装药装置成为关键装备之一。但由于装药方式不同,装药装置的变化也较大。因此,加大对称装药装备的研发能力,已成为推动弹药制造自动化的重要手段之一。

(2) 加大对弹药自动装配中基础技术的研究。

在人工装配中简单的工序往往成为弹药自动装配中需要突破的关键技术。例如,人工装配上底火是非常简单的事,但在自动装配中却容易发生底火划伤或出现鼓包现象。又如,在人工装配中用眼睛找位置,用手感确定螺纹是否对正等,在自动装配中,由于零件一致性的问题,这些看似简单的问题直接演变成系统的可靠性问题。故加强这些基础装备的研究,对推动弹药制造自动化具有重要意义。

制约弹药制造技术进步的因素很多,不仅涉及技术问题,还涉及管理以及法律法规等方面。只有充分利用工程中心平台,尽快完善行业内知识产权转让制和尽快制定行业相关标准,加大对弹药制造装备的研发能力,才能使我国弹药装药装配技术实现跨越式发展。

第5章　炮　　弹

5.1　概　　述

炮弹是指口径在20 mm以上，利用火炮将其发射出去，完成杀伤、爆破、侵彻或其他战术目的的弹药。炮弹是火炮系统的一个重要组成部分。它直接对目标发挥作用，最终体现着火炮的威力。

炮弹是现代战争中陆军火力的骨干，它能对付空中、地面、水上等各种目标，如空中的飞机、导弹，地面的各种建筑物、工事、火力点、铁丝网、布雷场、坦克、装甲车辆、人员，水上的各种舰艇、船只等。根据不同的目标性质以及不同的战术技术要求，产生了不同类型和用途的火炮弹药。

1. 炮弹的分类

炮弹根据其使用火炮和对付目标的不同有各种各样的形式，一般有以下几种分类方法：

(1) 按用途分类。

① 主用弹：供直接杀伤敌有生力量和摧毁目标的弹药统称为主用弹，如各种杀伤爆破弹(榴弹)、穿甲弹、破甲弹、半穿甲弹等。

② 特种弹：供完成某些特殊战斗任务的炮弹称之为特种弹，如照明弹、燃烧弹、烟幕弹、宣传弹、曳光弹、信号弹等。

③ 辅助弹：它是用于靶场试验和部队训练用的，如演习弹、教练弹、配重弹等。

(2) 按装填方式分类。

① 定装式：弹丸和药筒结合为一个整体，射击时一次装入炮膛，因此其发射速度快。这类炮弹的口径一般不大于100 mm。

② 药筒分装式：弹丸和药筒不为一体，发射时先装弹丸，再装药筒。其发射速度较慢，弹药筒内的发射药量可以根据需要而变化。一般这类炮弹口径不小于122 mm。

③ 药包分装式：弹丸、药包和点火具(底火)分三次进行装填，没有药筒，用炮闩来密闭火药气体。一般在岸舰炮上采用，这类炮弹口径较大，但射速较慢，在地面火炮上还没有采用。

(3) 按发射方式和使用火炮分类。

① 后膛炮弹(后装炮弹)：特点是弹丸从后面装入炮膛，再关上炮闩后发射。膛内大多有膛线，弹丸上有弹带(或称导带)，飞行时靠旋转稳定。一般地炮和高炮大多为这种结构。

② 前膛炮弹(前装炮弹、迫击炮弹)：炮弹从炮口装入，自行滑下发射。火炮一般没有膛线，弹丸靠尾翼稳定，弹道较弯曲。

③ 无坐力炮弹：火炮后部带有喷管，发射时，一部分火药气体向后喷出以平衡弹丸的后坐力。因此火炮基本无后坐。这类火炮有线膛的，也有滑膛的；有前装的，也有后装的，但均

为直射，弹道较低伸。

④ 火箭弹：在弹上带有火箭发动机，利用火药气体从喷管中高速喷出产生的反作用力，使炮弹运动。用火炮发射的火箭弹称为火箭增程弹。火箭增程弹可以配用在各种类型的火炮上。

(4) 按口径分类。

① 小口径：地面炮为 20～70 mm；高射炮为 20～60 mm。

② 中口径：地面炮为 70～155 mm；高射炮为 60～100 mm。

③ 大口径：地面炮在 155 mm 以上；高射炮在 100 mm 以上。

(5) 按稳定方式分类。

① 旋转稳定式：弹丸依靠火炮膛线赋予的高速旋转来保持弹丸飞行稳定。这与陀螺稳定的原理相同；高速旋转的物体有保持旋转轴线不变的特性；在外力作用下，沿外力矩矢量方向产生进动而不翻倒。大多数的榴弹、穿甲弹均采用这种稳定方式。旋转稳定的弹丸不能太长，一般全弹长小于 5.5 倍口径。

② 尾翼稳定式：利用在弹丸尾部设置尾翼稳定装置，以使空气动力作用中心（压力中心）后移至弹丸质心之后的某一距离处，来保持弹丸飞行稳定。

(6) 按弹径与口径比分类。

①适口径炮弹：弹径与火炮口径相同。大多数炮弹均属这一种。

②次口径炮弹：弹径小于火炮口径，便于提高初速。如各种脱壳穿甲弹属于这一种。

③超口径炮弹：弹径大于火炮口径，弹丸威力较大。某些火箭筒发射的反坦克破甲弹属于这一种。

2. 炮弹的组成

炮弹一般由引信、弹丸、药筒（或药包）、发射装药及其辅助元件、点火具等几大部分组成，除部分药筒外，只供火炮一次使用，如图 5.1.1 所示。

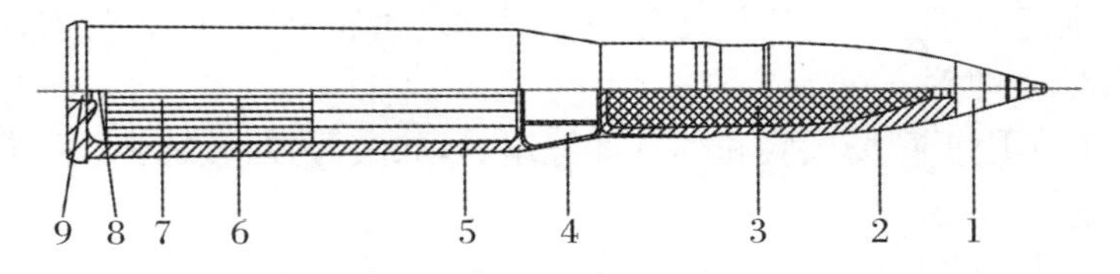

图 5.1.1 炮弹的组成

1. 引信；2. 弹壳；3. 装药；4. 除铜剂；5. 护膛剂；6. 发射药；7. 药筒；8. 点火药；9. 底火

炮弹装填完毕后的情况如图 5.1.2 所示。

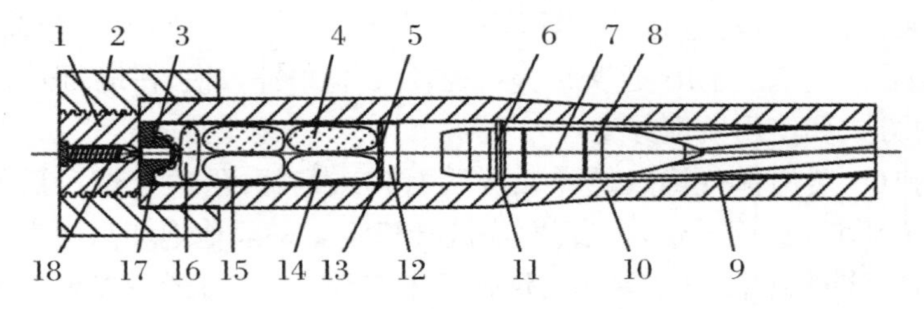

图 5.1.2 炮弹待发状态示意图

1. 闩体；2. 炮尾；3. 底火；4. 发射药；5. 紧塞盖；6. 弹带；7. 弹丸；8. 定心部；9. 膛线；10. 炮管；11. 坡膛部；12. 药筒；13. 除铜剂；14. 上药包；15. 下药包；16. 基本药包；17. 点火药包；18. 击针

(1) 弹丸部分。

弹丸部分是由引信、弹体、弹带及炸药组成。发射后,它被火药气体从炮膛中推出,飞向目标。当弹丸碰到目标时,引信开始作用,使弹丸中的炸药爆炸,从而摧毁目标。

由此可见,炸药是形成弹丸摧毁目标的一个能源;引信是使弹丸适时起爆的敏感原件;弹体是连接弹丸各个部分,保证弹丸发射时安全,保证弹丸正确飞向目标,并在炸药爆炸时产生大量破片来杀伤敌人;弹带的作用是嵌入火炮膛线带动弹丸旋转,保证弹丸飞行稳定。

各种弹丸因对付的目标和使用的火炮不同,其外形和装填物的结构有较大的区别。

弹丸的外形主要是考虑减小空气阻力来设计的。远程弹丸的初速较高,其弹头部尖锐,可以减小激波阻力;近程弹丸初速较低,头部较钝圆,而弹尾部较长,以减小涡流阻力。对于尾翼稳定的弹丸,要有尾翼稳定装置。尾翼有固定式的和可张开的两类,其具体结构将在后面的章节中作详细说明。

(2) 药筒部分。

药筒部分是由药筒、发射装药、底火及其他辅助元件组成。它的功能是赋予弹丸能量,达到规定的初速,152 榴弹炮装药如图 5.1.3 所示。

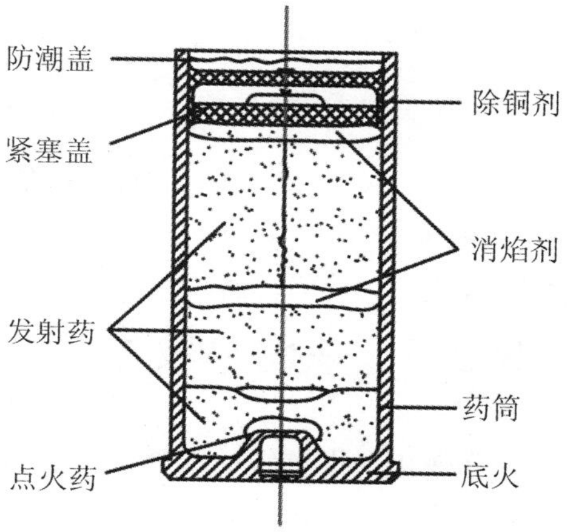

① 药筒。一般用黄铜或软钢冲压制成,用来盛装发射药和其他辅助用品。在平时,保护发射药不受潮,不碰坏;发射时,由于药筒壁很薄,又有弹性,火药气体压力使其胀大紧贴在炮膛壁上,消除缝隙,保证火药气体不后泄。发射后,药筒弹性恢复,故打开炮闩后可顺利抽出药筒。

图 5.1.3 152 榴弹炮装药

② 发射装药。为一定形状和一定重量的火药,放在药包中或在药筒中的一定位置上。发射时,火药被点燃,迅速燃烧生成大量火药气体,产生很高的压力,推动弹丸前进。火药是发射弹丸的能源。

③ 底火。底火是用来点燃发射药用的。它由底火体、火帽、发火点、黑药、压螺、紧塞锥形塞等元件组成。

④ 辅助元件。包括有密封盖、紧塞盖、除铜剂、消焰剂、护膛剂和点火药等,它们都放在药筒内。

a. 密封盖:为硬纸制成,放在药筒上方并涂有密封油,用以保护装药不受潮,在射击时要去掉。

b. 紧塞盖:也是硬纸制成,用以压紧装药,使其在运输和搬运时不致移动,变换装药后仍需放在药筒内,并将装药压紧,不使药包串动,以利于火药的正常燃烧。

c. 除铜剂:弹丸在发射时,由于弹带嵌入膛线,会使弹带的一些铜屑留在膛内,称其为挂铜,挂铜会影响弹丸的运动,使内弹道性能和射击精度变差。除铜剂的作用是为了消除挂铜。除铜剂一般是锡和铅的合金制成,其熔点很低,发射时在高温作用下与挂铜生成熔化物,这种熔化物熔点也很低,易被火药气体所冲走或被下一发弹丸的弹带所带走,没有带走的也容易被擦掉。使用了除铜剂后,膛内没有积铜,射击精度可显著提高。除铜剂一般制成丝状,缠成圈状放置在发射药的最上面,其用量为装药总量的 0.5%～2.0%。

d. 消焰剂:弹丸飞出炮口后,膛内的火焰气体也随之喷出,其中的可燃成分与空气中的氧发生反应,在炮口进行燃烧,会产生很大的火焰,即为炮口焰。炮口焰是有害的,特别是在夜间，会是使阵地暴露并会使炮手眼花，影响战斗。

e. 点火药：一般采用黑药，放在基本药包的底部，用以加强底火的火焰，保证其充分点燃发射药。点火药量占装药量的1%～2.5%，燃尽时能产生5～10 MPa的点火压力。所以采用黑药作为点火药，是由于其燃烧产物中有很多固体，大量炽热的固体微粒易使火药迅速被点燃。黑药中有硝酸钾，易受潮，所以必须注意防潮问题。

f. 护膛剂：采用护膛剂是提高火炮寿命的有效措施。目前常用的护膛剂为钝感衬纸。它是将石蜡、地蜡、凡士林等配成一定成分涂在纸上做成的。初速较高的火炮（小口径初速在800 m/s以上，中大口径在700 m/s以上）都要使用这种钝感衬纸。因为高速度火炮的装药量多，膛压高，火药气体温度高，对炮膛的冲刷烧蚀作用严重，特别是较大口径的加农炮，有的仅发射几百发后就不堪使用，因此寿命是一个严重的问题。采用护膛剂后，能提高寿命2～5倍，甚至更多倍。

5.2 杀伤爆破弹和混凝土破坏弹

5.2.1 杀伤爆破弹

杀伤爆破弹即传统的榴弹，是指弹丸内装有猛炸药，利用炸药爆炸时释放的能量和产生的具有一定动能的破片，完成爆破和杀伤作用的弹药总称，简称杀爆弹。

杀爆弹毁伤目标主要通过以下两种途径：

杀伤作用：利用弹体破碎后产生的动能破片，杀伤人员等有生力量。一些质量较重、动能较高的破片能够侵彻薄装甲，破坏武器装备，杀伤轻型掩体内或车体内的人员。中小口径杀爆弹可对付布雷区和铁丝网，用来开辟通路和破坏轻型工事。杀爆弹从20 mm枪榴弹到155 mm榴弹炮弹，共有十几种口径系列，发射平台遍及地面火炮（榴弹炮、加农炮、加榴炮、迫击炮、高射炮、无后座力炮、反坦克炮）、机载火炮、舰载火炮、火箭炮和榴弹发射器等。

爆破作用：利用弹丸起爆后，爆炸生成物的直接作用和空气冲击波的作用摧毁目标。能够破坏坚固的防御工事、木石防护层的指挥所、通信枢纽、铁丝网以及布雷区等，用来开辟通路，也可以杀伤集结的隐蔽有生力量、兵器和军事技术装备。

杀爆弹主要有以下几种分类：

(1) 按效能分。

① 杀伤弹（fragmentation projectile）。侧重杀伤作用的弹丸，以弹丸产生的破片来杀伤有生力量和毁伤目标的炮弹，弹壁较厚，弹体质量较大，炸药威力也较大其爆轰产物和冲击波也能对目标起毁伤作用。多用于各种火炮，是炮弹中最基本的主用弹之一。

② 爆破弹（blast cartridge）。侧重爆破作用的弹丸，以弹丸的炸药装药爆炸产生的爆轰产物和冲击波破坏目标的炮弹，弹壁较薄，炸药威力大。其炸药的装填系数大于杀伤弹和杀伤爆破弹，通常配用于大口径火炮。主要用于破坏工事和障碍物，在雷场中开辟通路，摧毁导弹发射场、机场、火力点等固定目标。

③ 杀伤爆破弹（high explosive projectile）。简称杀爆弹，兼顾杀伤、爆破两种作用的炮

弹。其炸药相对质量和炸药装填系数介于杀伤弹和爆破弹之间。大口径杀伤爆破弹偏重爆破作用,口径较小的偏重杀伤作用。杀伤爆破弹广泛配用于地面炮、高射炮、坦克炮、舰炮、海岸炮、航空机关炮,主要用于毁伤有生力量和技术装备,破坏野战工事和开辟通路,是战场上应用较多的弹种,也是各类火炮采用的最基本的主用弹种。其中远程杀伤爆破弹在炮兵弹药中成为压制兵器的主要弹药,也是目前弹药中发展较为活跃的弹丸。

(2) 按对付的目标分。

① 地炮杀爆弹。用以对付地面目标的弹丸,用途比较广泛。

② 高炮杀爆弹。用以对付空中目标的弹丸,如飞机等空中目标。

(3) 按弹丸稳定方式分。

① 旋转稳定杀爆弹。采用旋转稳定方式,由线膛炮发射。榴弹炮、加农炮、加榴炮、舰载火炮和高射炮等平台发射的杀爆弹通常为旋转稳定方式。

② 尾翼稳定杀爆弹。采用尾翼稳定方式,由滑膛炮发射。迫击炮、火箭炮和榴弹发射器等平台发射的杀爆弹通常为尾翼稳定方式。

(4) 按使用方式分。

① 一般火炮杀爆弹。② 迫击炮杀爆弹。③ 无后坐力炮杀爆弹。④ 枪杀爆弹。⑤ 小口径发射器杀爆弹。⑥ 火箭炮杀爆弹。

1. 基本结构

杀伤爆破弹一般由弹丸和发射装药组成。弹丸由引信、弹体、炸药装药和弹带或尾翼等组成。一般配触发引信,具有瞬发、惯性和延期三种装定,有的也配近炸引信。线膛火炮配用的杀爆弹一般都采用旋转稳定方式,对于滑膛火炮,因火炮没有膛线,弹丸采用尾翼稳定方式。

(1) 采用旋转稳定方式的弹丸。

采用旋转稳定方式的弹丸,相对尾翼稳定弹丸空气阻力小、射程远、精度好。下面以122 mm 杀爆弹为例,介绍旋转稳定方式的杀爆弹丸的一般外形特点和结构特点。

① 外形特点。

采用旋转稳定方式的弹丸外形通常为回转体,分为流线型弹头部、圆柱部和弹尾部,如图 5.2.1 所示。弹丸的外形与弹丸的初速度和飞行阻力都有关。弹丸初速度越高,弹丸形状越细长,老式杀爆弹长径比稍大于 4,新型杀爆弹的长径比为 5.8,最新式的全弧形远程全膛弹的长径比已达到 6 以上。弹丸的外形好坏,可直接关系到弹丸在飞行中遇到的阻力大小,弹丸的每一部分的形状所涉及的阻力成分不同。

a. 弹头部。弹头部是从引信顶端到上定心部上边缘之间的部分,常把引信下面这段弹头部称为弧形部(l_h)。弹丸以超音速飞行时,初速度越高,弹头激波阻力占总阻力的比值越大。为减少波阻,弹头部应为流线型,可增加弹头部长度和弹头的母线半径使弹头尖锐。弹头部母线一般为圆弧锥形,也有采用抛物线等形状的。抛物线形弹头部更有利于减小空气阻力,但制造困难,故一般采用圆弧锥形。圆弧锥形弹头部母线为圆弧,其曲率中心一般位于弹头部底部端面下方。弹头部长度一般为 1.5～3d,远程型弹丸的弹头部长度

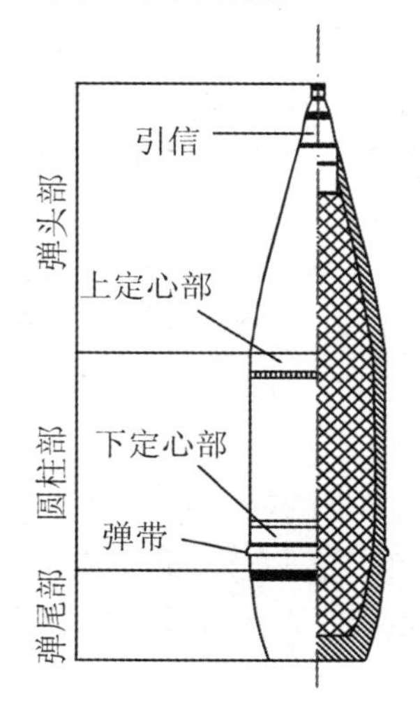

图 5.2.1 122 mm 杀爆弹的结构

超过 $5d$，常把引信以下的弹头部称为弧形部。某些初速较低、非远程的弹丸，其弹头部采用截锥与圆弧组合形，如 54 式 122 mm 榴弹炮杀爆弹。有些小口径的弹头部为截锥形，如航 30-1 杀爆燃弹丸。

b. 圆柱部。圆柱部是指上定心部上边缘到弹带下边缘部分。弹丸在膛内的定心及沿轴向正确运动就靠此部分来保证，所以圆柱部又称导引部，依靠上定心部和弹带来径向定位。定心部分要求加工得比较精密，不允许锈蚀及磕碰。为保证弹丸顺利装填，要求定心部与炮膛间留有一定间隙，称为弹炮间隙，为减小弹丸在膛内的章动又不能间隙过大。一般来说，圆柱部越长，越有利于弹丸在膛内的稳定性，也越有利于炸药药量的增多，但会使飞行阻力加大，影响射程。

c. 弹尾部。弹尾部是指弹带下边缘到弹底面之间的部分，为减少弹尾部与弹底面阻力，弹尾一般采用船尾形，即短圆柱加截锥体。尾锥角为 6°～9°。不同初速的弹丸，尾锥角不同，初速越高，此角越小。

② 结构特点。

a. 引信。杀爆弹主要配用触发引信，具有瞬发(0.001 s)、惯性(0.005 s)和延期(0.01 s)三种装定。在需要时也配用时间引信和近炸引信。

b. 弹体。弹体结构分为两类，整体式和非整体式。非整体式弹体由弹体和口螺、底螺等组成。

为确保弹丸具有足够的强度，通常要求弹体采用强度较高的优质炮弹钢材，只有极少数弹体使用高强度铸铁制造。其加工方法，大口径弹体一般是热冲压、热收口毛坯车制成形，小口径弹体一般由棒料直接车制而成。

c. 弹带。采用嵌压或焊接等方式固定在弹体上。为了嵌压弹带，在弹体上车制出环形弹带槽，在槽底辊花或环形凸起上铲花，如图 5.2.2 所示，以增加弹带与弹体之间的摩擦，避免相对滑动，弹带的材料应选用韧性好、易于挤入膛线、有足够的强度、对膛壁磨损小的材料。过去多采用镍铜、黄铜或软钢，近年来已有许多弹丸用塑料作弹带，如美国 GAIJ8/A30 mm 航空炮榴弹采用尼龙弹带；法国 F5270 式 30 mm 航空炮榴弹采用粉末冶金陶铁弹带。这类新型塑料，不仅能保证弹带所需的强度，而且摩擦系数较小，可减小对膛壁的磨损。据报道，若其他条件不变，改用塑料弹带，可提高身管寿命 3～4 倍。

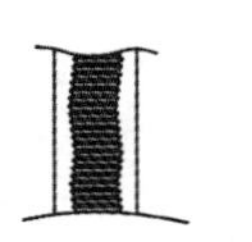
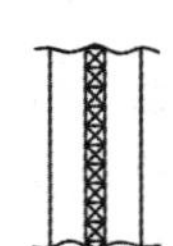
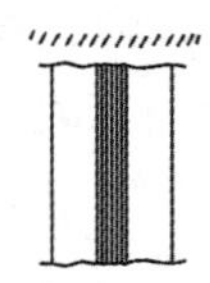
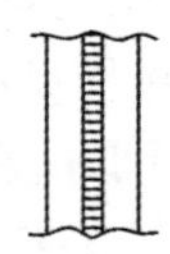

图 5.2.2　弹带槽底辊花形状

弹带的外径应大于火炮身管的口径（阳线间的直径），至少应等于阴线间直径，一般均稍大于阴线间直径，此稍大的部分称为强制量。因此弹带外径 D 等于火炮身管口径 d 加 2 倍阴线深度 Δ 再加 2 倍强制量 δ，即

$$D = d + 2\delta + 2\Delta \tag{5-2-1}$$

强制量可以保证弹带确实密闭火药气体，即使在膛线有一定程度的磨损时弹带仍起到密闭作用。强制量还可以增大膛线与弹带的径向压力，从而增大弹体与弹带间的摩擦力，防止弹带相对于弹体滑动。但强制量不可过大，否则会降低身管的寿命或使弹体变形过大。弹带强制量一般在 0.001～0.0025 倍口径范围。

弹带的宽度应能保证它在发射时的强度，即在膛线倒转侧反作用力的作用下，弹带不致破坏和磨损。在阴线深度一定的情况下，弹带宽度越大，则弹带工作面越宽，因此弹带的强度越高。所以，膛压越高，膛线倒转侧反作用力越大，弹带应越宽，初速度越大，膛线对弹带的磨损越大，弹带也应越宽。弹带越宽，被挤下的带屑越多，挤进膛线时对弹体的径向压力越大，飞行时产生的飞疵也越多，所以弹带超过一定宽度时，应制成两条或在弹带中间车制可以容纳余屑的环槽。根据经验，弹带的宽度不超过下述的值为宜：小口径 10 mm；中口径 15 mm；大口径 25 mm。

弹带在弹体上的固定方法因材料和工艺而异。对金属弹带，主要是利用机械力将毛坯挤压入弹体的环槽内。其中小口径弹丸多用环形毛坯，直接在压力机上径向收紧，使其嵌入槽内（通常为环形直槽），大中口径弹丸多用条形毛坯，在冲压机床上逐段压入燕尾槽内，然后把两端接头碾合收紧。挤压法的共同特点是在弹体上需要有一定深度的环槽，从而削弱了弹体的强度。为保证弹体的强度，弹带部位的弹体必须加厚，这样又影响了弹丸的威力。近年来发展了焊接弹带的方法。使用焊接弹带，弹体上无须刻槽，可使壁厚更均匀。至于塑料弹带，除了可以塑压结合外，还可以使用黏接法。

d. 弹丸装药。弹丸内的装药为炸药。目前普遍应用的炸药是梯恩梯、阿马托、钝黑铝和 B 炸药。梯恩梯炸药多采用螺旋压装，将炸药直接压入药室，并通过螺杆上升速度来控制炸药的密度分布。钝黑铝炸药先将炸药制成药柱，再装入弹体。B 炸药多采用真空振动铸装。

(2) 采用尾翼稳定的杀爆弹。

对于杀爆弹来说，采用尾翼稳定，虽然在威力、射程、精度方面都会受到一定影响，但从整个火炮来讲，配备尾翼式杀爆弹还是必要的。滑膛加农炮、滑膛无后坐力炮和迫击炮，因火炮没有膛线，弹丸稳定只能采取尾翼稳定方式。

图 5.2.3 为 100 mm 滑膛炮杀爆弹。该弹为超音速尾翼弹（初速为 900 m/s）。头部曲线为圆弧形，因其飞行速度较高，故其头部较长，采用长圆柱部的外形结构，可增大药室容积，提高弹丸威力；在弹体下部固定有起闭气作用的铜弹带，以减少火药气体外泄；对于超音速尾翼弹，一般都必须使用超口径尾翼才能保证稳定，该弹采用气缸式张开尾翼结构。尾翼在膛内收拢，出炮口后气缸内的火药气体压力推动活塞，使尾翼张开。

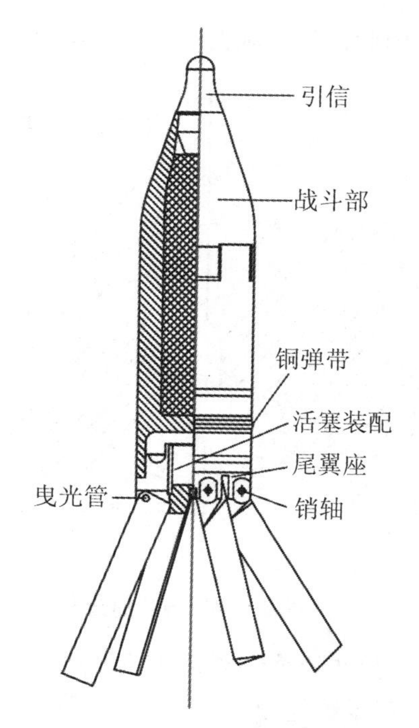

图 5.2.3 100 mm 滑膛炮杀爆弹

2. 杀伤爆破弹常用材料

为了确保弹体的发射和碰击强度以及产生尽量多的有效杀伤破片，通常要求采用强度较高的优质炮弹钢材制造，当前常用 D60 或 Mn2 及 58SiMn 钢。

弹带材料在弹丸初速为 300～600 m/s 时多用紫铜；对初速较高的加农、加榴炮弹则用强度稍高的铜镍合金或 H6 黄铜等铜质材料。铜弹带耐磨，可塑性好，有利于保护炮膛。有些弹丸也采用尼龙弹带或粉末冶金陶铁弹带。

炸药常用梯恩梯或钝黑铝炸药。国外目前已普遍使用B炸药，威力比梯恩梯显著增大，但发射安全性技术难度较大。

3. 杀爆弹对目标的基本作用原理

杀伤爆破弹对目标的毁伤由以下几种作用构成。

杀伤作用——利用破片的动能。

侵彻作用——利用弹丸的动能。

爆破作用——利用炸药的化学能。

燃烧作用——根据目标的易燃程度以及炸药的成分而定。

根据目标的性质和战术任务，杀爆弹对目标的作用效果可由引信的装定来决定。

(1) 杀伤作用。

杀伤作用是利用弹丸爆炸后形成的具有一定动能的破片实现的。破片对目标的杀伤效果由目标所在处破片的动能和密度决定。

杀爆弹静止爆炸后，由于弹丸是轴对称体，故破片在圆周上的分布基本上是均匀的但破片在从弹头到弹尾的纵向分布则是不均匀的，圆柱部产生的破片最多，占70%～80%。在弹头和弹尾成90°的飞散范围内为杀伤区，如图5.2.4所示。

杀爆弹在空中爆炸后，弹丸的落速越大，破片就越向弹头方向倾斜飞散。弹丸的落角不同，也会影响破片在空中的分布。弹丸"垂直"地面爆炸时破片的分布近乎一个圆形，具有较大的杀伤面积，如图5.2.5(a)所示。弹丸具有一定倾斜角爆炸时，只有两侧的破片起杀伤作用，因此杀伤区域大致是个矩形，如图5.2.5(b)所示。

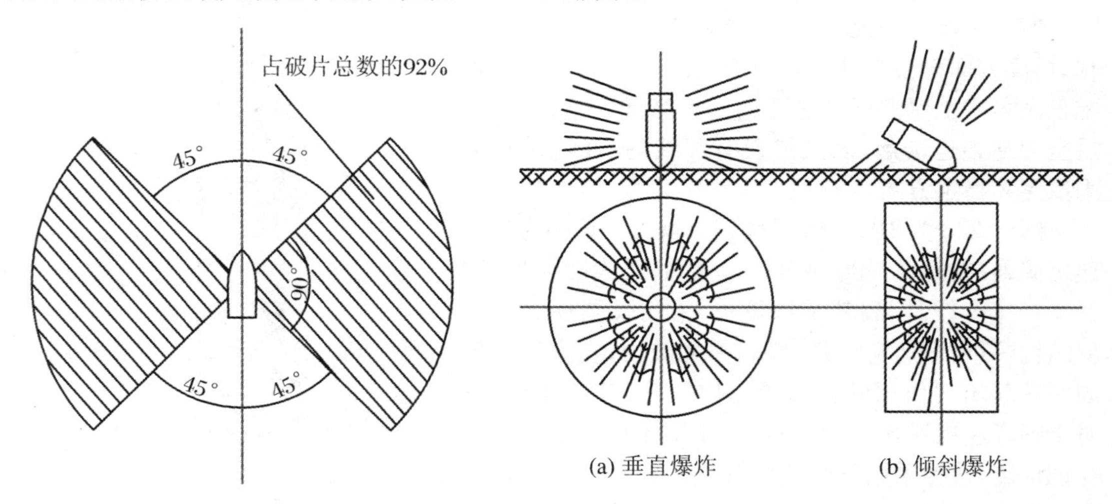

图5.2.4　破片的分布

图5.2.5　落脚不同的杀伤区域

弹丸的杀伤威力，可用"密集杀伤半径"来衡量。其意义是：在这个半径的周界上密集排列着(暴露地面上)高1.5 m、宽0.5 m、厚25 mm的松木板制成的人像靶，弹丸爆炸后，平均每个靶上可穿透一个破片。

根据破片分布的特点，在实际射击中，可采用小射角的跳弹射击来提高杀伤作用。在着发射击不适用的条件下，将引信装定为"延期"作用，采用小射角射击。由于落角小(一般小于20°)，弹丸向空中跳飞，在离地面一定高度时爆炸，充分利用了破片的杀伤作用，如图5.2.6和图5.2.7所示。

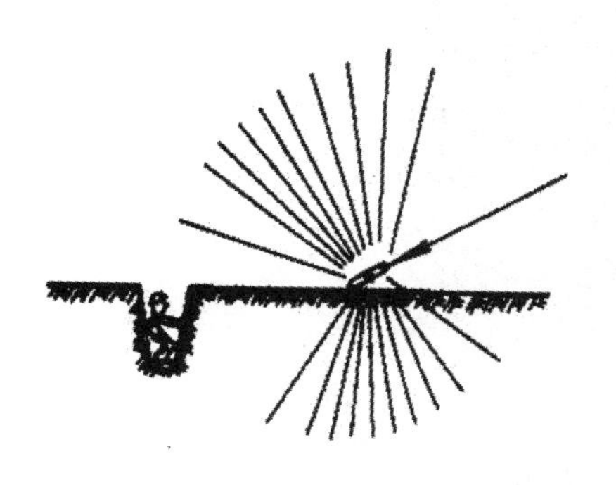

图 5.2.6 对有隐蔽敌人的着发射

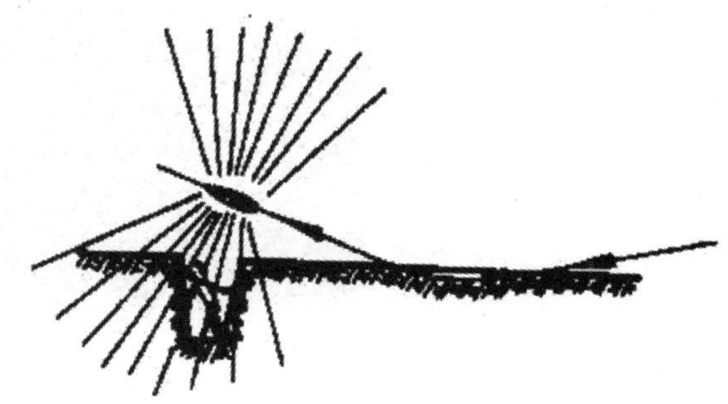

图 5.2.7 有跳弹实施空炸

(2) 侵彻作用。

杀爆弹的侵彻作用,是指弹丸利用其动能对各种介质的侵入过程。在这里将要讨论的侵彻作用,主要是杀爆弹对土石介质的侵彻。当针对土木工事等目标时,对杀爆弹来说,侵彻作用具有重要意义。因为只有在弹丸侵彻至适当深度时爆炸,才能获得最有利的爆破和杀伤效果。将引信装定为"延期",杀爆弹击中土木工事后并不立即爆炸,而是凭借其动能迅速侵入土石介质(图 5.2.8(a)),侵彻到一定深度时,延期引信引爆炸药。炸药爆炸时形成高温、高压气体,猛烈压缩和冲击周围的土石介质,并将部分土石介质和工事抛出,形成漏斗状的弹坑(图 5.2.8(b)),称为"漏斗坑",弹丸完成爆破作用。弹丸破坏地面或半地下工事主要依靠爆破作用,侵彻作用可以获得最大爆破效果。若引信装定为"瞬发",弹丸将在地面爆炸,大部分炸药能量消耗在空中,炸出的弹坑很浅。相反,如果弹丸侵彻过深,不足以将上面的土石介质抛出地面,而造成地下坑(出现"隐坑"),如图 5.2.9 所示,不能有效地摧毁目标。因此引信装定要和弹丸的爆破威力相适应。

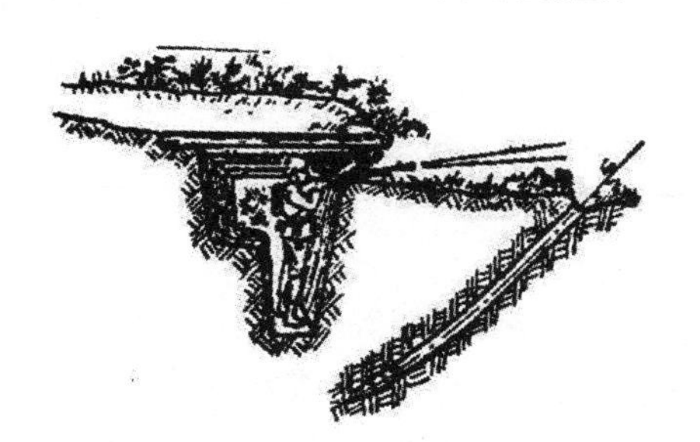

(a) 弹丸侵入土石方介质

(b) 弹丸爆炸形成弹坑

图 5.2.8 杀爆弹对工事的破坏

(3) 爆破作用。

利用炸药爆炸时的高压气体和冲击波对目标的摧毁作用称为爆破作用。

通常认为,弹丸壳体内的炸药引爆后,产生高温、高压的爆轰产物。该爆轰产物猛烈地向四周膨胀,一方面使弹丸壳体变形、破裂,形成破片,并赋予破片以一定的速度向外飞散,另一方面,高温、高压的爆轰产物作用于周围介质或目标本身,使目标遭受破坏。

弹丸在空气中爆炸时,爆轰产物猛烈膨胀,压缩周围的空气,产生空气冲击波。空气冲击波在传播过程中将逐渐衰减,最后变为声波。空气冲击波的强度,通常用空气冲击波峰值

图 5.2.9　隐炸

超压(即空气冲击波峰值压强与大气压强之差)Δp_m 来表征。

球形梯恩梯炸药在空气中爆炸时,其空气冲击波峰值超压可按经验公式(5-2-2)计算:

$$\Delta p_m = 8.24\frac{\sqrt[3]{m}}{r} + 26.49\left(\frac{\sqrt[3]{m}}{r}\right)^2 + 68.67\left(\frac{\sqrt[3]{m}}{r}\right)^3 \tag{5-2-2}$$

式中,m 为炸药质量;r 为到爆炸中心的距离。

空气冲击波峰值超压愈大,其破坏作用也愈大。冲击波超压对目标的破坏作用如表5.2.1所示。

表 5.2.1　空气冲击波对目标的作用

对人员的杀伤		对飞机的破坏	
超压 Δp_m(10^4 Pa)	破坏能力	超压 Δp_m(10^4 Pa)	破坏能力
<1.98	无杀伤作用	1.96～2.94	各种飞机轻微损伤
1.96～2.94	轻伤	4.90～9.81	活塞式飞机完全破坏,喷气式飞机严重破坏
2.94～4.90	中等伤		
4.90～9.81	重伤,甚至死亡	>9.81	各种飞机完全破坏
>9.81	死亡		

4. 远程杀爆弹增程技术

从 20 世纪 60 年代开始,远程杀爆弹的射程每 10 年以 25%～30%的速度在增大。世界各国军事技术部门,都在研究增大射程的方法。目前,远程杀爆弹的初速已达到 910～950 m/s,弹形系数最小达到 0.72 左右,比老式杀爆弹减小 30%左右。增程的主要方法如表5.2.2 所示。

(1) 提高弹丸初速。

提高弹丸初速,是从发射平台角度研究提高射程的方法,主要有研究新的发射技术,如电磁炮、电热炮;研究新的发射药,如液体发射药、包覆火药;研究新的装药结构、加长身管、增加装药量、提高膛压等;随行装药。

① 随行装药。

对于利用火药发射的弹丸,高初速是增大射程的重要因素。提高初速的关键是膛压曲线形成平台,平台越宽、越高,获得的初速就越大。如果能在弹丸发射过程中造成定压发射,则提高初速的效果更好。随行装药就是利用压力平台效应提高初速的一种方法。我国已在120 mm 反坦克炮上使用了随行装药,如图 5.2.10 所示。

表 5.2.2 主要增程技术

初速增程技术		外弹道增程技术		复合增程技术
改善现有发射技术	改进火药性能 改进装药结构 改进火炮参数	改进弹丸结构	弹形减阻 姿态减阻 减小阻力加速度 空心弹减阻	初速与弹形匹配 弹形与底排匹配 底排与火箭发动机匹配 空心效应与冲压发动机匹配 匹配
随行装药	固体随行装药 液体随行装药	外部加能加热减阻	火箭增程 冲压增程 底排增程	底排火箭与滑翔匹配 综合优化
液体发射药火炮	再生式 整装式	滑翔增程	增大升力	
新型发射技术	电磁发射 电热发射 电热-化学发射			
冲压增程				

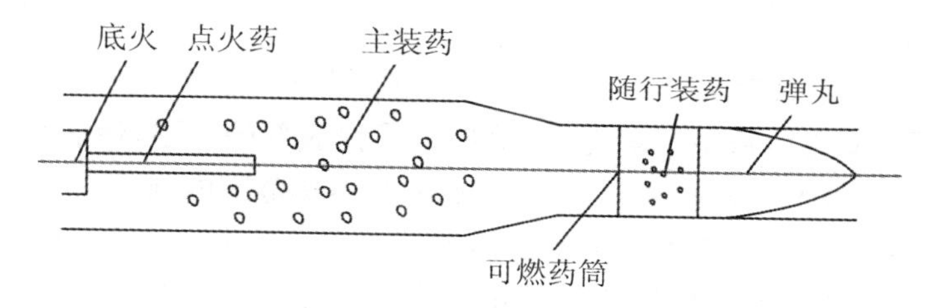

图 5.2.10 黏结式随行装药

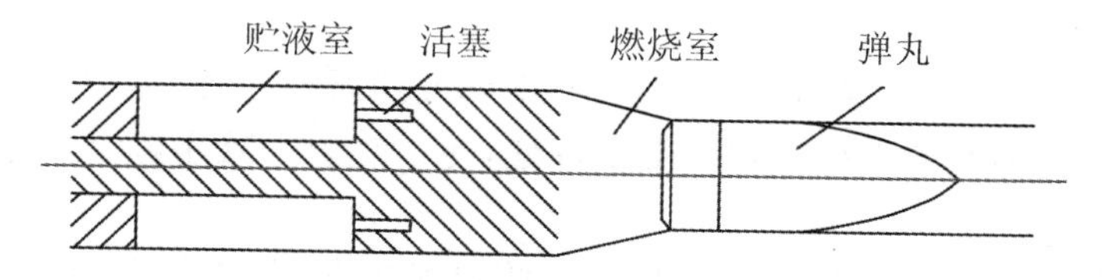

图 5.2.11 再生式液体发射药火炮结构

随行装药的原理是：在击发底火后，先点燃中心点火管内的点火药，再逐步点燃主装药和可燃药筒。主装药燃气携带药粒一起运动，形成典型的气固两相流动。随着膛压升高，弹丸开始运动。当管内压力上升到一定程度时，点火管开始破孔或开裂，随行装药适时点燃。由于加入了新能量，使压力曲线不降低、形成压力平台，从而增大了弹丸的初速。

② 液体发射药。

液体发射药火炮的发射药由一般的固态变成液态，有整装式、外部动力喷射式和再生喷射式三种设计方案。目前，世界各国都重点发展再生喷射式液体发射方案，如图 5.2.11 所示。发射用的燃料最初装在贮液室中，贮液室与燃烧室之间由活塞隔开。在内弹道过程中，由点火作用推动活塞，压缩贮液室中的液体燃料；通过活塞上的喷射孔将燃料喷射到燃烧室，并使之雾化和充分燃烧，生成燃气推动弹丸运动。可以通过控制液体燃料的喷射规律，达到膛压曲线的平台效应，从而获得高初速。如美国开发的液体发射药，使现役 155 mm 标准榴弹炮的射程达到 65 km。

(2) 弹形减阻增程。

弹形减阻,主要通过改变弹丸长径比、弹头部长占弹丸全长的比例,改变弹头部弧形部半径、弹尾长、船尾角等因素,减小弹丸空气阻力,达到增程目的。弹形减阻的关键是减小波阻和底阻。对波阻影响最大的因素是弹全长与弹头部长占全弹长的比例。影响底阻最大的因素是尾部长及船尾角。为了减少阻力增大射程,近十几年,远程杀爆弹的弹长及弹头部长占全弹长的比例发生很大变化,老式杀爆弹弹长只有 $4.5d$ 左右,远程杀爆弹弹长超过 $6d$,使阻力减小30%以上。从远程杀爆弹的发展过程考虑,根据弹长与阻力(弹形系数)的关系,可把远程杀爆弹分为老式圆柱弹、底凹圆柱弹和低阻远程弹(俗称枣核弹)。

① 底凹弹。

这种弹是美国在20世纪60年代初最先开始研制的。底凹弹由于在弹丸底部采用底凹结构而得名。底凹呈圆柱形,与弹体可为一个整体,称整体式底凹弹,也可螺接,称螺接式底凹弹。在底凹弹中,除了在弹丸底部采用底凹结构外,还常同时在底凹壁处对称开数个导气孔,如图 5.2.12 所示。

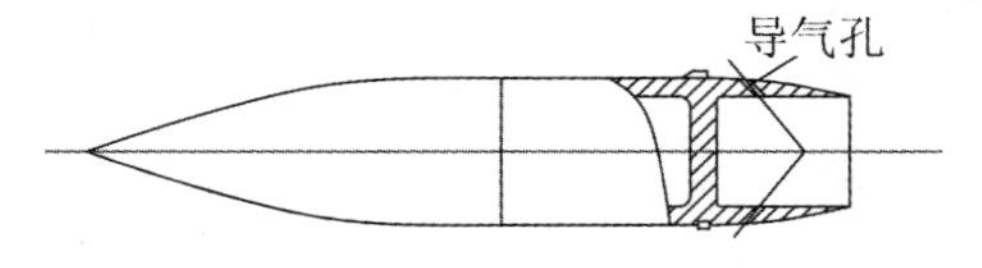

图 5.2.12 带有导气孔的底凹弹

底凹弹的主要特点有:

a. 减小底阻。根据风洞实验,底凹结构特别是带有导气孔的底凹结构。可使弹底低压涡流强度减弱,局部真空区被空气填充,从而提高了弹底部的压强,使底部阻力减小。底凹有深浅,取值为 $0.2\sim0.9d$,试验表明,在亚声速和跨声速范围内,底凹深度以取 $0.5d$ 为宜,而在超声速范围内,底凹深度与低压的关系不大。至于导气孔的设置,其倾角以取 60°~75°为宜,相对通气面积(即通气面积与弹丸横截面积之比)取 0.32 为宜。

b. 提高弹体强度。采用底凹结构,可以将弹带设置在弹体与底凹之间的隔板处,提高了弹体强度。

c. 增强飞行稳定性。采用底凹结构后,整个弹丸的质心前移,压力中心后移,而且弹丸质量较集中,这就给弹丸的飞行稳定性带来好处,使空气阻力减小,而且弹丸的散布也得到改善。

d. 提高威力。与普通榴弹相比,底凹弹可使弹壁减薄,增加药量,提高弹丸的威力。

试验表明,单纯的底凹结构增程效果并不显著,一般只能使射程提高百分之几。因此在进行弹丸设计时,常常采用综合措施,例如在采用底凹结构的同时,加大弹丸长径比,并使弹头部更为流线型。图 5.2.13 是美军 M470 式 155 mm 底凹弹与 M107 式 155 mm 普通榴弹的外形对比示意图。

由于 M470 式采用了底凹结构,增大了弹丸长径比,头部更加尖锐。计算表明,该弹的弹形系数由原 M107 式的 0.95 降至 0.83。

底凹结构的主要问题是出炮口瞬间由于底凹部分内、外压差很大,可能出现强度不够的现象。因此在选取底凹材料、确定底凹部分厚度时,必须满足炮口强度要求。

② 枣核弹(低阻远程弹)。

枣核弹结构最大的特点是没有圆柱部,整个弹体由约为 $4.8d$ 长的弧形部和约为 $1.4d$ 长的船尾部所组成。枣核弹的长径比较大,一般都在 6 倍弹径以上,弹头占全弹长的比为 0.8。在结构上,枣核弹一般均采用底凹结构,如图 5.2.14 所示。

从空气动力学角度看,在目前的各种榴弹中,枣核弹的阻力系数最小。计算表明,枣核弹的弹形系数在0.7左右，阻力比老式圆柱杀爆弹的阻力减少25%～30%。

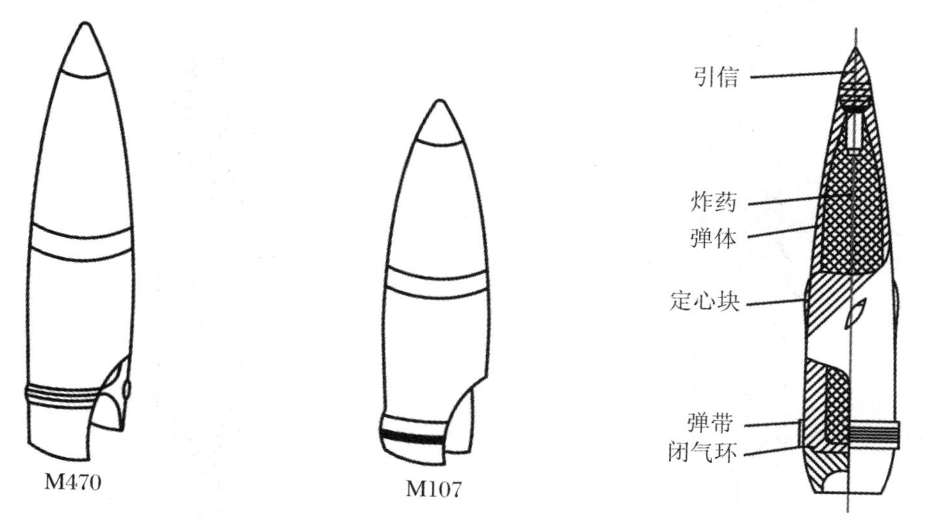

图5.2.13 美军M470式155 mm底凹弹与M107式155 mm普通榴弹

图5.2.14 全口枣核弹结构示意图

从弹径与火炮口径的对比出发，目前枣核弹有以下两种形式：

a. 全口径枣核弹。

全口径枣核弹弹径的名义尺寸与火炮口径相同。全口径枣核弹是加拿大于20世纪70年代研制成功的。利用弹丸弧形部上安装的四个具有一定空气动力学外形的定心块(图5.2.15)和位于弹丸最大口径处的弹带来解决全口径枣核弹在膛内发射时的定心问题。

定心块的形状、安置角度和位置，在弹丸设计中是需要精心考虑的。除需要考虑良好的定心作用外，还要考虑到减小阻力和有利于飞行稳定性。对定心块斜置0°～15°的实验表明，随定心块斜置角度的增加，弹丸所受的阻力也有所增加。

加拿大发展的155 mm全口径枣核弹的主要参数如表5.2.3所示。

表5.2.3 加拿大发展的155 mm全口径枣核弹的主要参数

弹丸长	弹体长	弹尾部长	弹尾角	弹丸质量	炸药质量(B炸药)
938 mm	843 mm	114 mm	6°	45.58 kg	8.6～8.8 kg

b. 减口径枣核弹。

减口径枣核弹的弹经尺寸比火炮的口径略小，是在全口径枣核弹的基础上发展起来的，其射程可进一步增加，因为除了弹形进一步改善外，在相同条件下，减口径枣核弹可获得比全口径枣核弹略大的初速。

图5.2.15所示即为减口径枣核弹的两种结构外形示意图。其中图5.2.15(a)采用了塑料的可脱落弹带和前、后塑料定心环。为了可靠密闭火药气体，它采用了两个闭气环。而图5.2.15(b)仍然采用了定心块结构。

由于枣核弹长径比较大，所以对于传统的普通旋转稳定弹丸可以不考虑的问题，在依靠旋转稳定的枣核弹上却不能不予以注意和考虑了。这里所说的就是所谓的马格努斯效应问题。

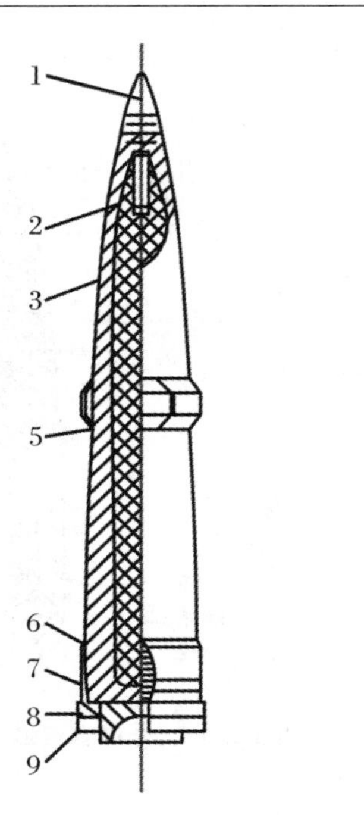

(a) 采用可脱落弹带和定心环的减口径枣核弹

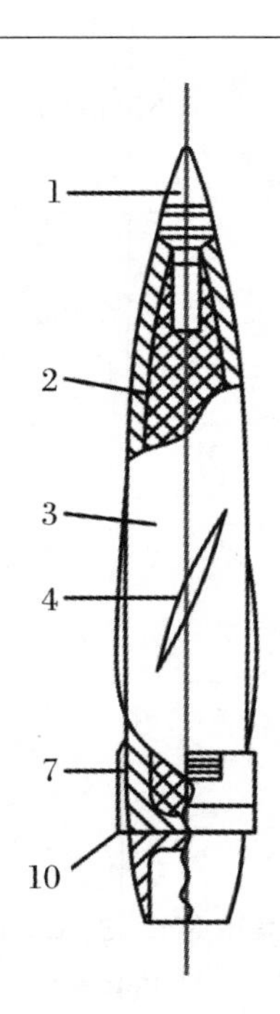

(b) 采用定心块结构的减口径枣核弹

图 5.2.15 减口径枣核弹结构示意图

1. 引信；2. 炸药；3. 弹体；4. 定心块；5. 前定心环；6. 后定心环；7. 弹带；8. 内闭气环；9. 外闭气环；10. 闭气环

弹丸在飞行中的章动角 δ 是不可避免的。对旋转弹丸来说，章动角的出现引起了附加力和力矩的出现。为了弄清楚这一附加力矩的物理本质，把弹丸看作是静止的，而把空气看作是运动的，并且把空气的运动沿弹轴和垂直于弹轴的方向分解。这样，在有攻角存在的情况下，将产生与弹轴相垂直的速度分量(图 5.2.16(a))。由于此垂直于弹轴的空气流与随同弹丸旋转的薄层空气流的联合作用，自弹尾向弹头方向看去，右方的合成空气流速低，而左方的合成流速高，因此产生自右向左的合力(图 5.2.16(b)，该力即称为马格努斯力。又由于该力的作用点与弹丸质心不相重合，势必将形成一个力矩，该力矩即称为马格努斯力矩。马格努斯力和力矩对弹丸运动的影响即称为马格努斯效应。

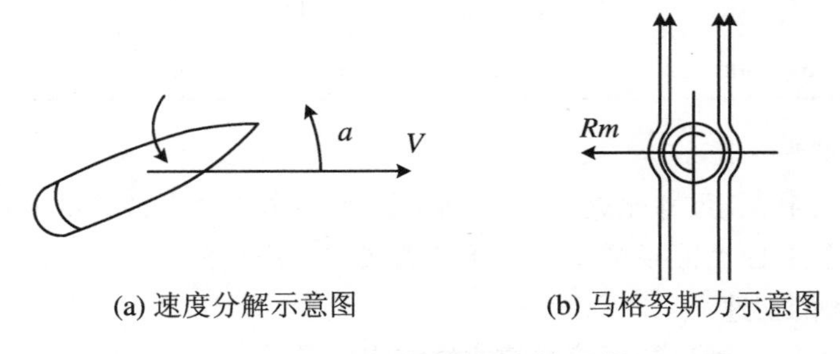

(a) 速度分解示意图　　(b) 马格努斯力示意图

图 5.2.16 马格努斯力的形成

马格努斯力对弹丸运动的影响，是使弹丸质心向侧向偏移。马格努斯力矩影响着弹丸的飞行稳定性，如果马格努斯力的作用点在压力中心之后，将对飞行稳定性有利。相反，如果在前将会造成严重后果，使弹丸不稳定飞行。为了解决这一问题，许多国家在研究改善弹丸的同时，也在研究抗马格努斯效应的措施。

另外,枣核弹由于在弹带上安置了四个定心块,从而增加了弹体结构的复杂性,给加工带来了一定难度。

③ 空心弹丸减阻。

空心弹丸是相对于实心弹丸而言的超声速旋转稳定弹丸。最简单的空心弹丸就是一个中空的圆管,理论形状如图 5.2.17 所示。由于空心弹丸沿轴线是一个通孔,几乎所有靠近圆管前端面的空气都可以从中流过。如果设计合理,在头部、空心管和尾部都可以形成均匀的超音速流场。从理论上讲,就可以基本上消除约占总阻 50%的头部激波阻力和约占总阻 40%的尾部涡流阻力。这样就从根本上改善了弹丸的气动特性,从而增大有效射程、缩短飞行时间、增加对目标的能量传递。空心弹丸减阻技术已经比较成熟,但提高威力和优化弹托等方面还需要进一步发展。加拿大 105 mm L7AI 型坦克炮脱壳穿甲弹,就采用了空心弹丸减阻技术。

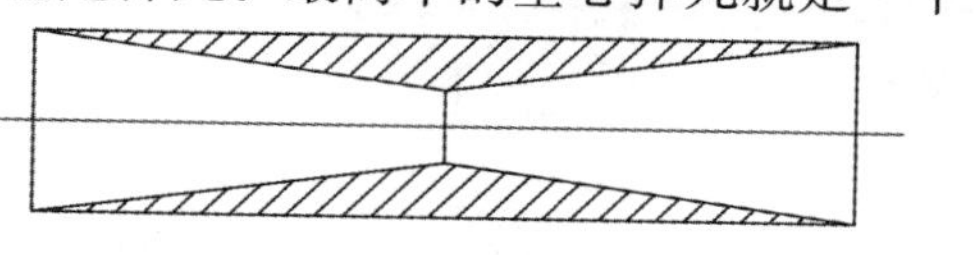

图 5.2.17 理论上的低阻空心弹

(3) 外部加能加热增程。

① 底排减阻增程。

底排弹首先是瑞典于 20 世纪 60 年代中期开始研制的,是远程榴弹增程的主要方法,许多国家和地区都采用底排增程,底排增程率在 25%~30%,到 21 世纪其增程率可能提高到 40%~50%。

如图 5.2.18 所示,弹丸在采用底部排气技术以后,排出的气体将填充由于弹丸运动所造成的弹尾流区,增大其压力,减小弹头部与弹底部之间的压力差,使弹底阻力大大下降(图 5.2.19),因此射程增加。与火箭增程不同,底排弹不是靠增加推力,而是靠弹底部增加一套排气装置减小所受的底部阻力来提高射程的(图 5.2.20)。

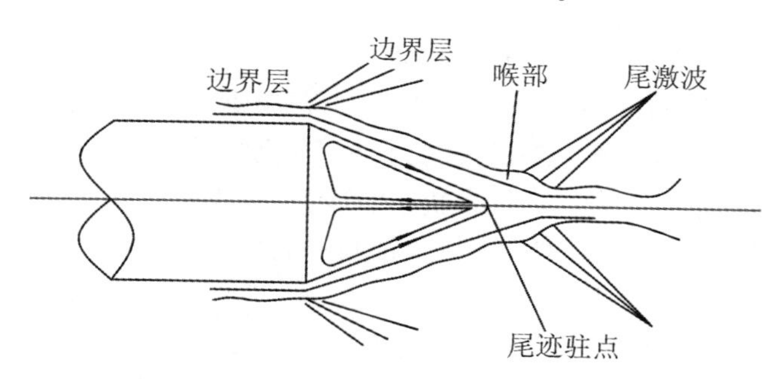

图 5.2.18 尾流区的流动示意图

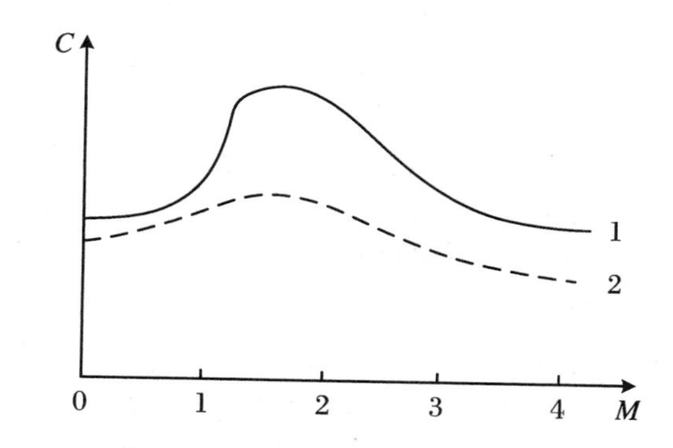

图 5.2.19 无底排与有底排情况下阻力系数对比曲线

1. 无底排;2. 有底排

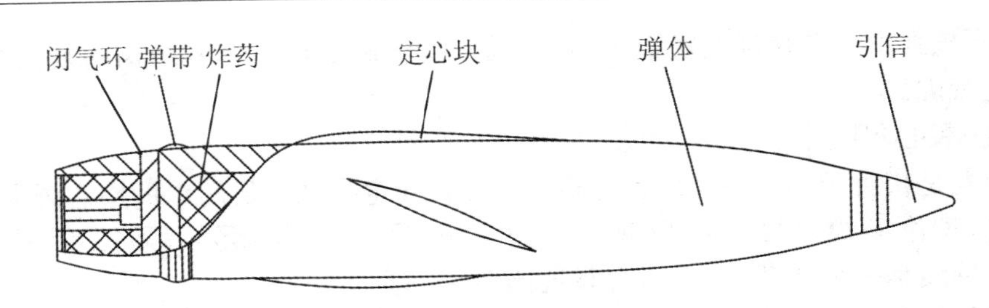

图 5.2.20　底排弹结构示意图

底排弹的优点如下：

a. 底部排气弹的结构比较简单，只要在弹底的底凹内加装排气装置即可。

b. 底部排气弹可以基本上不减少弹丸的有效载荷(战斗部质量)，因此不会使威力降低。

c. 底部排气弹由于空气阻力的减小，从而缩短了弹丸在空气中的飞行时间。

d. 由于底部排气装置的燃烧室工作压力低，因此对装置壳体的要求低，实际上，可以利用原来的底凹弹加装排气装置来实现增程，而不必要采取特殊的提高强度的措施，这在技术上容易实现。

与枣核弹相比，底排弹不需要高膛压高初速火炮就可以有较为明显的增程效果。

应当指出的是，底部排气弹可使射程增加的同时，也带来了加大弹丸散布的问题。这主要是由于底排药柱的燃烧条件，受高空大气层气象条件的影响，而高空大气层的气象条件瞬息万变，难以十分准确地预测；底排药点火时间的一致性也有一定问题。目前各国都在努力寻求更好的减小底排弹散布的途径和措施。

② 火箭增程技术。

火箭增程技术是在普通弹丸后部加装增程火箭发动机并在火炮中发射出去，以达到增加射程目的的弹丸。这种弹丸，将火箭技术应用于普通炮弹，使弹丸在飞出炮口一定距离后，火箭发动机点火工作，赋予弹丸新的推动力，从而增加速度，提高射程。该方法是解决射程和火炮机动性矛盾的重要途径。原则上讲，火箭增程技术可以在各个弹种上使用，但由于各个弹种都有其各自的独特要求，加上采用火箭技术后会出现一些新问题，因此使其在使用上受到一定的限制。

从结构特点上看，火箭增程弹不外乎有旋转稳定式火箭增程弹(图 5.2.21)和张开尾翼式火箭增程弹(图 5.2.22)两种形式。

对于火箭增程弹的研究，可以追溯到第二次世界大战以前。后来，由于增程效果、射击精度、炸药量等方面的问题，曾经中断对火箭增程的研究。到了 20 世纪 60 年代，随着科学技术的发展，又恢复了对火箭增程的研究。为了解决威力问题，战斗部采用了高破片率钢和装填高能炸药(如 B 炸药)。为了提高增程效果，改进了弹形，采用了新的火箭装药，火箭发动机壳体采用了高强度钢，使增程效果达到 25%～30%。图 5.2.22 是美军装备的 M549 式 155 mm 火箭增程弹示意图。该弹采用了堆焊弹带、闭气环以及短底凹等措施，M198 式火炮的最大射程为 30500 m，一般增程 30%。

在火箭增程弹设计中，火箭发动机的点火时间对射程的增加亦有影响。换句话说，就是存在一个最有利点火时间问题。采用火箭增程榴弹的主要缺点是由于火箭推力偏心的影响，密集度稍差；结构复杂，造价较高；战斗部装药量减少，威力降低。

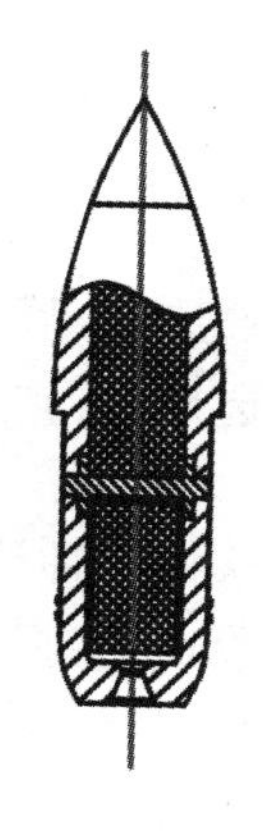

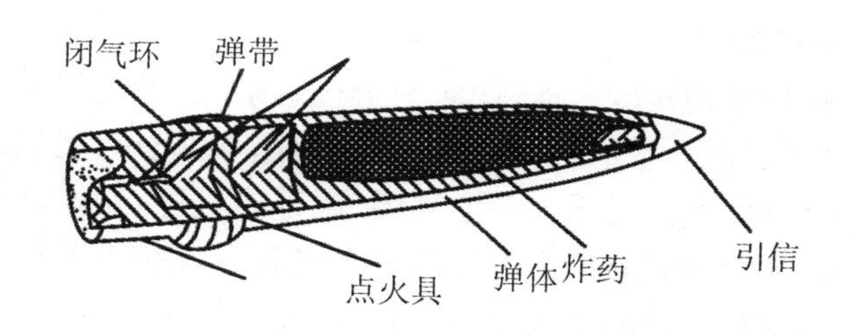

图 5.2.21 旋转稳定式火箭增程弹

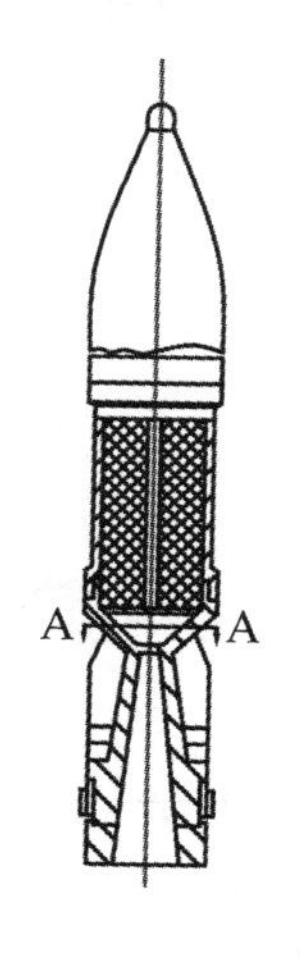

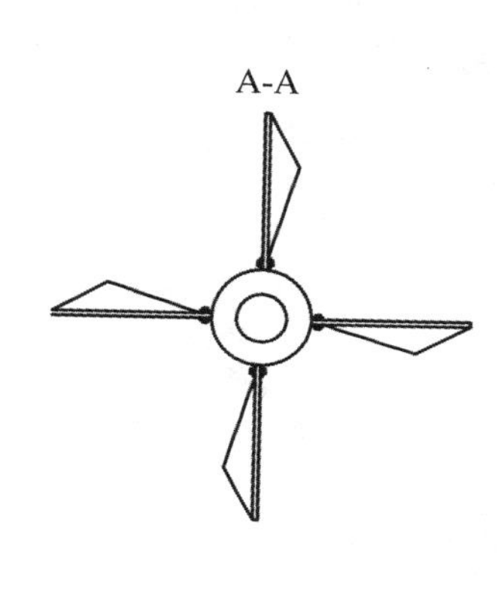

图 5.2.22 张开尾翼式火箭增程弹

③ 冲压增程。

冲压增程主要分为身管冲压增程和冲压发动机增程。身管冲压增程是在火炮射管内利用冲压装置,使弹丸获得很高的初速。冲压发动机增程弹则是在弹丸从膛内发射出去后,利用冲压发动机获得高初速,如图 5.2.23 所示。在高速飞行中,空气由弹丸头部的进气口进入弹丸内膛的喷射器,然后进入燃烧室;空气流过燃烧的燃料表面,氧气与燃料充分作用,燃气流经喷管加速,以很高的速度从喷管喷出。这种很大的后喷动量,使弹丸得到高初速。据报道,美国已利用 120 mm 冲压加速器进行了增加弹丸初速的试验。

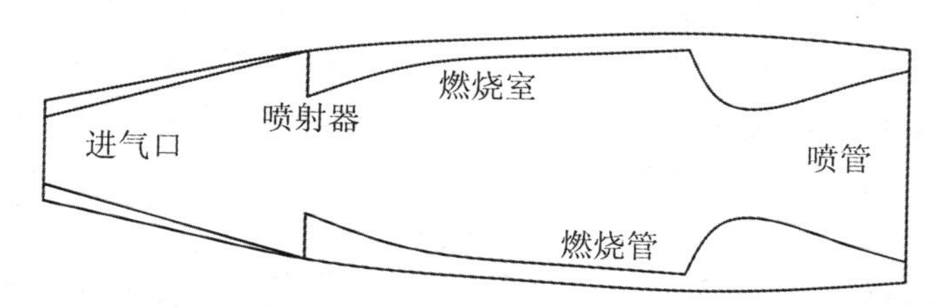

图 5.2.23 冲压发动机增程弹

(4) 滑翔增程技术。

火箭弹的增程技术已成为火箭弹技术发展的热点之一,从目前国内外研究发展的现状来看,采用滑翔增程已经成为一种趋势,滑翔的约束条件和控制策略分析已成为研究的重点。滑翔增程主要通过有效控制弹道的方法向分量实现增程的目的，采用尾翼稳定和鸭舵技术来控制弹体滑翔增程。

(5) 复合增程技术。

从优化技术的角度考虑，任何一个火炮系统，考虑到最大射程的参数选择，都有复合增程的设计思想，对于普通榴弹，在一定的初速下都有与之相适应的弹形选择，实质上是速度与阻力的合理匹配。对于火箭增程弹、底部排气弹，初速、弹形和增程方式都有一个合理匹配的问题。这里着重介绍底排火箭复合增程。底排火箭复合增程基于这样一种设计思想，弹丸在空气密度很大的空间加速，由于速度很快增加，空气阻力也增大很快，将损失较多速度；如果在空气密度较大的区域，保持低阻力，使速度损失很小，当弹丸进入空气密度较小的区域，再加速，这样速度损失小，可以使增程率更高。在这一思想的指导下，出现了底排火箭复合增程技术。弹道开始阶段底排工作，到一定弹道之后，火箭发动机工作，全弹道分为三段，底排增程段、火箭增程段和被动段，如图 5.2.24 所示。

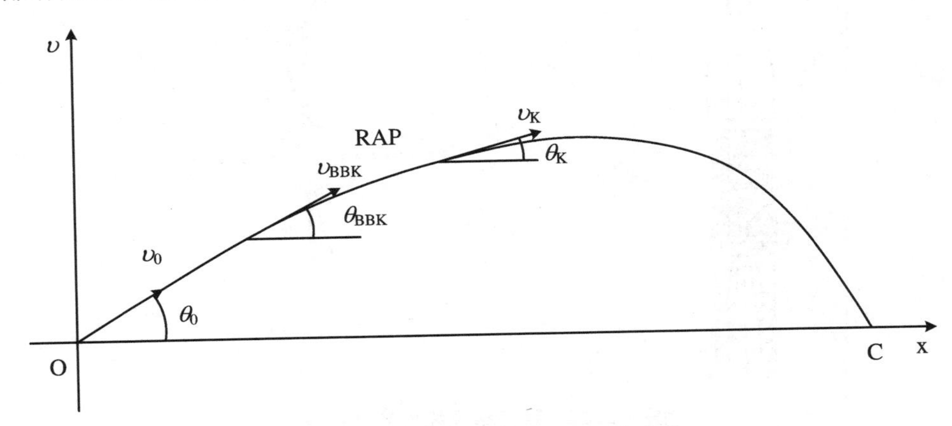

图 5.2.24　底排火箭复合增程弹弹道

(6) 减小阻力加速度增程(次口径脱壳弹)。

次口径脱壳弹增程的原理是减小阻力加速度，即在弹丸飞离炮膛后脱落弹托，使弹道上飞行弹丸质量 m_c 减小，更重要的是飞行弹径 d_c 的减小，使飞行弹丸的断面密度大为提高 ($m_c/d_c^2 > m_c/d^2$)，弹道系数 C 下降，射程增加。国外次口径脱壳榴弹(ERSC)有两种稳定方式：一种为旋转稳定式，如 175 mm 加农炮远射程 175/147($d_c = 147$ mm)次口径脱壳榴弹，最大射程超过 50000 m，比制式榴弹增程约为 54%，而杀伤威力由于炸药量减少(为制式榴弹的一半)而降低，约等于 155 mm 榴弹的威力；另一种为尾翼稳定式，由于长经比不受限制，可确保弹丸威力，但是提高密集度较难。美国 203/130 mm 次口径脱壳榴弹(图5.2.25)的长经比达 11.4，炸药量与制式相同而射程超过 450000 m。由此可见，脱壳榴弹的增程效果是相当可观的，但加工复杂，成本较高。

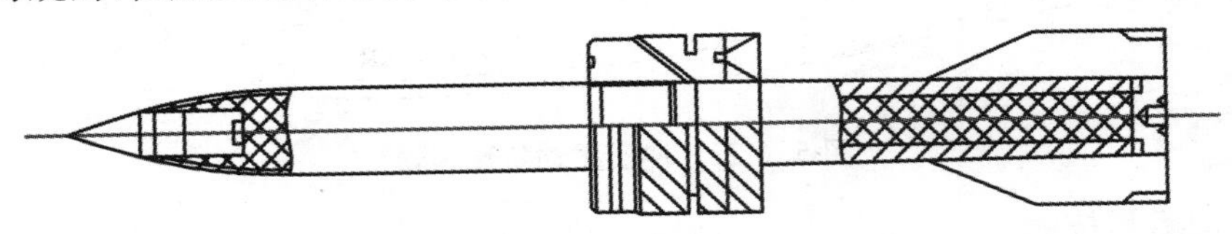

图 5.2.25　美 203/130 mm 次口径脱壳榴弹

(7) 新型发射技术。

新型发射技术大体上分为电磁发射、电热发射、电热-化学发射三种类型。电磁发射技术也称电磁炮。它是利用电磁力推动弹丸,原理如图5.2.26所示。发射时,电流由一条导轨流经电枢,再由另一条导轨流回,从而构成闭合回路。大的电流流经两平行导轨时,在两导轨间产生强大的磁场,这个磁场与流经电枢的电流相互作用,产生强大的电磁力。该力推动电枢和置于电枢前面的弹丸沿导轨加速运动,从而获得高速度。

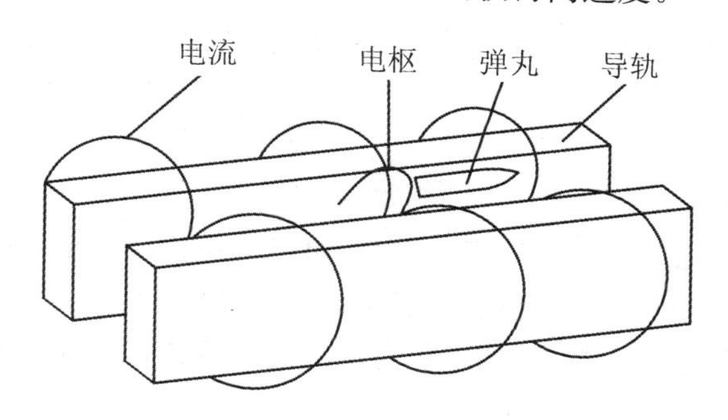

图5.2.26 电磁炮原理

电热发射技术也称电热炮。它是利用燃烧室内两电极间形成高压电弧放电,使燃烧室内的工质产生等离子体、形成热压力及部分电磁力来加速弹丸。电热炮和电磁炮若要达到期望效果,对硬件的要求很高,有可能影响火炮的机动性能。因此,虽然理论问题基本上得到了解决,但真正列装还未见报道。电热-化学混合发射技术也称电热-化学炮。它使用电能和化学能混合能源,利用电热发射技术产生高温等离子体流,使火药充分释放出大量化学能,以热压力推进弹丸运动。其原理如图5.2.27所示。两种能源的分配比例,视弹丸要求的初速而定,美国FMC公司已研制了功率9 MJ的120 mm电热-化学炮。

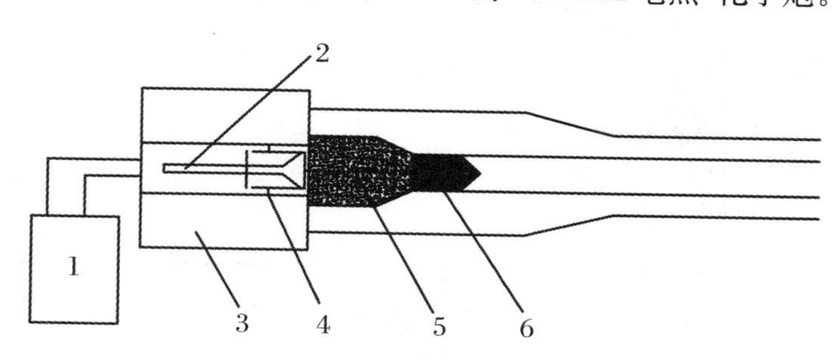

图5.2.27 电热-化学炮原理

1. 外部电源;2. 高压电极;3. 炮尾;4. 毛细管;5. 含有工质的燃烧室;6. 弹丸

(8) 几种增程技术的比较。

上边介绍了弹形减阻增程、底排增程、火箭增程、底排火箭复合增程等几种增程技术。这些增程技术从达到火炮系统的主要性能指标考虑各有所长。如果以155 mm火炮为例,身管长52d,采用目前的发射药,各种增程技术能达到的射程如表5.2.4所示。

表 5.2.4　各类弹丸的最大射程范围

增程技术类型	弹形减阻	底排增程	火箭增程	底排火箭复合
可能达到的最大射程(km)	30～35	40～45	40～45	40～45

下面分别介绍几种增程技术的优缺点：

① 弹形减阻技术。

弹形减阻技术的优点为弹丸威力有保证；在装药结构与弹丸设计比较合理时，密集度指标可以较高；弹丸结构简单，工艺性好。它的主要缺点是增程量有限，很难满足大口径远程弹对射程的要求。

② 底排增程技术。

底排增程技术的优点为弹丸外形变化不大，可以采用低阻弹形；在增程药量不多的条件下可增程 30%左右，增程量较高；增大了存速，减小了动力平衡角。它的缺点是结构复杂，增加了弹长、弹质量，使惯量比增大，降低了稳定性。密集度比普通弹丸要差些。

③ 火箭增程技术。

火箭增程技术的优点是能增大射程 30%左右，存速增大，动力平衡角减小。它的缺点是威力降低、结构复杂、弹长增加；密集度比底部排气弹要差。在相同的条件下，增程率没有底部排气弹高。如图 5.2.28 所示。

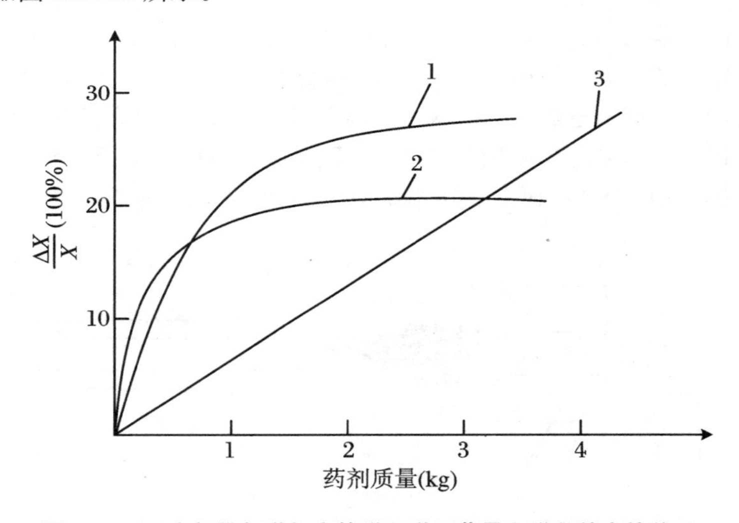

图 5.2.28　底部排气弹与火箭增程弹用药量和增程效率的关系

1. 船尾角 $\beta=0°$，底部排气；2. 船尾角 $\beta=6°$，底部排气；3. 船尾角 $\beta=6°$，火箭增程

④ 底排火箭复合增程技术。

底排火箭复合增程技术的主要优点是可使射程进一步增大。但是，底排与火箭增程技术的缺点，它都具备。

5. 提高杀爆弹威力和精度的技术

目前各国都在不断改进和提高杀伤爆破弹丸的性能，其重点是增大射程(或射高)，提高威力。

增大射程可采用提高初速，改善弹形减小飞行阻力，改善质量分布(如提高断面密度)等办法来实现。由此相继出现了底凹弹、远程全膛榴弹和底排弹等远程榴弹结构形式。

提高威力的办法有选用威力大的炸药和其他爆炸引燃装填物；改变装药结构和弹体材料；采用高瞬发度触发引信或近炸引信；使用各种预制破片如钢球、钨球、箭形破片等，增大杀伤面积。有的大口径榴弹采用子母弹结构，在目标区上空时抛出多枚子弹，子弹着地跳炸，杀伤目标，增大威慑力量。防空反导的小口径榴弹配用电子时间弹底引信，内装若干重金属侵彻元。发射后通过炮口时被适时测速，给引信装定到既定距离的时间，使多发弹丸几乎在同一距离上作用，将侵彻元撤出，形成一个破片密集的阵幕，有效迎击来袭导弹。下面将具体介绍几种提高单发弹丸威力的技术：

(1) 采用高威力炸药和改进装药工艺技术，提高弹丸威力。

炸药类型、炸药爆轰能、弹丸炸药装填系数的装药工艺等，直接影响着榴弹的威力和对目标的毁伤效果，单位质量炸药释放能量愈高，破片获得的初速就愈高。同样弹体，同样梯恩梯炸药，改变装药结构(用黑索金包覆梯恩梯装入弹体)，弹丸威力可提高5%～15%(与梯恩梯装药相比)，将梯恩梯装药改为A-Ⅸ-2，则毁伤元素对目标的毁伤效能会有明显提高，对有生力量可提高1.4倍；对汽车等运输车辆可提高1.7倍；对武器等技术装备可提高2倍。为此，世界各国都在努力选用B炸药、A-Ⅸ-2、Hexal p30和A5等高能炸药，这是提高威力的主要措施之一。

据资料报道，美国已研制成功CL20高能高爆速炸药，一旦装备使用，将大幅度提高杀爆弹对目标的毁伤效能。

(2) 采用“薄壳”弹体及高强度、高破片率钢材作弹体材料，提高弹丸威力。

在弹径一定、弹长受限制(飞行稳定性限制)的条件下，为增大装药量，提高弹丸威力，只有减薄弹丸壁厚。弹壁减薄导致破片质量降低，可由破片速度的提高来补偿，使破片具有更大的杀伤动能，从而增加有效杀伤破片数量。

弹丸壁厚的减薄必须保证发射时的强度，为此必须提高弹体的强度。美国和俄罗斯等国为了提高杀爆弹威力性能，研制成了HF-1、AISI9260、硅钢、硼钢等新型弹钢。其威力性能参数如破片生成率、破片质量和破片初速均有明显改善和提高。

(3) 采用预控技术，使弹体有规律破碎，提高破片生成率，提高杀爆弹威力。

采用破片预控技术，目的在于弹体破碎后，能按战术技术要求，获得一定数量并具有一定尺寸、形状和质量大小的破片。选用何种破片预控技术，则应考虑弹材的化学成分、物理力学性能以及热处理状态。破片形成的技术如图5.2.29所示。根据弹丸或战斗部的发射、使用要求，可从中选择合适的破片形成方法。

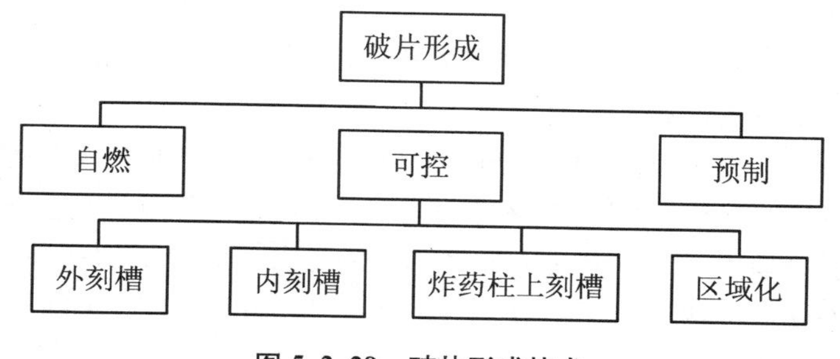

图5.2.29　破片形成技术

自然破片形成法、预制破片技术简单易行，常用于各种弹丸上。预制破片，通常称全预制破片，根据预定破片数和飞散要求，把事先制造好的破片装在弹体的膛内腔里(图5.2.30)。

可分成一层、两层或多层，用树脂黏结起来，然后再装填炸药。破片形状的选择应当考虑其弹道性能和加工性能，常用的有球形（一般用钢珠）、立方形和圆柱形等。可控破片通常称半预制破片。壳体外刻槽、内刻槽及炸药柱上刻槽都是利用应力波传播效应控制破片的形成。区域脆化法本质上是一种冶金法，用激光束或等离子束等手段，在弹丸或战斗部壳体适当部位形成网格，网格部位便形成脆性区，从而确保在爆炸载荷作用下，使壳体按照预定网格有规律的破碎，由此获得高的杀伤破片形成率。

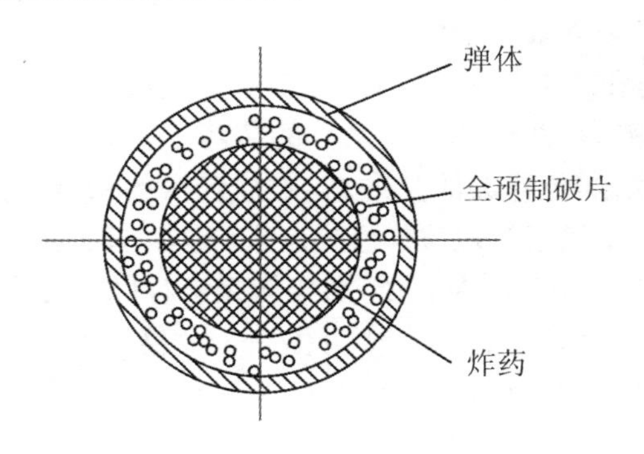

图 5.2.30　预制破片

（4）发展多功能引信，提高杀爆弹（或子弹）的威力。

根据不同的地形和目标选择瞬发、延期（包括跳弹射击）、短延期和近炸等不同作用的引信，充分发挥弹丸的杀爆威力。

6．杀爆弹的技术发展趋势

高新技术条件下的现代杀爆弹，已脱去了“钢铁＋炸药”简单配置的“平民外衣”，正沿着现代弹药“远、准、狠”的方向发展。根据弹药的发展趋势和未来战争的需要，远程压制杀爆弹药的发展趋势是口径射程系列化、弹药品种多样化、无控弹药与精确弹药并存。在提高射程方面，从中近程（20 km 左右）发展到超远程（大于 200 km）。中近程弹药采用减阻及装药改进技术，远程弹药采用火箭、底排-火箭、冲压发动机增程等技术，超远程弹药采用火箭-滑翔、冲压发动机-滑翔、涡喷发动机-滑翔等复合增程技术；在提高精度方面，中近程弹药采用常规技术，远程弹药采用弹道修正、简易控制、末段制导等单项技术，超远程弹药采用简易控制、卫星定位＋惯导、末段制导等多项复合技术；在提高战斗部威力方面，针对不同的目标采用高效毁伤破片技术。

（1）先进增程技术。

从发展现状、今后需求以及技术走向来分析，冲压发动机增程、滑翔增程、复合增程是远程压制杀爆弹药的主要增程技术。

采用冲压发动机增程技术后，中大口径弹药的射程可以达到 70 km，增程率达到 100%。可以说，冲压发动机增程炮弹是未来陆军低成本、远程压制杀爆弹药的主要弹种。

滑翔增程是受滑翔飞机及飞航式导弹飞行原理的启发而提出的一种弹药增程技术。目前正在研究火箭推动与滑翔飞行相结合、射程大于 100 km 的火箭-滑翔复合增程杀爆弹药。其飞行阶段为弹道式飞行＋无动力滑翔飞行：首先利用固体火箭发动机将弹丸送入顶点高度 20 km 以上的飞行弹道；弹丸到达弹道顶点后启动滑翔飞行控制系统，使弹丸进入无动力滑翔飞行。弹丸射程一般可达到 150 km 左右。

炮射巡航飞行式先进超远程弹药，与上面提及的火箭-滑翔复合增程弹药在工作原理上截然不同,其飞行阶段为弹道式飞行+高空巡航飞行+无动力滑翔飞行:首先用火炮将弹丸发射到10 km高空(弹道顶点);然后启动动力装置使弹丸进入高空巡航飞行阶段,该阶段的飞行距离将大于200 km以上动力装置工作结束后,弹丸进入无动力滑翔飞行。该技术可使弹丸射程大于300 km。

根据动力装置的不同,上述先进超远程弹药又分为采用小型涡喷发动机的亚音速巡航飞行、采用冲压发动机的超音速巡航飞行两种巡航飞行模式。前者动力系统复杂、控制系统相对简单,可以采用火箭-滑翔复合增程弹的一些成熟技术,但是弹丸的突防能力低于后者。后者动力系统简单、控制系统相对复杂、突防能力强,是未来技术发展的主要方向。

(2) 精确打击技术。

随着杀爆弹射程的增大,弹丸落点的散布将随之增大,从而使得毁伤效率下降。为了提高远程压制杀爆弹的射击精度,各国正借助日新月异的电子、信息、探测及控制技术,大力开展卫星定位、捷联惯导、末制导、微机电等技术的应用研究,提高远程压制杀爆弹药的精确打击能力。

与导弹相比,炮射压制弹药的特点是体积小、过载大,而且要求生产成本低,因此精确打击压制弹药的研制必须突破探测、制导及控制等元器件的小型化、低成本、抗高过载等关键技术。微机电系统具有低成本、抗高过载、高可靠、通用化和微型化的优势,是弹药逐步向制导化、灵巧化发展所迫切需要的。也正是由于它的出现,使得常规弹药与导弹的界限越来越模糊。

比如,微惯性器件和微惯性测量组合技术的发展,催生了新一代陀螺仪和加速度计,包括硅微机械加速度计、硅微机械陀螺、石英晶体微惯性仪表、微型光纤陀螺等。与传统的惯性仪表相比,微机械惯性仪表具有体积小、重量轻、成本低、能耗少、可靠性好、测量范围大、易于数字化和智能化等优点。

随着压制弹药射程的提高,对弹药命中精度的要求也愈来愈高,单靠一种技术措施已不能满足要求,需要开展多模式复合制导和修正技术的研究,并不断探索提高射击精度的新原理、新技术。

(3) 高效毁伤技术。

在远射程、高精度的作战要求下,必然导致战斗部有效载荷降低。为提高远程杀爆弹药的威力,必须加强战斗部总体技术和破片控制技术的研究,采用各种技术措施提高对目标的毁伤能力,归纳起来有提高破片侵彻能力、采用定向技术提高破片密度、采用含能新型破片等几种方法。

含能破片是一种新型破片,具有很强的引燃、引爆战斗部的能力,能够高效毁伤导弹目标,因此受到高度重视。有以下几种类型的含能破片:① 本身采用活性材料。当战斗部爆炸或撞击目标时,材料被激活并释放内能,引燃、引爆战斗部;② 在破片内装填金属氧化物。战斗部爆炸时引燃金属氧化物,通过延时控制技术使其侵入战斗部内部并引爆炸药;③ 在破片内装填炸药,并放置延时控制装置。破片在侵入目标战斗部后爆炸,并引爆目标战斗部。

5.2.2 混凝土破坏弹

混凝土破坏弹(concrete piercing projectile),是以弹丸的碰击动能侵入目标一定深度爆炸,用于破坏钢筋混凝土和砖石结构等坚固工事或建筑物的炮弹。

混凝土破坏弹的特点是在碰击目标时有较高的侵彻能力,弹体中装有足够的炸药装药。混凝土破坏弹对工事的摧毁,是碰击和爆破综合作用的结果,大口径火炮配用混凝土破坏弹比较有效。混凝土破坏弹由弹丸和发射装药组成。

混凝土破坏弹弹丸有弹体、炸药装药、底螺和引信组成。为保证碰击强度,弹丸具有坚实的整体头部,顶端呈平钝形。弹形为远射式的,弹长为4～5倍口径,其重要特征是弹头为实心弹顶,弹体壳壁较厚。弹体采用高强度合金钢制造,并经热处理使其硬度从弹头顶端向弹尾逐步降低。弹体内用注装法或螺旋压药法装填梯恩梯炸药。为避免装药与底螺间出现间隙,保证射击安全,常在其间填充石棉或厚纸垫。混凝土破坏弹均配用有惯性、延期或自动调整延期的弹底引信。大口径火炮(152 mm以上口径)配用的混凝土破坏弹能有效地摧毁钢筋混凝土工事,有很好的侵彻能力和爆破作用。在与目标碰击瞬间有很高的比动能和足够的壳体强度,使之能侵入工事内适时起爆,利用其携带的猛炸药爆炸摧毁目标。所以这类弹丸装药在碰击时有良好的安定性,其引信都装在弹底部。引信有惯性、延期和自动调整延期作用。由于要对布置在战场纵深的点目标直接命中来毁伤,所以对这种弹丸要求远射性好,射击精度高。对目标的破坏效果取决于弹丸碰击目标瞬间的速度、着角和炸药量。

对现代混凝土破坏弹一般要求射程为14～16 km,应摧毁钢筋混凝土墙及掩盖厚度为1.5～2.5 m的工事结构。

5.3 穿甲弹、破甲弹、碎甲弹

穿甲弹、破甲弹、碎甲弹是用于摧毁装甲目标(坦克、步兵战车、装甲运输车、自行火炮和舰艇等)的弹药,统称为反坦克弹药。这三种弹药的作用机理和结构特点有很大的不同。穿甲弹是依靠弹丸着目标时强大的动能来侵彻装甲并摧毁目标的,所以也称为动能弹,其动能来源于发射装药的能量。鉴于威力上的要求,穿甲弹只配用在高初速的火炮上。

5.3.1 穿甲弹

穿甲弹(armor-piercing projectile)是对付装甲目标的主要弹种之一。穿甲弹的特点为初速高,直射距离大,射击精度高。鉴于威力的要求,穿甲弹只配用在反坦克炮、坦克炮、野战炮、舰炮、海岸炮、高射炮和航空机关炮等炮口动能大的火炮上,用于毁伤坦克、自行火炮、装甲车辆、舰艇、飞机等装甲目标,也可用于破坏坚固防御工事。

穿甲弹有以下几个性能要求:

(1) 威力。

对穿甲弹的威力要求是能在规定射程内从正面击穿坦克装甲,并具有较大的后效作用,即在坦克内部仍具有一定的杀伤、爆破或燃烧作用。威力可以用下述形式表达:“有效穿透距离(m)～装甲厚度(mm)(装甲结构)/装甲水平倾角”。如100 mm加农炮用被帽穿甲弹的威力指标为“1000 m～100 mm/30°”。除均质钢甲外需注明装甲的结构。

装甲的水平倾角是指靶板法线与水平面的最小夹角。当着速在水平面内时,装甲水平倾角与弹丸的着角(与法线向量之间的夹角)相同(图 5.3.1)。由于试验射击中采用小射角射击,弹道平直,可近似认为着速为水平向量。弹轴线与之重合。

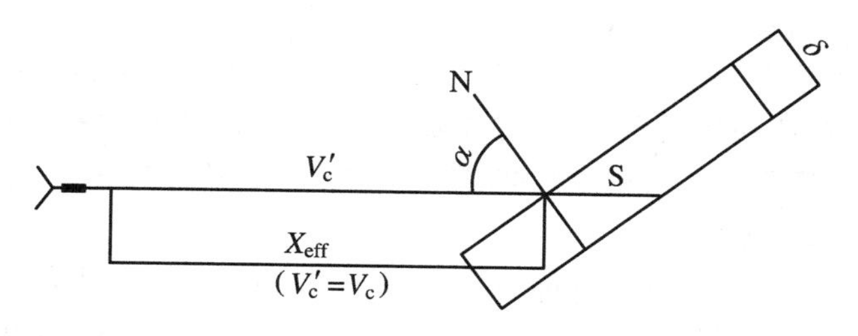

图 5.3.1 装甲水平倾角

对于一定的装甲目标,每种弹丸都有着各种各样的最小穿透速度,即弹丸着速低于该值(或范围)时就不能穿透,此时速度称为极限穿透速度 V_c。V_c 值的大小标志着弹丸的穿甲能力,对于相同的装甲,V_c 越小,穿甲能力越大;V_c 越大,穿甲能力越小。

弹丸在飞行中速度逐渐衰减,当着速 V_c'小于极限穿透速度($V_c'<V_c$)时,则不能穿透指定的装甲目标。为此,将穿透指定装甲目标所对应的最大射程称为有效穿透距离,用 X_e 表示。X_e 值可根据弹丸初速 V_0、弹丸极限穿透速度 V_c、弹道系数 C 和由外弹道表查的西亚切函数$D(V)$,按式(5-3-1)得出:

$$X_e = \frac{D(V_e) - D(V_0)}{C} \tag{5-3-1}$$

由公式看出,对于不同的弹丸,即使 V_0、V_c 相等,而保存速度的能力不同,则有效穿透距离不同,弹道系数 C 越小,有效穿透距离越大。在穿甲弹中常用弹丸飞行 1000 m 的速度衰减值(速度降)$\Delta V_{1000\ \mathrm{m}} = V_1 - V_2$ 来表示保存速度的能力。V_1、V_2 为弹丸在该距离上的始、末速度。ΔV 越小,存速能力越大,有效穿透距离越大。

(2) 直射距离。

穿甲弹必须具有高初速、低伸弹道才能及时、有效地摧毁机动灵活的坦克目标。

直射距离是指弹道顶点高度等于给定目标时的射程(图 5.3.2)。根据坦克与装甲车辆的实际高度,通常目标取为 2 m。在射击过程中,当目标位于直射距离以内时,可不改变表尺进行快速直接瞄准射击。直射距离越大,弹道越低伸,表示穿甲弹的性能越好。

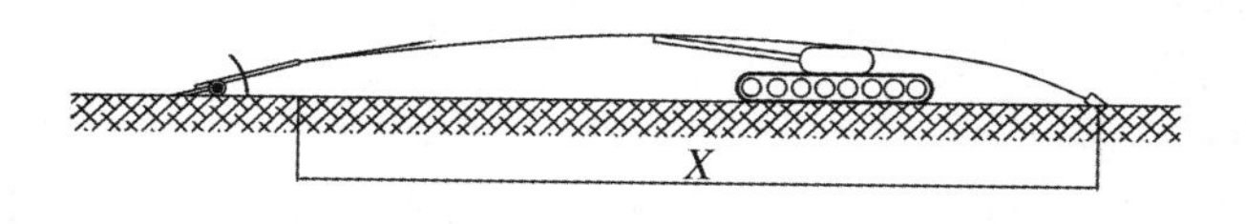

图 5.3.2 直射距离

(3) 密集度。

坦克、自行火炮和装甲车等现代装甲目标的机动性好、体积小。由于穿甲弹必须直接命中,才能摧毁目标,因此要求火炮系统具有较高的射击精度——包括瞄准精度和射弹密集度。

瞄准精度的提高主要依靠瞄准具的改进和射手的良好训练和经验。增大火炮初速、缩短飞行时间、准确估计射击提前量(按匀速运动估算),将有利于提高瞄准精度。

对直瞄武器的密集度,常用一定距离上的立靶密集度来表示,通常取射距 1000 m 或根据弹丸的有效穿透距离大小,确定射距,用高低中间偏差和方向中间偏差来评定密集度好坏。

(4) 火炮的机动性。

增大弹丸的初速和质量,可满足穿甲弹的威力、直射距离等性能要求,但将直接影响火炮的机动性能。在战争中,火炮的机动性非常重要。弹丸动能的大小直接影响火炮的质量。因此,在确定弹丸的初速和弹丸质量时,必须综合考虑,以解决威力和机动性能的矛盾。近年来出现的高速脱壳穿甲弹具有很高的初速(可达1800 m/s)和较小弹丸质量,威力较大,是解决上述矛盾的良好途径之一。

穿甲弹是靠弹丸着靶时的强大动能去侵彻穿透钢甲的,并利用残余弹体的动能,钢甲的破片或炸药的爆炸作用来毁伤装甲里面的人员和器材。动能穿甲弹与目标的撞击过程是一极为复杂的现象。从穿甲弹与目标撞击后的运动形式看,有三种可能,即穿透、嵌埋和跳飞。穿透是指弹丸穿透了目标,嵌埋是指弹丸侵入目标后留在了目标内,跳飞是指弹丸既未穿透目标,又未嵌埋在目标内,而是被目标反弹出去了。从穿甲弹与目标撞击后的形状看亦有三种可能,即完整、变形和破裂。保持原有形状者为完整,形状发生较大变化者为变形,破碎为两块以上为破裂。有时,人们根据破裂程度的不同,还把破裂分为碎裂和粉碎。就穿透来说,装甲目标的破坏形式不外乎如下五种,如图 5.3.3 所示,即韧性破坏、冲塞破坏、花瓣型破坏、破碎型破坏和层裂型破坏。

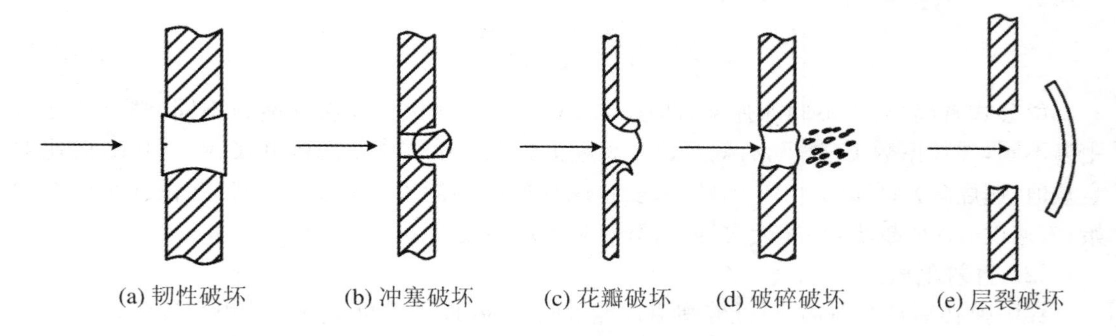

图 5.3.3　装甲板破坏形式

穿甲弹对装甲的作用除穿透外,还可以利用弹体的动能、钢甲的破片或炸药的爆炸作用毁伤装甲后面的有生力量和器材。

影响穿甲作用的因素主要有以下几点:

(1) 着靶动能与比动能。

装甲穿孔的直径、穿透的厚度、冲塞和崩落块的质量在很大程度上取决于着靶动能($E_c = m_c^2/2$, m_c 为飞行弹丸的质量),更确切地说是与着靶比动能 $e_c = E_c/(\pi d^2)$(d 为飞行弹径)有关。这是由于穿透钢甲所消耗的能量是随穿孔体积的大小而改变的(即单位体积穿孔所需能量基本相同)。因此要提高穿甲威力,除应提高弹丸的着速外,同时还需适量缩小着靶弹径,增大侵彻体质量。

(2) 弹丸的结构与形状。

弹丸的结构与形状不仅影响弹道性能,也影响穿甲作用。对于普通穿甲弹而言,虽然希望弹丸的质量大,但其长度不宜过长,这样可防止着靶弯曲和跳飞。在弹体上的适当位置预制断裂槽或配置被帽,可提高穿甲威力。对长杆式穿甲弹,则希望适当增大长经比,因为除了能增加弹丸相对质量 C_m,减小弹道系数 C 之外,还有足够长的弹体消耗在破碎穿甲过程中,并最后剩余一定质量冲塞穿甲。

(3) 着角的影响。

着角对弹丸的穿甲作用有明显的影响。当弹丸垂直侵彻钢甲时(着角为 0°)穿甲厚度最大。当着角增大时,极限穿透速度增加,极限穿透距离减小,因为弹丸的侵彻行程 $S=\frac{b}{\cos\alpha}$,随着角 α 的增大而增加,穿透钢甲的动能就要随之增加。

(4) 装甲机械性能、结构和厚度。

弹丸穿甲作用的大小在很大程度上取决于钢甲的抗力。而钢甲的抗力取决于其物理性能和机械性能。钢甲的机械性能提高时穿深下降。

1. 穿甲弹的分类

穿甲弹按弹体直径与火炮口径的配合,分为适口径穿甲弹与次口径穿甲弹。按结构性能分为普通穿甲弹、次口径超速穿甲弹和次口径超速脱壳穿甲弹。下面将详细介绍各类穿甲弹的特点。

(1) 普通穿甲弹。

普通穿甲弹是指适于口径穿甲弹,即穿甲主体的口径与穿甲弹弹体口径相同的一类穿甲弹,是最早期应用于反坦克的弹丸类型。

普通穿甲弹由弹丸和发射装药组成。弹丸有风帽、被帽、弹体、炸药、弹底引信和曳光管。风帽用于减小飞行阻力。被帽用于保护弹体头部穿甲时不受破坏,并可防止跳弹。弹体用优质合金钢制造,经热处理使头部硬度略高于尾部,以改善穿甲性能。曳光管用于显示弹道。100 mm 普通穿甲弹弹丸全长不超过 3.9 倍口径,初速 900 m/s 左右,在 1000 m 距离上可击穿 110～160 mm/30°(装甲厚度/法线角)的装甲。1000 m 处的速度损失是初速的 11%～17%。

普通穿甲弹所采用的弹体材料均为高强度、高硬度的合金钢,如 35CrMnSiA、Cr_3Ni Mo 或 $60SiMn_2MoVA$ 等,并采用一定规范的热处理。普通穿甲弹常用的弹药有钝化黑索金、钝黑铝等炸药,一般采用块装填法装填,把压制好的药柱(一节或几节)用石蜡、地蜡混合物黏固于药室中。

普通穿甲弹按有无药室可分为实心穿甲弹和带药室穿甲弹两种。在一般情况下,弹丸口径等于或小于 37 mm 时,通常采用实心结构。弹径大于 37 mm 时多设计为带药室的结构,装填少量高威力炸药,并配有延期或自动调整延期弹底引信,弹丸穿透钢甲后爆炸,杀伤内部人员和破坏技术装备,为了提高爆炸威力,对付薄装甲车辆的小口径穿甲弹和大部分海军用穿甲弹,都适当地增加了炸药装药而形成半穿甲弹或爆破穿甲弹,有些穿甲弹装有燃烧剂(燃烧合金)称穿甲燃烧弹。

按头部结构不同,普通穿甲弹大致可分为尖头穿甲弹、钝头穿甲弹和被帽穿甲弹三种。

① 尖头穿甲弹。

尖头穿甲弹主要由弹体、炸药装药、引信光管和风帽组成。37 mm 高射炮尖头穿甲弹如图 5.3.4 所示。为保证碰击目标时的强度,弹体一般采用高强度的优质合金钢制造,弹头部较尖,弹壁较厚。

尖头穿甲弹侵彻钢甲时头部阻力较小,对硬度低韧性好的均质钢甲有较高的穿甲能力,但对硬度较高的非均质钢甲以及着角较大时,易发生跳飞现象而且头部易破碎。

② 钝头穿甲弹。

钝头穿甲弹的结构与尖头穿甲弹基本相同,所不同的是弹顶部较平钝。从外形上看,弹顶有平顶形、球形、扁平形和蘑菇形,如图 5.3.5 所示。为减小飞行时的空气阻力,通常在弹头部装有风帽。钝头穿甲弹的典型结构,如图 5.3.6 所示。

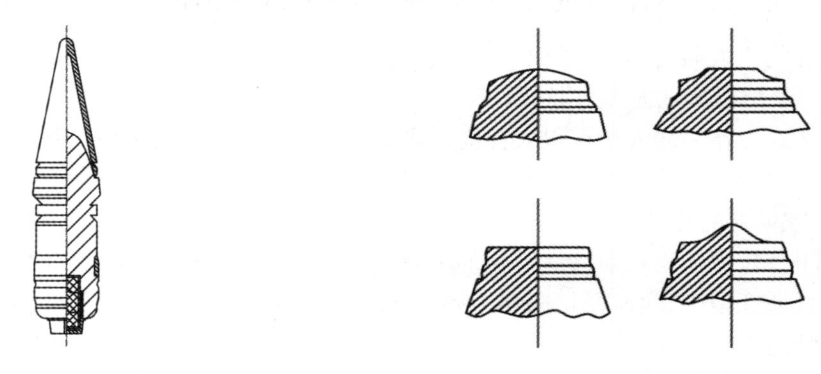

图 5.3.4　37 mm 高射炮尖头穿甲弹　　图 5.3.5　钝头穿甲弹头部

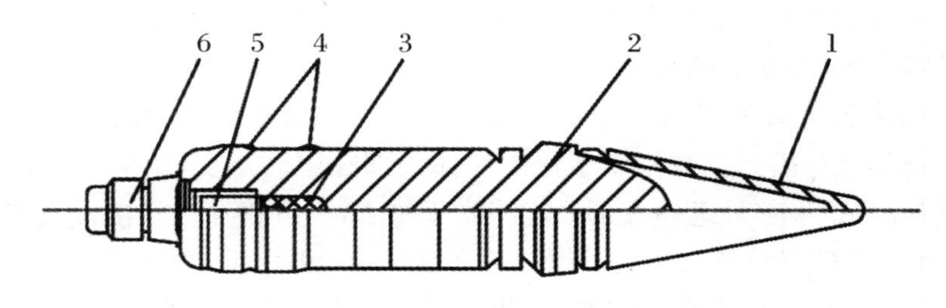

图 5.3.6　钝头穿甲弹的典型结构

1. 风帽；2. 弹体；3. 炸药；4. 弹带；5. 引信；6. 曳光管

钝头穿甲弹主要用于射击硬度大的均质装甲或表面硬化的非均质装甲。由于弹顶部较平钝,所以在碰击目标时,反作用力可分布在较大的横断面积上,从而使弹头部的破坏程度大大减轻。着角大时,由于弹顶的边缘与目标接触,此时目标的反作用力对重心的力矩是使弹头向弹着点的法线方向转动(使着角减小),因此可大大减少跳飞现象的发生,如图 5.3.7 所示。

为防止弹丸在碰击目标时头部破碎,在弹丸上定心部与药室之间加工 1～2 条断裂槽(或称限制槽),可使断裂局限在断裂槽以上的弹头部,从而保证弹体继续穿甲并在贯穿装甲后爆炸(图 5.3.8)。

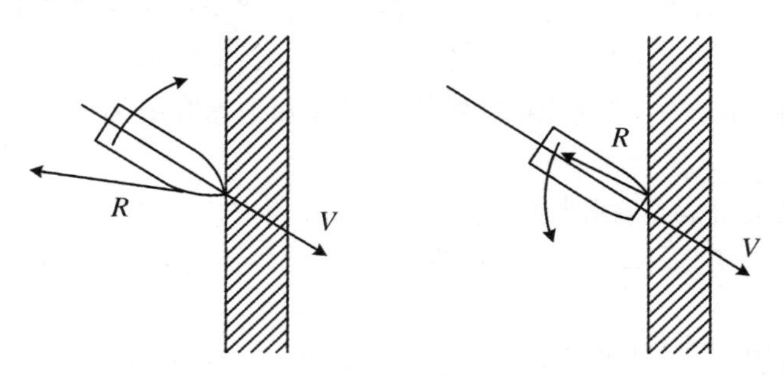

图 5.3.7　尖头弹和钝头弹对倾斜钢甲的碰击

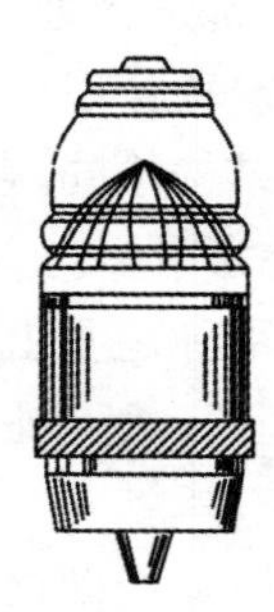

图 5.3.8　有断裂槽的弹头部破坏情况

③ 被帽穿甲弹。

被帽穿甲弹主要用于射击表面经硬化的非均质装甲，以及表面硬度不太高而韧性较好的装甲目标。被帽穿甲弹的结构与尖头穿甲弹相比，除加有风帽、被帽以及无断裂槽之外，其余基本相同(图 5.3.9)。被帽穿甲弹是穿甲性能较好的一种普通穿甲弹。目前使用的普通穿甲弹中，主要是被帽穿甲弹。

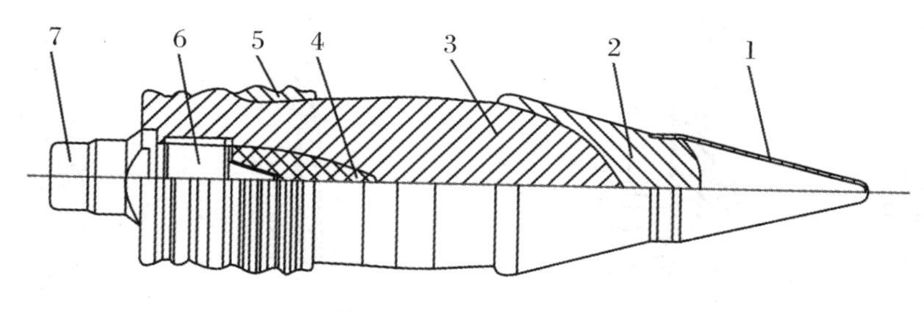

图 5.3.9　被帽穿甲弹

1. 风帽；2. 被帽；3. 弹体；4. 炸药；5. 弹带；6. 引信；7. 曳光管

被帽的主要作用为：

a. 改善弹头部碰击装甲时的受力状态，从而使担负主要穿甲任务的弹头部免遭破碎，如图 5.3.10 所示。

b. 碰击目标时，被帽被破坏的同时装甲的表层也被破坏，为弹丸击穿装甲创造了有利条件。

c. 被帽的顶部形状与钝头穿甲弹的顶部形状相同，故在大着角射击时可减少跳飞现象的发生。

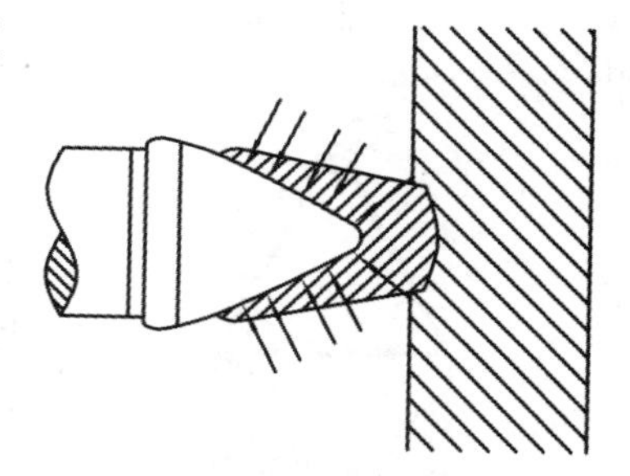

图 5.3.10　被帽的作用

被帽的材料通常与弹体的材料相同或相近。被帽与弹体的连接一般采用钎焊(锡焊)，也可用冲铆的方法固定。

被帽的尺寸(主要是高度与顶厚)对穿甲效果有较大影响。实践证明，被帽的高度以能包住弹头部高度的 60%～75%为宜，顶厚一般为弹丸口径的 20%。

(2) 次口径超速穿甲弹。

次口径超速穿甲弹按弹丸外形分为线轴型与流线型两种。主要由风帽、弹芯、弹体、曳光管组成。弹芯是穿甲弹的主体，用高密度(14～15 g/cm^3)碳化钨制成。弹体用低碳钢或铝合金制造，主要起支撑弹芯的作用，其上有弹带，能保证弹丸旋转稳定。弹芯被固定在弹体中间，当碰击装甲瞬间，弹体破裂，弹芯进行穿甲。弹芯直径小，仅为火炮口径的 1/3～1/2，提高了着靶比动能(弹丸动能与弹体横截面积之比)，垂直穿甲性能好，碳化钨弹芯硬度高，具有抗压不抗拉的特点，穿甲时基本不变形，击穿装甲后形成碎块，增大了杀伤与燃烧作用。但这种结构工艺性差，弹丸质量小，弹性不好，速度衰减快，仅适于射击近距离内的目标。此外，对于大倾角装甲穿甲时弹芯易折断和跳飞。

① 结构特点。

次口径穿甲弹按外形可分为线轴型和流线型两种。线轴型结构，如图 5.3.11 所示，把弹体的上、下定心部之间的金属部分尽量挖去，使弹体形如线轴，目的在于减轻弹重，在近距离(500～600 m)上能显示穿甲能力较高的优点，但远距离时速度衰减很快。流线型结构，如图 5.3.12 所示，弹形较好，但比动能受到限制。流线型结构目前用在小口径炮弹上，一般采用轻金属(铝)和塑料做弹体来减轻弹重。

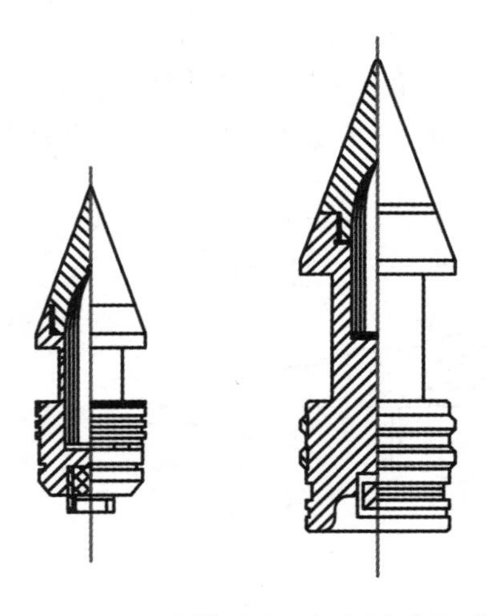
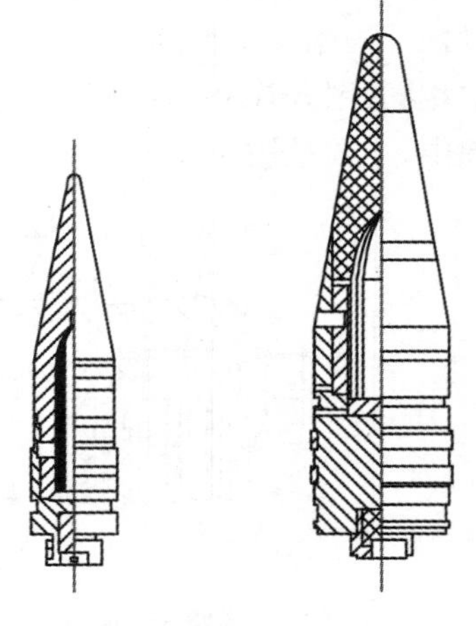
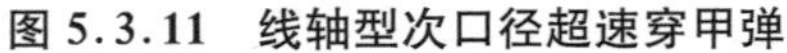

图 5.3.11 线轴型次口径超速穿甲弹　　图 5.3.12 流线型次口径超速穿甲弹

② 弹芯。

弹芯是穿甲弹的主体部分,材料成分为碳化物,含少量镍、钴或铁等金属,还可以采用高碳工具钢和贫铀合金等。弹芯的形状均为尖头,其穿甲阻力小,着靶比动能高,弹芯穿透装甲后破碎成很多碎块,这些碎片的温度可达 900 ℃,在坦克内部具有杀伤和引燃作用。

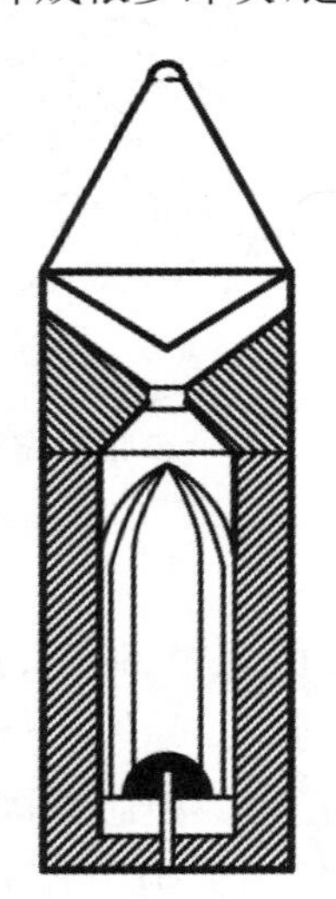

图 5.3.13 德国 MBB 公司次口径破/穿型战斗部

图 5.3.13 为德国 MBB 公司研制的次口径破/穿型战斗部,采用贫铀合金弹体,材料强度高、易切削。弹芯密度大,为 18.6 g/m^3,初速为 988 m/s,弹体长径比较大,使比动能增大。该弹可穿透坦克的顶装甲,贫铀合金在穿甲过程中燃烧放热而产生高温,有灼热碎块飞向靶后,后效作用显著提高。

③ 弹体。

弹体的作用是支撑弹芯、固定弹带并使弹丸达到旋转稳定的作用,弹体材料一般为软刚或铝合金。当弹丸撞击装甲时,风帽和弹体发生破坏而留在装甲外面,在碰撞瞬间,弹体的部分动能传给弹芯,使其实现穿甲。

次口径超速穿甲弹存在以下问题:

a. 弹形不好,断面质量密度小,弹丸速度衰减很快,在远距离处穿甲无优越性。垂直或小法向角(或小着弹角)穿甲时,弹丸威力较好,但大法向角时,弹芯易受弯矩而折断或跳飞。

b. 弹芯穿出装甲后要破碎,故不能对付屏蔽装甲或间隔装甲。

c. 碳化钨弹芯烧结成型后不易切削加工,工艺性较差。

d. 使用软刚弹带,且初速高,火炮发射时对炮膛磨损严重。

(3) 次口径超速脱壳穿甲弹。

脱壳穿甲弹由飞行部分(弹体)和脱落部分(弹托、弹带等)组成。按稳定方式可将脱壳穿甲弹分为旋转稳定脱壳穿甲弹和尾翼稳定脱壳穿甲弹。尾翼稳定脱壳穿甲弹的弹体为长杆形，故又称为杆式穿甲弹。由于杆式穿甲弹威力大，不仅配用于火炮、导弹，而且还发展了配用于单兵火箭发射的攻坚弹。如图 5.3.14 所示。

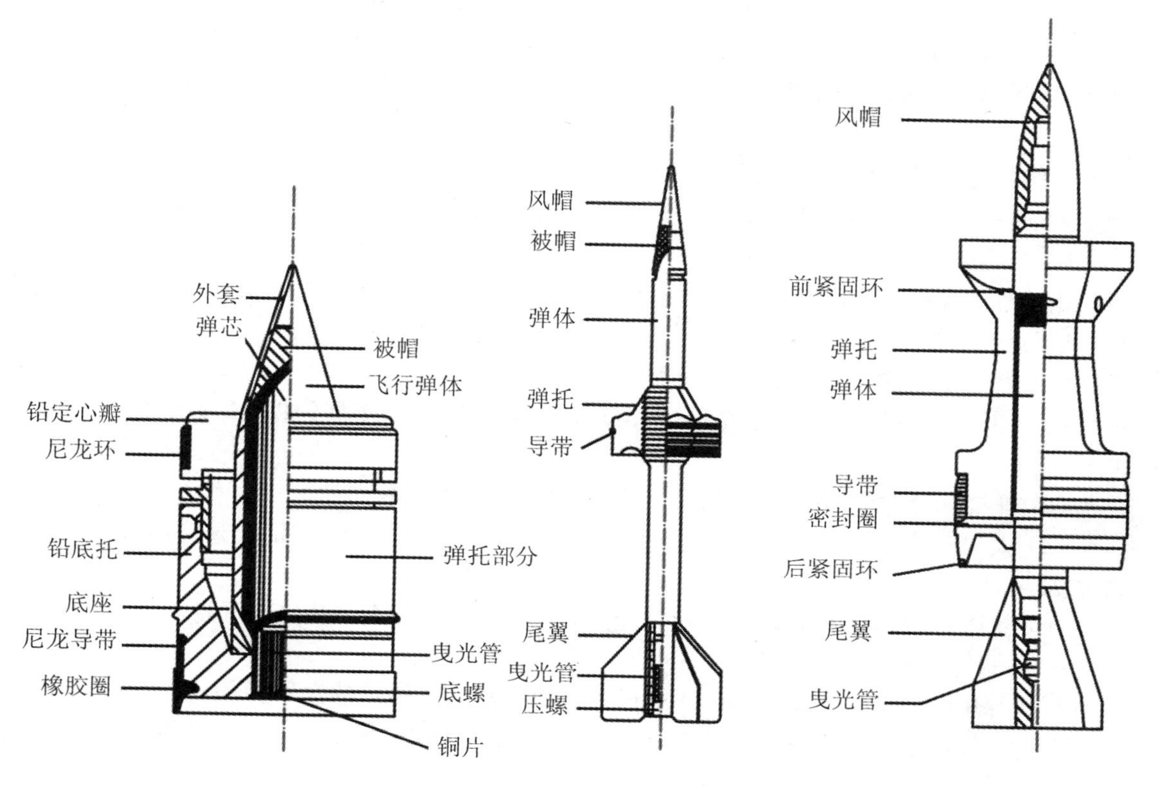

图 5.3.14 次口径超速脱壳穿甲弹

① 旋转稳定脱壳穿甲弹。

与次口径穿甲弹相比，旋转稳定脱壳穿甲弹穿甲威力有较大幅度提高。100 mm 坦克炮用旋转稳定脱壳穿甲弹是中大口径旋转稳定脱壳穿甲弹的典型结构，弹芯尺寸为 40.6 mm×135 mm，采用密度为 14.2 g/m^3 的钨钴合金，为提高倾斜穿甲时的防跳能力，弹体头部装有 40CrNiMo 钢被帽，外部有相同钢材的外套和底座。飞行部分的弹形较好，直射距离为 1667 m，穿甲威力为 1000 m 处穿透 312 mm/0°装甲。

该类型的穿甲弹采用脱壳结构，减少了空气阻力，使飞行部分在外弹道上的速度衰减减慢。同时又使用密度小的铝合金弹托减轻了弹丸质量，使弹丸初速得到提高，从而提高了远距离的穿甲能力。但是，弹体长径比受飞行稳定性的限制，威力难以进一步提高，不能对付现代坦克的大法向角大厚度装甲、复合装甲等现代装甲。旋转稳定超速脱壳穿甲弹仅适于线膛炮发射。由于弹丸断面比重或比动能受旋转稳定性的限制，使穿甲威力不可能有更大的提高。因此，在大口径线膛炮上又发展和装备了尾翼稳定脱壳装甲。

② 尾翼稳定脱壳(杆式)穿甲弹。

尾翼稳定脱壳穿甲弹通常称为杆式穿甲弹，其特点是穿甲部分的弹体细长，直径较小。长径比目前可达 30 左右，仍有向更大长径比发展的趋势，如加刚性套筒的高密度合金弹芯的长径比可达到 40，甚至 60 以上。弹丸初速为 1500～2000 m/s。杆式穿甲弹的存速能力强，着靶比动能大，与旋转稳定脱壳穿甲弹相比，穿甲威力大幅度提高。尾翼稳定超速脱壳穿甲弹可击穿 300～550 mm 的垂直均质装甲，并具有显著的后效作用。

a. 杆式穿甲弹的一般结构。

杆式穿甲弹的由弹丸和装药部分组成，其中弹丸由飞行部分和脱落部分组成，飞行部分一般包括风帽、穿甲头部、弹体、尾翼、曳光管等，脱落部分一般包括弹托、弹带、密封件、紧固件等；装药部分一般包括发射药、药筒、点传火管、尾翼药包（筒）、缓蚀衬里、紧塞具等。弹体由合金钢、钨合金或贫铀合金制成。长杆式穿甲弹的弹托有花瓣形和马鞍形两种典型结构，花瓣形结构适于滑膛炮发射，马鞍形结构由于采用尼龙滑动弹带，既适于滑膛炮，也适于线膛炮发射，弹托由铝合金制成，弹体材料多为钨合金或贫铀合金。

b. 杆式穿甲弹的穿甲作用特点。

由于杆式穿甲弹弹体细长，着速高，杆式穿甲弹穿甲过程与其他类型的穿甲弹不尽相同，其特点是弹体边破碎边穿甲，称“破碎穿甲”，可归纳如下：

(a) 整个穿甲过程可分为开坑、反挤侵彻和冲塞三个阶段。

(b) 弹体在穿甲过程中几乎全部破碎，最后只剩下一小段尾部弹体，长度为 1～1.5 倍直径。

(c) 弹坑直径大于弹体直径，约为 1.5 倍直径，坑壁不光滑。

(d) 大法向角穿甲时，弹孔有明显的向内折转现象，法向角越大，沿着速方向的入口尺寸越大。

(e) 穿透装甲的着速越高，装甲出口越大，弹孔越平直，否则弹孔出现弯曲。

c. 杆式穿甲弹的发展趋势。

杆式穿甲弹的出现是穿甲弹设计思想的一次飞跃。与传统的穿甲弹相比，其显著特点是大幅度地提高了断面能量密度（即比动能），高密度材料钨、贫铀合金用于弹体及高强度、低密度的超硬铝合金用于弹托，又使得比动能大幅度提高。

2. 穿甲弹的发展

穿甲弹出现于 19 世纪 60 年代，最初主要用来对付覆有装甲的工事和舰艇。第一次世界大战出现坦克以后，穿甲弹在与坦克的斗争中得到迅速发展。普通穿甲弹采用高强度合金钢作弹体，头部采用不同的结构形状和不同的硬度分布，对轻型装甲的毁伤有较好的效果。在第二次世界大战中出现了重型坦克，相应地研制出碳化钨弹芯的次口径超速穿甲弹和用于线膛炮发射的可变形穿甲弹，由于减轻弹重，提高初速，增加了着靶比动能，提高了穿甲威力。20 世纪 60 年代研制出了尾翼稳定超速脱壳穿甲弹，能获得很高的着靶比动能，穿甲威力得到大幅度提高。20 世纪 70 年代后，这种弹采用密度为 18 g/cm^3 左右的钨合金和具有高密度、高强度、高韧性的贫铀合金做弹体，可击穿大倾角的装甲和复合装甲。随着科学技术的发展和穿甲理论的研究，穿甲弹的初速和材料性能将会进一步提高，长径比将高达 30 以上，使穿甲弹具有更大的穿透力和后效作用。

从上可以看出穿甲弹是在与装甲目标的斗争中发展起来的。随着装甲目标从均质装甲发展到复合装甲、反应装甲、贫铀装甲及主动装甲，穿甲弹也相应地从对付薄装甲小倾斜角的尖头穿甲弹发展到尾翼稳定脱壳穿甲弹，以及正在研制的杆式（ROD）自主式动能穿甲弹。

(1) 当前穿甲弹的水平。

① 尾翼稳定脱壳穿甲弹。

为了提高穿甲威力，要求弹丸具有较高的着速和比动能。要提高比动能，应降低着靶时穿甲弹径和提高着速。提高着速的途径有两条：一是提高初速 v_0，二是减小飞行弹丸的速度降，即减小弹道系数 $C(C = id^2/m)$。脱壳穿甲弹正是沿着这条路，在结构上采取了一系列的相应措施：在膛内使弹丸保持在较大的断面上具有较轻的质量，即采用适于口径弹托使轻弹获得高初速。在飞行中希望弹径缩小，以增大断面密度，减小空气阻力，提高存速。故使弹丸出炮口后弹托脱落，称“脱壳”。脱壳后飞行弹丸高速飞向装甲目标。

由于脱壳穿甲弹具有初速高、直射距离远、射击精度高以及后效作用好等一系列优点，因此是反坦克弹药中重点发展的新型弹种之一。目前大中口径火炮发射的穿甲弹主要是由滑膛加农炮发射的尾翼稳定脱壳穿甲弹。

尾翼式弹体作为长杆形，故又称为杆式穿甲弹。其特点是穿甲部分的弹体细长，弹径较小，长经比大于12，当弹芯材料强度提高时，长经比可达25。弹丸初速高(1500～1800 m/s)，千米速度将可减小到50 m/s以下，存速能力强，直射距离远(可达1860 m)，射击精度好，着靶比动能大，穿甲威力比旋转稳定脱壳穿甲弹有大幅度提高。杆式穿甲弹既可配用到滑膛炮上使用，也可以配用到线膛炮上使用。除此以外，最重要的特点是在大着角碰击目标时不跳飞(可达65°)，可以有效地击穿新型坦克的大倾角装甲。

尾翼式脱壳超速穿甲弹的典型结构，如图5.3.15所示。包括飞行部分(弹体)和脱壳部分(弹托)两大部分。

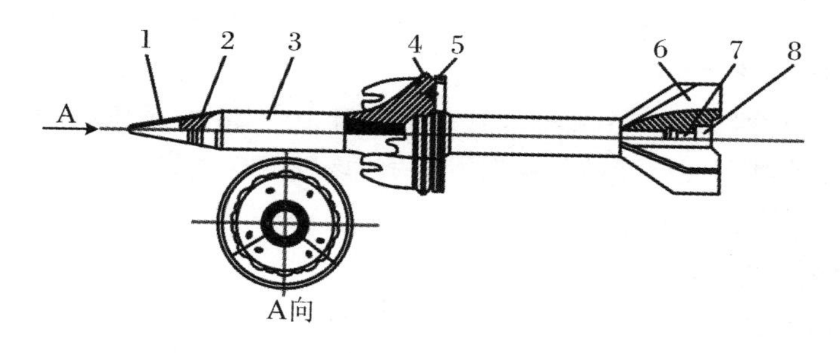

图5.3.15　尾翼式脱壳超速穿甲弹的典型结构

1. 风帽；2. 被帽；3. 弹体；4. 弹带；5. 卡瓣(三块)；6. 尾翼；7. 曳光管；8. 压螺

a. 飞行部分。

飞行部分由风帽、被帽、弹体、尾翼、曳光管和压螺等主要零件构成。从外形上看，尾翼脱壳超速穿甲弹的飞行部分是一个头部较尖、并带有尾翼的细长杆状物体。采用尾翼稳定结构，其弹长并不受飞行稳定性的限制，因此可获得很大的断面比重，从而能大幅度提高比动能，增强穿甲能力。

尾翼式脱壳超速穿甲弹的弹体必须具有很高的强度和硬度，以保证发射时的强度和大着角碰击目标时的穿甲性能。通常，弹体由优质合金钢材料制成，并经热处理以提高其机械性能。为了与弹托连接，在弹杆中部制有环形锯齿形槽。弹杆头部带有风帽和被帽，尾部用螺纹与尾翼连接。该弹的尾翼经精密铸造而成，除保证弹丸的飞行稳定性外，在膛内起定心作用。曳光管用压螺固定于尾翼的内孔中，为保证尾管内外的压力平衡，在尾管上开有小孔。尾翼片为后掠形，在后掠部位铣有一定角度的斜面，以使弹丸在飞行中承受旋转力矩而旋转，从而提高弹丸的射击精度。

b. 脱落部分(弹托)。

脱落部分(弹托)由三块呈 120°的扇形卡瓣与弹带组成,如图 5.3.16 所示。卡瓣内制有环形锯齿形凸起,装配时与弹杆上的齿槽啮合。每块卡瓣上都开有两个与弹轴呈 40°的漏气孔,以使弹托在膛内获得炮口脱壳时所需的转速。为了减轻卡瓣质量和便于气体动力脱壳,在卡瓣的前后面均开有凹形环槽,在卡瓣前面的边缘上开有花瓣形缺口。为了保证弹丸出炮口后使卡瓣与飞行弹体可靠分离,在对着三块卡瓣接缝处的闭气环上制有削弱槽。

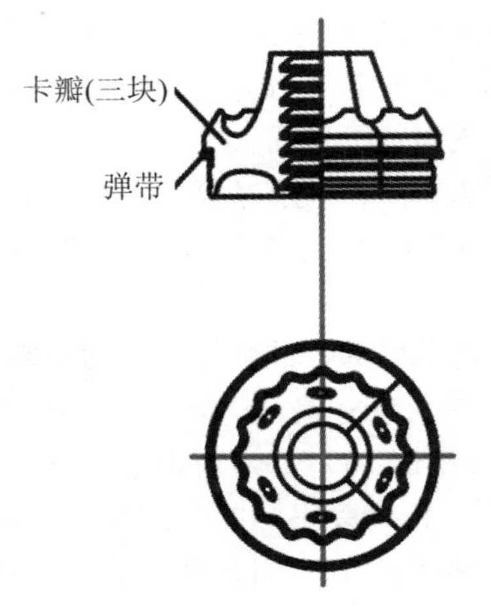

图 5.3.16　弹托的结构

发射时,膛内的火药气体一方面推动弹丸向前运动,另一方面从弹托的六个斜孔中喷出,从而使弹托旋转,并靠摩擦力作用带动飞行弹体也做旋转运动。此时,在离心力作用下,弹托虽有解脱的趋势,但由于炮管的约束仍然箍住飞行弹体,只是使闭气环加大磨损,为脱壳创造条件。弹丸飞出炮口后,炮管的约束消失,离心力起作用。

同时,由于火药气体由炮管中高速喷出,并向侧方膨胀,作用于卡瓣后部环形槽上的火药气体压力,将产生一个使卡瓣向侧方飞散的力。此外,在中间弹道结束后,卡瓣前方将受到空气动力的作用,也将产生一个使卡瓣向侧方飞散的力。在以上诸因素的作用下,卡瓣挣断闭气环,与飞行弹体脱离。三个扇形卡瓣在距炮口 10～20 m 范围内脱离弹体,从而完成整个脱壳过程。从弹托与飞行弹体的啮合部位看,该弹在设计思想上采用的是前张式脱壳结构,火药气体对脱壳的作用不大。

c. 尾翼脱壳穿甲弹。

由于穿甲弹在反坦克、反装甲目标作战中的特殊重要地位,许多国家对它的发展都十分关注。从 20 世纪 60 年代第一个用于 T-62 坦克的 115 mm 滑膛炮尾翼稳定脱壳穿甲弹出现之后 30 多年的时间里,尾翼稳定脱壳穿甲弹有了长足的发展,它的发展有以下几个特点:

(a) 弹芯使用的材料由低密度的合金钢到高密度的钨、铀合金,使穿甲威力不断提高,同时也满足了使用高膛压火炮的发射强度要求。

(b) 弹芯由整体钢结构、钢套钨芯(为满足发射强度要求)发展到整体锻造钨、铀合金结构。

为了提高穿甲威力,避免跳弹并兼顾各种靶板抗弹特性,除增加断裂槽弹头部结构外,又出现了球头式、穿甲块式等新型弹芯。弹芯的机械物理性能,还可以按侵彻的要求沿轴线有不同的变化。

(c) 尾翼的外径由最初与炮管内膛同尺寸,承担膛内定心作用,现已发展为次口径,不起定心作用,材料也由钢改为铝合金。这样的变化,再加上对弹形的优选,使飞行阻力大大降低,对提高穿甲性能起到了良好的作用。

(d) 为了满足日益提高的穿甲威力要求,随着材料、工艺的改善,弹芯长径比不断加大,由 10∶1 发展到 30∶1 以上。

(e) 发射穿甲弹的火炮口径不断增大。现在西方使用的火炮口径为 105 mm、120 mm,俄国为 115 mm、125 mm。不久将出现 135 mm、140 mm 甚至 145 mm。火炮的初速、膛压也在提高,炮口动能有了大幅度的提高。

② 贫铀弹。

铀合金亦称贫铀，主要成分是^{238}U，有微放射性。由其制成穿甲弹芯具有穿甲能力高和有明火引燃的后效作用。贫铀弹，其弹芯采用贫铀合金制成，可用在炮弹、炸弹和导弹的战斗部上，如图5.3.17所示。试验结果表明，这种贫铀合金芯比同类型的钨合金弹芯的穿甲性能要高出10%～15%。用贫铀合金(如铀钛合金)做弹芯的反坦克弹药可以穿透很厚的装甲，而且在穿进坦克装甲后还能引起车内的燃油和炮弹燃烧爆炸，增强穿甲弹的杀伤破坏威力，因此是对付现有主战坦克的有效武器。

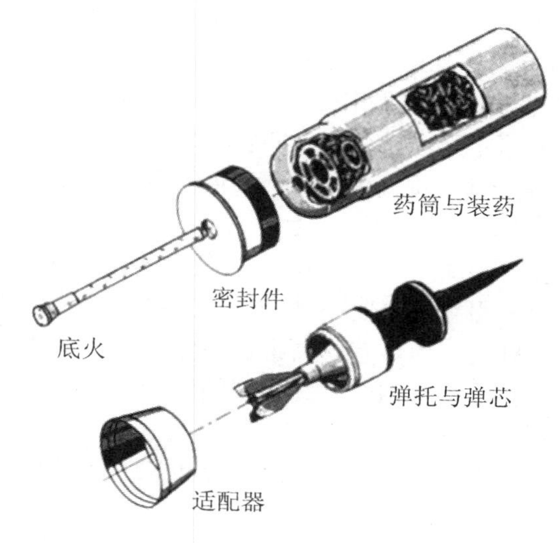

图5.3.17　贫铀弹

目前已有不少国家将贫铀用于新弹药的研制，生产了贫铀弹。美国在贫铀的利用方面取得了突破性进展，美国生产的新式M1A1坦克用了贫铀装甲，大大提高了坦克防护能力。在海湾战争期间，美国使用了贫铀穿甲弹。贫铀穿甲弹穿甲性能很强。首先是由于贫铀密度大，制成相同体积的弹丸时质量大，侵彻装甲目标时，其比动能较大，穿透能力强；其次贫铀易氧化，穿甲时发热燃烧，形成较大的后效破坏作用，杀伤乘员及破坏坦克的内部设备。

美国从1975年开始投产贫铀弹并装备部队，主要包括以下5个口径：20 mm、25 mm、30 mm、105 mm和120 mm。例如，120 mm坦克炮配用M829系列尾翼稳定脱壳穿甲弹和105 mm坦克炮配用M900式尾翼稳定脱壳穿甲弹。另外，陆军M2/M3布雷德利战车25 mm"蝮蛇"自动炮、空军A-10攻击机30 mm航炮和海军"密集阵"火炮系统20 mm自动炮也都配用贫铀弹芯穿甲弹。

M829式穿甲弹是在德国DM33式120 mm穿甲弹的基础上研制而成，为定装式长杆式侵彻弹，用于对付敌方装甲目标。其改进型M829A1式炮弹贫铀弹芯长径比为20∶1，初速为1675 m/s，在2000 m的距离上可击穿550 mm厚的均质钢装甲板。随后，美国又于1992年研制了改进型M829A2式炮弹，并于1993年开始生产并装备。目前美军装备的120 mm贫铀穿甲弹为M829A1式和M829A2式。在M829A2炮弹中，弹托采用碳-环氧树脂复合材料制造；采用新的机械加工工艺来改善贫铀侵彻弹芯的结构性能，采用特殊的加工工艺对药包进行处理。与M829A1式炮弹相比，在M829A2式的初速提高了将近100 m/s。该炮弹在2000 m距离上的穿甲深度为730 mm。

(2) 穿甲弹的发展方向。

随着各种新型装甲的不断出现、日益完善,特别是第二代反应装甲的出现,迫使穿甲弹必须更广泛地采用高新技术,以期在与装甲的对抗中处于主动地位。

新型穿甲弹除了应继续提高对付均质装甲、复合装甲的能力外,还必须能有效地对付反应装甲并兼顾其他装甲目标,同时提高有效射程与命中率,兼顾威力、精度、射程几个相互依赖、相互制约的需求。

穿甲弹的发展方向可归于以下几个方面:

① 提高弹丸着靶比动能:着靶比动能的提高依赖炮口动能的提高、减少飞行速度下降量及弹芯长径比的提高。提高弹丸初速、减少外弹道上的速度损失、增大弹体的长径比是提高着靶比动能的重要技术途径。通常采用的方法有:改进弹托结构,采用高强度、低密度的复合材料弹托,以减少质量;提高火药能量,改进装药结构,加大火炮口径、增加火炮身管长度、提高火炮膛压等,以提高初速;提高弹体材料强度及其综合性能,改进弹体结构,以增大长径比。

② 减少弹丸消极质量:采用新材料、新结构,尽量减轻弹托质量,这不仅依赖于先进的设计理论和准则,还要广泛采用新的密度小、性能高的各种金属、非金属及复合材料。材料与工艺试验表明,在火炮速度范围内具有较高机械性能的弹体材料可以提高穿甲威力。提高弹体材料的密度可以提高穿深,由钢改用高密度的钨合金、贫铀合金后,大幅度提高了穿甲威力,并且贫铀合金比钨合金有更好的穿甲性能。

③ 采用新的高性能的弹芯材料与工艺:研究高性能高密度的弹芯材料,有助于提高穿甲能力。

④ 研究对抗二代反应装甲,并兼顾其他装甲目标的穿甲弹芯结构:如何对付目前出现的反应装甲是杆式穿甲弹发展的重点方向。其重要突破是在结构设计方面,采用两级穿甲的结构,先由第一级小弹丸将反应装甲或主动装甲引爆或穿出一通道,再使第二级主弹丸顺利穿透主装甲,这种结构可称为穿-穿复合弹。另外,还可以设计成穿甲弹与破甲弹的复合形式,先由穿甲弹破坏掉反应装甲或主动装甲的爆炸装置,再由破甲弹破坏主装甲,这种结构成为穿-破复合弹。

⑤ 提高有效射程与命中概率:将制导技术与火箭增速技术引入穿甲弹,并对常规穿甲弹的射弹散布规律作进一步的研究,以期有进一步的提高。

⑥ 发展动能导弹:动能导弹已经成为杆式穿甲弹发展最活跃的方向之一,它逼近具有杆式穿甲弹的巨大穿甲威力,而且具有与一般导弹相同的命中率。

⑦ 发展超高速杆式穿甲弹:随着火药、装药技术、动能导弹、电磁炮、电热轻气炮及火箭增速技术的发展和应用,杆式穿甲弹的速度将越来越高,有可能超过 2000 m/s。

5.3.2 破甲弹

空心装药破甲弹简称破甲弹(heat projectile),是另一种反装甲目标的有效弹种,利用炸药的爆轰能量挤压金属药型罩形成一束高速金属射流来侵彻钢甲。射流穿透装甲后,以剩余射流、装甲破片和爆轰产物毁伤人员和设备,可以对付各种工事和有生力量。与依靠动能击毁装甲的穿甲弹不同,破甲弹不需要具备很高的着速。破甲弹靠高速金属射流的动能侵彻钢甲,而金属射流的动能是由炸药的化学能经过转换而得到的。因此破甲弹属于化学能弹，这是与动能穿甲弹的根本区别。目前所装备的破甲弹有旋转稳定式和尾翼稳定式两种。

破甲弹的威力指标以穿透一定倾角的装甲靶板厚度(即靶厚/倾角)的形式给出，与动能穿甲弹一样。破甲弹要求具有一定的直射距离和较高的射击精度。为了保证破甲弹可靠地摧毁装甲目标，有时还对其后效作用提出明确的战术技术要求，如规定射流孔的出口直径，或者规定穿透一定的后效靶板数。

破甲弹广泛配用于加农炮、无坐力炮、坦克炮和反坦克火箭筒上。除此之外，几乎所有的反坦克导弹都采用了空心装药破甲战斗部；在榴弹炮发射的子母弹(雷)中也普遍使用了空心装药破甲子弹(雷)。

1. 破甲作用原理

破甲战斗部之所以能够击穿装甲，得益于带四槽装药爆炸时的聚能效应。具体地说，装药凹槽内衬有金属药型罩的装药爆炸时，产生的高温、高压爆轰产物迅速压垮金属药型罩，使其在轴线上闭合并形成能量密度更高的金属射流，从而侵彻直至穿透装甲。

(1) 聚能效应。

如图5.3.18所示，在同一块靶板上安置了四个不同结构形式但外形尺寸相同的药柱。当使用相同的电雷管对它们分别引爆时，将会观察到对靶板破坏效果存在极大的差异。

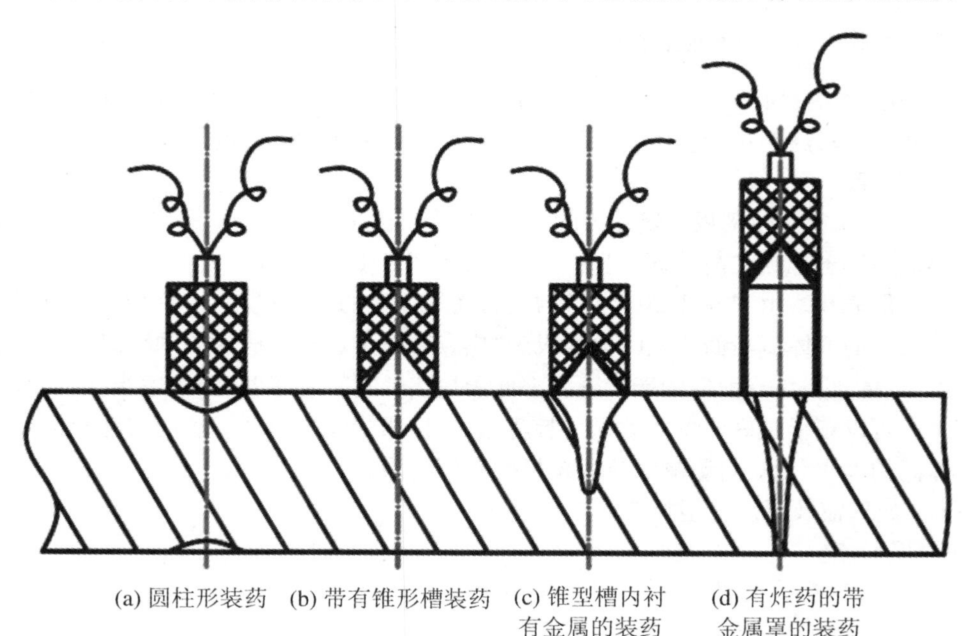

(a) 圆柱形装药 (b) 带有锥形槽装药 (c) 锥型槽内衬有金属的装药 (d) 有炸药的带金属罩的装药

图5.3.18 不同装药结构对靶板的破坏

① 圆柱形装药(图5.3.18(a))爆炸后在靶板上炸出很浅的凹坑。

由爆轰理论可知，一定形状的药柱爆炸时，必将产生高温、高压的爆轰产物，可以认为，这些产物将沿炸药表面的法线方向向外飞散，因此在不同方向上炸药爆炸能量也不相同。这样，可以根据角平分线方法确定作用在不同方向上的有效装药。如图5.3.19所示，圆柱形装药在靶板方向上的有效装药仅仅是整个装药的很小部分，又由于药柱对靶板的作用面积较大(装药的底面积)，因此能量密度较小，只能在靶板上炸出很浅的凹坑。

② 装药带有锥形槽(图 5.3.18(b)),爆炸后靶板上的凹坑加深。

虽然有凹槽使整个装药量减小,但有效装药量并不减少。凹槽部分的爆轰产物沿装药表面的法线方向向外飞散,并且互相碰撞、挤压,在轴线上汇合,最终将形成一股高温、高压、高速和高密度的气体流。如图 5.3.20 所示,此时,由于气体流对靶板的作用面积减小,能量密度提高,故能炸出较深的坑。这种带有凹槽的装药能够使能量获得集中的现象就称“聚能效应”(亦称“空心效应”)。

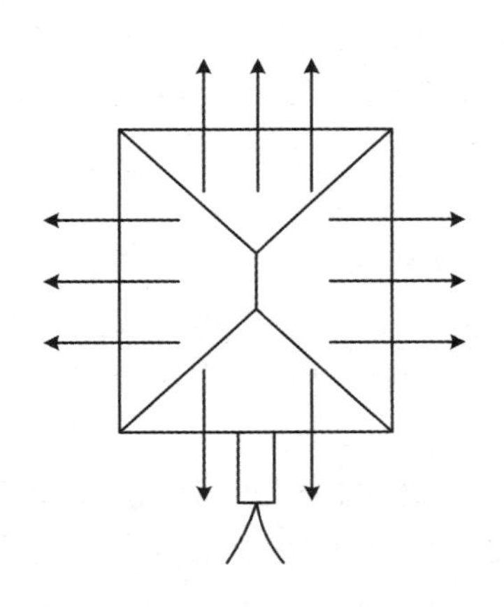

图 5.3.19　柱状装药爆轰生成物的飞散图

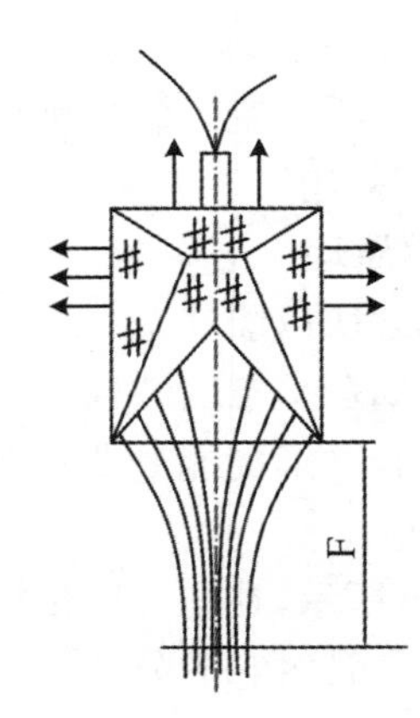

图 5.3.20　无罩聚能装药爆轰产物

③ 装药凹槽内衬有金属药型罩(图 5.3.18(c)),爆炸后靶板上的凹坑更深。爆炸时,汇聚的爆轰产物压垮药型罩,使其在轴线上闭合并形成能量密度更高的金属射流,从而增加对靶板的侵彻深度。

④ 带有金属罩并距靶板一定距离的装药,穿透靶板。

金属流在冲击靶板之前被进一步拉长,如图 5.3.18(d)所示,靶板上形成了入口大于出口的小喇叭形通孔。由图 5.3.20 还可以看出,在气体流的汇集过程中,总会出现直径最小、能量密度最高的气体流断面。该断面常成为“焦点”,而焦点至凹槽底端的距离成为“焦距”。不难理解,气体流在焦点前后的能量密度都低于焦点处的能量密度,因此适当提高装药量至靶板的距离可以获得更好的爆炸效果。装药爆炸时,凹槽底端面至靶板的实际距离,常称为炸高。炸高的大小,无疑将影响气流对靶板的作用效果。

(2) 金属射流及爆炸成型弹丸。

① 金属射流。

如图 5.3.21 所示,当带有金属药型罩的装药被引爆后,爆轰波将开始向前传播,并产生高温高压的爆轰产物。当爆轰波传播到药型罩顶部时,所产生的爆轰产物将以很高的压力冲量作用于药型罩顶部,从而引起药型罩顶部的高速变形。随着爆轰波的向前传播,这种变形将从药型罩顶部到底部相继发生,其变形速度(亦称压垮速度)很大,一般可达 1000～3500 m/s。在药型罩被压垮的过程中,可以认为,药型罩微元也是沿罩面的法线方向作塑性流动,并在轴线上汇合(亦称闭合);汇合后将沿轴线方向运动。

实验和理论分析都已表明,药型罩闭合后,罩内表面金属的合成速度大于压垮速度,从而形成金属射流(或简称射流),而罩外表面金属的合成速度小于压垮速度,从而形成杵状体(或简称杵体),从 X 光照相可以看到,射流呈细长杵状,直径一般只有几毫米,具有很高的轴向速度(8000～10000 m/s),在其后边的杵体,直径较粗,速度较低,一般在 700～10000 m/s。

从对药型罩压垮的过程分析可知，由于药型罩顶部处的有效装药量大、金属量少，因此压垮速度大，形成的射流速度高；而在药型罩底部，其有效装药量小、金属量多，因此压垮速度和相应的射流速度都比前者低。可见，就整个金属流而言，头部速度高，尾部速度低，即存在着速度梯度。这样，随着射流的向前运动，射流将在拉应力的作用下不断被拉长。当射流被拉伸到一定长度后，由于拉应力大于金属流的内聚力，射流被拉断，并形成许多直径为 0.5～1 mm 的细小颗粒(图 5.3.22)。

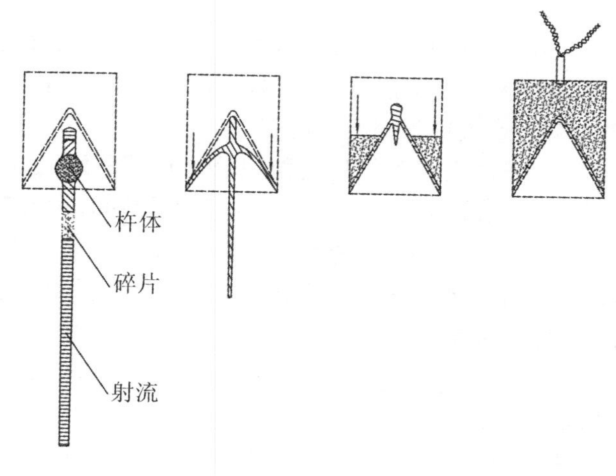

图 5.3.21　金属流的形成

需要指出的是，当爆轰波到达药型罩底部断面时，由于突然卸载，在距罩底端面 1～2 mm 的地方将出现断裂，该断裂物以一定的速度飞出，这就是通常所说的“崩落圈”(图 5.3.23)。

图 5.3.22　金属流被拉断情况

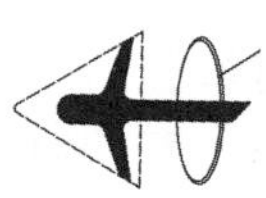

崩落圈

图 5.3.23　形成崩落圈

对射流的其他实验还表明，射流部分的质量与药型罩锥角的大小有关，一般只占药型罩总质量的 10%～30%，而杵体的质量约占 80%。金属射流具有下列特点：高速度(金属射流头部速度高达 7000～9000 m/s，尾部速度也在 2000 m/s 以上)；高温(射流温度介于 800～1000 ℃范围)；高能量密度(射流头部能量密度高达 2.844×10^5 J/cm^3，尾部能量密度约为 2.785×10^4 J/cm^3，它们分别是 8321 炸药爆轰波阵面能量密度的 14.4 倍和 1.41 倍)；小直径(一般破甲弹形成的金属射流头部直径仅为 2～3 mm，尾部直径为 10 mm 左右)

影响射流破甲效果的原因，主要由射流的几何物理特征和所研究时刻其材料状态所决定。金属射流偏离聚能装药轴线方向，导致金属射流的弯曲，大大降低了其破甲能力，因为它的大部分动能将无效地消耗在扩大已成形的射流盲孔上。金属射流过早地在聚能装药轴线方向的拉伸破坏，也将导致其破甲能力的下降。因为轴对称药型罩的几何特征，使得药型罩上被压垮质量不断增加，因此会在射流中出现速度梯度，这样在射流形成后的某一时刻射流开始断裂成许多射流单元体，侵入靶板后，就会使靶板沿射流孔轴线方向上的增塑区域大于所要排除的区域。由于这一增塑作用以特征速度向离开孔底的方向传播并逐渐衰减，所以可预估出射流的各单元体之间的最佳距离，即前一个单元体所形成的预增塑作用最多是刚刚完成但尚未开始衰减。而射流过早地被拉断，其各单元体之间的距离将大于这一最佳距离，能量的额外消耗将导致其破甲能力的下降。

总的说来，射流的形成是一个非常复杂的过程，一般可分为两个阶段：第一阶段是空心装药起爆，炸药爆轰，进而推动药型罩微元向轴线运动。在这个阶段内起作用的因素是炸药性能、爆轰波形、药型罩材料和壁厚等；第二阶段是药型罩各微元运动到轴线处并发生碰撞，形成射流和杵体。在这个阶段中起作用的因素主要是罩材声速、碰撞速度和药型罩锥角等。

② 爆炸成型弹丸(EFP)。

采用大锥角(120°～160°)金属罩、球缺罩及双曲线形药型罩等聚能装药，当装药爆炸后，金属罩被爆炸载荷压垮、翻转和闭合形成了高速体，称之为 EFP。EFP 也称自锻破片。P 装药、米斯利·沙汀装药、弹道盘、大锥角聚能装药等。

爆炸成型弹丸与高速射流的破甲弹结构类似，其装药及金属药型罩结构形状决定着所产生的侵彻体类型。根据这类弹的基本结构，在炸药起爆的瞬间，对药型罩作用一极高的加速压力，该压力远大于药型罩材料的强度，药型罩变形、被压垮并向对称轴方向加速，其速度主要决定于药型罩微元的质量和加速该微元的炸药质量之比 μ，设所获得的压垮速度为 v_1，则该速度可根据 Gurney 公式估算：

$$v_1 = A/(\mu + K)^{1/2} \tag{5-3-2}$$

式中，A 是表征炸药单位能量特性的常数；K 是装药外形尺寸常数。药型罩越薄，加速所达到的速度越高，对几毫米厚的药型罩，v_1 值为 2～3 km/s，这一速度正是形成爆炸成型弹丸的速度(因此爆炸成型弹丸的药型罩厚度为几毫米)。

根据动量守恒定律，以速度 v_1 抵达对称轴线的药型罩微元流被分裂成两子流，并在轴线上沿相反方向分离。这样流体由两部分构成，即在汇聚点前喷出的“射流”和在汇聚点后出现的“杵”。对锥角较小的药型罩来说，“成型装药”效应可使射流头部速度比压垮速度大许多倍，成为高速射流。同时，由于连续压垮形成射流的过程中存在速度梯度，使整个“射流杵”沿轴向处于受拉状态，其拉应力远超过药型罩材料的抗拉强度，从而导致射流断裂。如果要形成凝聚性弹丸，必须尽可能减小炸药分布的成型装药效应，并限制压垮速度 v_1 和变化范围，避免药型罩压垮后成为高速射流并急剧拉伸断裂。这种设想可用扁平锥角，即平锥形装药来实现。对铜质药型罩来说当装药的锥角＞140°时，射流与杵之间的速度差很小，因此两部分不再分离，并且其速度梯度在拉伸过程中被完全消除，从而形成具有凝聚性的弹丸，即爆炸成型弹丸。

a. EFP 性能特征。

EFP 形成的必要条件：锥形或回转双曲线形药型罩应具有足够大的锥角；对于球缺形药型罩应具有足够大的曲率半径。此外，药型罩应具有合理的壁厚及分布，否则将被拉断形成破片而不是 EFP。

b. 速度低，直径大，质量大。

EFP 的初速一般为 2000～3000 m/s，其大小主要取决于罩材的结构、装药结构、装药类型、起爆和传爆方式，EFP 直径为药型罩直径的 40%～60%，是个完整体，很难分辨出射流和杵体，几乎没有速度梯度。EFP 质量一般为罩质量的 70%以上，合理的装药和罩结构可使 EFP 质量接近罩的质量。

c. 穿深浅，但后效大，即进入坦克内的金属多，还能在装甲背面引起崩落效应。

d. 对炸药不敏感，基本不受弹转速的影响。一般空心装药破甲弹的有效炸高不超过 5

倍弹径，而自锻破片的最大炸高可达千倍弹径。此外，自锻破片的威力不因弹丸旋转而下降。由于它的这些特点，常将其应用于反坦克导弹、子母弹、地雷和定向侧甲雷等弹药上，用来攻击坦克的顶甲、侧甲和底甲。

e. 侵彻后效大。爆炸成型弹丸侵彻装甲时，70%以上的弹丸进入坦克内部；而且在侵彻的同时坦克装甲内侧大面积崩落，崩落部分的重量可达弹丸重量的数倍，从而形成大量具有杀伤破坏作用的碎片。

爆炸成型弹丸被广泛用作末敏弹和其他灵巧弹药的战斗部，用以攻击坦克的顶装甲。但是，这要求爆炸成型弹丸在150 m左右的外弹道飞行过程中保持稳定。如果弹丸在空中翻起了跟头，显然会对侵彻效果和射击精度造成严重影响。为了解决这个问题，就要求爆炸成型"锻造"出来的弹丸大体是轴对称的，具备可起到稳定尾翼作用的"反喇叭"外形，然后再通过微旋转的方式在外弹道飞行过程中保持稳定。

(3) 破甲作用。

前已述及，虽然金属射流的质量不大，但由于其速度很高，所以它的动能很大。射流就是依靠这种动能来侵彻与穿透靶板的。金属射流侵彻靶板的过程如图5.3.21所示。射流破甲在钢板上留有穿孔。但射流破甲和普通的穿孔现象有很多不同。射流对钢板作用时，在钢板上打出比自身粗许多倍的穿孔，穿孔以后，自身分散，射流金属附着在孔壁上。当射流与靶板碰撞时，在碰撞点周围形成了一个高温、高压、高应变率的区域，简称为"三高区"。在这种情况下，靶板材料的强度可以忽略不计。

聚能装药破甲弹是依靠装药爆炸时所形成的聚能流击穿钢甲，杀伤防护装甲后面的乘员、破坏仪器设备、引燃易燃物质。当引信起爆聚能装药时，爆轰波沿着凹槽方向传播，引爆整个装药。爆炸产物从聚能凹槽表面向外飞散，会偏离原来的运动轨道，产生特殊的折射现象，爆炸产物的大部分能量局限在很小的圆锥角内，就是说爆轰能量最大作用力的方向几乎与凹槽的表面垂直。由于基元体向弹轴高速运动，在弹轴处发生聚焦，聚集后的爆炸产物将沿凹槽轴线方向运动，形成沿轴向聚合的爆炸产物流，这种高速运动的金属射流，射流碰击装甲时，在碰撞点周围形成一个高温、高压、高应变率区域，其压力可高达兆帕，具有很强的侵彻能力，从而使聚能流起到破坏钢甲的作用。影响破甲深度的因素有很多，如破甲弹弹径、炸高的大小，其药型罩的形状、壁厚和材料，聚能装药炸药的种类和密度，破甲弹的传爆序列的结构，其各零件制造和装配的精度，弹丸的旋转速度和命中角以及装甲的结构特性等。我们可以通过以下实验分析聚能效应。

如图5.3.24中的装药结构所示，装药直径和炸药高度相同，将分别以同一厚度的钢板为目标，从装药顶部中心起爆，图5.3.24(a)为普通柱形填装药，图5.3.24(b)为装药底部做成锥形的凹槽，图5.3.24(c)为在装药底部凹槽内表面贴合一层的金属罩，图5.3.24(d)与图5.3.24(c)的结构形状相同，只是将装药离开靶板一定距离。从试验的效果我们可以看出：图5.3.24(a)装药在引爆后仅在目标表面毁伤圆滑凹陷，并且在目标的背面产生崩落现象，产生此种现象的原因是圆柱形药柱爆洪后，爆轰产物沿近似垂直原药柱表面的方向向四周飞散，作用于钢板部分的仅仅是药柱端部的爆轰产物，作用的面积与药柱端面积相等；图5.3.24(b)装药引爆后，在目标上形成较深的锥形孔，产生此种现象的原因是带锥孔的药柱与柱形装药不同，锥孔部分的爆轰产物飞散时，先向轴线集中，汇聚成一股速度和压力都很高的气流(聚能气流)。爆轰产物的能量集中在较小的面积上，为此在目标上打出了更深的孔，此是锥形孔能够提高破坏作用的原因；图5.3.24(c)装药引爆后在目标上形成更加深的穿孔，因为当装药凹槽内表面衬上一个药型罩时，装药起爆后，爆轰波能量传递给药型罩，导致药型罩以很大的速度向轴线运动，其在高温高压的爆轰产物的作用下，形成金属杆(可以看作流体，其中，药型罩的内表面形成细长的金属射流，药型罩外表面形成杵体)。图 5.3.24(d)中装药爆炸后在靶板上形成更深的穿孔，原因是装药爆炸后产生的金属射流在冲击靶板前进一步拉长。

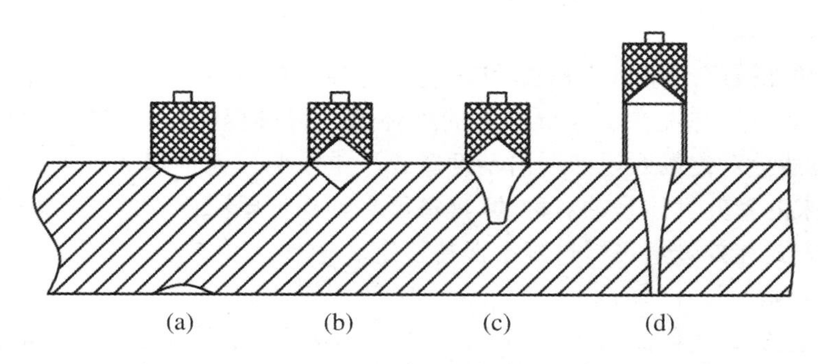

图 5.3.24　聚能效应原理图

由于金属射流具有细长、高温、高速以及高能量密度的特点，所以金属射流的破甲过程属于超音速冲击的范畴，因为它的头部速度为空气中音速的 20 倍(即马赫数 20)，是一般穿甲弹的 7～8 倍。其对靶板的侵彻过程一般分为如下三个阶段(图 5.3.25)：第一阶段为开坑阶段：就是射流侵彻破甲的开始阶段，当金属射流头部碰击靶板时，碰撞点的高压和所产生的冲击波使靶板自由界面崩裂，在靶板中形成一个高温、高压、高应变率的区域(简称“三高区”)，此阶段所形成的孔深只占整个孔深的很小部分。

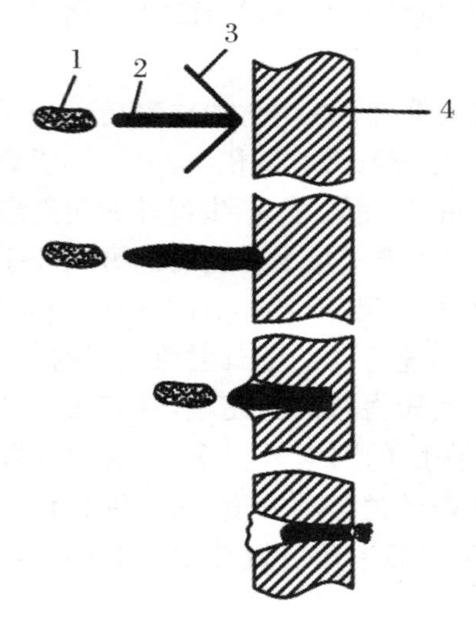

图 5.3.25　金属射流的破甲过程

1. 杵体；2. 金属射流；3. 弹道波；4. 钢靶

第二阶段为准定常侵彻阶段：在这一阶段中射流对处于三高区状态的靶板进行侵彻破孔，侵彻破甲的大部分破孔深度是在此阶段形成的。由于此阶段中的破击力是很高，射流的能量变化缓解，破甲参数和破孔的直径变化不大，基本上与时间无关，故称为准定常侵彻阶段。在这种情况下，靶板的强度甚至达到可以忽略不计的程度，金属射流的破甲过程就像高压水枪产生的高速水流冲击稀泥一样，在靶板内轻松地形成孔洞。随着破甲过程的发展，金属射流不断消耗自己的能量，射流长度也逐渐缩短。

第三阶段为终止阶段：这一阶段的情况较为复杂，此时射流速度已经很低，靶板强度对阻止射流侵彻的作用愈来愈明显并且由于射流速度的降低，不仅破甲速度减小，而且扩孔能力也在下降，导致后续射流无法推开前面已经释放出能量的射流残渣，射流不是作用在靶孔的底部，而是作用在射流残渣上，影响侵彻破甲的进行(由于射流在破甲的后期出现失稳现象颈缩和断裂，进而影响破甲性能)。当射流速度为 2000～4000 m/s 时，靶板的机械强度已成为一个不可忽略的重要参数，此时，金属射流碰靶已失去破甲能力。金属射流开始失去侵彻靶板能力时的速度，为射流的极限速度，因为高于极限速度时，金属射流能够继续破甲，而当金属射流的速度低于极限速度时，则无破甲能力，可以称为射流破甲的临界速度。当射流速度低于失去侵彻能力的临界速度时,射流已不能继续侵彻破孔,而是堆积在坑底,使破甲过程结束。

金属射流对靶板作用时,靶板金属在高温、高压、高速的金属射流的冲击下被迫向侧面和前面流动。一部分附着于靶板破孔的表面上,其中的一少部分则从入口处飞溅出来(产生"喷铜"现象)。整个破甲过程中,由入口和出口飞溅出去的靶板金属极少,尤其是对半无限靶,由入口处飞溅出去的靶板金属就更少,不超过15%。在破孔时,由于靶板金属受到金属射流的强烈冲击作用,硬度普遍提高,而在孔壁周围形成一个硬化层。硬化层厚度为10～13 mm,其最大硬度可由原来的50HRC变为56HRC。

2. 影响破甲作用的因素

聚能破甲弹要能够有效地摧毁敌人坦克,必须具有足够的破甲威力,其中包括破甲深度、后效作用和破甲作用的稳定性。后效作用是指金属射流在穿透坦克装甲之后,还有足够的能力破坏坦克内部的设备,杀伤坦克乘员,使坦克失去战斗作用;破甲作用的稳定性是指命中的破甲弹都能可靠地穿透坦克装甲,例如,某破甲弹的战术技术指标就规定,对于120 mm/65°的装甲钢板,穿透率不小于90%。

影响破甲作用的因素是多方面的,如药型罩、炸药、弹丸结构以及靶板等,而且这些因素又能相互影响,因此,它是一个比较复杂的问题。对一些主要的影响因素分析如下:

(1) 炸药。

炸药装药是压缩药型罩使之闭合形成射流的能源,因此装药的性质和结构对破甲弹的影响很大。在其他条件一定时,炸药性能影响破甲弹威力的主要因素是炸药的爆轰压力,爆轰压力与装药密度和爆速成正比。因此,在聚能装药中应尽可能采用高爆速炸药和增大装药填装密度。破甲弹现在大多采用以黑索金为主的混合炸药,炸药的爆速和装药密度都较高。

破甲深度与装药直径和长度有关。增加装药直径对提高破甲威力特别有效,破甲深度和孔径都随着装药直径的增大而增加。但是装药直径受弹径的限制,一般说来是不允许增加的。

装药长度增加可以使破甲深度提高。但当装药长度增加到接近3倍装药直径时,破甲深度不再变化。有些破甲弹装药带有尾锥形,由于罩顶部至轴线的闭合距离较短,罩顶部之后的装药削成截锥形,对罩顶部接受炸药的能量影响不大,而有利于增加装药长度,同时又减小了装药质量。

(2) 药型罩。

药型罩是形成金属射流的主要部件。它的形状、锥角、壁厚、材料和加工质量等都对破甲威力具有显著影响。

① 形状。

药型罩形状是多样的,有截锥形、锥形、喇叭形、半球形等,如图5.3.26所示。还可根据性能需要,由这三种形状任意组合,如双锥罩,因为它的威力和破甲稳定性都好,生产工艺也比较简单。不同形状的药型罩,在相同装药结构条件下得到的射流参数是不同的。通过试验可以得出,在装药情况相同的情况下,一般半球形的药型罩所形成的射流效果较差,喇叭形的破甲效果也不明显,双曲线形的药型罩破甲效果很好,但是加工时比较难实现周向的一致性,形成的射流稳定性不能得到保证,一般在实际中较少应用。在实际应用中要数锥形罩的使用较为广泛,其形成的射流形状较好,加工时比较方便,所以在大多数破甲战斗部中多使用双锥罩或锥形罩。

② 锥角。

当药型罩的锥角较大时,此时射流头部速度相对较低,而速度梯度相对较小,但此时的射流质量较大。这种情况下获得的射流短而粗，这种射流导致破孔直径较大，而且破甲深度明显下降，但这种射流破甲的稳定性相对较好。当药型罩的锥角比较小时，此时射流头部的速度相对较大，其射流的速度梯度相对也比较大，这种情况下产生的射流质量比较小，而爆轰产生的射流细又长，导致射流的破孔直径较小，而破甲的深度却相对较深。值得注意的是，这种射流的破甲稳定性因射流的"细而长"使得破甲效果较差。

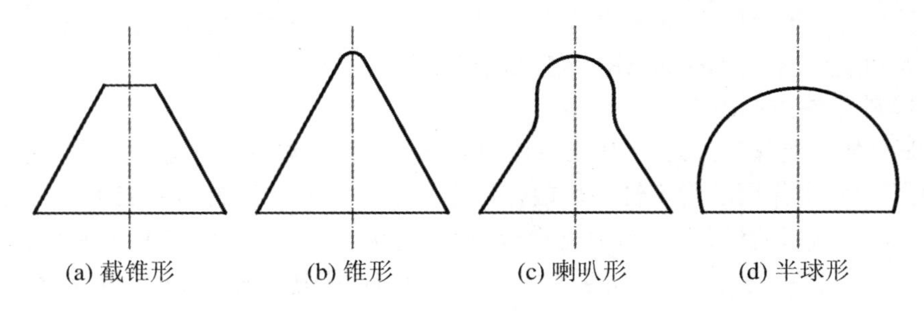

(a) 截锥形　(b) 锥形　(c) 喇叭形　(d) 半球形

图 5.3.26　药型罩形状

在实际产品设计时，破甲弹或者具有破甲战斗部的药型罩锥角一般设计在 35°～60°范围。其中具有中小口径的破甲弹的药型罩锥角的取值一般偏下限，而具有大口径的破甲弹药型罩锥角的取值一般偏上限。另外当破甲弹采用隔板时其锥角宜大些，而不采用隔板时其锥角宜小些。双锥药型罩，在装药直径相同、罩高相等的情况下，小锥角取值应较小，以提高射流头部速度，进而有利于开坑和提高破甲深度，而大锥角取值应较大，以有利于继续侵彻和提高后效。

圆锥形药型罩锥角的大小，对所形成射流的参数破甲效果以及后效作用都有很大影响。当锥角较小时，所形成的射流速度高，破甲深度大，但其破孔直径小，后效作用及破甲稳定性较差；而当锥角大时，虽然破甲深度有所降低，但其破孔直径大，并且后效作用及破甲稳定性都较好。

对药型罩锥角的研究表明，其锥角在 35°～60°为好。对中小口径破甲弹可以取 35°～44°；对大中口径，可以取 44°～60°。采用隔板时锥角宜大些，不采用隔板时，锥角宜小些。

③ 壁厚。

药型罩的厚度大小直接影响着射流的速度和质量，药型罩壁厚一般随着战斗部口径的增加而增加，当弹壳体较厚时，罩壁亦可适当增加一点。然而药型罩的厚度过厚时，此时作用在药型罩的单位质量上的冲量相对减少，从而导致药型罩的压垮速度降低，形成的射流速度也降低，导致穿甲能力下降。但当药型罩的壁厚过薄时，产生的金属射流的质量减小，稳定性降低，还可能发生因为药型罩本身的强度不足导致在弹丸发射和撞击目标时的变形，从而降低了破甲弹的破甲威力。

在设计中一般采用下述经验公式计算紫铜药型罩的厚度：

$$\delta = (0.046 - 0.000345 \times 2\alpha) d_{\mathrm{k}} \tag{5-3-3}$$

式中，δ 为药型罩厚度(mm)；2α 为圆锥型罩的角度(°)；d_{k} 为罩的底直径(mm)。

综上，为了改善破甲弹产生的射流性能和提高破甲能力，通常采用变壁厚的金属药型罩。当药型罩锥角较大时，壁厚变化率取值应该相对偏大。当药型罩的锥角较小时，壁厚变化率的取值应该相对偏小，否则射流会因为其容易过早的拉断而影响破甲威力。实验结果表明，采用顶部厚、底部薄的药型罩，其穿孔很浅；采用顶部薄、底部厚的药型罩，当壁厚变化适当时，穿孔进口较小，随之出现鼓肚，且收敛较慢，能够提高破效果，但如壁厚变化不适当，则破甲深度会明显降低。一般来说，药型罩的厚度变化率为1%左右。

下面总结变壁厚的金属药型罩可以提高其穿甲威力的原因：

a. 变壁厚的金属药型罩能够更好地满足发射和撞击目标时的稳定性。

b. 锥形装药由罩顶到罩底药型罩向弹丸的中轴的运动间距增大，从而爆轰。

c. 产物对金属药型罩的作用时间会加长。药型罩单位质量所获得的冲量会增加，所以适当的加厚药型罩底，可有效地提高金属射流质量。药型罩底部厚度大，强度和刚度相对较好，破甲性能相对稳定。有试验证明，把药型罩由顶部到底部减薄是不可行的，其主要原因是顶部厚度大，强度高，最初变形时，它会牵连壁厚较薄的底部从而产生过早的变形，大大地降低了药型罩的作用，有时根本就不会产生金属射流，反而把药型罩压成了极其不规则的形状。

d. 药型罩在形成金属射流的过程时会被拉长，因为由罩顶至罩底质量的逐渐增大，可提供更多的射流金属。在相同延伸率情况下不会发生射流断裂，这样增加了射流长度，从而提高了穿甲能力。

药型罩的壁厚与药型罩材料、锥角、罩口径和装药有无外壳有关。总的来说，药型罩壁厚随罩材密度的减小而增加，随罩锥角的增大而增加，随罩口径的增加而增加，随外壳的加厚而增加。当爆轰产生的压力冲量足够大时，药型罩的壁厚增加对提高破甲威力有利，但壁厚过厚会使压垮速度减小，甚至药型罩被炸成碎片而不能形成正常射流，而影响破甲效果。

为了改善射流性能，提高破甲效果，在实践中通常采用变壁厚药型罩(图 5.3.27)。实验结果表明，采用顶部厚、底部薄的药型罩，其穿孔浅；采用顶部薄，底部厚的药型罩，只要壁厚变化适当，穿孔进口变小，随之出现鼓肚，且收敛较慢，能够提高效果，但如果壁厚变化不合适，则破甲深度降低。一般壁厚差应小于0.1 mm。

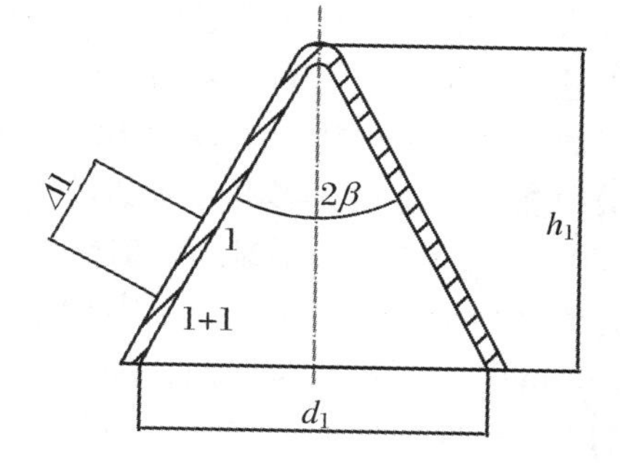

图 5.3.27　变壁厚药型罩

④ 材料。

药型罩是聚能装药破甲战斗部中的重要部件，当战斗部中的炸药引爆之后，药型罩形成射流侵彻各种装甲目标。药型罩的形状和构成药型罩材料的性能将直接影响侵彻效果。因此，在药型罩的形状确定之后，构成药型罩的材料将是影响破甲弹的侵彻性能的关键。从某种意义说药型罩材料技术是发展破甲弹的关键技术，所以也可以说新型药型罩材料技术的发展代表着新型破甲弹的发展。

药型罩材料技术研究的主要内容有材料的种类、化学成分、显微结构、物理性能、动态力学性能以及制造工艺参数等对破甲弹侵彻威力的影响。相关研究和实践证明，侵彻性能优良的药型罩材料应具有高密度、高塑性和高声速三个特点。塑性好的药型罩材料容易加工成型，并可形成侵彻性能较好的长射流(射流的长度与侵彻深度成正比关系)；同时破甲弹对靶板的侵彻深度同射流密度与靶密度之比的平方根成正比关系，也就是说药型罩的密度越高其侵彻深度将越深；另外材料的声速越高破甲弹射流的伸长速度就越快，就越有利于射流侵彻装甲。

纯铜是使用于破甲弹药型罩的传统材料，20 世纪 90 年代以来，为了适应高侵彻性能聚能装药战斗部的发展要求，世界各国研究了多种单金属和合金罩材。研究表明，单金属罩材对提高空心装药战斗部的侵彻性能影响最大，其中钼、铀、钽、铼和镍具有较大的应用和发展前景。在合金药型罩材研究方面，发现铜元素与钨、钽、铼等重金属元素组配成的合金，具有高密度和优良的塑性两大特性，其开拓出罩材向这类新合金发展的思路，成了药型罩材发展的方向之一，实验证明有些这类合金显示出了良好的侵彻效果，另外钽-钨及镍-钨等合金罩材也显示出良好的侵彻性能。国外还在研究超塑合金和非晶态合金等合金罩材，目前其侵彻效果都不明显。在高密度和形成更长有效射流的前提下，为最大幅度地提高破甲弹侵彻威力，药型罩材料研究出现两个方向（纯金属和多相复合材料）。

当药型罩被压垮后，形成连续不断裂的射流，密度愈大，其破甲愈深。从原则上讲，要求药型罩材料密度大、塑性好，在形成射流过程中不气化。目前药型罩使用的材料为紫铜，紫铜的密度较高，塑性好，破甲效果最好；铝虽然延性较好，但密度太低，熔点低；铅虽然密度高，延展性也好，但由于其熔点和沸点都很低，在形成射流的过程中易气化，所以铅和铝的药型罩破甲效果不好。

为了提高破甲弹的破甲效果，目前正在发展着的有“复合材料药型罩”，即药型罩内层用紫铜，外层用镁合金、钛合金和锆合金等具有燃烧效能的低沸点金属材料。

⑤ 加工质量。

药型罩不仅要在结构上进行优化设计，还需考虑其成型方法及工艺，即不仅考虑如何满足药型罩外在质量要求、几何尺寸、精度以及表面质量，还要考虑其内在性能参数（晶粒尺寸及取向、结构等）如何满足要求。近年来，国内外对药型罩的内部组织、药型罩制造方法以及工艺与破甲性能之间关系做了深入研究。研究结果表明，不仅药型罩的几何尺寸、精度以及表面质量对破甲能力有较大影响，其晶粒的大小、晶粒的取向以及结构等内部冶金学指标对破甲能力也有很大影响。例如，对 81 mm 铜药型罩进行试验研究后证明，晶粒尺寸在 20～120 μm 之间变化，明显影响射流的侵彻能力。在炸高为 20 倍药型罩直径条件下，晶粒尺寸为 120 μm 的铜药型罩形成射流侵入轧制均质装甲板的深度小于 8 cm。当晶粒尺寸减小到 10 μm 时，铜罩形成射流的侵彻深度大于 15 cm。南非某公司研究了平均速度为 8～4 km/s 的射流破断时间与制造工艺的关系。结果表明，晶粒尺寸同为 50 μm 的 90 mm 钼药型罩，旋压罩的射流破断时间约为 190 μs，而冷锻罩的约为 184 μs；晶粒尺寸同为 10 μm 的 76 mm 电铸镍药型罩，电铸镍罩的射流破断时间约为 110 μs，而退火电铸镍罩的约为 125 μs。许多研究都表明，与射流有密切关系的晶粒尺寸，直接受再结晶退火温度影响。还有研究表明，锥形药型罩形成射流抗旋转而不离散的能力取决于制造工艺。现已发现，旋压和电铸工艺可制造抗旋药型罩。现代的药型罩制造技术既要满足外在质量要求，也要满足内在性能要求，目的就是使药型罩形成的射流达到预定要求。世界各国在药型罩制造技术的研究上均做了大量工作（特别是在改善药型罩的内部组织结构上），相继开发出大量相关药型罩加工的新技术和新工艺，这些新技术的特点是高精度、高质量，以保证药型罩形成的金属射流在对目标装甲进行攻击时保持高效率和低消耗。

加工药型罩的方法很多，典型的有冲压、车制、冷挤压、旋压、电铸等方法，每种方法各有特点，目前高精度药型罩采用最多的是旋压、冷挤压和车制工艺。选择药型罩制造工艺时必须根据药型罩产品的晶粒尺寸、晶粒取向和其他的内在性能参数来确定，而不仅限于考虑如何让达到药型罩的尺寸精度和表面质量。

药型罩一般采用冷冲压法或旋压法制造，对于紫铜药型罩来说，用冷冲压法要比热冲后再进行切削加工的药型罩好，其破甲深度可提高 10%～20%。在冷冲压过程中不退火的药型罩其破甲性能比退过火的高很多。用旋压法制造的药型罩具有一定的抗旋作用,这是因为在旋压过程中改变了金属药型罩晶粒结构的方向,形成内应力所致。

(3) 隔板。

隔板是指在炸药装药中,药型罩与起爆点之间设置的惰性气体(非爆炸物)或低速爆炸物(称为活性隔板)。隔板的作用,在于改变药柱中传播的爆轰波形,控制爆轰方向和爆轰到达药型罩的时间,提高爆炸载荷,从而增加射流速度,达到提高破甲威力的目的。实验表明,有隔板的装药结构与无隔板的装药结构比较,射流头部速度能够提高25%左右,破甲深度可以提高15%~30%。

隔板的形状可以是圆柱形、半球形、圆锥形和截锥形等,目前多采用截锥形。

隔板的材料及强度,隔板的厚度及直径,隔板在装配时与锥形装药、药型罩的同轴度,对破甲作用都有重要影响。采用隔板除了有利的方面外,也存在着不利的方面,即破甲作用效果跳动较大,破甲效能不稳定,增加了装药工艺的复杂性。

(4) 壳体。

实验表明,装药有壳体和无壳体相比,破甲效果有很大的差别,此差别主要是由弹底和隔板周围部分的壳体所造成的。在同样条件下,减小隔板的直径和厚度,可降低壳体的影响。

壳体对破甲效果的影响是通过壳体对爆轰波波形的影响而产生的,其中主要表现在爆轰波形成的初始阶段。当药柱带有壳体时,由于爆轰波在壳体壁面上发生反射,并且稀疏波进入推迟,从而使靠近壳体壁面的爆轰能量得到加强。这样一来,侧向爆轰波较中心爆轰波提前到达药型罩壁面,损害罩顶各部分的受载情况,迫使罩顶后喷,形成反向射流,从而破坏了药型罩的正常压垮顺序,使最终形成的射流不集中、不稳定,导致破甲威力降低。但是,当药柱增加壳体后,将减弱稀疏波的作用,从而提高了炸药能量的利用率。

(5) 旋转运动。

弹丸的旋转运动,一方面会破坏金属射流的正常形成,另一方面使金属射流颗粒在离心力作用下甩向四周,导致横截面增大,中心变空。而且这种现象将随转速的增加而加剧,随着转速的增加,破孔形状变得浅而粗。

聚能装药处于旋转运动状态时,最有利炸高将比无旋转运动时要大大缩短,并且随转速的增加,其最有利炸高(后面将详细介绍)将变得更短。旋转运动对破甲性能的影响还随着药型罩锥角的减小而增大,随弹丸口径增大而增大。

(6) 炸高。

破甲弹在爆炸瞬间药型罩口部至装甲板的距离称为炸高。炸高对破甲威力的影响可以从两个方面来分析,一方面随炸高增加,射流伸长,从而破甲深度增加;另一方面随炸高增加,射流产生径向分散和摆动,延伸到一定程度后出现断裂,从而使破甲深度降低。与最大破甲深度相对应的炸高,称为最有利炸高。对于一定装药结构的弹丸均应有一最合理的炸高,如果炸高过小,金属流没有达到聚焦,或者金属流聚焦了但未展直,导致破甲性能不佳,有时甚至发生金属流的分离。如果炸高过高会导致聚能流质量分散,造成射流速度的减低,进而也会造成能量的损失,使破甲威力下降。为了满足大炸高条件下药型罩破甲威力要求,必须对药型罩结构进行优化设计,在结构上使射流断裂要晚一些,减小射流横向干扰因素,保持射流准直性,同时增大射流质量,减小速度梯度。射流横向速度可以通过加工工艺加以抑制,使射流性能更好。当炸高较大时,微小的射流偏斜也会对穿深产生严重影响,因此,在进行减小穿深跳动量的研究时,应尽可能采用最有利的炸高。

对于一般常用药型罩,有利炸高是罩口部直径的 2～3 倍。有利炸高与药型取锥角、药型罩材料、炸药性能和有无隔板都有关系。破甲弹的有利炸高是靠头螺或风帽来保证的。头螺或风帽要有足够的强度和刚度,以防止射击过程中或碰目标瞬间的破坏或变形过大,影响破甲弹的正常作用。

(7) 靶板。

靶板对破甲作用的影响主要是靶板材料性能和靶板结构形式的影响。

靶板材料性能方面的影响,包括材料的强度和密度。强度高、密度大的靶板,射流的破甲深度较浅。

靶板的结构形式,如靶板倾角的大小、多层间隔板、钢与非金属的复合靶等对破甲作用的影响目前正在研究中。总的说来,倾斜角大易产生跳弹。实验证明多层间隔板靶、钢与非金属材料组合而成的复合靶板的抗侵彻能力高于单层钢质靶板。

3. 破甲弹的组成

破甲弹由弹丸和发射装药组成。弹丸有头螺(或风帽或杆形头部)、弹体、聚能装药、稳定装置和引信,如图 5.3.28 所示。有的破甲弹还在聚能装药中设有隔板,在传爆序列中采用中心起爆调整器。

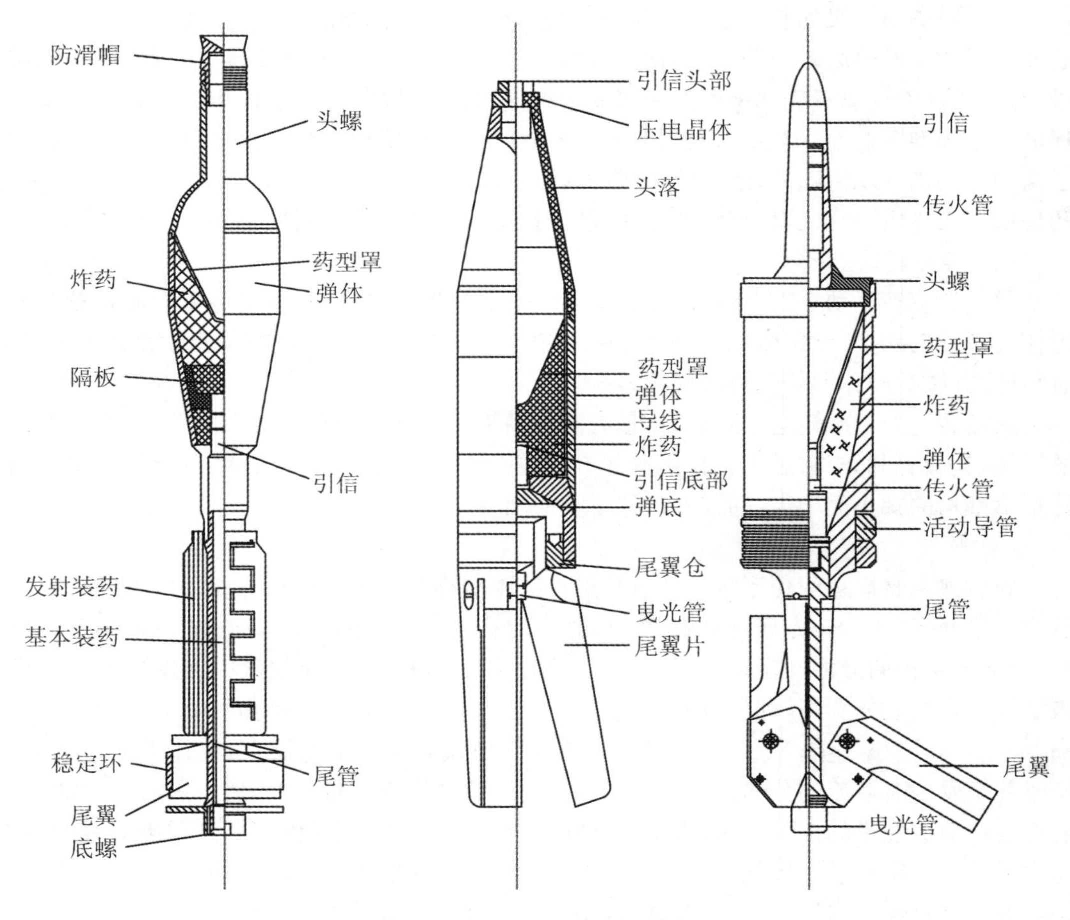

图 5.3.28 几种破甲弹结构图

(1) 头螺是保证破甲弹有利炸高的零件,其长度为药型罩口部直径的 2～3 倍。采用头螺结构还利于装配弹体内零件和改善弹丸气动外形。杆形头部还可产生稳定力矩。

(2) 弹体是盛装聚能装药，连接头螺与弹尾，并保证弹丸在膛内正确运动的部件，一般用钢或铝制成。

(3) 聚能装药通常由药型罩和带有凹窝的炸药装药组成，爆炸时产生聚能效应。药型罩是形成金属射流的零件，衬于装药凹窝内。多采用锥形罩，锥角一般为40°～60°。也有半球形罩、曲线组合形罩以及双锥形罩等。材料除要用延展性好，密度大的金属外，还可采用两种金属或金属与非金属复合的双层药型罩。最常用的药型罩材料是紫铜。炸药装药一般采用高爆速的猛炸药压制，或用B炸药注装而成。装药前端的锥形凹窝，可使爆炸能量集中在凹窝的轴线方向上，用以增大该方向上的爆炸作用。在压药或注药时，一般均带药型罩。

(4) 隔板是改变炸药装药爆轰波波形，提高破甲能力的部件。一般用惰性材料制成，如塑料等，也可采用低爆速炸药制成。采用隔板的破甲弹可提高破甲深度，但破甲稳定性降低。

(5) 中心起爆调整器是保证炸药装药对称起爆，以获得良好对称性射流的部件。

(6) 引信是使破甲弹适时起爆的控制装置。破甲弹一般采用压电引信、储电式机电引信，有的采用电容感应引信等。

(7) 稳定装置有尾翼稳定和旋转稳定两种方式。破甲弹大多采用尾翼稳定，这是因为弹丸的高速旋转将使破甲弹的威力下降。根据飞行速度不同，有的采用适口径固定尾翼，有的采用张开式超口径尾翼，有前张式和后张式两种。

适口径固定式尾翼稳定装置由尾管和尾翼片组成。有时还可加稳定环，稳定环套在尾翼片外缘，可提高飞行时稳定力矩，同时在膛内起导引作用。前张式尾翼装置的尾翼片质心位置靠近弹轴，致使在膛内惯性力的作用下，尾翼片向前合拢而不张开，出炮口后靠火药燃气压力和弹丸旋转时的离心力张开。后张式尾翼，尾翼片以销轴与尾翼座相连接，尾翼片上的齿弧与活塞的齿弧相啮合，活塞装在尾翼座的中心孔内。发射时，火药燃气进入活塞气室内，弹丸出炮口后，气室内压力使活塞向后运动，带动与之啮合的翼片张开。此外，有的破甲弹采用筒式稳定装置，其特点是没有尾翼片，它依靠弹丸尾部的圆筒达到稳定。一般与杆形头部结构配合使用，既适用于超音速飞行，也适用于亚音速飞行。在破甲子母弹的子弹中，有的还使用飘带柔性稳定装置等。少数破甲弹还采用旋转稳定装置，为了克服弹丸高速旋转时破甲威力的下降，常在弹丸结构上采取一些减旋措施。例如，在弹体内装滚珠轴承，发射时，弹体高速旋转而聚能装药不旋转或微旋。有些线膛炮发射的尾翼稳定破甲弹，可采用活动导带环结构，使弹体只产生低速旋转，既消除了高速旋转对威力的不利影响，又保持了弹丸的密集度。典型破甲弹弹丸的结构特点如下：

(1) 弹体多为两端开口的薄壁圆筒，前部安装头螺，后部安装底螺。非整体式弹体是装填战斗部装药的需要。破甲弹头螺一般采用锥形，也有采用中空的杆形头部。头螺的前端安装压电引信的头部机构，并以内、外电路与引信底部机构接通。头螺的高度决定破甲弹的炸高。头螺的主要作用是：使弹丸保持合理的气动外形，减小空气阻力；保证破甲弹有利炸高，充分发挥破甲威力；安装压电引信头部机构，起连接导电作用。引信底部机构从底螺中心孔装入，装入后应有闭气装置，防止火药燃气窜入而不安全。

(2) 弹体内装有锥孔装药和金属药型罩，这是破甲弹装药的基本特征。锥孔装药是产生聚能效应形成射流的能源，多为以黑索金为主体的混合炸药，如黑95、黑梯60等，压装或注装成型，其密度大，爆速高。金属药型罩是形成射流的母体，其形状多为锥形或双锥组合形，材料多为紫铜，具有塑性好、密度大等特点。

(3) 有些破甲弹在装药中设置惰性隔板，并增设副炸药柱。隔板用以改变爆轰波波形，增大对药型罩的冲击载荷，提高金属射流的速度和质量，从而增大破甲效力。副炸药柱用以传递引信起爆的爆轰波，其密度比主炸药柱小一些，与引信的起爆能量相匹配，能稳定地传递爆轰，使副炸药柱和主炸药柱能够迅速地达到稳定爆轰，保证破甲威力与稳定性。

(4) 破甲弹多配用压电引信。压电引信由头部机构和底部机构组成。头部机构安装在头螺顶端，内有压电晶体；底部机构安装在装药底部，内有电雷管和传爆装置。头部机构和底部机构之间，有由头螺、弹体、弹底螺等构成的外部电路和由导线构成的内部电路相接通。破甲弹碰击目标时，压电晶体受压产生高电压，电流经回路流经电雷管，使底部机构起爆。这恰好满足破甲弹从装药底部起爆的作用原理要求。压电引信瞬发度高，碰击目标后立即产生电流起爆，头螺还来不及有很大的变形破坏，金属射流就形成了，这有利于保持破甲弹的有利炸高，发挥破甲效力。另外，破甲弹引信要求具有低灵敏度，这主要是为了在前沿阵地树丛中、庄稼地里射击时，破甲弹碰击弱障碍物时不至引起弹道早炸。破甲弹所配用的压电引信也都满足低灵敏度要求。

(5) 破甲弹多采用尾翼稳定方式。因为高速旋转会使得金属射流在离心力作用下径向发散，致使破甲效力下降，故破甲弹一般不采用旋转稳定而采取尾翼稳定方式。但为了克服质量偏心、空气动力偏心和火箭增程弹的推力偏心对散布精度的影响，尾冀稳定破甲弹往往采用涡轮、斜置或斜切尾冀、滑动弹带等措施，使弹丸在飞行中作低速旋转。尾翼稳定破甲弹多配用在滑膛炮上，但采用滑动弹带(闭气环)的尾翼破甲弹也可以配用到线膛火炮上。

4. 几种典型破甲弹的结构

(1) 85 mm 气缸式尾翼破甲弹。

85 mm 破甲弹是为 56 式 85 mm 加农炮配备的新弹种，原炮所用的破甲弹威力不足以对付现代坦克的大倾角装甲。为使破甲弹能更好地完成任务，对用滑膛火炮发射尾翼式破甲弹在结构上要采取一些措施，本弹是利用气缸内的压力推动活塞使尾翼张开，故称气缸式尾翼破甲弹。其结构如图 5.3.29 所示。

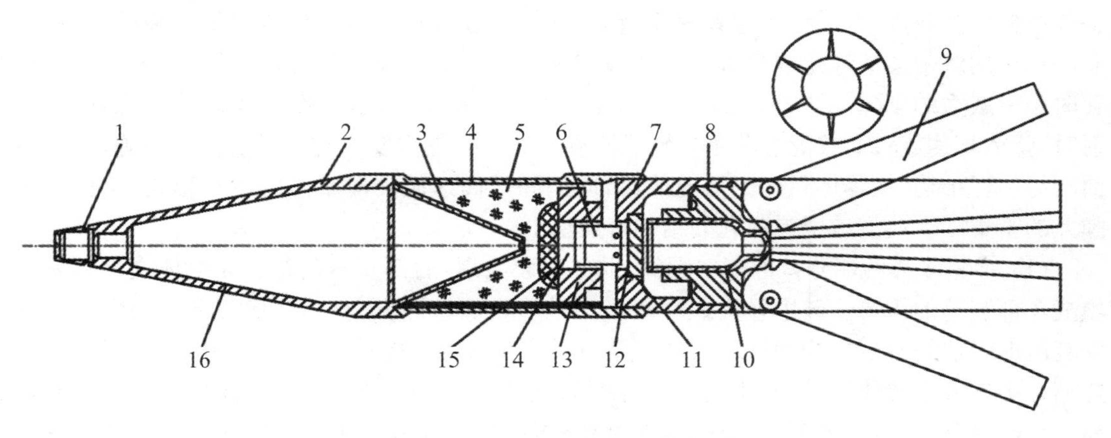

图 5.3.29 气缸式尾翼破甲弹的结构

1. 引信头部；2. 头螺；3. 药型罩；4. 弹体壳；5. 主药柱；6. 引信底部；7. 弹底；8. 尾翼座；9. 尾翼(六片)；10. 活塞；11. 橡皮垫圈；12. 螺塞；13. 支承座；14. 副药柱；15. 隔板；16. 导线

① 弹体。

弹体由头螺、弹体壳、弹底和螺塞等零件组成，它们之间均用螺纹连接。在弹壳与弹底、弹底与螺塞连接处用橡皮垫圈密封。头螺高度是根据最有利炸高确定，它考虑了弹丸的着速、药型罩锥角和引信作用时间等因素。头螺材料一般用可锻铸铁或稀土球墨铸铁。

弹壳的外形通常为圆柱形，其上有两条具有一定宽度的定心部。弹壳长度的确定与炸药的威力、装药结构以及引信的配置结构等因素有关。弹壳材料，一般采用合金钢。

由于弹底在发射时需承受火药气体的压力，在飞行中又受到尾翼的拉力，为保证强度，一般采用高强度铝合金或合金钢等材料制造。

② 炸药装置。

炸药装置是形成高速金属射流的能源。炸药的能量高，所形成的射流速度就高，其破甲效果也好，一般选用梯/黑(50/50)炸药或黑索金为主体的混合炸药或其他高能炸药。炸药的装填方法，可采用铸装、压装或其他装药方法。

③ 药型罩。

药型罩为铜板冲压制成，锥角为40°。在靠近药型罩的口部有3 mm的孔，引信头部的导线即通过此孔至引信底部。

④ 隔板。

隔板是改变爆轰波形，从而提高射流速度的重要零件，一般用塑料制成。

⑤ 引信。

该弹配用压电引信。压电引信一般可分为引信头部和引信底部两个部分。引信头部主要为压电机构，在碰击目标时依靠压电陶瓷的作用产生高电压，供给引信底部电雷管起爆所需要的电能。引信底部包括有隔离、保险机构及传爆机构。引信头部和引信底部之间，一般以导线相连，也有利用弹丸本身金属零件作为导电通路的。

⑥ 稳定装置。

该弹的稳定装置是由活塞、尾翼和销轴等零件组成。活塞安装在尾翼座的中心孔内，尾翼以销轴与尾翼座相连，翼片上的齿形与活塞上的齿形相啮合。平时六片尾翼相互靠拢；发射时高压的火药气体通过活塞上的中心孔进入活塞内腔。弹丸出炮口后，由于外面的压力骤然降低，活塞内腔的高压气体推动活塞运动，通过相互啮合的齿面而使翼片绕销轴转动，将翼片向前张开并呈后掠状。

翼片张开后，由结构本身保证“闭销”，而将翼片固定在张开位置。翼片张开的角度一般为40°～60°。为提高射击精度，在翼面上制有5°左右的倾斜角，使弹丸在飞行中呈低速旋转。该弹翼片采用铝合金材料制成。

气缸式尾翼破甲弹的稳定装置具有翼片张开迅速、同步性好和作用比较可靠的特点，有利于提高弹丸的射击精度。其缺点是结构较为复杂、加工精度要求也高。

(2) 69式40 mm火箭增程破甲弹。

火箭增程破甲弹是为增加直射距离而加装火箭发动机的。这里将要介绍的是我国供步兵使用的轻型反坦克武器69式40 mm火箭增程破甲弹。69式40 mm火箭增程破甲弹一般称为69式40 mm火箭弹，简称J-203或新40。其结构如图5.3.30所示。该弹是由无坐力炮发射，依靠火箭发动机增程的弹种。能在较大距离(直射距离300m)上迅速准确消灭敌人的活动目标，威力也较大。

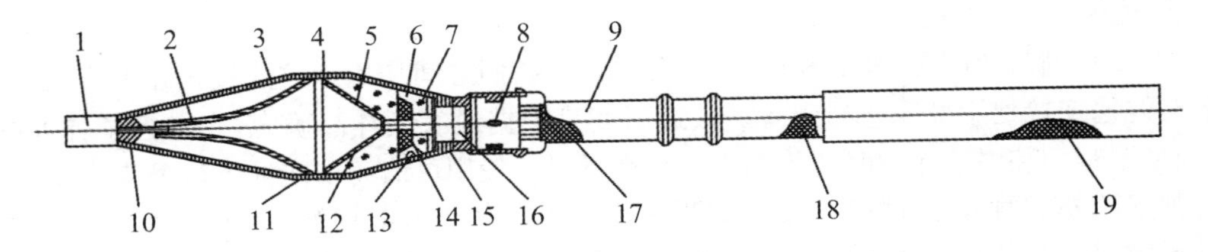

图 5.3.30　69 式 40 mm 火箭增程破甲弹示意图

1. 引信头部；2. 内锥罩；3. 风帽；4. 绝缘环；5. 主药柱；6. 辅助药；7. 弹体；8. 喷管；9. 燃烧管室；10. 绝缘套；11. 压紧环；12. 药型罩；13. 导电杆；14. 隔板；15. 衬套；16. 引信底部；18. 点火药；19. 发射药

该弹的主要结构及其特点如下：

① 弹体。

新 40 弹除火箭发动机为钢制外，弹体、风帽、尾杆、尾翼、涡轮均为铝合金材料制造，减轻弹重，提高初速。为减少空气阻力及保证最有利炸高，在头部设有风帽。

② 聚能装药。

为了提高威力，该弹聚能装药部分直径(Ø85 mm)大于火炮口径(Ø40 mm)，一般称之为超口径弹或大头弹。该弹聚能炸药原采用 8321 炸药，威力较大。但该炸药在长期贮存中对药型罩有腐蚀，并出现点火具延期药瞎火现象，因此将改用 8701 或钝化黑索金炸药。

③ 药型罩。

药型罩采用紫铜板旋压而成。为了提高破甲威力采用了变壁厚结构，顶部壁厚为 1.2 mm，口部壁厚为 1.8 mm。为了提高破甲的稳定性，锥角比较大，外锥角为 61°38′，内锥角为 60°，新 40 也采用了隔板结构，隔板是用 FS-501 塑料压制而成。

④ 引信。

新 40 火箭增程破甲弹配用电-2 式压电引信，可保证在 70°大着角情况下可靠发火。它由头部机构与底部机构组成。头部有电压晶体，尾部有电雷管和保险装置。电压晶体受压(或受到冲压)后，产生电荷，使电雷管引爆。

⑤ 稳定装置。

为了保证弹丸的飞行稳定性，该弹采用了后张式尾翼结构，其四个翼片销轴装在尾杆上，平时呈合拢状态；出炮口后在离心力作用下(距炮口 3～4 m 处)张开，与弹轴呈 90°，翼展为 282 mm。该弹的翼片有 10°40′的斜面，在飞行中使弹丸转速增加，这样可减小火箭推力偏心对密度带来的不利影响，提高射击精度。

⑥ 火箭增程发动机。

由于火炮的口径小、膛压低，故采用火箭发动机增程。增程发动机采用前喷管，喷孔(共 6 个)中心线与弹轴倾角为 18°，目的是防止喷出的火药气体喷在尾翼上。为了减小弹丸的旋转速度，各喷孔沿切线方向向右倾斜 3°来抵消尾翼的一部分右旋作用。火箭发动机采用延期点火的方式，其延期时间为 0.08～0.11 s，相当于弹丸在出炮口后 12～14 m 的距离上点火。

该弹的优点是火炮质量轻、机动性好、弹丸的直射距离较长和威力较大，其缺点是炮口速度小、受横风的影响较大；零件数量多；生产工艺较为复杂。

(3) 美 152 mm XM409E5 式多用途破甲弹。

美 152 mm XM409E5 式多用途破甲弹是美国 60 年代末期的产品，用于 152 mm 坦克炮上。所谓多用途破甲弹，就是指该弹以破甲为主，同时还具有地面杀爆弹的作用。其结构如图 5.3.31 所示。

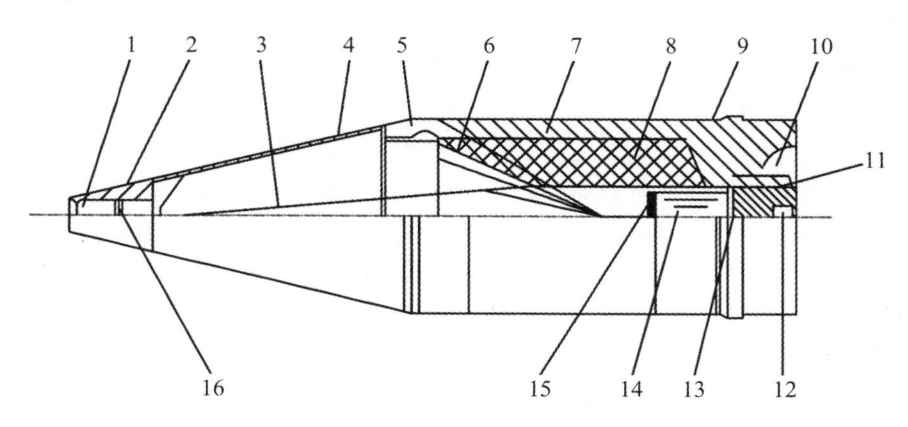

图 5.3.31　美 152 mm 多用途破甲弹

1. 压电引信头部；2. 引信帽；3. 导线；4. 头螺；5. 连接螺圈；6. 错位药型罩；7. 弹体；8. 炸药；9. 陶铁弹带；10. 药筒压紧螺；11. 底螺；12. 曳光管；13. 压紧螺；14. 压电引信底部；15. 毡垫；16. 垫片

该弹主要特点是：为了克服弹丸旋转给破甲带来的不利影响，采用了错位式抗旋药型罩，这样即可提高射击精度，又不影响破甲威力。弹带为陶铁弹带，不但能够节约铜，而且还可以使火炮寿命相对提高。药筒为全可燃筒，可节省金属材料和简化工艺过程，对坦克炮是十分有利的。该弹采用压电引信。弹丸底部采用短底凹结构，有利于改善其射击精度。

① 药型罩结构。

药型罩是采用先充压后挤压的方法制成，其材料一般为紫铜，含铜量在99.9%以上。该罩由 16 个圆锥扇形组成，每块对应圆心角平均值为 2°16′，如图 5.3.32 所示。

这种药型罩之所以能够抗旋，是因为当炸药爆炸时，每一扇形块由于错位原因，压垮速度的方向不再通过轴线，而是偏离轴线与半径为 r 的圆弧相切。这样各个扇形块的共同作用将产生旋转的金属流，其方向正好与弹丸旋转的方向相反。因此可减少弹丸旋转对破甲弹形性能的不利影响，如图 5.3.33 所示。

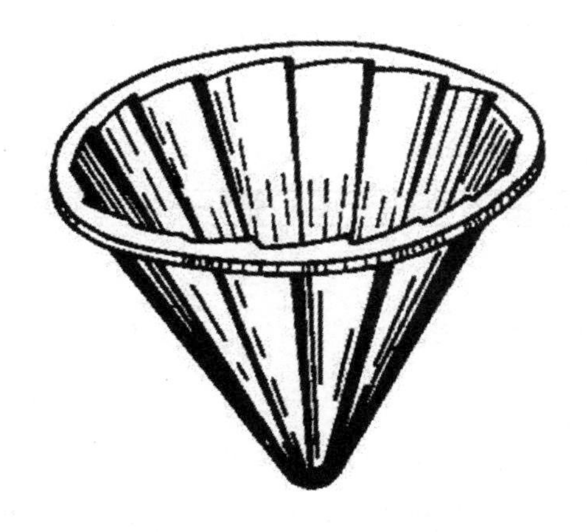

图 5.3.32　错位抗旋药型罩

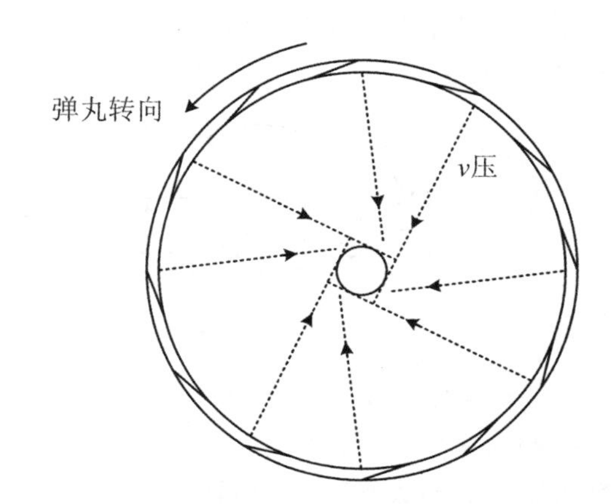

图 5.3.33　抗旋转原理示意图

② 炸药装药。

弹丸内装 B 炸药 2.88 kg，其成分中的黑索今约占 40%，外加地蜡占 1%，表面活性剂占 0.1%～0.5%。表面活性剂可以提高装药工艺性，据分析其破甲威力可达到 120 mm/65°。

5. 破甲弹的发展

19 世纪,科学家发现了带有凹窝炸药柱的聚能效应。在第二次世界大战前期,发现在炸药装药凹窝上衬以薄金属罩时,装药产生的破甲威力大大增强,致使聚能效应得到广泛应用。1936 年至 1939 年西班牙内战期间,德国干涉军首先使用了破甲弹。

随着坦克装甲的发展,破甲弹出现了许多新的结构。例如,20 世纪 70 年代出现的复合装甲,要求破甲弹在大炸高下射流要保持稳定性和准直性,且射流断裂时间要长,于是出现了精密战斗部的研究。所谓精密战斗部,就是精密炸药装药、精密药型罩和精密装配组合的战斗部。图 5.3.34 为分离式空心装药,是为了提高小口径破甲弹的威力,解决已定口径下增大罩母线长度从而提高射流长度,提出的一种新的聚能装药结构。该装药中药型罩一般为筒形罩或小锥角罩。它由内外两个药型罩和二层装药组成。外罩为驱动体,内罩形成射流。外罩壁面与周线夹角为 10°左右,内罩为 7°左右。装药起爆后,爆轰波由后向前传播,主装药(外层装药)的能量传递给外罩,内层炸药的能量传递给内罩,传递过程也是由后向前依次进行的。驱动外罩和内罩向轴线运动。由于外罩的炸药比内罩的炸药多,因此外罩的压垮速度比内罩大,外罩追上内罩并发生碰撞。整个压垮过程迅猛异常,使得内罩形成高速且长度长的射流。

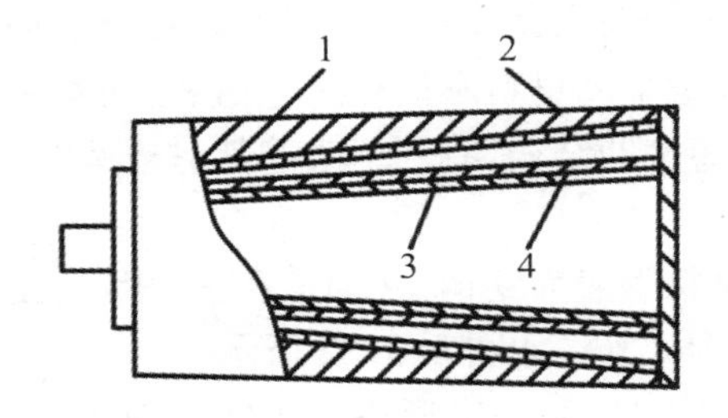

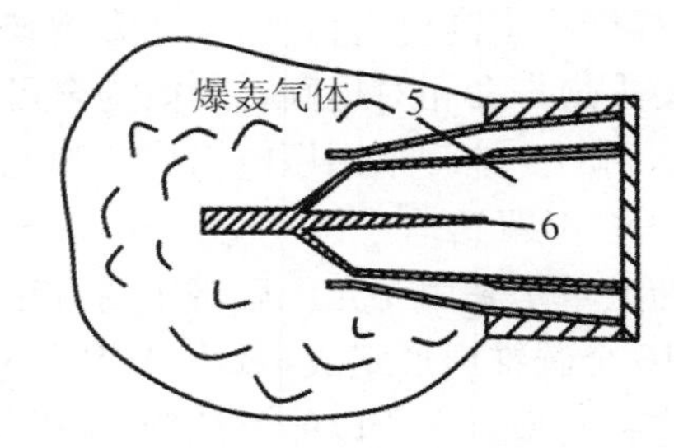

图 5.3.34 分离式空心装药及作用过程

1. 主装药;2. 外罩;3. 内层药;4. 内罩;5. 爆轰波头;6. 射流

20 世纪 80 年代初,出现了反应装甲,而且成为当代主战坦克广泛采用的新型特种装甲。为克服反应装甲对射流的干扰,人们研究了串联装药战斗部。串联装药战斗部的示意图如图 5.3.35 所示。

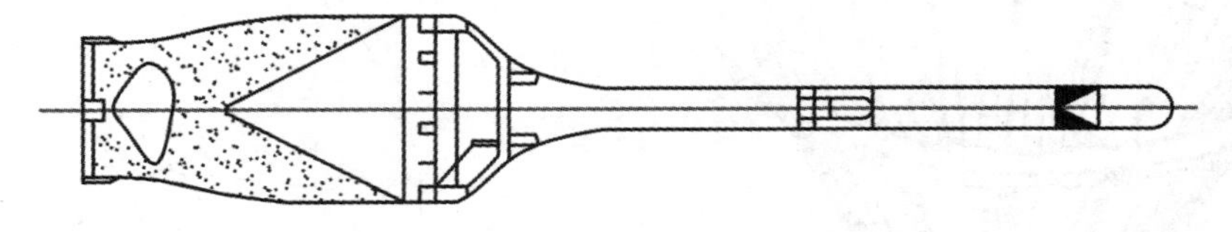

图 5.3.35 串联装药战斗部示意图

二级串联装药战斗部的第一级装药(或称前置装药)主要用以引爆或击穿反应装甲,第二级装药为主装药用以侵彻装甲。它的口径较大,质量也大,由于采用了精密制造技术,所以其破甲威力与大炸高性能都较好。二级串联装药战斗部根据其对反应装甲的作用原理大致可分成两类:

一类为穿-破式串联装药战斗部,其第一级装药(前置装药)形成射流或 EFP 击穿反应装甲,而不引爆炸药,为二级主射流开辟通道以便其侵彻主装甲。由于第一级装药对反应装甲的作用是穿而不爆,故防止了反应装甲对二级主射流的干扰。

另一类为破-破式串联装药战斗部，第一级装药的射流击爆反应装甲，经一定延期时间，待反应装甲前后板破片飞离装药法线后，第二级主射流在没有干扰情况下侵彻主装甲。

破-破式串联战斗部由前后两级空心装药构成，通常用于反击反应装甲，各国先进的破甲弹均采用了此种结构，如美国的陶2、海尔法等。破-破式串联战斗部的工作原理为：当前级聚能装药的射流命中目标时，撞击力会引爆置于反应装甲钢板之间的炸药，炸药的爆炸威力使外层钢板向外运动，减弱射流的能量，在一定的延时之后，后级主装药形成的射流在没有干扰的情况下可以顺利侵彻主装甲。

破-破式串联战斗部的关键技术有：一是主装药的延时起爆控制技术，如通过延期药和电信号等方式对主装药的延迟起爆时间进行控制，并需对前后级装药的间隔距离进行精确确定；二是隔爆防护技术，为了使后级主装药不受前级装药及反应装甲中炸药爆炸的影响，通常采用一定的隔爆材料如金属材料或复合材料等防止主装药殉爆，并需足够的间隔距离，如在前后级装药之间加一个长探杆的方式等。此外破-破式串联战斗部对装药结构、药型罩材料也有较高的要求。

目前串联装药战斗部采用破-破式结构比较普遍。对这种串联战斗部来说，要解决的关键问题是如何保证引爆反应装甲，正常形成主射流以及防止反应装甲对射流的干扰。

反串联战斗部的第三代反应装甲正在研制之中。

随着科学技术的发展，装甲防护的发展，聚能弹药也在不断发展，今后的发展方向除了进一步提高破甲威力与增大炸高性能外，主要将集中在以下几个方面：

(1) 对付新型装甲。

串联战斗部能较好地对付第一代反应装甲，第三代反应装甲的首选目标就是对付串联战斗部。因此，对聚能弹药来说就是要不断在原理与结构上下功夫，设计制造出新型聚能弹药用以对付新型装甲。当然这不仅仅是战斗部的问题，还涉及探测、捕获、识别、跟踪、命中直至毁伤目标的各个环节与分系统。要全系统共同努力，完成对付新型装甲与新目标的任务。

(2) 多用途、多效应、多载体化。

目前各类导弹的分工日益明确，虽然提高了针对性，但其单一的用途和效应已不能完全适应现代战争的要求，操作起来也很不方便。国外针对这种情况发展了多用途、多效应战斗部，如德国的TDW公司开发的将成型装药、穿甲和冲击波/破片装药结合在一起的三重效应战斗部，既可用于破坏重装甲，又可利用其强大的冲击波效应杀伤各种障碍物后的敌人，还可广泛应用于攻击雷达、卡车、直升机、小型护卫舰、巡逻快艇等各个方面，具有重要的军事意义。同时，针对不同的需要，此类战斗部还可以具有燃烧、温压等效应，以达到多重毁伤效果。

(3) 智能化。

根据目标的变化，可以选择不同攻击方式攻击目标，在某种攻击方式下，可选择目标的薄弱部位进行攻击，从而达到毁伤目标的目的，也就是说，这种弹药具有"头脑"，可选择最佳攻击方式，并挑选最薄弱部位攻击。就是通常所说的效费比最高的、自主毁伤目标能力最强的弹药——智能弹药。

5.3.3 碎甲弹

碎甲弹(HEP)，最初用来破坏混凝土工事，后来发展成为一种新型的反坦克弹药。碎甲弹是使高猛度的塑性(或半塑性)炸药直接贴附在钢甲表面爆炸,向钢甲板内传入高强度冲击(压缩)应力波,而在钢甲背面产生一块碟形破片及许多小碎片,在坦克内部起杀伤和破坏作用。碎甲弹对钢甲的破坏形式没有穿孔。

1. 碎甲作用基本原理

(1) 层裂(崩落)效应。

以炸药爆炸或高速碰撞等手段将强脉冲压缩载荷直接作用于有限厚介质表面使其背面产生层状破裂的现象称为层裂效应。

通过图 5.3.36 所示的静止碎甲试验,可以清楚地看到碎甲的层裂效应。圆柱形炸药柱直接贴放于钢板表面爆炸后。钢板表面出现凹坑(靶前坑),背面对应部位出现层裂或崩落下碟形破片。靶板崩落部位的中心比四周深,有较多撕裂锐棱,侧面带有 45°剪切角。碟形破片的直径比药柱略大,厚度、崩落速度与炸药性质、质量及靶板的性质、厚度有关。

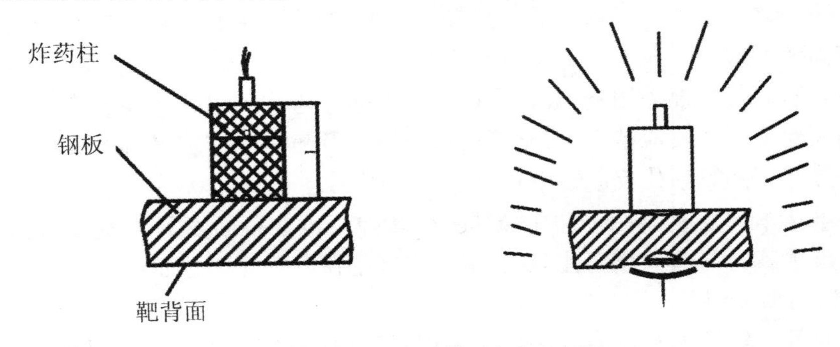

图 5.3.36 静止碎甲试验示意图

(2) 层裂过程与应力波的相互作用。

碎甲弹丸以一定着速碰击钢甲目标后,由于骤然减速而产生很大的减速惯性力。此减速惯性力使弹底引信开始动作的同时,使弹丸产生头部墩粗变形。炸药堆积在装甲上的面积增大,如图 5.3.37 所示。弹丸爆炸后爆轰产物猛烈冲击装甲表面(压力约为 40 GPa),向装甲内部输入一个强烈的冲击压缩应力波。由于药柱中心部位的压力冲量大于四周,故装甲表面被挤压变形,中心下陷,形成靶前坑。

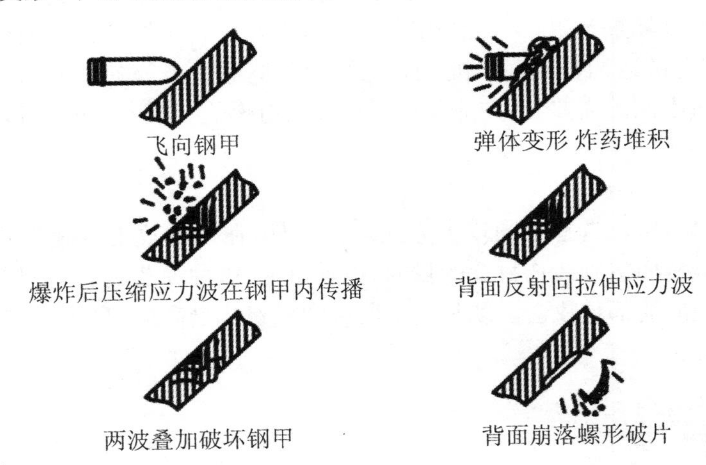

图 5.3.37 碎甲弹的作用过程

从靶面传入的高强度压缩应力波向装甲内部传播，到达靶板背面时虽然压应力峰值已衰减，但仍然很强。为了满足背面(即自由表面)边界上应力为零，背面则必然反射一个拉伸应力波。由于反射波与入射波相向而行，从反射面开始，入射波(压缩波)与反射波(拉伸波)发生干扰，在反射面上干扰之后的应力为零。此时，压缩波的尾部仍在反射面以内的装甲中，故反射面以内的材料，仍处于压缩状态。之后，入射的压缩波继续向外运动；相反，反射的拉伸波则连续地向装甲内运动；两波连续地发生干扰，如图5.3.38所示。

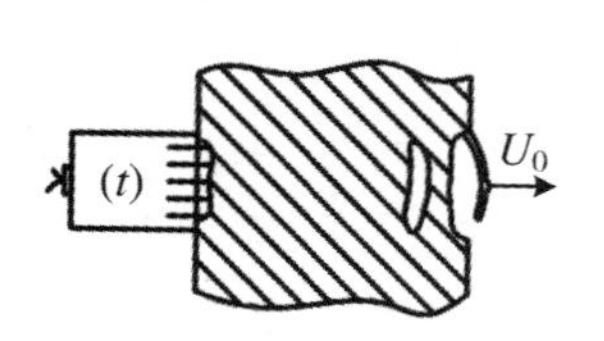

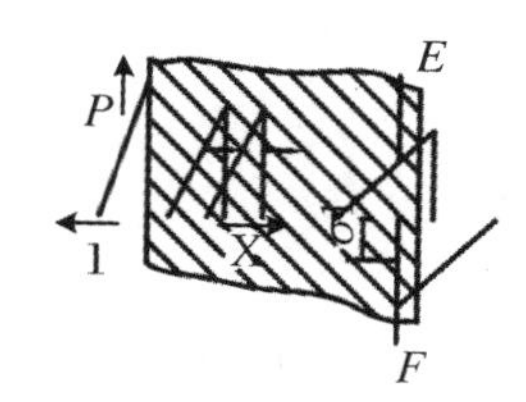

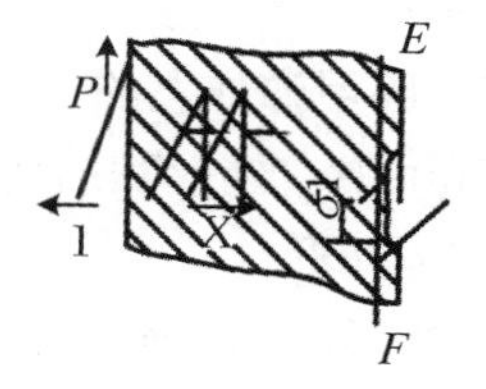

图5.3.38　碎甲作用原理

在反射面以内，反射波波头所到之处，材料内原来的受压状态转为受拉状态，并且随着拉伸波进入反射面内距离的增大，干扰后的拉应力逐渐增大。在某一断面上，如图5.3.38上EF断面所示，当干扰后的拉应力值达到材料的临界破坏应力 σ_t 时，在该断面上形成破裂。与此同时，陷入破片内的应力波部分冲量转变成为破片的动能，迫使破片剪断与周围材料的联系，并以一定的速度 u 从装甲飞击出去。由于破片的中心部位最先裂开，在破裂向四周扩大的过程中，若装甲为韧性材料，破片中心部位会发生弯曲，在破裂沿侧面剪断过程中，弯曲程度会进一步增大。因此，韧性装甲所形成破片的最后形状为碟形。对于脆性材料(如铸铁)，由于裂缝的传播速度较快，材料抗弯曲及用于剪断与周围材料的联系所消耗的变形能小，从而使剥落下来的破片通常都是一些平的碎块。从图5.3.38的最右图看出，在EF断面以外的破片剥落之后，EF就成为新的自由表面，剩余的压缩波(入射波)继续从新的自由面反射，形成新的拉伸波(反射波)。和前面的过程相似，拉伸波和压缩波从新的反射面开始继续干扰。在某一断面上，如果拉应力仍大于材料的破坏应力 σ_t 时，将发生第二次层裂。以后还可能发生第三次、第四次层裂，直到所产生的拉应力低于材料的破坏应力时，层裂才会停止。第一次层裂的碟形破片的直径为爆炸药柱端部直径的1～1.8倍，破片重量与药柱和装甲的接触面积、药量及板厚等因素有关。口径为85～130 mm的碎甲弹，碟形破片质量为3～7 kg，最高可达10 kg。破片的飞散速度与炸药性质、装甲密度和厚度等有关，上述口径范围的碎甲弹，所得碟形破片的飞散速度为300～600 m/s。由此可见，碟形破片的动能很大，在装甲目标内部将造成很大的破坏。

(3) 碎甲作用的影响因素。

① 炸药猛度。炸药爆炸直接作用(即局部破坏作用)的能力称为炸药的猛度。猛度越大，作用在靶板上的冲击波就越强，碎甲作用也就越大。炸药的猛度与其爆速和密度相关，碎甲弹应装填高爆速炸药，并尽可能提高装填密度。

② 炸药堆积面积和药柱高度。一般来说，堆积面积越大，碟形破片的面积和厚度越大。这有利于提高碎甲威力。炸药量一定时，堆积面积也不宜过大，否则碟片速度太低。在考虑堆积面积基础上还要考虑药柱的高度。一般说来，药柱高度增加，靶板所受冲击波强度提高，碟片的速度增大。

③ 着角。随着弹丸着角增大，引信作用时间增长，炸药与钢板接触面积增大，有利于提

高碎甲威力。但着角太大时，炸药堆积高度变小，碟片速度降低，影响碎甲效果，还可能使引信作用不可靠。

④ 靶板的厚度和机械性能。由于应力波在靶板内传播的过程中，其强度要衰减，波长要拉长，靶板越厚衰减越严重，必然降低靶板背面自由表面上的冲击波强度，因此碟片的厚度增加，速度降低。冲击波强度衰减到一定程度就不能产生碎甲效应。

抗拉强度低的脆性靶板较易产生层裂。一般靶板材料的强度越高，脆性越大，层裂次数增加，但碟片的速度降低。

2．碎甲弹弹丸的结构特点

碎甲弹在外形和结构上具有以下特点：

(1) 外形。

如图 5.3.39 所示，碎甲弹弹丸较短，一般仅为(3.5～4.5)d。圆柱部很长，以多装填炸药；弹头部很短，一般不超过一倍弹径。弹头部呈尖拱形，有利于增加弹丸着靶后炸药堆积面积。从空气动力来看，碎甲弹的外形并不好，空气阻力较大，弹丸的直射距离较近，主要在近距离内对装甲目标作战。

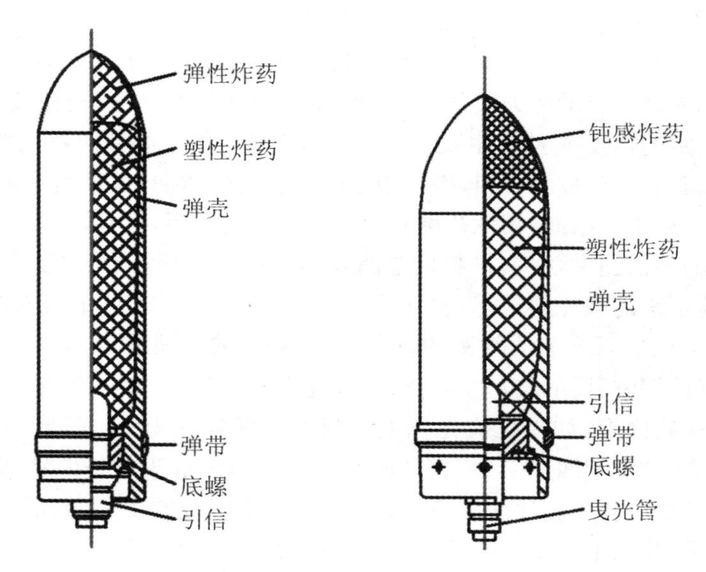

图 5.3.39　碎甲弹弹丸

为了增大内腔容积、多装炸药，弹体头部一般都比较钝，而圆柱部较长。在圆柱部上，有的碎甲弹采用了定心部，如图 5.3.40 所示，有的则与圆柱部统一起来，采用“全定心”方式，如图 5.3.41 所示。

所谓“全定心”方式是指整个圆柱部都作为定心部。这种结构有利于多装炸药，有利于碰击目标时的炸药堆积和弹体的加工，但需选择合适的弹炮间隙，以保证弹丸在膛内的正确运动，从而提高射击精度。为了使碎甲弹能在碰击靶板时很快破碎，保证弹丸具有正常的碎甲作用，碎甲弹的壁厚较薄。除了为保证弹带附近和弹底部分的发射强度而使其壁厚较大外，其他部分的壁厚都很薄，有的碎甲弹壁厚最薄处只有 1.5～2.5 mm。

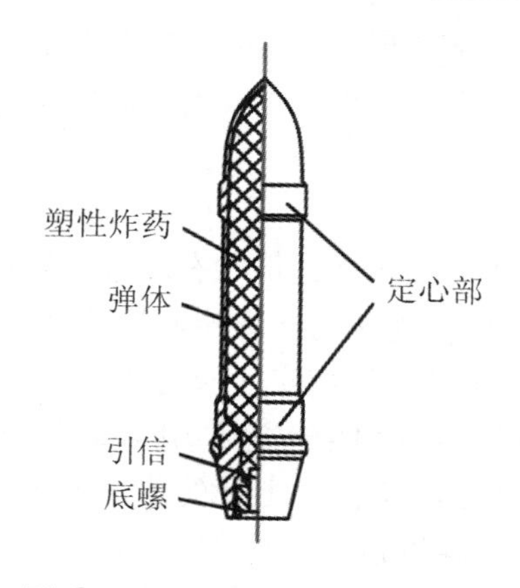

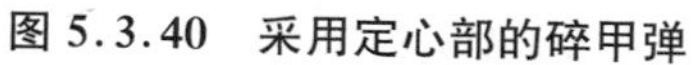
图 5.3.40　采用定心部的碎甲弹

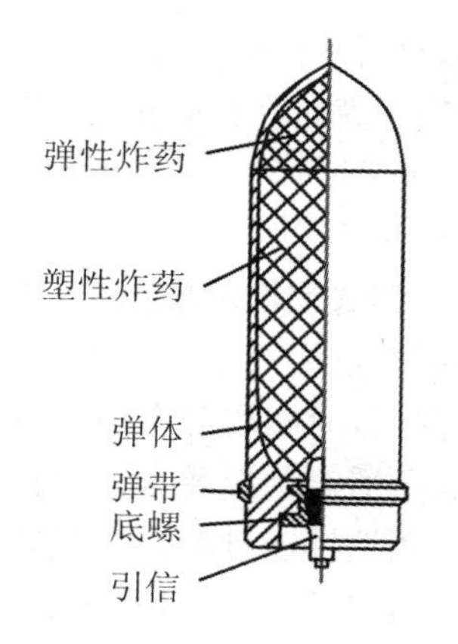

图 5.3.41　碎甲弹结构示意图

（2）弹体材料和结构。

① 弹体材料。为了使弹丸着靶后，炸药能在靶板表面尽快形成堆积面积，要求弹头部着靶墩粗后很快破裂，因此弹体材料一般是强度不高而韧性较好的低碳钢。兼顾发射强度的要求，通常选用 15 号钢和 20 号钢。

② 壁厚。碎甲弹的壁厚较薄，弹头部最薄，一般仅 2～3 mm，在碰击靶板后能够很快破碎，保证正常的碎甲作用。为保证弹丸的发射强度，弹壁从圆柱部到弹尾部逐渐加厚。

③ 弹尾。碎甲弹着靶后，弹头部和圆柱部将变形并消耗变形功。弹尾部很厚，可增加弹丸后部的前冲动能，增大炸药堆积面积，有利于提高碎甲威力。

（3）导引部。

① “全定心”结构一般弹丸有上、下两个定心部，但碎甲弹不同。碎甲弹的弹壁很薄，发射时已处于弹塑性变形阶段，如果沿用上、下定心部结构，必然使圆柱部壁厚减薄，发射时就会产生更大的塑性变形，而侧面又无炮膛壁制约，弹体则可能在此处膨胀破裂而发生膛炸。所以碎甲弹通常采用“全定心”结构，选择合适的弹、炮间隙，既便于装填入膛又能确保弹丸在膛内正确运动。

② 弹带位置由于弹壁由前向后逐渐加厚，弹带位置也尽量后移。这样可避免因弹体变形、弹带下凹而使其不能嵌入膛线或减少嵌入量，从而确保弹带的正常作用。

（4）炸药装药。

① 炸药装填系数 α。碎甲弹的炸药装填系数比爆破榴弹还大，通常 $\alpha>25\%$。如美 M346-105 mm 碎甲弹装填 A-3 炸药 3.5 kg，$\alpha=44\%$。

② 炸药。碎甲弹要求炸药猛度大、爆速高、塑性好，能在钢板表面尽快堆积成形；此外还要求炸药感度低，以每秒几百米速度着靶不自炸、不爆燃，在引信起爆后能正常作用。

碎甲弹一般装填塑性炸药。这类炸药具有良好的可塑性，是以黑索金为主体（占 90%以上）的混合炸药，其他成分是具有橡胶性质的有机高分子黏合剂、增塑剂和软化剂。国内常用塑-4 和塑-5 炸药，在 -40～50 ℃温度范围内塑性不变，可捏成任意形状。国外采用 C-4 炸药和半塑性的 A-3 炸药。

③ 装药结构碎甲弹塑性炸药的可塑性大，装填方便，一般采用从弹底向弹头挤入的方法。对于着速不高的火箭碎甲弹和无后坐力炮碎甲弹，一般装填同一种炸药。而对于着速较高的碎甲弹，为防止小着角碰靶自炸现象，应降低弹头部炸药的感度。目前有两种途径：

一是在弹头部装填弹性炸药，使炸药着靶时具有缓冲作用，如 85 mm 碎甲弹头部装填弹-4 炸药。另一种途径就是在弹头部装填惰性装填物(沥青混合物)，它具有良好的塑性，能缓和炸药的冲击。

(5) 引信。

碎甲弹配用弹底惯性起爆引信，使炸药在装甲表面堆积成最佳状态后适时从底部起爆。

由于碎甲弹在近距离上着速高，远距离上着速低，而着速高低影响着炸药堆积成一定形状所需要的时间，该时间要与引信起爆时间相适应，也就是引信应能随着速的高低自动调整起爆时间，以满足适时起爆要求。目前常用弹底触发惯性引信。这种引信具有一段短延期时间，着靶时利用惯性击针前冲刺发雷管，起爆时间取决于惯性击针的前冲速度，而惯性击针的前冲速度又取决于弹丸着靶速度，所以具有自动调整起爆时间的作用。

(6) 弹底闭气结构。

碎甲弹采用底螺和弹底引信，必须具有相应的密封闭气措施，防止发射时火药燃气侵入弹体，确保膛内安全。闭气结构与含药穿甲弹相似，在弹底和引信螺纹处涂以铅丹油灰；在螺纹台阶端面垫以铜圈或紫铜圈，在旋紧螺纹时使其变形以填满密封凹槽。在底螺上面还放置毡垫圈，当弹丸在膛内运动时，既可缓冲炸药的后坐，又能起到对底螺螺纹的闭气作用。

3. 碎甲弹的优缺点评价

(1) 碎甲弹的主要优点。

① 对均质靶板碎甲威力大，后效好。碎甲弹对均质钢板的破坏，一般不产生通孔，其破坏威力主要体现在碟片(及其他碎片)的动能上，能有效地杀伤乘员并破坏仪器设备和兵器。在大着角情况下碎甲弹能起可靠作用而不失效。

② 对混凝土目标的破坏威力大。碎甲弹除用来对付装甲目际外，主要还用来对付混凝土目标。其破坏形式为大片崩落面，多条长裂纹，比混凝土破坏弹的破坏威力大。

③ 爆破威力强，并具有一定的杀伤作用。碎甲弹对坦克行动部位的破坏效果较好，能将履带炸断，将负重轮、诱导轮炸毁，使坦克失去活动能力。碎甲弹爆炸后形成的破片速度高于杀伤弹破片，具有一定的杀伤作用，可一弹多用。

④ 射击有效距离远。由于碎甲效应主要靠炸药的接触爆炸，并不像穿甲弹那样受着靶动能的影响，因此只要命中目标，就能有效碎甲，一股碎甲弹的射击有效距离可在 2000 m 以上。

⑤ 不需要大威力火炮。由于碎甲效应不受弹丸转速和动能的影响，碎甲弹可以配用在各种不同的火炮上。

⑥ 结构简单，易于生产。碎甲弹零件少，结构简单，造价较低，适于大量生产。

(2) 碎甲弹的主要缺点。

① 初速较低，直射距离较近。由于碎甲弹的弹壁很薄，机械强度较低，装有较多的塑性炸药，致使弹丸不可能采用高初速。此外，碎甲弹的弹形不好，因此直射距离较近。

② 作用易受屏蔽装置的影响，对复合装甲不能产生碎甲效应。由于碎甲效应是炸药接触爆炸后向靶板内传入高强度冲击波而引起层裂或崩落，若靶板表面有屏蔽则减弱了冲击波强度，碎甲作用下降甚至丧失碎甲能力。对于复合装甲，由于非金属夹层较厚，使强冲击波严重衰减而失去碎甲作用。对于多层间隔装甲，由于强冲击不能传递给第二层靶板，而不能实现碎甲作用。因此，碎甲对屏蔽装甲、复合装甲及多层间隔装甲无能为力。

5.4 迫击炮弹

迫击炮发射的炮弹称为迫击炮弹。“迫击”两字是由炮弹以一定的速度撞击炮膛底部的击针，迫使底火发火而来的。迫击炮是伴随步兵的火炮，用来完成消灭敌方有生力量和摧毁敌方工事的任务。

迫击炮弹的特点是膛压低、初速小、弹道弯曲、落角大、可大射角射击、便于城市巷战和山地作战、有利于毁伤隐蔽物后的目标。

迫击炮弹特点与普通榴弹相比，迫击炮弹具有如下特点：

(1) 弹道弯曲，落角大，死角与死界小，并且容易选择射击阵地。

(2) 质量小、结构简单、易拆卸、机动性好，可以抵近射击。

(3) 射速度高。一次装填，省去了退壳、关闩和击发动作。

(4) 炮弹经济性好。弹体材料及装药价格较低廉。

迫击炮弹的主要优点是廉价，使用操作方便，可高射角射击，弹道弯曲，是伴随武器使用的弹药。但是它也存在着一些严重缺点，主要表现在以下几个方面：

(1) 射程近。

(2) 隐蔽性差。

(3) 精度差。

(4) 迫击炮弹比相应口径的普通火炮弹丸威力小。

迫击炮弹多为尾翼稳定，也有旋转稳定的(如美国 106.7 mm 化学迫击炮弹)。除某些大口径迫击炮弹是由后膛装填外，多数迫击炮弹是从炮口装填的。

迫击炮弹可分为内装炸药的迫击炮杀爆弹和内装非炸药的迫击炮特种弹。通常将迫击炮杀爆弹称为迫击炮弹。

迫击炮弹的主要特点如下：

(1) 迫击炮与火炮最主要的区别在于它没有一套复杂的反后坐装置，而是通过座钣直接利用土壤来吸收后坐能量的。由于采用了座钣结构，使得整个迫击炮质量轻、结构简单、易拆卸，可以人背马驮，凡是人员能够到达的地方，迫击炮都能伴随而上。如 82 mm 迫击炮，总重 35 kg，可拆成三件，每件不足 13 kg。

(2) 弹道弯曲，落角大，可对遮蔽物后面或反斜面上的目标实施射击。

(3) 发射速度高。迫击炮弹多为尾翼稳定，也有旋转稳定的(如美国 106.7 mm 化学迫击炮弹)。除某些大口径迫击炮弹是由后膛装填外，多数迫击炮弹是从炮口装填的。

5.4.1 迫击炮弹的构造

迫击炮弹通常由弹体、稳定装置(尾翼)、炸药、引信和发射装药(基本药管、附加药包)五部分组成，如图 5.4.1 所示。

1. 弹体

弹体是构成迫击炮弹的主体零件，上接头螺或引信，下接稳定装置，内装炸药或其他装填物，其结构直接影响迫击炮弹的使用性能。

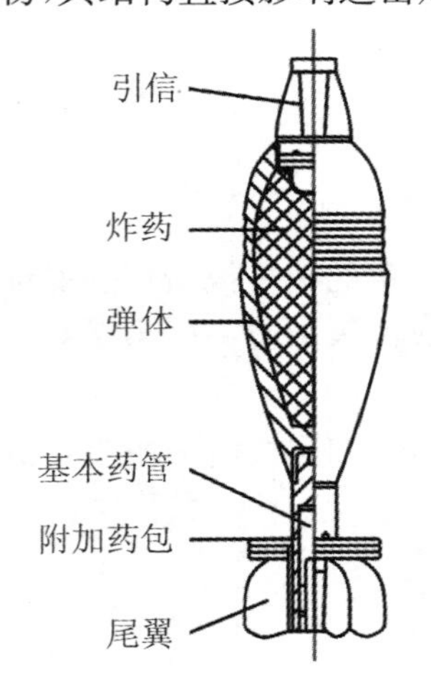

图 5.4.1　迫击炮弹基本结构

(1) 外形及结构。

不同类型的迫击炮弹，其弹体的内外形状是根据引信式样、装药、飞行速度和稳定方式而设计的。由于迫击炮弹常在亚声速条件下飞行，因此常采用流线型(或称水滴形)，即头部短而圆钝，圆柱部也较短，弹尾较长且逐渐缩小。这种流线型不仅有利于减小空气阻力，而且因质心靠前而对飞行稳定性有利。为了提高杀伤或爆破威力，有时也采用大容积圆柱形弹体，此时弹形差，射程较近。

迫击炮的弹体可分为整体式和非整体式两种。① 整体式只有一个零件，它无论在发射时和碰击目标时都具有良好的强度。另外，由于在弹体上不存在螺纹结合部，故密封性好，且具有较好的对称性。因此，在可能条件下，迫击炮弹的弹体应尽可能制成整体式(图 5.4.2(a))。② 非整体式弹体由两个或两个以上的零件组成(图 5.4.2(b))，这是根据生产工艺性、炸药装填和迫击炮弹的特殊要求而采用的。通常，非整体式弹体多采用传爆管结构，是将传爆管接在弹体上，而引信拧在传爆管上。采用传爆管的目的是保证炸药起爆的完全性。对大口径铸造弹体，因弹体口部直径相差较大，容易出现铸造疵病，故使用传爆结构。采用传爆结构，必然使弹体的结构复杂化，且质量偏心增加，除 120 mm 以上的大口径迫击炮弹外，一般应避免使用传爆管结构。非整体式质量偏心大，结构复杂，应尽量避免使用。

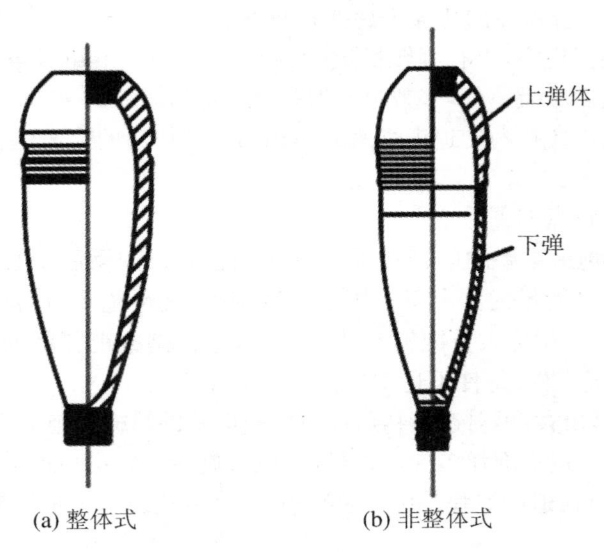

图 5.4.2　迫击炮弹弹体结构

(2) 弹体圆柱部。

弹体圆柱部，亦称为定心部。由于迫击炮弹是由圆柱部与尾翼突起来实施膛内导引，故圆柱部一般较短，为(0.3～0.4)d。

弹体圆柱部直径比炮膛直径稍小，以便形成必要的间隙。间隙的大小影响迫击炮弹的发火性、下滑时间和火药气体的外泄程度。一般间隙为(0.7～0.85)d。

为了减少火药气体的泄出，在定心部上常设置闭气环或加工数个环形槽。沟槽形状多为三角形，也有矩形、半圆形和梯形(图5.4 3)。发射对高压火药气体流经沟槽，多次膨胀并产生涡流，减慢流速，使火药气体的泄出量减小(图5.4 4)。如果在迫击炮弹弹体上存在两个定心部，则应在下定心部上制出环形闭气沟槽，在上定心部上制出纵向排气槽，以减小火药气体对圆柱部的压力。

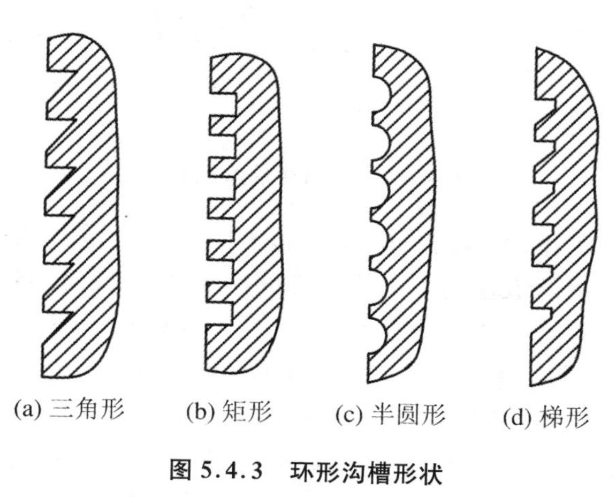

图5.4.3　环形沟槽形状

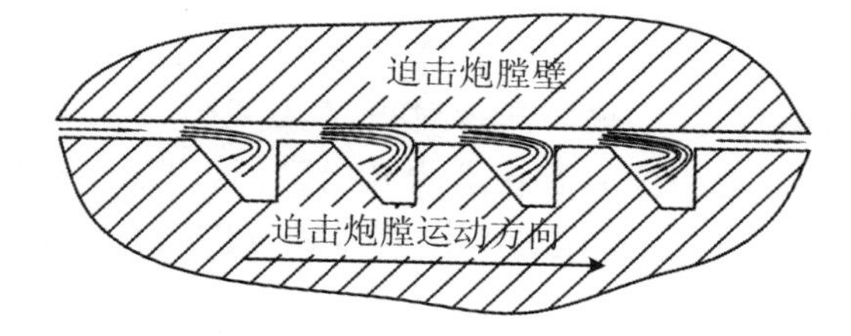

图5.4.4　沟槽的闭气作用

(3) 弹体药室形状与壁厚。

弹体的内膛母线是由直线和弧线组成的，其形状与外部形状相对应，因此药室的尺寸取决于弹体的壁厚。壁厚的大小与材料、威力和工艺性等因素有关。为满足碰击强度和改善飞行稳定性，弹体头部壁厚一般都比圆柱部和尾部要厚。而圆柱部和尾部的壁厚，则取决于弹丸的用途。对于爆破弹，为多装炸药，应使壁厚与炸药性能和弹体材料的机械性能相匹配。

(4) 弹体材料。

常用的弹体材料是钢性铸铁(即在优质原生铁中加入大量非钢而得到的低碳低硅优质灰口铸铁)和稀土球墨铸铁。由于钢性铸铁强度低、破片性能差，故目前均采用稀土球墨铸铁。也有使用钢质弹体的，尤其是特种弹弹体更是如此。

当使用铸造弹体时，由于只需对口螺、定心部和尾螺等连接处进行机械加工，因此工时少，成本低，适于大量生产。

2. 稳定装置

稳定装置的作用是保证飞行稳定和放置发射装药，由尾管和翼片组成，如图5.4.5所示。翼片下缘的突起称为定心突起部，其直径略小于弹体的定心部直径，二者共同在膛内起着定心作用。翼片通常为8～12片，每两片成一体焊接于尾管上，呈放射状在装置尾管圆周对称分布。翼片高度和数量，影响翼片承受空气动力作用的面积。

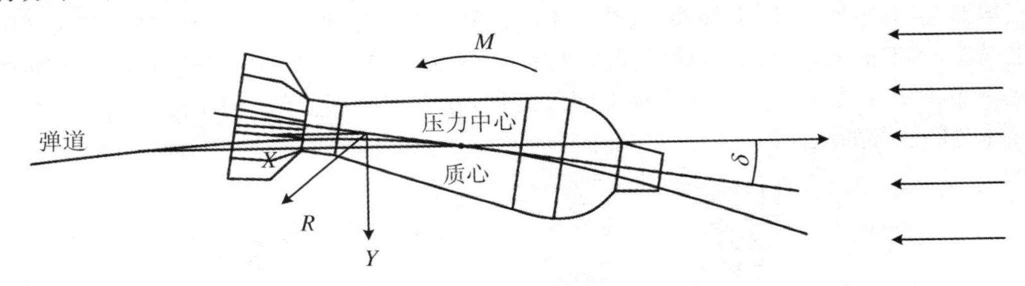

图 5.4.5　飞行中的迫击炮弹

尾管是稳定装置的主体，尾管内膛用以放置基本药管，尾管上的传火孔，一般有 12～24 个，孔径为 4～11 mm。传火孔应与辅助装药对正，一般分成几排且轴向对称分布。尾管为钢与弹体螺纹连接。尾管的长度与稳定性有关，一般为(1～1.2)d。

尾翼片(尾翼片、展翅)一般由 1.0～2.5 mm 厚的低碳钢板冲制而成，或硬铝制成。尾翼片数目一般为 8～12 片，连接在尾管上，并成辐射状沿尾管圆周对称分布。尾翼片下缘直径与弹体定心部直径相当，与弹体的定心部共同构成导引部。翼片高度和翼片数量，影响翼片承受空气动力作用的面积。面积大，稳定力矩就大；但当弹丸在飞行中摆动时，面积大，迎面阻力也大。通常翼片弦长不大于 1.2 倍口径。

为便于迫击炮弹装填和保证底火与击针对正，起定心作用的翼片下缘直径应略小于弹体定心部直径。翼片下缘的定心处应有较高的光洁度，以便减小对炮膛的磨损。为使迫击炮弹具有良好的射击密集度，要求弹尾的结构具有良好的对称性，并使弹尾与弹体尽可能同心。

3．炸药

迫击炮弹装填的炸药来源广泛，战时可用硝胺炸药，甚至可用马粪加硝化氨化肥，现在一般采用与弹体材料相匹配的混合炸药，主要有梯萘炸药、梯铵炸药和热塑黑-17 炸药等。这是因为迫击炮弹的弹体材料多为铸铁类材料，其机械性能较差，因此不能采用高能炸药(如梯恩梯等高能炸药)。这不仅是出于经济性的考虑，也是由于弹体材料采用铸铁的缘故，如装填梯恩梯炸药，会使破片过碎，影响杀伤威力。

梯萘炸药是由梯恩梯和二硝基萘混合制成的。现在的迫击炮弹大都采用这种炸药。该炸药的优点是不吸湿，不与金属作用，容易起爆。

近几年来，广泛采用了由梯恩梯、钝化黑索金、二硝基萘和硝基胍组成的热塑态炸药。装填前，先配好各成分，然后放入蒸汽熔药锅内混合并熔化成塑态，用挤压法装入弹体，在室温下冷却、固结。这种装药方法的主要优点是工艺操作简单，生产效率高，装药密度均匀、密度大，并便于实现自动化。缺点是不便于进行装药质量的检查。

4．引信

大多数迫击炮弹由于在膛内不旋转，并且膛压较低，因此须使用专门的迫击炮弹引信。通常为着发引信，特种弹或子母弹上使用时间引信。杀伤弹主要是为发挥杀伤作用故配用瞬发引信；杀伤爆破弹和爆破弹为了提高爆破威力，所以配用瞬发和延期两种引信。为满足引信设计准则，迫击炮弹引信的安全保险通常采用拔销加惯性保险或惯性保险加风轮。时间引信也曾采用拔销加钟表机构的办法。

5. 发射装药

由于迫击炮弹的发射装药量少、药室容积大、装填密度低、发射时火药气体外泄等原因，会导致内弹道性能不稳定。为解决这个问题，迫击炮弹发射装药分为两部分，即基本装药和辅助装药(详见5.4.2节)。

美M374式81 mm迫击炮弹是近年装备的产品，是一种典型的现代迫击炮弹，其结构如图5.4.6所示，主要由引信、弹体、闭气环、尾管、底火、基本装药和附加装药所组成。弹丸质量为4.2 kg，初速为64～264 m/s，最大射程约为4500 m，装B炸药为0.95 kg，膛压为63 MPa。其主要结构特点是：

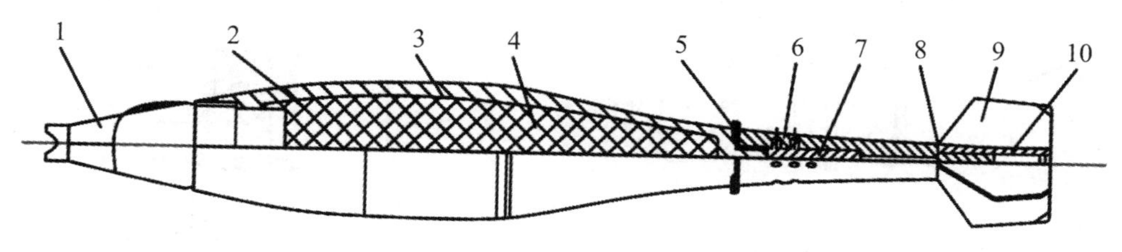

图5.4.6　美M374式81 mm迫击炮弹

1. 引信；2. 弹体；3. 闭气环；4. 炸药；5. 药包挂钩；6. 尾管；7. 基本药包；8. 药包挂钩；9. 尾翼；10. 底火

(1) 流线型的外形：具有比老式迫击炮弹更佳的流线型，特别是弹体与引信、弹体与尾管光滑过渡。弹体与尾管外形的光滑流线型能够大大减少阻力，因此尾管做成倒锥形，但这种结构存在缺点，即增加了尾部质量。由于流线型外形、断面比重增加以及初速提高，使M374比老式81 mm弹射程提高不少。

(2) 采用塑料闭气环闭气：在弹体定心部下方有一环形凹槽，内放一塑料环。发射时，在火药气体作用下塑料环向外膨胀而贴紧炮膛壁，这样就减少了火药气体的外泄，提高初速，减少初速散布。闭气环开有缺口，出炮口后即被火药气体吹脱。由于有了闭气环就不再需要有闭气槽。

(3) 低速旋转：尾翼片下缘的一角向左扭转5°倾角。出炮口后，在空气动力作用下弹低速旋转，最大转速可达3600 r/min有利于消除质量偏心和外形对称造成的不利影响，提高精度。

(4) 基本药管与底火分开：底火放在尾管下部内膛，基本药管放在内膛中，其火焰经传火通道点燃基本装药，再点燃附加装药。

(5) 铝合金弹尾：尾管与尾翼装置均用铝合金制成，尾翼装置为一整体。铝合金弹尾轻，有助于质心前移，增大稳定性。

(6) 装填量增大：弹体薄、炸药装填量增多。

5.4.2　迫击炮弹的发射装药

如前所述，迫击炮弹的发射装药可分为基本装药和辅助装药两部分，如图5.4.7所示。

1. 基本装药

基本装药由发射药、底火、点火药、火药隔片、封口垫和管壳等零部件组成，管壳由底壳、铜座和塞垫三部分组成。基本装药一般采用整体结构，称为基本药管，如图5.4.8所示。为了防潮和便于识别，在基本药管的口部装有标签并涂有酪素胶，在所有纸制部分以及底火与铜座结合处均涂以防潮漆。

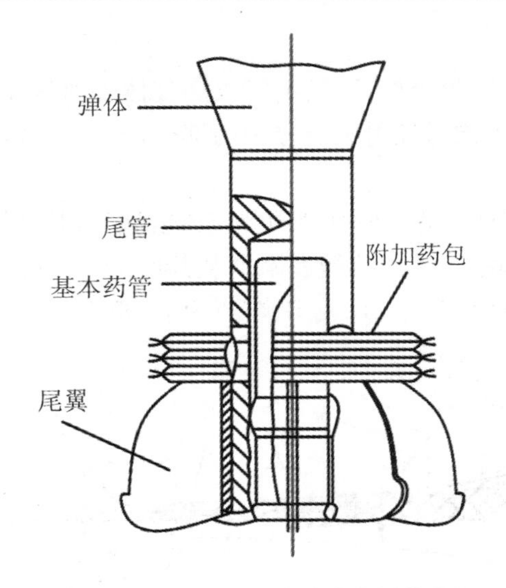

图 5.4.7　60 mm 迫击炮弹的发射药结构

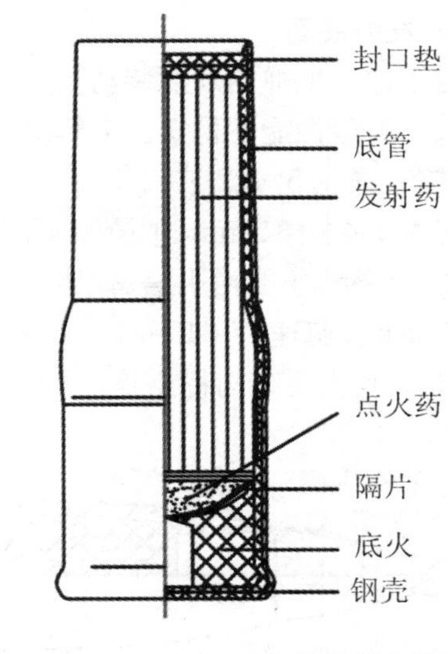

图 5.4.8　60 mm 迫击炮弹基本药管

基本药管的作用过程：当击针与底火相撞后底火发火，点燃点火药，产生的火焰沿基本发射药表面传播并点燃基本发射药。基本装药的燃烧是在密闭容器中定容进行的。由于填装密度大（达到 0.65～0.80 g/cm^3），燃烧进行迅速，管内压力上升很快，当达到足够压力时，火药气体即冲破纸管而点燃附加发射药。故基本药管的打开压力可以通过改变纸管厚薄、强度、传火孔大小和位置来加以调整。

迫击炮基本发射药通常采用燃速大、能量高的双基药，形状多为简单的片状、带状和环状，目前正在研究使用球形药或新型药粒状药。基本发射药大多数采用带状药以改善火焰的传播，减少基本药管内压力的跳动。

基本药管由纸管、铜座、塞垫三部分组成，纸管与铜座均是双层。纸管为纸质便于在基本药管达到一定压力时打开传火，纸管有一胀包，其直径较尾管内径稍大，以确保基本药管插入尾管后，在发射前不致松动脱落。为了避免基本药管在火药气体压力下从尾部喷出、留膛而影响下一发的发射，在尾管孔内壁开有一环形驻退槽，发射时，铜座壁在高压气体作用下压入驻退槽，保证基本药管发射时不会脱落留膛，这就是基本药管壳下端选用铜质的理由。塞垫的作用是连接纸管、铜座和装入底火。

为加强底火的点火作用，在底火与基本发射药间装有点火药（或黑药）。不同口径的迫击炮弹所需点火药量不同。口径越大、基本发射药量越多，则需要的点火药量越多。

点火药的装填有散装、盒装和圆饼状绸布袋装三种方式。散装时，其上下用火药隔片与底火和发射药隔开，如 60 mm 和 80 mm 迫击炮弹基本药管的点火药就是这种装填方式。盒装时，先将点火药装入硝化棉软片盒内，密封后再装入管内，如 56 式 120 mm 迫击炮弹基本药管的点火药就是这种装填方式。圆饼状绸布袋装填方式，是把黑药装入袋内缝合后再装入管内，82 mm 长弹专用点火药即采用这种形式。

基本装药是迫击炮弹发射装药的基本组成部分，没有辅助装药时，它可以单独发挥作用（即为 0 号装药）。基本装药性能的好坏直接影响整个发射装药的性能，因此合理设计与使用基本装药是十分重要的。

2. 辅助装药

辅助装药是由双基和单基无烟药和药包袋组成的，一般都是分装成若干药包套装在尾管周围,充分对正传火孔,使其在从传火孔中冲出的火药气体的直接作用下点燃,这样使基本发射药气体的热量与压力损失小,便于迅速而又均匀一致地点火。

药包采用易燃、残渣少的丝绸或棉织品制成,也曾采用硝化棉药盒。根据附加发射药的形状,药包可制成环形药包、船形药包、条袋形药包和环袋形药包,如图 5.4.9 所示。

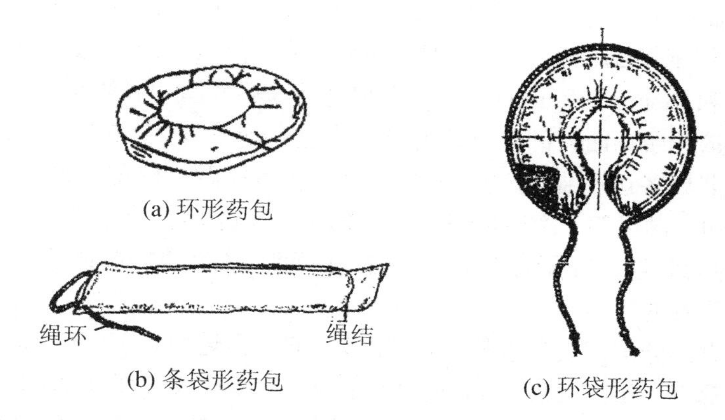

图 5.4.9　不同形式的辅助药包

(1) 环形药包。

当发射药采用双基无烟环形装药时,即采用此种药包,其形状为一圆环,一端开口,以便于套在尾管上。其优点是射击时调整药包比较方便,因此射速要求高的中、低口径迫击炮弹均采用此种药包。缺点是环形药片叠在一起,高温时有粘连现象;另外药包在尾管上位置难固定,可能上移,不能对正传火孔,从而影响弹道性能。

(2) 条袋形药包。

当采用单基粒状无烟药作为发射药时,即采用条袋形药包。这种药包的长度恰等于紧绕尾管一周的长度,使用时用绳子扣起来固定在尾管上并形成环形。由于比环形药包紧固,且能对正传火孔,故不易发生药包串动,并能确实引燃。其缺点是射击前调整药包不便,故不宜用于要求射速较高的迫击炮弹上。

(3) 环袋形药包。

环袋形药包是把小片状或颗粒状火药装在绸质或布质的环形药袋内,并经口部缝合即成。这种药包介于环形药包和袋形药包之间,它也是用绳子扣起来固定在尾管上。

射击时调整药包的数量可以获得不同的装药号,0 号仅用基本药管,1 号加一个附加药包,2 号加两个药包,其余类推。为了调整药包,通常附加药包应做成等重。弹道性能有特殊要求时,才做成不等重的药包,但勤务处理时容易弄错。

一般情况下迫击炮弹的发射装药都是药包装药,也有药筒装药,如 160 mm 迫击炮弹,质量 40 kg 左右,炮管又长,炮口填装不便,而采用后膛填装药筒装药。

5.4.3　迫击炮弹的发展趋势

现代战争中,地面常规兵器担负着压制和摧毁敌方目标;为进攻或防御开路及火力支援;阻拦敌方后备队,破坏敌方通信阵地和攻击其他目标等任务。迫击炮,尤其是中、小口径迫击炮,因为具有弹道弯曲、死区小、威力大、射速快、质量轻、结构简单和造价低等特点,所以即使在现代战争中也不可能被其他火炮武器所代替。

从目前的情况看，西方国家重视轻型迫击炮的发展，明显存在以小代大的趋势。这是因为大口径迫击炮的体积较大且比较笨重，其射程和精度均不如普通火炮，而且容易被反迫击炮雷达探测。目前苏联仍装有大口径迫击炮，主要是用火箭增程方法提高射程。

目前各国装备的迫击炮口径较多，大概有 51 mm、60 mm、81 mm、82 mm、100 mm、105 mm、107 mm、120 mm、160 mm 和 240 mm 十种。而从目前各国研制的迫击炮发展动向来看，120 mm 和 81 mm(82 mm)口径迫击炮将是今后各国发展的重点。为了达到提高火力密度、增大杀伤效果的目的，目前新研制的一些迫击炮多采用双管甚至多管。120 mm 自行迫击炮是目前世界各国研制的迫击炮中较为流行的，而英国的 120-AMS 系统、法国的 2R2M 系统、德国的“鼬鼠”2 系统和瑞典的 AMOS 系统这四款堪称欧洲 120 mm 自行迫炮系统的主流，其均为双管。口径为 120 mm 的“阿莫斯”系统是由瑞典赫格隆公司和芬兰帕特里亚公司联合开发的。

迫击炮弹是大部分国家装备量最大、使用最多的一类炮弹。随着弹药技术的发展，现装备的品种和性能都有了很大发展，如火箭助推技术、子母式战斗部技术、末端制导技术和新弹体材料技术，出现了一系列新型迫击炮弹，从而使射程、威力和精度都有所提高。

配用弹头触发引信的迫击炮弹，国外发展趋势包括：采用高破片率、高强度钢作为弹体材料，以减薄弹壁，多装炸药；选用合适炸药，以提高威力；采用轻合金材料如合金做尾翼，使中心前移，提高迫击炮飞行稳定性，以改善精度。

针对迫击炮弹射程近、隐蔽性差、精度差等缺点，其改进措施和发展趋势主要表现为：

(1) 改进弹形，减小阻力：改变迫击炮的传统外形，增大长径比，减小弹丸的飞行阻力，进一步提高射程。

(2) 采用高强度材料和高能炸药。迫击炮弹弹体材料采用高性能铸铁，有的则采用合金钢(如美军 M374 式迫击炮弹采用 40Mn2)，装填 B 炸药，其威力大大提高。对稳定装置，则采用高强度轻金属材料，以便使弹丸质心前移，提高射击精度。

(3) 采用高灵敏度专用引信。为了充分发挥迫击炮弹落角大，破片的飞散面积大的有利特点，采用无线电近炸引信或多用途引信，大幅度提高弹丸的杀伤效果。

(4) 改进结构，配用多弹种：利用迫击炮弹加速度小、无旋转、弹体内膛尺寸大等特点，改进弹丸结构，发展各种特种弹，如照明弹、烟幕弹、燃烧弹、目标指示弹等。

(5) 发展迫击炮发射的反坦克弹药：属于这方面的有破甲弹、穿甲弹、子母弹和末制导弹等。法国为 60 mm 和 81 mm 迫击炮研制了破甲弹和长杆式穿甲弹，西德为 81 mm 迫击炮研制了破甲弹。

5.5 炮射导弹

炮射导弹是近年来在国外发展比较迅速的一种新型制导武器，利用坦克、装甲车辆火炮或地面反坦克火炮发射，用以摧毁固定或装甲目标，是反坦克武器系列中的一个特殊类型。它综合了火炮和火箭武器平台的优点，全面提高了武器系统的有效射程、命中精度和破甲威力。炮射导弹可与常规制式炮弹共用同一种火炮发射，操作方便，可大幅度提高坦克、装甲车辆和反坦克野战炮的远距离作战能力并提高命中目标的精度。它使坦克的作战距离由 2000 m 提到 4000 m 以上,可在野战中攻击武装直升机、防御坦克歼击车,以及在隐蔽阵地上对敌坦克实施远距离射击。具有广阔的应用前景。

5.5.1 炮射导弹的主要特点

目前,俄罗斯炮射导弹的发展水平仍处于世界领先地位,是世界上成系列开发并在主战坦克上大量装备炮射导弹的唯一国家。俄罗斯拥有的炮射导弹有 100 mm、115 mm、125 mm和 155 mm 多种口径可供选择。这几种炮射导弹性能优异,功能多样。射程最短的有 1～1.5 km,最远的 10 km,导弹飞行速度最高可达 800 m/s。与常规坦克炮弹相比,有如下几个显著特点:

(1) 有效射程远。

俄罗斯装备于 T-55,T-62,T-72 和 T-80 等多种型号主战坦克以及 BMP-3 步兵战车上的各类炮射导弹,大大增强了坦克的火力范围,其有效射程分别达到了 4 km 和 5 km。而拉哈特导弹从陆地平台上发射时,射程为 6～8 km,从空中平台(如直升机等)发射时射程可达 13 km。显然,配用炮射导弹的坦克在射程方面具有明显的优势,使其能有效地实施远距离作战。

(2) 命中精度高。

炮射导弹是一种精确制导武器,是摧毁装甲目标的最有效的手段。在增大了坦克射程的同时,其命中精度也得到了大幅提高。俄罗斯列装的各种类型的炮射导弹除眼镜蛇采用无线电指令制导外,其他均采用激光驾束制导,因此命中精度都相当高,直接命中率均达到了 0.8 以上。拉哈特导弹采用激光半主动寻的制导体制,其弹道是经过精密计算的,在这一弹道上,导弹摧毁目标的 CEP 可达 0.7 m。

(3) 破甲威力大。

俄罗斯的炮射导弹全部选用了传统的聚能破甲战斗部,正面直瞄攻击弹道,为对付爆炸反应装甲,在后期的炮射导弹上采用了串联战斗部。眼镜蛇导弹破甲厚度达 650 mm。而棱堡导弹、谢克斯纳、芦笛等导弹破甲厚度达到 650～700 mm。拉哈特导弹采用性能先进的高爆串联破甲战斗部,实现曲射弹道,以较大的俯冲角攻击坦克的顶装甲,因此破甲效能大大提高。这种战斗部可以摧毁所有的现代装甲,穿甲能力达 800 mm。美国的两种炮射导弹都具有更强的破甲威力,STAFF 导弹使用一种超长的双层药型罩自铸成型侵彻战斗部(EFP),这将使其破甲威力较常规弹提高 33%。而 TERM-KE 则配装长杆穿甲战斗部,侵彻深度也相当大。

(4) 操作简便。

各种坦克炮射导弹具有与火炮制式炮弹相同的外形尺寸、装填和发射方式,并布置在坦克装甲车辆的制式弹舱中。控制仪器采用通用组件,独立协调地配置在坦克内,且不改变坦克的外形,因此瞄准手操作起来较为简便。例如,拉哈特导弹同其他弹药一样贮存在弹药架内,当用在坦克上时,采用现有的光电设备和发射程序,并同任何一种其他弹药一样从火炮中装填和发射。

(5) 应用范围广。

炮射导弹应用范围很广,几乎可以用来攻击地面上所有军事目标。其作战对象包括了坦克、步兵战车和装甲输送车等坦克装甲车辆以及非装甲车辆、反坦克装置、防御工事和有生力量，还可以打击武装直升机类型的低速、低空目标。例如，俄罗斯 T-55、T-62 坦克装备的 9M 117 导弹，T-72、T-80 主战坦克装备的 9M 119 导弹在静止间和行进间对装备有爆炸反应装甲的现代坦克作战，摧毁防御工事和武装直升机等；拉哈特炮射导弹可以从隐蔽的地方发射，能摧毁 8 km 距离内的重型装甲目标。

5.5.2 炮射导弹的工作原理及关键技术分析

5.5.2.1 炮射导弹工作原理

炮射导弹由控制舱、发动机舱、战斗部舱、舵机舱等主要舱段组成。俄罗斯列装的坦克炮射导弹一般采用激光驾束制导、三点法导引、鸭舵控制。在飞行过程中，导弹以一定的转速旋转，两对鸭舵分别对导弹的俯仰和偏航进行控制。下面介绍其工作原理。

图 5.5.1 所示为炮射导弹的工作原理图。首先瞄准制导仪上的与瞄准镜同轴的激光器向目标发射经过编码的激光波束，激光束的中心瞄准、跟踪目标；然后导弹飞离炮管后进入激光波束，由此进入闭环制导阶段(如图中虚线框所示)。在闭环制导过程中，弹尾的激光接收器把接收到的光信号变为电脉冲信号，通过弹上控制电路的坐标鉴别器计算出偏差，经过转换和调制处理成垂直和水平两个方向的偏差信号；再进入控制器形成指令，由陀螺坐标仪按照弹体旋转的实际姿态，分配给两对垂直交叉布置的舵机，舵机将输入信号转换成导弹舵翼的偏转角使舵面偏转适当的角度，使导弹进入动力学环节；然后导弹按质心运动学环节：舵翼偏转产生气动力，从而得到合适的横向加速度，驱使导弹向激光束中心移动。导弹向激光束中心移动，相对激光束中心偏差在变化，激光接收器输出端的电信号也将变化，这就是闭环制导过程。因光束中心与瞄准镜中心平行设置，导弹沿激光中心飞行也就是沿瞄准线飞行，将导弹按三点法导引到瞄准线上并稳定在瞄准线附近，直到命中目标。

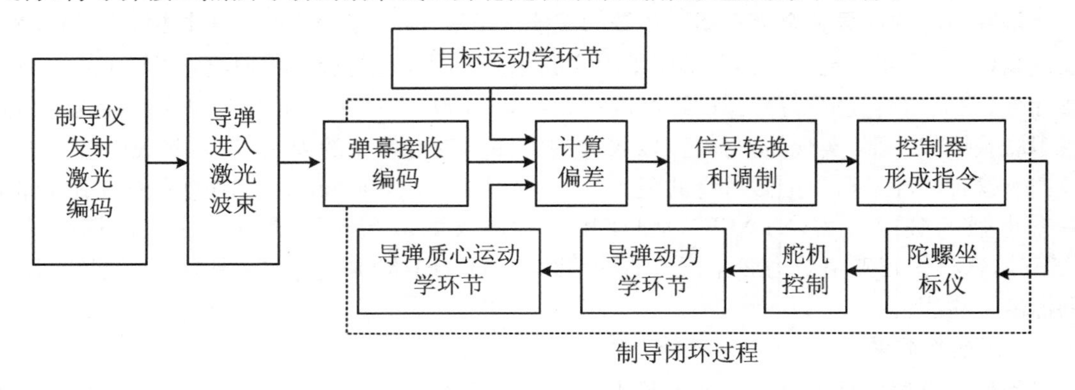

图 5.5.1 炮射导弹工作原理图

5.5.2.2 炮射导弹关键技术

炮射导弹在飞行过程中，以一定的转速旋转，两对鸭舵分别对导弹的俯仰和偏航进行控制。由于坦克炮射导弹采用了激光半主动驾束制导技术，具有可靠的防干扰性，命中精度非常高，极大地提高了坦克装甲车辆的作战效能。炮射导弹的性能优势使得装备它的坦克装甲车辆能够在敌方火炮射程之外作战，并取得作战胜利。这其中有一些关键技术需要解决，主要包括抗过载技术、高精度制导技术、抗干扰技术。

(1) 抗高过载技术。

炮射导弹是一种通过一些先进的制导及传感技术来提高弹药命中精度的新型灵巧弹药，它也是目前所有制导兵器中发射过载最大的一种。炮射导弹与一般导弹的主要区别之一是它有发射药筒，因此在发射时膛内就存在很高的膛压。初速大、射程远是炮射导弹与一般导弹的另一个区别之处。比如芦笛炮射导弹速度最高可达 800 m/s，平均速度达 500 m/s。因此，要保证弹上制导装置尤其是导引头能够在较大的发射过载情况下正常工作，抗过载技术相当重要。

以色列拉哈特炮射导弹很好地解决了发射过载问题。当被用在坦克上时，采用现有的光电设备和发射程序从火炮中发射。拉哈特炮射导弹配有固体火箭发动机，火箭发动机在炮膛内点火，导弹在炮管内逐渐加速，当导弹飞离炮管后，尾部的 4 片尾翼张开以稳定飞行。这一工作方式降低了发射载荷和发射特征（火光和粉尘），增强了发射平台的生存能力和隐蔽性。当用线膛炮发射时，炮射导弹具有相当高的转速，出炮口时还有非常大的加速度，可以采用复合隔振材料等减振措施，从结构设计上来增大抗过载能力。

(2) 高精度制导技术。

以俄罗斯采用的半主动激光驾束制导技术的炮射导弹系统为例，它是一种通过确定目标、导弹和制导仪三点的位置关系的制导技术。在制导段由于目标机动以及制导系统特性的限制，各种干扰，导弹的惯性，量测装置跟踪状态的改变及测量误差等，导弹实际弹道总是一条在理想弹道附近扰动的曲线，因此实际弹道与理想弹道有偏差，这一偏差称为制导误差。根据引起制导误差的原因，制导误差可分为动态误差、起伏误差和仪器误差。这些偏差的存在会对精确制导系统的制导精度产生影响。为达到首发命中，甚至命中目标的薄弱部位，炮射导弹需要提高和完善制导技术。

近年来许多制导系统已从波长较长的微波工作频率转移到毫米波、红外和可见光波段，工作于可见光波段的电视制导光学瞄准的有线制导精度最高，成像能力最佳，红外制导、激光制导及毫米波制导也都具有很高的制导精度。此外，近年来还有采用新型光导纤维技术的光纤制导方式，因此采用上述先进技术不仅可以提高炮射导弹在恶劣天气及夜间作战条件下的命中精度，而且使炮射导弹具有发射后不管的能力，减少射手暴露的时间，提高其战场生存能力。

(3) 抗干扰技术。

实战中炮射导弹所处的战场环境很复杂，特别是敌方总会千方百计地破坏类似于炮射导弹的精确制导武器正常工作，这就要求制导系统在高技术现代战争条件下具有很强的抗干扰能力。

被动寻的制导系统由于本身不辐射电磁波，较难被敌方发现。由于其抗干扰能力较强，因此各类被动寻的制导系统如电视、红外、微波被动寻的得到广泛应用。如以色列的长钉反坦克导弹在整个有线光纤制导过程中，导弹不向空间辐射电磁波，目标图像和指令都通过光导纤维传输，这样就不易被发现，抗干扰能力很强。而主动寻的制导必须向目标辐射电磁波，因此比较容易被敌方侦察到并采取相应的干扰措施。如俄罗斯 T-64B 和 T-80 坦克的

125 mm 滑膛炮配用的眼镜蛇炮射导弹，采用无线电指令制导方式，其无线电通信链路易受到干扰。俄罗斯其他的采用激光驾束制导方式的炮射导弹系统，激光驾束制导的信息接收系统位于导弹之上，而且不面向目标，大大增加了敌方的干扰难度，而战场环境和自然界由于信息特征和制导信息显著不同，也难以起到干扰作用，因此具有良好的抗干扰能力，便于向自寻的制导和复合制导等制导方式发展。所以主动式的自动寻的系统抗干扰的能力格外重要。微波波段是电子对抗最复杂和激烈的频段，这个频段的电子技术比较成熟，抗干扰的技术手段也多，如扩展频谱、频率捷变、单脉冲等技术。炮射导弹在发展过程中，应比较优劣，选择较为合适的制导方式，以提高抗干扰能力。

5.5.3 炮射导弹的发展技术途径

炮射导弹与导弹、末制导火箭相比具有射程远和经济性好的优点，与普通火炮弹药相比又具有精度高、通用性和灵活性好的特点。炮射导弹比普通的坦克炮射弹药打得更远，且精度更高。出于进攻与防御两方面的考虑，坦克携带导弹已成为必然的趋势，但坦克炮射导弹技术仍有很多改进之处。

(1) 提高经济性即效费比。如 1 枚芦笛约为 4 万美元，30 枚就可以买 1 辆 T-72 坦克。如何降低成本是坦克炮射导弹发展的关键问题。此外，缩短弹长和减小弹质量，以便实现炮射导弹自动装填和运输，提高其快速反应能力，也是提高其战斗力的重要方面。

(2) 采用多目标战斗部和智能可编程电子引信，来提高战斗部的威力。它具有引爆多目标的能力，可实现根据所要攻击目标的不同类型，以不同的时间来引爆战斗部。

(3) 提高射程。采用减小阻力的头部外形和增设底排装置，或在导引头外部增加可抛弃的头锥部；增大弹翼面积，使弹道滑翔段更长；增设火箭发动机或固体冲压发动机。

(4) 进一步改进制导方式，提高制导精度和抗干扰能力。综合分析高新技术弹药的发展趋势可以发现，在弹药的精度、射程、威力三大指标中，精度问题越来越显得突出和重要。在战场对抗层次越来越多，对抗手段越来越复杂的情况下，制导武器采用非成像的单一的制导方式已不能完成作战使命。可采用电视制导、激光制导、毫米波雷达制导和红外成像制导等单模及双模复合制导模式。目前，这几项制导技术单独应用都已经相当成熟，但各自又有难以克服的缺点。如电视制导易受天候影响；激光制导最大的缺点就是激光目标指示器必须始终照射目标，不能实现“发射后不管”；红外制导自动识别和锁定目标困难且不能测距；毫米波制导远距离分辨率低。而采取复合制导模式可取长补短，克服了各自的不足，可明显改善导引头的性能，从而增强了武器系统在各种环境条件下的作战性能，实现了全天候作战。复合制导技术是当前各国的研究热点，这必将使得炮射导弹以更快的速度发展。

炮射导弹，即制导炮弹，就是在弹头装有末端制导系统，用普通火炮发射后，能自动捕获目标并准确命中目标的一种炮弹。它常被人们称为长“眼睛”的炮弹。

炮射导弹的产生，带来了炮兵的一场革命，它使以往只能进行面射的榴弹炮、加农炮、火箭炮、迫击炮等，有了对点目标实施远距离精确打击的可能。目前，炮射导弹以法国和瑞典正在联合研制的 155 mm“博尼斯”为典型代表。今后，随着信息制导技术的进步，制导炮弹将会具有同时攻击多个目标的能力。

坦克上配备炮射导弹的思路主要是想在现有坦克火炮的基础上增加坦克火力的射程，

但目前缺乏实战中使用的实例。美国曾在20世纪70年代装备过配用“橡树棍”反坦克导弹的M60A2主战坦克和M551轻型坦克。法国也曾研制过炮射导弹。但是，后来都放弃了这一做法。苏联20世纪60年代开始研制炮射导弹，有AT-8、AT-10和AT-11三种坦克炮射导弹装备部队，是唯一大量使用炮射导弹的国家。另外，以色列在“梅卡瓦4型”坦克上也配备了LAHAT激光制导炮射导弹，用于打击3000 m外的装甲目标。

第6章　特种新型弹药

6.1　特种弹药

特种弹药不同于以毁伤为目标的弹药，其不依赖于炸药爆炸或动能直接毁伤目标，是完成某些特殊战斗任务的弹药，如照明弹、信号弹、烟幕弹等。随着高科技在现代战争中广泛应用，光电对抗的作用越来越重要。干扰和对抗敌方雷达及精确制导弹药的红外、激光、毫米波导引头、观瞄器材、侦察器材等设备的无源干扰弹已得到广泛的应用和发展，如热烟雾、冷烟雾、箔条气溶胶构成的红外、激光、毫米波、厘米波、米波干扰弹和诱饵弹等。人们习惯上把它们称为特种弹，实际上这是特种弹药传统概念的延续使用。由于此类特种弹不仅具有传统的特种弹药功能（致盲、遮蔽、伪装、欺骗、照明、威慑等），而且还能成为与现代光电器材和制导武器相对抗的有效手段，因此被称为新型特种弹。新型特种弹可使敌方的武器装备的效能降低或消失，与非致命弹药内涵一致，故这类弹药应属于非致命弹药或软杀伤弹药，将在6.2节给予介绍。

本身不能够直接地或间接地毁伤目标，不能使目标效能降低乃至失效的特种弹药，称为战场支援弹药。除了传统的照明弹、信号弹、燃烧弹、烟幕弹等外，新发展的电视战场侦察弹（VIP），目标辨认和战场毁伤效果评估弹（TV/BDA），传感器战场侦察弹，都属于战场支援弹药。本节讨论的特种弹即为此类战场支援弹药。

与主用弹药相比，特种弹药在结构和性能上具有如下特点：

(1) 配备量较小。特种弹特殊效应的发挥，主要靠装填元素的性质和数量。由于小口径弹的装填量少，因此产生效应的能力也低，所以特种弹只能配于中口径以上的火炮、迫击炮及火箭炮上。即使在中口径以上各种武器的弹药装备基数内，特种弹的配用数量也比较小。

(2) 结构复杂，制造工艺特殊，成本高。除烟幕弹外，其他传统的特种弹都采用抛射药和推板等结构，以便将弹丸内的药剂或宣传品推出。为了推出时不致损坏，一般采用底螺和瓦形板等。这样使弹丸结构复杂，装填物制备工艺繁琐，要求严格。

(3) 特种效应受外界条件的影响大。特种弹在完成战斗任务时，往往受气象和地形条件的限制。例如，当风很大时，烟幕弹和目标指示弹的烟云会很快消失，照明弹会飘离目标区等，从而影响了特种弹的有效使用。

(4) 密封、防潮要求严。由于特种弹的装填物大都是烟火混合物、自燃物或是易吸湿的黑火药，很不安定，易受潮变质，因此，必须有严格的密封措施。

为了在勤务和使用时便于区别特种弹，在特种弹的弹头部有一条识别带，识别带的颜色为：照明弹（白色）；燃烧弹（红色）；发烟弹（黑色）；宣传弹（黄色）。

6.1.1　烟幕弹

烟幕弹(smoke projectile),亦称发烟弹,是弹丸内装有发烟剂,着发爆炸或空爆后能形成烟幕屏障或信号烟幕的炮弹。广泛配用在中口径以上的火炮、迫击炮和火箭炮上,用以迷盲敌人观测所、指挥所和火力点,来掩蔽我方阵地和军事设施等。同时,亦可作为试射、指示目标、发信号和确定目标区的风速、风向等。烟幕弹是战争中一种重要的战术手段,它可以有效地限制敌方的火力运用和部队机动,为夺取战场的局部优势创造必要的条件。

烟幕干扰技术是通过在空中施放大量微粒来改变电磁波的介质传输特性,实现对光电探测、观瞄、制导武器系统的干扰,具有“隐身”和“示假”双重功能。烟幕技术历史悠久,早在公元11世纪公布黑火药配方的《武经总要》中,就记载了发散烟雾遮障敌人视线的烟球,烟球壳内装黑火药,点燃后抛射至敌方烧裂,烟雾四散,实现遮蔽目标之目的。烟幕干扰在中外战争中起到重要作用,例如,在海湾战争中,伊拉克在某重要设施周围部署了大量的烟幕施放装置,致使美军74架攻击机投下的上百枚激光制导炸弹无一命中目标。烟幕作为一种高效价廉、实施简易的无源干扰手段,广泛应用于干扰侦察告警、搜索跟踪及激光制导和红外成像系统中。

传统的烟幕材料主要是片状黄铜粉、红磷、有机卤化物、磷酸铵、碳酸镁、金属及其合金、氯化锌、高氯酸钾、氯丁橡胶、氯化萘及碳氟化合物等,但是这些材料含有多种有机物,易对环境造成严重污染。同时,现有烟幕尚存在一些不足,例如,箔条在可见光和近红外波段呈透明;膨胀石墨不易产生确定的长度,在个别频谱范围烟雾的衰减率非常有限,由于多孔粒子的存在导致引发呼吸道疾病的危险增加;黄铜粉末下沉速度非常快,无法达到令人满意的遮蔽时间,黄铜粉末对人体和环境同样会产生严重危害。为此各国致力于发展低毒性材料,同时研究红磷替代物,以期获得安全、环境友好型的烟幕剂。近年来国外烟幕弹药向着发烟时间长、发烟面积大、干扰频段宽、环保安全、操作简便等方向发展。

从战术要求出发,烟幕弹应当满足下列要求:

(1) 射程和精度应与同口径主用弹相近。

(2) 发烟剂的填装系数应尽可能大,利用率要高,形成烟幕速度快、浓度高、烟幕面积大、持续时间长。

(3) 发烟剂具有好的安定性,作用可靠而不失效。

(4) 密封可靠,贮存和勤务处理安全。

1. 烟幕弹的种类

(1) 根据烟幕弹的成烟原理不同,常分为爆炸型和升华型。

① 爆炸型烟幕弹。弹体内装填黄磷、赤磷或易挥发的液体发烟剂。装有黄磷的发烟弹爆炸时,爆管将弹体炸裂,黄磷被分散到大气中与氧燃烧生成五氧化二磷形成烟幕,或将爆炸点燃的赤磷分散发烟。装有液体发烟剂(如三氧化硫)的发烟弹,发烟剂在爆炸瞬间从弹体内飞散出来,吸收大气中的水分形成烟幕。

② 升华型发烟弹。弹体内装有粗蒽、六氯乙烷或有色发烟剂,在投放时装药被擦火棒、导火索或引信点燃,从出烟孔喷出形成烟幕。有的弹体含有数个发烟罐,如发烟航空炸弹、发烟火箭弹和发烟炮弹,投放时用时间引信同时点燃抛射药和发烟罐,抛射药产生的气体将底塞和发烟罐推出,发烟罐产生烟幕。也有将干扰不同波段电磁波的发烟剂装入弹体的不

同部位，借助爆管的爆燃和爆炸形成干扰烟幕。

(2) 根据烟幕弹的作用方式不同，常分为着发式和空爆抛射式两种。

① 着发式烟幕弹(图 6.1.1)。通常采用弹头着发引信，碰击目标后起作用，将弹头部炸裂，发烟剂飞溅出来，迅速形成烟幕，如图 6.1.2 所示。

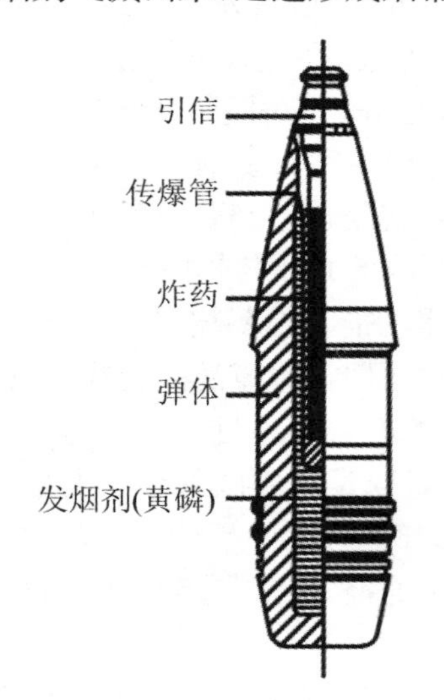

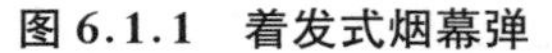
图 6.1.1　着发式烟幕弹

图 6.1.2　着发式烟幕弹的作用情况

这种方式的烟幕弹，优点是射击精度较高，形成烟幕也较快；缺点是爆炸时生成热量大，烟云上升快，稳定性不好；由于引信有一定作用时间，因此弹丸需侵彻入土壤一定深度，导致一部分发烟剂留在弹坑内，扩散不出来，造成损害，尤其对于软质土壤和水网地带更加严重。

② 空爆抛射式烟幕弹。如图 6.1.3 所示。通常采用时间引信，发烟剂装入盒内。在预定的弹道点上，引信起作用，点燃抛射药和发烟剂，抛出发烟盒；发烟盒落到地面后，继续燃烧而发烟，形成烟幕。

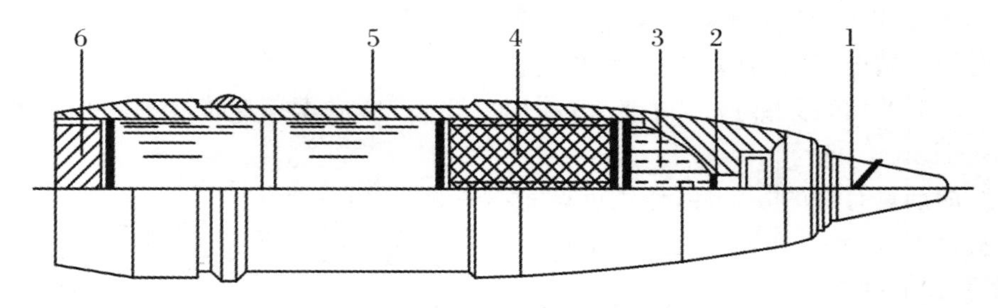

图 6.1.3　空爆抛射式烟幕弹

1. 引信；2. 头螺；3. 抛射药；4. 发烟块；5. 弹体；6. 底螺

这种方式的烟幕弹，优点是发烟时间长(可达几分钟)。缺点成烟速度慢，烟幕浓度低，易受气象条件影响，加上受引信作用时间的散布影响，因此精度较差。发烟盒如落在水网和泥塘地带，还有可能中途熄灭。由于上述缺点，这种结构的发烟弹采用的很少。

2. 55 式 120 mm 迫击炮用烟幕弹

如图 6.1.4 所示，55 式 120 mm 迫击炮用烟幕弹是前装式烟幕弹，主要由弹体、传爆管、发烟剂、尾管和引信等组成。

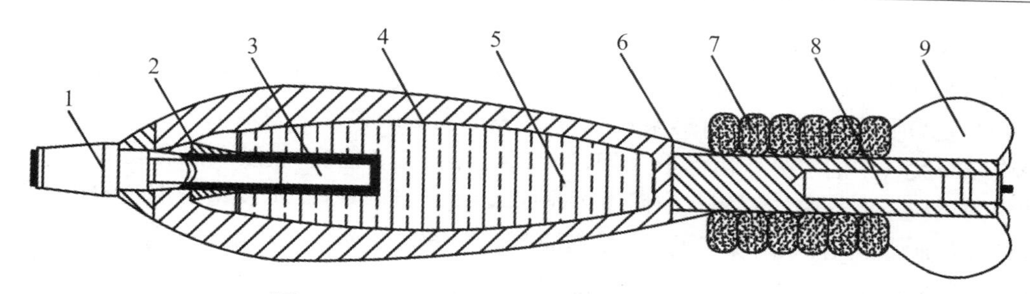

图 6.1.4　55式 120 mm 迫击炮用烟幕弹示意图

1. 引信；2. 炸药管；3. 炸药柱；4. 弹体；5. 发烟剂；6. 尾管；7. 附加药包；8. 基本药管；9. 尾翅

其主要诸元为弹重 16.9 kg，发烟剂重 1.55 kg，初速 265.3 m/s，产生烟幕尺寸宽 25～30 m，高 23～28 m，最大射程 5800 m，烟幕保持时间 35～40 s。

该弹的发烟剂采用黄磷(亦称白磷)。黄磷是一种蜡状固体，密度为 1.70 g/cm^3，熔点为 44 ℃，沸点为 280 ℃，常温下能与空气中的氧反应，自燃生成浓白烟。黄磷在空气中迅速燃烧，生成大量的白色烟雾。发烟室测定其总遮蔽能力为 4600 平方英尺/磅。这是两次世界大战中使用的二十余种发烟剂中总遮蔽能力最高的一种发烟剂。由于黄磷成烟极其迅速，生成的磷酸烟雾对人有一定的窒息作用，又能采用结构简单的爆炸发散方式，所以两次世界大战中广泛用它来装填各种口径的发烟炮弹、发烟手(枪)榴弹和发烟航弹。作战中一般将这些弹药投放到敌方阵地上产生迷盲烟幕，借此压制敌方火力掩护己方部队突施突然进攻。黄磷炮弹爆炸后产生的燃烧碎片对易燃物着纵火作用。另外，一般黄磷炮弹爆炸后成烟迅速，反应产生的热量集中，促使烟雾成柱状烟云上升。所以，一般还将黄磷炮弹作为燃烧弹和信号标志弹来使用。其缺点是有毒、易燃，不易贮存(在水中保存)，对人的皮肤具有强烈的烧伤作用，伤口经久难愈，并且爆炸后的烟云迅速上升，利用率低。新的弹种通常采用赤磷做发烟剂。

该弹弹体与迫击炮弹弹体通用，仅在口部端制一凹槽，以便装铅垫圈。弹体多用铸铁或钢性铸铁制造，不宜采用稀土铸铁，因为强度高的材料将影响发烟效果。

由于迫击炮用烟幕弹的弹口螺纹直径较大，采用细牙螺纹，以提高其密封性。迫击炮用烟幕弹所配用的引信往往与主用弹(榴弹)相同，只是不准使用延期装定。

3. 影响烟幕弹作用效果的因素

烟幕弹主要是靠弹丸爆炸时生成的烟幕来迷盲敌人，掩蔽自己，通常根据烟幕的正面宽度、高度和迷盲时间来衡量其作用效果的好坏。烟幕高度并不需要很高，过高不仅对遮蔽地面目标毫无意义，而且还降低了烟雾的浓度。烟幕弹作用效果的主要影响因素有：

(1) 对着发式烟幕弹来说，弹药材料和炸药量的选择应当适量，弹体材料强度不宜过高，炸药量应以炸药炸开弹体为限，应避免炸药爆炸时产生过高的热量，因为过高的热量将使烟雾呈蘑菇状烟柱，起不到遮蔽作用。但对于加农炮用烟幕弹，由于其着速大，炸药量应适当增加，否则较多的发烟剂将被留在弹坑内起不到发烟作用。对空爆抛射式烟幕弹来说，发烟盒的落地速度不应很高，需要避免发烟盒落地时，碰到硬质表面被摔碎，碰到软质表面而陷入，影响发烟效果。为此，国外有些烟幕弹采用了加装降落伞的结构形式，降落伞可以加在发烟盒上，也可以加在弹丸上。

(2) 发烟剂的成分：发烟剂是用于构成烟幕的化学物质。用发烟装备将其导入大气中，可形成遮蔽、迷盲、干扰和信号等烟幕。发烟剂按其形态可分为固体和液体两类。固体发烟剂主要有六氯乙烷-氧化锌混合物、粗蒽-氯化铵混合物和黄磷、红磷等。液体发烟剂主要有高沸点石油、煤焦油、含金属的高分子聚合物、三氧化硫-氯磺酸混合物和四氯化钛等。按成烟原理可分为吸湿型发烟剂、自燃型发烟剂、蒸发型发烟剂和升华型发烟剂。吸湿型发烟剂的蒸汽能与大气中的水分作用而形成烟，如四氯化钛、三氧化硫-氯磺酸混合物等。自燃型发烟剂的微粒与大气中的氧相互作用而形成烟，如黄磷、红磷等。蒸发型发烟剂的热蒸汽在大气中冷却而形成烟，如高沸点石油、煤焦油等。升华型发烟剂又属烟火剂范畴，通常由氧化剂、发烟剂、燃烧剂等组成。其中的成烟物质受热升华或受热时互相作用，其蒸汽在大气中凝结而形成烟，如粗蒽-氯化铵混合物、六氯乙烷-氧化锌混合物等。能产生具有鲜明彩色烟幕的化学物质，称为彩色发烟剂，通常为固态烟火剂，含有燃烧物、氧化剂和有机染料。有机染料能使烟幕具有红、黄、绿、蓝、紫等鲜明的色彩。为提高发烟剂的成烟效率，应根据发烟剂的形态和成烟原理选择最适宜的发烟器材。

(3) 气象条件的影响：当风速大于 10 m/s 时，烟雾会很快消失，不能形成烟幕；风向与阵地正面垂直时，烟雾就不能充分拉开，不能有效地遮蔽目标；气温较高时，由于气流上升，所以烟雾也迅速上升，不能有效地遮蔽目标；雨天，雨滴会加大烟雾的凝聚作用，也会使烟云迅速消失等。但是，有些气象条件却对施放烟幕有利，如风向和阵地正面平行时有助于烟雾展开；气压低、湿度大，对烟幕形成有利；清晨和傍晚气流流动较弱，烟雾会弥漫地面，保持较长的时间。对于这些有利条件，射击时应加以利用。

(4) 目标处地形的影响：当目标区的土质较软或为沼泽地、稻田时，发烟剂留在弹坑内的较多，甚至会因落入水中而失效，因此很少对这种地区使用着发式烟幕弹；目标区的地形平坦，土质较硬，对形成烟幕有利。

(5) 射击条件的影响：对着发式烟幕弹来说，落速小比落速大好，落角大比落角小好，这是因为落速小可以使弹丸钻入地面的深度浅，落角大可以使弹丸爆炸后，发烟剂向四周飞散。

6.1.2 纵火弹

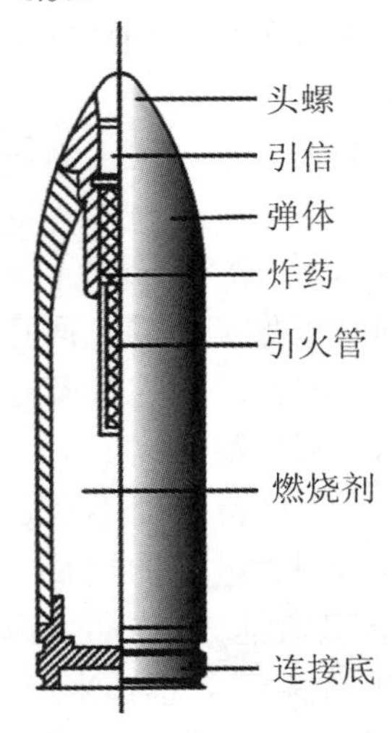

图 6.1.5 燃烧弹

纵火弹(incendiary projectile)，也称为“燃烧弹”。燃烧弹主要用来对目标(如木质结构的建筑、油库、易燃易爆的弹药库、粮仓及其物资供应站等)进行纵火，有时也用来烧毁敌军的技术兵器、通信器材和阵地上的隐蔽物。弹的结构因类型而异，弹内可装填铝热剂、黄磷、凝固汽油、稠化三乙基铝等燃烧剂，图 6.1.5 为燃烧弹的一般结构。燃烧弹的燃烧作用是靠从弹体内抛出已被点燃的火种——燃烧炬(内装燃烧剂)，在目标区域抛散火种目标。燃烧炬应具有一定的强度，在发射或碰击目标时，不会破碎，否则目标不能被点燃。即使目标被点燃，由于燃烧炬的破裂也会很快熄灭。装有的时间引信在目标上空一定高度作用，点燃抛射药，其火焰通过中心管时从两端上点燃各个纵火体，并推动推板，剪断弹底螺纹，抛出纵火体落在目标区，使目标起火。由此可见，合理选择易燃目标和集中使用，并注意当地当时的气象条件才能充分发挥燃烧弹的战斗效能。

中国古代兵书《六韬》记载，早在公元前11世纪就有火战。早期使用的燃烧剂是薪、油，后来随火药的产生而发展为烟火药，如中国古代的蒺藜火毬。20世纪燃烧剂有了新的发展，第一次世界大战时，喷火器中使用了液状油，燃烧炮弹和迫击炮弹装填了黄磷。第二次世界大战中，研制出喷火器和航空炸弹使用的凝固汽油，还有金属燃烧剂和铝热燃烧剂等，大规模地用于地面作战和战略轰炸。战后，燃烧剂的使用性能和燃烧威力得到改进和提高，并广泛地用于局部战争。

1. 燃烧剂及其要求

燃烧剂是燃烧时能产生高温或炽热火焰，用于毁伤和纵火目的的化学物质。在军事上，用作喷火器和燃烧弹药的装料，是构成燃烧武器的基础。用以杀伤人员、焚毁或破坏军事装备、袭击工事或其他目标。

燃烧剂按燃烧的供氧方式可分为两大类：一类是自身含氧的燃烧剂；另一类是借助于空气中氧的燃烧剂。按燃烧剂性质可分为五类：油基燃烧剂、金属燃烧剂、铝热燃烧剂、油基-金属燃烧剂及自燃燃烧剂。

（1）油基燃烧剂。是以石油产品和易燃溶剂为主体组成的燃烧剂，通常有液状油和稠化油两种。最早应用的是液状油，由于燃速快、易分散、黏附性能差，因此发展了稠化油。典型的稠化油是凝固汽油，是在汽油中加入稠化剂调制而成的。用环烷酸和脂肪酸的混合铝皂为稠化剂调制而成的凝固汽油称“纳旁”，在喷火器上使用有良好的流变特性。用聚甲基丙烯酸异丁酯调制的凝固汽油称为“IM”，用聚苯乙烯50%、苯25%和汽油25%调制的凝固汽油称为“纳旁B”，适用于装填燃烧弹。这类燃烧剂的燃烧温度为700～800 ℃，具有延长燃烧时间、扩大覆盖面和贮存稳定等优点。

（2）金属燃烧剂。是以镁、铝或镁铝合金等金属为主要成分的燃烧剂。镁的着火温度为623 ℃，燃烧温度为1980 ℃，是最普通的纯金属燃烧剂。铝是多种燃烧剂的重要成分，比镁能产生更多的热量，但较难点燃。镁添加铝和少量铜的镁基合金，强度高，有抗变形的特点，通常用作燃烧弹外壳。

（3）铝热燃烧剂。是一种烟火燃烧剂，主要有铝热剂和铝热合剂。铝热剂是以铝粉25%和氧化铁75%外加黏合剂配制而成。燃烧时，铝夺取氧化铁中的氧，产生激烈的放热反应，燃烧温度可达2400～3000 ℃。铝热合剂（又称高热剂）是由铝热剂同铝、硝酸钡和硫配制而成，易于着火，并能产生较大的火焰，除可作燃烧剂外，还可作镁弹的点火剂。这类燃烧剂温度高，主要用于引燃难以着火的材料和破坏军事装备的金属部件。

（4）油基-金属燃烧剂。是一种油料添加金属粉末的燃烧剂，主要有PTI（聚甲基丙烯酸异丁酯调制的凝固汽油，添加硝酸钠和金属镁等）和PTV（聚丁二烯的汽油溶液、硝酸钠和金属镁等）。油基燃烧时，火焰大，产生蔓延效应；金属燃烧时，能提高温度，延长热效应。这类燃烧剂的温度可以达到1600 ℃。

（5）自燃燃烧剂。是在空气中或遇水能自燃的物质，有黄磷、钠、钾、锂、粉末状的锆和贫化铀，以及硼烷和烷基铝等。黄磷是一种古老的燃烧剂，常用作油基燃烧剂的点火剂。由于燃烧时产生浓厚的白烟，也可用作发烟剂。用作军用燃烧剂时，常将其颗粒混在二甲苯橡胶溶液中制成塑化黄磷，以防止爆炸时分散过细，并增加对目标的黏附性。还可用黄磷的二硫化碳溶液作为液体自燃剂。金属钠、钾是遇水着火的物质，可添加在油基燃烧剂中，用以攻击江河、水网稻田和雪地里的目标。粉末状的锆、锆铈合金和贫化铀都有自燃特性，常用于穿甲燃烧弹药。烷基铝中最典型的是三乙基铝，为减缓其燃速，常用6%聚异丁烯稠化的三乙基铝装填燃烧火箭弹，对人员可造成化学烧伤；还有用1%聚异丁烯稠化的三乙基铝，能产生可控的化学火球，辐射的热能足以破坏军事目标。

燃烧剂的性能是影响燃烧弹威力的主要因素，从实战出发，对燃烧剂有如下要求：

(1) 具有较高的燃烧温度、长的火焰和适量的灼热熔渣。燃烧温度、长的火焰和灼热熔渣量是决定燃烧能力的主要因素。实践证明，点燃易引燃的物质，燃烧温度不应低于800～1000 ℃；若点燃较难引燃的物质，燃烧温度应高于2000 ℃；在纵火烧毁面积较大的易燃目标(如森林)时，为扩大燃烧剂的作用范围，造成更多的火源，燃烧剂必须具有产生长火焰的性质；对在烧毁难引燃的金属目标(如器材、汽车、火炮等)时，要求燃烧剂在燃烧时产生大量的液态灼热熔渣，以便附着在目标上进行较长时间的燃烧。

(2) 容易点燃，不易熄灭。点燃燃烧剂的难易程度，以及点燃后是否容易熄灭，决定了燃烧弹作用的可靠性。目前，用铝热剂作为燃烧弹燃烧元素的居多。铝热剂是金属氧化物和其他金属组成的燃烧剂，燃烧时能够产生2500～3000 ℃的高温。但是，点燃这种燃烧剂一般需要1300～1500 ℃，因此需要采用专门的点火药。

(3) 要有一定的燃烧时间。为了引燃某些目标，需要燃烧剂具有一定的燃烧时间，如引燃城市建筑需要10～20 s的燃烧时间。为了保证一定的燃烧时间，常要求燃烧剂的燃烧速度不能过大。

(4) 具有足够的化学安定性。只有这样，才能在长期储存中确保燃烧剂不变质、不失效。

目前的燃烧弹普遍存在纵火能力差的问题，其关键在于燃烧剂难于同时满足燃烧温度高、火焰长和燃烧时间长的要求。

2. 12.7 mm 穿甲爆炸燃烧弹

12.7 mm穿甲爆炸燃烧弹的结构分为弹头、弹壳、发射药、底火等几部分。弹壳为钢壳涂漆，与54式12.7 mm枪弹弹壳相同，发射药为单基发射药，除弹头以外的零部件均属定型产品，经长期生产、考核，性能稳定、可靠。

12.7 mm穿甲爆炸燃烧弹弹头由弹头壳、铅套、弹芯、钢套、起爆剂、炸药和燃烧剂组成。弹头壳的作用是用来保持弹头外形，将弹的各部元件组成一个整体，并在发射时嵌入膛线，使弹头旋转运动。铅套的作用是在弹头装配时使各元件填充紧实，在发射时使弹头易于嵌入膛线，减少对枪膛的磨损。弹芯是穿甲元件，也是起爆元件，采用双锥加圆柱结构。钢套用来固定弹芯，容纳并保护炸药及燃烧剂，钢套表面上有预制破片槽，爆炸后形成破片。

其主要性能诸元如下：口径12.7 mm，全弹长147 mm，全弹质量≤126 g，弹丸质量47.4～49 g，初速度810～825 m/s，最大膛压平均值≤294 MPa，单发最大膛压平均值≤324 MPa，密集度(弹道枪射击)≤12.5 cm(200 m)，≤19 cm(300 m)。

作用过程如下：当弹头以一定的速度碰击靶板时，一方面靶板发生变形与破坏；另一方面弹头受到靶板的轴向力和径向力作用，使弹头的弧形部发生变形与破坏。弹头前端及弧形部受到挤压发生变形，弹芯在惯性力的作用下，克服钢套与钨弹芯紧配合的摩擦力向前运动，刺入压紧的延时起爆剂使延时起爆剂受到挤压。弹芯给延时起爆剂的力可分解为垂直于接触面的挤压力和平行接触面的摩擦力。挤压力使药粒之间产生摩擦，摩擦力使弹芯的接触面与延时起爆剂产生摩擦，因此密封于弹头壳中的起爆剂同时受到弹芯的挤压、摩擦以及弹芯前端尖部对药剂的撞击三种作用力。延时起爆剂与弹芯的接触面的微观状态是凹凸不平的，真正接触的是一些微凸体，受压力的作用，接触的微凸体数量和接触面积将增加。

这种分子的接触使它们之间产生吸附作用，上下接触面的微凸体相互嵌入，产生咬合力，咬合力使微凸体在摩擦时破碎。弹芯前端的摩擦和延时起爆剂颗粒之间的强烈摩擦产生热能，分布于微凸体上成为热点，随着摩擦运动的影响，热点温度逐步上升，温度高于延时起爆剂的爆发点时，爆炸就从热点开始扩大至整个延时起爆剂并引爆炸药及燃烧剂。

12.7 mm 穿甲爆炸燃烧弹配用于 QJZ89 式 12.7 mm 重机枪，也适用于 54 式、77 式、85 式 12.7 mm 重机枪。它主要用于毁伤敌集群有生目标；压制敌轻型武器及火力点；击穿敌轻型装甲目标的装甲防护，并对车内乘员及设施起一定的杀伤作用；也可对 8 m 内敌武装直升机和低空目标进行射击，在机舱内产生爆炸和燃烧，毁伤乘员及机内设施。该弹有如下优点：

(1) 安全可靠、应用面广。

由于弹头结构没有火帽、雷管等火工品元件，其结构简单，起爆作用可靠，勤务使用安全性能好，对多种初始能量嵌入是安全可靠的。解决了以往的爆炸弹在贮存和运输时的不安全问题。该弹的使用也满足我国地域辽阔、环境和气候条件相差甚远的实际情况，它的使用温度范围为 −45～+50 ℃。

(2) 穿甲威力大。

芯采用高密度、高硬度的硬质合金材料，双锥加圆柱结构，具有大着角防跳飞性能。它的穿甲威力比制式穿甲弹大幅度提高。特别对倾斜装甲钢板有可靠的穿甲性能。12.7 mm 穿甲爆炸燃烧弹在以 800 m 距离上可穿透 10 mm/30°装甲钢板；制式穿甲燃烧弹只能在 500 m 距离上穿透 10 mm/0°装甲钢板，前者的穿甲距离与制式弹相比几乎增加一倍。

(3) 具有爆炸和燃烧效应。

12.7 mm 穿甲爆炸燃烧弹在 300 m 处穿透 1.8 mm 08AL 钢板后，弹头装药发生爆炸的引爆率能达到 90%以上，穿甲爆炸后，在钢板上产生相当于弹径 5～8 倍的炸孔；爆炸后产生的有效破片（约 25 片）能增加对目标的毁伤能力；燃烧剂的火焰可点燃目标内的可燃物。

(4) 通用性好。

12.7 mm 穿甲爆炸燃烧弹具有与制式弹相同的内、外弹道性能，并且与制式武器通用。该弹的标准化程度提高，加工工艺、设备、工具、量具大部分能与制式弹通用。

3. 60 式 122 mm 加农炮用燃烧弹

该弹主要由引信、弹体、弹底、燃烧炬、中心管和抛射系统组成，如图 6.1.6 所示。

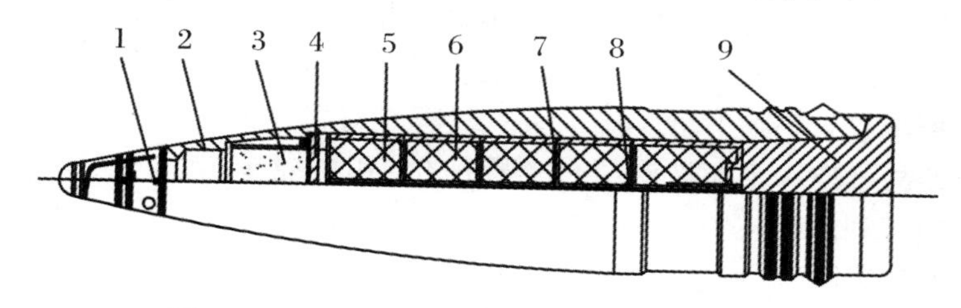

图 6.1.6　60 式 122 mm 加农炮用燃烧弹示意图

1. 引信；2. 弹体；3. 抛射药；4. 推板；5. 燃烧炬；6. 点火药饼；7. 压板；8. 中心管；9. 弹底

其主要诸元为：弹重 25.7 kg，燃烧剂 2.36 kg，初速 596 m/s，燃烧温度不低于 800 ℃，最大射程 22000 m，单炬燃烧时间不少于 70 s。

(1) 引信。该弹配用时-1 钟表时间引信。

(2) 弹体。弹体用 60 号钢制成。为提高装填容积，以及便于使燃烧炬从底部抛出，弹体膛成圆柱形。

(3) 弹底。弹底厚度较大,主要是为了保证弹带部位的弹体强度。弹底与弹体之间靠螺纹连接,为剪断螺纹将燃烧炬抛出,该弹只采用了 2～3 扣的螺纹。为防止火药气体从弹底连接处窜入弹体引起燃烧剂的早燃,在弹体与弹底的连接处有 0.4 mm 厚的铝质密封垫圈。

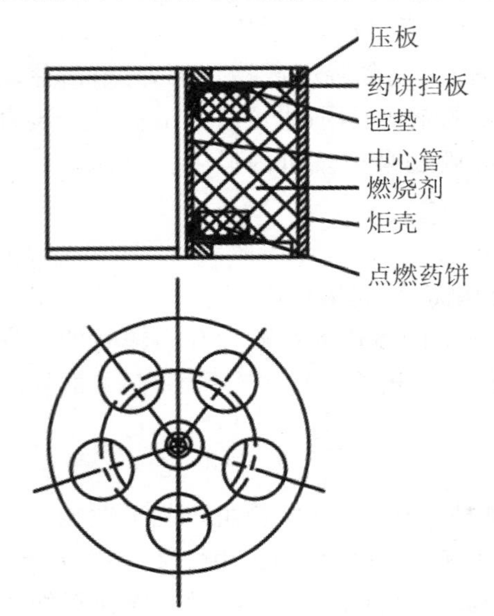

图 6.1.7　燃烧炬示意图

(4) 燃烧炬。该弹共有 5 个燃烧炬,在钢制炬壳内压装有燃烧剂,为了点燃它们,在上下两端各压有点燃药饼。燃烧剂的成分与配比为硝酸钡 32%,镁铝合金粉 19%,四氧化三铁 22%,草酸钠 3%,天然橡胶 24%。这种燃烧剂的燃烧温度达 800 ℃以上,燃烧时间比较长(图 6.1.7)。点火药饼分为引燃药和基本药两部分。引燃药靠近中心管小孔,其外部为基本药。每个燃烧炬上下两端均有一块压板,其作用是固定点火药饼和燃烧剂。在压板平面上有五个直径为 25 mm 的孔,以便喷吐火焰起到纵火作用。

(5) 中心管。为了保证在燃烧炬抛出前均被点燃,在燃烧炬中心有一钢质中心管。中心管两端用螺纹与上下压板连接,以免燃烧炬碰击目标时被摔出。在中心管两端侧面上,紧靠点燃药饼处各有三个均匀分布的小孔(直径为 3 mm),保证药饼的可靠点燃。

(6) 抛射系统。该弹的抛射系统有聚乙烯药盒(内装 80 g 2 号黑药)和推板组成。当时间引信作用时,使抛射药点燃,一方面抛射药产生的火焰将通过推板中间的小孔和中心管内孔,把每个燃烧炬的点燃药饼点燃;另一方面抛射药燃烧所产生的压力,将通过推板和 5 个燃烧炬壳体,将弹底螺纹切断,从而将已点燃的燃烧炬抛出弹体,落于目标区域,起到纵火作用。

4. 燃烧弹的使用情况

燃烧弹主要是靠二次效应来杀伤和破坏各种目标的,一般配用在中、大口径火炮上。它不但要求射程远、精度高,而且要求落在目标的有利点燃位置上。只有这样,才能有效地将目标点燃。如果落在不利位置(如下风地带),即使相距较近,也难点燃。在目前炮兵弹药中,燃烧弹的应用并不多,有的国家已经没有制式燃烧弹了。因为在炮弹射程范围内很难找到合适的燃烧目标,即使有这样的目标,通常也是靠航空燃烧弹来达到目的。对于近距离目标,常用燃烧手榴弹或火焰喷射器实施纵火。只有在对付汽油库、弹药库、易燃易爆物等目标时,或者在那些战术空军不能被使用的情况下才使用燃烧弹。

在实际中,通常利用弹药的复合作用达到纵火燃烧目的,如对付装甲的曳光穿甲燃烧弹在小口径高射榴弹的炸药中增加燃烧作用的成分(如铝粉),增强其燃烧能力。对付较远距离的地面目标,可采用爆破燃烧弹和黄磷烟幕弹。

6.1.3　照明弹

1. 照明弹的用途和要求

照明弹(flare projectile),是弹丸内装有照明剂,在夜间利用其点燃后发出不同波长的强光来观察目标的炮弹。照明弹广泛用于作战时照明敌方的一定区域，借以观察敌情和射击效果，也可对敌方夜视器材实施干扰。

在一般情况下，对照明弹有以下要求：

(1) 照明亮度大。为使被照区域的目标清晰可辨，照明炬发出的光应具有足够的光强。

(2) 有效照明时间长。为使观察者有足够的时间发现、辨别和确定目标位置，照明弹的有效时间一般不得小于20～25 s。

(3) 作用可靠。照明弹空炸后张开，且稳定缓缓下落。

2. 照明弹的分类与结构

照明弹由弹丸和发射装药组成。弹丸由时间引信、弹体、底螺、吊伞照明炬系统和抛射系统等组成。照明弹弹丸的装填物为照明炬和吊伞系统，其他结构基本与燃烧弹相同。照明弹的类型很多，但从结构特点上看，大致可分为有伞式和无伞式两种。

(1) 有伞式照明弹。

所谓有伞式，是指照明弹在空中爆炸后，照明炬由吊伞悬挂，缓慢下落并照亮目标区。有伞式照明弹的结构形式也很多，如尾抛式一次开伞照明弹，二次开伞照明弹，二次抛射照明弹等。这种类型的照明弹，照明时间较长，发光强度稳定，作用也比较可靠，但其结构复杂，成本高。

① 54式122 mm榴弹炮照明弹。

54式122 mm榴弹炮照明弹结构如图6.1.8所示。主要由引信、弹体、底螺、照明炬、吊伞系统和抛射系统等组成。

a. 时-1式引信。

时-1式引信为钟表时间点火引信，最长作用时间为80 s。

b. 弹体。

弹体的外形基本上与122 mm迫击炮弹相似，但药室差别很大。首先是增大了内膛体积，以利于多装照明剂。其次为了便于照明炬系统从膛内推出，内膛做成圆锥形。内膛前面有一小圆锥部作为抛射药室，底部开口，并制有数扣细牙螺纹，与底螺相连接。螺纹扣数的多少，对抛射压力有很大的影响。扣数多时，抛射压力过高，会影响推板、照明炬、支承瓦的抛射强度；扣数太少，则无法保证结合强度和密封性。螺纹扣数根据抛射药的成分、质量等通过实验决定，一般为3～4扣。

弹体材料选用优质60钢，弹体壁比较薄，为了保证弹带部分的发射强度，弹带尽量靠近弹底，这样弹底可起一定的支撑作用，可改善弹体的强度。

c. 底螺。

底螺由60号钢制成，用螺纹与弹体连接。在其底部的一侧钻有两个比较深的偏心盲孔，使弹底具有质量偏心。空抛时，很快偏离弹道，不致干扰吊伞的作用。

d. 照明炬。

照明炬由照明炬壳、照明药剂，护药板等组成，如图6.1.9所示。照明炬为一圆柱形钢壳，用20号钢冷压而成，底部厚度较大，侧面壁厚较薄，底部中央有一螺孔，用螺栓与吊伞系统连接。照明炬在装配时，外面缠上纸条，以防在弹膛中松动。

照明炬壳内压有照明剂。照明剂因不易被抛射药气体直接点燃，所以在照明剂上还压有少量的引燃药和过渡药，引燃药(或称点火药)为硝酸钾82%、镁粉3%和酚醛树脂15%的混合物。过渡药为引燃药和基本药，按1∶1混合而成。为了压药和发射时起缓冲作用以及照明炬在燃烧时起隔热作用，在照明剂底部还压有中性药，中性药是石棉、松子、锭子油等的机械混合物，不起燃烧作用。为了避免药剂在点燃压力作用下破裂，有时在引燃药的表面压有铝制护药板。

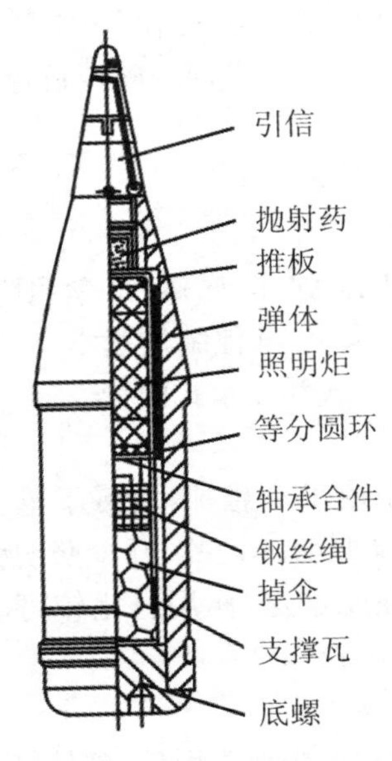

图 6.1.8　54 式 122 mm 榴弹炮照明弹

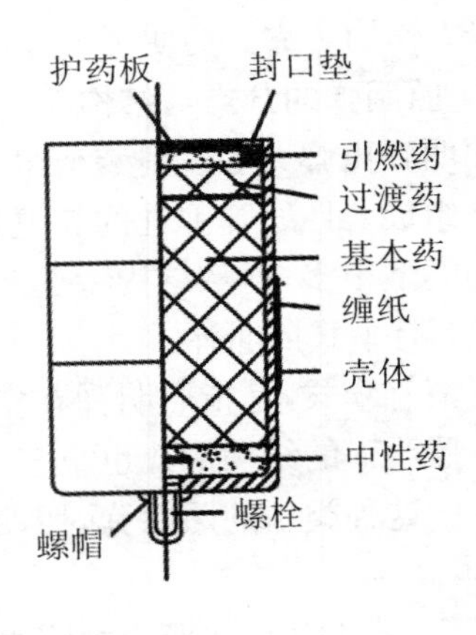

图 6.1.9　照明炬结构

照明剂是由金属可燃物、氧化剂和黏合剂组成。金属可燃物一般都采用镁粉，因为镁粉燃烧时的发光强度大。氧化剂主要用以供给燃烧时所需要的氧，同时控制光谱特性，常用硝酸钡(白色)和硝酸钠(黄色)两种。黏合剂一方面使药剂容易混合均匀并保证药剂的强度；另一方面起缓燃作用，保证照明炬的燃烧时间。常用的黏结剂有天然干性油、松香、虫胶、酚醛树脂等。黏合剂会影响发光强度，所以黏结剂一般少于 5%。

为了改善照明剂性能，需要在照明剂中加入少量的附加物。在常用的附加物中有能够改善火焰光谱能量分布的氟硅酸钠、氟铝酸钠，有增加气相产物并由此增大火焰面积的六次甲基四胺；还有增长燃烧时间的氯化聚醚等。

e. 吊伞系统。

为了降低照明炬抛出后的下降速度，以保证一定的照明时间，采用吊伞系统，使照明炬缓慢下降。

吊伞系统由伞衣、伞绳、钢丝绳和轴承件等组成。伞衣由丝织品或尼龙制成，在上面缝有布条或尼龙带作为加强带，空中张开后形成半球形。为了减小开伞时的空气动力负荷，提高其下降的稳定性，在吊伞中央开有一通气孔。

开伞动载有 1000～2000 N。所以，伞绳是用高强度丝绳或尼龙绳制作，一端与伞表上的加强带相缝合，另一端通过衬环与钢丝绳相连。钢丝绳的长度应保证伞衣充分张开。如钢丝绳太短，伞衣张开不充分，下降速度加快，同时伞衣受照明炬熏烤严重。钢丝绳数量过少时，使吊伞强度降低，伞开不圆，下降不稳定，过多则使吊伞系统质量和体积增加，折叠和装填困难。一般取 10 根或 12 根为宜，如图 6.1.10 所示。

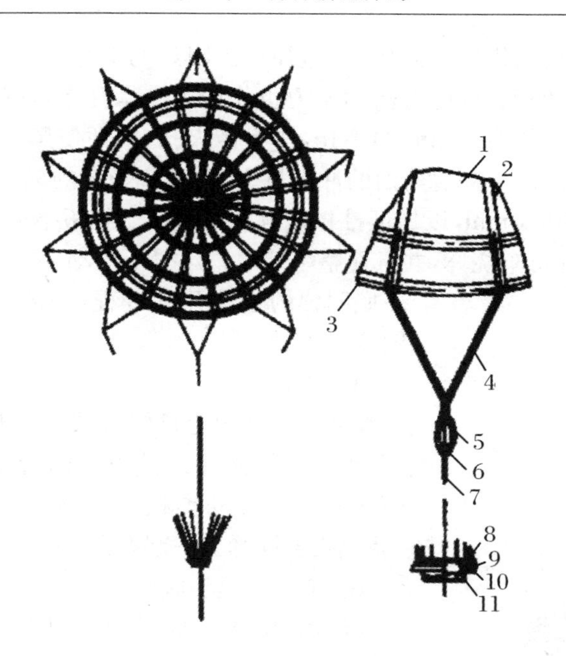

图 6.1.10　吊伞系统

1. 伞衣；2. 辐射加强带；3. 周边加强带；4. 伞绳；5. 伞绳衬环；6. 铆接钢管；7. 钢绳；
8. 开口弹簧张圈；9. 毡垫；10. 药盘；11. 转子盘

由于照明弹在空中抛出时仍在高速旋转(1000 r/min 以上)，所以抛出的照明炬也是高速旋转的。为了防止由于高速旋转使钢丝绳和伞衣互相缠绕，在照明炬和钢丝绳的连接处有一轴承合件，保证它们之间可以相对转动。轴承合件由止推轴承、螺套、弹簧和螺栓等组成，其结构形式如图 6.1.11 所示。

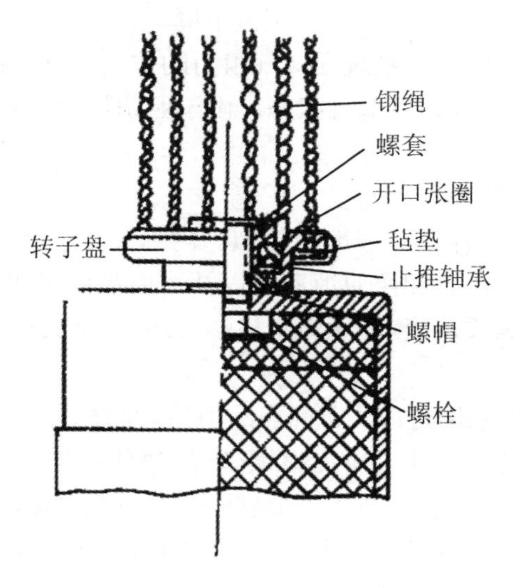

图 6.1.11　轴承合件

f. 抛射系统。

弹体内膛中除吊伞、照明炬系统外，其余均为抛射系统。包括抛射药、推板、支承瓦等。其作用是为了将吊伞、照明炬系统可靠地抛出，不被损坏，并且把照明炬点燃。抛射药为 2

号黑药，推板和支承瓦均用优质钢制成。发射时，照明炬的惯性力作用在支承瓦上，保护吊伞系统发射时不损坏。空抛时，抛射药的压力也作用于支承瓦上，保护吊伞系统不致破坏。推板上钻有 3～4 个直径约为 1 mm 的小孔，作为传火孔，以便使黑火药火焰通过小孔点燃照明炬。但孔径不宜过大，否则对药面的冲击过大，会引起药剂的崩裂。推板直径一般要比弹体内膛直径小 0.1～0.3 mm，以保证推板能顺利地抛出。推板下面要黏上垫圈和纸圈，以免火药气体窜入吊伞处将伞烧坏，并且使整个装填物压紧不松动。

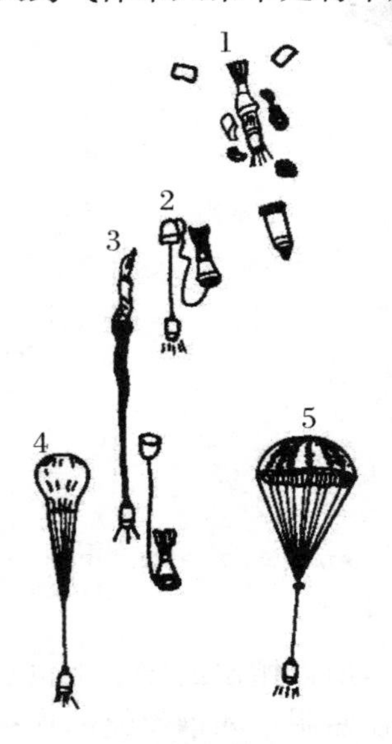

图 6.1.12　后膛炮照明弹开伞过程图

1. 抛射；2. 弹底飞离；3. 伞套脱离；4. 充气；5. 张开

照明弹的空爆开伞过程，一般可分为如下四个阶段，如图 6.1.12 所示。

(a) 抛射。

弹丸飞行到预定目标区域上空时，引信作用点燃抛射黑药，其火药气体通过推板上的传火孔点燃照明炬，同时火药气体压力推动推板、照明炬、支承瓦，将弹底螺纹剪断，装填物连同弹体一起抛出。

(b) 伞套(伞袋)脱开。

抛出后，由于弹底较重，其阻力加速度小，而伞包较轻，其阻力加速度大，加之弹底的偏心作用，因此弹底很快擦过伞包，从吊伞照明炬旁侧前飞行。之后，伞包上的开缝式伞套在空气阻力作用下被吹走，吊伞即按全长拉直，开始充气。

(c) 开伞。

由于从伞口的进气量大于从伞顶孔和伞衣本身的出气量，因此伞顶逐渐鼓起，并很快张开。

(d) 缓慢下降。

吊伞全部张开后，吊伞照明炬系统在空气阻力的作用下迅速减速，直到所受阻力与其重力平衡时，开始稳定缓慢下降，并呈垂直状态。由于照明炬的燃烧，其质量不断减轻，因此下降速度也是逐渐减小的。

② 120 mm 迫击炮照明弹。

迫击炮照明弹外形和大容积迫击炮弹相似。内部装填物则与线膛火炮照明弹相似，也是由引信、弹体、稳定装置、吊伞和照明炬系统以及抛射系统等组成(图 6.1.13)。弹体由上弹体和下弹体构成，均以螺纹连接，外形为圆柱形，目的是增大填装系数。

其主要特点：

a. 迫击炮照明弹通常采用药盘式时间点火引信，即时-3 式引信。

b. 迫击炮照明弹的吊伞系统仅用一根钢丝绳，故体积比较小，填装容易。其吊伞折叠后，先装入一个筒状伞袋内，再装入弹体。伞袋底部有一连接绳与下弹体内的驻螺相连。抛射时，下弹身和吊伞，照明炬一同抛出，但由于吊伞的阻力速度大，故下弹体越过伞包向前飞行，直到吊伞绳拉直，把伞袋拉脱，使吊伞充气张开。

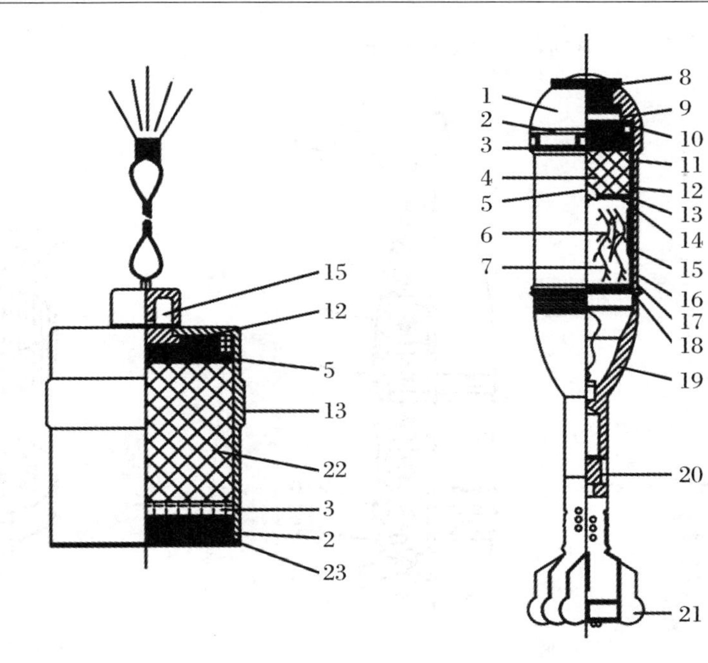

图 6.1.13　120 mm 迫击炮用照明弹

1. 纸垫；2. 引燃药；3. 过渡药；4. 基本药；5. 中性药；6. 包绳纸；7. 吊伞；8. 防潮螺盖；9. 抛射药包；10. 推板；11. 上弹体；12. 照明矩壳；13. 缠纸；14. 半圆环；15. 连接螺；16. 半圆瓦；17. 包伞纸；18. 挡板；19. 下弹体；20. 尾管；21. 尾翅；22. 照明剂；23. 封口纸圈

迫击炮照明弹不旋转，抛出后各零件的分离是靠各零件的质量、形状不同以及空气阻力不同和空气动力偏心等完成的。

迫击炮用照明弹的开伞过程如图 6.1.14 所示。

(2) 无伞式照明弹。

不配备吊伞的照明弹，称为无伞式照明弹。这种照明弹结构简单、容易生产，但照明效果不好。如图 6.1.15 所示，无伞式照明弹又可分为曳光照明弹和星体照明弹两种。

曳光照明弹(图 6.1.15(a))由弹体、照明剂、过渡药、引燃剂和延期药组成。这种照明弹不配备引信，靠发射膛内火药气体点燃延期药，经过一段短延期后，点燃照明剂(避免出炮口即曳光，暴露炮位阵地)，在弹丸飞行过程中起曳光照明作用。曳光照明弹仅适于配备在小口径火炮上，对搜索近海海面目标具有较好效果。

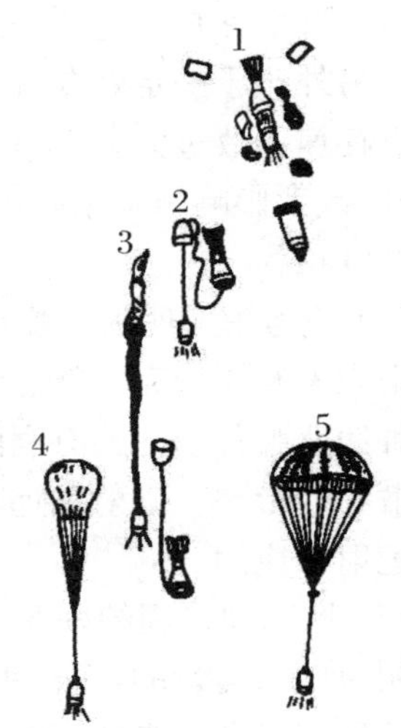

图 6.1.14　迫击炮用照明弹开伞过程

1. 抛射；2. 下弹体；3. 伞袋脱开；4. 充气；5. 张开

星体照明弹(图 6.1.15(b))多采用前抛式结构，弹体上装有头螺，弹体内装填若干照明星体。弹丸飞抵目标上空时，引信作用并点燃传火药，火药气体进入弹膛中心引燃照明体及位于推板上的延期体，延期体的作用在于保证照明星体在弹体内有充分的点火时间。待延期体燃尽后，点燃抛射药包，而火药气体推动推板，并通过各层隔板、半圆筒和头螺，剪断结合螺纹，将燃烧着的星体推出弹膛。照明星体在滑落过程中对目标起照明作用。

这类照明弹照明时间短，且不均匀，故效果不好。

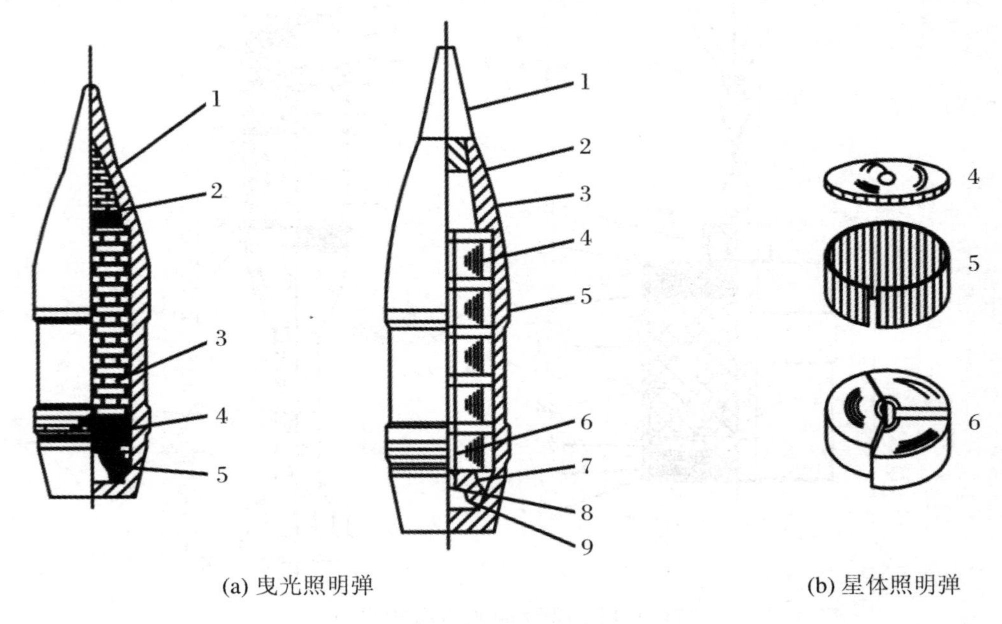

(a) 曳光照明弹　　(b) 星体照明弹

图 6.1.15　无伞式照明弹

1. 弹体；2. 照明弹；3. 过渡药；4. 引燃药；5. 延期药；1. 引信；2. 头螺；3. 弹体；4. 隔板；5. 半圆筒；6. 照明星体；7. 推板；8. 延期体；9. 抛射药

3. 照明弹使用中应注意的问题

照明弹在使用时，应当注意下列问题：

(1) 用照明弹时，应当用该射程的最小号装药，也就是尽量使初速度小，以便减小炸点存速。另外对于一定弹丸有一定最小炸距的限制，即不得在这个射程以内使用，这也是为了使炸点存速不致过大。因为当炸点处弹丸存速太大时，开伞的动载荷也大，吊伞系统不能很好张开，或者影响吊伞系统的强度，或者使弹底的零件有打伞的危险。一般爆点的存速不应大于 230 m/s。

(2) 应考虑照明弹的炸点高度，炸点过高，照明炬起不到应有的照明作用；炸点过低，则照明炬来不及燃烧完毕就已经着地，减少照明时间，有的甚至吊伞未张开就已落地。所以对每一种照明弹都有一最有利的炸高，此时照明效果最好。炸高受射弹的散布与引信作用时间的散布的影响。当射程远时，这些散布都将增大而使炸高无法控制，所以一般照明弹也不应在远射程应用。

(3) 照明弹作用的好坏，是以照明区域的视距（能分清目标的最大距离）、照明地区大小和照明时间来衡量的，而视距往往和气象条件、目标性质、观察方法有关，如晴朗的天气、平坦的地形就有利于提高视距；活动目标又比固定目标好认。一般在下雨或大雾天气不宜应用照明弹。风速太大，会使吊伞很快飞离目标区，起不到应有的照明效果。所以，当风速大于 10 m/s 时，也不宜使用照明弹。

6.1.4　宣传弹

1. 宣传弹的任务和要求

宣传弹(leaflet projectile)是用来向敌区抛散宣传品,瓦解敌军的特种炮弹,主要配用于中、大口径火炮。宣传弹不是在工厂装配的,战场使用之前,在炮兵阵地或工事里临时进行装配。宣传弹内装有宣传品,宣传品一般以一定尺寸的纸片卷成管状,在阵地装入弹体内以备用。宣传品散布面积受飞行速度、抛撒高度和气象条件的影响,因此,要求宣传品的纸质良好,有一定的机械强度,以免在抛散时破碎,在发射和抛散过程中破碎率和重叠率较低。所谓破碎率即指被撕破或影响观看宣传内容的纸张所占的百分数。重叠率是指五张以上重叠在一起的纸张所占的百分数。

2. 宣传弹的一般结构

宣传弹由弹丸和发射装药组成。弹丸有弹体、底螺、抛射药、推板、支承瓦、宣传品、隔板和时间引信,现以122 mm榴弹炮宣传弹的构造为例说明宣传弹的结构。54式122 mm榴弹炮所配用宣传弹(图6.1.16),其结构和照明弹基本相同,也是采用抛射式原理,在目标区将宣传品从弹底抛出。

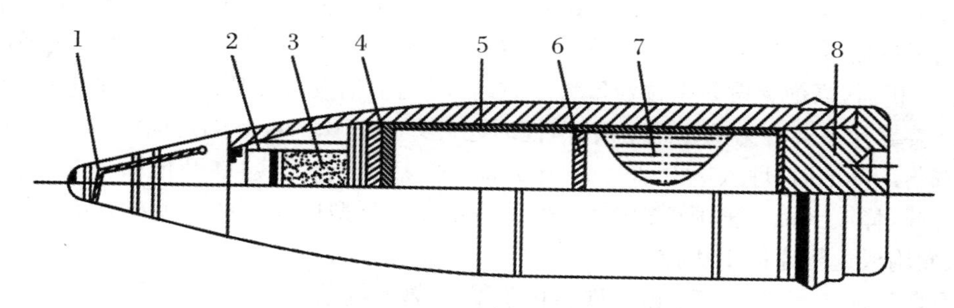

图6.1.16　122 mm榴弹炮宣传弹

1. 引信;2. 弹体;3. 抛射药;4. 推板;5. 支承瓦;6. 隔板;7. 宣传纸;8. 底螺

122 mm榴弹炮宣传弹的主要诸元:弹丸质量为20.8 kg,初速为511 m/s,宣传纸质量为1.1 kg,破碎率不大于15%,重叠率不大于10%。

后膛炮弹在飞行中是向右旋转的。因此宣传纸被抛出后还有向右旋转的运动。为了使宣传纸在旋转的情况下可靠地散开,宣传纸装配时要按右旋方向缠卷,这样在弹道风的影响下,更容易散开。

宣传弹的作用过程和照明弹相同,弹丸飞到目标区,时间引信开始作用,点燃抛射药(黑药),抛射药气体通过推板、支承瓦、隔板等传给弹底,从而剪断弹底螺纹,将弹体零件和宣传品抛出,由于空气阻力作用不一致,以及离心惯性力的影响,内部零件迅速飞离弹道,宣传纸在空气流的作用下散开。宣传弹的爆点不宜过高与过低,过高则宣传品不容易散发在目标区,过低则来不及散开,增加了重叠率。其有利抛射高度为200～400 m,传单的散发距离为300～600 m,宽度为15～20 m。

宣传弹存在的主要问题是破碎率比较高,宣传品的利用率受到很大影响。主要原因是爆点处弹丸存速较大,抛射出来的宣传品也有很大的速度,在弹道风的影响下容易破碎。所以减小宣传品破碎的主要途径就是减少抛射出来宣传品的存速。可采用二次抛射方案,弹丸到达爆点后，首先抛射出带有宣传纸的抛射筒，如图 6.1.17 所示，然后从抛射筒内再抛射出宣传纸。这样经过二次抛射后，宣传纸的存速大为下降。

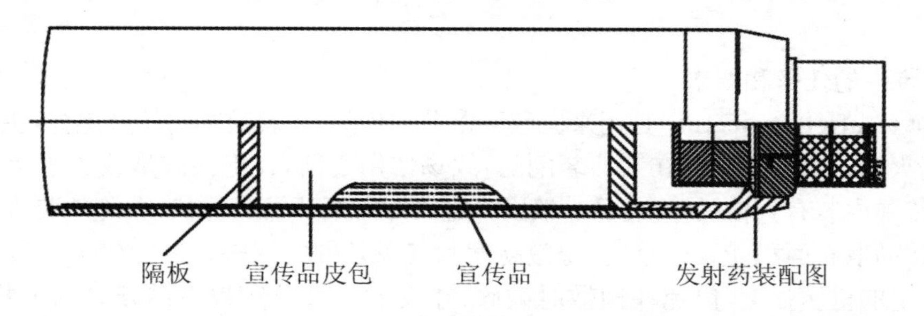

图 6.1.17　122 加农炮宣传弹二次抛射筒

6.1.5　干扰弹

通信干扰弹是随着战场电磁环境日趋复杂，光电威胁日益严重应运而生的。它通过释放电磁干扰信号，破坏或切断敌方无线电通信联络，此乃电子战的重要干扰手段。

国外为 155 mm、152 mm 和 122 mm 火炮都研制了通信干扰弹。弹丸内装有一个或多个无线电干扰器，每个干扰器是一个独立系统。美国 XM867 式 155 mm 通信干扰弹内装有 5 个电子干扰器，当炮弹发射至预定区域上方时，时间引信发挥作用，抛出 5 个干扰器，干扰器上的减旋翼片在离心力的作用下展开，同时还展开一根 0.914 m 的定向漂带，使干扰器减速定向着落。落地后，埋入地下 25～75 mm 深。之后，竖起天线，展开地面辐射支座，发射机开关打开，释放干扰。美国还在 XM982 式 155 mm 新型远程子母弹丸内安装 4 个电子干扰器，从而构成远程通信干扰弹。

俄罗斯和保加利亚在 152 mm 炮弹内安装一部干扰装置。射弹飞抵目标区预定高度时，干扰装置从弹丸底部抛出，其尾部的 4 个翼片展开，确保稳定飞行，并使其头部首先着地，头部的触角插入地下，然后展开折叠天线，释放干扰。这种干扰装置的频率范围为 1.5～120 MHz，可向半径 700 m 区域上方发射干扰信号，持续工作时间可达 1 h。

声音干扰弹由信息传感器、文字编排和声音模拟系统组成，专门用以干扰敌方指挥信息的接收。这种弹发射后，能接收到敌方人员发出的各种指挥口令，然后将口令内容重新编排，编制出与原内容意思相反的口令，用敌方人员的同样声音发送出去，以此干扰射手以及飞机驾驶员执行口令，使之真假难辨。

箔条诱饵弹是一种在弹膛内装有大量箔条以干扰雷达回波信号的信息化炮弹。在敌目标上方从弹丸底部抛出箔条块，箔条块释放后裂开，箔条散布成云状并低速降落，对敌方雷达信号产生散射，使其不能正常工作。

6.1.6　特种弹药的发展

随着高新技术在武器系统中的应用，特种弹药也得到了很大发展。尤其是以信息化炮弹为代表，如各种侦察弹、遥感炮弹、干扰炮弹、诱饵炮弹、评估炮弹等。

(1) 侦察炮弹是一种通过摄像机、传感器等电子设备，对目标进行侦察、探测的信息化炮弹。就目前研制情况来看,它主要包括电视侦察炮弹、视频成像侦察炮弹和窃听侦察炮弹是三种。

① 电视侦察炮弹进行侦察具有安全、可靠、图像清晰等特点,尤其适于在空中侦察条件受限时使用。如美国正在研制的XM185式电视侦察炮弹,可用155 mm榴弹炮发射。

② 视频成像侦察炮弹(VIP)是一个旋转稳定、发射后不用管的155 mm弹丸。由美国于1989年发明和研制。它由155 mm弹体、机械、光学的及电子等部件组成,通过安装在弹体侧面窗口的光学系统拍摄图像。随着弹丸的向前和旋转运动扫描弹丸飞行过的地面图像,扫描区域轨迹是弹丸的高度、落角、终点速度和敏感能力的函数。通过无线电频率链将图像信息发送到地面接收站。可实施对空中和地面的侦察并发现目标。VIP需要安装GPS引信,从三颗或四颗卫星上接收信号,以确定飞行中的弹丸位置,并发送到地面接收站。提供一个弹丸飞行的精确轨迹,以实现对目标的精确跟踪。VIP地面接收站从弹丸上发回的模拟无线电信号,然后数字化,提取原始的图像数据,消除所有面向空中的画面,校正由于弹丸运动引起的周期性畸变,并存储和显示。先进野战火炮战术数据系统和全部信号源的分析系统将处理这些数据,使之适合于情报分析和瞄准目标。

③ 窃听侦察炮弹主要利用振动声响传感器窃听战场目标信息。它不仅可以探测人员的运动和数量情况,还可通过人员的说话声判断其国籍,如目标是车辆,则可判断车辆的种类。

(2) 遥感炮弹又称自寻的子母弹,是一种远距离反坦克新弹种。它既不同于一般火炮所使用的子母弹,也不同于末制导炮弹,而是兼有两者的特点。当遥感炮弹由大口径火炮发射至目标上空时,降落伞张开,弹内信息传感器开始工作,它如同一部小雷达来搜索目标。发现目标后小破甲弹起爆,向目标射出一枚高速弹芯,可击穿装甲目标的顶部装甲。同其他炮弹相比,遥感炮弹具有"发射后不管"的突出功能,它能从数十千米以外有效地摧毁敌装甲目标,且威力大、命中率高,一枚炮弹可同时多点攻击。

(3) 干扰炮弹是一种用来干扰敌方通信联络和信息传递的弹种。目前,世界上已经研制成功的干扰炮弹主要有通信干扰弹、声音干扰弹和箔条干扰弹三种。

① 通信干扰弹是一种通过释放电磁信号,破坏或切断敌方无线电通信联络,使其通信网络产生混乱的信息化炮弹,在不良天候和昏暗条件下特别适用。海湾战争中,美军曾用155 mm通信干扰弹干扰伊拉克的无线电通信网,效果不错。

② 声音干扰弹是专门用以干扰敌方指挥信息接收的弹种。该弹发射后,能接收到敌方人员发出的各种指挥口令,并可通过转换模仿敌方声音再发送出去,从而指挥调动敌军,使之真假难辨。

③ 箔条干扰弹是一种在弹膛内装有大量箔条块,主要用于干扰雷达回波信号的信息化炮弹,未来信息化战场上将广泛运用。

(4) 诱饵炮弹是一种通过辐射强大的红外线能量,从而制造出一个与所保护目标相同的红外辐射源,进而引诱红外导弹上当受骗的新型炮弹。诱饵炮弹中有烟火型诱饵弹、复合型诱饵弹和燃料型诱饵弹等类型。

① 烟火型诱饵弹是以燃烧的烟火剂来辐射红外线能量。

② 复合型诱饵弹,既能辐射红外线能量进行红外线欺骗干扰,又能通过抛撒金属箔条实施无源性雷达电子干扰,是一种专门对付红外与雷达复合制导导弹的干扰武器。

③ 燃料型诱饵弹是一种向威胁区喷洒诱饵燃料,引诱红外制导导弹发生误差的一种干

扰弹药。如德国生产的76 mm“热狗”红外诱饵弹，发射后两秒钟即可形成红外诱饵。

(5) 评估炮弹是一种评估目标毁伤情况的信息化炮弹。这种炮弹内部装有微型电视摄像机，当它被发射至目标区域上空时，指挥员在电视屏幕上可将目标被毁情况尽收眼底，从而使对目标盲射变为可视目标打击。

美国在20世纪80年代后期研制成功了155 mm目标辨认/战场毁伤评估(TV/BDA)弹，该弹发射后能够在空中悬浮5 min，由射击分队的一名操作手遥控飞行，其作用距离达60 km。下面将对其进行详细介绍。

TV/BDA是一个155 mm弹丸，装有无线电控制的降落伞、视频摄像机、视频信号发送器、弹上电源和控制系统。为了精确确定目标坐标，需要一个GPS收发装置。

当弹丸飞行到需要侦察的战场上空，漂浮的摄像机开始搜索目标区域，并将彩色视频图像发送到地面接收站。降落伞可以按预先计划的路径飞行或由地面站进行遥控。摄像机装有变焦距镜头，操作人员可以从高空辨认目标并确定目标位置，根据这个信息，火炮可以继续射击，还可以得到弹丸飞抵目标和攻击目标的适时视频图像。

TV/BDA系统能够在空中漂浮5 min，当漂浮到低空时可对目标的毁伤情况进行评估。视频信号可传输60 km，TV/BDA系统不仅可将视频信号传给火炮的火控系统，也可传给司令部的战术分析中心。

目标辨认/战场毁伤评估系统作战使用情况如图6.1.18所示。

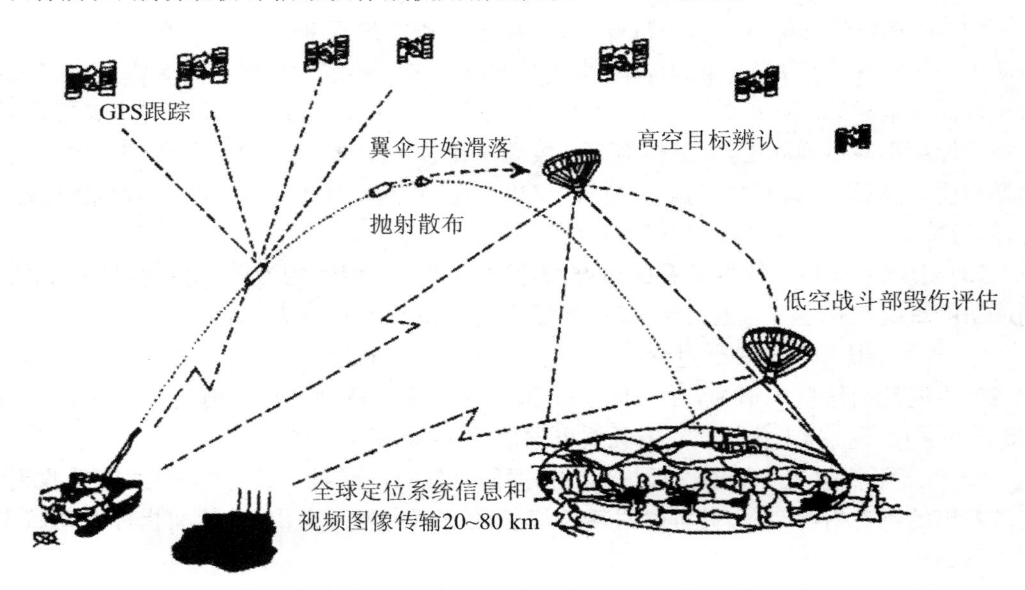

图6.1.18　目标辨认/战场毁伤评估系统作战示意图

TV/BDA的主要用途：

① 可以侦察战场上的局部情况，适时确定目标位置，进行下一次射击。

② 对作战效果进行评估。

③ 可以改进火炮射击的精度和有效性，减少用弹量。

④ 提高目标位置的测量精度。

⑤ 不需要前沿侦察部队和设备，就可以得到目标的准确信息。

(6) 红外照明弹。夜视技术在夜间作战中已被广泛的应用。在双方的交战中，谁首先发现对方，谁就能掌握主动权。提高夜视器材的可视距离是首先发现目标的有效途径。提高夜视器材的可视距离有两条途径：一是不断改进红外热像仪的性能，以提高可视距离；二是通过增大目标的辐射度来提高夜视器材的可视距离。红外照明弹是增大目标的辐射度的最有效途径。目前国外研制的红外照明弹，在没有红外炬的情况下，可使主动红外热像仪的可视距离提高四倍以上，可使微光夜视仪的可视距离提高三倍以上。另外，装备红外热像仪的主战坦克上一般配有红外探照灯，以提高可视距离。但是这种方法容易暴露自己，容易受到红外寻的导弹的攻击，同时提高的可视距离也有限。

红外照明弹可由专用的发射装置或火炮、火箭发射，可以在地面发射，也可在直升机上发射。当红外照明弹飞至目标地域上空，点燃红外照明剂，增大被观测目标的辐射度，不但可提高夜视器材的可视距离，而且可提高观察效果，确定目标位置，进行射击或修正射击。小口径或手执发红外照明弹，射程几百米，燃烧时间在1 min左右，空投的红外照明弹，燃烧时间可达6 min。

6.2　软杀伤弹药

软杀伤弹药又称非致命弹药或新型特种弹，是专门设计用于使人员或武器装备失能，同时使死亡和附带破坏最小的武器。

海湾战争以后，在国际上，尤其是在美国，对这类武器有多种提法。如非致命武器（non-lethal weapons）、失能武器（disable weaporas）、反装备武器（anti-equipment weapons）和弱杀伤武器（lessthan lethal）、低间接破坏武器（LcDW）等。

广义地讲，这类弹药不是靠弹丸的动能或化学能直接摧毁敌方武器装备和人员，而是采用电、光、声、化学、生物等某种形式的较小能量使敌方武器装备性能降低乃至失效或是人员失去战斗力的技术。战场上已使用的各类干扰弹、诱饵弹等，或已经发展和正在研制中的电磁脉冲弹、高功率微波战斗部，γ射线弹、激光致盲武器、高功率微波武器、计算机病毒武器、使内燃机熄火的抑制剂和使其爆燃的助燃剂、化学和生物腐蚀剂以及光弹、声弹、等离子体武器等都是这类武器。用于防暴的弱杀伤榴弹，如海绵榴弹、橡胶球弹药、橡胶普通弹以及木制防暴弹等，也属于非致命武器。

6.2.1　非致命武器和弹药的分类

非致命武器和弹药的分类方法有很多，这些方法都是从不同的角度出发来分析问题并进行分类，这里介绍两种。

1. 按对付的目标分类

(1) 反人员。次声与超声波发生器、噪声发生器、失能物质、臭味剂、刺激剂、催吐剂、非穿透性射弹、高强度频闪灯、高压喷水系统、高能微波系统、低能激光器、光学弹药、胶黏剂、发泡材料、烟幕剂及心理战用的全息摄影技术。

(2) 反电子和光电传感器。电磁干扰装置、高压电发生器、非核电磁脉冲发生装置、微型导电颗粒、高功率微波系统（高功率微波战斗部、高功率微波武器）、低能和高能激光器、光学弹药、烟幕剂及光学涂料等。

(3) 反车辆等运动系统。高黏性涂料和黏合剂、高效润滑剂、过滤器堵塞剂、燃料改性添加剂/增稠剂及轮胎腐蚀剂等。

(4) 反指挥、控制、通信、计算机和情报(CI)系统。高功率微波武器、计算机病毒武器、计算机间谍程序及计算机病毒程序等。

(5) 反基础设施。材料脆化剂、腐蚀性细菌武器及碳纤维弹等。

2. 按对目标毁伤的物理属性分类

(1) 电学。高能微波武器、微波战斗部、微型导电颗粒、计算机病毒和计算机间谍程序、电磁干扰装置、高压电发生器、碳纤维弹等。

(2) 光学。高强度闪光灯、光学弹药、低能激光武器。

(3) 声学。次声与超声波发生器,噪声发生器。

(4) 化学与生物剂。臭味剂、刺激剂、催吐剂、胶黏剂、发泡材料、烟幕剂、材料脆化剂、腐蚀性细菌武器等。

(5) 低动能武器。橡皮子弹、海绵榴弹、木棒弹、缠绕弹、豆袋弹等。

也有将其按对人员或装备的作用进行分类,即分为三类:针对武器装备的非致命武器和弹药;针对人员的非致命武器和弹药;对人员和装备都有作用的非致命武器和弹药。

6.2.2 失能弹

国外正在积极探索发展的失能弹药,又称"非致命弹药"或"低间接破坏弹药",均属特种弹药。但是,这类弹药与上述两类特种弹药相比则迥然不同。与以摧毁或致死目标为目的的"硬杀伤"弹药有本质差异。失能弹药采用一种非致命性失能技术,使敌方武器装备和有生力量的功能失效或降低,从而失去战斗力。这类弹药的出现与苏美冷战的结束、军事格局的变化、战略重点的转移,以及军备发展策略的变更和调整息息相关。尤其是海湾战争以来,美国军界极为关注在未来地区性武器冲突和高技术条件下局部战争中,如何尽量减少"间接破坏"或杀伤人员,以达到战斗胜利的目的,以及承担越来越多的与传统消耗战与破坏战完全不同的任务。因此,美国等国家设想通过某些手段和途径破坏、干扰敌方的通信、侦察和指挥系统,有效地使飞机、导弹、装甲车或其他武器装备失去作用,使人体器官受到某种程度的伤害和丧失能力。这类弹药采用的技术有激光、微波、超声波、聚合物、非核电磁脉冲、声波发生器、反装备化学战剂、化学滞动剂、信息系统的扰乱(干扰或病毒)以及反传感器技术等等。预计,国外将为压制武器研制辐射光弹、高功率微波弹、新化学弹和碳纤维破坏弹等。

辐射光弹用于破坏导弹传感器或杀伤人员,分为全向辐射光弹和定向辐射光弹两种。全向辐射光弹为多向性、宽波段可见光源,它通过炸药爆炸,把一种惰性气体加热至高达几千摄氏度的白炽化等离子体。定向辐射光弹在原理上类似于全向辐射光弹,只是集中向一个方向释放能量,其设计结构类似于聚能装药。高功率微波弹用干扰各种电子设备,也可使人员的神经系统和心脏的正常功能受到影响,视力受损。碳纤维破坏弹专用于破坏配电设备。将装有大量碳纤维的炮弹发射到发电厂之类的目标上方,炮弹爆炸抛出碳纤维,落在输电线路上,迫使供电系统短路、破坏发电厂的正常供电。新型化学炮弹采用某种化学腐蚀剂,专用于破坏武器装备、机场跑道。总之,失能弹药涉及的非致命失能技术十分广泛。今后，随着各种新技术的迅速发展和军事部门的新需求，必然有更多的失能弹药问世。它将成为特种弹药家族的重要成员，扩大特种弹药战术使用范围，必将给整个作战样式带来深远影响。

红外诱饵弹伴随着红外技术的发展而发展。20 世纪 50 年代初，当第一代“响尾蛇”红外寻的导弹出现时，就已开始研制点源红外诱饵弹，目前点源红外诱饵弹只考虑目标的辐射特性，技术已经成熟，70 年代就开始装备部队，例如，英国的“乌雅座”、法国的“达盖”、德国的“热狗”等。80 年代后期红外诱饵弹在国外向着远红外（8～14 μm）和红外箔条复合诱饵弹发展，并已有产品服役。

红外诱饵技术的发展使得红外寻的导弹的作战效能大幅度下降。针对红外点源诱饵弹只考虑目标的辐射特性这一问题，人们开始研究红外成像导引头。红外成像导引头不仅要考虑目标的辐射特性，而且要考虑形体特征。同时人们也在研制红外波复合制导技术，以便避免点源红外诱饵弹的干扰。

从技术对抗发展的角度，红外成像诱饵弹技术和红外波复合干扰弹技术也在相应发展。红外成像诱饵弹与点源诱饵弹显著不同，技术上难度比较大，它不但要模拟目标的辐射特性，还要模拟目标的形体特征，对运动的目标还要模拟其运动特性。将红外药剂与箔条复合，发射到空中燃烧，形成大阵面的热云，它能够有效的干扰红外成像导引头。其干扰机制是减少目标和背景的反差，目标被热云“淹没”掉，在荧光屏上显示不了目标图像，这种红外成像干扰弹将得到广泛应用。用红外成像诱饵弹模拟目标的红外辐射特性，并且目标在运动中保持其形体，技术上难度较大，且造价较高。

美国 Treledyne Brown 公司研制了“多频谱近战诱饵”，它采用一个小型多燃料发动机产生红外和射频信号，可使红外成像设备误认为是一辆三维坦克的全尺寸截面，已用于 M1 坦克的多频谱近战诱饵系统。美国怀特研究所研制一种气动红外诱饵弹（SIRF），投放后可在一段时间内伴随飞机飞行，模拟整个飞机的红外辐射特性。其采用涂敷金属膜的可燃增强碳纤维织品制成的诱饵体，模拟与目标相似的形体特征。还有一种气球模拟诱饵体，可发射至空中，压缩气体使可燃碳纤维制成的气球充气膨胀成球，在空中漂浮燃烧。此外，也有一种吉普车模拟诱饵体，由多片可燃增强碳纤维布置成，不仅可模拟外形，还可模拟发动机及其冷却系统、排气系统和司机，燃烧时红外辐射特性与吉普车相似。国外对舰船多维模拟诱饵体的研究报道也较多。

6.2.3　功率微波战斗部与电磁脉冲弹

非致命武器中，以破坏武器系统中最关键而最脆弱的光电设备为主要目的的那些非致命武器发展较快。现代战争中，雷达、计算机、通信、探测、瞄准、侦察等光电设备和仪器起到关键作用。一个性能先进可靠，功能完善齐备的 C3I 系统，是取得战争胜利的重要保证。这类武器装备失效，意味着部队几乎失去战斗力，因此它是作战中主要的攻击目标。高功率微波武器就是利用微波束干扰或烧伤敌方电子设备以及人员的武器，又称为射频武器。主要有两种形式，一种是由各种发射平台和运载工具将高功率微波装置运送到目标附近，即称为高微波战斗部和电磁脉冲弹；另一种是由发射平台直接发射微波攻击目标，也称为高功率微波武器。这种武器是由普通电源供能，多脉冲或“物理伦琴当量”（电离辐射剂量）额定的（rep-rated）装置，可以不断地瞄准目标，攻击不同的目标或多次攻击同一目标。微波束体积大、质量大，且生存能力差，当作用距离较远时，其在大气中传输受到大气的影响而衰减。

高功率微波弹药的基本原理是：初级能源（化学能）经过能量转换装置（爆炸磁压缩换能器等）转变成为高功率强流脉冲相对论电子束。在特殊设计的高功率微波器件内，电子束与电磁场相互作用，产生高功率的电磁波。这种电磁波经低衰减定向发射装置就成高功率微波波束发射，到达目标表面后，经过“前门”（如天线、传感器等）或“后门”（如小孔、缝隙等）耦合进入目标的内部，干扰、致盲或烧坏电子传感器，或使其控制线路失效，亦可能烧坏其结构。

高功率微波弹药是利用炸药爆炸压缩磁通的方法，把炸药的能量转换成电能，再经由粒-波转换用的特殊电磁波导结构，将电能转换为电子束流再转换成微波，由天线发射出去。它主要由磁通量压缩发生器、脉冲形成网络、电子束流的产生组成。

微波武器对目标的杀伤效果取决于微波发射源的输出功率、发射天线的增益和目标与微波源的距离。一个吉瓦级的微波发射源经 40～50 dB 高增益天线发射的微波，在 10 km 处可达到 W/cm^2 级的辐射强度，能杀伤人员和设备。

① 杀伤人员。当微波的功率密度为 0.5 W/cm^2、单个脉冲释放的能量达到 20 J/cm^2 时，会造成人体皮肤轻度烧伤；当功率密度为 20 W/cm^2 时照射 2 s，可造成三度烧伤；当功率密度为 80 W/cm^2 时，仅 1 s 就可使人丧命。

② 破坏电子设备。当微波的功率密度为 0.01～1 $\mu W/cm^2$ 时，可以干扰相应频段的雷达、通信、导航设备的正常工作；0.01～1 W/cm^2 时，可使探测系统、C4I 系统和武器系统设备中的电子元器件失效或烧毁；10～100 W/cm^2 时，高频率微波辐射形成的瞬变电磁场可使金属表面产生感应电流，通过天线、导线、电缆和各种开口或缝隙耦合到卫星、导弹、飞机、舰艇、坦克、装甲车辆等内部，破坏各种敏感元件，如传感器和电子元器件，使元器件产生状态反转、击穿，出现误码、记忆信息抹掉等。

高功率微波战斗部（HPMW）是核爆炸或炸药爆炸磁压缩装置供能的高功率微波武器。它是既经济又极易实现的微波武器，具有质量小、体积小、一次性使用的特点。可由现有的发射平台发射和运载，如导弹、火箭、火炮、飞机投弹等。它像弹丸、战斗部一样运送到目标附近的区域内，由引信控制起爆时机，爆炸产生微波辐射，干扰和毁伤电子设备。高功率微波战斗部由四大部分组成，即初级电源、爆炸产生微波辐射、微波发生器、发射天线。当战斗部达到预定的起爆位置，由引信启动第一个同步开关，由电容器组成的初级电源放电，脉冲电流通过爆炸磁压缩发电机的线圈时，第二个同步开关工作，起爆核装药或普通装药，将部分核装药或普通装药的能量转换成电能，形成强大的脉冲电流。再通过脉冲成型装置，将电子束流变成虚阴极振荡器所要求的相对论电子束，然后注入旁射虚阴极振荡器中，将高能电子束流的能量转换成高功率微波能量，由天线发射出去，如图 6.2.1～图 6.2.3 所示。

高功率微波战斗部要有一定杀伤区，这要求微波定向辐射效率要高，因此要设计高水平的天线。能发射三维的脉冲且衰减慢，衰减一般与距离成二次方关系，经过努力就可以设计成衰减与距离成一次关系，且适合于战斗部的特殊要求。

电磁脉冲弹（EMP）与高功率微波战斗部的原理和功能相近，也称非核电磁脉冲弹。电磁脉冲弹属于新概念武器中的定向能武器，它利用电磁脉冲的巨大脉冲能量，对敌方雷达、精确制导武器导引头、计算机网络、通信系统等进行电子攻击。当脉冲功率超过一定阈值时，可对系统的电子元器件造成永久性毁损。在未来高技术战争中，电磁脉冲弹将给电子战的作战方式带来革命性的影响，是信息战中的杀手锏武器。

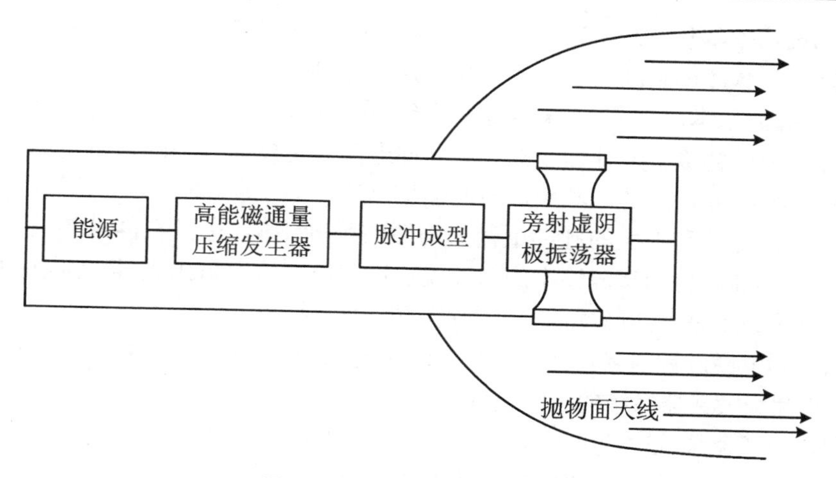

图 6.2.1　高功率微波原理图

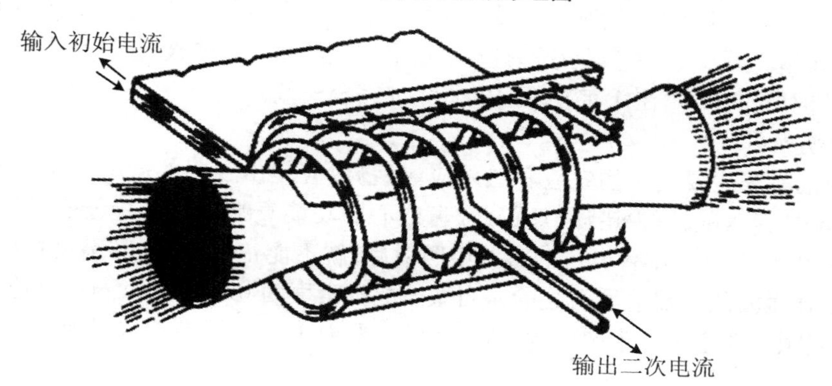

图 6.2.2　爆炸磁压缩发电机

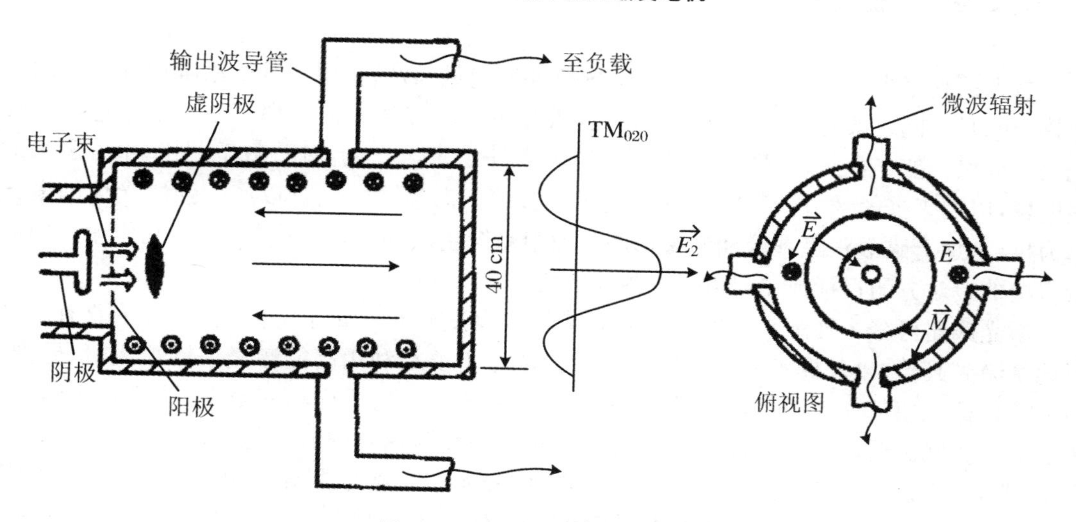

图 6.2.3　虚阴极振荡器原理图

电磁脉冲弹可分为低频电磁脉冲弹和高频电磁脉冲弹(高能微波炸弹)。两者的差别主要在于是否有微波装置。高频电磁脉冲弹有更强的攻击能力,但其技术更加复杂,造价也更高。高频电磁脉冲弹主要由电池组、电容器组、极联式爆炸磁通量压缩发生器(FCG)、虚阴极振荡器(vircator)和聚焦天线等部分组成。低频电磁脉冲弹主要由初级电源、爆炸激励磁通量压缩发生器、脉冲调制网络和发射天线等几部分组成。

电磁脉冲弹的基本原理是:当电磁脉冲弹到达指定目标区域后,由引信启动第一个同步开关,电容器组成的初级电源开始放电。当脉冲电流通过爆炸激励磁通量压缩发生器时,第二个同步开关工作,起爆炸药。利用炸药的爆炸迅速压缩磁场,将爆炸的化学能转化为电磁能,同时产生电磁脉冲和强大的脉冲电流。与微波炸弹不同,这里不再需要微波发生器,只有一个脉冲调制电路,将功率源输出的脉冲锐化压缩后直接发射出去,因此电磁脉冲弹爆炸所发射的电磁脉冲不是微波脉冲而是一种混频的电磁脉冲。

微波辐射和电磁脉冲对目标毁伤作用主要有电效应、热效应和生物效应三种形式。

(1) 干扰和烧毁武器系统的电子设备。

干扰和烧毁武器系统中的电子设备是高功率微波战斗部和电磁脉冲弹的主要目的。当能量密度为 0.01～1 $\mu W/cm^2$ 的微波束照射目标时,可使工作在相应波段上的雷达和通信设备受干扰,不能正常工作;当其密度为 0.01～1 W/cm^2 时,可使雷达、通信、导航等设备的微波器件性能降低或失效,尤其是小型计算机的芯片更容易失效或被烧毁;当能量密度为 10～100 W/cm^2 时,可使工作在任何波段的电子元件完全失效。

(2) 杀伤人员。

对人员的杀伤主要是生物效应和热效应,生物效应是由较弱的微波能量照射后所引起的,它使人员神经紊乱、行为错误、烦躁、致盲或心肺功能衰竭等。实验证明,当飞机驾驶员受到能量密度为 3～10 mW/cm^2 的微波束照射后,就不能正常工作,甚至可造成飞机失事。热效应是由强微波能量照射后引起的。当微波能量密度为 0.5 W/cm^2 时,可造成人员皮肤轻度烧伤,当微波能量密度为 20～80 W/cm^2 时,照射 1 s 后,可造成人员死亡。

6.2.4 激光弹

激光是利用光、热、电、化学能或原子核等外部能量,激励物质使其受激辐射而产生的一种特殊的光。同一般光源所发出的光相比,激光更有许多优异的物理特性。如果把高能激光聚焦成束,能产生数百万到数千万度的高温、数千万大气压的高压、数千万伏/平方厘米的强电场,以用来摧毁敌方的装甲兵器和引爆炸弹等。激光武器则是以产生强激光束的激光器为核心,加上瞄准跟踪系统和光束控制与发射系统组成的高技术武器,它可利用激光的能量直接摧毁对方的目标或使对方丧失战斗能力。

激光武器可分为强激光武器和弱激光武器。强激光武器属于定向能武器,主要有天基和地基激光武器,以及战术激光武器。强激光武器主要是利用高能激光束摧毁飞机、导弹、卫星等目标或使其失效,对目标实施硬摧毁。强激光武器的平均功率至少要达到 20 kw 以上。战术激光武器可以由车载、机载、舰载。弱激光武器辐射的激光能量较低,通常配备在车辆、舰船、飞机上或由人员携带,主要对目标的光学瞄准、光电制导导引头和敌方飞行员及各种武器操作人员的眼睛实施干扰与致盲型软杀伤。光学瞄准装置对激光具有聚焦作用,在受到激光的照射后,玻璃窗口可产生龟裂,不再透明,难以观察,降低了机动能力和火力;导引头中的光电探测元件受损后可破裂、碳化,使导弹丧失制导能力;人眼在激光照射下可在短时间内眩晕,当激光强度较强时,可使眼角膜崩解、穿孔、晶体混浊,甚至烧焦致残。激光弹的发展有两条途径:一是炸药爆炸直接冲击压缩发光工质产生激光;二是由爆炸磁压缩产生强电流，再由电能激发发光工质产生激光。

1. 炸药爆炸冲击压缩气体激光弹

炸药爆炸冲击压缩气体激光弹是利用高能炸药形成高温高压冲击加热惰性混合气体，使气体进行热泵浦，激发到高能态，从而发射出一束或多束激光，其原理如图 6.2.4 所示。适用于破坏武器装备的传感器、各种光学窗口、光学瞄准镜、激光与雷达测距机、自动武器的探测系统等。

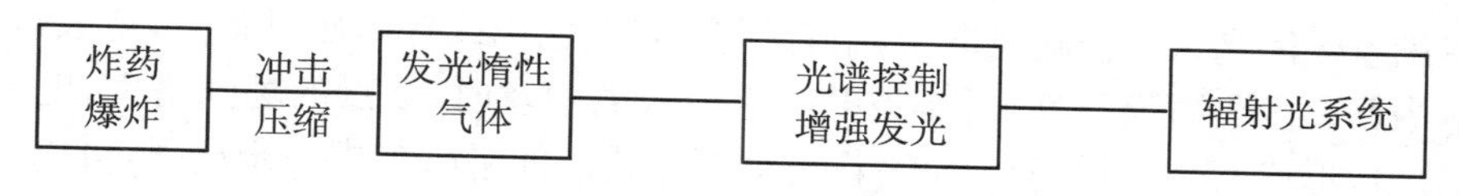

图 6.2.4　炸药爆炸直接转换成光能

2. 炸药爆炸冲击压缩固体激光弹

在弹丸、战斗部内装有高能炸药和塑料燃料激光棒，靠炸药爆炸冲击加热激发能发出足以致盲人眼和传感器的激光。塑料燃料激光棒是一种亚稳态的固体工质。这种弹的原理类似于气体激光弹，如图 6.2.5 所示。

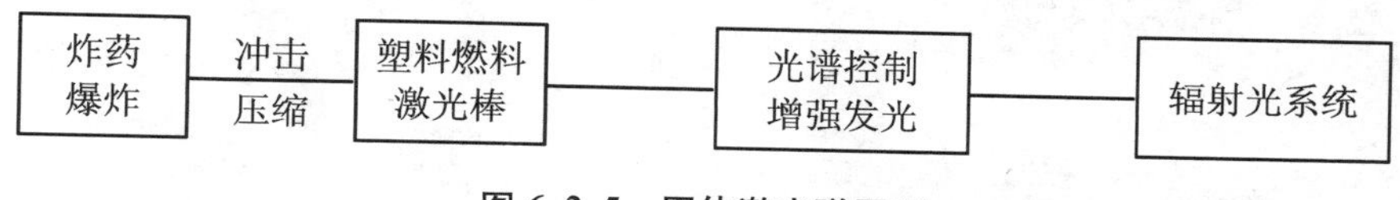

图 6.2.5　固体激光弹原理

6.2.5　碳纤维弹

碳纤维材料是高弹性、高强度、耐高温的新型工程材料。碳纤维的密度小（不到钢的1/4）、柔软并且具有良好的导电、导热性能，单丝直径可以做到几微米，易于飘散。在缺氧的情况下，能受 3000～4000 ℃的高温。用碳纤维和塑料的复合材料，不但机械性能超过钢，而且耐高温性能是任何金属无法比拟的，它能在 12000 ℃的高温下耐受 10 s 之久，单丝或带的抗拉强度可达到 30～40 MPa。因此，碳纤维材料是理想的破坏电网的材料。

在航弹、导弹及远程火箭弹的战斗部内装大量的碳纤维，就构成碳纤维弹。这些碳纤维成丝条状，并卷曲成团，当战斗部到达发电厂、配电站、输电网上空时，战斗部内的低速炸药或火药将碳纤维丝团抛出，这些碳纤维在空中飘落，落到发电厂和配电站高压电网上，在高压相线之间形成导电空间，可能引起高压线的空气击穿放电。碳纤维落到高压线上，有可能引起任意相线之间或与大地的短路行为。当短路时间大于电网跳闸时间阈值，立刻造成电网断电。任何短路行为引起的电火花都有可能使周围的物质引燃造成火灾。高压电网短路行为是短时间完成的过程，碳纤维飘落时间相对较长。飘落到高压线上的碳纤维在已造成高压线短路停电后，在没有被清除的情况下仍能继续发挥短路效应，难于恢复供电。

碳纤维主要由布撒器和子弹药构成。布撒器是三瓣圆柱形筒体，顶部带有引信，尾部为折叠式弹翼。圆柱形筒体内可装填 200 多个碳纤维子弹药。子弹药酷似易拉罐，长约为 20 cm，直径为 6 cm，顶部设有可充气的降落伞，底部设有弹簧底盖，筒体内装有 20～40 捻为一束的高导电性碳纤维团。

在海湾战争中，美军使用了战斗部内装有碳纤维的“战斧”导弹对伊拉克电力设施进行破坏,使伊拉克85%的供电能力丧失。在1999年,美军对南联盟的轰炸中,使用了内装石墨细丝的BLU-114/B型子弹药(图6.2.6为BLU-114/B子弹残骸),攻击南联盟的输电网,石墨细丝的直径只有几百分之一英寸,比碳纤维细得多。对南联盟输电网的两次攻击,造成南联盟全境70%的电力供应瘫痪。

BLU-114/B型子弹药的长约为20 cm,直径约为6 cm,内有充气伞。它被释放后,放出充气伞,稳定下降。经过预定时间后,它释放出经过化学处理的石墨细丝,如图6.2.7所示。这些石墨细丝像团乌云一样随风飘动,附着到变压器、输电线等高压设备上,造成短路,从而造成供电中断。由于石墨是良导体,当电流流经石墨细丝时,该点的场强增大,电流流动加快,开始放电,形成一个电弧,导致电力设备局部熔化。如果电流进一步增强,可以烧断输电线,甚至由于过热或电流过强而引起大火。有时电弧产生的电能极高,能够引起爆炸,爆炸产生的金属片又引发更大的灾难,所以这种子弹药对电力设施的破坏能力极强。

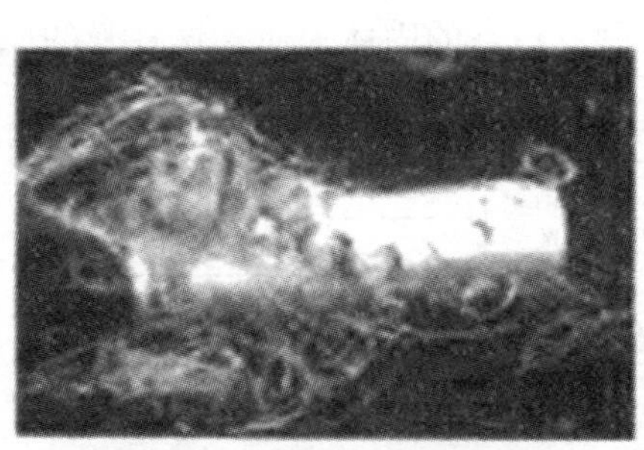

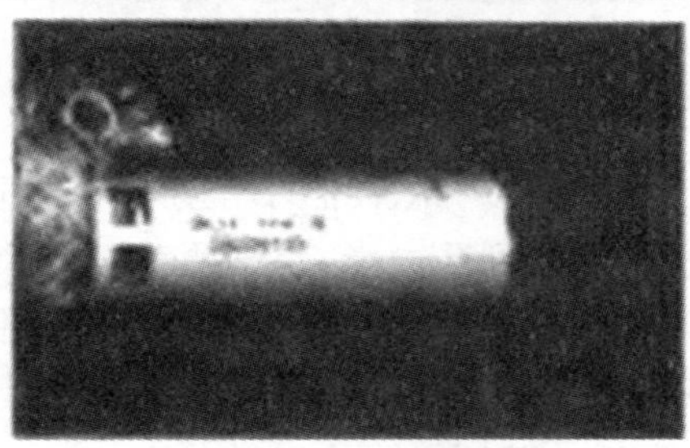

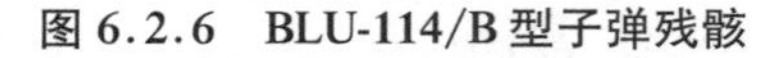

图6.2.6 BLU-114/B型子弹残骸

图6.2.7 BLU-114/B型子弹药抛撒过程示意图

碳纤维弹的研制关键技术是碳纤维的选择及其制造工艺,战斗部的开舱和碳纤维丝团抛撒展开技术。

碳纤维目前有三种,即人造丝、聚丙烯腈(PAN)和沥青基碳纤维,它们是通过单体聚合、溶解、纺丝、拉伸、稳定化、碳化、石墨化及表面处理等步骤制成。碳纤维弹所用的纤维属高导电、导热级碳纤维。众所周知,日本是最大的碳纤维原丝生产国,美国是最大的碳纤维使用国。美国的阿莫克公司是重点开发沥青基高导电导热级碳纤维的公司,其目标是达到热解石墨的性能水平,沥青基Thor-nel P-120导电性能比铜高1.6倍,新型的P-130导电性能是铜的3倍,更新的P-140导电性能是铜的3~6倍。阿莫克公司实验室内的碳纤维品级导电、导热性能比铜大6~8倍。若达到HOPG(单色四级定向热解石墨)的导电导热水平,碳纤维的导电、导热性能要比铜高出22倍。

碳纤维的导电、导热性及电阻率主要取决于它的取向度和结晶度,取向度和结晶度愈高,则导电性愈高,电阻率愈小。高模量和超高模量的碳纤维具备如此高的导电性能原因就在于此。因此碳纤维弹的首选碳纤维便是高模量和超高模量品级。此类碳纤维国外已商品化生产，商品牌号不下100种。

6.2.6 泡沫体胶黏剂弹

泡沫体胶黏剂是一种超黏聚合物，装在战斗部内，可以由航弹、炮弹、火箭弹等运载。在敌武器装备上方或前方抛撒，发泡并形成烟云。该烟云具有两种效能。

(1) 泡沫体胶粒像胶水一样直接黏附在坦克、直升机的观察、瞄准用的光学窗口上，切断观察瞄准器材的光路，且在短时间内难以清除。干扰或挡住乘员的视线，使驾驶员看不清前进的方向，不能监视战场情况，无法及时准确地搜索、跟踪和瞄准目标，从而失去战斗力。

(2) 泡沫弹内装有高速膨胀的泡沫，发射到装甲车辆附近，短时间内形成大量泡沫体云墙，发动机以高速吸入后，便会立即熄火，或凝固在装甲战车的射孔、发射区或接收装置等位置，造成集群装甲车辆受阻，失去机动能力，处于被动挨打的境地。若在泡沫材料中加入鳞状金属粉末，能屏蔽、衰减或变形通信和目标拦截所必需的电磁辐射，可使装甲战车完全失效。

泡沫体胶黏剂弹可以在一定时间内阻止坦克和直升机的前进和进攻，使其失去战斗能力，而不像常规弹药那样造成严重的破坏。

泡沫体胶黏剂弹的发展主要解决以下关键技术：泡沫体胶黏剂的配方，弹体结构与泡沫体胶黏剂装填的匹配；大面积喷射与发泡雾化喷洒技术。在整个弹的系统设计时，更应着重考虑该弹的战术使用，尤其对运动速度比较高的目标，如何使用才能将泡沫体胶黏剂喷撒到关键部位，同时还要考虑弹药的设计。除此之外，也要考虑风向、风速、温度、湿度等气象条件的影响。

这种弹主要装有漂浮性好的泡沫材料，如聚苯乙烯、聚乙烯、聚氨酯和聚氯乙烯等硬质闭孔泡沫塑料。当弹丸发射出去后，近炸引信激活发泡系统，弹丸爆炸后，很容易在空中形成悬浮云团，并能持续一段时间。弹丸的发泡系统有单组元系统和双组元系统。在单组元系统中，聚合组分和挥发性溶剂在一定的压力条件下混合、发泡、释放。目前有两种单组元系统：一种是庚烷和发泡的聚苯乙烯；另一种的发泡剂是沸点为95 ℃的二甲基丙烷。在双组元系统中，反应物被隔板分开，隔板破裂后，聚合反应和发泡同时发生。在此也有两种双组元系统：一种是异氰酸盐与水合多元醇溶液的反应形成的一种聚氨酯发泡材料；另一种发泡剂是硼氢化钠与质子给予体接触形成的氢。

6.2.7 乙炔弹

乙炔与空气混合，当压力超过0.15 MPa时，很容易发生爆炸。在氧气中燃烧产生3500 ℃的高温及强光。据此人们想到，如果坦克装甲车辆的发动机吸入乙炔与空气混合气体可能发生爆炸或爆燃，使发动机无法正常工作，这就是乙炔弹产生的基础。弹内隔离分装水和碳化钙，由引信和控制装置控制，使水和碳化钙混合产生乙炔气体，乙炔气体与空气混合体被吸入发动机内部，引起爆燃，据称其具有像燃料空气弹那样的攻击效能。据报道，使用0.5 kg的乙炔弹，可阻滞或摧毁一辆坦克或装甲车辆。

20 世纪 70 年代已有乙炔弹的有关报道,但至今还没有实际应用的报道。乙炔气体与空气混合后吸入发动机,使其爆燃,从原理上没有问题。一般坦克装甲车辆处于高速运动中,另外又受风的影响,在短时间内吸入足以使发动机爆燃的混合气体,还有相当大的问题,不仅有乙炔弹设计上的问题,也有战术使用上的问题。

6.2.8 粉末润滑弹

弹内装有颗粒极细的高性能润滑剂,这是一种类似特氟隆(聚四氟乙烯)及其衍生物的物质,这种化学物质摩擦系数几乎为零,附在物体上难以消除。当将粉末润滑弹发射至航空母舰甲板、机场跑道、铁路、公路狭窄路口上时,开舱抛撒这些润精剂,能使这些路面变得极其润滑而不能使用,使飞机难以起飞和降落,使高速行驶的列车滑出轨道,使汽车难以行驶。

第 7 章　火箭弹及导弹战斗部

7.1　火　箭　弹

7.1.1　火箭弹的概述

火箭弹是靠火箭发动机所产生的推力为动力，以完成一定作战任务的一种无制导装置的弹药，由引信、战斗部、火箭发动机、火箭装药（或推进剂）和稳定装置等几部分组成。

与火炮弹丸不同，火箭弹是通过发射装置借助于火箭发动机产生的反作用力而运动，火箭发射装置只赋予火箭弹一定的射角、射向和提供点火机构，创造火箭发动机开始工作的条件，而不给火箭弹提供任何飞行动力。火箭弹在弹道主动段末端达到最大速度，而发动机则结束工作。由于其自身带有动力装置，发射装置受力小，可多管或多轨联装齐射，与同口径火炮相比火力猛、威力大。通常用于杀伤和压制敌方有生力量，破坏敌方工事及武器装备。

火箭弹的外弹道可分为主动段和被动段弹道两个部分，主动段是指火箭发动机工作段，被动段则指火箭发动机工作结束直到火箭弹到达目标为止的阶段。火箭弹在弹道主动段终点达到最大速度。但需指出，火箭弹在滑轨上的运动，由于有推力存在，应当说属于主动段弹道，但对外弹道来说，常常以射出点作为弹道的起点，不考虑火箭弹在滑轨上的运动。

火箭弹的发射装置，有管筒式和导轨式之分，前者叫火箭炮或火箭筒，后者叫发射架或发射器。为了使火箭发动机点火，在发射装置上设有专用的电器控制系统，该系统通过控制台接到火箭弹的接触装置（点火器）上。

与一般火炮弹丸相比，火箭弹具有如下优越性：高速度和远射性；威力大、火力密度强；机动性和火力急袭性好；发射时作用于火箭弹诸零件上的惯性力小。但是，火箭弹的密集度差，散布较大，而且成本较高。

火箭弹的发展趋势是采用高能推进剂与优质壳体材料；改进设计，提高密集度；加装简易控制，对其弹道进行修正，提高命中精度；配备多种战斗部拓宽用途及提高威力。

1. 火箭弹的分类

火箭技术自第二次世界大战以来得到了很大的发展，火箭弹的类型也越来越多，分类的方法也很多，如图 7.1.1 所示。

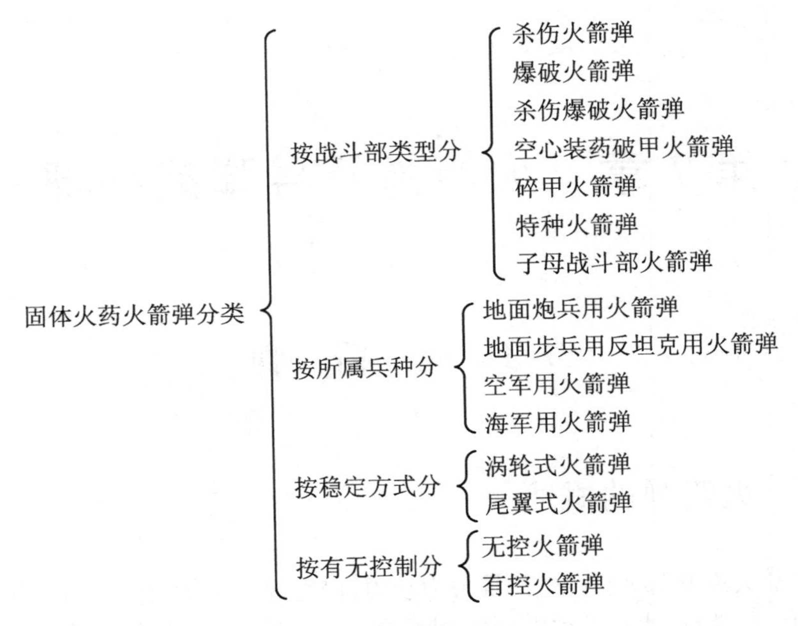

图 7.1.1　火箭弹分类

(1) 按有无控制系统分。可分为有控火箭弹(即为导弹,装有制导装置)、无控火箭弹(即为通常的火箭弹,无制导装置)和简易控制火箭弹(介于有控和无控之间)。

(2) 按火箭弹用途分。可分为主用弹(供直接杀伤敌人有生力量和摧毁非生命目标的火箭弹,包括杀伤爆破、破甲、燃烧、子母火箭弹等);特种弹(能完成某些特殊战斗任务的火箭弹,包括照明、烟幕、干扰、宣传火箭弹等);辅助弹(供学校教学和部队训练使用的火箭弹,包括训练、教练、试验火箭弹等)和民用弹(如民船上装备的抛绳救生火箭,气象部门发射的高空气象研究火箭和防爆降雨火箭,以及海军用的火箭锚等)。

(3) 按战斗使用范围分。可分为炮兵火箭弹(又称野战火箭弹)、反坦克火箭弹(配属步兵用于反装甲)、空军火箭弹(机载发射)和海军火箭弹(舰载发射)、防空火箭弹(对付低空或超低空飞行的飞机或直升机)和其他军用火箭弹。

(4) 按飞行稳定方式分。可分为涡轮式火箭弹和尾翼式火箭弹。涡轮式火箭弹靠火箭发动机提供的旋转力矩使火箭弹高速旋转,从而稳定地飞行。尾翼式火箭弹靠尾翼提供的稳定力矩,使火箭弹稳定地飞行(图 7.1.2 为美国 M270 尾翼式火箭弹结构图)。

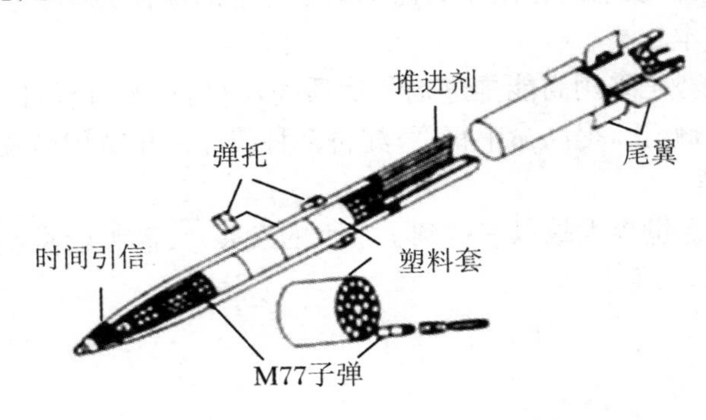

图 7.1.2　美国 M270 尾翼式火箭弹结构图

(5) 按射程范围分。可分为近程火箭弹、中程火箭弹、远程火箭弹。近、中、远的概念并不是很严格,界线的划分也不一致。

(6) 按火箭动力装置所用燃料来分。可分为液体燃料火箭弹和固体燃料火箭弹。液体燃料火箭弹所用燃料(推进剂)呈液态,如煤油加硝酸、乙醇加液氧、煤油加液氧等,一般多为远程火箭弹;固体燃料火箭弹所用推进剂呈固态,如双石-2、双铅-2等,为我军炮兵装备的火箭弹所常用,射程相对较近。

(7) 按获得速度的方法分。普通火箭弹和火箭增程弹。普通火箭弹的飞行速度由自身携带的火箭发动机提供,当火箭发动机装药燃烧完毕时,飞行速度达最大值。火箭增程弹的飞行速度首先在火炮发射时获得,当火箭弹出炮口后,火箭增程发动机开始工作,火箭弹的速度再次增加。火箭增程发动机工作结束时,飞行速度达到最大值。一般来说,火箭增程发动机是这种弹的辅助动力装置。

2. 火箭弹的一般构造

火箭弹一般由引信、战斗部、火箭发动机、稳定装置等几个部分组成。

(1) 引信是火箭战斗部的引爆装置,为获得较大的战斗效果,对付不同的目标需采用不同性能的引信。

(2) 战斗部是对目标起毁伤作用的部件,由战斗部壳体及装填物等组成。毁伤作用要求不同,其结构也不同。各种火箭弹战斗部的结构、装药和对目标的作用效果基本与相应的各种炮弹弹丸相同。与炮弹弹丸相比,火箭弹发射时战斗部所受惯性力较小,壳体强度要求较低。

(3) 火箭发动机是火箭弹飞行的动力装置。一般来说,有固体燃料火箭发动机和液体燃料火箭发动机两种。常用的火箭弹,目前均采用固体燃料火箭发动机。固体燃料发动机由燃烧室、推进剂、喷管、挡药板、点火装置等组成。

① 燃烧室是发动机的主体,呈圆筒形,由碳钢、合金钢、铝合金或玻璃钢制成。用来盛装火箭装药,并在装药燃烧过程中提供化学反应与能量转换的场所。由筒体壳体、两端封头壳体及绝热层组成。对于短时间工作的小型发动机,其燃烧室没有绝热层。

燃烧室承受着高温高压燃气的作用,还承受飞行时复杂的外力及环境载荷。燃烧室属于薄壁壳体,常用材料有合金钢材、轻合金材料及复合材料。由于选用材料不同和制造工艺不同,燃烧室的结构形式有整体式、组合式和复合式。封头壳体一般为碟形或椭球形,前封头与点火装置连接,后封头与喷管连接。小型燃烧室的前封头多为平板形端盖。燃烧室筒体与封头连接常采用螺丝、焊接、长环连接方式,连接处要求密封可靠。

② 推进剂是发动机产生推力的能源,常用双基推进剂、改性双基推进剂或复合推进剂,加工成单孔管状或内孔呈星形的药柱。改变推进剂尺寸、形状及包覆状况,可使燃烧室压力及发动机推力按预定规律变化。

药柱的设计在很大程度上决定了发动机的内弹道性能和质量指标的优劣。

药柱设计的主要参数有药柱直径、药柱长度、药柱根数、肉厚系数、装填系数、面喉比、喉通比、装填方式等。

按药柱燃面变化规律不同可分为恒面性、增面性、减面性;按燃烧面位置不同分为端燃形、内侧燃形、内外侧燃形;按空间直角坐标系燃烧方式不同分为一维、二维、三维药柱;按药柱燃面结构特点不同分为开槽管形、分段管形、外齿轮形管形、锥柱形、翼柱形、球形等。

最常用的有管形、内孔星形及端燃形药柱。药柱的装填方式依推进剂种类不同及成形工艺不同分为自由装填式和贴壁浇注式。

③ 喷管是燃气的喷口,它控制燃气流的喷出方向和燃烧室内的压力,以及使亚音声速气流变为超声速气流,提高排气速度。喷管位于发动机尾部。其内腔横截面积先由大变小(称为收敛段),又由小变大(称为扩张段),通道横截面积最小处称为喷喉。

④ 挡药板是钢或玻璃钢制的有通气孔的支架,其作用主要是限制推进剂沿弹轴方向移动,在发动机工作期间既要保证燃气流动通畅,又要防止药柱从喷管喷出或堵塞喷喉。

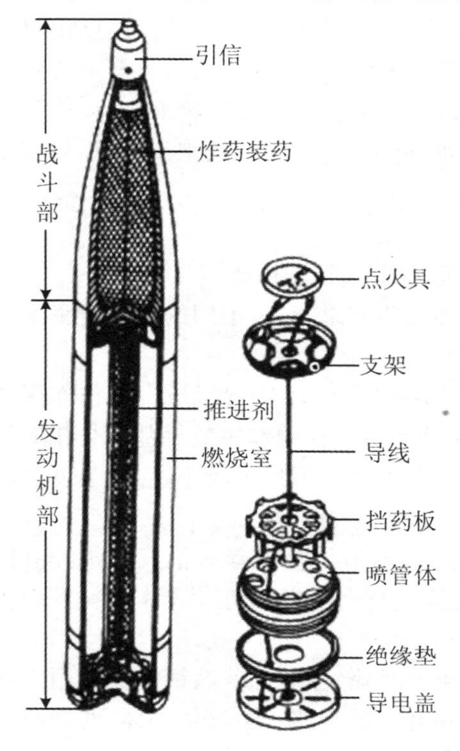

图 7.1.3　涡轮式火箭弹结构图

⑤ 点火装置由点火线路、点火药、药盒、发火管等组成,其作用是提供适当的点火能量,使推进剂全面瞬时点燃。当电点火管通电时,首先点燃引燃药,并在燃烧室内形成初始压力,使火箭装药迅速、同时燃烧,从而保证发动机很快进入稳定工作状态。

(4) 稳定装置用以保证火箭弹飞行稳定。涡轮式火箭弹靠弹体绕弹轴高速旋转所产生的陀螺效应来保证飞行稳定,使弹体旋转的力矩由燃气从与弹轴有一定切向倾角的诸喷孔喷出所形成。图 7.1.3 为涡轮式火箭弹结构图。尾翼式火箭弹靠尾翼装置,使空气动力合力的作用点(压力中心)位于全弹质心之后,形成足够大的稳定力矩来保证飞行稳定。

3. 火箭弹的基本特点及其要求

火箭弹是火箭武器系统的一个子系统,火箭弹是整个系统的核心,火箭武器系统同身管武器(如火炮)相比,具有如下优点:有较高的飞行速度;发射时没有后坐力;发射时的过载系数小。火箭武器的缺点是:密集度较差;容易暴露发射阵地;造价比相同威力的炮弹高。

对火箭弹的要求如下:

(1) 战术技术要求。

① 要有足够的射程、射高和速度,对固定目标仅指射程,对活动目标(如飞机、坦克)则同时包括射高和速度。随着飞机和坦克运动速度的增加这方面的要求在不断提高。

② 要有较高的密集度,无控火箭弹的主要缺点是密集度不高,使火箭弹旋转、提高离轨速度、设计合理的尾翼都能改进火箭弹的密集度。

③ 要有较大的威力,从战斗部来说,对目标要有充分的毁伤能力。例如,对空心装药破甲弹要提高聚能射流的破甲深度,杀伤榴弹要有合理有效的杀伤破片,爆破弹要尽可能多装炸药。使用多管发射架,增加齐射弹数,提高射程也是增大火箭炮总体威力的重要方面。

④ 要有良好的机动性,这方面包括火力机动性和运动机动性。火箭弹的消极质量小,发射装置轻便,瞄准、装填、射击等项操作简单并能实现自动化,这些都可以改善机动性。

⑤ 耐贮存,易运输,勤务处理方便。

(2) 经济要求。

① 结构形式合理。

② 零部件简单,能使用统一标准规格的标准件。

③ 使用国产原料。

④ 维护费用低，这对于大型火箭和导弹尤为重要。

7.1.2 火箭弹的发射飞行原理

火箭弹发射时，点火系统工作，点燃推进剂，在燃烧室内生成大量的燃气，经喷管以超音速的速度向外喷出，产生直接反作用力（即推力），使火箭弹开始运动并加速飞行。发动机工作结束时火箭弹达到最大飞行速度，以后靠惯性飞行，到达目标区后，引信适时起爆战斗部，毁伤目标。

1. 火箭弹发射原理

（1）火箭发动机工作过程。

固体火箭发动机工作过程中，燃烧室内压强的变化，是由燃气的生成速率和经过喷管的流出速率之间的消长所决定的。典型的燃烧室压强-时间曲线如图 7.1.4 所示。

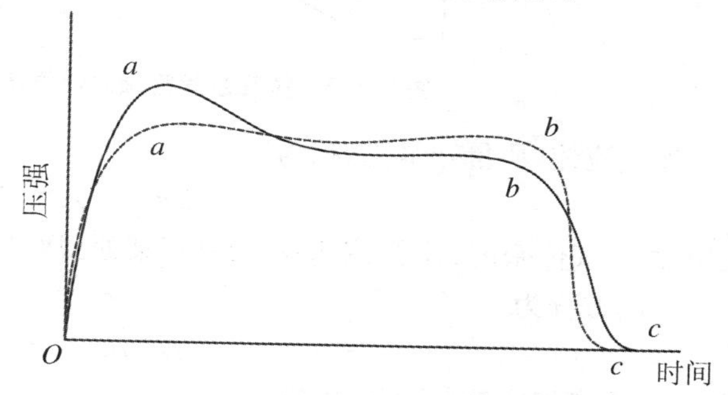

图 7.1.4　燃烧室压强-时间曲线图

图中实线为有侵蚀燃烧，虚线为无侵蚀燃烧。曲线可分为三段：点火启动段（Oa）、稳态工作段（ab）和拖尾段（bc）。点火启动段在整个压强-时间曲线中持续的时间很短，但压强变化很大，是一个不定常燃烧过程；稳态工作段压强变化不显著，而持续的时间最长，是定常或准定常燃烧过程；拖尾段是反映装药燃烧结束（或有少量残药燃烧）的泄压过程，也是一个不定常过程，持续时间也很短。在稳态工作段，燃烧室的瞬时压强与相应瞬时的平衡压强很接近，因此可以用平衡压强公式来计算。平衡压强是反映火箭内弹道特征的重要标志量。当采用燃速经验关系式 $r = ap^n$ 时，燃烧室的平衡压强为

$$P_{eq} = (p_F \cdot FC^* \cdot a \cdot k_n)^{\frac{1}{1-n}} \tag{7-1-1}$$

式中，ρ_F 为推进剂密度；C^* 为特征速度；a 为燃速系数；k_n 为装药燃烧表面面积与喷管喉部面积之比；n 为燃速压强指数。

在侵蚀燃烧下，燃烧室头部的平衡压强

$$P_{eq_0} = [\rho_F \cdot C^* \cdot a \cdot k_n \cdot \phi(\lambda_1)/\sigma]^{\frac{1}{1-n}} \tag{7-1-2}$$

式中，$\phi(\lambda_1) = \bar{r}/r_0$ 为燃速比；$\bar{r}$ 为装药的平均燃速；r_0 为燃烧室头部装药的燃速；$\sigma = P_{sn}/P_0$ 为喷管入口处的总压恢复系数；P_{sn}为喷管入口处的总压；P_0 为装药头部总压。

在给定的装填条件下，为了求得发动机内燃烧产物诸参量随时间的变化和沿空间的分布，可以利用质量方程、动量方程、能量方程和状态方程等基本方程。

（2）拉瓦尔喷管。

拉瓦尔喷管的结构及其中不同位置处燃气压力和运动速度，如图 7.1.5 所示。其结构的基本特点是收敛-扩张，主要作用是使燃气流速不断增大，直至超音速以提高推力和弹速。

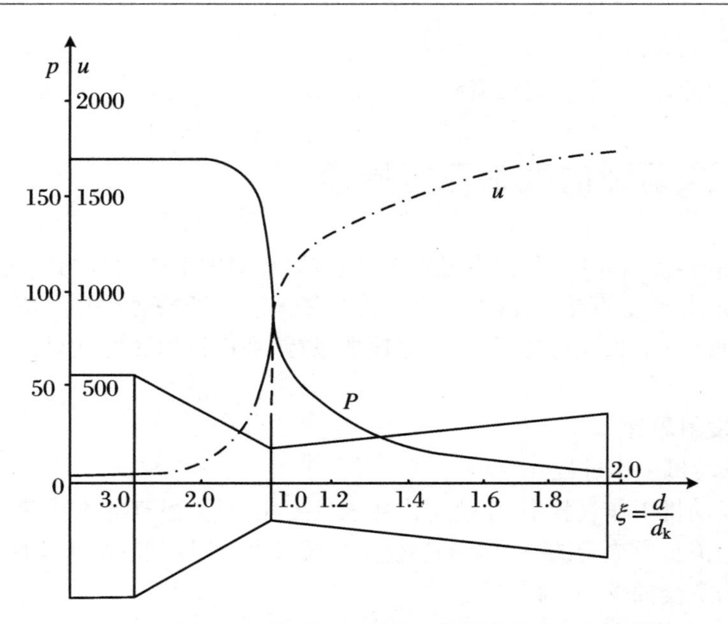

图 7.1.5　拉瓦尔喷管轴向燃气压力和流速分布示意图

连续流体(质量守恒)方程为

$$\rho U\sigma = G = 常数 \tag{7-1-3}$$

式中,ρ 为气体密度;U 为流速;σ 为喷管某处截面积;G 为流量。

运动方程为

$$\rho U\mathrm{d}U = -\mathrm{d}q \tag{7-1-4}$$

式中,p 为燃气在该截面处的压强。

音速公式为

$$a = \sqrt{\frac{\mathrm{d}p}{\mathrm{d}\rho}} \tag{7-1-5}$$

式中,a 为该截面处燃气中的当地音速。

综合连续流体(质量守恒)方程、运动方程和音速公式,可得

$$\frac{\mathrm{d}U}{U} = (M^2 - 1)\frac{\mathrm{d}\sigma}{\sigma} \tag{7-1-6}$$

其中,$M=\frac{U}{a}$为该截面处马赫数。

由式(7-1-6)可知,在燃气启喷阶段,速度小于音速即 $M<1$,喷管采用收型形式,即$\frac{\mathrm{d}\sigma}{\sigma}<0$,则有$\frac{\mathrm{d}U}{U}>0$,即燃气流速不增加。至 $M=1$ 时到喷喉处,过了喷喉以后 $M>1$ 而喷管又采用扩张形式,即$\frac{\mathrm{d}\sigma}{\sigma}>0$,故燃气流速得以继续增大,甚至可使 U_e 达到 2000 m/s 以上。这就是拉瓦喷管的工作原理,要求必须维持有一定压力和流量的燃气供应。

(3) 推力

① 推力公式。

推力是推动火箭弹运动的力,是反映火箭发动机能力大小的指标。从推力的成因来看,它实质上是作用在发动机内、外壁上所有压力沿发动机轴线的合力,亦即发动机表面上的燃

气压力和表面上的大气压力在发动机轴线上的合力，如图 7.1.6 所示。

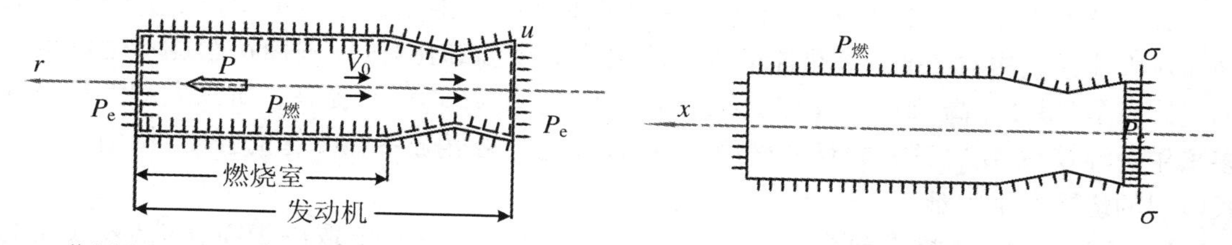

(a) 作用在发动机内、外壁上的压力及其分布情况　　(b) 作用在发动机内燃气上的压力

图 7.1.6　发动机受力示意图

火箭弹由于后喷燃气而获得的直接反作用力为

$$F_1 = m\frac{\mathrm{d}V}{\mathrm{d}t} \tag{7-1-7}$$

由式 $m\mathrm{d}V + U_e\mathrm{d}m = 0$ 可知

$$m\frac{\mathrm{d}V}{\mathrm{d}t} = -U_e\frac{\mathrm{d}m}{\mathrm{d}t} \tag{7-1-8}$$

将式 $G = \left|\frac{\mathrm{d}m}{\mathrm{d}t}\right|$ 代入后，即得

$$F_1 = U_eG \tag{7-1-9}$$

式中，U_e 为燃气从喷管中喷出的速度；G 为燃气流量或火药装药的每秒质量消耗量。

又由于火箭弹在实际的空气中飞行时，其前方及周围受到的空气压强为 p_a，而排气面上不受空气压强作用而受燃气压强 p_e 作用，由此产生一个静推力

$$F_2 = \sigma_e(p_e - p_a) \tag{7-1-10}$$

故火箭弹所受推力为 $F = F_1 + F_2$，即

$$F = U_eG + \sigma_e(p_e - p_a) \tag{7-1-11}$$

从式(7-1-11)可知，推力 F 由 U_eG 和 $\sigma_e(p_e - p_a)$ 两部分组成，随 U_eG 和 $\sigma_e(p_e - p_a)$ 而变。

当 U_eG 提高时，推力 F 增大；当 $p_e = p_a$ 时，$F = U_eG$，一般称它为设计状态推力；当 $p_a > p_e$ 时，推力下降，这一般是要避免的；当 $p_a = 0$ 时，推力最大，称为真空推力。由此可以看出，随着飞行高度的增加，推力是逐渐增加的。从海平面到真空，推力增加为其值的 12%～15%。

由燃气流向后高速喷射产生的反作用力 U_eG 是推力的主要部分，但不是全部。一般称 U_eG 为动推力，占总推力的 90% 以上，由两端气体静压差产生的 $\sigma_e(p_e - p_a)$ 称为静推力，它的大小与燃烧室压力 p、喷管尺寸和火箭飞行高度相关。

令

$$U_{eff} = U_e + \frac{\sigma_e(p_e - p_a)}{G} \tag{7-1-12}$$

则

$$F = U_{eff}G \tag{7-1-13}$$

称 U_{eff} 为有效排气速度。

② 影响推力的主要因素。

由式(7-1-13)可以看出影响推力大小的因素主要是火药燃气单位时间内的排出质量即流量 G，有效排气速度 U_{eff} 和喷管排气面的压力 p_e。

火药燃气流量 G 和有效排气速度 U_{eff} 的大小取决于火药的性质和喷管的结构。而喷管

排气面的压力 p_e 也与喷管的结构有关。

a. 火药的性质。火箭弹的飞行运动是靠推进剂燃烧生成气体的热能转变为燃气的动能而对火箭弹做功的。推进剂热能的大小取决于其爆温和比容，推进剂在燃烧室燃烧生成的气体越多，温度越高，则压力必然越大，因此使 U_{eff} 和 G 均得到提高。所以火箭弹推进剂多采用爆温较高、比容较大的双基火药。当然，这也会给燃烧室和喷管的强度，特别是抗较长时间的烧蚀产生困难。

b. 喷管结构。当推进剂性能一定时，G 与 U_{eff} 的大小就主要取决于喷管结构。U_{eff} 的提高主要靠喷管形状实现，而 G 的大小则由喷喉截面积来控制。

(a) 喷管形状。喷管的形状一般采用收敛-扩张式的拉瓦尔喷管来提高有效排气速度 U_{eff}。

(b) 喷喉的大小。燃气在喷管中的流量与喷喉处的面积和燃烧室内的压力成正比，喷喉面积越大，燃烧室的压力越高，则气体流量就越多。但是当推进剂性质和尺寸等条件一定时，喷喉面积越大，燃烧室内的压力越低，低到一定程度，不能正常燃烧，而产生"间隙熄火"，发动机不能正常工作。而喷喉面积越小，燃烧室内压力就越高，只有增加燃烧室壁厚才能确保燃烧室有足够的强度。然而这样做的结果增大了火箭弹的无效质量，因此影响了火箭弹速度的提高。所以应利用适当的喷喉面积控制燃烧室内的压力，合理确定喷喉尺寸以增大火箭弹的推力和飞行速度。

(c) 喷管的尺寸。由推力公式知道，推力是由动分量和静分量两部分组成的，但是这两个量并不是固定值，它们是随着喷管排气面积的变化而互相转化的。喷管排气面可以用喷管排气面的直径 d_e，与喷喉断面直径 d_k 的比值来表示，即$\frac{d_e}{d_k}$称为膨胀比。因为$\frac{d_e}{d_k}$的变化不仅使 p_e 发生变化，同时也使 U_e 发生变化，因此$\frac{d_e}{d_k}$的变化对于推力 F 就有可能引起以下三种不同情况的变化：

(a) $p_e < p_a$ 的情况。由推力公式可知这时静分量为负值，但因 U_e 较大，因此有较大的推力。

(b) $p_e > p_a$ 的情况。这时静分量为正值，但因 U_e 较小，因此有较小的推力。

(c) $p_e = p_a$ 的情况。这时静分量为 0，推力等于动分量。

第一种情况通常称为膨胀过度，第二种情况称为膨胀不足，从理论上讲这两种情况都不能获得最大的推力，只有第三种情况才是得到最大推力的理想情况，但是实际上是采用第二种情况，$\frac{d_e}{d_k}$一般为 2.0～2.3。

当喷管的膨胀比已确定时，则喷管的扩张角将影响喷管的长度和质量以及有效排气速度。如果扩张角过大，喷出的燃气产生散热而减小了推力；若扩张角太小，则不仅增长了喷管和增大了质量，而且管壁增大了对气体的摩擦阻力和热损失，因此降低了有效排气速度。

(4) 总冲量。

总冲量也可以简称为总冲。若在工作时间 t 内推力值不变，则总冲量为

$$I = F \cdot t \tag{7-1-14}$$

如果发动机推力是随时间变化的，则总冲量就是推力对时间的积分，即

$$I = \int_0^{t_b} F \mathrm{d}t \tag{7-1-15}$$

如图7.1.7所示，总冲量是推力-时间曲线所包围的面积。总冲是一个很重要的物理量。对于火箭发动机，不仅要求它能产生一定的推力，而且要求它有一定的作用时间，这样才能把火箭加速到所需要的飞行速度。推力相同，工作时间不同，火箭的射程也就不同；推力不同，工作时间相同，火箭的射程也不同。因此，单用火箭发动机的推力或工作时间，都不能代表发动机的能力，而用火箭发动机的推力和时间的乘积，即总冲，来综合表征火箭发动机的工作效果，才能表示出发动机做功能力的大小。

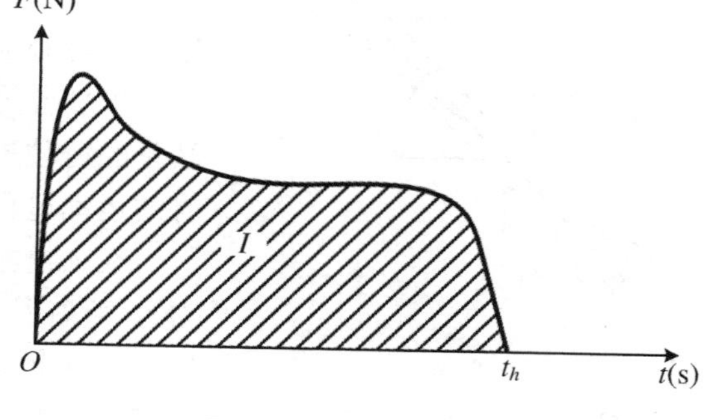

图7.1.7　总冲量图形

(5) 比冲。

比冲定义为单位质量火药装药所能产生的推力冲量。其数学表达式为

$$I_{sp} = \frac{F \cdot t}{m_p}(\mathrm{N \cdot s/kg}) \tag{7-1-16}$$

式中，I_{SP}为比冲量；t 为发动机工作时间；m_p 为火药装药的质量。

比冲是衡量火箭发动机工作性能优劣的基本参数。I_{sp}增大，火箭的最大速度和射程也可以相应增加，因此人们在研究与发展火箭发动机的过程中，一直力求获得高的比冲量。在一定设计条件下，提高火箭发动机推力的途径是采用高比冲推进剂，在推进剂给定的情况下，为了提高比冲，要正确设计喷管，使推进剂燃烧后的热能最大限度地转化为燃气功能。

2. 火箭弹飞行原理

火炮弹丸是靠发射时炮膛内的发射药燃烧后生成的高温、高压气体推动前进的，并使弹丸在离炮口时获得一定的速度，即弹丸的炮口初速(v_0)。而火箭弹则是靠火箭发动机工作时产生的推力推动前进的。要想了解火箭弹的飞行原理，就必须先知道火箭发动机的工作原理。

固体火箭发动机一般由燃烧室、火箭发射药、挡药板、喷管、中间底和点火器等组成。当火箭发射药被点燃时，火箭发动机便开始工作。其工作原理如图7.1.8所示。发射药燃烧后生成火药气体，从而使燃烧室内的气体的压力迅速增加，高压的火药气体以一定的速度从喷管喷出。用符号 v_e 表示火药气体的排气速度。当大量的火药气体以高速 v_e 从喷管喷出时，火箭弹在火药气体流反作用力的推动下获得与气体流相反向运动的加速度。显然，火箭弹运动时其相互作用的物体一个是火箭弹本身，另一个是从火箭发动机喷出的高速气体流。该高速气体流又是火箭发动机内的发射药燃烧时生成的。由此可见，火箭弹运动时不需要借助于任何外界物体。火箭弹的这种反作用运动为直接反作用运动。高速气体喷流作用在火箭弹上的反作用力为直接反作用力(使火箭弹向前运动的推力)。

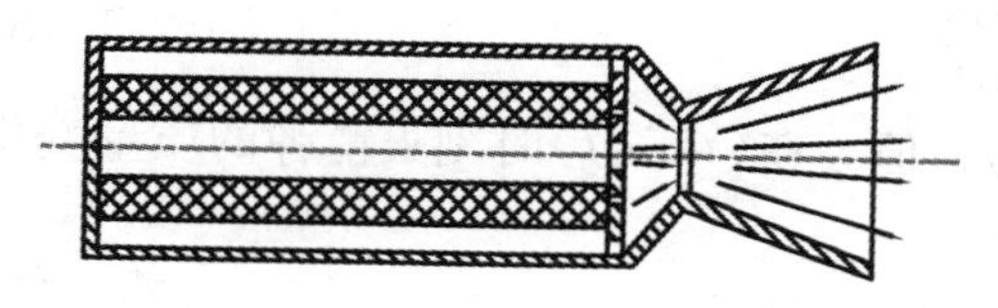

图7.1.8　火箭发动机工作原理

一般火箭弹在飞离发射装置时，速度较低，抗干扰能力较差。由于阵风的影响，飞离发射装置时起始扰动和火箭弹的推力偏心等因素，造成弹着点散布较大，不适于对点目标射击。单兵使用的反坦克火箭弹，在飞离发射筒之前发动机工作已结束，不存在推力偏心对散

布的影响，因此散布较小，适于对点目标射击。

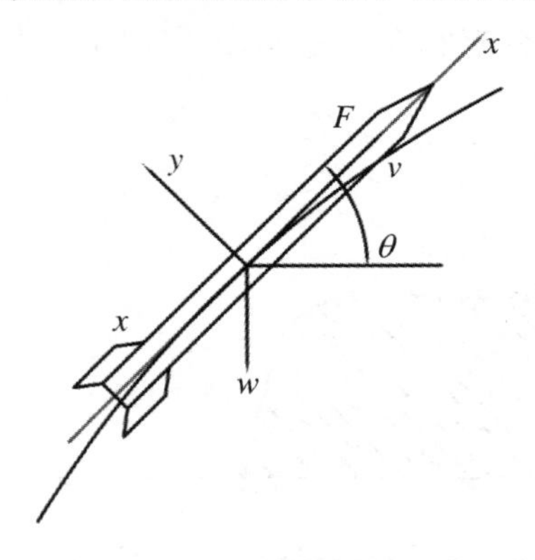

图 7.1.9　火箭运动和受力状态图

火箭飞行过程中，受到重力 W、空气阻力 X 和火箭发动机的推力F 作用，如图 7.1.9 所示。其运动包括质心运动和绕心运动。依据飞行过程受力状态的不同，火箭运动可划分为三个阶段：滑轨段，火箭与定向器发生力学联系的运动过程；主动段，从滑轨段终点到火箭推力结束时的运动过程；被动段，主动段终点之后的运动过程。

在火箭主动段内，推力远大于其他力（重力及空气阻力）。它往往是重力的数十倍以至百倍，对主动段内火箭质心运动起支配作用。理想速度是指忽略空气阻力和重力的影响时，火箭弹可能达到的飞行速度。它可用于对近程火箭弹的实际速度进行估算。

在不考虑空气阻力和重力的理想情况下，火箭弹的运动可以视为变质量的质点运动，它与后喷燃气一起构成一个不受外力作用的质点系。设主动段上任一时刻 t，火箭弹的质量为 m，运动速度为 V（图 7.1.10(a)），则其动量为

$$K_1 = mV \tag{7-1-17}$$

经过无限小的时间 $\mathrm{d}t$ 后（图 7.1.10(b)），火箭弹由于喷出燃气而使质量减小。

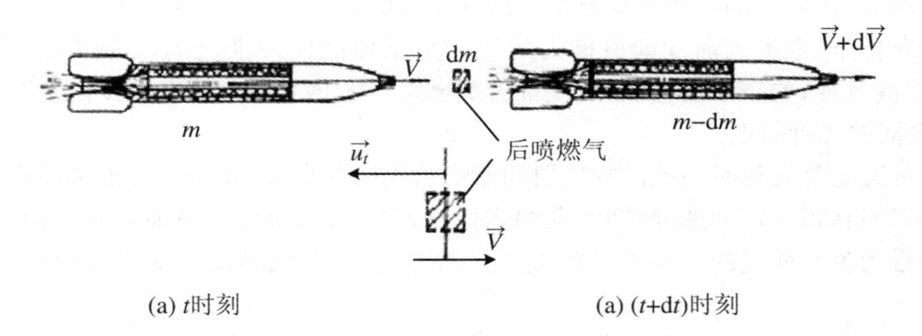

图 7.1.10　火箭弹在主动段上的运动

令燃气流量为 G，则有

$$G = -\frac{\mathrm{d}m}{\mathrm{d}t} \tag{7-1-18}$$

负号表示火箭弹质量在不断减小，因此 G 本身为正值。在$(t+\mathrm{d}t)$时刻火箭弹的质量变化为 $m - G\mathrm{d}t$，此时速度增加到 $V + \mathrm{d}V$，动量变为

$$K'_2 = (m - G\mathrm{d}t)(V + \mathrm{d}V) \tag{7-1-19}$$

同时，后喷燃气的质量为 $G\mathrm{d}t$，其相对火箭弹的速度即排气速度为 U_e（方向向后），故其绝对速度为

$$U_e + (V + \mathrm{d}V)$$

则后喷燃气动量为

$$K''_2 = G\mathrm{d}t[U_e + (V + \mathrm{d}V)] \tag{7-1-20}$$

取火箭弹运动方向为正，则有

$$K_1 = mV \tag{7-1-21}$$

$$K'_2 = (m - G\mathrm{d}t)(V + \mathrm{d}V) \tag{7-1-22}$$

$$K_2'' = Gdt(V + dV - U_e) \tag{7-1-23}$$

根据质点系动量守恒定理,应有 $K_1 = K_2' + K_2''$,将以上各式代入并略去高阶小量后得

$$mdV - U_e G dt = 0 \tag{7-1-24}$$

将式(7-1-18)代入得

$$mdV + U_e dm = 0 \tag{7-1-25}$$

设 $m_{|t=0} = \omega + q_k, m_{|t=t_k} = q_k, V_{t=t_k} = V_k$,且在整个主动段上 U_e 保持不变。由此可以积分得理想速度(齐奥尔科夫)公式

$$V_k = U_e \ln\left(1 + \frac{\omega}{q_k}\right) \tag{7-1-26}$$

显见,此处 ω 为推进剂质量;q_k 为主动段末点火箭弹质量;V_k 为主动段末点弹速。

由式(7-1-26)可以看出:增大排气速度 U_e、推进剂质量 ω,减小战斗部与发动机壳体等质量 q_k,有利于提高火箭弹速度。因此,火箭弹均采用收敛-扩张式的拉瓦尔喷管来增加燃气后喷速度。

实际飞行中,重力和空气阻力起减速作用,火箭的实际最大速度将小于理想速度。火箭主动段终点速度是决定射程的最主要参量,其次是弹体的气动外形。后者体现于弹道系数之中。

火箭被动段弹道诸元,可用等效炮弹弹道法求解。这种方法需要寻求与之相应的炮弹射击起始条件,即初速、射角和起点。使以该起始条件射击的炮弹弹道与火箭弹道在主动段终点 K 处具有同样的速度和切线倾角,且炮弹的弹道系数与火箭被动段上的弹道系数相等。这样,就可以利用地面火炮外弹道表求出火箭弹道的顶点和落点诸元。

火箭飞行中受到起始扰动、推力偏心、风等诸种扰动因素作用,将产生扰动运动。就全弹道而言,主动段终点速度矢量的偏角散布起主要作用。这是由于主动段内推力大,因章动角存在而产生的推力法向分量也较大,而刚飞离定向器后的一段弹道内的火箭速度小,抗干扰能力较差之故。起始扰动是火箭飞离定向器时所受到的扰动,其中包括弹轴起始摆动角速度,弹轴及初速矢量偏离发射管(或滑轨)中心线的起始摆动角和偏角。提高火箭初速是减小起始扰动所引起散布的重要方法。推力偏心包括角推力偏心和线推力偏心。前者是推力矢量与弹体几何纵轴间的夹角,后者是推力矢量与质心的距离。赋予火箭适当的自转速度,就可以减小推力偏心的不利影响。由于火箭质量分布不均衡,其惯性主纵轴与几何纵轴不重合。通常以其夹角(即所谓动不平衡角)来表征动不平衡性;以质心对几何纵轴的偏移量(即质量偏心)来表征静不平衡性。由于旋转,动、静不平衡性产生惯性力矩,从而使火箭在飞行中形成扰动。阵风是引起火箭扰动运动并形成散布的另一重要因素,尤其尾翼式火箭,风的影响更显得突出。加大初速并减小尾翼,有利于减小风的影响。然而对减小上述其他几种扰动因素的影响而言,尾翼大一些会更有利,其间必存在最佳值。

7.1.3　涡轮式火箭弹

涡轮式火箭弹又称旋转稳定火箭弹或旋转式火箭弹,是利用绕弹体对称轴高速旋转而产生的陀螺效应保持稳定飞行的火箭弹。燃烧室中燃气从与弹轴成一定切向倾角的多喷管喷出,形成使弹体旋转的力偶。根据稳定力偶的要求,选取倾斜角度一般在12°～25°,弹体转速为10000～25000 r/min。

涡轮式火箭弹是野战火箭序列中的一种类型，射程较近的火箭弹一般多采用涡轮式。因为它具有以下优点：

(1) 弹体外廓尺寸比较小，在弹药运输与射击操作方面大为方便。

(2) 涡轮式火箭弹所用的定向器都较短，可以使发射装置设计得轻便、灵活。

(3) 涡轮式火箭弹的密集度可以保持较高的水平，一般情况下，均高于尾翼式火箭弹。

(4) 涡轮式火箭弹还可以进行简易射击。

而涡轮式火箭弹的主要缺点是最大射程难以提得很高。

涡轮式火箭弹一般由战斗部、火箭发动机和稳定装置三大部分组成。它是靠自身高速旋转即所谓陀螺效应而保持飞行稳定的。倾斜多喷管作为燃烧室底部组件。这种火箭弹的优点是火箭高速旋转能减少推力偏心的不良影响，可提高密集度，弹长较短，勤务处理方便。缺点是弹长受限制，一般弹长不超过7～8倍弹径，在保证战斗部威力条件下限制发动机长度，难以增加射程。最大射程超过20 km的野战火箭弹不宜采用涡轮式。在火箭弹的长度受到限制时，采用涡轮式结构是可取的。

在涡轮式火箭弹的总体布局上，最常见的是将战斗部设置在发动机之前，如我国的107 mm杀伤爆破火箭弹(图7.1.11)。但也有的是将战斗部设置在发动机之后，如德国的158.5 mm火箭弹(图7.1.12)。

图7.1.13为1963年式130 mm杀伤爆破火箭弹，简称130火箭弹。

下面以1963年式130 mm杀伤爆破火箭弹为例分析涡轮式火箭弹的结构及作用。

1963年，式130 mm杀伤爆破火箭弹是1963年定型的，定心部直径为130.45 mm，战斗部属于杀伤爆破类型，由19管的130火箭炮发射，采用管式定向器，在9.5～11.5 s内可发射出19发火箭弹。通常装备于炮兵师，主要用来歼灭或压制敌人暴露或隐蔽的有生力量及火器，破坏敌方轻型工事，压制敌炮兵连、迫击炮连和化学兵器等。

1986年，在该弹基础上改进而设计定型了1982年式130 mm杀伤爆破燃烧火箭弹，射程可达到14.5 km。其发动机和1963年式130 mm杀伤爆破火箭弹相同，战斗部由原梯恩梯改用梯黑铝炸药，并增加了两层光筒和约400 g的燃烧合金，使破片数和有效杀伤半径比1963年式提高30%以上，同时增加了燃烧纵火功能。正因如此，该弹的战斗任务进一步扩大，完成原130 mm火箭弹的战斗任务外，还可对目标区的易燃物进行纵火，杀伤或烧伤敌有生力量。与1982年式130 mm杀伤爆破燃烧火箭弹同时定型的还有1982年式130 mm 30管火箭炮。1963年式130 mm杀伤爆破火箭弹和1982年式130 mm杀伤爆破燃烧火箭弹，既可用19管火箭炮发射，也可用新的30管火箭炮来发射。

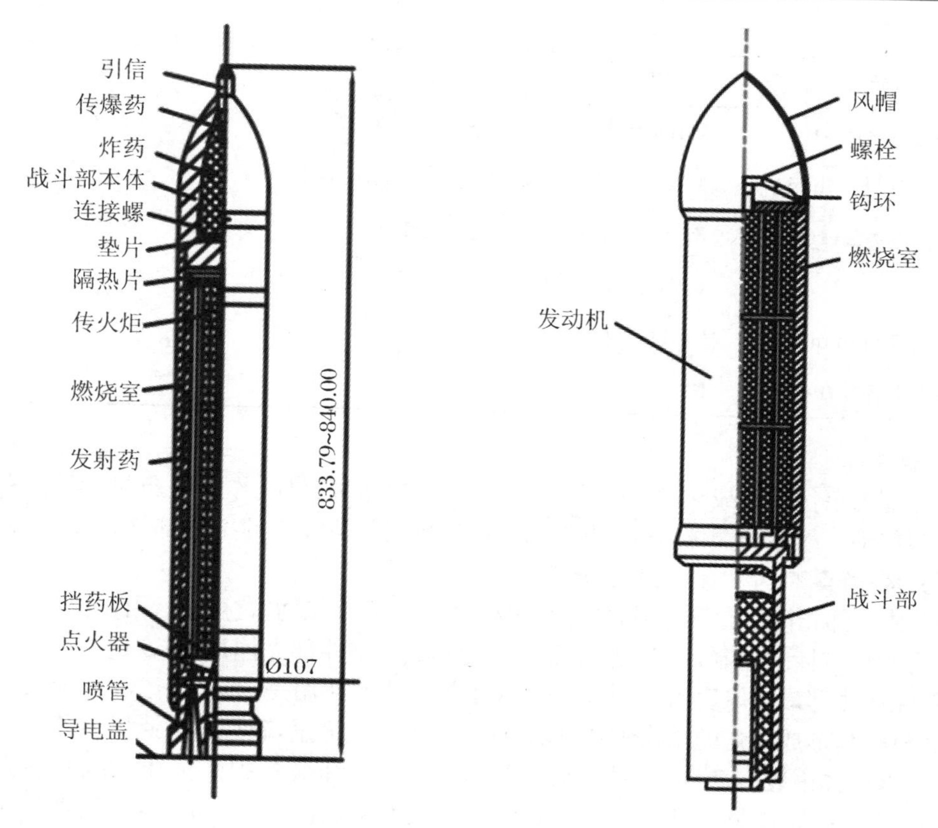

图 7.1.11　107 mm 涡轮式杀伤爆破火箭弹

图 7.1.12　德国 158.5 mm 涡轮式杀伤火箭弹

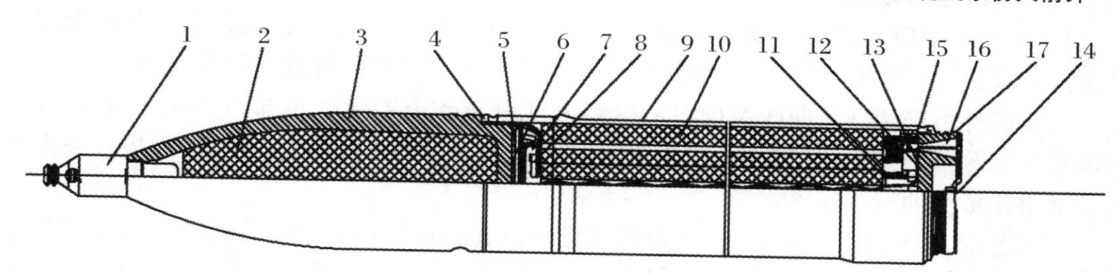

图 7.1.13　1963 年式 130 mm 杀伤爆破火箭弹的构造

1. 引信；2. 炸药装药；3. 战斗部本体；4. 驻螺钉；5. 隔热垫；6. 盖片；7. 点火具；8. 药包夹；9. 燃烧室；10. 火药装药；11. 挡药板；12. 喷管；13. 导线；14. 铝铆钉；15. 销钉；16. 橡皮垫；17. 导电盖

130 mm 火箭弹主要由战斗部、火箭发动机和稳定装置等组成。其主要诸元如表 7.1.1 所示。

表 7.1.1　1963 年式 130 mm 杀伤爆破火箭弹的主要诸元

诸元	参数值	诸元	参数值
弹径(mm)	130.45	燃烧室平均压力(15 ℃)(MPa)	12.56
全弹质量(kg)	32.996	燃烧室最大压力(50 ℃)(MPa)	25.51
战斗部质量(kg)	14.712	发动机平均推力(N)	20523
炮口速度(m/s)	25.1	发动机最大推力(N)	26595

续表

诸元	参数值	诸元	参数值
最大速度(m/s)	436.8	燃烧时间(15 ℃)(s)	0.7
全弹长(带引信)(mm)	1052	质心位置(距前端)(mm)	553.07、510.0
炸药装药质量(kg)	3.05	惯性矩比	34.95、31.44
火药装药质量(kg)	6.74	弹性系数	1.21
最大转速(r/min)	19200	射击密集度	$\frac{B_x}{x_m}=\frac{1}{194}$,$\frac{B_z}{x_m}=\frac{1}{120}$
最大射程(m)	10020		

1. 战斗部

战斗部为杀伤爆破战斗部。战斗部包括引信、战斗部壳体、炸药装药、驻螺钉、石棉垫、盖片等零部件。战斗部壳体、炸药装药、引信、隔热层是战斗部的主要部件。战斗部主要由战斗部壳体、炸药装药、引信三大部分组成。

(1) 战斗部壳体呈卵形,其目的是为了减小空气阻力,以提高初速。由于涡轮式火箭弹的长度受到稳定性的限制,所以,战斗部长径比不大。战斗部壳体是用60炮弹钢经热冲、收口而成,壳体底部最小厚度为13.5 mm。战斗部壳体的作用是:在平时贮存炸药装药,战时在炸药爆炸后,形成大量的杀伤破片,以杀伤敌人的有生力量,破坏各种武器装备。

战斗部壳体内装有3.05 kg梯恩梯炸药,是用螺旋压装法把炸药压入战斗部壳体的。炸药是使战斗部壳体破碎,并形成许多具有一定速度的杀伤破片的能源,炸药爆炸时,形成的空气冲击波也可以直接杀伤敌人的有生力量,摧毁各种轻型工事。但由于这种杀伤爆破战斗部内装填的炸药量较少,爆炸时冲击波作用的时间较短,所以冲击波作用在目标上的比冲量是造成目标破坏的主要原因,而壳体炸成的破片主要用来对付敌人的有生力量。

壳体的外形采用圆弧曲线做母线。1982年130 mm火箭弹战斗部内增加了两层光筒,目的是为了改善破片的质量分布,排出过大和过小破片,增加杀伤破片数量,这是一种提高战斗部杀伤威力的好方法。

(2) 战斗部装有箭-1引信。在火箭弹飞离炮口30 m后,引信才解除保险。箭-1引信有三种装定:

① 瞬发。即引信碰击目标后立即引爆炸药,一般不得超过0.001 s。

② 短延期。即引信碰击地面后一般经过0.001～0.005 s才能引爆炸药。

③ 延期。即引信碰击地面后需要延滞0.005 s以上才引爆炸药。

由此可见,引信的作用是适时地引爆炸药。也就是说在平时贮存、运输、保管中引信要绝对安全;在战时,引信要准时可靠地引爆炸药。

另外,为了防止火箭发动机工作时,发射药燃烧后生成的高温、高压气体的热量传给战斗部,引起战斗部内炸药熔化甚至早炸,所以在战斗部底部应加石棉垫和盖片隔热层以改善战斗部内装药的受热状况,确保战斗部安全。

(3) 炸药装药。战斗部内装3.05 kg的梯恩梯炸药,用螺旋压装法把炸药压入战斗部壳体内。炸药装药的作用是使战斗部壳体破碎,并形成许多具有一定速度的杀伤破片的能源,爆炸形成的冲击波也可以直接杀伤敌人的有生力量,摧毁各种轻型工事。

(4) 隔热层。通常在战斗部底部附加石棉垫和盖片作为隔热层。石棉垫放于战斗部底面，石棉垫外面用盖片盖住，使石棉垫不至于脱落。石棉垫的作用是隔热，防止燃烧室内火药燃烧而烤爆炸药。

2. 火箭发动机

火箭发动机是由燃烧室、火箭发射药、喷管、挡药板、点火装置等零部件组成。它的作用是产生推动火箭弹向前运动的推力，使火箭能达到预定的射程。火箭发动机实际上是一种能量转化装置，即从点火开始，发射药燃烧，生成高温高压燃气，经喷管向后喷出而形成推力推动火箭前进，这一过程是将发射药的化学能转换成气体的热能，而燃气流经过喷管后得到加速，继而将燃气的热能转换为燃气高速流动的动能，当燃气流以高速喷出喷管时，又将燃气流的动能转换成火箭弹向前飞行的动能。

(1) 燃烧室外形呈圆柱形，两端都有内螺纹。平时，燃烧室是贮存火箭发射药的容器；发动机工作时，火箭发射药在燃烧室内燃烧，燃气经喷管喷出后给火箭弹提供飞行动力和稳定所需的旋转力矩。燃烧室要承受火药气体的高温、高压，一般都用高强度的合金钢材料制成。130 mm 火箭弹的燃烧室是用 40Mn2 钢制成。

燃烧室前后两端各有一个定心部，定心部的直径稍大于其他部分，定心部的基本作用与炮弹的一样，另外还起到以下作用：

① 补偿燃烧室内表面加工螺纹引起的强度削弱。

② 定心部的加工精度和光洁度较其他部分更高，因为火箭弹是靠定心部与定向器配合，加工精度高有利于减小起始扰动，可提高射击密集度。

③ 定心部与定向器接触形成点火线路中的导电通路，所以定心部不能涂漆，发射时还要把定心部表面的油擦干净，以保证点火电路畅通。

燃烧室是发动机的主要零部件，以燃烧室为主体与其他零件连接构成发动机。

(2) 火箭发射药是发动机产生推力的能源。因此火箭发射药能量的高低，装药量的多少，都直接影响着火箭弹的射程。为了提高射程，应选用高能量的发射药，在保证正常燃烧的条件下，应尽量多装药。130 mm 火箭弹的发射药为 7 根单孔管状双石-2 推进剂，每根药的名义尺寸为外径 $D=40.0$ mm，内径 $d=6.3$ mm，长 $L=512$ mm。其表示方法为$\frac{D}{d}-L\times n=\frac{40}{6.3}-512\times 7$。最后的“7”表示火药的根数 $n=7$。装药质量为 6.74 kg。根据线性燃烧定律，管状药有足够的燃烧表面积，一般呈恒面燃烧，发动机的工作压力比较稳定；另外，管状药的形状简单，容易制造，因此被广泛应用。至于在采用管状药装药时，火药选用多少根，与许多因素有关，要由涡轮弹的总体方案确定。例如，对某一种火箭火药来说，在某一压力下，火药装药的总燃烧面积与喷管喉部面积之比存在一个确定的值，而在弹径一定的条件下，喷喉面积大小是受到限制的，喷喉面积大小的变化不会很大，这样一来，火药装药燃烧面大小大致也是一个定值。显然，若选用装药根数少，为了保证一定燃烧面，装药药柱会增长，装药量增多，射程增远；反之，装药根数多，药柱长度短，装药量随之减少，射程也减少。所以装药根数是由总体方案来确定的。另外装药根数的选择，还应考虑有尽量大的断面装填系数，在这方面，7 根、19 根常成为设计者的首选对象。涡轮式火箭发动机装药除经常选用 7 根装药外，也可选用 5 根和 19 根。

(3) 喷管由收敛段、圆柱段、扩张段组成。火药气体从喷管的收敛段到圆柱段（简称喷喉），再到扩张段，速度不断提高，压力不断降低。根据一维流体理论得知：火药气体在收敛段的速度为亚音速;在喷喉处的速度为音速;在扩张段的速度为超音速。具有收敛段、圆柱段、扩张段的喷管称为收敛扩张喷管,亦称拉瓦尔喷管。由发动机的工作原理可知:喷喉面积的大小,直接影响到燃烧室内气体压力的高低。在火药尺寸一定的条件下,喷喉面积越大,燃烧室内气体压力就越低,根据火药燃烧理论可知,当燃气的压力低到一定值时就不能正常燃烧,由此可见喷喉的面积不能选得太大。而喷喉面积过小,会使燃烧室内燃气的压力升高,当燃气压力高到一定程度时,会引起燃烧室破裂。由此可见,喷喉可起调节燃烧室内燃气压力,改善发动机工作性能的作用。130 mm 火箭弹的喷管是由喷管体上的 8 个切向倾角为 170°的喷管组成,故也称为倾斜多喷管。结构如图 7.1.14 所示。每个小喷孔的喷喉直径为 13.5 mm,圆柱段长不小于 3.9 mm。

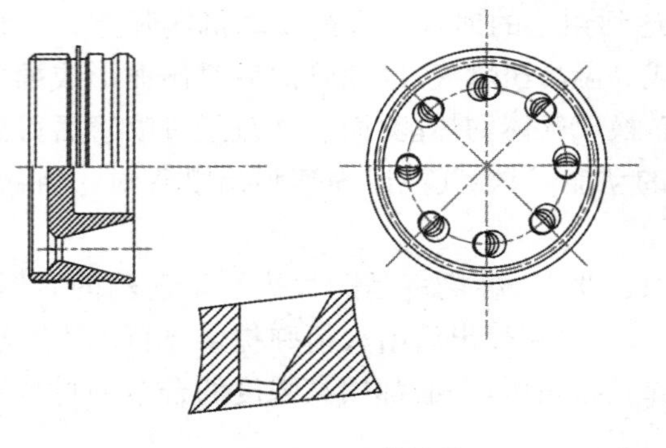

图 7.1.14　喷管结构

130 mm 火箭弹的喷管主要有以下几个作用:

① 利用喷喉面积的大小控制燃烧室内的压强。

② 利用喷管特殊的几何形状提高燃气的流动速度,燃气向外排出的速度愈大,火药的能量利用率愈高。

③ 提供旋转力矩以保证火箭飞行稳定。8 个喷孔的轴线与弹轴有 17°的切向倾角,可使推力有一切向分量,使弹体可达到 19200 r/min 的最大转速,弹体在高速旋转可保证飞行的稳定。引信解除保险的最低转速为 10650 r/min。

(4) 挡药板又称支架,其作用是固定火药,平时限制推进剂沿轴向移动;发动机工作时,火药装药越烧越细,挡药板起到防止药柱或药块堵塞喷喉。为此,挡药板既要可靠地挡药,又要保证火药气体能顺利地经过挡药板进入喷管。所以,挡药板要有足够的通气面积。挡药板受高温燃气的包围和冲刷,工作条件比较恶劣,对于涡轮式火箭弹的挡药板还要承受离心惯性力,故挡药板要有足够的强度。

130 mm 火箭弹的挡药板是用低碳硅锰铸钢,经整体铸造而成,形状为网状拱形。经实践证明,这种结构既有足够大的通气面积,又能可靠地挡药。由图 7.1.15 可见,130 mm 火箭发动机挡药板的最外圈是 8 瓣带拱形的圆弧;而最内圈是一个圆筒。最外圈采用 8 瓣拱形圆弧是为了改善受力状态,以便经受住离心惯性力的作用;中间采用圆筒是为了加强挡药板刚度,使挡药板在装药的轴向压力下,不至压垮。

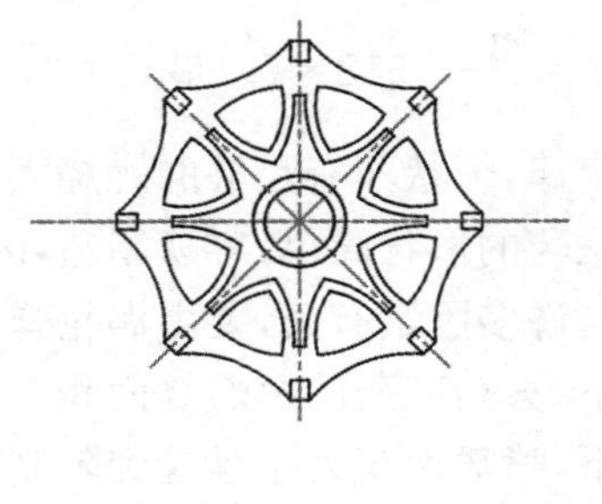

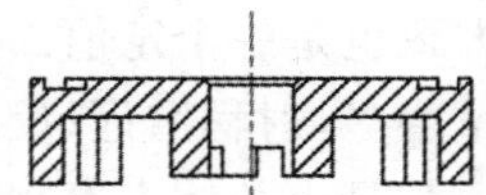

图 7.1.15　挡药板结构图

(5) 点火装置其作用是在发射时能可靠全面地点燃燃烧室内的发射药。由于不同的火箭弹的点火方式不同,点火装置也不一样。130 mm 火箭弹的点火装置是由点火药盒、导电盖组成。赛璐珞的点火药盒内放有两个 F-1 型电发火管,管外有 35 g 黑药,点火药盒固定在药包夹上,组成一体,放在燃烧室的前端。发火管引出两条导线,短导线连在药包夹上,长导线穿过中间药柱内孔铆在导电盖上,导电盖与喷管座之间用橡皮碗绝缘。

3. 稳定装置

提供稳定力矩，保证火箭弹能按预定的弹道稳定地飞向目标。涡轮式火箭弹是靠高速自转来保证稳定飞行的。130 mm 火箭弹的稳定装置是由喷管座上的 8 个切向倾角为 170°的喷孔所组成(如图 7.1.13 所示)。当发动机工作时，由 8 个切向喷孔产生切向推力形成使弹体旋转的力矩，发动机工作结束时，火箭弹的转速可达到 19200 r/min。弹体的高速旋转可以保证飞行的稳定，像普通线膛炮弹飞出炮口后靠高速旋转保持稳定一样。

7.1.4　尾翼式火箭弹

尾翼式火箭弹又称尾翼稳定火箭弹，是指利用尾翼稳定装置产生的空气动力保持稳定飞行的火箭弹。主要由战斗部、火箭发动机和尾翼稳定装置组成。射程远的野战火箭弹、初速高的反坦克火箭弹和航空火箭弹均采用尾翼稳定装置。尾翼式野战火箭弹和航空火箭弹的弹身较长，一般达 15 倍弹径，甚至 20 倍弹径以上，这样便可加长发动机，增加推进剂质量，提高弹速以增加射程，同时也提高抗干扰能力，增强稳定性。稳定装置位于火箭弹尾部，沿其圆周均布多个翼片即尾翼。

尾翼式火箭弹是靠尾翼装置实现其结构形式多种多样。有单室一端喷气的尾翼式火箭弹、单室两端喷气的尾翼式火箭弹、双室尾翼式火箭弹等。对于远程火箭来说，发动机也可以采用多级结构。如二级防空火箭弹，其特点是燃烧室内的装药依次燃烧，第一级发动机装药燃烧完毕后脱落，第二级发动机再开始工作。这种结构可以提高火箭弹的飞行速度，增加射程(或射高)。

7.1.4.1　俄罗斯 M-21 122 mm 火箭弹

尾翼式火箭弹即依靠尾翼来实现飞行稳定的火箭弹，也是由战斗部、火箭发动机和稳定装置三部分组成。下面以俄罗斯 M-21 122 mm 火箭弹和 180 mm 火箭弹为例分析尾翼式火箭弹的结构及作用，如图 7.1.16 所示。由于尾翼式火箭弹是靠尾翼稳定的，它的长度不受稳定性的限制。因此，可以做得细长一些。如俄罗斯 M-21 火箭弹全长(包含引信)为 2.87 m，长径比为 23.52。而 130 mm 火箭弹全长(包含引信)为 1.052 m，长径比为 8.09。由于尾翼弹的长度受限制较少，所以尾翼式火箭弹的射程和威力均比涡轮式火箭弹大大提高。如俄罗斯 M-21 火箭弹的最大射程为 20 km，战斗部装药为 6.4 kg。

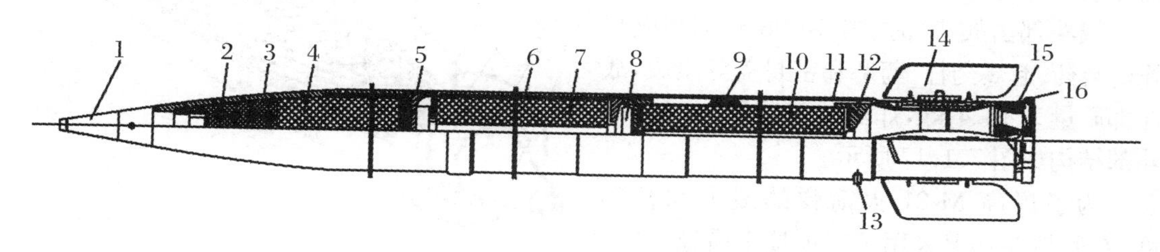

图 7.1.16　M-21 122 mm 火箭弹

1. 引信；2. 传爆药柱；3. 战斗部本体；4. 炸药装药；5. 前燃烧室；6. 前支架；7. 前装药；8. 点火具；9. 后支架；10. 后装药；11. 后燃烧室；12. 挡药板；13. 导向细；14. 翼片；15. 喷管；16. 导电盖

俄罗斯 M-21 122mm 火箭弹为尾翼式低速旋转杀伤爆破火箭弹，用 БМ-21 式冰雹火箭炮发射，故又称“冰雹”火箭弹，一次齐射可发射 40 发火箭弹。其主要诸元如表 7.1.2 所示。

表 7.1.2　M-21 122 mm 杀伤爆破火箭弹的主要诸元

诸元	参数值	诸元	参数值
弹径(mm)	122	最大飞行速度(m/s)	690
弹长(mm)	2870	最大射程(km)	20.75
弹质量(kg)	66	比冲量(N·s/kg)	1984
战斗部质量(kg)	18.4	燃烧室压力(MPa)	14.2～20.09
炸药装药质量(kg)	6.4	燃烧时间(s)	1.82
火药装药(双铅-2)质量(kg)	20.6	射击密集度	$\frac{B_x}{x_m}=\frac{1}{224},\frac{B_z}{x_m}=\frac{1}{126}$

俄罗斯 M-21 火箭弹总体结构特点：

(1) 在战斗部上增加了一个阻力环，打击近距离目标时在战斗部与引信之间加上阻力环，并用较大的射角来发射火箭弹，可减少距离散布。

(2) 火箭发动机采用多喷管，有助于减少推力偏心。

(3) 发动机内两节火药装药径向固定，有助于减小燃气流偏心，有利于减小方向散布。

(4) 采用管式螺旋定向器发射方案，在弹上设置导向钮和弧形折叠尾翼，使火箭弹在飞行过程中低速旋转并保持一定转速，有利于克服推力偏心和启动偏心减小方向散布。

(5) 首次采用单孔管状药两节式装药设计方法，使得燃烧室的空间得到充分利用，火药装药药量有较大提高，并且使燃烧室容易加工。

(6) 首次采用大长径比方案，使武器的使用性能得到很大提高，因此受到了世界各国火箭武器研制者的重视。

1. 战斗部

俄罗斯 M-21 火箭弹战斗部的作用是形成大量的杀伤破片，杀伤敌方的有生力量，破坏各种兵器，压制敌方炮兵阵地，摧毁各种障碍物等。后来俄罗斯又研制出了配装多种新型战斗部的 122 mm 火箭弹，以对付各种不同的目标，如反坦克雷战斗部、发烟型战斗部、反步兵雷战斗部、爆炸增强型战斗部、分离式杀伤爆破战斗部等。

战斗部由战斗部壳体(用 08 号钢制成)、炸药装药、起爆药柱、药塞和密封盖等组成，战斗部质量为 18.4 kg，炸药装药质量6.4 kg，战斗部结构如图 7.1.17 所示。

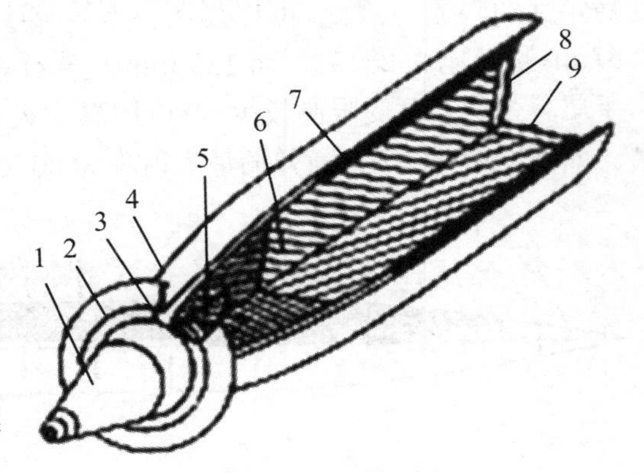

图 7.1.17　战斗部结构图

1. 引信；2. 阻力环；3. 弹簧；4. 战斗部壳体；5. 起爆药柱；6. 炸药药柱；7. 预制破片筒；8. 后纸垫；9. 塞盖

为了提高 M-21 火箭弹的威力和密集度，在其战斗部上采用了三项技术措施。

(1) 战斗部壳体内装填的炸药种类有所不同。在战斗部弧形部内装梯恩梯炸药，而在圆柱部内装一种由梯恩梯、黑索金、铝粉混合制成的混合炸药(梯恩梯 35%、黑索金 43%、铝粉 19%、钝感剂 3%)，用铸装方法装入。

在弹头部前端装有A-IV-I传爆药柱，以便能瞬时引爆炸药装药。在装药底端装有隔热纸垫和隔热密封盖，起隔热和密封作用。

(2) 在战斗部圆柱部内贴壁安置两个预制破片筒，分为内筒和外筒两层，由低碳钢板压制成棱形沟槽后卷制并焊接而成。

(3) 在战斗部前端加装一个阻力环，即所谓“马兰德林圆盘”(19世纪末期法国在75 mm炮弹上首先采用马兰德林圆盘)。

采用前两条措施是为了提高战斗部在爆炸时的壳体金属利用率，使质量过大的破片数目减少，从而使有效破片数目大幅度地增加。M-21战斗部爆炸后，每个破片重大约4.5 g。采用后一条措施是为了提高对近距离目标射击的密集度和杀伤威力。如果不采用阻力环，与普通的火箭弹一样，打击近距离目标一定要采用小射角来射击，由于射角小，所以落角也小，就会使得战斗部壳体生成的许多破片飞到地底下去，起不到杀伤作用。若用大射角发射带有阻力环的火箭弹来打击近距离目标，因为落角大，可以减少有效破片的损失，增加战斗部的杀伤作用。此外，用大射角来发射带有阻力环的火箭弹，打击近距离目标，还可以减少距离散布。

2. 火箭发动机

M-21火箭发动机由前燃烧室、后燃烧室、前装药、后装药、中挡药板、后挡药板、前支架和后支架、导电盖及喷管组合件等几大部分组成，其作用是产生推动火箭弹向前飞行的推力。

(1) 燃烧室。平时贮存发射药和点火具，发动机工作时，发射药在燃烧室内燃烧。燃烧室用低碳合金钢14MnNi制成，分为前后两段，总长为1.84 m，约为弹径的16倍，绝对长度接近2 m。前后燃烧室壁厚不相等，前燃烧室壁厚为3.2 mm，后燃烧室壁厚为3.75 mm，在燃烧室内壁处均涂有0.1～0.3 mm的隔热涂层。前燃烧室是带底的，而后燃烧室是两端开口的圆筒。前燃烧室的后端，后燃烧室的前后两端，均车制有细牙螺纹，而且在螺纹连接部位都设置了圆柱定位面，前、后燃烧室用螺纹连接。在前、后燃烧室上均有上下两个定心部，定心部的直径为122 mm。定心部与螺旋发射架配合，使火箭弹在飞离发射架时，能获得一定的转速，以提高射击密集度。

(2) 发射药。是火箭发动机工作的能源。M-21火箭发动机的火药牌号为PCn-12，其性能类似于我国的双铅-2火药。火箭发动机的装药为单孔管状药，前一根装药外径为103.5 mm，内径为24 mm，长度为895 mm。后一根装药外径为92.5 mm，内径为13.5 mm，长度为896 mm。分别放在前、后燃烧室内。为使装药药柱在发动机上得到径向固定和等面燃烧，两节装药的4个端面被包覆。端面包覆的包覆片用乙基纤维素模压成接草帽形，然后使用15号胶黏接到药柱的端面上。为了缓冲以及适应装药轴向长度因温度变化而引起的变化，在包覆片和挡药板之间放置了一个海绵橡胶垫圈。为了便于将火药装药放入发动机中，防止运输、勤务处理中火药装药径向变形，以及克服发动机工作过程中燃气流不对称，每节装药的外表面均按120°均布并沿长度螺旋配置6块同类火药垫块。

(3) 尾管：由前后两部分组成。尾管前段和尾管后段由40Cr合金钢管加工制成后，由螺纹连接成一件。在尾管的前后锥体上分别模压上热固性塑料，是为减少发动机的热损失，减轻尾管的质量，降低尾管本身的受热影响。由图7.1.18可知，尾管内腔是一个先略微收缩，然后平直，再呈略微扩张的形状。尾管的作用是整流火药气体，使火药气体均匀地从7个喷孔喷出，以减小推力偏心，提高射击密集度。

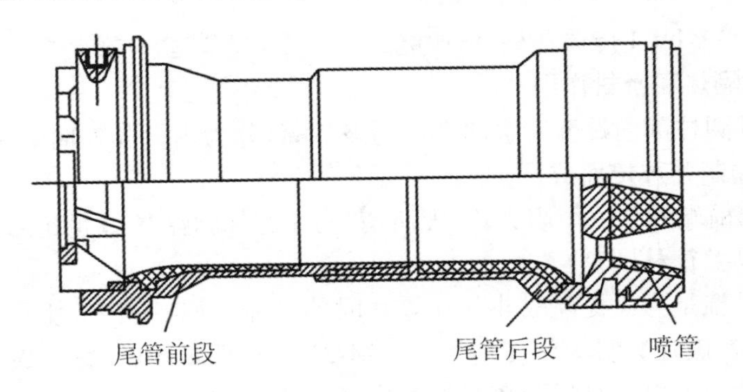

图 7.1.18　喷管组合件

(4) 喷管。由喷管座和 7 个小喷管组成。其中,6 个小喷管沿喷管座圆周方向均匀分布,另 1 个小喷管放在喷管座的中心位置,喷喉直径为 18.8 mm。7 个小喷管由喷管座通过螺纹连接在尾管后段上,然后通过尾管前段用螺纹连接到燃烧室上。各小喷管的收敛段和喉部用 15 号低碳钢制成,扩张段用热固性塑料一次模压而成。

(5) 点火具。点火装置主要由点火药盒、环形布袋、小布袋、电点火药头和黑药等部分组成。点火药盒是用 0.5 mm 的铝板冲压制成的,为有利于点火药所产生的一定压力和一定温度的燃烧产物点燃火药装药,盒盖中央开有直径为 25 mm 的孔(盒盖孔直接对准前装药内孔),而在点火药盒的盒底面上,开有 4 个对称分布的直径为10 mm 的底孔,面对后装药药柱一边。为了点火可靠,点火药头用两个并联的 MB-2M 电点火头。点火药采用易点燃、燃速较快、化学安定性较好的黑火药,其中 2 g 的 2 号小粒黑药作为扩焰药,与电点火药头同装在一个小布袋内,80 g 的 1 号大粒黑药作为点火药装在一个环形布袋内,然后把小布袋放置在环形布袋的中央,再将环形布袋放入点火药盒中。点火药的作用是瞬时全面地点燃发射药。点火装置图如图 7.1.19 所示。

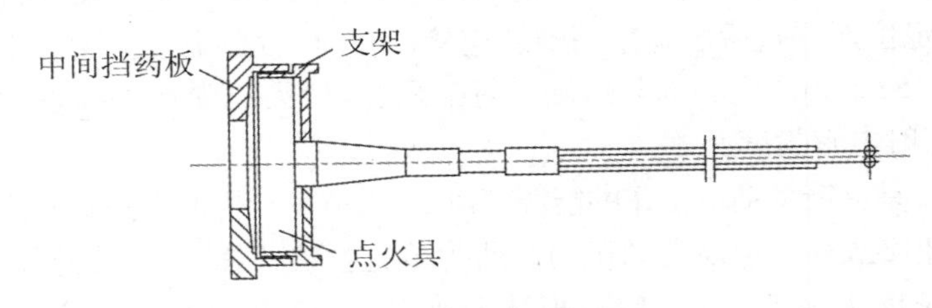

图 7.1.19　点火装置图

(6) 导电盖。如图 7.1.20 所示,它用镍铬不锈钢的半环形导电片做骨架,用 FX-501 热固性塑料模压制成,并用螺纹固定在喷管出口端面上。它的作用:一是导电;二是改善发动机的点火性能,尤其是低温下的点火性能;三是密封,通过导电盖把整个火箭发动机完全密封起来。

(7) 导向钮。安装在发动机外面的后定心部上,直径为 10 mm,高为 8 mm。它的作用是使火箭弹沿着具有一定缠角的螺旋导轨低速转动,以减小火箭弹因推力偏心引起的散布。要求低速旋转角速度在 6～10 r/s。

(8) 固药结构。如图 7.1.16 所示,M-21 火箭发动机有前、后两个挡药板和前、后两个支架。前一根装药药柱(即靠近战斗部的药柱)由前挡药板和前支架固定,后一根装药药柱由后挡药板和后支架固定。前支架置于前燃烧室的端头,因为它所处的环境较好,即受到热的作用较小，所以它由热固性塑料模压而成。它的形状像中间空的圆锥台再加一个带有 6 条筋的圆环，如图 7.1.21 所示。前挡药板位于前药柱的后端，由内外环合连接筋组成，是一个整体式结构，如图 7.1.22 所示。为了连接后支架，外环的内侧车制螺纹，通过螺纹和后支架连接起来，并使发动机的点火药盒固定于前挡药板与后支架之间。

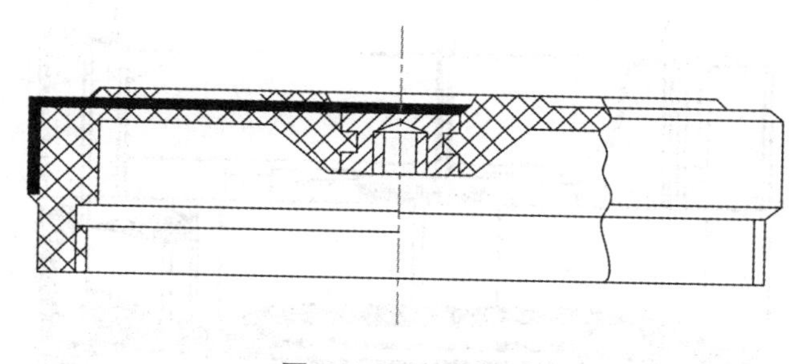

图 7.1.20　导电盖

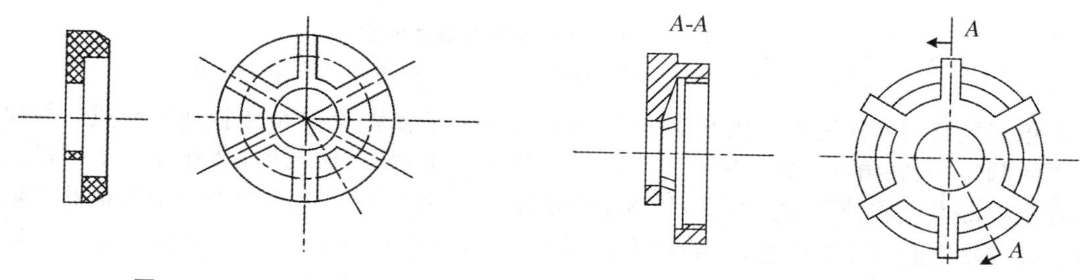

图 7.1.21　前支架图

图 7.1.22　前挡药板

图 7.1.23 是后支架结构图。它由内环和外环及 4 片连接筋而成为一个整体结构。后支架与前挡药板一起构成一个点火药盒支架。该支架有三大作用：作为前一根药柱的挡药板；固定并保护点火药盒，使点火药盒在弹药勤务处理过程中不致损坏；起支撑固定后一根药柱的作用。

后挡药板结构如图 7.1.24 所示。它与前挡药板不同之处在于连接筋的数目，前挡药板是 6 片连接筋，而后挡药板为 4 片连接筋。其原因是后挡药板处比前挡药板处燃气流速大，流量也大，这就要求后挡药板有更大的通气面积，所以把筋由 6 片改成 4 片。但这 4 片筋的强度和刚度比前挡药板的 6 片筋的强度、刚度更大。

前挡药板、后支架和后挡药板均用 45 号铸钢精密铸造而成，它们均用驻螺钉固定在燃烧室壁上或喷管上。

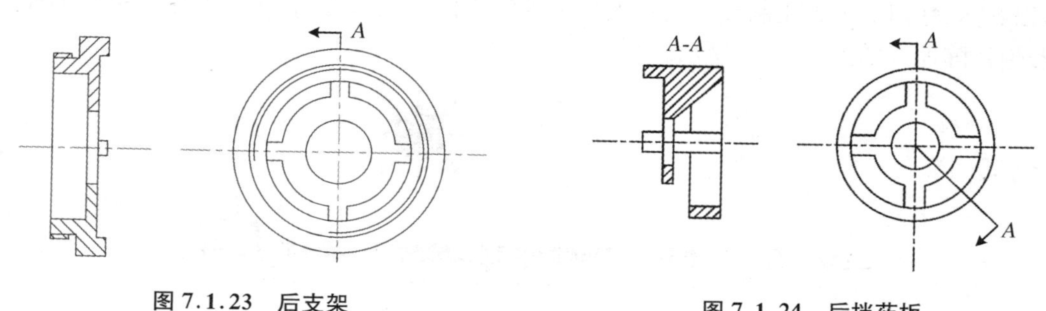

图 7.1.23　后支架

图 7.1.24　后挡药板

3. 稳定装置

M-21 火箭弹稳定装置结构如图 7.1.25 所示，由整流管、弹簧、同步环和 4 片弧形尾翼组成。其作用是提供稳定力矩，保证火箭弹能按预定的弹道稳定的飞向目标。

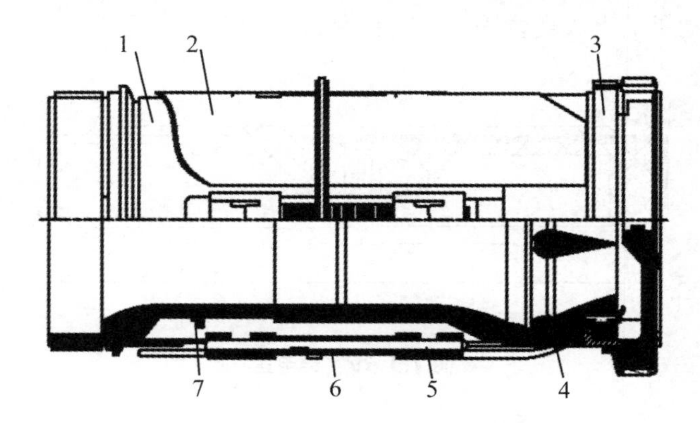

图 7.1.25　M-21 火箭弹稳定装置

1. 整流管；2. 尾翼；3. 导电盖；4. 喷管座；5. 小轴；6. 压缩弹簧；7. 同步环

稳定装置的 4 片尾翼呈弧形，沿弦向和展向均为等壁厚，用合金铝板冲压制成。每片约占 1/4 圆弧，安装角为 1°20′，覆盖在整流管的外表面上，相接成圆形，其外径小于弹径。翼片在其根部卷压成轴孔，通过翼轴和整流管相连接，使翼片可以围绕着平行于弹轴的翼轴旋转。在翼轴上套有压缩弹簧，它的作用有两个：即使翼片能向外张开，又使翼片在张开过程中能够沿着弹轴方向移动，使翼片卡在整流管的缺口内而得到固定。

整流管是用薄钢板卷压而成，固定翼轴的孔座是焊接在整流管上的，而整流管则通过尾管后段连接到喷管组件上。为使 4 片尾翼同时张开，在整流管与尾管前段之间套有一个同步环，当任何一片尾翼向外张开的时候，都可以带动同步环，推动其余翼片同步张开，从而提高射击密集度。

除上述主要组成部分之外，在战斗部前面还装有引信和阻力环。引信的作用是适时引爆炸药装药。阻力环的作用是增大阻力，实现近距离射击。

7.1.4.2　180 mm 火箭弹

1971 年式 180 mm 杀伤爆破火箭弹简称 180 火箭弹，代号 H-221，属于尾翼稳定火箭弹。180 火箭弹是支援步兵军、师战斗的炮兵武器之一，可配备与军炮兵或预备队炮兵系列，以突然、猛烈的火力压制或歼灭敌人战术纵深内的集团目标，特别是集结的敌对有生力量和炮兵阵地。如图 7.1.26 所示。

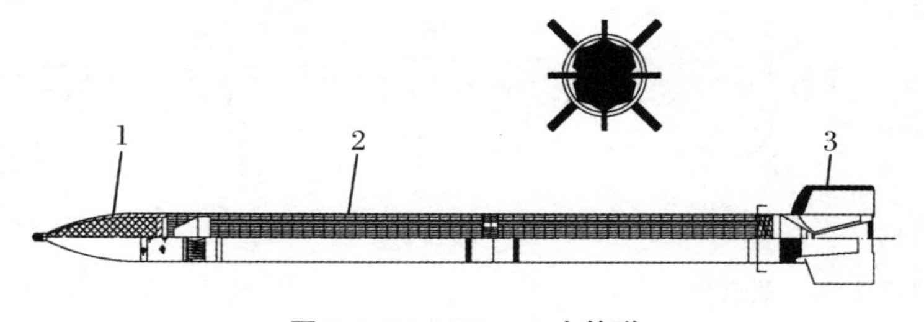

图 7.1.26　180 mm 火箭弹

180 mm 火箭弹主要由战斗部、发动机和尾翼装置三大部分组成。其主要诸元为：弹径为 180.15 mm，全弹长为 2737 mm，炮口速度为 52 m/s，最大速度为 610.5 m/s，全弹质量为 134.5 kg，战斗部质量为 45 kg，推进剂质量为 39.2 kg，最大转速为 5183 r/min，最大射程为 19600 m。

1. 战斗部

战斗部包括引信、辅助传爆药、炸药、战斗部壳体、连接底（亦称中间底）和隔热垫等。

(1) 引信。该战斗部配箭-3 引信，它只有瞬发和惯性（短延期）两种装定（把引信前端的冲帽或称为保险帽拧下来，这就是“瞬发”，不拧下来则是“惯性”，延期时间大约为 0.005 s，即 5 ms）。

(2) 炸药战斗部内的炸药为梯黑（50/50）炸药，只靠箭-3 引信爆炸的能量不能使炸药完全爆炸。经试验，最后确定采用三节辅助传爆药，最靠近引信的一节为压装特屈儿药柱（77 g），后面两节是钝化黑索金药柱（各 80 g），黑索金经钝化后感度降低，使用中安全，而爆炸威力下降不大，能较好地满足使用要求。

(3) 隔热垫是为保证安全而设置的。其作用是隔热。隔热垫是经过实验证明其有效才采用的。实验证明，若不加隔热垫，在发动机开始工作 12～15 s 的时间，靠近连接底的炸药部位的温度可达 215 ℃，远远超过梯恩梯的熔点（梯恩梯炸药的熔点为 80.5 ℃），炸药处于液态时的感度加大，战斗部不安全。增加隔热垫后，发动机工作 90 s 的时间，上述部位的温度最高上升到 60～65 ℃，低于梯恩梯的熔点，炸药是安全的。

2. 火箭发动机

发动机包括前燃烧室、后燃烧室、前喷管、后喷管、装药、挡药板和点火装置等，即该弹发动机采用两节燃烧室、两套火药装药（推进剂），同时采用两端喷气的结构。其目的是增加推进剂药量，从而提高射程。

(1) 推进剂（火药装药）。装药的牌号为双铅-2，两套装药均为 7 根管状药，每根的尺寸是 56.8/9 − 720，其含义是：外径为 56.8 mm，内径为 9 mm，长度为 720 mm。推进剂的质量为 39.2 kg。

(2) 点火装置的点火盒设置在两套装药之间，并由中间支架固定。在点火盒内装有电发火管，引导线一根连在药包支架上，另一根穿过药柱铆接在导电盖上，而导电盖与喷管之间有起绝缘作用的橡皮碗。

(3) 挡药板。为了挡药和固定药柱，180 mm 火箭弹采用了前、中和后三个挡药板。由于该弹的转速低，挡药板主要承受直线惯性力的作用，所以挡药板的筋和轮缘尺寸都比较小，而通气面积较大。

(4) 喷管。前、后喷管的喷喉面积是相等的，因此可近似视为前燃烧室的燃气从前喷管喷出，后燃烧室的燃气从后喷管喷出。为安装尾翼方便，后喷管采用直置单喷孔形式（拉瓦尔喷管，先收敛后扩散的喷管形式）。前喷管采用了具有 18 个斜置喷孔的形式，其中每个喷孔都可以看成是一个小喷管，这些小喷管也是拉瓦尔喷管。小喷管的轴线与弹轴不在一个平面上，与弹轴的轴向倾角为 24°，切向倾角为 8°。如图 7.1.27 所示。

为了使气流能向后喷出，前喷管的小喷孔必须有一个轴向倾角。这是容易理解的。切向倾角的作用与涡轮式火箭弹（130 mm 火箭弹）相同，即使燃气喷出时形成一个使弹体绕弹轴旋转的力矩，以使火箭弹绕弹轴旋转。所不同的是涡轮式火箭弹靠旋转以达到飞行稳定，尾翼式的旋转只是使推力作用线和弹体一起绕弹轴旋转，抵消部分偏心的影响，从而提高射击密集度。尾翼式火箭弹绕弹轴的旋转并不能达到稳定飞行的作用,这种旋转称为低速旋转,是尾翼式火箭弹为减低推力偏心的影响而经常采用的方法。

由于前喷管使弹体右旋,为了保证各部件连接可靠,前喷管与战斗部的链接采用了右旋螺纹;前喷管与前燃烧室,以及后面的螺纹连接都采用了左旋螺纹。此外,在螺纹连接处,一般还采用了驻螺钉固定。

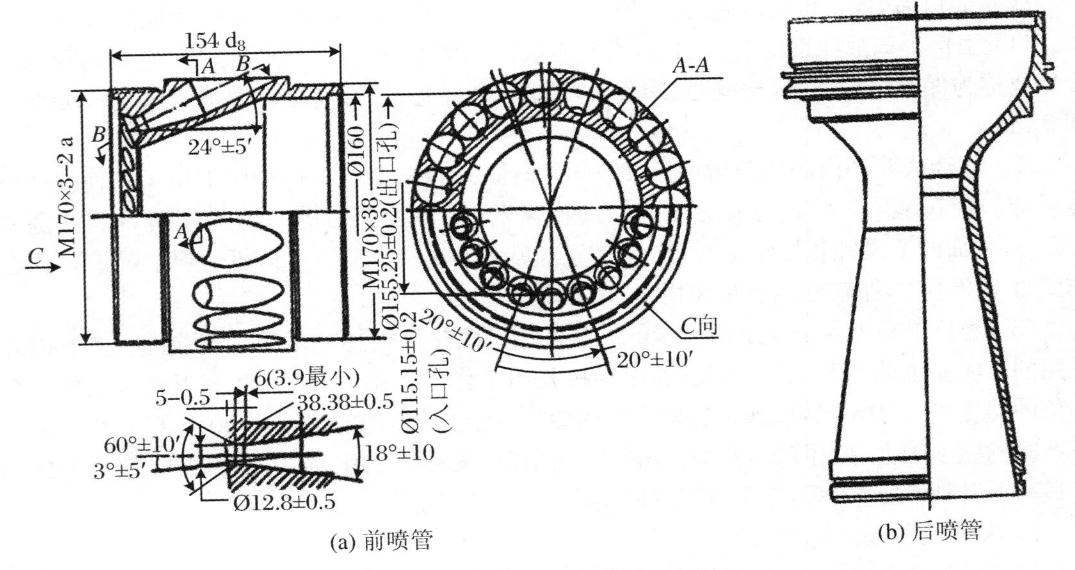

(a) 前喷管　　(b) 后喷管

图 7.1.27　180 mm 火箭弹喷管

3. 稳定装置

采用尾翼稳定。尾翼是火箭弹稳定飞行的保证。180 mm 火箭弹的稳定装置采用了滚珠直尾翼结构,并由尾翼片、整流罩、前后轴承和螺圈组成。用 20 号钢板制成的尾翼片呈“十”字形对称焊接在整流罩上。整流罩除起安置尾翼片的作用外,还将使尾部呈船尾形,以减小空气阻力。

在整流罩与后喷管之间设置了滚珠轴承,其目的是减小尾翼装置的旋转速度。此外,采用这种结构也是发射时的需要。该弹是在笼式定向器上发射的,发射时火箭弹将沿 4 根导杆运动,边前进、边旋转,如果弹体和尾翼之间不能相对转动,势必造成翼片与导杆的碰撞,从而影响火箭弹的正常飞行。

180 mm 火箭弹是在 10 管笼式定向器的火箭炮上发射的。发动机点火后高温、高压的燃气通过前、后喷管以超声速向外喷出,形成推力和旋转力矩,使火箭弹沿定向器赋予的方向做边前进边旋转地运动(尾翼不旋转)。

7.1.4.3　尾翼装置的结构形式

尾翼装置是保证尾翼式火箭弹飞行稳定的不可缺少的部件。一般来说,除满足飞行稳定性外,还要求尾翼片具有足够的强度和刚度,并满足空气动力对称和阻力较小的要求。

尾翼结构形式要根据总体与发射装置要求选定,一般有两大类,即固定式尾翼与折叠式尾翼。固定式尾翼分直尾翼、斜置尾翼与环形尾翼;折叠式尾翼主要有沿轴向折叠的刀形尾翼、沿圆周方向折叠的圆弧形尾翼和沿切向折叠的片状尾翼,发射前翼片处于收缩状态,便于装入发射筒中，发射后翼片快速张开并锁定，使翼片张开的动力主要有膛口燃气流、空气动力、弹簧力和气缸活塞推力等。

(1) 固定式直尾翼。

这种结构的尾翼，不仅简单，而且应用较广。其结构类似于 180 mm 火箭弹的尾翼装置，只是不能旋转。它的四片尾翼呈“十”字形，并且焊接在锥形整流罩上。

(2) 张开式圆弧形尾翼。

苏联“冰雹”火箭弹的尾翼装置就采用了这种结构，如图 7.1.28 所示。该弹是在管式发射器中发射的。尾翼片是用铝板冲压成弧形，在其根部有卷压而成的轴孔，通过轴与整流罩相连，翼片可以绕轴旋转，平时四片尾翼均覆盖在整流罩上。

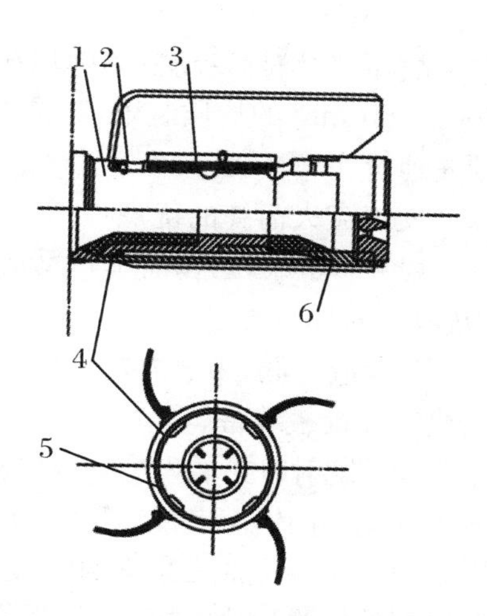

图 7.1.28　张开式圆弧形尾翼

在轴上套有压缩弹簧，其作用有二，即使翼片得以向外张开，又使翼片在张开过程中得以沿弹轴方向移动，从而使翼片卡在整流罩的缺口内而到位固定。为使四片尾翼同时张开，在整流罩中间套有同步环，同步环通过螺钉轴与翼片根部相连。当任一翼片向外张开时，都可带动同步环而使其他翼片也张开。

(3) 折叠式刀形尾翼。

如图 7.1.29 所示，翼片安装在喷管上，可绕销轴转动。平时靠固定板限制，翼片不能张开；待发动机工作后，靠气流将固定板顶出，同时利用弹簧的抗力使翼片迅速张开。这种折叠式尾翼的片数，将根据飞行稳定性要求而定，常见的是 4 片和 6 片。

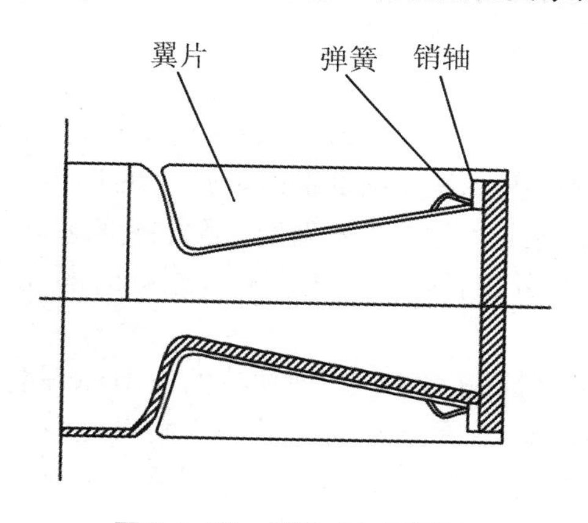

图 7.1.29　折叠式刀形尾翼

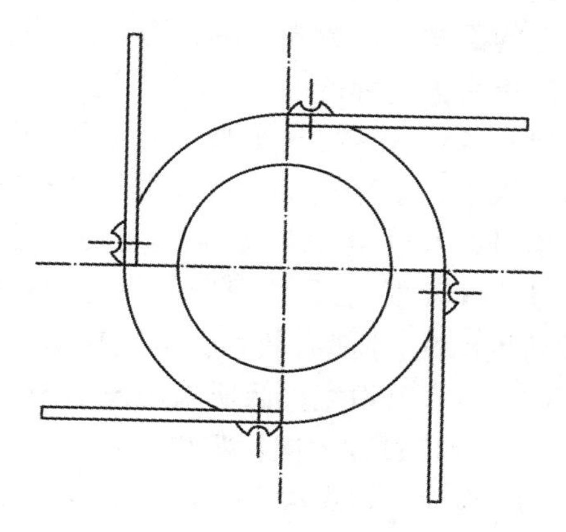
图 7.1.30　簧片式可卷片状尾翼

(4) 簧片式可卷片状尾翼。

簧片式可卷尾片状翼是一种用弹簧钢片制成，并可卷折起来的结构形式，如图 7.1.30 所示。这种翼片的厚度较薄，一般为 0.3～0.5 mm，因此只适于小口径火箭弹。我国的 40 mm 反坦克火箭弹就采用了这种尾翼结构，其翼片数为 6 片。对翼片材料来说，常采用强度足够的轻金属、塑料和玻璃钢等，以减轻翼片的质量。

7.1.5 反坦克火箭弹

战斗部、增程发动机和弹尾机构是反坦克火箭弹的主要构成部分，巨大的威力能击穿300～600 mm的均质装甲，正是因为这些优势，其在全球范围内占据装备数量和使用范围的领先地位。

反坦克火箭弹的优点：

(1) 质量小，结构简单。反坦克火箭考虑单兵的体能因素和战场的实际因素，设计得较为轻巧、简单。

(2) 造价低，易于大批量生产、装备。因为结构简单、成本低廉、制造工艺不复杂，可以在战时大批量装备。

(3) 发射时无后坐力。身管火炮发射弹丸时，推动弹丸向前的气体压力同时推动身管向后运动，导致作用在炮架上的后坐力很大；而反坦克火箭弹的飞行则来自于喷气的推进，发射架在全弹完成发射架管口或者轨道末端的飞行以前是不承受作用力的，因此发射管内壁受到的压强较小，之后在较短的距离内，火箭发动机高速喷出的燃气流有一部分喷射在发射架上并产生一定的作用力，但该力远小于身管火炮承受的后坐力。因此，火箭发射装置可制成轻便、简单、尺寸紧凑和多管的发射装置。反坦克火箭弹可以在多种运输工具进行发射装置的安放和移动，包括但不限于各种车辆和飞机以及舰艇等运输工具，而其便携化特点也能够满足步兵的使用需求。

(4) 威力大、火力密集。反坦克火箭弹具有很高的穿深，现代的反坦克火箭弹的穿深可以达到800 mm，足以媲美现在一些国家使用的反坦克导弹。猛烈的火力能在很短的时间内在一定的面积上构成强大的火力，遂行作战任务。

反坦克火箭弹的缺点：

(1) 容易暴露发射阵地。用反坦克火炮发射弹药时，虽然也会产生较大的噪声，但反坦克炮口火焰的信号较小。敌方雷达对火箭弹的侦测，主要是依据发射时所产生的噪声、光、红外信号以及扬尘等现象，尤其是在缺乏足够的遮挡或者近距离发射时，都会将阵地暴露，特别是夜间发射，会因为刺眼的光亮而被敌方所发现并进行炮火打击。从理论层面来讲，提升运动机动性，才能有效弥补上述缺陷。

(2) 因为反坦克火箭所采用发射原理大部分是高低压原理，这种独特的发射原理会让弹丸在出炮口过程中向后喷出大量气体产物或抛射体，不适合在密闭、狭小空间内使用。

(3) 因为反坦克火箭的造价低，不会配备高性能的观瞄设备，这在一定程度上影响了射击精度。

反坦克火箭弹是为对付坦克和其他装甲车辆而发展起来的反坦克弹种。现以1989年式80 mm单兵反坦克火箭弹为例进行简要介绍。

80 mm单兵反坦克火箭弹为单兵一次性使用的轻便型反坦克武器。它作为附加装备配给部队，用以加强反坦克火力，亦可对其他装甲目标和钢筋混凝土工事等进行射击。

80单兵反坦克火箭系统性能特点：

① 体积小、质量轻。该武器系统质量为3.6 kg。平时火箭弹装在发射筒内，构成全备状态。发射筒最大直径为160 mm，筒身的外径为85.4 mm，武器全长900 mm。

② 威力大。火箭弹的破甲威力为180 mm/65°，并有较大的后效威力。

③ 有良好的射击精度。80单兵反坦克火箭在发射筒内所装的80 mm破甲弹，射击时在200 m直射距离上方向和高低中间误差不超过0.35 m×0.35 m，400 m射程内对碉堡等固定目标也有较好的准确度。

④ 配用光学瞄准镜。在发射筒上配备了测瞄合一、一次性使用的光学瞄准镜。增大了表尺射程并提高了射击精度，从而有效地提高了武器的有效射程。

⑤ 适应性好。武器系统为单兵一次性使用，在使用时不依赖于任何附加装备，不受自然条件和兵种的限制，需要时均可使用。

⑥ 结构简单，使用方便。从包装箱中取出的火箭(系统)为全备状态。使用时，装上瞄准镜，打开发射筒上的前盖即可瞄准射击(后盖可以不打开)。

⑦ 发射筒后有后喷火焰，发射时易暴露目标，并有炮后危险区界。

80 mm反坦克火箭弹的主要诸元有：弹径为80 mm，直射距离(弹道高2 m)为200 m，筒径为80.4 mm，表尺射程为400 m，武器系统质量为3.7 kg，破甲威力为180 mm/65°，穿透率为90%，发射筒质量为1.85 kg，立靶散布(200 m处)$B_y \times B_z = 0.35\ \text{m} \times 0.35\ \text{m}$，火箭弹质量为1.85 kg，勤务状态长为900 mm，初速为174 m/s，射击状态长为860 mm。

80单兵火箭弹由火箭弹和发射筒两大部分组成。

1. 火箭弹

图7.1.31为1989年式80 mm反坦克火箭弹结构图。火箭弹由战斗部、火箭发动机和尾翼组成。

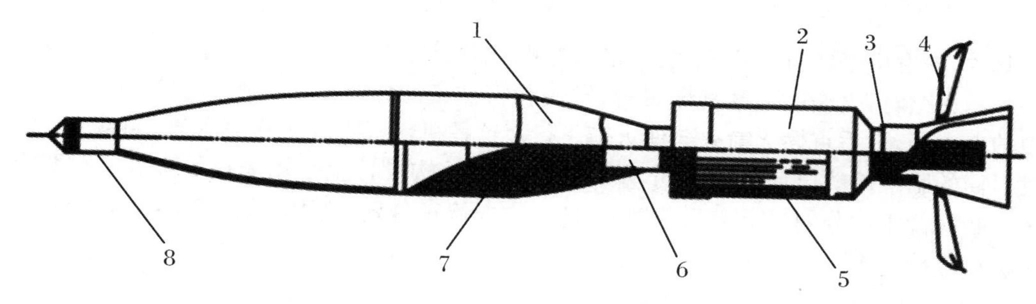

图7.1.31　80 mm单兵反坦克火箭弹结构简图

1. 战斗部；2. 发动机；3. 点火具；4. 尾翼片；5. 火药装药；6. 引信底部机构；7. 炸药装药；8. 引信头部机构

① 战斗部：由铝制的风帽、弹壳、双锥孔高能炸药装药和DRD06B型压电引信等组成。DRD06B型压电引信是全保险型引信，由能产生压电电能的头部机构和弹性保险机构、钟表延时机构、惯性着发机构、传爆和隔离机构的底部机构组成。头部机构装在战斗部的头部，底部机构在战斗部的底部，通过导线和接电片连接起来。勤务处理和贮存运输时，引信处于安全保险状态；发射时在惯性力作用下使回转机构和钟表延时机构起作用。当弹飞离炮口6～20 m后，解除保险，各机构工作到位，使引信处在待发状态。当头部碰撞目标时，引信头部晶体受压产生电荷建立高电压，通过电线和弹体形成回路起爆电雷管。电雷管引爆战斗部调整器中的传爆药，继而引爆战斗部。引信底部中有惯性着发机构，当战斗部头部未碰到装甲目标而着地时，通过惯性着发机构的作用使战斗部爆炸。由于战斗部中的炸药装药采用双锥孔药型，因此破甲威力大为提高，足以攻击主战坦克的复合装甲。

② 火箭发动机：由铝制的燃烧室、火药装药、中间底、喷管和点火具组成。火箭装药均匀地固定在中间底上，中间底使战斗部和发动机连成一体。喷喉处的点火具固定在堵片上，

对发动机实施密封。火箭发动机的外径小于战斗部的外径。发动机采用了高能高燃速推进剂,发动机工作时间仅 1.2 ms。

③ 稳定装置:8 片尾翼通过铆钉和扭力弹簧连接到喷管外部的 8 个尾翼座上。尾翼片在发射筒内是向前收拢的,当火箭弹飞离发射筒后,尾翼片在扭力弹簧的作用下迅速张开,使火箭弹在弹道上稳定飞行。

2. 火箭发射筒

火箭发射筒平时包装固定火箭弹,射击时是火箭弹的发射装置,赋予火箭弹射向和射角。发射筒由筒身、前后盖、前后护围、瞄准镜、击发机、提把、组合背带和传爆点火用的塑料导爆管组成,如图 7.1.32 所示。

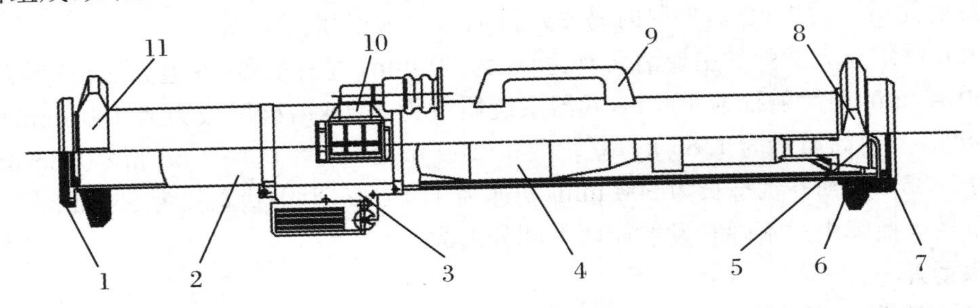

图 7.1.32 火药发射筒

1. 前盖;2. 发射筒;3. 击发机;4. 火箭弹;5. 塑料导爆管;6. 固弹胶圈;
7. 后盖;8. 后护圈;9. 提把;10. 瞄准镜;11. 前护圈

其中,击发机是纯机械装置,发火采用非电导爆管结构。点火工作过程是:当击发机的击针撞击火帽时,火帽能量激发导爆管,导爆管将冲击能量传给点火具,通过转换点燃点火具中的点火药,最后点燃火箭火药使火箭飞行。这种机械式击发机作用可靠、制造方便。火箭发射筒的瞄准镜的设计与众不同,塑料瞄准镜在结构设计上采用表尺的内装定测瞄合一形式。瞄准镜中的分划板除表尺分划外,还有方向修正分划、测距分划和测速尺,可对静、动目标进行准确射击。

7.1.6 简易控制火箭弹

由于推力偏心、起始扰动和风的影响等,无控火箭弹射击密集度一般较差,这在一定程度上限制了它的应用与发展,因此出现了简易控制火箭武器。简易控制火箭武器系统是介于无控火箭(free-fly rocket)和导弹(guided missile)之间的武器系统。在战术性能及使用、系统组成、结构几个方面具有无控火箭武器系统的特点及功能。为了提高精度,采用某些简易控制技术,又使其具有一些初级导弹武器系统的特点。简易控制武器系统和其他武器一样,也是客观的战斗需要与现实的科技水平相结合的产物。多管火箭武器是地面压制兵器中的重要成员。随着战术纵深加大,目标的距离越来越远(见表 7.1.3),要求火箭弹射程大大增加,于是无控火箭弹散布较大的缺点越加突出。尽管已研究出一些提高密集度的有效措施,同时子母战斗部的使用也大大增加了一发火箭弹的威力,在一定程度上弥补了散布大的不足,但是仍难以满足战术上的要求。于是人们把注意力转到控制技术,希望能够大幅度地提高大射程战术火箭弹的密集度。战术导弹的精度是很好的,但是它却不能全面地满足野战压制兵器的要求。例如,导弹武器系统的作战机动性较差,每个发射架一次发射仅一发导弹，不能对目标构成强大的火力打击。

表 7.1.3　多管火箭武器射程表

	第二次世界大战	20 世纪 60 年代	20 世纪 60 年代	近期	近期
名称	咔秋莎	冰雹	飓风	弗洛格	旋风
最大射程(km)	8.5	20	45	60	70

远程火箭对密集度的要求虽是无控火箭难以达到的，但也不是很高。因为一发弹精度过高有可能降低多发弹的总射击效率。另外，高精度导弹的高成本也是野战压制兵器使用者难以接受的。于是衍生出简易控制火箭武器系统。表 7.1.4 给出一些数据供参考。

表 7.1.4　简易控制火箭与无控火箭的比较

	控制	射程(km)	CPE 之比	成本之比	发射管数
LAR-160	无控	30	1	1	26/36
TAC/LAR-160	简易控制	30	2～3	1.5	可以连数

据报道，TAC/LAR-160 因采用了简易控制技术，其横向密集度比 LAR-160 提高了一倍多。由表 7.1.4 可以看出，TAC/LAR-160 没有失掉压制兵器的特征，和无控的 LAR-160 相比，密集度提高但成本增加不多。

选择简易控制方案以及相应的机构是简易控制火箭总体设计和火箭弹部件设计的重要内容，这是无控火箭设计没有的。既然对简易控制火箭的精度要求比对导弹低，于是某些导弹的制导方案及机构经过简化可以直接移植给简易控制火箭，这样做既大大地降低了成本，又可达到精度指标。这种简易控制的火箭是简化了的导弹。随着电子技术和计算机的迅速发展，出现了弹道修正火箭，其提高精度的方法与导弹常用制导方法有所不同，例如俄罗斯 300 mm 火箭弹(下面会对其进行具体介绍)。可以预计，随着科技进一步发展，今后会有更多的简易控制方案出现。

尽管简易控制火箭比导弹要简单些，但是要做到精度高、结构简单、费用少并不容易。简易制导火箭设计工作比无控火箭设计要复杂是不言而喻的。在设计工作之初，正确选择控制方案至关重要，为了实现对火箭的简易控制，需要武器的各子系统协调一致，密切配合。设计者根据选择的方案，提出对各子系统的要求。控制系统对火箭弹的要求包括：

(1) 增加弹的有效载荷和容积。简易控制系统必定有弹载部件，它们具有一定的质量并需占据相应容积。

(2) 要求火箭具有某种气动外形，以满足特定的飞行姿态和实现弹道控制的需要。

(3) 要求发动机提供特定的推力-时间曲线。

(4) 合理安排弹载控制系统各部件在火箭里的位置等。

7.1.7　俄罗斯 300 mm 火箭弹

苏联/俄罗斯图拉斯普拉夫公司在 20 世纪 70 年代末和 80 年代初研制了 300 mm 多管火箭炮系统。全套系统型号定为 9K58 式 12 管火箭炮和 9T234 式运输装填-补给车以及火箭弹。该系统是一种12管,300 mm的大口径远射程多管火箭系统。它射程远、火力猛,主要用于在作战地区内摧毁敌方有生力量、装甲及非装甲目标。由于射程远,齐射时间短,能快速撤离发射阵地,所以该系统生存能力强。300 mm火箭弹是第一个在弹上装备控制系统,在主动段按距离和方位进行弹道修正的火箭弹。采用主动段弹道修正的技术手段后,与无控火箭弹相比,它可使弹着点密集度提高一倍,射击精度提高两倍。因为这种火箭弹只修正主动段速度矢量,而不进行其他控制,故称为简易制导火箭弹。300 mm火箭弹总体图如图7.1.33所示。

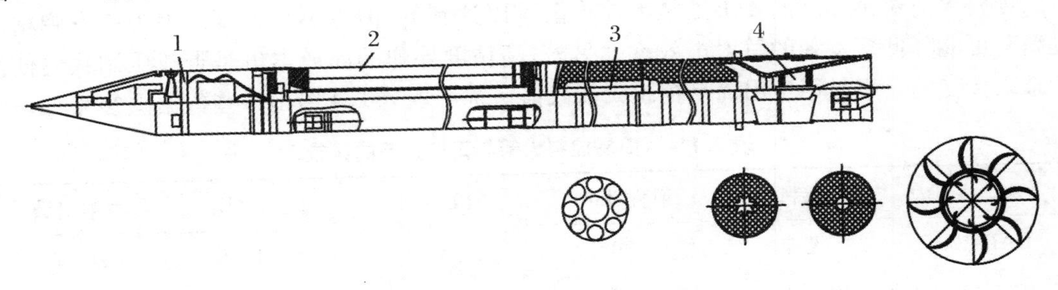

图7.1.33　300 mm火箭弹总体图

1. 简易制导装置;2. 战斗部;3. 固体火箭发动机;4. 稳定装置

1. 战斗部结构及特点

300 mm火箭弹战斗部主要配装多种战斗部以对付各种不同的目标,各配装战斗部的外形相同以保证气动外形一致,但其结构有很大的差异(不仅结构参量不同,而且结构也不同)。战斗部的主要诸元如表7.1.5所示。

表7.1.5　300 mm火箭弹战斗部的主要诸元

型号	9M55Φ	9M55K	9M55KJ
最大射程(km)	70	70	70
最小射程(km)	20	20	20
弹径(mm)	300	300	300
弹长(mm)	7600	7600	
弹重(kg)	810	800	
战斗部类型/质量(kg)	杀伤爆破/258	子母型/300	末敏弹子母型/233
炸药装药质量(kg)	92.5		
使用温度范围(℃)	-5～50	-50～50	-50～50
子弹药数量(枚)		72	
子弹药自毁时间(s)		120	45

(1) 战斗部工作原理。

以子母型战斗部为例,在给定的弹道点上,按照火箭弹电子时间装置的指令,保险-执行机构开始动作并输出点火冲量给两个点火药盒,它们的燃烧生成物又使四个传火药盒和另外四个点火药盒引燃。在装药燃烧生成物作用下,子弹的引信解除远程保险,子弹筒的分离装置和开舱药包开始作用。

当开舱药包点燃后将剪切螺栓拉断，固定架同子弹筒一起从子母战斗部的外壳中退出。在火箭弹旋转离心力和迎面气流的作用下，子弹筒抛撒出来。

当火药延时装置的燃烧时间结束时，子弹筒分离装置内的抛射药包点燃，在抛射药的作用下将子弹从弹筒中抛出。

子弹从弹筒中抛出时，其气动力稳定尾翼张开。当子弹与障碍物相遇时引信便起作用，子弹的炸药爆炸。

(2) 子母弹战斗部的结构。

子母战斗部结构如图7.1.34所示。子母战斗部由外壳、固定架、带有子弹的弹筒、保险-执行机构以及装药系列等组成，其中装药系列包含6个点火药盒(其中2个装在保险-执行机构的旁边，其余的装在固定架内)，4个传火药盒、母弹开舱药盒和8个子弹抛射药盒。

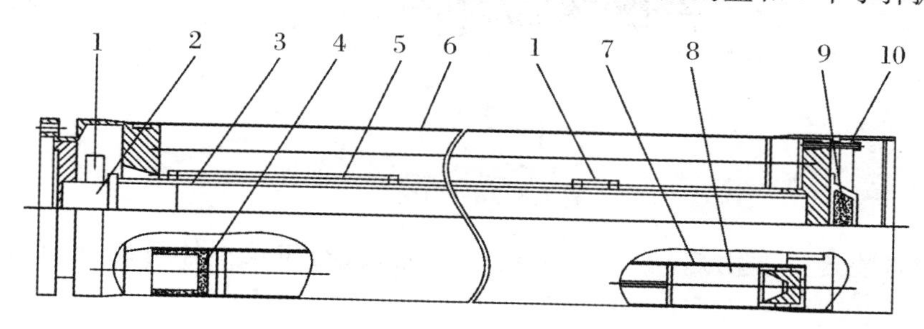

图7.1.34　子母战斗部

1. 点火药；2. 保险-执行机构；3. 固定架；4. 子弹抛射药；5. 传火药；6. 外壳；7. 弹筒；8. 子弹；9. 母弹开舱药；10. 剪切螺栓

外壳为薄壁筒，将战斗部的各部件容纳在其中。固定架同外壳的连接是通过4个剪切螺栓实现的。子弹筒设计成薄壁管形式。在子弹筒内设有子弹分离装置、子弹抛射药盒和9枚子弹。

子弹结构如图7.1.35所示。

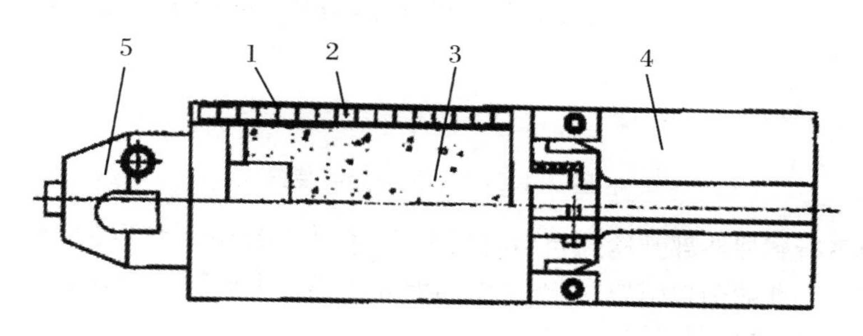

图7.1.35　子弹结构

1. 壳体；2. 预制破片；3. 炸药；4. 尾翼；5. 引信

子弹由带预制破片的壳体、炸药、尾翼和引信组成，用于摧毁有生力量和非装甲技术装备。引信带有远程解除保险机构和自毁机构，其用途是当遇到障碍物时或自毁时间结束时产生起爆脉冲。引信结构如图7.1.36所示。

引信的本体内装有保险机构、碰撞机构、远程解除保险机构、自毁机构和传火系统。它们各自不同的功能组成了一个完整的引信系统。保险机构用于贮存、运输和勤务处理过程中保证引信的安全性，还用于自主飞行期间未解除保险之前，战斗部尚未开舱时避免战斗部中的子弹起作用。碰撞机构用于子弹遇到障碍物后使引信的点火系统起作用。远程解除保险机构用于当收到战斗部中形成的压力和温度的作用之后，在规定的时间内使引信解除保险。自毁机构用于受到战斗部中形成的压力和温度作用之后，经过规定的时间使引信起爆。引信的传火系统用来产生起爆冲量，使子弹的炸药起爆。

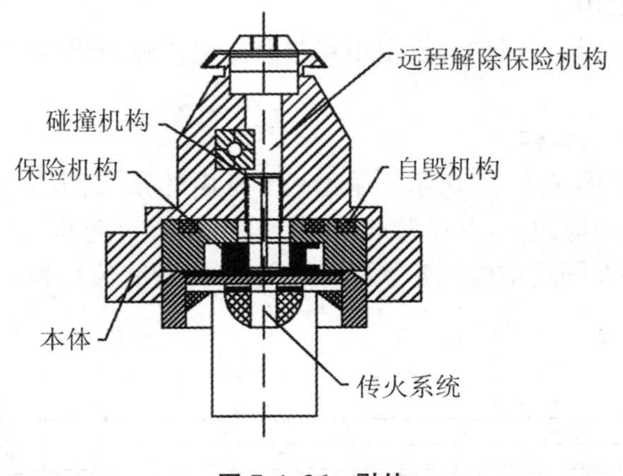

图 7.1.36　引信

子弹筒分离装置主要由启动装置、火药延时装置、药包及本体等组成，如图 7.1.37 所示。

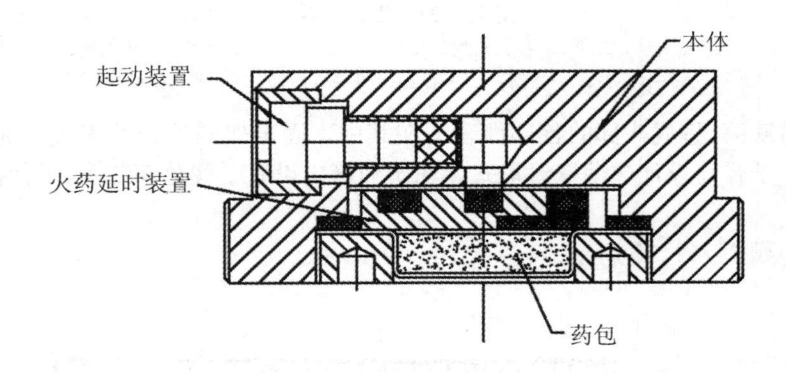

图 7.1.37　子弹筒分离装置

在火箭弹飞行到战斗部开舱药包引燃时刻之前，子弹筒分离装置的全部零件和机构都处于起始状态。当开舱药包引燃时，产生的高温高压燃气生成物使启动装置工作，火药延时装置点燃，当它烧尽之后药包点燃。

保险-执行机构用于在电子时间装置传出电指令信号之后产生起爆冲量，使战斗部的装药序列开始起作用。保险-执行机构的结构如图 7.1.38 所示。

保险-执行机构设计成双路系统，每一路都包含相同的保险-点火装置和点火系统，目的在于增大其可靠性。保险-点火装置依靠将电点火头同药包隔绝的方法保证保险-执行机构在贮存和运输期间从事维护操作的安全性。保险-执行机构具有两级保险。在给出发动机点火指令之前，当来自距离装定仪器的指令到达插头的接点时，解除第一级保险。在接到解除第一级保险的电指令信号时刻起经过 4～14 s，在弹道主动段上产生的轴向加速度的连续作用下，解除第二级保险。

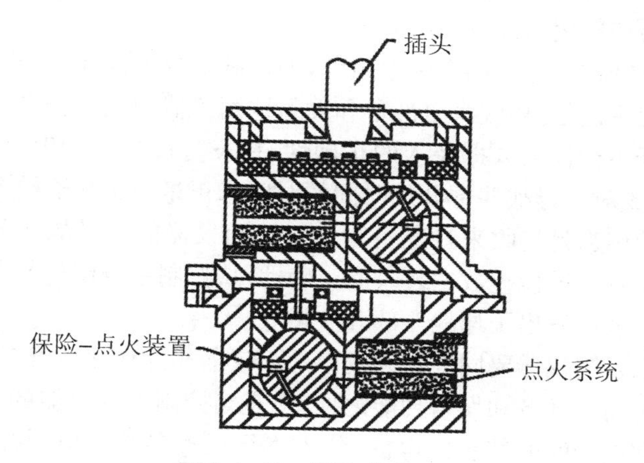

图 7.1.38　保险-执行机构

2．控制系统

（1）结构和工作原理。

控制系统用于提高 300 mm 多管火箭系统弹密集度，并完成以下功能：

① 形成控制作用和发出控制指令，修正火箭弹弹道。

② 同准备发射的地面仪器做好控制系统仪器飞行前的准备工作。

③ 接收飞行任务数据，同时检验飞行任务数据装入的正确性。

火箭弹的散布主要取决于下列干扰因素：

① 火箭弹离轨初始扰动。发射过程中由于火箭炮定向管的振动造成的火箭弹纵轴的角速度扰动。

② 阵风干扰。

③ 火箭弹和火箭发动机结构参数的离散性。

后面两个因素在弹道的被动段仍然起作用，火箭弹的散布主要是在主动段形成的。如果能很好地控制火箭弹主动段终点速度矢量的一致性，那么就能大幅度地减少火箭弹的散布，提高火箭弹的落点密集度和射击精度。因此，俄罗斯 300 mm 简易制导火箭弹抓住了这个主要矛盾，在弹上安装了一套在飞行时不需要接收外界信息的自主式控制系统。该系统由角度稳定系统和距离修正系统两部分组成。

角度稳定系统中有两个最主要的部件，一是测角陀螺，一是燃气射流执行机构。测角陀螺在发射前被地面仪器赋予基准射向，在发射后，则感知弹轴的实际方向对理想方向的偏差，并将之输入变换-放大器，形成控制信号。执行机构则按照来自变换-放大器的控制信号，在两个相互垂直的通道内，通过排出燃气射流，产生横向推力形式的方向修正力。

由于在弹道主动段的初始阶段，火箭弹无论对于控制作用还是干扰作用都是最敏感的。在此阶段进行弹道修正，效果最佳，执行机构消耗功率最小；而且在该阶段火箭弹速度不高，用空气舵控制效果不好。因此该火箭弹采用的这个方案对减小弹道方向偏差是非常合理的。事实证明，该火箭弹只在主动段开始阶段控制了 2.5 s，就取得了很好的效果。

距离修正是靠弹道参数测试装置和子母战斗部开舵时间控制装置联合完成的。用来进行弹道参数测量的主要是加速度计和计算装置，加速度计将测得的加速度值输入计算装置，经积分即得到速度值，再积分即可得到火箭弹的弹道坐标。电子时间装置控制飞行时间。

两者联合,就可以确定子母弹最适合的开舱时间。

控制系统的结构和作用原理可归纳如下:

控制系统仪器从结构上分作两个弹上组件,即控制系统组件和电子时间装置。

控制系统组件的用途是,接收来自准备和发射地面仪器的飞行任务数据,协同准备和发射地面仪器一道监督飞行任务数据装入的正确性,在飞行过程中产生火箭弹角度稳定所需的控制力,此外还形成对子母战斗部开舱时间的时间修正量并将它输给电子时间装置。

电子时间装置的用途是接收来自准备和发射地面仪器的字母战斗部计算开舱时间 T,同准备和发射地面仪器一道检查数据装入的正确性,从控制系统组件接收时间修正量,最后在到达经修正的时间值时发出子母战斗部开舱指令。

在起飞之前控制系统仪器要同准备和发射地面仪器相互作用。准备和发射地面仪器除了执行火箭弹的起飞前的准备和发射功能之外,还充当控制系统仪器的地面电源、要启动控制系统组件的电源和电子时间装置的电源,装入飞行任务参数并协同控制系统仪器监督参数装入的正确性。控制系统仪器同准备和发射地面的仪器互相关系如图 7.1.39 所示。

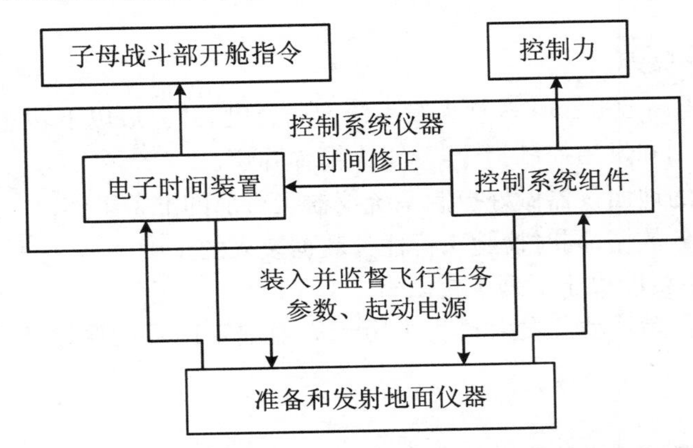

图 7.1.39 控制系统仪器及准备和发射地面仪器联系示意图

图 7.1.40 给出了控制系统组件的结构,各部件的作用如下:

① 角位移陀螺测量仪:它通过四个螺栓和螺母同基座对接,用一端带有接插件的导线束进行电连接。用于在弹舱内获得有关火箭弹纵轴与(在飞行前准备阶段)火箭炮定向管指定射向的角度偏差信息。

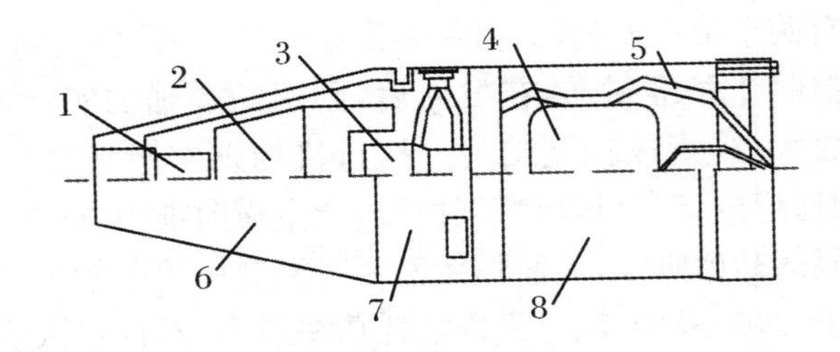

图 7.1.40 控制系统组件

1. 电源;2. 电子仪器和测量仪器部件;3. 角位移测量仪;4. 校正发动机;5. 导线束;6. 整流罩;7. 基座;8. 外壳

② 校正发动机:它是角度稳定系统的执行部件,其组成包括 4 个超声速双稳射流放大器、4 个燃气放大器和 1 个火药燃气发生器。用于按照来自变换-放大器的控制信号在两个相互垂直的角稳定通道内产生控制力。为了形成大的控制力宜采用复合式校正发动机。

③ 电源:利用一个热电池作为火箭弹飞行时控制系统组件的电源。

④ 电子仪器和测量仪器部件:包括校正发动机火药燃气发生器的启动装置,它在火箭弹开始运动之后,启动装置中的惯性闭合器合上时,发出校正发动机火药燃气发生器启动信号;变换-放大器,用于将来自陀螺的信号变换成控制信号并传输给校正发动机的电磁铁;二次电源,用于当由热电池或准备和发射地面仪器的一次电源供电时保证控制系统组件获得要求的供电参数。

⑤ 距离修正仪器:其组成部分为加速度计,用于测量沿火箭弹纵轴作用的加速度。

⑥ 计算装置:用于按给定算法算出时间修正量。

3. 火箭发动机结构与工作原理

(1) 火箭发动机的结构。

火箭发动机由壳体、推进剂装药、点火药和电点火头等主要部件组成,如图 7.1.41 所示。

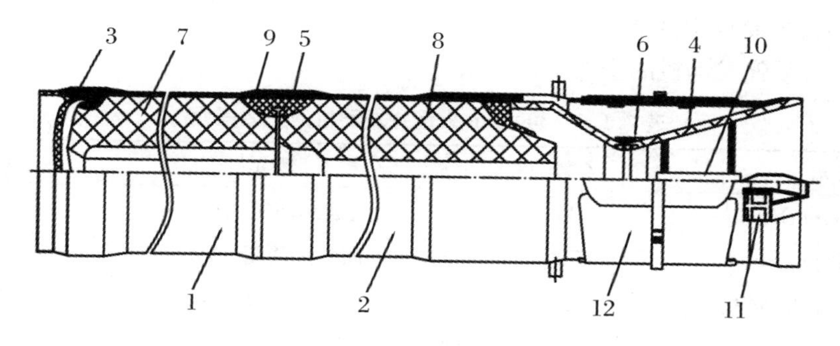

图 7.1.41　火箭发动机

1. 前燃烧室;2. 后燃烧室;3. 中间底;4. 喷管组件;5. 隔热环;6. 石墨喉衬;7. 前装药;8. 后装药;9. 衬环;10. 点火药;11. 连接座;12. 尾翼稳定器组件

发动机的壳体包括前燃烧室、后燃烧室、中间底和喷管组件,利用锯齿螺纹进行相互连接。燃烧室之间采用固定环用于螺纹连接处的隔热。

燃烧室和中间底用高强度合金钢制成,而喷管则使用结构碳钢制成。为了保护发动机壳体免受推进剂燃烧产物的加热,中间底和喷管的表面用隔热材料的衬层覆盖。在喷管的临界截面处安装石墨喉衬。喷管的型面是由衬层的内表面形成的。

为了保证要求的推进剂贮存期限,火箭发动机的内腔是密封的,这是在发动机总体装配时利用密封胶来实现的。

火箭装药采用了复合推进剂。装药由前装药和后装药组成,利用防护黏接层分别固结在前燃烧室和后燃烧室内,该防护黏接层也是燃烧室的热防护层。在燃烧室和装药中间的端部位置安装了衬环,它可以减小装药在温度变化时产生的端部应力,并且在 −40～50 ℃工作温度范围内避免装药与壳体脱黏。

前装药制成带有五角星孔截面通道的单独一段,后装药则为圆柱形通道。两节装药都是内孔燃烧,其端面都未经包覆。

点火药连同密封堵盖一起设置在喷管的扩张段部位,点火具为杯形,在其中放置点火装药。点火采用了双导线经保护的电点火头。为了将点火系统与火箭炮的发射电路连接,在喷口锥体部位安装了接线座。

在喷管组件的入口锥体上焊接了两个定向钮,相互间的角度为 180°,用于将火箭弹约束在定向管内，并使火箭弹在沿着定向管运动时产生旋转。

在喷管组件的外表面上安装了尾翼稳定器组件，它的 6 个弧形翼片可以折叠，这就保证了火箭弹可以从定向管中发射出去。

尾翼稳定器的翼片利用销轴安装在整流罩上并与火箭弹的纵轴线呈一定角度以保证在飞行时产生气动力旋转力矩。在销轴上安装扭转压缩弹簧(每一翼片有 2 个)，其作用是保证火箭弹飞出定向管后翼片能张开，将翼片向后移动进入整流罩上的锁扣内使翼片锁定在张开的位置上。

(2) 发动机的工作过程。

根据“发射”的指令将电脉冲传输给电点火头，它点燃后产生点火冲量，并作用在点火具的扩燃药和点火药上。点火药点燃后产生高温燃气流，作用在两个复合推进剂装药的内表面上并将它们点燃。在达到能使复合推进剂装药可靠点燃的压力之后，喷管的密封堵头连同点火具的壳体一起随燃烧气流从喷口飞出，发动机开始正常工作。

(3) 发动机主要技术性能。

300 mm 火箭弹发动机的主要诸元如表 7.1.6 所示。

表 7.1.6　300 mm 火箭弹发动机的主要诸元

诸元	参数值	诸元	参数值
外径(mm)	300	装药质量(kg)	392
质量(kg)	500	前装药长度(mm)	1816
发动机最大压力(MPa)	20	后装药长度(mm)	1816
燃烧室内径(mm)	287.5	发动机推力总冲量(N·s)	8.2×10^5
发动机长度(mm)	4360	发动机工作时间(s)	5.8
推进剂种类	复合推进剂	喷管临界截面直径(mm)	100
比冲(s)	240.5	喷管出口截面直径(mm)	255

7.1.8　火箭弹的散布问题

7.1.8.1　密集度

火箭弹的命中精度，包括准确度和密集度两方面内容。火箭弹主要用以消灭敌方集群装甲目标和带有轻型装甲防护的有生力量，所以不仅射击准确度要高，能准确发射到目标上空，而且密集度要好，能覆盖目标区内大部分目标。

由于火箭弹在飞行过程中会受到各种扰动因素的影响，其实际弹道将偏离理想弹道，形成射弹的落点散布。火箭弹的散布虽然是一种随机现象，但它是有规律的，即所有的弹着点都分布在某一椭圆范围内，而且这种分布服从正态分布规律。

由试验可知，不论打枪还是打炮，在射击诸元相同的条件下，当打出几发弹丸时，弹着点总不会重叠在一起。原因是：同一批弹丸，粗看上去是相同的，但实际上总有差别，外界环境条件也是不断变化着，种种偶然因素的影响，使弹着点分散在一个面上，而不会在一点重合。一组弹着点的平均位置称为散布中心；一组弹着点偏离散步中心的程度称为射击密集度；散布中心偏离瞄准点(目标)的程度称为准确度。在发射一组弹丸后,弹着点的分布通常会出现以下几种情况,如图7.1.42所示。

(1) 弹着点较密集且散布中心与瞄准点重合或接近,即射击密集度较高,准确度也高,这是我们所希望的,称为射击精度好。

(2) 弹着点密集,但散布中心距离瞄准点较远,即射击精度密集度高,准确度低。

(3) 弹着点不密集,散步中心与瞄准点重合或接近,即射击密集度地,准确度高。

(4) 弹着点不密集,散步中心距离瞄准点较远,即射击密集度和准确度较低。

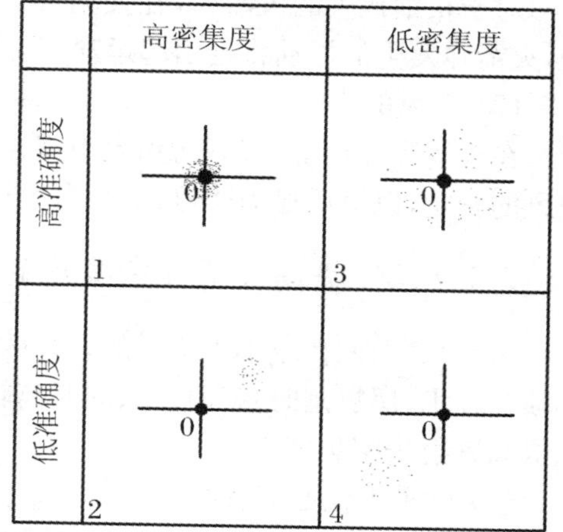

图7.1.42　射弹的密集度和准确度

通常,准确度与瞄准、指挥、射击操作等因素有关,而射击密集度则反映了武器系统本身的性能,因此常用射击密集度来评定火箭武器的技术性能。一般来说,火箭弹的密集度较差,如何提高火箭弹的密集度,仍然是火箭弹研究中的一个重要课题。

7.1.8.2　火箭弹散布影响因素

火箭弹由于本身结构上的特点,射击时射弹散布比一般炮弹大得多,特别是方向散布更大些。有哪些原因造成了火箭弹较大的散布呢?对一般火箭弹来说,主要是推力偏心、质量分布不均衡、起始扰动、火箭弹的气动弹性以及阵风的影响。

(1) 推力偏心。

推力偏心包括几何偏心和气动偏心。由于加工装配误差引起的喷管轴与弹轴不重合,或者由于弹体质量分布不均匀而造成的质心对弹轴的偏离,都称为几何偏心;由于燃气流的不对称性引起的推力作用线对喷管轴的偏离,称为气动偏心。

在理想的情况下,火箭弹推力的合力应通过火箭弹的质心,火箭弹的质心应在弹轴上。但实际上,由于几何偏心和推力偏心的存在,使推力作用线既不通过火箭弹的质心,也不与弹轴重合,因此存在垂直于弹轴的分力,这就是常说的推力偏心。目前还没有理论方法计算推力偏心,只能通过试验确定。

(2) 质量分布不均衡。

由于加工制造、装配或者由于弹体质量分布不均匀等原因,使得火箭弹质量分布不均衡,而形成了质心偏离弹轴。当弹绕纵轴旋转时,将同时产生静不平衡力和动不平衡力。因此存在质量偏心矩和动不平衡度。

(3) 起始扰动的影响。

火箭弹脱离发射筒(架)时,由于各种因素的影响,运动姿态受到扰动,使其具有起始攻角(弹轴与发射筒轴线间的夹角)和起始摆动角速度。

由于每发弹外形、尺寸都有差异,火箭弹和发射筒(架)之间的配合间隙、运动情况也有差异;多管火箭炮发射时炮身振动情况对每发弹的影响都不一样,加上其他属于弹、炮配合方面的偶然因素的影响,使得每发弹的起始扰动不一样,因此造成了弹着点的散布。

(4) 气动弹性。

对于长细比大的火箭弹，在发射和飞行过程中，都会受到各种载荷的影响使其发生振动，火箭弹发生的振动将会引起运动姿态发生变化，这将影响弹道的散布。

(5) 阵风的影响。

在火箭弹弹道上，有方向和大小都经常变化的阵风存在，这也是影响散布的主要因素。阵风的影响，以横风最为明显，这是由火箭弹的特点决定的。

7.1.8.3 提高火箭弹密集度的技术措施

多年来，人们在减小火箭弹的射弹散布方面进行了大量的研究工作，如火箭弹微推力偏心喷管技术、尾翼延时张开技术、同时离轨技术、控制全弹的动不平衡以及简易控制技术等，以提高其射击密集度。

(1) 微推力偏心喷管技术。

推力偏心是火箭弹产生散布的主要原因之一，采用微推力偏心喷管设计，利用调整喷喉尺寸和喷管收敛段空间的方法，使得火箭发动机在整个工作过程中推力偏心大大降低。

(2) 尾翼延时张开技术。

尾翼张开过程必然引起振动，所以不希望尾翼的张开过程发生在火箭弹开始启动时，而是希望延迟一段时间。

此时火箭弹已经具有了一定速度和惯性，即使有了扰动，火箭弹也能产生足够的恢复力矩，使得扰动尽快衰减。但是尾翼张开时间也不能太迟，否则由于尾翼没张开而起不了稳定作用。所以，尾翼延时张开就有一个最佳时间的选定问题。

(3) 同时离轨技术。

无控火箭弹的长径比普遍很大(即火箭弹比较瘦长)，所以在弹体上相应地设计有几个定心部。同时，火箭发射管与火箭弹之间存在着间隙。在火箭弹前定心部出炮口后的半约束期内，火箭弹体就会倾斜，而且火箭弹又是低速旋转的，因此会引起较大的起始扰动。

如果把发射管前后两节的内径设计得尺寸不同，从而保证弹上前后两个定心部同时离轨，就从根本上消除了半约束期。使起始扰动大幅降低，从而提高了密集度。

(4) 严格控制火箭弹全弹的动不平衡。

即使是对于低速旋转的尾翼稳定火箭弹，其最大转速也能达到600～900 r/min，所以必须在最后的装配阶段对全弹的动不平衡进行严格调整。

(5) 提高武器系统的火控能力，使射击参数能及时归零。

美国的MLRS(multiple launch rocket system)火箭系统的密集度之所以能达到世界水平，除了采用同时离轨、尾翼延时张开和选择合理转速之外，很重要的一点就是武器的火控系统先进。MLRS火箭炮一次齐射12发火箭弹是在1 min之内完成的，弹与弹之间的平均发射间隔不超过5 s，而就在这5 s时间内，所有的射击诸元能够完全归零。这种火控系统的精确控制能力，可以使火箭弹的密集度大大提高。

(6) 简易控制技术。

除了上述多种提高火箭弹密集度的措施外，俄罗斯的“旋风”火箭弹还采取了简易控制技术，从而使密集度达到了更高水平。简控火箭弹不是导弹，它不能主动探测目标，进而锁定、跟踪，直至击中目标；简控火箭弹只能对弹道的某些参数进行控制或修正，而且只能是在一定范围内进行。简控火箭弹是在已经通过其他技术途径(如减小推力偏心、减小起始扰动等)使密集度得到改善,但还是满足不了战术要求的情况下,再采取简易控制措施使密集度进一步提高。如果密集度原来就很差,单纯依靠简易控制是很难修正过来的。

7.1.9　火箭弹的发展趋势分析

火箭弹具有无后座、射程覆盖范围大、使用方便等优点,两次世界大战以来倍受许多军事强国的重视。特别是近十几年来中远程火箭弹在局部战争中更是发挥了重大的作战效能。随着一些高新技术、新材料、新原理、新工艺在火箭弹武器系统研制中的应用,火箭弹在射程、威力、密集度等综合性能指标方面有了较大幅度的提高,呈现出射程远程化、打击精确化、大威力及多用途化、动力推进装置多样化的发展趋势。

(1) 射程远程化。

推进剂的比冲大小和装载质量的多少是决定火箭弹射程远近的重要参数。

近年来高能材料在固体推进剂制造中的应用,使得推进剂能量有了大幅度提高。目前改性双基推进剂添加黑索金、铝粉以后,其比冲已达到 240 $N \cdot s/cm^3$,而复合推进剂的比冲达到了 250 $N \cdot s/cm^3$。

近年来高强度合金钢、轻质复合材料等高强度材料通常用作火箭壳体材料,同时采用强力旋压、精密制造等制造工艺技术,不仅减轻了壳体质量,提高了材料利用率,降低了生产成本,而且火箭弹的消极质量大幅度下降,同时推进剂的有效装载质量提高。

在总体及结构设计方面,采用现代优化设计技术、新型装药结构、特型喷管等,有效地提高了推进剂装填密度和发动机比冲。

这些新材料、新技术、新工艺的应用使得火箭弹的射程不断提高。目前,火箭弹在射程方面的发展主要有两个方面:

① 现有火箭弹改造,提高其射程。如目前大多数国家已装备的 122 mm 火箭弹,经过改造以后,其射程已达到 30～40 km。

② 大力开发研制大口径远程火箭弹。目前已装备或正在研制的远程火箭弹有埃及的 310 mm 口径 80 km 火箭弹、意大利 315 mm 口径 75 km 火箭弹、俄罗斯 300 mm 口径 70 km 火箭弹、美国 227 mm 口径 45 km 火箭弹、巴西 300 mm 口径 60 km 火箭弹、印度的 214 mm 口径 45 km 火箭弹等。

从目前火箭弹的发展趋势来看,最近几年内火箭弹的射程有望达到 150 km 以上。

(2) 打击精确化。

落点散布较大是早期的火箭弹最大的弱点之一。随着射程的不断提高,在相对密集度指标不变的情况下,其散布的绝对值愈来愈大,这将会大大影响火箭弹的作战效能。

近几十年来为了提高火箭弹的射击密集度已开展了大量的研究工作。在常规技术方面进行了高低压发射、同时离轨、尾翼延张、被动控制、减小动静不平衡度以及微推偏喷管设计等技术的研究。有些研究成果应用在型号研制或装备产品改造中已取得了明显的效果。如微推偏喷管设计技术在 122 mm 口径 20 km 火箭弹改造中应用之后,其纵向密集度已从 1/100 提高到 1/200;在非常规技术方面进行了简易修正、简易制导等先进技术的研究。俄罗斯的 300 mm 口径 70 km 火箭弹采用简易修正技术,对飞行姿态和开舱时间进行修正以后,使得其密集度指标达到 1/310。美国和德国在 MLRS 多管火箭上采用惯性制导加 GPS 技术,研制出了制导火箭弹。

未来的火箭弹将会采用多模弹道修正、简易制导、灵巧智能子弹药等先进技术，实现对大纵深范围内多类目标的打击精确化。

(3) 大威力及多用途化。

早期的野战火箭弹主要用于对付大面积集群目标，所配备的战斗部仅有杀爆、燃烧、照明、烟幕、宣传等作战用途，单兵使用的反坦克火箭弹也只有破甲和碎甲的作战用途。

现代野战火箭弹在兼顾对付大面积集群目标作战任务的同时，已开始具备高效毁伤点目标的能力，并且战斗部的作战功能多极化。目前为了消灭敌方有生力量及装甲车辆等目标，大多数火箭弹都配有杀伤/破甲两用子弹子母战斗部；为了能快速布设防御雷场，已研制了布雷火箭弹；为了提高对装甲车辆的毁伤概率，许多国家在中大口径火箭弹上配备了末敏子弹和末制导子弹药；为了高效毁伤坦克目标，除研究新型破甲战斗部，提高破甲深度外，也开展了多级串联、多用途以及高速动能穿甲等火箭弹战斗部的研制；为了使火箭弹在战场上发挥更大的作用，许多国家正在研制侦察、诱饵、新型干扰等高技术火箭弹，如澳大利亚和美国正在研制一种空中悬浮的火箭诱饵弹，主要用于对抗舰上导弹系统。

随着现代战争战场纵深的加大，所需对付目标类型的增多以及目标综合防护性能的提高，要求火箭弹的设计与研制不仅要大幅度提高战斗部的威力，其作战用途也要进一步地拓宽。

(4) 动力推进装置多样化。

固体火箭发动机结构简单、工作可靠、使用方便等特点，使其成为目前大多数自带动力武器的动力装置。但由于固体火箭发动机同时具有工作时间短、比冲小、推力不易调节等缺点，从而限制了该种动力推进装置的应用范围。

目前许多国家已开始应用或研究多种新型动力推进装置，主要有以下几类：

① 固体或液体冲压发动机。固体或液体冲压发动机充分利用大气中的氧气，采用贫氧推进剂，其比冲可达 600 s。由于冲压发动机在一定飞行速度下才能启动，因此它一般作为增程增速发动机使用。

② 凝胶推进剂发动机。凝胶推进剂发动机所采用的推进剂是一种凝胶状物质，根据不同推力大小的需要，通过控制装置可以往燃烧室输入不同质量的推进剂。一般作为可变推力发动机使用。

③ 脉冲爆轰发动机。目前美国、俄罗斯、法国、英国等国家正在研制脉冲爆轰发动机。这种发动机类似于冲压发动机，以空气中的氧气作为氧化剂，燃料采用汽油、丙烷气或氢气，具备能量利用率高、结构简单、使用方便等特点，并能在静止或不同飞行速度下启动。但就目前的研究状况看，脉冲爆轰发动机所产生的推力较小，还只能作为续航发动机使用。

7.2 导弹战斗部

7.2.1 概述

1. 导弹的分类与组成

导弹是载有战斗部，依靠自身动力装置推进，由制导系统导引控制其飞行轨迹，指向并摧毁目标的飞行器。

(1) 导弹的分类。

目前各国研制的导弹，种类繁多，通常可按发射地点、目标所在位置或按飞行航迹的特性以及由此而定的导弹结构特性来进行分类。这两种分类方法，简单明确地说明了各类导弹的功能及其主要特点，其相互关系可用图7.2.1来表示。

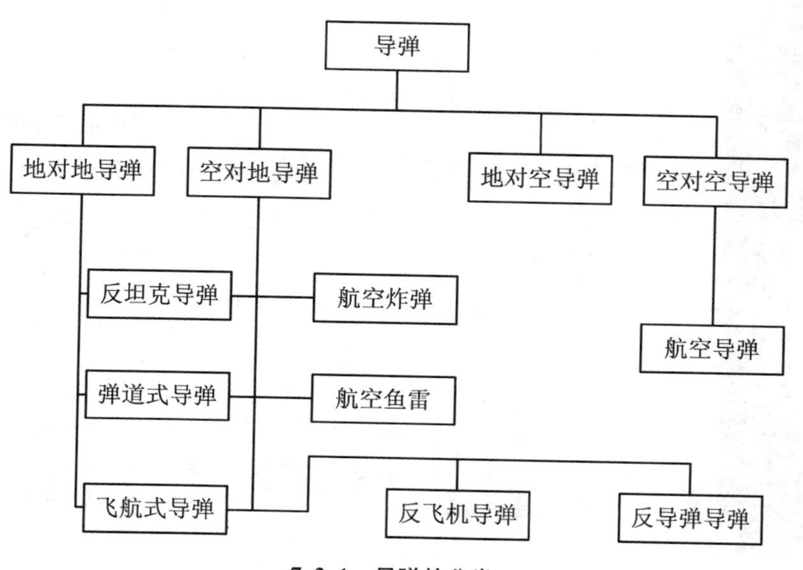

7.2.1　导弹的分类

① 地对地导弹。

地对地导弹是由地面发射攻击地面目标的导弹。这里的"地面"是指陆地表面、水面及地下、水下某一深度。根据这类导弹的任务及其结构上的特点，又可分为弹道式导弹、飞航式导弹(巡航导弹)以及反坦克导弹。

弹道式导弹如图7.2.2所示。导弹除开始的一小部分弹道是用火箭发动机外，其余弹道都是按照自由抛物体的规律几乎完全靠惯性飞行。导弹的飞行弹道如图7.2.3中的曲线所示。其中OA段称主动段，其余部分即ABC段称为被动段。弹道式导弹一般只对主动段进行制导。根据射程的不同，弹道式导弹可分为近程(如射程为100～1000 km)、中程(如射程为1000～4000 km)、远程(如射程为4000～8000 km)和洲际(如射程为8000～10000 km)弹道式导弹。

飞航式导弹如图7.2.4所示，它是有翼导弹，其外形与飞机差不多。它的飞行轨迹大部分为水平飞行，并且在大气层飞行(如图7.2.3曲线C所示)。飞航式导弹多采用空气喷气发动机。所以，为了从发射装置上发射，需要采用固体火箭发动机作助推器。

② 地对空导弹。

从1941年德国开始研制地空导弹开始，经历60多年的发展，已经形成了完备的防空体系，到目前为止，已发展到第四代，其发展过程简述如下：

第一代地空导弹的发展主要源于20世纪40年代喷气技术的突破，使空中目标的飞行高度和速度大幅度提高，而当时的防空火炮不适应那些高空后速的目标。推动第一代地空导弹发展的技术基础是液体火箭发动机、冲压发动机和双基药推进剂的固体火箭发动机技术的成熟。第一代地空导弹主要是中高空型的，主要弥补防空高炮的不足。如美国的奈基-

Ⅰ，奈基-Ⅱ，全苏联的 SA-1，SA-2。制导系统主要采用波束制导、指令制导和半主动雷达寻的，控制系统设计主要采用简单的经典控制理论，缺点是笨重，机动性和抗干扰能力差。

图 7.2.2 弹道式导弹

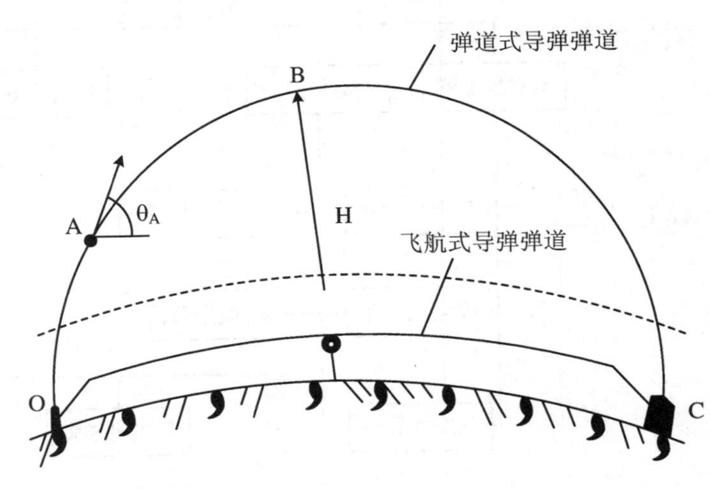

图 7.2.3 导弹的飞行弹道

第二代地空导弹的发展主要源于空中目标的低空突防和机动能力进一步增强，电子、计算机、红外技术和激光技术的发展，复合推进剂固体火箭发动机的成熟和保证导弹低空飞行控制技术和制导技术的突破，为这一代地空导弹的发展提供了技术基础。代表型号如美国的霍克，法国的响尾蛇。制导系统除无线电指令制导和红外激光制导得到很大发展外，由单一制导转向复合制导。导弹的机动能力、电子对抗以及制导能力较第一代显著提高。

第三代地空导弹发展至 20 世纪 80 年代中期，主要源于空中目标在电子干扰配合下，广泛应用饱和攻击战术突防。相控阵雷达技术达到实用水平，解决了一个火力单元可以同时射击多个控制目标的问题，使地空导弹的弹道可以不受雷达窄波束的约束，从而增大了射程。代表型号为美国的"爱者Ⅰ型"、苏联的"C-300"。

第四代地空导弹是目前开始在今后一段时间将要兴起的，其作战要求是射程远、精度高、火力密度大、机动能力强，而突出特点是要求命中精度高，一般最大脱靶量在 1～2 m。目前研制成功的典型代表有美国的"爱国者-Ⅲ(PAC-Ⅲ)"、俄罗斯的"C-400"和以色列的"剑-Ⅱ"等。随着空袭兵器的发展，第四代地空导弹的发展具有如下特点：

a. 拦截空中目标的范围扩大。不仅包括各类飞机、战术弹道导弹，还包括巡航导弹、反辐射导弹以及防区外活动的敌方载机等。

b. 大幅度增加射程。对于远程地空导弹应能打击预警机、干扰机以及防区外发射武器的载机。

c. 机动过载能力不断提高。为了拦截远距离的机动目标，要求中远程地空导弹具有全程机动过载能力。

d. 电子对抗能力进一步提高。要求地空导弹具有较强的隐身性和抗电子干扰能力。

地对空导弹也称防空导弹，它也是有翼导弹，如图7.2.5所示。地对空导弹是从地面或海面（舰面）发射攻击空中目标的导弹，以包围城市、政治中心、军事设施、海港及大型舰艇等。

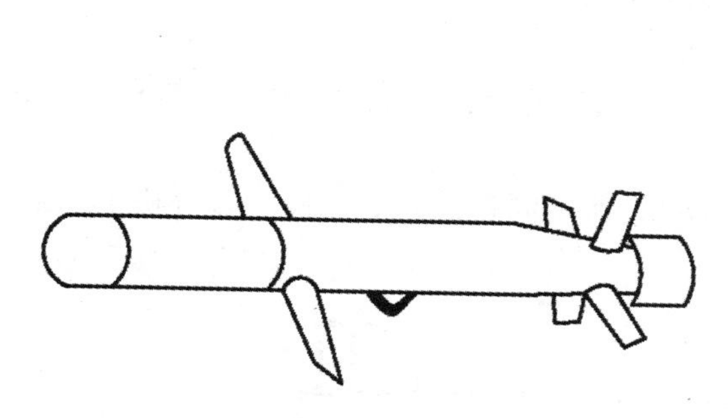

图7.2.4　飞航式导弹

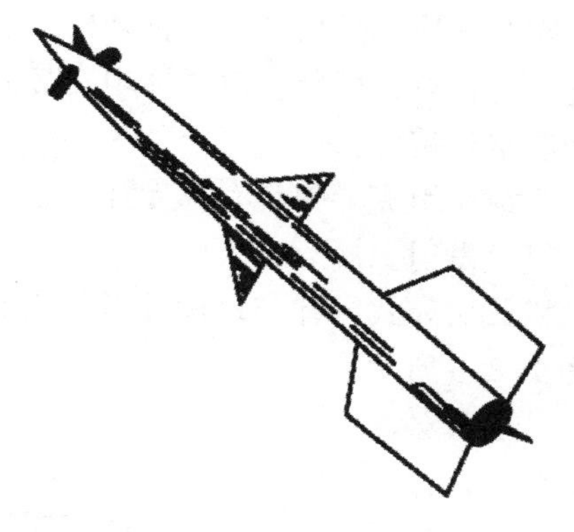

图7.2.5　地对空导弹

地对空导弹根据所攻击目标的类型又可分为两类：一种是攻击在大气层中飞行的各种类型的飞机和飞航式导弹称之为反飞机导弹；另一种是打击速度很高、在大气层之外飞行的弹道式导弹，称之为反弹道式导弹。

在反飞机导弹中，按其攻击目标的高度不同可分为中高空（如射高为10～30 km）、低空（如射高3～10 km）和超低空（如射高在3 km以下）地对空导弹。

③ 空对地导弹。

空对地导弹也称空地导弹。空地导弹是飞航导弹家族中的一个重要分支，是指装备各种飞机攻击地（水）面目标的导弹，它同巡航导弹工作状态类似，主要弹道处于“巡航”状态。空地导弹与载机上的火控系统、发射装置和检查测量设备等构成空地导弹武器系统。根据空地导弹类型、导引方法和发射方式等条件的不同，可以从不同高度以亚音速或超音速发射，攻击一个或多个目标。

空地导弹按其作战使命，可划分为战略空地导弹、战术空地导弹和反辐射导弹。战略空地导弹为战略轰炸机等做远距离突防而研制的一种进攻性武器，主要用于攻击政治中心、经济中心、军事指挥中心、工业基地和交通枢纽等重要战略目标；而战术空地导弹一般执行战场压制，攻击敌方纵深地域有价值的目标。这一类导弹发展最快，研制的国家和型号最多，成为许多国家对地攻击的有效武器。

空地导弹主要由弹体、制导装置、动力装置、战斗部等组成。弹体的气动布局通常有正常式、无尾式。制导装置用以控制导弹按确定的导引规律飞向目标，其构成随制导方式而定。制导方式有自主式制导、遥控制导、寻的制导和复合制导。战斗部用以摧毁目标，有常规装药与核装药。

由于空地导弹主要实施低空突防，以超低空、远距离、亚音速飞行，所以就动力装置而言，大多采用涡喷（扇）发动机。这种发动机只需在已成熟的航空喷气发动机的基础上改型就可作为弹用。而且，具有体积小、结构简单、成本低、性能好和可靠性高等特点，在空地导弹的发展上深受欢迎。目前国外已将该类发动机成功地应用于多种型号空地导弹上。我国研仿了法国的FP-4涡喷发动机，正在改进将其用于新型空地导弹上。

根据不同的发射状况,空地弹可以攻击多种目标。那么,对导引系统的发展也出现不同类型,有电视制导、雷达制导和红外制导等。相比之下,电视制导不像红外导引和雷达导引,易受对方目标的限制。所以目前电视制导应用比较广泛。如美国的“幼畜”“秃鹰”“海上凶手”“SLAM”,俄罗斯的“KAB-SOOT”“KAB-1500T”等。

空对地导弹是从飞机或直升机上发射,用于对付地面或海上目标。根据导弹的任务和设备上的特点又可分成机载反坦克导弹、机载飞航式导弹、空中发射的弹道式导弹、航空炸弹和航空鱼雷等。

机载反坦克导弹是有翼导弹。它与地面发射的反坦克导弹相类似,所不同的只是它从直升机上发射。

机载飞航式导弹与地面发射的飞航式导弹类似,所不同的是它从飞机或直升机上发射,如图 7.2.6 所示。

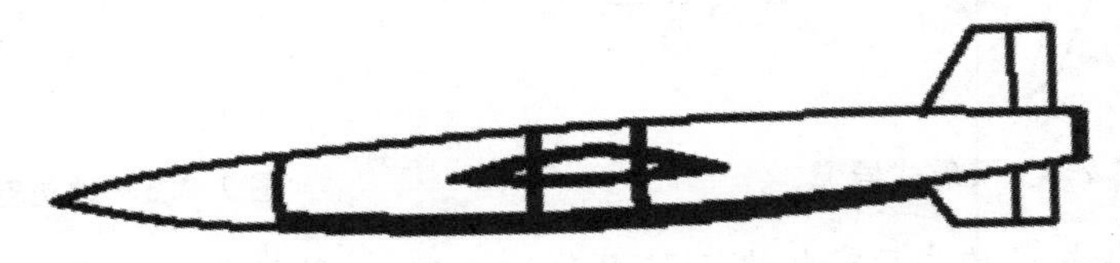

图 7.2.6　空对地导弹

空中发射的弹道式导弹是从飞机上发射的一种弹道式导弹。这种导弹在重入大气层的弹道末段如要进行制导,导弹上应安装翼面。

a. 航空炸弹。它与飞航式导弹所不同的是它不装发动机,因此只有从飞机上投放后在下滑过程中进行制导。

b. 航空鱼雷。它与航空炸弹相类似,用以攻击水面上的舰艇和水下的潜艇。航空鱼雷的飞行航迹可以是从飞机上发射后在空中飞行直接攻击目标,也可以在目标附近进入水中再攻击目标。如果攻击目标距离较远,应考虑安装发动机。

④ 空对空导弹。

空对空导弹是从飞机上发射攻击空中目标的有翼导弹,也称为航空反飞机导弹或航空导弹,如图 7.2.7 所示。空对空导弹根据其攻击能力的不同,又可分为尾部攻击和全向攻击两类。尾部攻击是指导弹只能从目标后方的一定区域内对目标进行攻击。全向攻击是指导弹既可以从目标后方攻击,又可以从前方或侧面攻击。空对空导弹还可以按攻击目标的距离远近分为近距格斗的和远程攻击的。

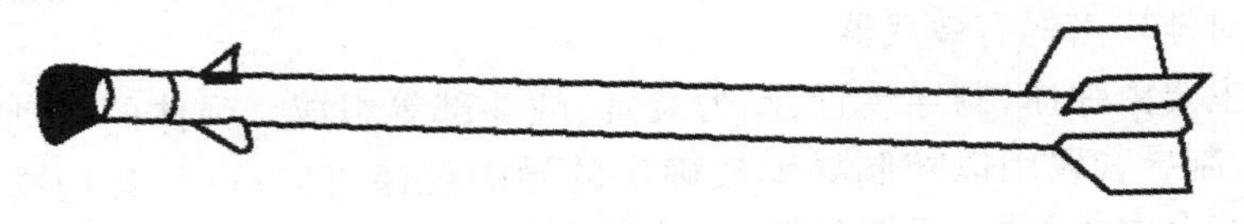

图 7.2.7　空对空导弹

现代空战具有超视距空战和近距空战两种方式。为了适应超视距空战和近距空战的需要,人们分别发展了中远距空空导弹和近距空空导弹。通常,超视距空战使用的是中远距空空导弹,而在近距空战使用的则是近距空空导弹。一般来说,中远距空空导弹由于近距空战效果不太好,因此仅适合超视距空战,同样近距导弹也只能用来攻击近距目标。这样,在空战前,如何兼顾超视距空战和近距空战需要,在作战飞机上合理配置中距弹和近距弹的数量，就成为战前作战准备的一项重要课题。两种导弹各有所长，但空战战场千变万化，因此在战前作战准备时，往往很难保证作战飞机挂载的中远距空空导弹和近距空空导弹的数量正好能恰如其分地满足空战需要。为此，人们提出了双射程空空导弹的新概念。

所谓双射程空空导弹，就是集中远距空空导弹和近距空空导弹性能于一身的新一代空空导弹。这种导弹，在空战中既可超视距拦截攻击中远距目标，又能近距攻击目标，在空战交换比、飞机装载灵活性、武器系统的后勤保障和全寿命费用等方面具有明显优势，代表着下一代空空导弹的发展方向。

以上分类中所用的“地”是指地球表面，包括陆地表面和海面。也有用“地”只表示陆地表面的，以便和海面区别开来，这样就有海对地、海对海、空对海、海对空等各类导弹的名称。另外也有将“海”用“舰”（水面）和“潜”（水下）来代替的，这里“舰”是指军舰，“潜”是指潜艇，因此就有了舰对舰、舰对地、岸对舰、舰对潜、潜对地、空对潜等导弹名称。

(2) 导弹的主要组成。

导弹有五个组成部分：动力装置、制导系统、弹体、弹上电源和战斗部。

① 动力装置。

动力装置是以发动机为主体的，为导弹提供飞行动力的装置。也可把这个组成部分称为推进分系统。它保证导弹获得需要的射程和速度。

导弹上的发动机都是喷气式发动机，有火箭发动机（固体和液体火箭发动机）、空气喷气发动机（涡轮喷气和冲压喷气发动机）以及组合型发动机（固-液组合和火箭-冲压组合发动机）。火箭发动机自身携带氧化剂和燃烧剂，因此不仅可用于在大气层内飞行的导弹，还可用于在大气层外飞行的导弹；空气喷气发动机只携带燃烧剂，要依靠空气中的氧气，所以只能用于在大气层内飞行的导弹。

发动机的选择要根据导弹的作战使用条件而定。战略弹道导弹因其只在弹道主动段靠发动机推力推进，发动机工作时间短，且需在大气层外飞行，应选择固体或液体火箭发动机；战略巡航导弹因其在大气层内飞行，发动机工作时间长，应选择燃料消耗低的涡轮风扇喷气发动机（也可以使用冲压喷气发动机）。战术导弹要求机动性能好和快速反应能力强，大都选择固体火箭发动机。但在空面导弹、反舰导弹和中远程空空导弹里也逐步推广使用涡喷/涡扇发动机和冲压喷气发动机。

有的导弹如地（舰）对空导弹和反坦克导弹用两台或单台双推力发动机。一台作起飞时助推用的发动机，用来使导弹从发射装置上迅速起飞和加速；另一台作主要发动机，用来使导弹维持一定的速度飞行以便能追击飞机或坦克，因此称为续航发动机。远程导弹和洲际导弹的飞行速度要求在火箭发动机熄火时达到数千米每秒，因此要用多级火箭，每级火箭要一台或几台火箭发动机。

② 制导系统。

制导系统是导引和控制导弹飞向目标的仪器、装置和设备的总称。为了能够将导弹导向目标，一方面需要不断地测量导弹实际运动情况与所需求的运动情况之间的偏差，或者测量导弹与目标相对位置及其偏差，以便向导弹发出修正偏差或跟踪目标的控制指令信息；另一方面还需要保证导弹稳定地飞行，并操纵导弹改变飞行姿态，控制导弹按所要求的方向和轨迹飞行而命中目标。完成前一方面任务的部分是导引系统；完成后一方面任务的部分是控制系统。两个系统合在一起构成制导系统。制导系统的组成和类型很多，它们的工作原理也多种多样。

制导系统可全部装在弹上，如自寻的制导系统就是这样。但是有很多导弹，弹上只装有控制系统，导引系统则设在指挥站(设在地面、舰艇或飞机上)。

导弹制导系统有4种制导方式：

a. 自主式制导。制导系统装于导弹上，制导过程中不需要导弹以外的设备配合，也不需要来自目标的直接信息，就能控制导弹飞向目标。如惯性制导，大多数地地弹道导弹采用自主式制导。

b. 寻的制导。由弹上的导引头感受目标的辐射或反射能量，自动形成制导指令，控制导弹飞向目标。如无线电寻的制导、激光寻的制导、红外寻的制导。这种制导方式制导精度高，但制导距离较近，多用于地空、舰空、空空、空地、空舰等导弹。

c. 遥控制导。由弹外的制导站测量，向导弹发出制导指令，由弹上执行装置操纵导弹飞向目标。如无线电指令制导、无线电波束制导和激光波束制导等，多用于地空、空空、空地导弹和反坦克导弹等。

d. 复合制导。在导弹飞行的初始段、中间段和末段，同时或先后采用两种以上制导方式的制导称为复合制导。这种制导可以增大制导距离，提高制导精度。

在导弹的制导(导引)的分类上通常有两类，一种是信号传送媒体的不同，如有线制导、雷达制导、红外制导、激光制导、电视制导等，另外一种分类是导弹的导引(制导)方式的不同，如惯性导引、GPS、GLOSS、DBD、陆基导航、乘波导引、主动导引和指挥至瞄准线导引等。

③ 战斗部。

这是导弹上直接摧毁目标，完成战斗任务的部分，所以称为战斗部。由于大多数放置在导弹的头部，人们又习惯称它为弹头。它由弹头壳体、战斗装药、引爆系统等组成。有的弹头还装有控制、突防装置。

战斗装药是导弹毁伤目标的能源，可分为核装药、普通装药、化学战剂、生物战剂等。引爆系统用于适时引爆战斗部，同时还保证弹头在运输、贮存、发射和飞行时的安全。弹头按战斗装药的不同可分为导弹常规弹头、导弹特种弹头和导弹核弹头，战术导弹多用常规弹头，战略导弹多用核弹头。核弹头的威力用梯恩梯当量表示。每枚导弹所携带的弹头可以是单弹头或多弹头，多弹头又可分为集束式、分导式和机动式。战略导弹多采用多弹头，以提高导弹的突防能力和攻击多目标的能力。

在导弹的发展历程中，也曾出现过不带战斗部的导弹，动能弹头就是利用弹头的动能直接撞毁目标，可用于战略反导、反卫星和反航天器，也可于战术防空、反坦克和战术反导作战。

由于导弹所攻击的目标性质和种类不同，相应的有各种毁伤作用和不同结构类型的战斗部，如爆破战斗部、杀伤战斗都、聚能破甲战斗部、化学战斗部、生物剂战斗部以及核战斗部。

④ 弹体。

弹体即导弹的主体，是由各舱、段、空气动力翼面、弹上机构及一些零部件连接组成的、有良好气动力外形的壳体，用以安装战斗部、控制系统、动力装置、推进剂及弹上电源等。当采用对接战斗部、固体火箭发动机和液体推进剂受力式贮箱时，它们的壳体、箱壁就是弹体外壳的一部分。

空气动力翼面包括有产生升力的弹翼、产生操纵力的舵面及保证导弹稳定飞行的安定面(尾翼)。对弹道式导弹由于弹道大部分在大气层外飞行,主动段只作程序飞行,因此没有弹翼或根本没有空气动力翼面。

⑤ 弹上电源。

弹上电源是供给弹上各分系统工作用电的电能装置。除电池外,通常还包括各种配电和变电装置。常用的电池有银锌电池,它单位重量所储的电能比较大,能较长时间储存。有的导弹局部用电部分采用小型涡轮发电机来供电。有巡航导弹采用扇形喷气发动机带动小型发电机发电来供电。有的导弹(个别有线制导的反坦克导弹)弹上没有电源,由地面电源提供电能供弹上之用。

2. 导弹战斗部的分类

导弹战斗部是导弹上用以破坏目标的部件,也是导弹之所以成为武器的基本条件。针对不同的作战目标,导弹上配用不同类型的战斗部,常见的战斗部类型如图 7.2.8 所示。

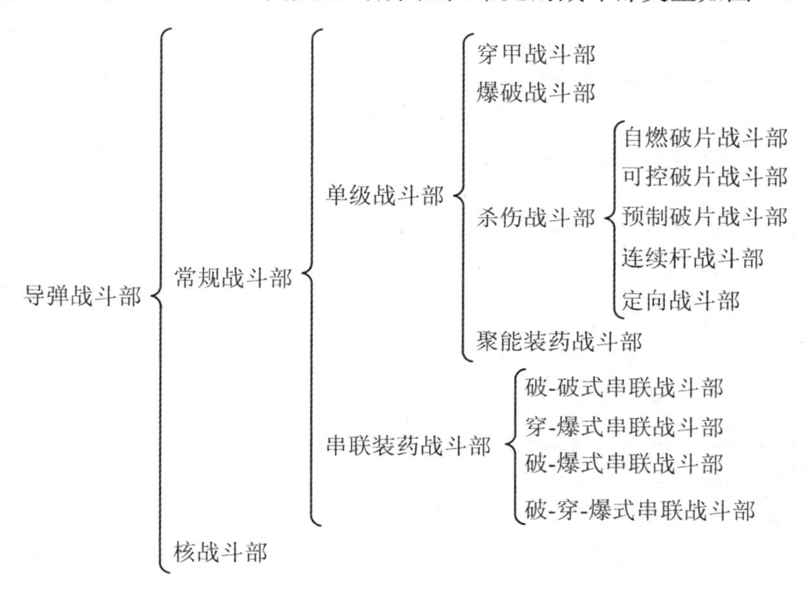

图 7.2.8　导弹战斗部分类

下面将对各种常用战斗部的结构和作用特点作简要介绍。

7.2.2　半穿甲战斗部

半穿甲战斗部属于内爆战斗部,靠战斗部壳体的结构强度和引信的延迟作用,进入目标以后爆炸。

对于海上大中型水面舰船和航母等高价值目标,使其丧失作战能力的有效手段之一是采用半穿甲爆破型反舰导弹对其进行打击。半穿甲爆破型反舰导弹携带半穿甲爆破型战斗部,借助导弹本身的动能,战斗部钻入舰船内部并发生爆炸,靠随机破片和冲击波破坏舰船、航母等目标。

作为半穿甲爆破型反舰导弹的有效载荷,半穿甲爆破型战斗部的研究受到世界各国的重视。20 世纪 70 年代,欧美国家研制并装备了多种型号的半穿甲战斗部。比如法国的“飞鱼”(Exocet)、德国的“鸬鹚”(Kormoran)、意大利的“奥托马特”(Otomat)、挪威的“企鹅”

(Penguin)以及美国的“捕鲸叉”(Harpoon)和以色列的“迦伯列”(Gabriel)等反舰导弹均采用半穿甲爆破型战斗部,我国装备的C-801反舰导弹所用战斗部也为半穿甲爆破型战斗部。

半穿甲爆破型反舰导弹作为现代海战中的主要武器,战斗部既是它的唯一有效载荷,又是直接执行战斗任务的部件。在打击舰船目标时,如果战斗部能够贯穿多层甲板,侵入舰船内部核心部位(如弹药舱、动力舱等)发生爆炸,将对目标造成致命打击。在一定条件下,半穿甲战斗部的威力和对舰船的毁伤效果与其结构、类型关系很大。上述列举的半穿甲战斗部对付一般的舰船甲板装甲尚可奏效,如果要侵彻多层装甲较厚、强度较高的航母等大型舰船甲板装甲,并不能够保证弹体穿靶后的完整性,从而导致穿甲能力降低。

最初半穿甲战斗部所攻击的主要目标是水面舰艇,以驱逐舰为典型目标。导弹命中目标的部位是舰艇的侧舷或上层建筑。驱逐舰的侧舷钢板的厚度为12 mm左右,上层建筑的结构钢板比侧舷钢板更薄,舰体内的隔墙为不大于6 mm厚的普通钢板。半穿甲战斗部进入舰体后,一般是使其在舰的中心部位爆炸,因此战斗部在爆炸之前必须穿过军舰的侧舷钢板和纵隔墙,战斗部在穿过这些障碍物时,必须保持主要部件的功能不受影响,主要是战斗部壳体不能破裂,装药不能早炸。

半穿甲战斗部除用于攻击舰艇外,近些年来,在反机场跑道、机库及混凝土工事等战斗部中也采用了半穿甲结构。

半穿甲战斗部的结构形状有两种,即尖卵形头部结构和平板形头部结构。

(1) 尖卵形头部结构。

头部为尖卵形的半穿甲战斗部有飞鱼系列导弹战斗部、鸬鹚导弹战斗部和迦伯列导弹战斗部。图7.2.9为飞鱼系列导弹战斗部结构图。

尖卵形头部结构的优点是战斗部在穿甲过程中受力状态较好。缺点是稳定性差,斜撞击时容易跳弹,因此,头部必须采取防跳弹措施。

(2) 平板形头部结构。

捕鲸叉导弹战斗部就是这种结构,如图7.2.10所示。这种头部结构的优点是战斗部与目标撞击时稳定性好,具有良好的防跳弹性能。缺点是战斗部在穿甲过程中受力状态较差。因此,在战斗部头部壳体和炸药之间设有惰性材料缓冲垫,缓冲垫的材料成分为与干固水泥相类似的石膏混合物65%,蓖麻蜡35%,外加树脂3%。

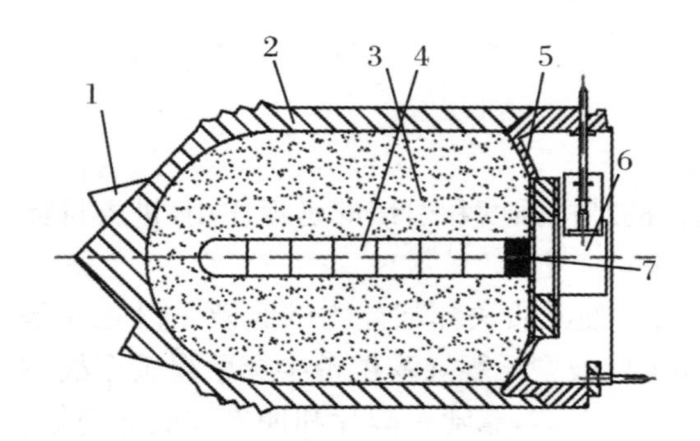

图7.2.9 飞鱼系列导弹战斗部结构图

1. 防跳弹爪;2. 壳体;3. 炸药;4. 传爆药;5. 底部;6. 引信;7. 起爆药

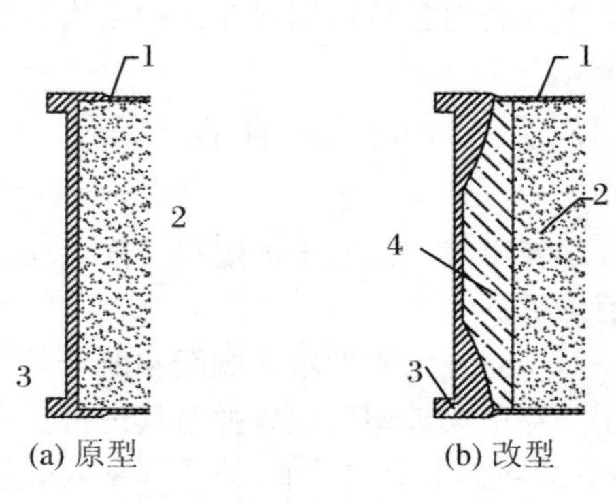

图7.2.10 平板形头部结构战斗部结构图

1. 壳体;2. 炸药;3. 防跳缘;4. 缓冲垫

7.2.3　云爆战斗部

云爆弹(fuel air explosive),字面含义为燃料空气炸药或油气炸药。人们之所以常称之为云爆弹,主要是因为它在发射到目标区之后,要首先爆飞成一定高度、厚度和范围的气溶胶云雾,然后再次起爆之故。另外,由于这种燃料空气炸药爆炸后会产生巨大的冲击波杀伤作用,且又会使炸点周围一定范围内形成缺氧区域而产生窒息作用,因此亦有人将其称为气浪弹或窒息弹。

所谓云爆弹,实际上就是由装有燃料(大多为环氧乙烷、环氧丙烷、硝基甲烷、乙烯乙炔等液体、气体、固体类高挥发性易燃燃料)的容器和定时起爆装置构成的一种战斗部。其作用原理和过程是,先由适当的发射装置或飞机将云爆弹发射或投送到目标区上空;当离地面(或水面)一定高度时,实施第一次引爆,使弹载化学燃料散布到空中,燃料弥散形成的细小雾粒迅速与周围空气混合,形成一定直径和厚度的可燃气溶胶云团(即燃料空气炸药);随之,弹载起爆引信引燃云团,激发爆轰,达到破坏和杀伤目标的效果。

云爆弹被认为是常规弹药技术的重大进展。和常规弹药相比,云爆弹的杀伤破坏力要高得多(一般比同质量的常规弹药高 5 倍以上)。它除了具有常规弹药的直接爆炸和破片杀伤作用外,还另具有强大的冲击波作用、窒息作用、热辐射和电磁辐射等作用,素有"没有炸药的常规原子弹"之美誉,是一种可对付大面积目标的面杀伤武器。云爆弹虽然不能称为纯粹的新概念武器,但作为传统弹药的一次飞跃,其独树一帜的技战术特点却是同类弹药无出其右的。这主要表现在以下几个方面:

(1) 破坏威力大。

云爆弹的破坏威力大主要体现在释放能量多、爆轰作用时间长和波及范围大三个方面。其一,云爆弹的装药不是普通炸药而是易燃的化学物质,爆炸时不像炸药那样需靠自身供氧,而是充分利用炸点周围空气中的大量氧气,因此等量的云爆弹"装药"要比炸药释放出的爆炸能量大得多;其二,云爆弹爆炸前要先形成大片的云团,因此其爆炸持续时间(包括爆燃反应时间和爆轰作用时间)要远远高于常规炸药,产生的冲击波随时间衰减的速度又远低于常规炸药;其三,云爆弹的破坏方式是"面"式,不像常规炸药的"点"式,因此其作用范围较大。有试验表明,同质量云爆弹"装药"的破坏波及范围比梯恩梯炸药大 50 %以上。

(2) 杀伤作用强。

云爆弹的杀伤效能主要来自以下五个方面:

① 高温作用。试验表明,一枚测试用的 20 kg 重云爆弹爆炸时,炸点周围半径数米范围内的空气温度可高达 2000 ℃以上,足以致死人员、烧毁轻型装备、引爆武器弹药等。有人称足量燃料的云爆弹可起到核武器的作用,原因就在于此(当然还包括其超压作用和冲击波效应)。

② 超压作用。云爆弹的燃料空气云团引爆后,高温空气分子快速向外扩张膨胀,猛烈挤压周围空气而形成局部超压环境。试验证明,20 kg 重的云爆弹爆炸时,炸点中心的压力可高达 29 巴(1 巴以上的压力即可使人体局部器官受损,6.7 巴即可致人死亡)。在这样的超压环境中,一些敏感的软目标(如轮式车辆、飞机、舰面通信设施、非加固工事等)将遭重创或被摧毁。

③ 窒息作用。云爆弹的爆炸和燃烧完全依赖于大气中的氧,因此炸点周围大气中的氧

气会在短时间内消耗殆尽，造成局部环境完全缺氧达数分钟之久，导致作用范围内的人员和生物因窒息而死亡，动力机械因缺氧而停止或出现故障。而爆炸燃烧的高温又会引燃炸点周围的物品，加大缺氧程度，产生一氧化碳，使得窒息作用更为严重。

④ 冲击波作用。云爆弹的燃料空气团爆体瞬间，在产生高温烈焰的同时，会形成巨大的气浪和爆轰冲击波，这种冲击波以每秒数千米的高速向四周传播，其冲击力之大，可以重创甚至摧毁波及之处的树木、小型建筑物、港口设施、通信线路等，作战人员当然不可能幸免。

⑤ 热辐射和电磁辐射作用。由云爆弹爆炸后产生的高压、高温和高速爆轰波和超压作用会形成一定的电磁脉冲效应，这已为大量试验所证实，只不过这种效应远小于核爆炸引起的电磁脉冲效应而已。尽管云爆弹的电磁脉冲作用不算很大，但对炸点附近的电子设备和通信设施足以造成严重的干扰和破坏。另外，与常规弹药一样，云爆弹爆炸后产生的破片对周围目标也有一定的杀伤作用。

(3) 投送方式灵活。

在实战作用中，云爆弹的投送方式非常灵活，既可像炸弹那样由某种载体投放，也可由某种发射装置发射。目前已知的投送方式有多种：

① 用导弹携载投送，即用云爆弹代替导弹的战斗部，不过在命中目标区之前要设法使弹头减速，以便在大气中形成燃料空气云团。

② 用飞机(包括直升机、无人机)直接投放，以自由落体方式降落，至目标上空一定距离时放出燃料并随之引爆。

③ 用多管火箭炮、大口径火炮、深水炸弹发射器等发射，小型云爆弹还可由单兵火箭筒发射。这种灵活多样的投送方式可使云爆弹攻击不同类型、不同距离上的战术和战略目标。

(4) 攻击目标多样。

云爆弹的独特作用机理和战技性能使其可对多种目标进行攻击。在对付海上目标时，云爆弹产生的燃料空气云团甚至可将舰艇部分全部笼罩起来，爆炸后的多种作用可有效摧毁舰面设施(如上层建筑、桅杆、雷达系统、烟囱、舰载机、武器系统、机库平台等)，重型云爆弹还可对舰内设备造成不同程度的杀伤；另外，对岛礁上的守备兵力、登陆舰船和港口设施等，云爆弹也有强大的阻断和大面积杀伤作用。对付地上目标时，云爆弹的作战优势更可发挥得淋漓尽致，如可杀伤据点、阵地、集结地域的有生力量，可摧毁坚固的工事、掩体、指挥所、武器发射场，可破坏机场、码头、油库、弹药库、雷达站等。对付巡航导弹时，云爆弹的超压作用可使导弹外壳蒙皮变形，电磁脉冲和冲击波作用可使导弹制导和控制系统的电子线路过载而失灵，局部吸氧作用又会使弹载主发动机推力锐减甚至停车等，不管出现哪一种情况，导弹都将失去进攻能力。此外，云爆弹的高温、高压作用及无孔不入的强大冲击波还使其能对未来战场上大量出现的软目标(如指挥控制系统、侦察监视系统等)进行有效破坏，甚至还可用于对未来战场上的生物战剂污染区进行消毒和清理。

(5) 使用效费比高。

云爆弹的作战效果之大和使用成本之低已为人所公认，这主要是基于以下几点：

① 云爆弹的主“装药”只是一些普通的化学制剂，材源广泛，价格便宜，易于获得。

② 云爆弹弹体结构简单，制造工艺也不复杂，无需先进的制导系统，有利于降低造价。

③ 云爆弹不需配用专门的投送系统，攻击目标时也不需直接命中，消除了配套费用。

④ 云爆弹是一种全天候武器，使用限制条件很少，而且生产、运输、贮存等都比较安全。

云爆弹是一种有别于常规炸药(简称 HE)的新型爆炸能源弹。以云爆弹为爆炸能源的弹药,统称为云爆弹武器。纵观武器的发展历程,为实现针对不同目标的有效毁伤,并使武器系统简单化、作用可靠性提高,人们先后研发了两种类型的云爆弹武器,即两次引爆型云爆弹和一次引爆型云爆弹,应用于不同的武器平台,并在战场上发挥着重要作用。虽同为云爆弹武器,但二者的作用原理是有区别的,但也有联系。

(1) 两次引爆型云爆弹的作用原理。

两次引爆型云爆弹武器是以爆炸抛撒的形式将其容器内装填的燃料分散到空气中,气化的或液滴的或粉尘状态的燃料与空气充分混合形成的云雾团,在一定能量激发下发生爆炸产生超压,获得大面积毁伤和破坏效果。

使用该类云爆弹时,将装填有燃料的战斗部运载到目标上方,降落到一定高度时,通过一次定距引信的引发和中心炸药装药的爆炸作用,把燃料抛撒到战斗部四周,燃料迅速弥散成雾状细小质点,并与周围空气充分混合形成云雾团然后被战斗部释放出的二次引信对云团实施强起爆利用云团的爆轰波及其引起的冲击波达到对大面积目标的破坏作用。云雾区域内的爆炸超压可达 2～3 MPa,爆速达 2000 m/s 左右,云雾区外的冲击波超压和传播速度随距离增加而衰减,但这种衰减在时空两方面均比同质量的常规炸药缓慢许多。

(2) 一次引爆型云爆弹的作用原理。

为简化两次引爆型武器的复杂结构,提高作用的可靠性,从 20 世纪 70 年代开始一些国家开始了一次引爆云爆弹的研究。早期的一次引爆技术采用光化学催化和化学催化引爆方法,即向燃料中添加催化剂 ClF_3 或 BrF_3,促使燃料与周围的空气发生燃烧,进而转变为爆轰但由于这类催化剂在操作上有困难,同时存在不安全因素,继而研发了新型催化剂正己基碳硼烷、异丁基碳硼烷、二茂铁、正丁基二茂铁等。后来又相继开展了揣动热喷流法、燃烧转爆轰法等,但在武器化应用中有很多需要解决的问题,作用可靠性不高。直到俄罗斯专家奥西金开展的几种一次引爆模式,才从真正意义上开展了一次引爆的研究。我们在这里主要介绍实施方便并已有应用实例的复合相特种爆炸混合物温压药剂的作用原理。

复合相特种爆炸混合物准确地说是一种富含燃料的高爆炸药,同时在爆炸过程中从周围空气中大量吸取氧气,混合物中添加的高能金属粉在加热、加压状态下起燃并释放能量,从而大大增强该爆炸物的压力效应和高温持续效应。其爆炸过程由以下三个“事件”组成:

① 最初的无氧爆炸反应,不需要从周围空气中吸取氧气,持续时间为数百万分之一秒,主要是分子形式的氧化还原反应。此阶段仅释放一部分能量,并产生大量富含燃料的产物。

② 爆炸后的无氧燃烧反应,不需要从周围空气中吸取氧气,持续时间为数万分之一秒,主要是燃料粒子的燃烧。

③ 爆炸后的有氧燃烧反应,需要从周围空气中吸取氧气,持续时间为几十毫秒,主要是富含燃料的产物与周围空气混合燃烧,此阶段释放大量能量,延长了高压冲击波的持续时间,并使作用范围越来越大。

这三个“事件”确定了一次引爆型云爆弹的基本性能,最初的无氧爆炸反应确定了其高压性能,对装甲的侵彻能力爆炸后的无氧燃烧反应确定了其中压性能,对墙壁工事的穿透能力爆炸后的有氧燃烧反应确定了冲击波强度和热性能以及对人员和装备等软目标的损伤能力。

云爆战斗部是指以燃料空气炸药作为爆炸能源的战斗部,也称 FAE 战斗部。这是第二次世界大战后兴起的一种新型战斗部,其特点是燃料通过爆炸方式或其他方式均匀地分散在空气中,并与空气中的氧气混合成气-气、液-气、固-气等两相或多相云雾状混合炸药,在引信的定时作用下进行爆轰,形成“分布爆炸”,从而达到大面积毁坏目标的效果。

图 7.2.11 为云爆战斗部典型结构(云爆弹阻尼人火箭弹结构示意图),该弹质量为 89 kg,射程为 300～1000 m,战斗部装 38.5 kg 环氧丙烷,并配备中心爆管、两个云爆引信(一个为树叶识别探杆引信,另一个为电引信)、十字形降落伞等。

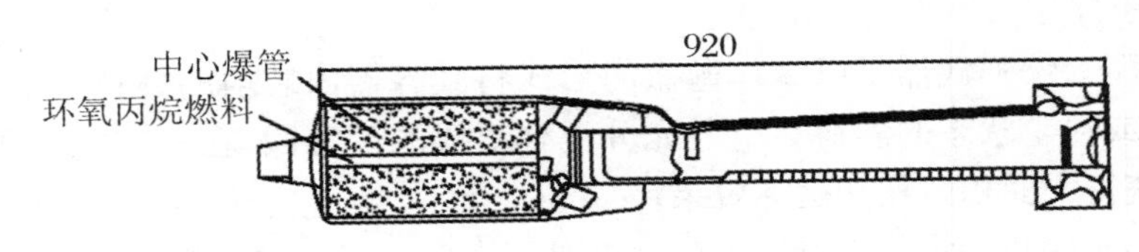

图 7.2.11　云爆战斗部结构示意图

当火箭弹触及目标时,中心爆管被引爆,高温高压的爆炸产物将环氧丙烷抛入空气中,燃料飞散过程中不断破碎分解和气化,并与空气混合形成一直径为 16.4 m,高为 3.6 m 的云雾区,在另一个云爆引信起爆下整个云雾爆轰。

云爆弹武器属于大面积杀伤和破坏型武器,能有效地摧毁一些软目标,譬如飞机、集结部队、地雷等。

7.2.4　杀伤战斗部

1. 破片杀伤战斗部

破片杀伤战斗部是现役装备中最常见和最主要的战斗部形式之一,其特点是应用爆炸方法产生高速破片群,利用破片对目标的高速碰击、引燃和引爆作用杀伤目标。实践证明,这种类型的战斗部作为对付空中、地面活动目标以及有生力量具有良好的杀伤效果,是战斗部的主要类型。

破片杀伤战斗部可分为自然、可控和预制破片三种型式。所谓可控破片,是在壳体上刻槽,造成局部强度减弱,以控制爆炸时的破裂部位,形成大小、形状较为规则的破片。还可用其他方法达到同样的目的,如钢丝缠袋、钢丝上刻槽、单纯壳体刻槽,重金属钨环、炸药刻槽等。这类破片在导弹战斗部中使用较多。所谓预制破片,是预先制成破片,其形状可以是立方体、圆球、短杆等,装在壳体内,爆炸后飞散出去。这类杀伤破片,其大小和形状规则,而且炸药的爆炸能量不用于分裂形成破片,能量利用率高,杀伤效果较令人满意。

(1) 可控破片杀伤战斗部。

可控破片又称为半预制破片。常见的可控破片战斗部大致有装药表面刻槽式杀伤战斗部、壳体刻槽式杀伤战斗部和圆环叠加点焊式杀伤战斗部三种类型。

① 装药表面刻槽式杀伤战斗部。

装药表面刻槽式杀伤战斗部是在炸药装药的表面上预先制成沟槽,爆炸时,在凹槽处形成聚能作用,将壳体切割成形状规则的破片。采用这种结构可以很好地控制破片的形状及尺寸。

图 7.2.12 所示是“响尾蛇”空对空导弹的装药表面刻槽式杀伤战斗部。该战斗部为圆柱形,由壳体、前底、后底、塑料罩炸药装药和传爆药柱等组成。战斗部壳体为整体式圆筒(导弹壳体的一段),爆炸时形成杀伤破片,其材料为 10 号普通碳钢。

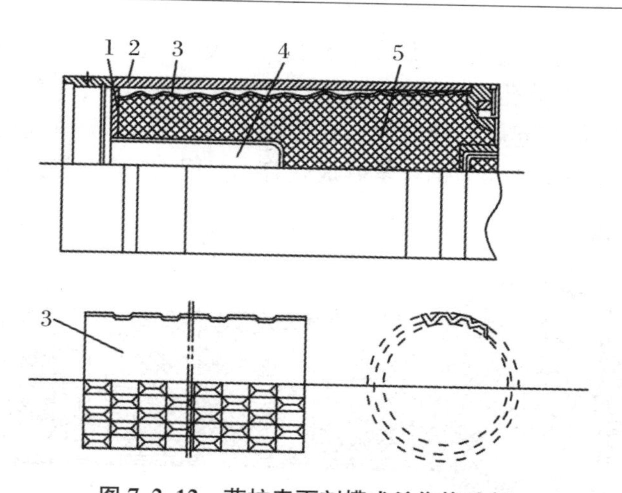

图 7.2.12　药柱表面刻槽式杀伤战斗部

1. 前底；2. 壳体；3. 聚能塑料罩；4. 杯形筒；5. 炸药

炸药装药上的沟槽是铸成的，其方法是战斗部壳体内表面设置一层塑料罩(见图 7.2.12)，在塑料罩上压有 V 形槽，炸药铸装是在塑料罩内凝固，从而在药柱表面上形成了 V 形槽。

塑料罩是用厚度为 0.24～0.35 mm 的中性醋酸纤维压制而成。V 形槽形成六角形网格，长度方向为 42 个，圆周方向为 31 个，爆炸后可形成 1302 个破片。

炸药采用混合炸药，其成分为梯恩梯 40%，黑索今 60%，铝粉 20%和卤蜡 2%。该炸药适于铸装，加铝粉后，爆速降低(只有 7140 m/s)，但爆热增加，还可提高破片温度，在击中飞机时可增大引燃作用。

传爆药柱用特屈儿压制而成，其直径为 53 mm，高 54 mm，质量 40 g，并装在 10 号钢制成的传爆管内。

② 壳体刻槽式杀伤战斗部。

壳体刻槽式杀伤战斗部应用应力集中的原理，在战斗部壳体内壁或外壁上刻有许多等距离交错的沟槽，将壳体壁分成许多尺寸相等的小块，当炸药爆炸时，由于刻槽处的应力集中，因此沿刻槽处破裂，破片的大小和形状由预刻的沟槽来控制，沟槽的形状为 V 形，组成斜交的菱形网格，沟槽深一般为壳体壁厚的 1/3，图 7.2.13 是地对空导弹的杀伤战斗部。

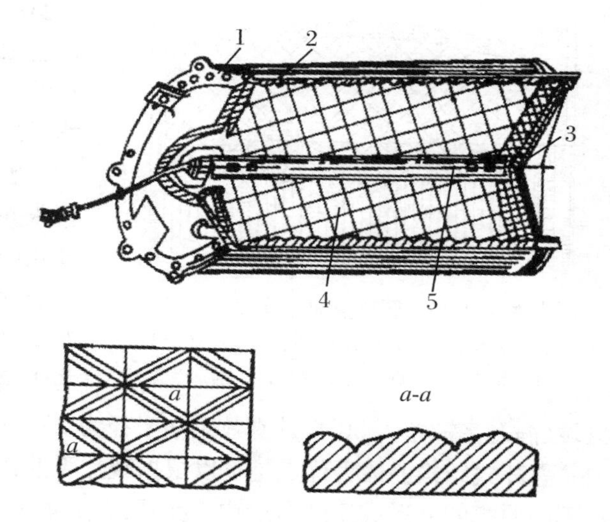

图 7.2.13　壳体内表面有刻槽的杀伤战斗部

1. 前底；2. 壳体；3. 后底；4. 炸药；5. 传爆药

该战斗部壳体采用厚 7 mm，10 号普通碳钢板卷焊接拧成，其内壁刻槽，槽深为 3 mm，V 形槽角度为 168°，为加强应力集中，槽底部较尖，角度为 45°。爆炸后，形成的每一菱形破片重 12 g。选用较重破片的原因在于提高对飞机的毁伤力。在圆筒壳体两端焊有 10 号钢的圆环，与前、后底之间各用 16 个螺栓连接，前、后底用铝合金制成。

战斗部壳体内铸装梯恩梯、黑索今混合炸药，其成分为梯恩梯 40%和黑索今 60%。在壳体两端均铸有梯恩梯封口层,这样做除考虑工艺性较好,还可增加装药的密封防潮性能。

战斗部传爆系列是在装药中心设置传爆管(见图 7.2.14),用 4 个并联的微秒级电雷管成对安装于前后两端,提高起爆的瞬时性。在传爆管内还装有 17 节钝化黑索今药柱(共 570 g),以起爆主装药。传爆管外壳为铝合金制成,引出导线用酚醛塑料封口。

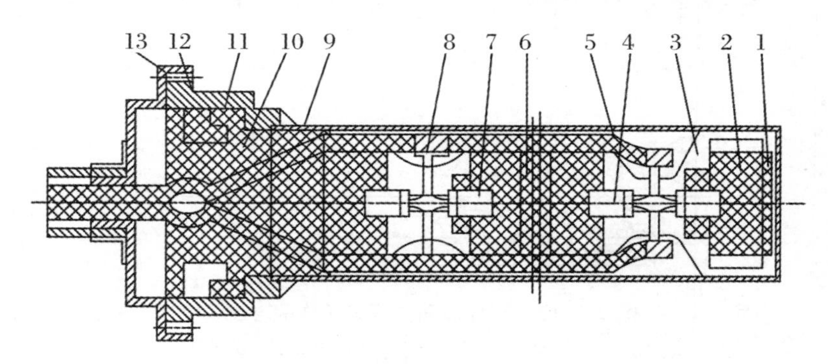

图 7.2.14　传爆管结构图

1. 垫片;2. 传爆药柱;3. 滑线座;4. 雷管;5. 导线;6. 传爆药柱;7. 雷管;8. 线轴;9. 塞盖;10. 地蜡;11. 衬筒;12. 压紧套筒;13. 螺钉孔

③ 圆环叠加点焊式杀伤战斗部。

圆环叠加点焊式杀伤战斗部是使用许多圆环叠层堆积起来,用点焊连接成战斗部壳体。爆炸时,圆环被拉断成破片。图 7.2.15 所示是“玛特拉”R-530 近距空对空导弹战斗部。

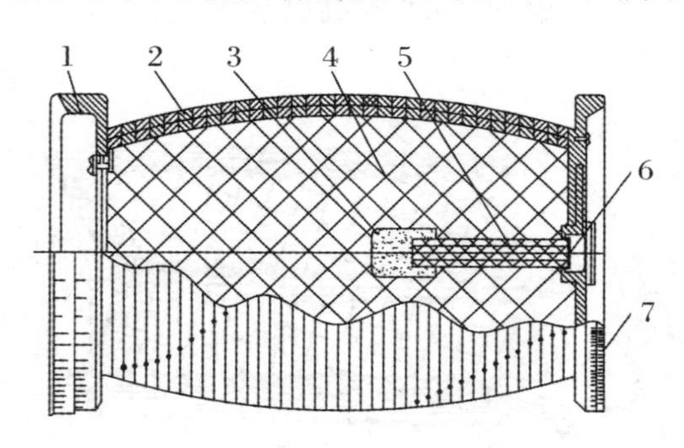

图 7.2.15　圆环叠加点焊式战斗部

1. 后法兰盘;2. 本体(52 根圆环);3. 传爆药;4. 炸药;5. 传爆管;6. 垫片;7. 前法兰盘

战斗部的外形为腰鼓形,是由 52 个圆环重叠两层组成。圆环之间用点焊连接,焊点 3 个,形成 120°均匀分布;各圆环的焊点彼此错开,并在整个壳体上成螺旋线。这样做的目的是使爆炸后的破片在圆周方向上均匀飞散。

破片是在爆炸载荷作用下,钢制圆环径向膨胀并断裂形成的。由于各个圆环的宽度及厚度相同,因此可拉断成大小比较一致的破片,每个破片重约 6 g,可击穿 4 mm 厚的钢板,总数在 2600 块左右。战斗部采用腰鼓形的原因是为了增大破片的飞散角度,以获得较大的杀伤区域(静态飞散角为 50°),其有效杀伤半径为 25～30 m。

叠环式结构的最大优点是可以根据破片飞散特性的要求,以不同直径的圆环,任意组合成不同曲率的鼓形或反鼓形结构。叠环式结构与质量相当的刻槽式结构相比,其破片速度稍低,这是因为钢环之间有缝隙,装药爆炸后,在环的膨胀过程中,稀疏波的影响较大,使爆炸能量的利用率下降。

与叠环式结构相似的还有一种钢带(或钢丝)缠绕结构,把带有刻槽的钢带螺旋地缠绕在特定形状的芯体上,两端对齐,像叠环式一样用电焊连接使之成型,就成为所需的战斗部壳体。破片尺寸由钢带的宽、厚和刻槽间距决定。

(2) 预制破片杀伤战斗部。

预制破片战斗部是破片式战斗部的一种,其破片为全部预制好的,通过某种特定的胶黏在一起以维持一定的形状。该战斗部以摧毁目标为最终目的，因此战斗部改进和发展的中心内容是在一定条件下，采取各种有效的技术途径，尽可能提高杀伤威力。在单靠增加战斗部质量来提高战斗部的威力受到限制的情况下，在一定质量条件下，应用新理论、新结构和新材料等高新技术，改进战斗部的类型、构造、装药和提高引战配合效率，以提高战斗部的杀伤效能，是今后一个时期防空导弹战斗部的主要发展途径。

战斗部的一部分爆炸力将外壳破裂成为破片，产生的破片具有动能，但破片的大小是随机的。由于这些不规则的破片的质量和质心不同，所以其飞行轨迹也同样不规则，并且每次爆炸的整个过程各不相同。

要制造一个实用的破片战斗部必须控制破片的大小和分布。采用某种预定的方式分裂外壳就可以很容易实现上述要求。最常用的方法是在外壳刻痕和开槽，目的是降低在选定点处金属外壳的强度，当战斗部爆炸时，这些地方首先破裂。1994年，美国海军找到了生产受控破片战斗部的新方法，并取得了专利。在战斗部外壳的内表面上嵌入扩展的金属罩，就可在这一表面产生受控破片网格。这一新技术特别适用于大型单一战斗部。

为避免破片的产生和分布的随机性可预制破片，然后放进战斗部。将预制的球形、方形和圆柱形破片分布在战斗部内，以便它们在被炸药爆炸加速到高速时具有最佳分布形式。通常采用质量相同的预制破片，但印度等国正在研究质量不同的预制破片，这种预制破片在较近距离处的打击密度和命中概率要高得多。

对破片杀伤战斗部来说，爆炸装药释放的能量中约30%被用来破裂外壳，并将动能传给破片。其余能量产生类似爆破战斗部的冲击波效应。圆柱形战部的破片初速取决于战斗部每个单位长度的装药与金属的比以及爆炸物的特性，特别是其强度和爆炸威力。

目的是降低在选定点处金属外壳的强度，当战斗部爆炸时，这些预制破片杀伤战斗部的壳体很薄，预制破片的形状可在立方体、长方体、圆柱体、圆球之间选择，其大小和数量可依据要求选定，并用有机胶黏接成块，预先装填在战斗部壳体内。

预制破片多采用钢块和钢球等金属体，也有的在破片内填充铅、锡等软金属材料，在击中目标时，填料破碎飞散以增加杀伤效果。

图7.2.16是“百舌鸟”(AGM-45)空对地反辐射导弹的预制破片杀伤战斗部，其攻击目标主要是地对空导弹雷达阵地、高射炮瞄准雷达和雷达站。

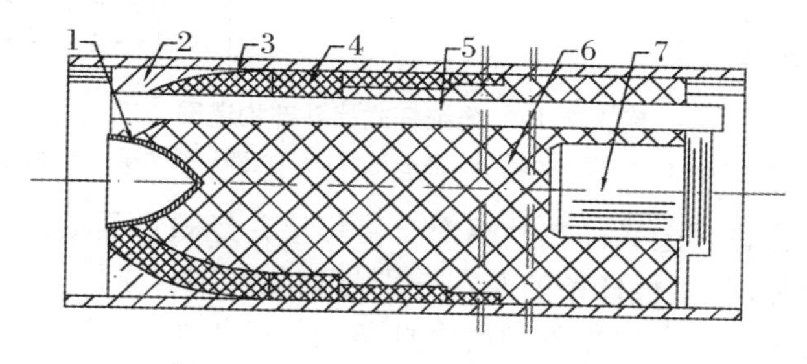

图7.2.16　预制破片式杀伤战斗部

1. 药型罩；2. 填料；3. 壳体；4. 预制破片；5. 电缆管；6. 炸药；7. 传爆管

战斗部外壳的圆柱形内装有1万多个预制的小钢块，破片尺寸为4.8 mm×4.8 mm×4.8 mm的立方体，每块重量为0.858 g，这些预制破片预先用有机胶黏结成块。为了使爆后破片形成合理的杀伤区域，在预制破片的排列上进行了精心设计，后部为一层或两层破片，头部为四层破片。同时，前部制成蛋形以保证破片向前方飞散。

炸药采用高能的奥克托金塑料黏结炸药(密度为 1.78 g/ cm^3,爆速为 7900 m/s),其目的是获得高速飞行的破片,提高杀伤力。

战斗部爆炸时,其破片可穿透雷达、破坏机器和杀伤人员,有效杀伤半径为 50~60 m。

在战斗部前端设置了一个聚能药型罩,用来销毁位于战斗部舱前面的制导舱。该战斗部的破片尺寸和质量小,而数量多,适于对付地面的软目标和半硬目标。

2. 连续杆式杀伤战斗部

连续杆式杀伤战斗部(又称条状层叠式杀伤战斗部)是在非连续杆式杀伤战斗部基础上发展起来的一种战斗部。

连续杆式战斗部是目前空对空、地对空、舰对空导弹上常用战斗部类型之一。这种战斗部与破片式战斗部相比,最大优点是杀伤率高,缺点是对导弹制导精度要求高,生产成本也比较高。

(1) 连续杆式战斗部结构。

连续杆式战斗部又称链条式战斗部,是因其外壳由钢条焊接而成,战斗部爆炸后又形成一个不断扩张的链条状金属环而得名。连续杆环以一定的速度与飞机等目标碰撞时,可以切割机翼或机身,对飞机造成严重的结构损伤,对目标的破坏属于线切割型杀伤作用。连续杆式战斗部由破片式战斗部和离散杆战斗部发展而来,是破片式战斗部的一种变异。连续杆式战斗部是目前空对空、地对空、舰对空导弹上常用战斗部类型之一。

战斗部结构形式如图 7.2.17 所示,由预制杆(为相邻两层两端交错焊接的钢条)、铝合金波形控制器(简称透镜)、切断环、套筒、炸药和传爆管等主要部件组成。在战斗部壳体两端有内外螺纹,用于连接前后舱段。为了确保舱段之间可靠连接,有一端采用了加固螺钉。在战斗部的外表面覆盖蒙皮,其作用是为了与其他舱段外形协调一致,保证全弹良好的气动外形。

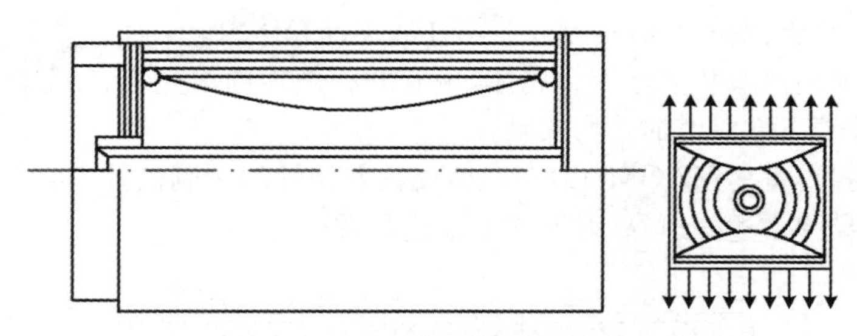

图 7.2.17 连续杆式战斗部构造图

1. 传爆管；2. 前底；3. 内壳；4. 钢条；5. 曲面衬筒；6. 炸药；7. 外壳；8. 后底；9. 支持环

战斗部的壳体是由许多金属杆在其端部交错焊接并经整形而成的圆柱体杆束,杆条可以是单层或双层。单层时,每根杆条的两端分别与相临两根杆条的一端焊接;双层时,每层的一根杆条的两端分别与另一层相邻的两根杆条的一端焊接,如图 7.2.17 所示。这样,整个壳体就是一个压缩和折叠了的链,即连续杆环。切断环也称释放环,是铜质空心环形圆管,直径约为 10 mm,安装在壳体两端的内侧。波形控制器与壳体的内侧紧密相配,其内壁通常为一曲面。波形控制器采用的材料有镁铝合金、尼龙或与装药相容的惰性材料。传爆管内装有传爆药柱,用于起爆炸药。装药爆炸后,一方面由于切断环的聚能作用把杆束从两端的连接件上释放出来;另一方面,爆炸作用力通过波形控制器均匀地施加到杆束上,使杆逐渐膨胀,形成直径不断扩大的圆环,直到断裂成离散的杆。

在战斗部壳体两端有前后端盖,用于连接前后舱段。在战斗部的外表面覆盖导弹蒙皮,其作用是为了与其他舱段外形协调一致,保证全弹良好的气动外形。

(2) 连续杆战斗部作用原理。

连续杆战斗部是在炸药装药的周围排列一束杆件,这些杆分两层并排放置,在其两端交替焊接在一起,并围绕炸药装药形成一个筒形结构,如图7.2.18所示。

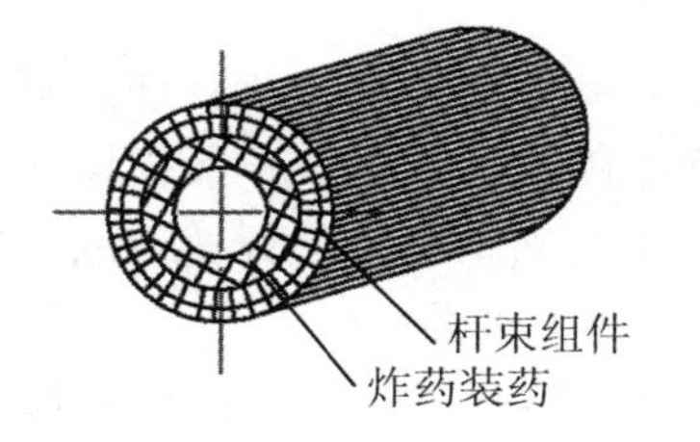

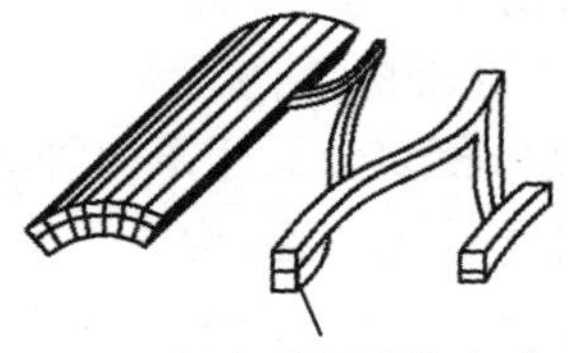

图7.2.18　炸药和杆束结合示意图

当战斗部装药由中心管内的传爆药柱和扩爆药引爆时,在战斗部中心处产生球面爆轰波传播,遇上波形控制器,使爆炸作用力线发生偏转,得到一个力作用线互相平行的作用场,并垂直于杆条束的内壁,波形控制器起到了使球面波转化为柱面波发生器的作用。杆束组件在爆炸冲力作用下,向外抛射,靠近杆端部的焊缝处发生弯曲,焊点控制杆束的直径连续地沿战斗部向外扩张,杆条展开成为一个扩张的圆环。此环在将近达到总杆长度以前仍不被破坏。经验指出,这个环直径至理论最大圆周长度的80%还不会被拉断。扩张半径继续增大时,至最后焊点断裂,圆环被分裂成若干段,以上过程可用图7.2.19来描述。

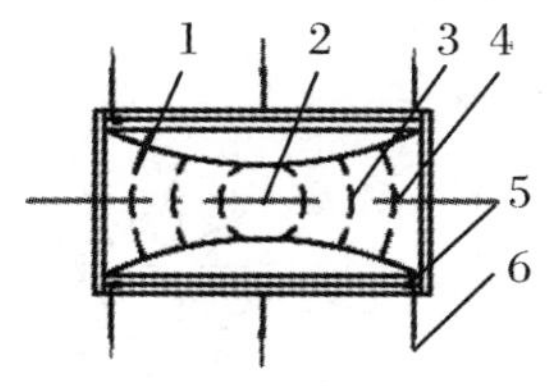

(a) 杆式组件揭开原理

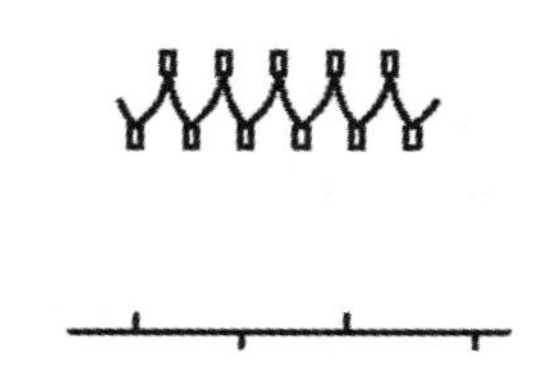

(b) 杆束开始张开和完全张开

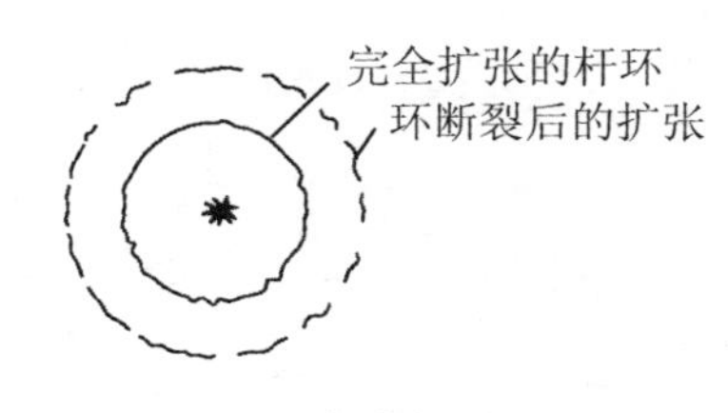

(c) 扩张杆环

图7.2.19　杆式战斗部杆条张开过程

1. 波形控制器；2. 起爆点；3. 炸药；4. 球面波；5. 杆束组件；6. 力作用线

连续杆战斗部杆的扩张速度可达1000～1600 m/s(此值约为杀伤战斗部的破片初速或"P"战斗部的射弹初速的一半),和较重的杆条扩张圆环配合,就像一把轮形的切刀,用于切割与其遭遇的飞机结构,使飞机的主要组件遭到毁伤。毁伤程度不仅与杆速有关,而且与飞机的航速、导弹的速度和制导精度等有关。战斗部对飞机的作用原理如图7.2.20所示。

试验证明,连续杆的速度衰减和飞行距离成正比关系。计算表明,杆条速度的下降主要由空气阻力引起,而杆束扩张焊缝弯曲剪切所吸收的能量对其影响很小。杆环直径增大断裂后,杆条将发生向不同方向转动和翻滚,这时,连续杆环的效力就大大下降了。连续杆的效应就转变成破片效应。因连续杆断裂生成破片数量相当少,所以击毁效率就急速下降。由此作用特点可知,这种结构形式的战斗部,对于脱靶量小的弹、目交会条件,才能最好地发挥其效能。

"麻雀"ⅢA空对空导弹采用连续杆战斗部。战斗部由套筒、连续杆(钢条)、曲面衬筒(爆轰波形控制器)、切断环(释放环)、前后底、炸药装药和传爆管等组成。套筒由外壳和内壳圆筒组成。

连续杆是由 4.7 mm×4.7 mm×285 mm 的钢杆共 226 根组成，分内外两层排列，每层有钢杆 113 根。内层钢杆顺轴排列，外层钢杆与轴有一个小的倾角，使外层与内层钢杆的两端按左旋飞向相互交错一根的位置，然后依次滚焊构成铰链式连接。

战斗部质量 29.94 kg，连续杆的初速 1400 m/s，威力半径 12 m。

3. 离散杆杀伤战斗部

离散杆杀伤战斗部的杀伤元素是许多金属杆条，它们紧密地排列在炸药装药的周围，当战斗部装药爆炸后，驱动金属杆条向外高速飞行，在飞行过程中杆条绕长轴中心低速旋转，在某一半径处，杆条首尾相连，构成一个杆环，此时可对命中的目标造成结构毁伤，从而实现高效毁伤的目的。此类战斗部常常用来对付空中的飞机类目标。

此类战斗部与普通的杀伤战斗部的主要区别是破片采用了长的杆条形，杆的长度和战斗部长度差不多；战斗部爆炸后，杆条按预控姿态向外飞行，即杆条的长轴始终垂直于其飞行方向，同时绕长轴的中心慢慢地旋转，如图 7.2.20 所示，最终在某一半径处首尾相连，靠形成连续的切口来提高对目标的杀伤能力。和立方形或片状破片相比，离散杆战斗部装填的杆条较少，所以为了提高整个战斗部的毁伤效率必须使每根杆的效率发挥到极致。如果杆条在飞到目标的过程中允许自由旋转，在目标上将不能形成连续的切口，仅仅是大破片的侵彻效应，就丧失了对目标致命的结构毁伤。因此离散杆战斗部的关键技术就是控制杆条飞行的初始状态，从而使其按预定的姿态和轨迹飞行。

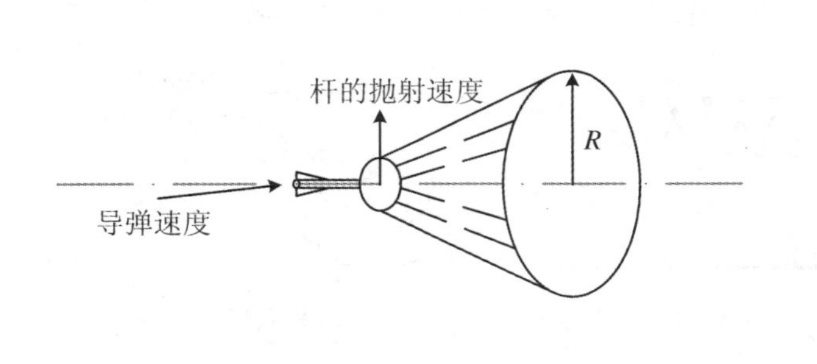

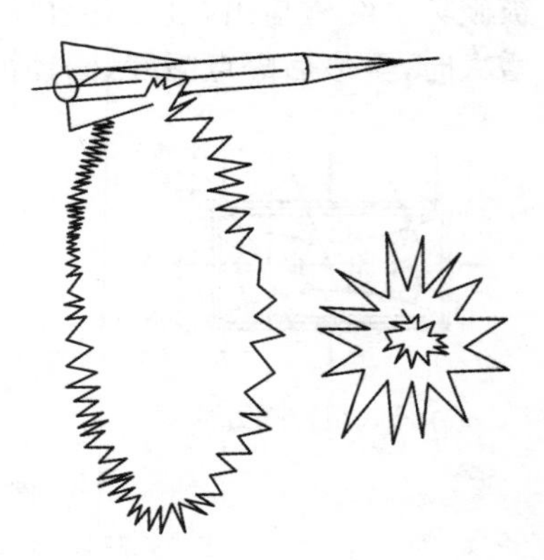

图 7.2.20　战斗部爆炸后的飞行姿态

杆条的运动控制是通过以下两方面的技术措施实现的：一是使整个杆条长度方向上获得相同的抛射初速，也就是说，使杆条获得速度的驱动力在长度方向上处处相同，这样才能保证飞行过程中轴线垂直飞行轨迹。为了实现杆条轴线和飞行轨迹垂直，分别将杆条的两端斜削一部分，斜削的角度和长度可通过计算或试验的方法得到；二是杆条放置时，每根杆的轴线和战斗部的轴线保持一个相同的倾角，这个倾角可以使杆以相同的规律低速旋转，通过预置倾角可以控制杆条的旋转速度，从而实现在不同的半径首尾相连。

4. 定向杀伤战斗部

定向杀伤战斗部是近年来发展起来的一类新型结构的战斗部。传统的破片杀伤战斗部的杀伤元素的静态分布沿径向基本是均匀分布（通常称之为“径向均强性战斗部”）。这种均匀分布实际上是很不合理的。因为当导弹与目标遭遇时，不管目标位于导弹的哪一个方位，在战斗部爆炸瞬间，目标在战斗部杀伤区域内只占很小一部分，如图 7.2.21 所示。这就是说，战斗部杀伤元素的大部分并未得到利用。因此，人们想到能否增加目标方向的杀伤元素（或能量），甚至把杀伤元素全部集中到目标方向上去。这种能把能量在径向相对集中的战斗部就是定向战斗部。定向战斗部的应用将大大提高对目标的杀伤能力，或者在保持一定杀伤能力的条件下，减少战斗部的质量。在使用定向战斗部时，导弹应通过引信或弹上其他设备提供目标脱靶方位的信息并选择最佳起爆位置。下面介绍几种典型的定向战斗部结构。

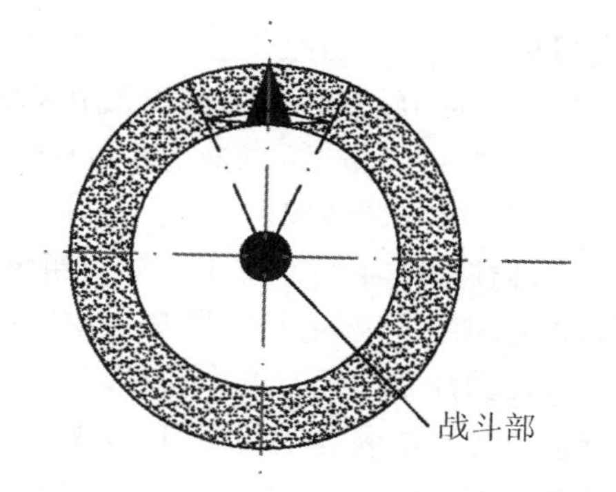

图 7.2.21　空中目标在径向均强性战斗部杀伤区域横截面

（1）产生破坏的壳体在外，装药在内的结构。

这一类结构的壳体与径向均强性战斗部没有大的区别，但其所占的径向位置内部结构有很大不同。首先把主装药分成互相隔开的四个象限（Ⅰ，Ⅱ，Ⅲ，Ⅳ），四个起爆装置（1，2，3，4）偏置于相邻两象限装药之间靠近弹壁的地方，弹轴部位安装安全执行机构，结构的横截面示意图如图 7.2.22 所示。

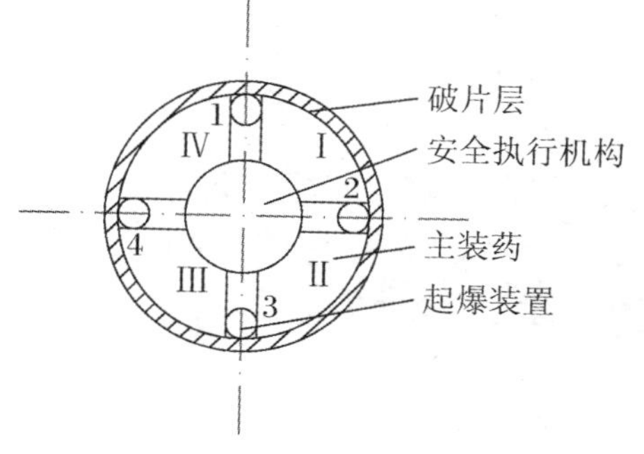

图 7.2.22　定向战斗部示意图之一

当导弹与目标遭遇时，弹上的目标方位探测设备测知目标位于导弹径向的某一象限内，于是通过安全执行机构，同时起爆与之相对的那个象限两侧的起爆装置，如果目标位于两个象限之间，则起爆与之相对的那个起爆装置，此时，起爆点不在战斗部轴线上而有径向偏置，叫偏心起爆或不对称起爆，由于偏心起爆的作用，改变了战斗部杀伤能量在径向均匀分布的局面，而使能量向目标方向相对集中，起爆装置的偏置程度对径向能量的分布有很大影响，越靠近弹壁，目标方向的能量增量越大。

（2）装药位于产生破片的壳体之外的结构。

破片芯式定向战斗部的杀伤元素放置于战斗部中心，在主装药推动破片飞向目标之前，首先通过辅助装药将正对目标的那部分战斗部壳体炸开，并推动临近装药向外翻转，有的甚至将正对目标的一部分弧形部炸开。

这一类结构与径向均强性战斗部有很大区别，其典型结构如图 7.2.23 所示，图中示出了 6 个扇形部分，各扇形装药之间以隔离炸药片隔开，后者与战斗部等长，其端部有聚能槽，用以切开装药外面的薄金属壳体（此壳体仅作为装药的容器，而不是为了产生破片），战斗部的中心部位为预制破片芯，当目标方位确定后，导弹给定的信号使离目标最近的隔离炸药片起爆系统引爆隔离炸药片，在战斗部全长度上切开外壳，使之向两侧翻卷，并使该部分的扇形主装药被抛撒开而爆炸，为破片飞

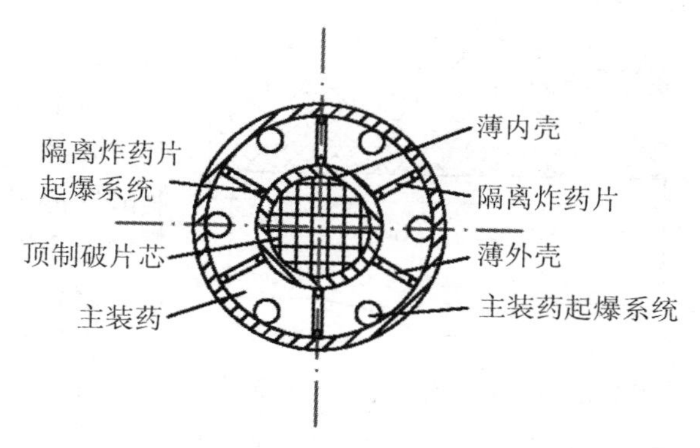

图 7.2.23　定向战斗部示意图之二

向目标方向让开道路。随后,与目标方位相对的主装药起爆系统起爆,使其余的扇形体主装药爆炸,推动破片芯中的破片无阻碍地飞向目标。

此类战斗部的特点是指向目标方向的破片密度和速度均较高。

(3) 展开型结构。

圆柱形战斗部分成4个互相连接的扇形体,预制破片排列在各扇形体的圆弧面上,各扇形体之间用隔离层分隔,隔离层中紧靠两个铰链处各有一个小型聚能装药,靠中心有与战斗部等长的片状装药。两个铰链之间有一压电晶体,扇形体两个平面部分的中心各有一个起爆该扇形体主装药的传爆管,如图7.2.24所示。当确知目标方位后远离目标一侧的小聚能装药起爆,切开相应的两个铰链,与此同时,此处的片状装药起爆(由于隔离层的保护,小聚能装药和片状装药的起爆都不会引起主装药的爆炸),使四个扇形体以剩下的三对铰链为轴展开,破片即全部朝向目标,在扇形体展开过程中,压电晶体受压,产生大电流、高电压脉冲并输送给传爆管,传爆管引爆主装药,全部破片向目标飞去。

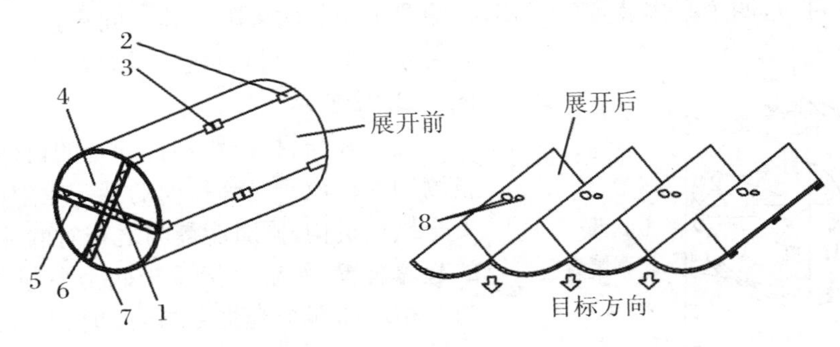

图7.2.24　展开定向战斗部

1. 隔离层; 2. 铰链; 3. 压电晶体; 4. 主炸药; 5. 小聚能装药; 6. 片状装药; 7. 破片层; 8. 传爆药

除以上介绍的几种定向战斗部结构类型外,还有其他各种类似的结构,实际上,不论具体结构如何,最终都是达到一个目的,即增加目标方向的杀伤元素,甚至把杀伤元素全部集中到目标方向上去。

(4) 聚焦战斗部。

前面介绍的定向战斗部是通过特定的结构或起爆方式,使战斗部的能量在周向方向汇聚并指向目标,而聚焦战斗部是一种使能量在轴向方向汇聚的战斗部,它通过特殊的战斗部结构使能量汇聚,如图7.2.25所示。

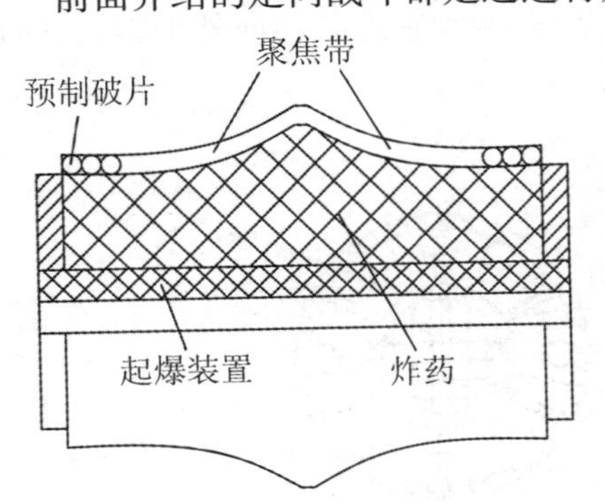

图7.2.25　聚焦战斗部结构示意图

这类战斗部的组成与预制破片杀伤战斗部相同,其主要特点是壳体母线采用了向内凹的结构,通过控制战斗部爆炸后破片所受的驱动力的方向,从而控制轴向上不同位置处的破片向某处汇聚,形成破片聚焦带。聚焦带处的破片密度大幅度增加,若聚焦带能命中目标,将大大提高对目标的毁伤能力。聚焦带的宽度、方向以及破片密度由弹体母线的曲率、炸药的起爆方式、起爆位置等因素决定,可根据战斗部的设计要求来确定。聚焦带可以设计为一个或多个,图7.2.25中的战斗部结构有两个弧段,因此可形成两个聚焦带。对于聚焦型战斗部虽然聚焦带处破片密度增加了，但破片带的宽度减小了，对目标的命中概率会降低，所以该型战斗部适宜于制导精度较高的导弹，并且通过引战配合的最佳设计使聚焦带命中目标的关键舱段。

从前面介绍的几种典型结构可以看出，定向战斗部结构比制式的径向均强性战斗部要复杂得多，技术问题也较多，其中涉及起爆系统的设计、装药设计、破片飞散状态的控制等。由于篇幅有限，在此不再详细介绍。

7.2.5　聚能装药战斗部

聚能装药战斗部主要用来对付装甲目标，其改进型还可有效地攻击海上和空中目标。聚能效应的反坦克导弹与其他反坦克弹丸和火箭弹相比，具有以下优点：

(1) 有效射程远。

目前，有线操纵的反坦克导弹的射程为 400～2500 m，而无线操纵的反坦克导弹的射程远远超过了其他反坦克武器(弹丸和火箭弹)的直射距离。现有的典型反坦克导弹的有效射程如表 7.2.1 所示。

表 7.2.1　典型的反坦克导弹

导弹名称	弹径(mm)	初速(m/s)	穿甲厚(mm)/着靶角(°)	有效射程(m)
J-201 导弹	100	85	200/30	1600～2000
“赛格”导弹	120	200	500/0	400～2500
“昂塔克”导弹	152	853	450～620	400～2000
“柯布拉”导弹	100	85	475	400～2000
“陶式”导弹	150	300		25～3000

(2) 破甲威力大。

聚能破甲的威力与战斗部直径有关，近似成正比关系，而反坦克导弹战斗部的直径不像炮弹那样严格受到发射装置的限制，故可按威力的要求适当增加弹径，这样，破甲威力就可提高。目前，轻型反坦克导弹(全弹重从几千克到几十千克)的破甲深度能达到 400～500 mm；而重型反坦克导弹(全重几十千克)的破甲深度能达到 500～600 mm。为了更好地挖掘战斗部的潜力，破甲战斗部正向破甲、杀伤综合作用的方向发展。

(3) 命中精度高。

因为反坦克导弹具有控制导引系统，所以命中坦克的准确度比无控制的反坦克火箭弹高。

(4) 机动性好。

与反坦克火炮相比，反坦克导弹的机动性较好，它适于士兵携带卧姿发射，也可安在吉普车、坦克或直升机上发射。

反坦克导弹具有上述优点的同时，也存在一些缺点，如有线(导控)反坦克导弹不能在近距离瞄准射击(即有射击死区)；另外，若控制导线一旦折断，导弹就会失控下坠。

聚能装药战斗部主要应用在以下几个方面：

(1) 反坦克和舰艇。

目前,世界各国用于攻击坦克和舰艇装甲防护板的反坦克和反舰艇弹药仍然以聚能装药破甲弹为主,采用聚能装药结构的弹药还有手雷、枪榴弹、火箭弹、无后坐力炮弹、反坦克炮弹,以及舰对舰导弹战斗部等。聚能装药破甲弹不需要很高的初速,因此大大简化了发射系统,具有很好的经济性,特别适合攻击均质装甲防护的目标。在打击反应式装甲和复合材料装甲方面,也展开了聚能装药破甲弹研究,在提高射流速度方面,各国也进行了不少工作。

(2) 串联战斗部系统。

空对地武器的极限速度比较低,为了使弹头具有较强的侵彻能力,减少其对目标进行侵彻所受到的能量限制,实现空对地武器对坚固目标有效打击的目的,串联战斗部的前级装药通常采用聚能战斗部形式。串联战斗部飞抵目标时,前级聚能装药首先被引爆,形成射流或爆炸成型弹丸侵彻目标,在目标上形成一个孔道,并使目标介质改性,以利于后进装药进入孔道爆炸。利用该原理在战争中实际使用的随进弹,可以大大提高战斗部的杀伤威力。设计中应尽可能地减小药型罩锥角,以使射流获得足够高的速度,药型罩的锥角也不能太小,由于材料受声速理论的限制,锥角最小为 35°左右,通常可以通过改进药型罩材料及加工方式来提高射流速度。

(3) 爆炸成型弹丸。

爆炸成型弹丸具有对炸高不敏感的特点,战斗部可以在远距离上点火爆炸,准确摧毁远处的装甲目标。爆炸成型弹丸是为特种部队研制的新型弹药,其设计突出了轻型化、模块化和通用化的特点。

(4) 开辟雷场通道的新型弹药。

该系统一般由火箭、网绳以及置于网绳结点上的聚能装药子弹药组成,机动时载于拖车上由主车牵引,当靠近雷场边缘时,即进入发射模式状态。这时,操作员根据风力和其他技术参数使发射管升至所需要的角度,紧接着启动发射装置,火箭发动机牵引爆破网实施展开,最后爆破网引爆聚能装药子弹药,从而使地雷引爆或失效,形成雷场通道。

(5) 在工程爆破、矿山开采和石油工业方面的应用。

在石油工业方面,聚能装药石油射孔弹被广泛用于在井壁和岩石上穿孔,石油可以沿着穿孔的孔道流出。进入土层很深的未爆炸弹丸,也可以利用聚能装药来引爆。在野外切割钢板、桥梁等,常常要用到线性聚能装药,在工程爆破中,线性聚能装药也被用于水下切割构件、打捞沉船时切割船体等。芬兰和南非近来研制了一种聚能翻转弹,用于处理溜井堵塞。

研究者们在聚能装药方面投入了巨大的精力,在装药结构、药型罩形状以及材料方面取得很大的进步,使聚能破甲弹的威力迅速提升,但随着工事防护和装甲技术的发展,聚能装药技术也迎来了新的挑战,下面介绍近年来一些聚能装药新技术以及研究情况。

(1) 分离式装药技术。

美国学者 Fred 等研究了一种新型的聚能装药结构,如图 7.2.26 所示,它可以有效地提高聚能战斗部的侵彻能力。这种新型的分离式装药有内、外两个药型罩和两层装药,主装药引爆后,外罩首先被压垮变形,高速撞击内部装药并引爆,使内罩向轴线方向加速汇聚,以形成凝聚力强的射流。

(2) 多功能装药技术。

目前,国外研究了一项新型的装药技术,其作战目标是利用一种战斗部通过改变其结构和爆轰波形,形成多种毁伤元素攻击不同目标,可以提高毁伤效率,以减轻战时武器生产负担。

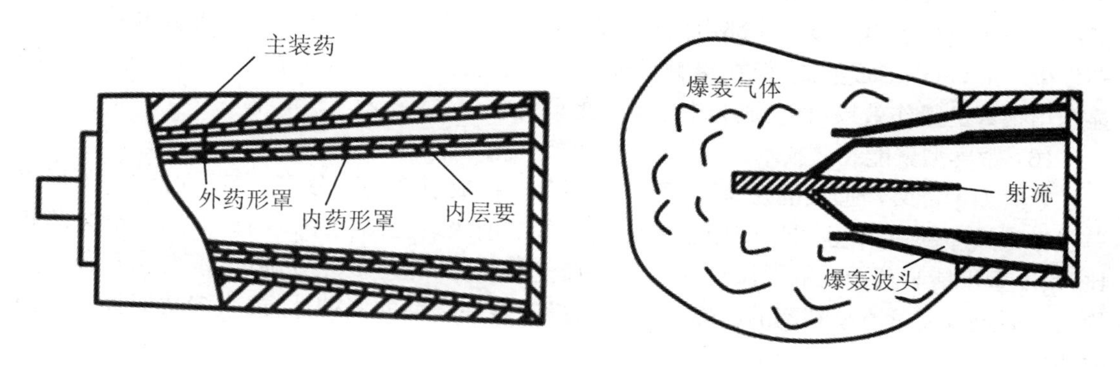

图 7.2.26　分离式装药结构

(3) 多药型罩装药技术。

K. Weimann 等人利用一个钽药型罩和一个铁药型罩，形成了一段长径比大于 3.5 的组合式射弹，由于这两种材料密度的差异(钽和铁的密度分别为 16.6 g/cm^3、7.9 g/cm^3)使得形成的射弹重心前移，使射弹飞行过程中更加稳定。实验发现，通过改变各药型罩结构参数和排列方位，可得到不同性能的细长射弹，如图 7.2.27 所示，为形成更大长径比的射弹提供了新的可能。

图 7.2.27　多药型罩装药技术

(4) 引燃射弹装药技术。

当前，美国研究了一种将引燃材料加入聚能装药的技术，可以有效提高聚能破甲战斗部对油罐等目标的毁伤效果。其结构如图 7.2.28 所示。这种弹丸即使在 −18 ℃的大风条件下，也能引燃 15 m 处内装 55 加仑柴油的油桶。

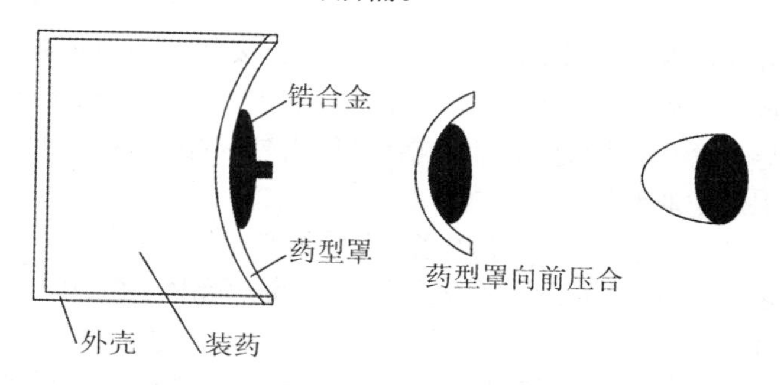

图 7.2.28　引燃射弹装药技术

(5) 活性材料药型罩装药技术。

美国海军与表面处理(ST2)技术公司计划共同开发一种新的药型罩用活性材料技术，以增强“战斧”巡航导弹的对地侵彻能力。设计人员打算在“战斧”导弹串联战斗部的前置战斗部药型罩中添加活性材料成分，使导弹在侵入目标内部后发生剧烈反应，可以提高后续进入的战斗部的侵彻能力。该战斗部由活性材料制成药型罩，该药型罩在主装药引爆后不与炸药发生反应，可以形成射流，但在接触目标后反应剧烈。该种战斗部技术尚不完善，但已经显示出很好的毁伤效果，将会成为未来重要的研究方向。

(6) 紧凑型聚能装药技术。

紧凑型聚能装药形成的射流速度高、药型罩转换成射流的部分多、侵彻性能好，既可以单独作为战斗部使用，也可以应用于串联战斗部的前级装药结构中。与典型的聚能装药相比，紧凑型聚能装药形成的射流性能明显更加优越，装药能量被充分利用、侵彻孔孔径更加均匀。通过改变紧凑型装药的起爆方式可以得到多种类型的侵彻体，成为多功能聚能装药战斗部。

此外，还有 W 型聚能装药技术、长杆式射弹装药技术、JPC 装药技术、SSJ 装药技术以及大锥角装药技术都是近年来聚能装药方面研究的热点。

1. "霍特"反坦克导弹战斗部

图 7.2.29 为"霍特"反坦克导弹战斗部示意图。该战斗部主要由风帽(壳体的前半部)、战斗部壳体、药型罩、爆炸装药和底盖等组成。

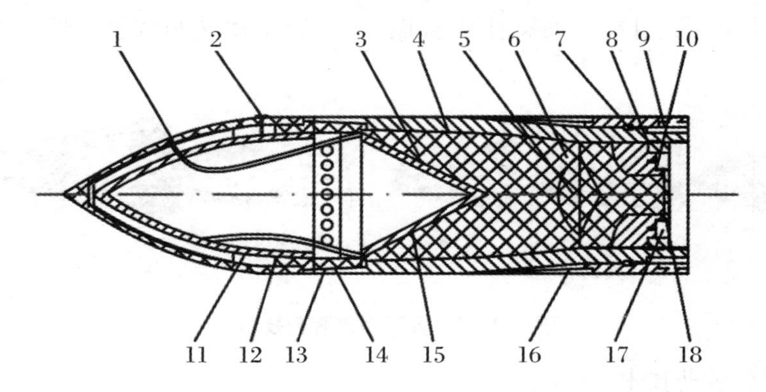

图 7.2.29 "霍特"反坦克导弹战斗部结构示意图

1. 外风帽；2. 塞销；3. 主炸药柱；4. 战斗部壳体；5. 上隔板；6. 下隔板；7. 弹性连接卡环；8. 底盖；9. 连接螺环；10. 传爆药柱；11. 内风帽；12. 连接调整环；13. 整形环；14. 配重钉；15. 药型罩；16. 整流环；17. 压紧螺环；18. 传爆药盒盖

头部风帽分为外风帽和内风帽两层，内外风帽用连接调整环固定并与壳体连接。装配后与壳体外表面形成的间隙用整形环填充。外风帽的内层与内风帽是两个电极，构成电引信的碰撞开关。当导弹命中目标时，头部风帽变形，内外风帽接触，从而接通引信的点火电路，使雷管起爆，并引爆空心装药。

外风帽是蛋形壳体，外层由塑料热压成型，内层附有一层用黄铜(含铜 58%)板冲成的铜壳，且内表面镀银(银层厚 5～9 μm)。内风帽同样是蛋形壳体，也是用黄铜板冲成的，其内外表面均镀银(银层厚 8～9 μm)。

战斗部壳体为铝合金铸件，经机械加工成型。内装空心装药，药型罩是用紫铜板经旋压而成的圆锥形罩，其锥角为 60°。

主装药采用梯黑混合炸药，其成分为梯恩梯 25%和黑索金 75%。隔板后面的辅助装药的成分为梯恩梯 15%、黑索金 85%。隔板分前后两块叠在一起，均用硅橡胶制成。传爆药柱装于战斗部底部。

战斗部用螺栓和弹性卡环与发动机连接。“霍特”导弹战斗部主要诸元如表7.2.2所示。

表7.2.2　“霍特”导弹战斗部主要诸元

战斗部质量(kg)	炸药质量(kg)	战斗部直径(mm)	炸药装药密度(g/cm³)	药型罩			
				口径(mm)	高度(mm)	壁厚(mm)	锥角(°)
6.08	3	136	1.73～1.76	132	118	3	60±0.5

2. “赛格”反坦克导弹战斗部

“赛格”反坦克战斗部是苏联20世纪60年代的产品，它的制导方式是手动控制。战斗部位于头部，发动机和制导线管位于中部，仪表舱位于尾部。战斗部结构如图7.2.30所示。

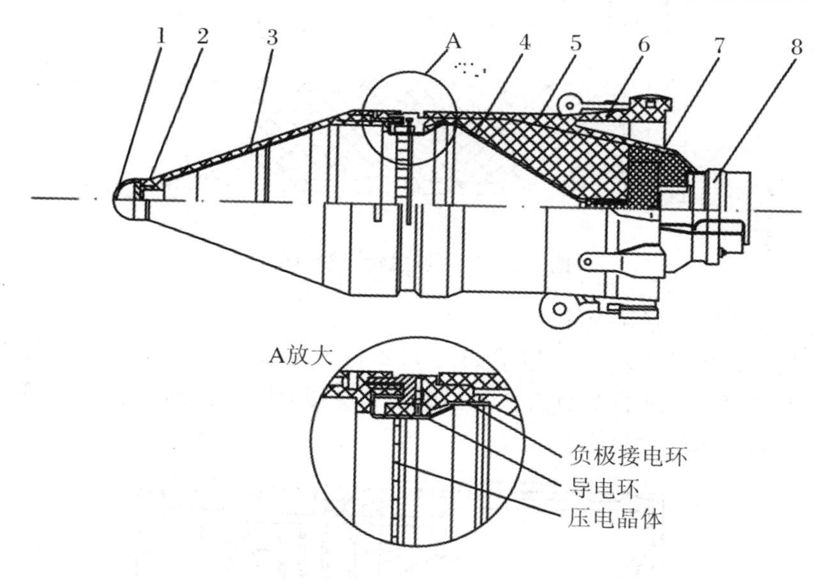

图7.2.30　“赛格”反坦克导弹战斗部

1. 保护帽；2. 防滑帽；3. 风帽；4. 炸药金属喷涂层；5. 弹壳；6. 弹壳；7. 隔板；8. 引信

战斗部全重2.5 kg，其中装填炸药为A-Ⅸ-1炸药，重1.19 kg，引信重0.145 kg，药型罩材料是紫铜，锥角为60°，重量为0.342 kg(包括导电杆和弹簧)，隔板(泡沫塑料)重量为0.077 kg。

与同类型的导弹或火箭战斗部相比，这种战斗部具有以下突出的特点：

(1) 风帽和外壳都用塑料压制，这样使结构重量大大减轻。

(2) 外壳内表面采用喷涂金属工艺，这样可使导电构件大大简化，而且导电可靠，屏蔽安全性也好。

(3) 压电晶体16片沿风帽大端圆柱部径向分布，并嵌入风帽大端面的沟槽内，同时采用防滑帽。这样的结构能确保引信在大着角条件下可靠发火，也能保证导弹在失控时自炸。

3. 爆炸成型弹丸(EFP)战斗部

如图7.2.31所示，“罗兰特”战斗部爆炸成型弹丸是反坦克弹药的一个分支，它利用聚能效应爆炸成型，在压垮过程中，药型罩不形成射流而是翻转并最终锻造成一个高速弹丸。

爆炸成型弹丸应用比较广，如反坦克、反飞机、反军舰和破坏特殊的硬目标。

(1) “罗兰特”地对空导弹战斗部。

“罗兰特”导弹战斗部用于对付空中目标，该战斗部具有多个聚能罩，以便利用聚能效应在径向上形成密集的高速“破片”流(实际上是断裂射流)，其威力在小脱靶量情况下比普通杀伤破片要高。

“罗兰特”导弹战斗部结构如图 7.2.31 所示，在战斗部的圆柱壳体表面上设置 5 排，每排 12 个(共 60 个)直径为 40 mm 的半球形药型罩，并呈交错对称分布。炸药爆炸后，每个药型罩形成 50～60 个“破片”，其飞散速度在 3000 m/s 以上，飞散方向比较集中，整个战斗部的杀伤作用场呈辐射状分布。

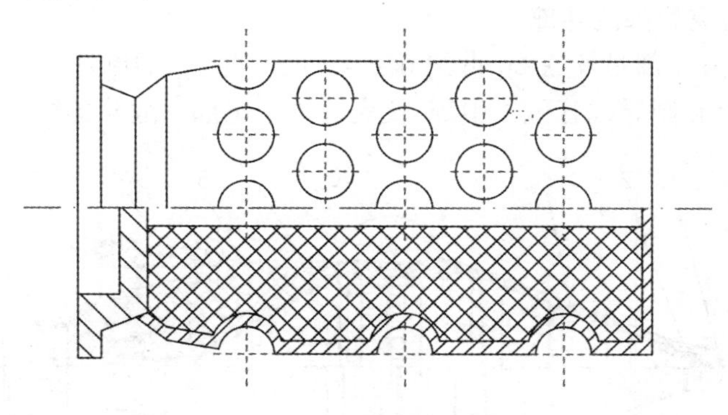

图 7.2.31 “罗兰特”战斗部

(2) 萨达姆末敏反坦克导弹战斗部。

末敏弹配制大锥角或半球形药型罩如图 7.2.32 所示，是一种效费比很高的反坦克弹种。用它来摧毁坦克比普通自瞄身管武器提高了 120 倍，比子母弹提高了 20 倍。它是通过攻击坦克的顶部装甲来摧毁坦克。

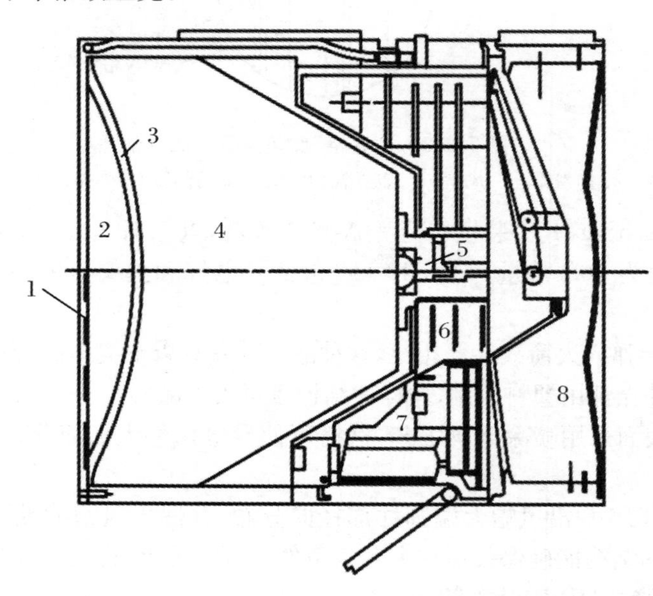

图 7.2.32 末敏弹配制 EFP 战斗部

1. 天线；2. 泡沫；3. 药型罩；4. 炸药；5. 保险和解除保险装置；6. 电子舱；7. 红外敏感器；8. 定向与稳定装置

(3) 反军舰导弹战斗部。

① “冥河”舰对舰导弹战斗部。

该战斗部壳体是带有两个平面的圆柱体。这种结构是为便于安装而设计的(图7.2.33)。药型罩为半球形,其直径为500 mm,壁厚为15 mm,材料为低碳钢。药型罩直接焊接在战斗部壳体上。采用这种药型罩的原因是使形成的射流短而粗,以便在舰体上打出较大的穿孔(孔径可达药型罩直径的0.7倍,穿深为直径的两倍)。这样,海水即可迅速涌入舱内。此外,射流也能破坏舰内的武器装备,杀伤人员。该战斗部装药是梯恩梯、黑索金和铝粉的混合炸药,装药量为180 kg。

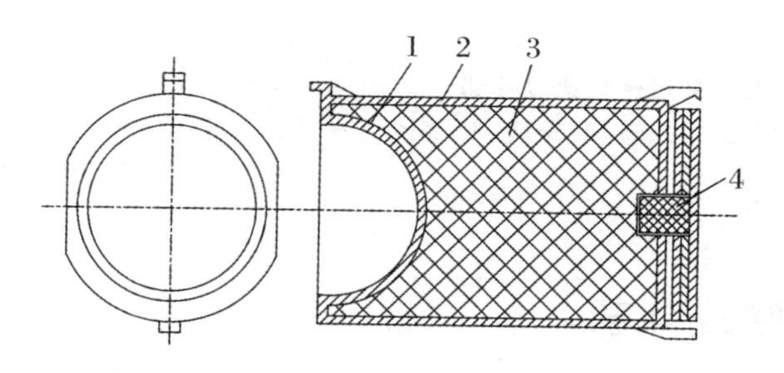

图7.2.33　聚能破甲战斗部

1. 半球形药型罩；2. 壳体；3. 炸药

② “鸬鹚”空对舰导弹战斗部。

图7.2.34是“鸬鹚”战斗部示意图,这是一种形成杵体弹(自锻破片)的战斗部,主要用于对付舰艇。在战斗部壳体内沿圆周分两层设置了16个大锥角药型罩,装药爆炸后可形成速度为2000 m/s的自锻破片。导弹击中军舰后,依靠其动能可击穿120 mm的钢板,然后侵入舰舱内3～4 m深处爆炸。

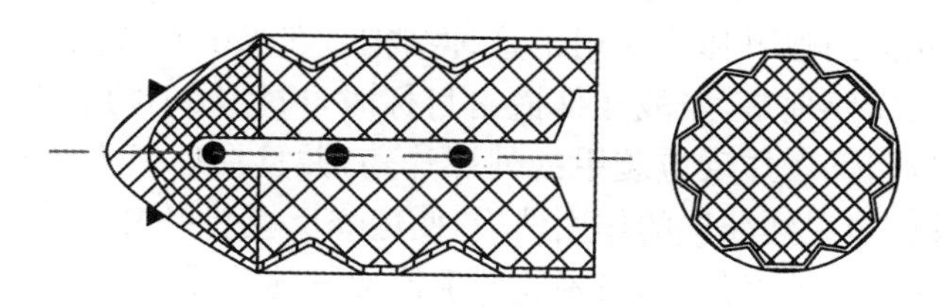

图7.2.34　“鸬鹚”战斗部

“鸬鹚”战斗部质量为160 kg,头部形状为厚壁蛋形,配用延期引信。实验表明,该战斗部爆炸后可以摧毁舱体约25个,比其他战斗部威力要大。

(4) “白星眼”空对地导弹战斗部。

如图7.2.35所示,该导弹战斗部为圆柱形,在装药的圆周上有8个同样尺寸的V形槽,其上装有低碳钢制成的V型药型罩(锥角120°,壁厚6.5 mm),并焊接在壳体上。壳体是0.85 mm厚的薄钢板焊接成型,构成弹身的蒙皮,以保证导弹具有良好的气动外形。

战斗部直径为382 mm,空心装药长1.8 m,炸药质量200 kg(B炸药)。

战斗部爆炸后,在圆周上形成八股片状金属射流(图7.2.36),每股射流的切割长度为1.7 m,具有强大威力,可用来攻击海上舰艇、地面桥梁,也可用于对付坦克和装甲车辆。

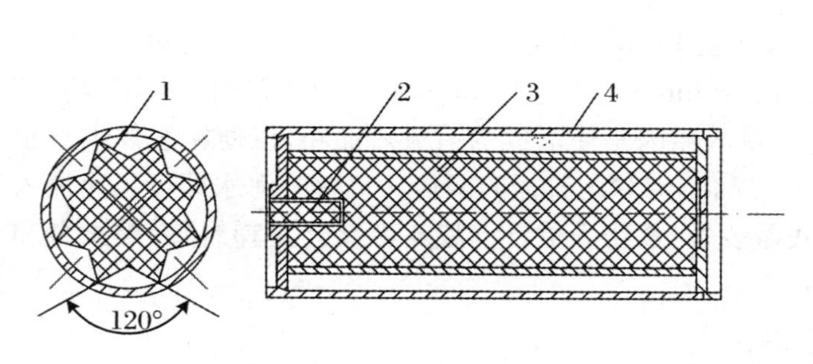

图 7.2.35 V形聚能罩战斗部

1. V形药型罩；2. 起爆药；3. 装药；4. 壳体

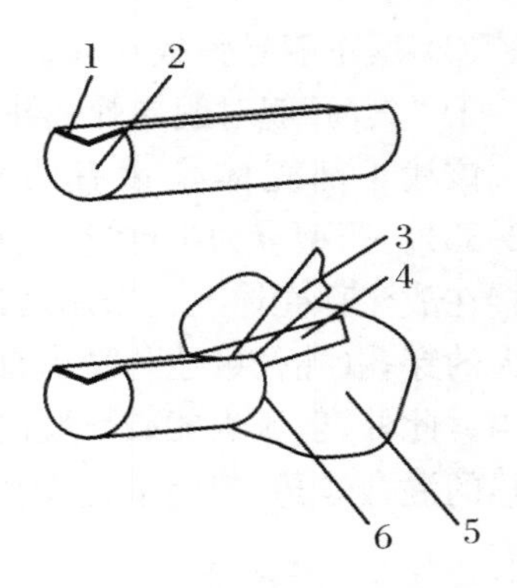

图 7.2.36 V形聚能装药爆炸示意图

1. V形金属药型罩；2. 装药；3. 射流；4. 杵体；5. 爆轰产物；6. 爆轰波阵面

7.2.6 串联战斗部

近年来，随着间隙装甲、复合装甲和爆炸式反应装甲的出现与快速发展，普通破甲弹的破甲能力被大大削弱。为了对付日益先进的装甲防护与地下工事，各国一直都非常重视串联战斗部的发展，串联战斗部已成为各国战斗部研究者的研究热点。

为了对付不断增厚的均质装甲和新出现的复合装甲，美国早在20世纪就已开始对串联战斗部进行研究。目前，世界范围内应用较为广泛的串联战斗部主要有破-破式、破-穿式、破-爆式、穿-破式、穿-爆式、多级串联战斗部以及多用途串联战斗部等。

（1）破-破式串联战斗部由前后两级空心装药组成，通常用于对付爆炸反应装甲，美国的陶2和海尔法等先进的破甲弹均采用了这种结构。典型的用于反击爆炸反应装甲的破-破式串联战斗部的工作原理是，当战斗部撞击目标时，口径较小的前级副装药首先起爆，用前级装药产生的射流引爆爆炸反应装甲的外层炸药，并且在后级主装药产生的射流到达之前，前级副装药对反应装甲炸药层的作用消失，使爆炸反应装甲失去破坏后级主装药射流的能力。这种串联战斗部的缺点是，前级副装药射流形成的孔径比较小，后级主装药射流在孔中容易产生感生冲击波，削弱主装药射流的侵彻能力，不适合对付均质装甲和复合装甲。

美军于1987年装备的陶2A导弹的战斗部即为图7.2.37所示装药方案，该串联战斗部前级较小，质量不到400 g，位于引信点火装置的前端后级较大，质量为5.8 kg，位于弹体前部，前级与后级的延迟时间为几毫秒。陶2A的战斗部直径为152 mm，最大射程为3750 m，可穿透厚度达1030 mm的标准装甲钢。

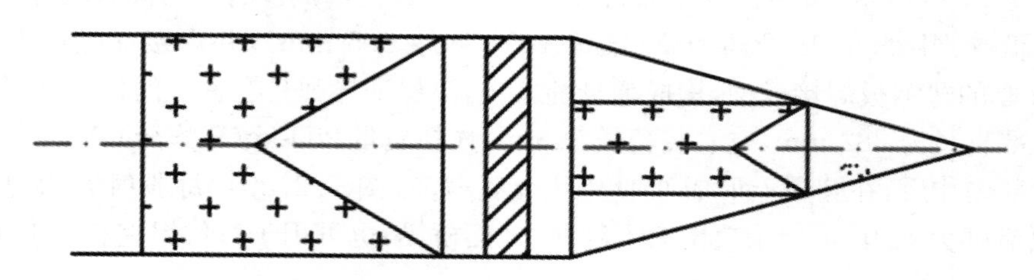

图 7.2.37 对付爆炸反应装甲的串联战斗部装药

(2) 破-爆式串联战斗部主要用于侵彻掩体、混凝土和砖石建筑物等硬目标，其作用原理是利用前级成型装药爆炸产生的高速金属射流在目标表面预先钻出一个深孔，然后由爆破、破片战斗部或温压弹随着开孔钻入目标内部爆炸，从而将目标摧毁。

破-爆式串联战斗部在对付地下深埋目标和机场跑道等硬目标方面具有独特的优势，已得到了各国的重视。这类串联战斗部要求前级战斗部必须穿透目标，且对目标破孔的孔径应尽可能大，对穿孔直径和侵彻深度都有较高的要求，后级主战斗部直径应该略小于前级战斗部，以保证能够顺利地钻入目标内部实现高效毁伤。

在1976年的埃及战争中，以色列将法国的STA-200型爆破炸弹改装成100 kg反跑道炸弹，攻击埃及空军机场，使埃及机场的飞机损失严重，埃及空军基本上丧失了作战能力，这次战争引起了世界各国将串联战斗部应用于反跑道的重视。

(3) 穿-破式串联战斗部与破-破式的装药机构基本相同，不同的只是其前置装药采用低密度射流或爆炸成型弹丸，使反应装甲只穿不爆。德国的铁拳3-T即通过在探头上装有附加的前置低密度罩材破甲弹来实现穿-破目标的。Insys公司则采用了双材质药型罩，该装药药型罩顶的一半是聚四氟乙烯(PTEE)，另一半是铜，起爆时两种材料最终分开为两个射流，低密度的PTEE射流在前面撞击反应装甲，将穿入而不爆，留下一个洞供铜射流通过以对付主装甲，从毁伤原理来说仍为穿-破式串联战斗部。

(4) 多用途、多效应串联战斗部。在实战中反坦克导弹对付的目标几乎只有30%～50%是坦克或装甲车辆，而许多情况下是用于攻击地下掩体、野战工事及建筑物等目标。因此一种通过成型装药、侵彻装药与爆破破片杀伤组合结构的多用途、多效应串联战斗部得到了青睐和发展。它通常是在现有串联战斗部技术基础上对战斗部结构、制导技术和引信技术加以改进和发展而形成的，既能用于摧毁重装甲，又能对轻装甲、砖石、墙壁、沙包等任何障碍物后的目标造成致命效果。瑞士RUAG公司以及德国的TDW公司均设计出了这种可用于对付多种目标的万能战斗部。

美国的Bootes等人提出了一种可装载于战斧巡航导弹的多用途串联战斗部，通过聚能装药、冲击波破片杀伤等综合效应，可对付多种目标，其结构如图7.2.38所示。

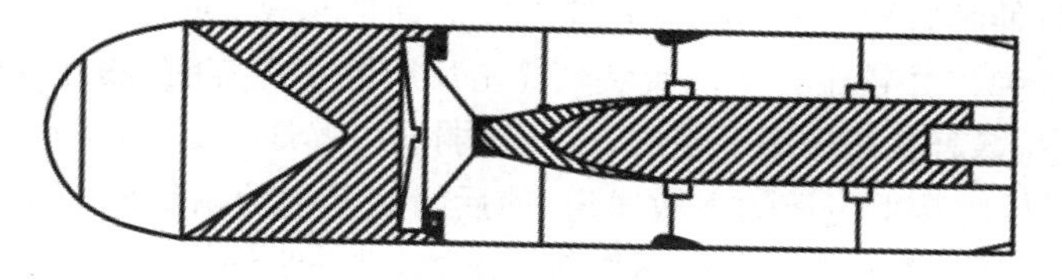

图7.2.38　多用途串联战斗部结构示意图

当战斗部侵彻硬目标时，其原理与破-爆式战斗部基本相似，而当对付轻型装甲或软目标时，则依靠其头部结构实现动能侵彻后使装药爆炸。同时，该战斗部也可用于侵彻中等厚度目标，或对区域范围内进行毁伤等用途。该战斗部前后燃料舱中剩余燃料的爆炸及装药外壳中的预置杀伤破片可以大大加强杀伤威力和范围，后级装药也可为子母式战斗部，以增强爆炸威力，实现了多用途和多效应的目的，同时也减少了耗费。

(5) 其他串联战斗部。

近几年串联战斗部受到各国的普遍重视，为了不同的军事目的，串联战斗部发展出了多种类型，如穿-穿式、穿-爆式或破-穿式串联战斗部，利用动能侵彻对目标实行高效毁伤，可用于高动能的导弹战斗部，如先进的高超声速巡航导弹，其极高的动能可对目标造成巨大的破坏。

三级或更多级的串联战斗部，如破-穿-爆式或破-破-爆式战斗部，第一级空心装药主要在目标上形成弹孔，第二级装药主要用于获得更大的侵彻深度。

俄罗斯目前已在T90坦克上装备了三级串联空心装药结构的125 mm尾翼稳定破甲弹。该弹引信装在弹底，当炮弹命中目标时，第一级装药首先起作用，用于毁伤爆炸式反应装甲。随后，第三级装药作用，形成的射流穿经第二级装药后侵彻目标装甲。最后，第二级装药作用，继续侵彻装甲目标。该弹质量19 kg，可侵彻60°倾角具有爆炸式反应装甲防护的350 mm厚的主装甲。它采用新型小锥角罩，其头部射流速度估计约为12000 m/s，尾部速度约为9000 m/s。

串联战斗部是把两种以上的单一功能的战斗部串联起来组成的复合战斗部系统。串联战斗部最初主要应用于对付反应式装甲。近年来，在反机场跑道、反地下工事等硬目标中都广泛应用了串联战斗部结构。

1. 反击反应装甲的串联战斗部

反击反应装甲的串联战斗部结构如图7.2.39所示。该战斗部为破-破式两级串联战斗部，当破甲弹击中反应装甲时，第一级装药射流碰击反应装甲，引爆其炸药，炸药轰使反应装甲金属沿其法线方向向外运动和破碎，经过一定延迟时间，待反应装甲破片飞离弹轴线后，第二级装药主射流在没有干扰的情况下，顺利击穿装甲。

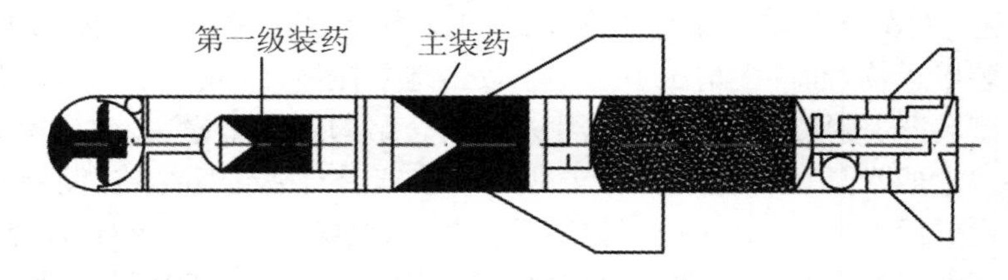

图7.2.39　反击反应装甲的串联战斗部

我国的“红箭”9反坦克导弹的战斗部就是采用了破-破两级串联结构，如图7.2.40所示。“红箭”9反坦克导弹主要由前置装药和主装药组成，主装药采用双锥形紫铜药型罩，在战斗部前端采用可伸缩式双节炸高棒，平时受发射筒的束缚，而叠套在一起，发射后内炸高棒在弹簧力推动下弹出并锁定。当前置装药撞击反应装甲爆炸时，两炸高棒在连接处成为薄弱环节，在前级装药爆轰载荷作用下断裂，从而减弱前级爆炸对后级的影响并保证了后级装药的有利炸高和提供反应装甲飞板的飞散通道，使后级装药射流沿反应装甲让开位置侵彻主装甲。另外，在前后级装药之间加装非金属材料隔爆体，进一步保护后级装药免受前级装药爆炸的影响。前置装药采用弹顶压电弹底起爆方式，后级主装药采用电子延时非接触引信。

2. 反击混凝土目标的串联战斗部

反击混凝土坚固目标(机场跑道、混凝土工事等)的串联战斗部通常采用破-爆型战斗部，即前级为空心装药或大锥角自锻破片装药，后级为爆破战斗部。图7.2.41所示为装有单一双级破-爆型反跑道及反硬目标串联战斗部BROACH导弹结构。

该类战斗部的工作特点是前置的聚能装药在跑道路面打开一个大于随进战斗部直径的通道，随进战斗部在增速装药的作用下，通过该通道进入路面里边爆炸使跑道达到较大的毁伤。

某些导弹内装有多枚串联反跑道或反硬目标子弹药，母弹飞行至目标上空抛撒子弹药，子弹药由降落伞减速稳定。子弹药对跑道的作用过程如图7.2.42所示。

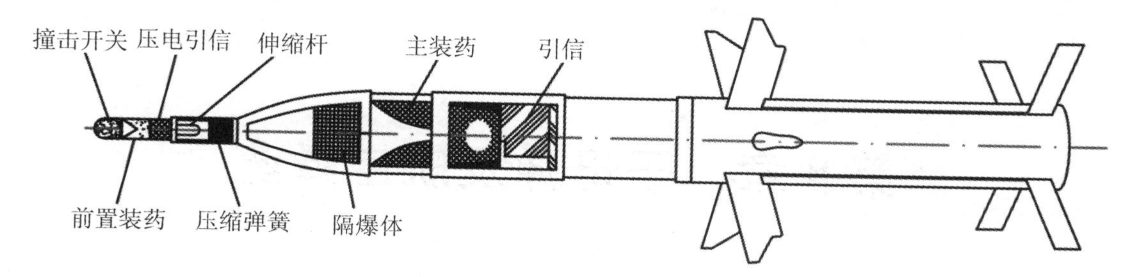

图 7.2.40　“红箭”9 反坦克导弹战斗部

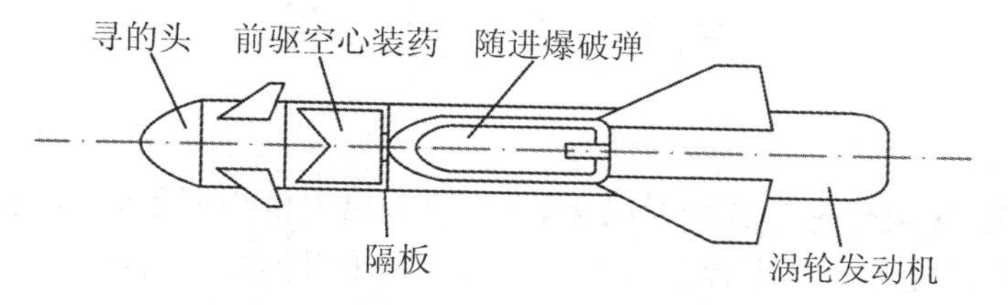

图 7.2.41　带有单一破-爆型战斗部的 BROACH 导弹

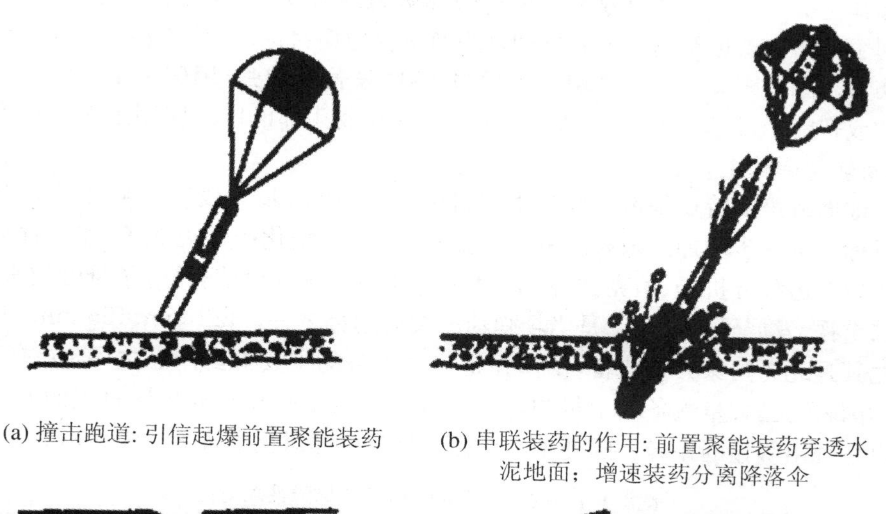

(a) 撞击跑道: 引信起爆前置聚能装药

(b) 串联装药的作用: 前置聚能装药穿透水泥地面；增速装药分离降落伞

(c) 随进战斗部增速: 加速随进装药并将其置入路面

(d) 随进装药起爆: 随进装药爆炸，形成弹坑，破坏混凝土路面使其隆起

图 7.2.42　串联战斗部对跑道的破坏作用

由于串联战斗部利用了不同类型战斗部的作用特点，通过合理的组合达到对一些典型目标的最佳破坏效果。因此，与单一战斗部相比，在达到相同毁伤效果时，往往战斗部重量可大大减轻。特别是在低空投放、战斗部着速较低时，对地下深埋目标及机场跑道、机库等硬目标，串联战斗部更具有独特的优势，近几年来受到各国普遍重视。除上面介绍的两种典型结构(破-破式，破-爆式)外，还有穿-爆式、破-穿式以及三级破-穿-爆式等多种类型。

第 8 章　子母弹及航空弹药

8.1　子　母　弹

子母弹，又名“集束炸弹”，其母弹筒爆炸后，可散出大量小型子炸弹，散落地面。若爆炸地点在平地，其攻击能力可达半径数百米之广。一颗子母弹落地后，约有10%的子炸弹不会立即爆炸，在外界触动情况下才会爆炸，杀伤力与一颗反步兵地雷相似。

子母弹是提高常规弹药有效利用率和破坏威力的重要途径，特别是远距离精确打击能力。使用子母弹打击远距离的坦克群和远距离重要地面目标比利用同样重量的单个战斗部更具杀伤力。如远距离摧毁一辆坦克需发射1500发普通炮弹，用破甲子母弹丸需250发，而用末敏或智能子母弹只需2～3发。目前，子母式战斗部已广泛应用于大口径炮弹、火箭弹、导弹及航空弹药上。

现代地面战争的特点是坦克等装甲硬目标约占30%，步兵战车等半硬目标约占40%，且半硬目标将进一步增加。未来的战争将是局部化、小型化的常规战争，在这种战争中，为了更有效地打击敌方机场、坦克群、桥梁、重要军事掩体等高价值目标，子母弹越来越引起世界各国的重视，发展子母弹技术是当今弹药的发展趋势之一。122 mm、155 mm口径火炮在世界上尤其是北约国家大量装备，子母弹是与之配备的主要弹药产品之一，在弹药配备上，国外发达国家均已大量配备了子母弹。由于各国发展水平和作战指导思想的差异，子母弹的性能也呈现出明显的差异。国外155口径子母弹性能对比如表8.1.1所示。

表 8.1.1　国外 155 mm 口径子母弹性能对比

	国别	美国	德国	以色列
	名称	MA483A1式	RB63式	CL3109式
底凹子母弹	全弹长(mm)	899	890	900
	全弹重(kg)	46.5	46	46.95
	装填子弹口径(mm)	38.9	43	42
	装填数量(个)	88	63	63
	平均初速(m/s)	650	810	797
	平均膛压(MPa)	220.6	333.3	415.8
	最大射程(km)	17.74	22.4	22.4

续表

国别		法国	以色列	德国
名称		G1 式	CL3103 式	RH49 式
底排子母弹	全弹长(mm)	900	900	899
	全弹重(kg)	46	42	44
	装填子弹口径(mm)	40	42	43
	装填数量(个)	63	49	49
	平均初速(m/s)	808	850	830
	平均膛压(MPa)	294	415.8	333.3
	最大射程(km)	28	30	30

8.1.1　子母弹作用原理

炮兵作为地面战场的火力突击骨干一直发挥着十分重要的作用。20 世纪 60 年代以来，炮兵在不断发展的科学技术影响下，为了适应现代战争的要求，已经和正在经历着一场深刻的变革。其发展趋势主要表现在增大射程、提高能力、提高精度、提高反应能力和反应速度、提高机动性和战场生存能力等方面，同时注意应用新材料、采用新工艺，并使武器向自动化和人工智能化发展。就提高弹丸威力而言，其中两项重要的措施是采用子母弹和预制破片技术，这些技术已在子母弹和布雷弹中得到了应用。

一发普通榴弹可以在其炸点附近形成很大的毁伤作用，但距离炸点越远，毁伤作用越小。而若在炮弹内装上许多具有一定毁伤作用的小子弹，使这些子弹均匀地散布在目标区域内，则一发炮弹的毁伤范围就可以大大增加。基于这个思想，美国从 20 世纪 50 年代开始发展了用于打击有生力量的反步兵子母弹(美军称之为改进型常规弹)。随着子母弹技术的发展，继反步兵子母弹之后，又出现了反装甲兼杀伤双作用子母弹。目前，美国、法国、意大利和瑞典等国都有自己研制的子母弹，一些西方国家炮兵弹药库的一半已为子母弹。

子母式战斗部是指在一个战斗部内装备一定数量的相同或不同类型子弹药的战斗部，在预定的抛射点母弹开舱，将子弹药从母弹里抛撒出来，形成一定散布面积与散布密度的毁伤效果的一类弹药战斗部。

一般来说，子母战斗部通常由母弹、子弹药、抛撒机构三大部分组成，母弹作为子弹的载体。母弹内可以装填炮兵通用破甲子弹、碳纤维子弹、反机场跑道子弹、区域封锁子弹、反装甲子弹、综合效应子弹以及各种智能型子弹等。子母弹以均匀散布子弹覆盖目标来补偿水准误差和射击精度的不足，提高有效的杀伤范围。用子母弹头取代相同质量的高爆弹头攻击相同目标时，子母弹的杀伤面积要更大一些(一般为 4 倍)，子母弹可以把整体弹头集中在一起的毁伤能量，分散为若干点的毁伤能量，且按目标特性和弹头威力所要求的分布特点，使子弹落点达到有规律的最佳分布，从而极大地提高了弹头的毁伤效率。从战术技术要求分析，散布大量的子弹，其威慑力和作用效能比同级单枚或小批量连续投弹要高出几倍。对各种炮弹、航弹、火箭弹和导弹，当其配置有子母战斗部后，将能构成更有利的大面积压制火力和大纵深突击火力，具有攻击面大，突防能力强的特点，特别适宜攻击战役战术纵深内集结的人员，坦克群装甲车辆以及机场等重要目标。因此，世界各国都很重视子母弹的研制和发展，投入了大量的人力、物力进行子母弹研究，使子母弹技术得到了飞速发展。总的来说，子母弹具以下几个方面的优点：

(1) 人员杀伤力。子弹有预控式、预制式破片，破甲子弹内有聚能药型罩设计，每枚子弹可产生数百枚大小破片，以放射状爆炸，形成密集的强力杀伤弹幕。

(2) 装甲穿透力。攻击装甲车辆相对薄弱的顶部装甲，采取攻顶方式击毁装甲车辆。

(3) 通用性。可配备于各类口径的炮弹、火箭弹、迫击炮弹等多种弹药，可以说是名副其实的多用途子弹药。

(4) 极低的费效比。相比费用高昂的导弹和数量消耗巨大的无控常规弹药来说，子母弹无疑效费比优、杀伤效果好、安全性高，成为夺取战场主动权的重要装配武器。

(5) 子母弹对于工厂意义。目前在产的、在研的炮弹和火箭弹，子母弹占的比重比较大，对工厂的经济发展意义重大。

8.1.2 子母式弹药开舱与抛撒方式分析

子母战斗部开舱抛撒方式主要有前抛、径抛、后抛这几种。目前的炮射子母弹大多采用的是后抛式开舱抛撒方式。采用此种抛撒方式子母弹的工作原理是：当母弹飞至目标上空时，时间引信按预先装定的作用时间产生作用，点燃抛射药，抛射药燃烧并在抛射舱产生一定压力，此压力作用在推板上，再通过传力件母弹内的子弹或其他装填物作用于弹底，剪断弹底与弹体的连接螺纹；母弹开舱，子弹相继被推出并散布开来，落达目标后子弹引信作用引爆子弹毁伤目标，完成子母弹的作战使命。

可以看出，开舱抛撒机构的作用可靠性直接影响到子母战斗部作战任务的完成。因此，开舱抛撒机构设计是子母战斗部设计的核心问题。

在抛射步骤上可以分为一次抛射和两次(多次)抛射。由于两次抛射机构复杂，而且有效容积得不到充分使用，携带子弹数量少等原因，因此在一次抛射可满足使用要求时，一般不采用两次抛射。目前常用的抛射方式，主要有如下几种：

(1) 母弹高速旋转下的离心抛射。

对于一切高速旋转的火炮子母弹，由于子母弹丸转速高达每秒钟数千转，乃至上万转，子弹在离心力作用下实现了均匀散开。

(2) 机械式分离抛射。

这种抛射方式是在子弹被抛出过程中，通过导向杆或拨簧等机构的作用，赋予子弹沿战斗部径向分离的分力。导向杆机构已经成功地使用在 122 mm 火箭子母弹上，狭缝摄影表明，5 串子弹越过导向杆后，呈花瓣状分开。

(3) 燃气侧向活塞抛射。

这种方式主要用于子弹直径大，母弹中只能装一串子弹的情况，如美国的火箭末端敏感子母战斗部所用的抛射机构。前后相接的一对末敏子弹，在侧向活塞的推动下，垂直弹轴沿相反方向抛出(互成 180°)。每一对子弹的抛射方向又有变化，对整个战斗部而言，子弹向四周各方向均有抛出。

(4) 燃气囊抛射。

使用这种抛射结构的典型产品是英国的 BL755 航空子母炸弹。共携带小炸弹 147 颗，分装在各隔舱中。小炸弹外缘用钢带束住，小炸弹内侧配有气囊。当燃气囊充气时，子弹顶紧钢带，使其从薄弱点断裂，解除约束。在燃气囊弹力的作用下，147 颗小炸弹从不同方向以两种不同的名义速度抛出，以保证子弹散布均匀。

(5) 子弹气动力抛射。

通过改变子弹气动力参数，使子弹之间空气阻力有差异，以达到使子弹飞散的目的。这种方式已经在国外的一些产品中使用。如在国外的炮射子母弹上，就有意地装入两种不同长度尾带的子弹；在航空杀伤子母弹中，采用铝瓦稳定的改制手植弹制作的小杀伤弹，抛射后靠铝瓦稳定方位的随机性，从而使子弹达到均匀散开的目的。

(6) 中心药管式抛射。

使用成功的典型结构是美国火箭子母弹战斗部。每发火箭携带子弹 644 枚。一般子弹排列不多于两圈。圆柱部外圈排 14 枚，内圈排 7 枚。子弹串之间用聚碳酸酯塑料固定并隔离。战斗部中心部位装有药管。时间引信作用，引起中心药柱爆燃后，冲击波既使得壳体沿全长开裂，又将子弹向四周抛出。

(7) 微机控制程序抛射。

应用于大型导弹子母弹上。由单片机控制开舱与抛射的全过程，子弹按既定程序分期分批以不同速度抛出，以得到预期的抛射效果。

按照开舱抛撒机构的工作原理，整个工作过程分解如图 8.1.1 所示。时间引信作用→点燃抛射药→抛射药燃烧并产生一定压力→压力通过推板及传力件作用在弹底上→弹底螺纹剪切→子弹被推出。

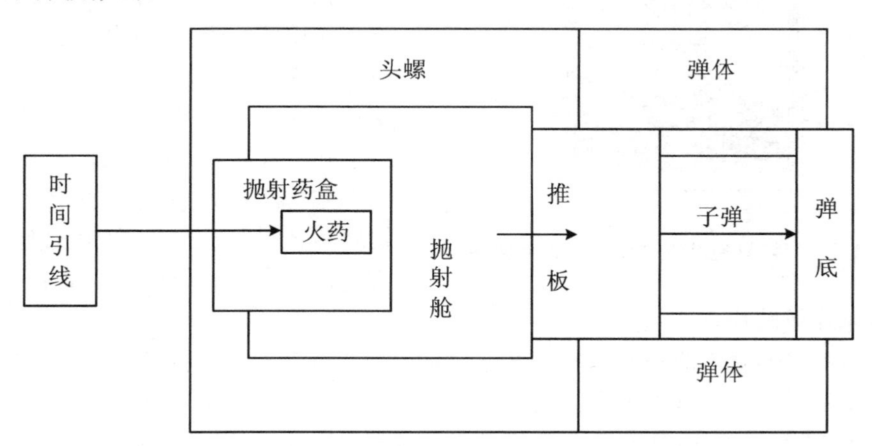

图 8.1.1　抛撒机构工作过程示意图

8.1.3　炮兵用子母弹

炮兵用子母弹按其内装子弹药类型可分为杀伤子母弹、反装甲兼杀伤双用途子母弹和智能子母弹。

1. 杀伤子母弹

图 8.1.2 为美国 203 mm 榴弹炮用 M404 式杀伤子母弹。母弹内装有 104 个 M43 系列

子弹。共13层，每层8个。子弹装填后再装上弹底塞，抛射药装在母弹头部，并由推板与子弹隔开，靠近母弹底部的金属弹带在贮存和运输时，常用护圈加以保护。

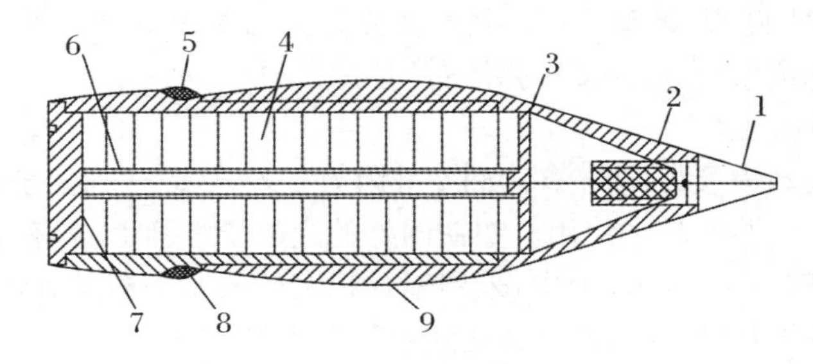

图 8.1.2　M404 式 203 mm 杀伤子母弹

1. 引信；2. 抛射药；3. 推力板；4. M43 式子弹；5. 弹带；6. 支杆；7. 弹底塞；8. 弹带护圈；9. 弹体

该弹的作用过程如下：当底火被激发装置点燃后，其火焰将发射药点燃，发射药气体将母弹推出炮膛。当母弹飞至目标上空时，时间引信按预期定时作用点燃抛射药，抛射药将子弹从母弹底部抛出，靠离心力作用使子弹离开母弹飞行路线而径向飞散，子弹落到目标区域杀伤人员。

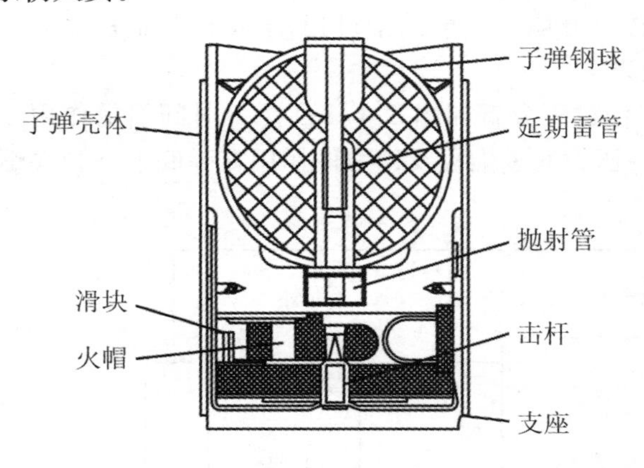

图 8.1.3　M43Al 空炸式杀伤子母弹剖面图

图8.1.3为M43A1空炸式杀伤子母弹的子弹，主要由于弹壳体、两个带簧翼片和两个装有炸药的钢球组成。子弹作用过程如下：当子弹从母弹内被抛出后，翼片张开使子弹定向。此时靠翼片簧和气流作用使两个翼片固定在张开位置，同时连到支座上的击针离开滑块而释放，滑块移动从而使雷管处于解除保险状态。当子弹着地时，支座推动击针刺入火帽中而将抛射药和延期雷管点燃。抛射药使钢球离开子弹壳体而向上抛起。延期雷管使钢球内的炸药在离地1.2～1.8 m处起爆，将钢球炸成破片杀伤人员。

M413(T377El)式105 mm杀伤子母炮弹是一种能携带多个子弹、远距离杀伤人员的炮弹，如图8.1.4所示。全弹由弹丸(母弹)、改进的引信和药筒几部分组成。弹丸作为母弹，内装有18个M35式子弹，共分6层，每层为3个，其中有3个子弹各装有一包黄色染料，用于观察弹着情况。子弹装进弹体后再装上弹底塞，最后用3个剪切销将弹底塞连接到母弹上。

母弹头部装有改进的机械时间瞬发引信，改进引信的装定时间为2～75 s。改进的引信装药抛射药。此引信与同型号非改进的引信是不能互换的。药筒内装有击发底火和药包式发射药，以使发射药可按发射距离的要求进行调整。

此弹作用过程如下：当底火被火炮击针撞击发火后点燃发射药，发射药气体将母弹推出炮膛。当母弹飞到目标上空时，母弹引信作用，点燃抛射药，将子弹从弹底抛出，此时靠离心作用力使子弹离开母弹飞行路线而径向飞散。子弹着地后起爆而杀伤人员。

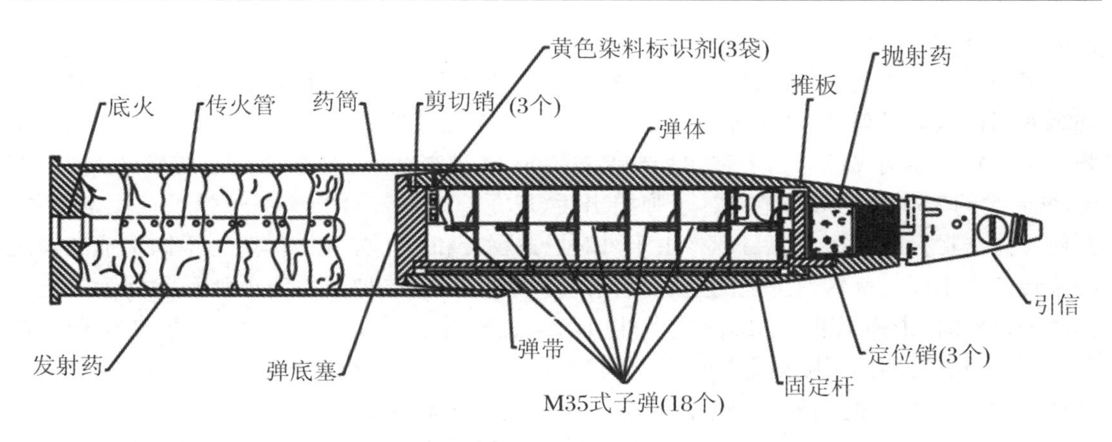

图 8.1.4　M413(T377El)式 105 mm 杀伤子母炮弹

主要诸元为：全弹重 19.05 kg，全弹长 788 mm，弹丸重（T377E1 式）14.8 kg，M35 式子弹数 18 个，每个子弹内 B 炸药量 28 g，引信 M554 改进，药筒 M14 式、M14B1 式、M14B3 式、M14B4 式，底火 M28A2 式，击发底火 M28B2 式，发射装药 M67 式，初速 472.4 m/s（M52、M101）或 494 m/s（M102、M108），最大射程 11270 m，火炮 M52、M52A1、M101A1、M102、M108 式榴弹炮。

2. 反装甲兼杀伤双用途子母弹

以色列为 120 mm 坦克炮开发的杀伤毁甲双用途子母弹为例，介绍其结构组成和性能特点。

该子母弹结构如图 8.1.5 所示。弹丸采用了子母式结构，母弹头部配装可实时感应装定的电子时间引信，母弹弹体内以成串方式装有 6 发短圆柱形子弹，子弹串与母弹头部的电子时间引信之间为抛射药，母弹抛撒子弹时采用剪断母弹底座的后抛形式。子弹串与母弹弹体同轴配置。子弹采用时间引信和预制破片战斗部。

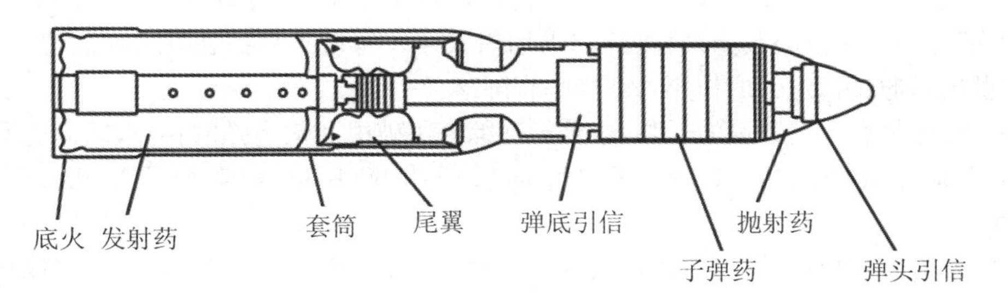

图 8.1.5　以色列 120 mm 坦克炮子母弹结构

美 155 mm 榴弹炮采用 M483A1 式反装甲兼杀伤双用途子母弹。该弹丸由母弹、M577 式机械时间瞬发引信、M10 式抛射药、推弹板、M42 式和 M46 式子弹及弹底塞组成。母弹内装有 88 个子弹。子弹以保险状态成 11 层嵌套排列在弹丸内。每层 8 个子弹。前 3 层为 M42 式子弹，后 8 层为 M46 式子弹。

M42 式和 M46 式子弹是地面爆炸式反装甲兼杀伤子弹。子弹呈圆柱形，由导引传爆管、铜质药型罩（锥角 60°，固定炸高 19.05 mm），M233 式惯性引信和尼龙稳定飘带组成。M42 式和 M46 式子弹除弹体结构上稍有差别外，其他基本相同。M42 式双用途子弹采用预制刻槽结构和空心装药。其刻槽为圆圈状，沿圆周方向每隔 60°为一区域。M46 式子弹弹体没有预制刻槽。

子弹作用过程如下：炮弹发射后，飞行到目标上方约 460 m 时，母弹上的 M577 机械时间瞬发引信点燃抛射药，把子弹从弹丸底部抛出。各枚子弹在弹丸旋转离心力的作用下沿弹丸飞行轨迹径向飞散。当子弹在最佳高度 300 m 被释放时，会在地面形成横向大约 100 m，纵向大约 150 m 的散布范围。子弹抛出后，尼龙稳定飘带打开保证子弹垂直稳定下落，并使应撞击目标的一边对象目标。由于风对尼龙飘带和对子弹弹体的阻力不同造成二者之间旋转速度不同。旋转速度上的这种差别产生一种扭力，这种扭力使子弹解除保险。当子弹碰击目标时，子弹尾部的 M233 式惯性引信点燃起爆药，起爆药点燃传爆药，传爆药引爆主装药。空心装药向下喷射金属射流，能够穿透 63.5～76.2 mm 厚的装甲钢板。同时，预制破片弹体产生大量高速杀伤破片，形成一个半径为 5 m 的杀伤范围。

西班牙 InstalazaSA 和 EspearnzaYciaSA 两家公司联合研制成一种新型 120 mm 迫击炮子母弹，并将它命名为 Espin。这种新弹赋予 120 mm 迫击炮的能力远远超过目前迫击炮所具有的能力，使它可以和 155 mm 师属火炮、多管火箭炮以及航空炸弹相媲美。新弹性能优越，效费比较高，既可攻击装甲目标顶部，又能杀伤人员，作为一种有效的进攻武器引起了人们极大的重视。

Espin 子母弹有两种型号，即 Espin15 和 Espin21 型。前者含有 15 枚子弹，而后者含有 21 枚子弹。两种型号的子母弹除重量和长度不同外，其基本结构是相同的。在母弹体内的子弹分 3 层排列，每层有 5 枚或 7 枚子弹。上面两层子弹的引信和稳定装置（稳定带）分别放置在下一层子弹空心装药的锥形头部内，最下面一层子弹的引信和稳定装置则放置在一专用的部件内，该部件的作用是控制子弹抛射。

在母弹头部装有时间引信，它由 Esperanza 公司制造，用来控制母弹抛出子弹的时间。子弹头部装有着发引信，由 Instalaza 公司制造。子弹引信装有双保险装置，第一保险装置在弹丸贮存和发射飞行时使雷管不对准其他传爆装置，直到母弹开舱并抛出子弹后才解除保险。第二保险装置是在弹得到发射加速度时才解除保险。子弹直径为 37 mm，子弹壳为钢制的，战斗部采用空心装药结构，炸药采用黑索今。每枚子弹都装有稳定装置，当子弹从母弹内抛出后通过稳定带的作用可获得垂直降落。

每一母弹带有一定数量的子弹，这种子弹综合了破甲和杀伤弹的特点，因此它既可侵彻装甲目标又可杀伤人员。Espin 子母弹的射程达 5000 m，覆盖面积从几百平方米到 4000 m^2。

母弹发射后，由时间延迟引信控制母弹开舱时间，并使母弹头部与弹身分离以便子弹抛出。抛出的子弹在稳定装置的作用下垂直下落。当子弹命中装甲目标顶部时，速度突然减缓使得击针刺着击发雷管而引爆炸药。炸药爆炸后，空心装药药型罩形成金属射流，而弹体产生大量破片，达 650 块之多。射流对钢板的侵彻厚度为 1500 mm，破片的杀伤半径约为 8 m，有效作用半径达 21 m。

3. 智能子母弹

(1) 末敏弹。

末敏子母弹即末端敏感子母弹，又称为遥感反装甲弹。以 155 mm“萨达姆”末端敏感子母弹为例，一发母弹内含两枚子弹，子弹由传感器、自锻破片战斗部、信号处理系统、保险和解除保险机构、涡流降落伞等部件组成。其工作过程如图 8.1.6 所示。母弹飞到目标上空后将子弹抛出，子弹上抗旋转装置使子弹转速减慢，在距离地面一定高度上打开携带的降落伞,使子弹低速旋转,此时,传感器开始工作,像"眼睛"一样向地面环顾扫描,并逐渐缩小扫描范围;子弹上的微处理器对探测到的信号进行处理,一旦探测到目标就计算出最有利的引爆时间和引爆位置;子弹爆炸时,其战斗部形成速度高达3000 m/s的自锻弹丸,直奔坦克顶部的中心位置将其击穿。

(a) 由155 mm火炮或多管火箭炮发射

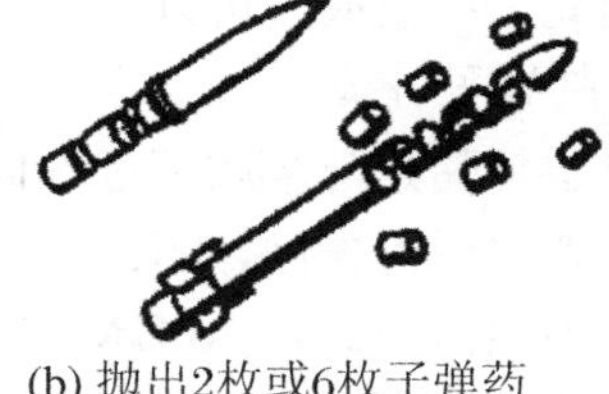

(b) 抛出2枚或6枚子弹药

(c) 传感器搜寻目标

(d) 爆炸成型弹丸攻击目标

图8.1.6 "萨达姆"子母弹工作过程

由于末敏子母弹能够在一定范围内自动探测目标,控制引爆时间,因此使毁伤坦克的概率大大提高,通常2~3发末敏子母弹就能击毁一辆坦克。

BLU-108智能反坦克弹药是一种二级子母弹,要通过其他载体(一级子母弹)运送到目标上空实施布撒,1枚BLU-108智能反装甲弹药携带4颗用于实施终点毁伤的斯基特末敏子弹。每个BLU-108的质量为29.5 kg,长为788 mm,直径为133 mm,而斯基特末敏子弹的直径为127 mm,长为90 mm,质量为3.4 kg,BLU-108智能反装甲弹药及斯基特末敏子弹如图8.1.7所示。

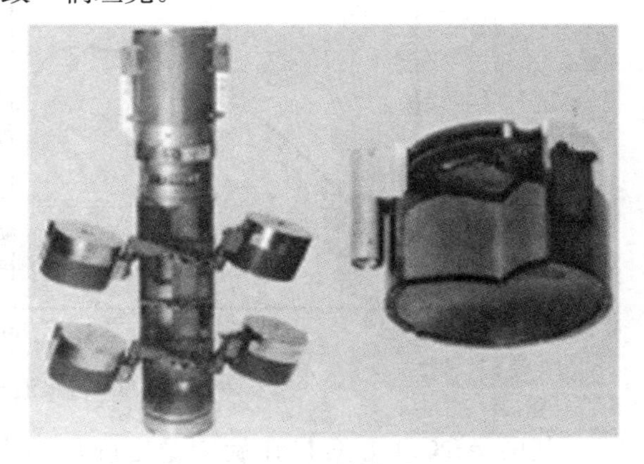

图8.1.7 BLU-108智能反装甲弹药(左)和斯基特末敏子弹(右)

BLU-108在美国空军的应用是使用CBU-97作为载体。CBU-97全弹质量为420 kg,全弹长为2.34 m,直径为400 mm,采用新一代SUU-66战术弹药布撒器,该布撒器内装两串串联在一起的5个BLU-108末敏子弹载体,每个BLU-108从上到下排列着1个降落伞、1枚火箭、4颗向下发射的斯基特末敏子弹和1个高度表,因此,每颗CBU-97子母炸弹共携带40颗斯基特末敏子弹。在执行任务时,CBU-97由飞机携带到达指定空域进行空投,在其空投后,弹箱分3瓣打开,前后两层BLU-108先后沿径向抛出后打开各自的降落伞,待转入大落角降落后再抛掉降落伞,打开外壳,展开携带的4颗斯基特末敏子弹,当达到垂直状态和高度表确定的高度后,点燃上部的一对旋转火箭,带动BLU-108以39 r/s的转速高速旋转,然后利用离心力将4颗斯基特抛出，斯基特被抛出时带有一定的旋转速度，因此抛出后将边旋转边飞行，其气动外形的不对称使其弹轴与铅垂方向有一个夹角，所以在斯基特上与弹轴平行安装的双色红外敏感器将扫描地面一定区域，如果目标在该区域内，当敏感器探测到目标时，斯基特将释放 EFP 战斗部攻击目标，其飞行速度可达 4.8 km/s，能够穿透 115 mm 厚的装甲。1 枚 CBU-97 携带的 40 枚末敏子弹可向下扫描 500 m×250 m 椭圆形地区，而最一般的飞机可携带两枚 CBU-97，因此一次投放就可以攻击和摧毁一大批地面装甲车辆。

(2) 末制导子母弹。

末制导子母弹是与末敏子母弹同期发展的另一种智能子母弹。与末敏子母弹相比，其子弹上的传感器更为先进，并有一个较为复杂的控制系统，能够根据目标信息修正子弹的飞行方向。其中最典型的是 APGM 末端制导炮弹。

APGM 是由北约多国共同研制的一种 155 mm 火炮发射的自主式精确制导弹药，该弹配有串联空心装药战斗部，射程为 24 km。APGM 现有两种方案，一种是毫米波制导的 ADCO 方案，如图 8.1.8 所示，另一种是红外和毫米波复合制导的 ASP 方案。

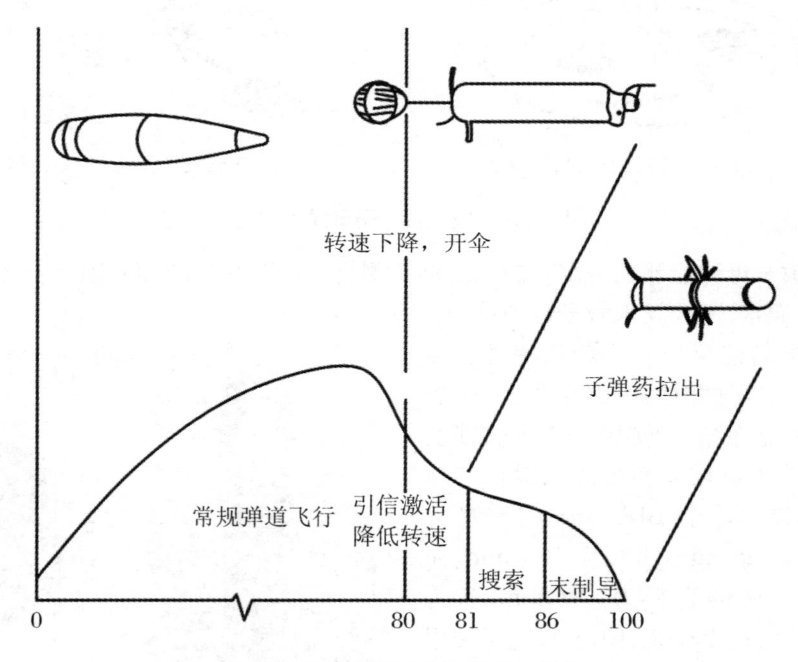

图 8.1.8　毫米波制导 ADCO 方案

其中 ADCO 方案是在旋转稳定的母弹内装一枚非旋转稳定的子弹药。使用时，由 155 mm 火炮发射，炮弹出炮口后先按常规炮弹的弹道飞行，过弹道最高点后，位于弹体头部和尾部的弦弧翼打开，以便从弹体的尾部向后拉出子弹药，子弹药在它本身的弹道阶段展开位于中段的 6 片弹翼和位于尾部的 4 片弹翼(舵片)使弹稳定飞行。子弹药头部的毫米波导引头开始搜索目标，一旦捕获，子弹药就像导弹一样自动导引，直到命中目标。这种火炮发射的子母弹不但能自动追踪目标，还有初速高、初始定向性好、抗干扰能力强的特点，命中概率在 90%以上。

末敏子母弹和末制导子母弹的出现表明，将尖端技术用于火炮和弹药的改进，能够进一步提高火炮的威力，完成许多以前无法完成的任务。

8.1.4 火箭弹、导弹子母式战斗部

火箭弹、导弹子母式战斗部又称集束式战斗部，它由子弹、子弹抛射系统和障碍物排除系统组成。当战斗部得到引信的起爆指令后，抛射系统中的抛射药被点燃，子弹以一定的速度和方向飞出，在子弹引信的作用下，子弹爆炸，以冲击波或破片等击毁空中目标。由于子母式战斗部一般都装在舱体内，舱体的蒙皮和构件会影响子弹的正常抛出。因此，要在子弹抛出前把蒙皮等障碍物排除掉。

1．子弹

子母式战斗部的子弹主要有爆破式、破片杀伤式和聚能式三种。按子弹的飞行性能分稳定型和非稳定型两种，采用哪一种形式，主要取决于子弹对目标的破坏形式、子弹的形状和子弹的性能。例如，聚能式子弹和带有触发引信的爆破式子弹，为了保证可靠地起爆并作用于目标，必须采用稳定型子弹；杀伤式子弹，一般呈球形，可采用非稳定形式。子弹的飞行稳定可以通过加阻力板、阻力伞和尾翼等来实现。

子弹的壳体要能经受抛射时的冲击力，内爆式子弹还要能经受洞穿目标结构时的冲击。

对于新设计的子母式战斗部，为满足一定的杀伤概率，应根据武器的导引精度和要求的子弹散布密度确定子弹的数量。作为基本杀伤单元的爆破式子弹和聚能式子弹，应根据目标的大小确定所需的散布密度，并在此基础上确定子弹的数量。例如，拦截尺寸较小的战术导弹弹头时，为了确保命中，子弹的散布间隔为 0.3 m 左右，如果需要有一个直径 5 m 的子弹散布面，则所需的聚能式子弹数为 850～900 个。杀伤式子弹的基本元素是破片，因此在类似的情况下，子弹数量可以少得多。

子弹数初步确定后，还要根据总体设计的关于质量和容积的要求进行适当调整。如果为现有导弹配备一个子母式战斗部，则主要应以导弹总体给出的战斗部质量和容积的限制为基础来确定子弹数量。

2．子弹抛射系统

子弹抛射系统利用火药或炸药能，使子弹获得必要的速度。在此过程中，还必须保证子弹及其引信的全部功能不被破坏，这样抛射速度将受到很大限制。一般情况下，保证子弹不受破坏的实际安全抛射速度为 200 m/s 以内。子弹抛射系统的类型有很多种，下面介绍三种比较典型的子弹抛射系统。

（1）整体式中心装药子弹抛射系统。

在此抛射系统中，抛射装药装在位于纵轴的铝管内，球形子弹沿着纵轴逐圈交错排列。装药与子弹间有一定厚度的空气间隙，如图 8.1.9 所示。间隙小，子弹的速度就大，但子弹较易受到损坏，反之亦然。

装药形状有三种形式，如图 8.1.10 所示。一是轴向均匀装药，子弹获得的速度大致相等；二是沿轴向阶梯形装药，子弹的速度按装药的阶梯散分成几组；三是装药量沿轴向连续变化，子弹的速度沿轴向成线性分布。

装药可以用火药或炸药，前者子弹的速度低，但受到的冲击小；后者子弹的速度高，但易受到破坏。子弹如果装在塑料垫环内，可以提高抛射速度，垫环也能对子弹起一定的保护作用。

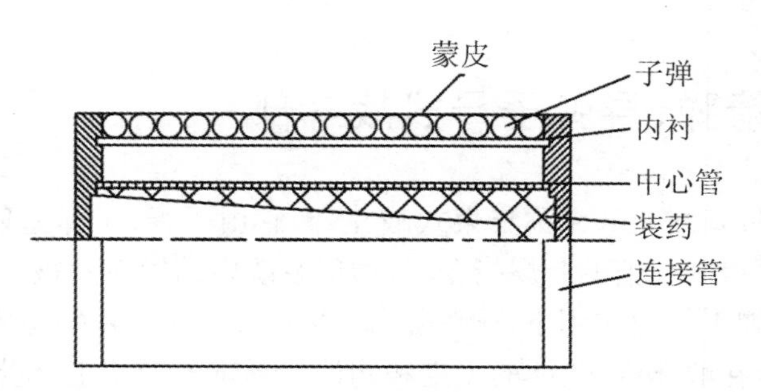

图 8.1.9　整体式中心装药子弹抛射系统

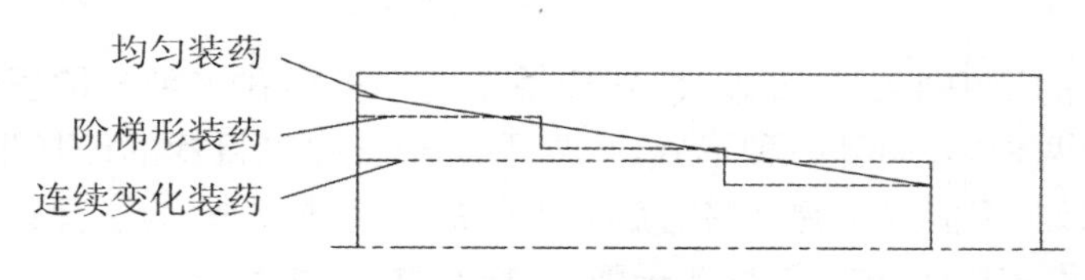

图 8.1.10　中心管中装药的三种形式

(2) 枪管式抛射系统。

一种枪管式抛射系统如图 8.1.11 所示,钢制的枪管是子弹结构的组成部分,位于子弹的中心,与子弹的支撑管严密配合,抛射火药装于支撑管内,火药点燃后,高压燃气作用于枪管并把子弹推出。

另一种枪管式抛射系统如图 8.1.12 所示。与前面一种不同的是,整个战斗部只有一个共同的火药燃烧室,燃烧室壁装有若干枪管,每个枪管上安装一个子弹,燃气压力通过各个枪管传送给子弹,把子弹抛射出去。这种结构中,子弹获得的速度基本一致。要使子弹具有不同的速度,就要使枪管具有不同的口径,同时,子弹与枪管相配的零件也要有不同的尺寸,这将增加结构和工艺复杂性。

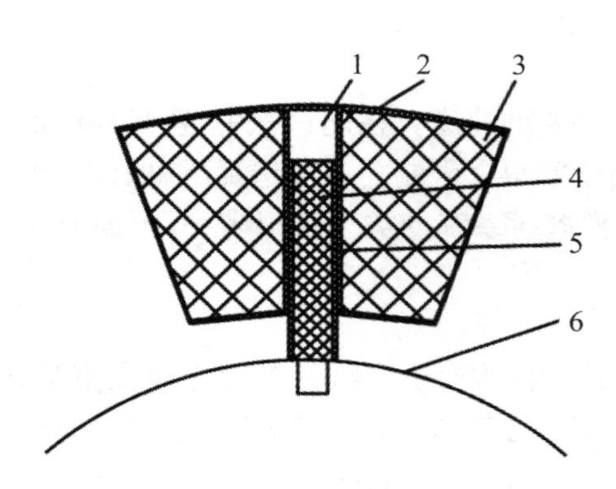

图 8.1.11　枪管式抛射系统示意图之一

1. 枪管；2. 子弹；3. 子弹装药；4. 燃烧室；5. 子弹支撑管；6. 导弹舱内支架

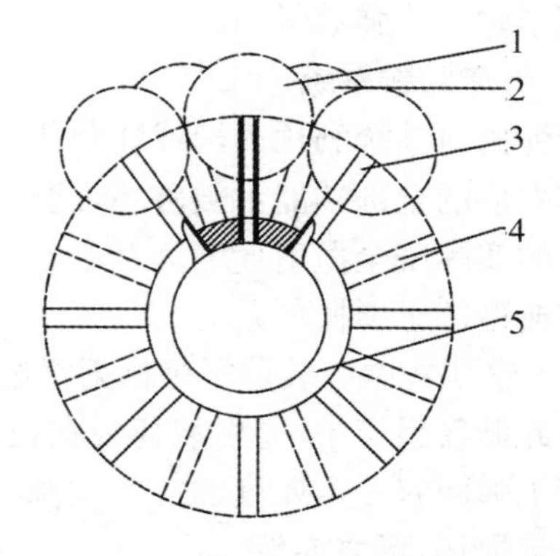

图 8.1.12　枪管式抛射系统示意图之二

1. 第一圈子弹；2. 第二圈子弹；3. 第一圈枪管；4. 第二圈枪管；5. 战斗部中心管

(3) 一种膨胀式抛射系统如图 8.1.13 所示,折叠成星形的可膨胀衬套把弹舱和子弹在径向分成若干个间隔(图中为 7 个),衬套中间为柱形燃烧室,燃烧室壁上有与间隔数相应的排气孔。抛射药点燃后,燃气经排气孔向密闭的衬套内腔充气,衬套膨胀并最终把子弹抛射出去。由于衬套膨胀和子弹抛射的过程很快,为了充分利用火药能量,与枪管抛射的情况类似，也要求从火药的性能和药型上保证火药的快速和完全燃烧，以及在峰值压力建立前对子弹的约束。

另一种结构是利用橡胶作可膨胀衬套，如图8.1.14所示。燃烧室产生的燃气经小孔排出，使橡胶管逐渐膨胀，最后把子弹和支撑梁推出。

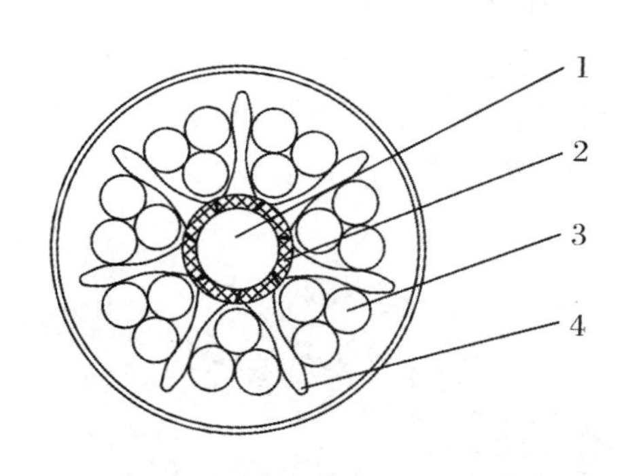

图8.1.13　膨胀式抛射系统之一

1. 火药；2. 带孔燃烧室壁；
3. 子弹；4. 可膨胀衬套

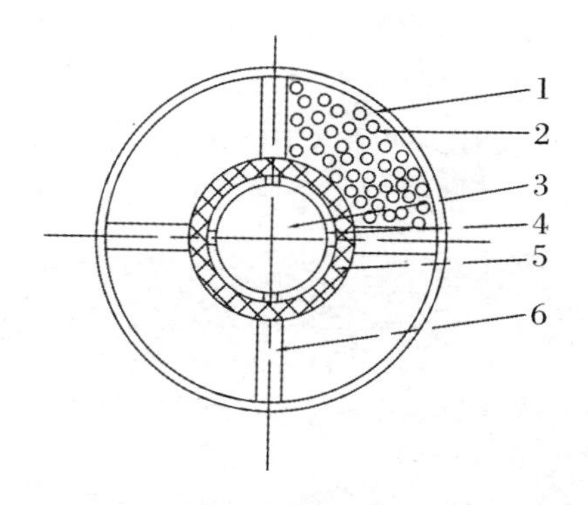

图8.1.14　膨胀式抛射系统之二

1. 蒙皮；2. 子弹；3. 燃烧室；4. 橡皮膨胀管；
5. 支撑架；6. 中心支撑管

如果要使子弹获得不同的速度，可参考图8.1.15中所示的结构。子弹用隔板分成三段，火药点燃后，燃气通过膜片和各段的轴向充气孔向中心管充气，并通过各段的径向充气孔向各橡胶膨胀管充气，把子弹抛射出去。各段的轴向充气孔孔径不同，因此各段的燃气压力不同，子弹的抛射速度也就不同。

显然，用折叠的不锈钢膨胀管代替橡胶膨胀管也是可行的。

美国新一代战术弹道导弹ATACMS正在进行的研制和改进项目ATACMS-2导弹。ATACMS-2携带13个BAT子弹，BAT子弹弹长914.4 mm，弹身直径139.7 mm，翼展914.4 mm，弹重19.96 kg；采用红外和音响寻的器。对运动中的装甲集群，每个BAT子弹直接命中一辆坦克或装甲车。ATACMS-2A型装载6个改进型（P3I）BAT子弹，该子弹将采用毫米波或毫米波/红外双模寻的器，使其不仅可以攻击静止的装甲集群目标，而且具有攻击地地战术导弹发射车（TEL）的能力。美国已经广泛收集潜在的战术弹道导弹TEL多频谱红外数据，并研究相应的TEL红外图像分类、鉴别算法。

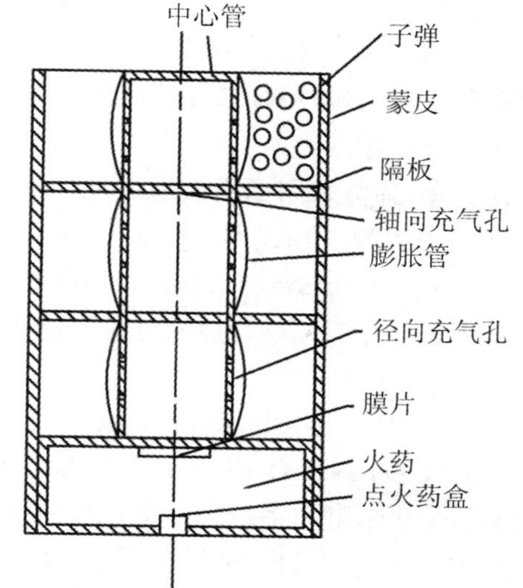

图8.1.15　膨胀式抛射系统之三

8.1.5　航空子母炸弹

航空子母弹的概念实际上是建立在“霰弹枪”原理基础上的，即用均匀散布的小炸弹覆盖区以补偿瞄准误差。事实证明，能在战术目标上散布大量双重作用的小炸弹的子母弹在效能方面比单枚或小批量连投高爆炸弹要高出几倍。

现代战争中,集群坦克的进攻,往往是敌人采取的主要手段之一。而对付这种大规模的坦克群,地面反坦克武器常常难以奏效。同时,地面防空系统的效能迫使近距离支援的空对地攻击必须在很低的高度实施。俯冲轰炸或火箭攻击很可能带来无法接受的己方伤亡率,从而减弱了总的攻击有效性。这些因素都促进了航空子母炸弹的研制和使用。

美国是目前航空子母炸弹种类最多的国家之一,装备型号多达 30 多种,其中 CBU-78、CBU-89、CBU-94 和 CBU-97 以及英国的 BL755 是目前使用较多的。例如,图 8.1.16 所示为 CBU-87 型航空子母弹,图 8.1.17 所示为航空子母弹内装填的各类小型弹药。

图 8.1.16　CBU-87 型航空子母弹

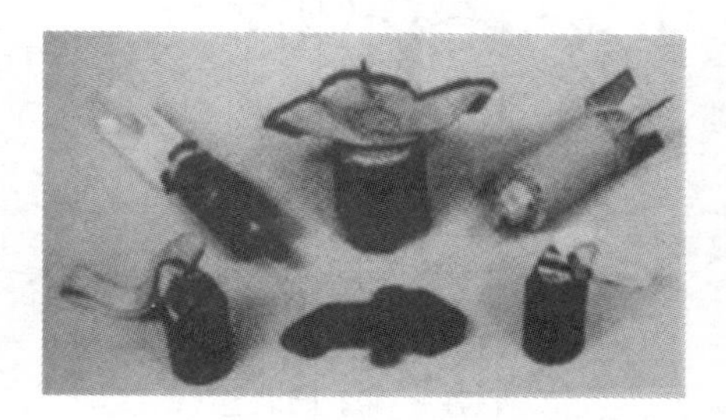

图 8.1.17　航空子母弹内装填的各类小型弹药

(1) CBU-78 和 CBU-89。

CBU-78 由美国海军航空兵使用,CBU-89 由美国空军使用。CBU-78 内装 45 枚 BLU-91/B 反坦克地雷和 15 枚 BLU-92/B 防步兵地雷,而 CBU-89 内装 72 枚 BLU-91B/反坦克地雷和 24 枚 BLU-92/B 防步兵地雷。BLU-91/B 反坦克地雷采用磁感应引信,通常在弹体到达最佳引爆点时才引爆,主要用来反装甲车辆;BUL-92/B 防步兵地雷投放后采用触发式引信引爆,弹体采用钢质杀伤破片,主要对大范围内的人员进行杀伤,二者均可对引爆装置进行自动编程。1995 年,在 CBU-89 和 CBU-78 炸弹尾部安装了风向修正器(The wind-Corrected Munitions Dispenser,WMCD),WCMD 可将普通炸弹转变为适用于全天候攻击的精确制导炸弹。这种风向修正器价格低廉,每套装置仅 1 万美元,却使 CBU-78 和 CBU-89 具备了精确自主攻击能力。

(2) CBU-94"BlaekoutBomb"。

CBU-94 内装有 BL-U114/B"Soft-Bomb"碳纤维子弹药,又称为软杀伤子弹药。BLU-114/B 是攻击电力系统的一个特殊的子弹药类别。它依靠散布大量的碳石墨细丝而使得暴露在地面的电力分配与输送系统短路,达到破坏电力设备的目的。由于 BLU-114/B 仅仅被限制于攻击电力设备,因此连带损害的危险最小。

该子母弹美军在"海湾战争"后开始研制,在"科索沃战争"中大量使用,使南联盟的供电系统遭到了严重的破坏。但在此次的"伊拉克战争"中却没有使用,一是由于该弹只攻击地面电力系统,而对地下的军用电力系统无能为力;二是地面电力系统多为民用,破坏民用设施将遇到更多的"人道主义问题"。以后该弹种的使用范围和频率将大幅降低。

(3) CBU-97。

CBU-97 炸弹外壳是一个 SUU-66B 战术弹药布撒器,内装有 10 枚 BUL-108B 子弹药,每个子弹药又含 4 枚"斯基特"(Skeet)反装甲小弹药,所以,1 枚 CBU-97 就有 40 枚反装甲小弹药,这样,作战飞机一次就能攻击多辆坦克、装甲车。反装甲小弹药外形像咖啡杯,直径为 125 mm,装有红外传感器和战斗部,可自主搜寻目标,所以又被称为"末敏子弹"。飞机可在 6000 m 高度、速度为 1200 km/h 的情况下投射。该炸弹在预定高度打开 SUU-66B 战术弹药布撒器，布撒出 10 枚 BUL-108B 子弹药，每个子弹药依靠降落伞减速。下降到一定高度后，一个小型火箭发动机启动，使 BLU-108B 子弹药旋转，靠离心力投射出 4 枚“斯基特”小弹药。“斯基特”在下降过程中旋转摇摆，使其窄视场的红外传感器对地面进行扫描。一旦探测到坦克、装甲车辐射的红外能量，红外传感器就进行跟踪，然后引爆战斗部。战斗部爆炸并向下发射穿甲硬片。穿甲硬片以 1527 m/s 的速度攻击目标易损的顶部，一举将其摧毁，可从空中攻击地面行进中的装甲目标，如坦克、装甲车、自行火炮、导弹发射车和人员等。

CBU-97 是世界上第一种可使用的带终端制导子弹药的精确制导集束炸弹。对摧毁恐怖分子的训练营地比较有效。为进一步提高 CBU-97 的性能，美国又在“斯基特”上加装了主动红外传感器，以弥补被动红外传感器的不足，改善目标探测能力和抗干扰能力。另外，在“斯基特”的战斗部弹丸药型罩的外环还加了 16 个钢珠，以提高杀伤能力。

(4) BL-755。

BL-755 航空反装甲子母炸弹是英国亨廷工程有限公司与皇家航空研究中心共同研制的产品。1963 年开始研制，1971 年批准生产，我国在 20 世纪 80 年代初引进仿制，国内型号为 250-3 子母航弹。该子母弹共装有 147 枚具有反装甲杀爆功能的子弹药，每枚子弹重 1 kg。

英国研制的 BL-755 航空反坦克子母炸弹是目前北约空军配用的对地装甲攻击的主战武器，一颗母弹内装 147 枚子炸弹，子弹具有破甲和杀伤双重效果，覆盖面积为 7000 m^2，其破甲威力大，对面状目标和集群坦克很有威胁。

图 8.1.18 是英国 BL-755 型子母炸弹示意图。它体内有装小子弹的 7 个弹仓和燃气系统、抛撒装置等，尾翼采用可调伸缩式。当炸弹脱离载机的挂钩时，拉索拉动尾部的操纵机构，由机械操纵尾翼伸展。7 个弹仓共有 49 个抛弹巢，每个抛弹巢容纳 3 枚成一束的小炸弹。抛撒装置由抛放弹、燃气导管、分配器和气囊组成，并通过气囊充气迅速地膨胀而抛射子炸弹。子炸弹的结构外形如图 8.1.19 所示，其外形比较独特，头部有触发盘、支撑杆、支撑弹簧组成；弹体成截锥形，弹尾安定器由皇冠形尾翼、固定底盘和弹簧组成。子炸弹在母弹仓内安放时其头部和弹尾安定器均收缩在弹体内，当被母弹抛出后，即在其自身前后弹簧张力的作用下将触发盘、尾翼和底盘伸展出去，同时解除引信保险，当子炸弹的前后部伸展到位后，则头部组件和尾部组件相对固定，在自身重力和空气动力的作用下自由下落，直至命中目标。子弹的三个部分在母弹内是套在一起的，而在离开母弹体下落时展开。子弹与目标接触后空心装药起爆，可穿透 250 mm 装甲，同时，使战斗部壳体爆炸产生 2000 多个破片，其有效杀伤半径约为 6 m。

图 8.1.20 是法国“贝鲁加”子母炸弹示意图。该弹既是子母弹，又是用尼龙伞减速的低空炸弹。这种炸弹，在母弹体内装有 151 个子弹（子弹直径为 66 mm，质量为 1.2 kg）。母弹圆柱体被分为许多层，每层有 8 个定向弹座，每个弹座内装 1 枚子弹。母弹体前部装有气涡发动机、抛出子弹的程序传感器、分配器和火工品。由于大母弹和子弹都采用降落伞制动，所以子弹投放距离和目标分散面积几乎与投弹高度无关。

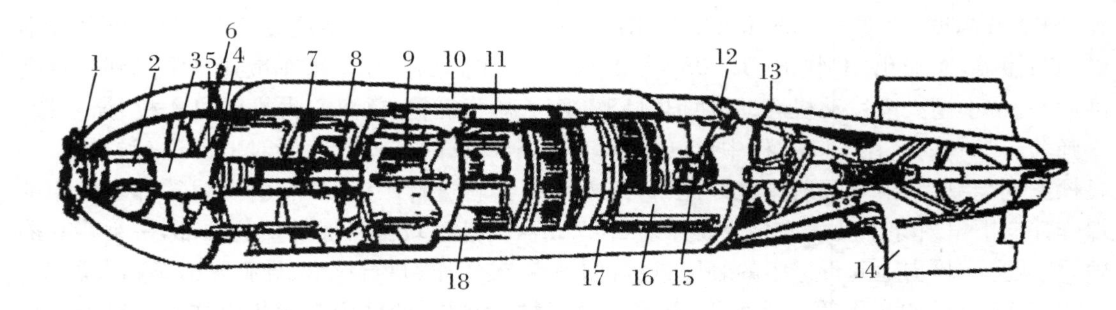

图 8.1.18　英国 BL-755 型子母弹

1. 引信空解旋翼；2. 爆炸功能装置；3. 烟道与返回烟装置；4. 排泄作用筒；5. 顶壳作用筒；6. 电接头；7. 计量孔；8. 燃气分配管；9. 燃气袋；10. 加强板；11. 悬拉架；12. 保险解脱拉索；13. 尾翼机械拉索；14. 扩张尾翼；15. 弹簧马达；16. 上半弹箱体；17. 下半弹箱体；18. 子炸弹

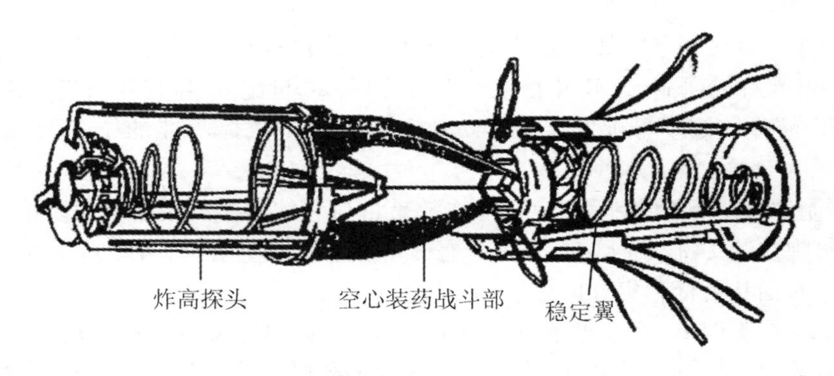

图 8.1.19　子炸弹

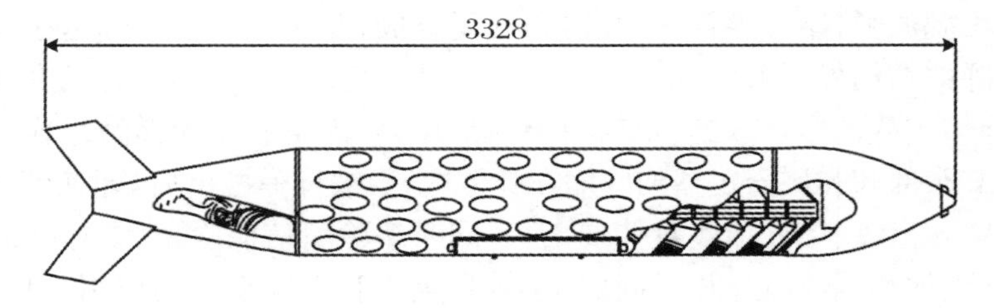

图 8.1.20　法国“贝鲁加”子母弹

“贝鲁加”子母炸弹装有如下三种炸弹：配瞬发引信的杀伤爆破弹，用于攻击车队、地面飞机等目标；空心装药破甲弹，用于攻击坦克顶甲（可穿透 250 mm）；配合使用定时弹，用于攻击机场和港口（延时可达数小时）。

8.1.6　空投地雷

在子母弹中还有一类空投地雷。空投地雷是由飞机空投到地面上（或钻入地下）的地雷，用以炸毁火车、汽车、坦克以及杀伤步兵等。

空投地雷除具有普通地雷的特点外，而且具有炸弹的某些特点。例如，有的空投地雷的形状和普通炸弹相同，落地后钻入地下，并能自毁。与炸弹不同之处在于当活动目标遇到它时，它能立即爆炸。炸步兵和炸坦克的地雷，均由母弹或飞机上的发射筒将其布设到地面上（个别地雷钻入地下），地雷的体积小，重量轻，一次布设的地雷数量多，外表颜色与地面自然景色一致，有些需具有定时自毁或失效的性能。

美国ERAM远程反装甲地雷是空投自寻的地雷，主要用于攻击坦克顶甲，杀伤车内乘员，破坏车内设备，使坦克丧失战斗力。该地雷由发射器、音响探测器、数据处理器和2枚带红外传感器的"斯基特"自锻破片战斗部等部分组成。它的药型罩在装药起爆时，能在100～150 ms的时间内被爆轰波的高压锻造成高压弹丸，弹丸飞行速度约为2750 m/s。该雷装在美空军SUU-65/B战术投弹箱内，离开投弹箱后自动打开降落伞，以50 m/s的落速下降到地面上。

地雷借助冲击惯性抛掉降落伞，伸出3根接收目标音响的传感器天线，探寻进入其作用范围内的目标。一旦发现目标，即自动进行识别和跟踪，自动计算目标未来位置，发射器旋转至45°沿目标拦截弹道射出第一个战斗部。战斗部上的红外传感器探测、跟踪目标和引爆战斗部内的炸药。炸药爆炸形成高速弹丸，攻击坦克顶部装甲。第一个战斗部发射后，发射器自动旋转180°，对准第二个目标，准备发射第二个战斗部。

8.2　航空弹药

8.2.1　概述

航空弹药是指从飞机或其他航空器上发射或投放的弹药，包括空-空导弹、空-地导弹、普通炸弹、航空火箭弹、制导撒布器等。由于大部分航空弹药具有巨大的体积且其外壳通常为铸铁铸钢制成，常被戏称为"铁疙瘩"。航空炸弹弹体上安有供飞机内外悬挂的吊耳。尾翼起飞行稳定作用。某些炸弹的头部还装有固定的或可卸的弹道环，以消除跨声速飞行中易发生的失稳现象。外挂式炸弹具有流线型低阻空气动力外形，便于减少载机阻力。超低空水平投放的炸弹，在炸弹尾部还加装有金属或织物制成的伞状装置，投弹后适时张开，起增阻减速、增大落角和防止跳弹的作用；同时使载机能充分远离炸点，确保安全。航空炸弹具有类型齐全的各类战斗部，其中爆破、燃烧、杀伤战斗部应用最为广泛。

在现代高技术战争中，对目标实施空中打击已成为战争的首选方案。空中打击不仅可对敌方纵深的指挥控制中心、机场、防空阵地、掩体和桥梁等重要军事目标精确打击，而且可对集群坦克、装甲车辆、炮兵阵地以及地面人员及其他军事设施实施有效的摧毁。近20年来世界上众多的局部战争已经向世人展示：空中打击不仅可独立完成各类战略和战术任务，而且将对战争胜负产生决定性的影响。

因此，各国在常规武器发展中，很重视航空弹药的发展。特别是精确制导武器和远程打击武器的出现，使空中打击效能成百上千倍的提高，使载机的生存能力大为改善。各种新型制导技术和战斗部技术的发展使得航空炸弹不仅可精确的命中和摧毁中远距离的点目标，而且可有效地摧毁各类面目标。总之，航空弹药已成为现代战争中最为重要的武器之一，它的发展将对未来战争产生重要影响。

航空弹药种类繁多,本章只对航空炸弹做重点介绍。

1. 航空炸弹及分类

航空炸弹在航空弹药的消耗量中所占比重最大,它是飞机的一种重要武器装备,由于飞机的速度快,航程远,航空兵可以广泛机动的载挂各种航空炸弹,摧毁敌人前沿、战役纵深和战略后方的各种地面、海上、水下目标。

航空炸弹分类的几种方法:

(1) 按用途可以分为三大类,即主用航空炸弹、辅助航空炸弹和特种用途航空炸弹。主用航空炸弹又称基本航空炸弹,是用来直接摧毁、破坏、杀伤目标的炸弹,如爆破、杀伤、穿甲、燃烧、反坦克、反雷达、反跑道炸弹,以及燃料空气炸弹、化学炸弹、生物炸弹、核航空炸弹等。辅助炸弹是用来帮助进行瞄准轰炸的弹药。特种用途炸弹是用来完成某些特殊任务的弹药,如航空照明炸弹、标志炸弹、照相炸弹、烟雾炸弹、宣传炸弹和训练炸弹等。

(2) 按名义质量(质量)分:炸弹的圆径就是经化整后以 kg 为单位的炸弹质量,同时圆径也表示炸弹的外形大小。航空炸弹圆径变化范围较大,小则几十千克乃至几千克,大则重达若干吨。按质量分航空炸弹的圆径主要有以下几种:0.5 kg、1 kg、2.5 kg、5 kg、10 kg、15 kg、25 kg、50 kg、100 kg、250 kg、500 kg、1000 kg、1500 kg、3000 kg、5000 kg、9000 kg;我国和苏联以千克为单位,美国和英国以磅为单位。一般将质量在 50 kg 以下的航空炸弹称为小型航空炸弹,100～500 kg 为中型航空炸弹,500 kg 以上则为大型航空炸弹。美国航空炸弹通常分为 100 lb、250 lb、500 lb、1000 lb(1 lb = 0.454 kg)等不同级别,美国甚至有质量达 6800 kg 的 BLU-82“滚球”超大型炸弹。

(3) 按控制方式分:一是无控炸弹,或非制导炸弹,即机载投放炸弹,航空炸弹按自由抛体弹道降落,其弹道无法变动;二是可控炸弹,或称制导炸弹,即炸弹投放后,可以利用激光、电视、红外、毫米波等制导方式不断修正弹道,使之精确导向目标,这类炸弹也称为灵巧炸弹,集束炸弹(子母弹)也包括在此类中。

(4) 按空气阻力高低分:高阻炸弹,中阻炸弹,低阻炸弹。

(5) 按使用高度限制分:中、高空炸弹,低空炸弹。

(6) 按结构分:整体炸弹、集束炸弹、子母炸弹。

(7) 按战斗部装填分:普通炸弹、燃料空气炸弹、核炸弹。

以上分类总结如图 8.2.1 所示。

2. 航空炸弹的一般结构

航空炸弹一般由弹体、安定器(或弹翼)、引信、传爆管、弹耳(或弹箍)和炸药装填等组成,如图 8.2.2 和图 8.2.3 所示。航空炸弹还可以加装制导装置、升力翼面、减速装置等实现特定功能的附加部件。一般来说,航空炸弹弹体通常为两头尖锐的流线型圆柱体,尾部一般有各式各样的尾翼。作战时,作战飞机将航空炸弹投向目标,命中时以冲击波、破片、火焰等各种杀伤效应实现对目标的毁伤。

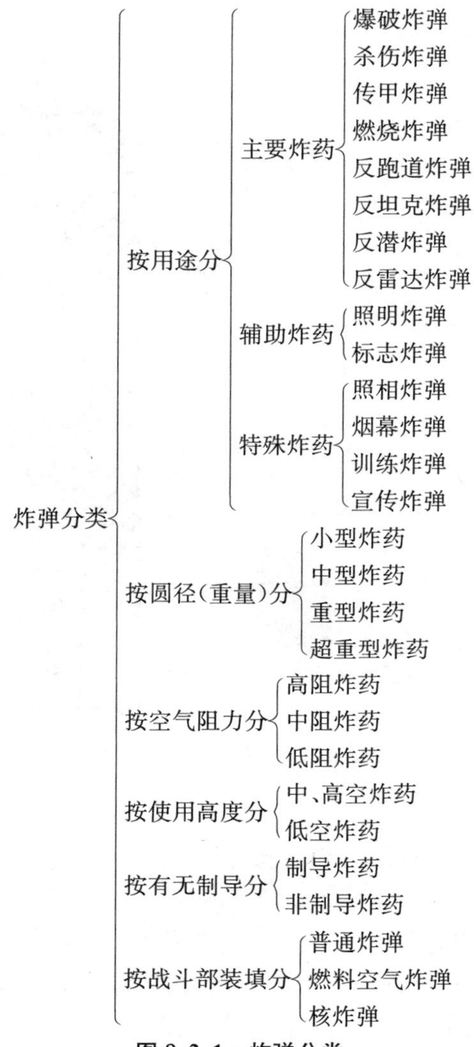

图 8.2.1　炸弹分类

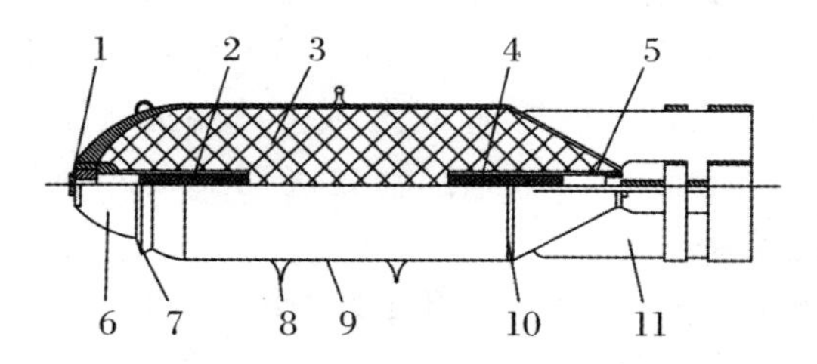

图 8.2.2　航空炸弹的一般结构

1. 防潮塞；2. 头部传爆药；3. 炸药；4. 传爆药柱；5. 尾部传爆管；6. 弹头；7. 弹耳环；8. 弹耳；9. 弹身；10. 尾锥部；11. 安定器

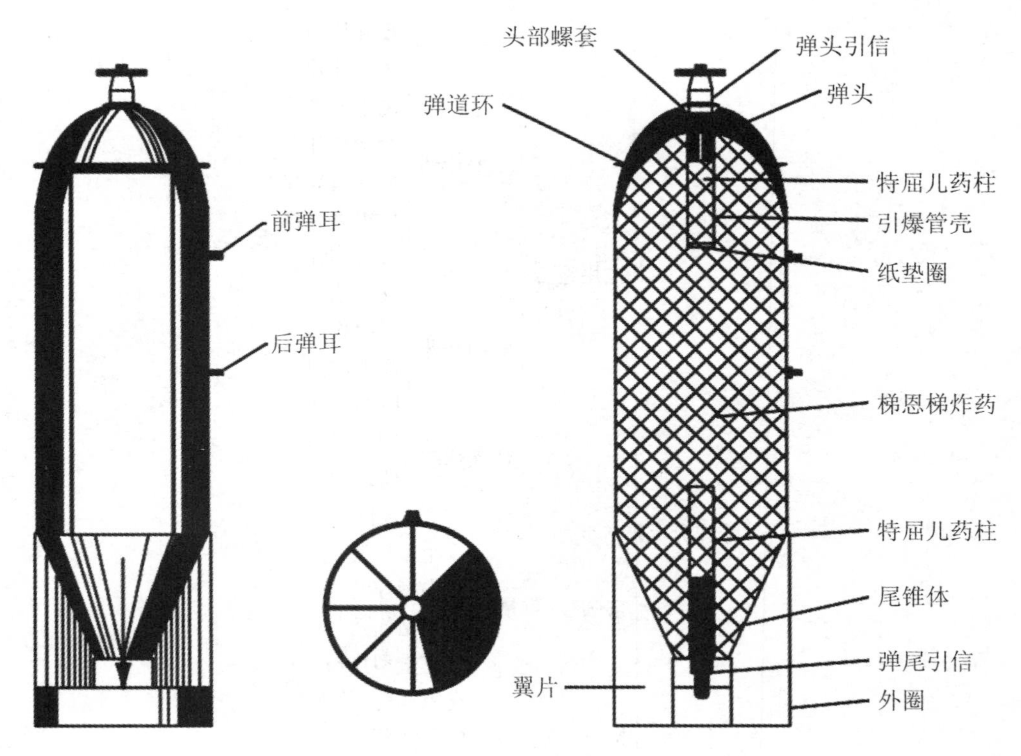

图 8.2.3　典型航弹结构

(1) 弹体。

弹体是炸药的外壳,它包括弹头、弹身和弹尾,有的炸药还装有弹道环。其主要作用是容纳装药,并在爆炸后产生破坏、杀伤效应的主体部分,主要包括弹头、弹身、弹尾、传爆器和装药等部件。弹体主要作用是承受动力、冲击力等各种外来力量和容纳装药,同时在起爆后产生破坏、杀伤效应。制造材料常用铸铁或铸钢,尤其是球墨铸造,近年来为追求航弹破片多、轻、快,且保持弹体总重小,高强度铝合金、内嵌钢珠的玻璃纤维、轻金属和塑料等材料也有应用。

航空炸弹弹体一般都近似圆柱体。如我国 500-2 型航空爆破炸弹使用 100 mm 厚的铸钢圆柱形弹体,250-1 型航空爆破炸弹则为 8 mm。航空炸药外形上可大致分为低阻力和高阻力两种。低阻航空炸弹具有流线的纺锤外形,或呈球端圆柱体,弹翼小而后掠,适合高速的战斗机、攻击机携带。高阻航空炸弹(如俄制 Ø AB-M54 系列、我国 250-1 等)外形粗钝,空气阻力大,不适合高速飞机外挂。

① 弹头:通常呈卵形,也有截头圆锥形和半球形的。一般情况下,弹头部分的母线半径为 $0.75d$,长度为$(1\sim2)d$(d 为弹径)。

② 弹身:为圆柱形或稍微带一点锥度的截头圆锥形,有锥度的弹身不仅可以减小空气阻力,还可以使炸药的质心前移,从而提高炸弹在弹道上的飞行稳定性。一般情况下,弹身长度为$(2\sim5)d$(d 为弹径)。

③ 弹尾:一般为圆锥形,其长度一般为$(0.5\sim2)d$(d 为弹径)。

④ 弹道环:焊接(或安装)在弹头上的环形箍,其作用是当炸弹的运动速度接近声速时,可提高炸弹的稳定性,改善炸弹的弹道稳定性。

（2）安定器。

安定器也叫稳定器或者尾翼，它固定在弹尾上，阻止航弹弹体旋转，用来保证炸弹在空中沿一定的弹道稳定下落。

安定器按空气动力学设计，早期航弹的尾翼采用复杂的环状结构，随着低阻航弹的发展，逐渐改为能迅速拆装的小面积后掠薄翼片。后来，为满足低空投放、提高制导控制精度以及增加航程的需要，先后出现了减速尾翼、起旋弹翼、制导控制翼、稳定弹翼和滑翔弹翼等特殊的尾翼。减速尾翼常见于低阻低空爆破航弹，投放后尾翼张开产生空气阻力，减缓航弹下落速度，增大航弹炸点与载机之间的距离和航弹落地着角，以确保载机投弹后的飞行安全；起旋弹翼常见于航空子母弹的子炸弹，其用途是驱使弹翼高速旋转以解脱引信保险；制导控制翼一般用于制导航弹，作用在于保证航弹投放精度和机动能力；稳定弹翼常见于JDAM等精确制导炸弹，目的是改善炸弹飞行气动性能，满足炸弹多目标攻击时的较大过载和立体弹道的要求；滑翔弹翼常见于SDB小直径炸弹或滑翔弹，可令航弹获得更远的打击距离。安定器的形状有箭羽式、圆筒式、方框式、方框圆筒式、双圆筒式和尾阻盘式（见图8.2.4）。也有的炸弹不用安定器，而用稳定伞来保证炸弹在弹道上稳定下落。

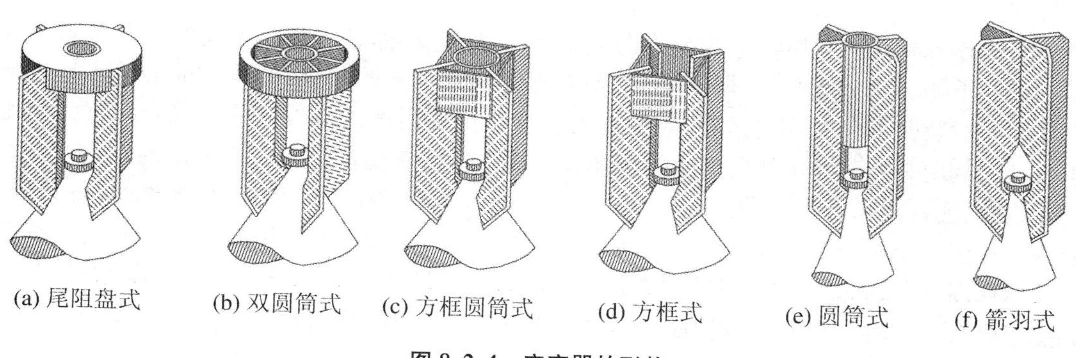

图8.2.4　安定器的形状

为了保证安定器的强度和提高炸弹下落时的稳定性，在各安定片之间有撑杆或撑板，或者在安定片周围加一圆环。

为增加使用维护性，目前航弹尾翼一般设计为模块化组件，可以根据使用需要快速更换或增加辅助功能，如可以让飞行员通过外封管理系统设置工作模式，减小投弹误差；或通过联动保险装置，保证航弹起爆安全；或配置制导控制部件，实现航弹的精确制导等。

（3）引信。

引信的主要用途是在符合起爆条件时令炸弹起爆，反之则令炸药处于安定状态。根据其工作原理，可分为定时、定高、碰炸、压力引信等。航空炸弹引信最普遍的工作方式是“爆炸＋延时”，引信在弹体撞击目标时被触发，经预先设置的时间延迟，引爆雷管、传爆管，进而使装药爆炸，如使侵彻航弹借助动能钻进硬目标内部后起爆，或使杀伤爆破航弹在地表上方就爆炸杀伤更多软目标；根据原理不同，还可分为机械式和电子式两种引信，其中，电子式引信较为复杂优越，其工作方式、参数等均可由地勤手动或由飞行员在飞行中通过外挂管理系统进行设置。

引信一般以螺接等方式和弹体连接。为确保可靠起爆，航空炸药经常用两个以上的引信。为确保航弹的安全，引信还需采取保险措施，如航弹贮存时不装引信，或用可拔除的钢销使引信和雷管物理隔离；或将引信封装在金属外壳里面，使引信必须受到足够的外力作用才会触发;或采取延时、远距离保险措施,使引信只有在航弹投下一段时间或远距离后才起作用。通常,一枚航弹至少采用两种保险方式,并通过引信上设置的小窗口显示其保险状态。

(4) 传爆管。

传爆管焊接(或螺纹连接)在弹头部,有的在尾锥体内也设置一传爆管,它们的作用是将引信起爆后的能量进一步加强,并传递给装药,使炸弹可靠地爆炸。

(5) 弹耳(或弹箍)。

弹耳是直接焊接在弹身上或用螺纹拧在弹身上的吊耳。弹箍是带有弹耳的箍圈,炸弹就是通过它们悬挂在飞机上。弹体较厚的炸弹,其弹耳通常直接焊接在弹身上;弹体较薄的炸弹,通常将弹耳焊在弹身的加强衬板上或者使用弹箍。在一般情况下,100 kg 以下的炸弹使用一个弹耳(或弹箍),250 kg 以上的炸弹使用两个或两个以上的弹耳。

由于弹耳是航弹与载机挂弹架实现物理交联的部件,为满足通用化需要,弹耳尺寸、弹耳之间的距离都已经标准化,如北约标准的双弹耳间距为 355.6 mm 或 762 mm 等,俄罗斯标准则为 250 mm、480 mm 或 1000 mm。

(6) 装药。

航空炸弹弹体内装填物主要是炸药或其他特殊物质(如燃烧剂),是使炸弹产生各种作用(爆破、杀伤、燃烧、照明、发烟等)的主要能源。不同用途的炸弹,弹体内的装药不同。航空炸弹一般装药量较大,内装炸药药量根据航空炸弹的用途或作战效能来确定。爆炸弹由于是利用其内装炸药的爆炸所产生的爆炸冲击波来进行杀伤。最为广泛采用的航空炸弹装药是成熟、便宜的梯恩梯,或混合多种化学成分而成的混合装药,例如,特里托纳尔(梯恩梯/铝混合炸药)、黑索金等更先进的炸药品种。早期的混合装药,如特里托纳尔的威力比等重的梯恩梯高 50%左右。常用浇铸的方法把熔化的炸药装入弹体内部。如果炸药熔点高(比如黑索金),那就将它和低熔点物质(蜂蜡、梯恩梯等)混合起来熔化浇铸。燃烧弹一般采用凝固汽油、白磷、铝粉(或镁)、烟胶片、四氧化三铁等可燃物质,一般呈粉末或胶状。特殊航空炸弹包括照明弹、烟雾弹、训练弹等,使用更特别的装药。训练弹装药较少,或者没有装药,仅生成闪光或烟雾以标示命中点。

3. 航空炸弹的弹道性能

航空炸弹的弹道性能,通常通过弹道系数、标准落下时间和极限速度来表示。

同样投弹条件下,形状、直径和质量不同的炸弹,受空气阻力影响的程度不一样。炸弹从空中落下时,空气阻力影响炸弹运动的性能叫作弹道性能。所谓弹道性能的好坏,就是指炸弹降落时受到空气阻力影响的大小,弹道性能愈好,受空气阻力影响愈小;反之,受空气阻力影响愈大。目前常采用弹道系数、炸弹标准下落时间和极限速度来表示弹道性能,用得最多的是标准下落时间。

(1) 弹道系数。弹道系数是反映炸弹空气阻力加速度大小的数值。目前,我国采用的阻力定律是"1970 年航空炸弹标准阻力定律"。该定律是以我国 250-2 型航空爆破炸弹作为标准炸弹的。弹道系数的大小同炸弹的外形、直径和质量有关,外形呈流线型、断面比重大,其弹道系数就小。弹道系数愈小,受空气阻力影响愈小,弹道性能就愈好;反之,受空气阻力影响愈大,弹道性能愈差。

(2) 标准落下时间。炸弹的标准落下时间是指在标准大气条件下,炸弹从 2000 m,速度 40 m/s 作水平飞行的飞机上落到地面所需要的时间。该时间越短,说明炸弹受空气阻力的影响越小,其弹道性能也越好。

(3) 极限速度。炸弹的极限速度是指炸弹的重力恰好等于空气阻力时的炸弹速度。炸弹在下落过程中,由于重力作用弹速不断地增大,同时受到的空气阻力也不断地增加,当炸弹所受空气阻力增大到等于它的重力时,炸弹的下落速度就保持不变,不再增大,此时炸弹的速度就叫极限速度。

由上可知,受空气阻力影响大的炸弹,在速度比较小的时候,空气阻力和重力达到平衡,因此极限速度较小;受空气阻力影响小的炸弹,速度较大时空气阻力和重力才达到平衡,因此极限速度较大。可见,炸弹的极限速度愈小,说明炸弹受空气阻力影响愈大,弹道性能就愈差;反之,炸弹的极限速度愈大,说明炸弹受空气阻力影响愈小,弹道性能愈好。

弹道系数、炸弹标准下落时间和极限速度是从不同的角度反映空气阻力对炸弹的影响程度。弹道系数反映炸弹本身条件与空气阻力的关系;炸弹标准下落时间反映炸弹在标准条件下的落下时间与空气阻力的关系;而极限速度则反映炸弹在下落过程中速度变化快慢情况与空气阻力的关系。以上弹道系数、标准落下时间和极限速度三者之间存在密切关系,可以互相换算。

4. 航空炸弹的特点

航空炸弹除大部分具有弹体重、体积大的特点外,还具有以下几个方面的特征:

(1) 炸药装填系数大。由于航空炸弹主要依靠装药爆炸后形成强大的冲击波而破坏目标,多数爆破弹的装填系数不小于40%,有的高达80%。因此,爆破弹的弹壳都比较薄,除了少数对付硬目标的厚壁弹外,弹壳圆柱部的厚度一般在0.8～2.5 cm。

(2) 装填炸药大多为高爆炸药。

(3) 弹体头部和尾部都有引信室,部分口径大的炸弹尾部有两个引信室。有的航空炸弹只安装一个引信,其余引信室用螺塞封闭,有的使用时所有引信室内都安装引信。

(4) 引信多为短延期或中延期引信。由于航空炸弹需由空中投掷到地面高空或侵入地表以下发生爆炸,破坏地面装备和设施,因此其引信大多为延期引信。

5. 航空炸弹的技术要求

航空炸弹广泛用来攻击机场目标和后方军事基地、交通枢纽、工业设施等战略目标,其技术要求有:

(1) 爆炸威力。

爆炸威力是航空炸弹爆炸时对目标的毁伤能力,与炸药性质、装药量、装填系数、装药结构、目标性质、爆炸位置和方式有关。航空炸弹的弹种不同,衡量的指标也不同:航空爆破弹常以冲击波超压值、冲击波作用半径和抛掷漏斗坑容积来衡量;航空穿甲炸弹、破甲炸弹常以贯穿装甲厚度来衡量;航空杀伤炸弹常以有效破片数、破片有效杀伤半径和破片最大杀伤半径来衡量。

航空炸弹的名义质量以“圆径”表示,它代表航空炸弹的质量级别和威力,是设计和供载机配套使用的重要的战术技术指标。航空炸弹的圆径与以长度单位表示的炮弹口径不同,航空炸弹圆径只体现炸弹的名义质量,实际质量可大于或小于名义质量。

(2) 安全分离距离。

安全分离距离是飞机投掷后,航空炸弹爆炸时不危害飞机的炸点与飞机间的最小距离。

(3) 安全性。

航空炸弹在轰炸目标或预定时间外不发生作用(或爆炸)的性能。通常与炸弹的装药质量、机构作用正常性、生产条件、贮存环境条件、运输方式、挂载及投弹方式、弹道上的干扰以及目标性质等有关。贮存安全规定贮存环境条件和贮存期,引信应具有优良的保险性能。其安全性具体表现为:① 勤务处理和装挂安全,操作中药品防止发生跌落、碰撞和滚破等现象;② 机载安全,确保炸弹悬挂牢固,引信不得脱落保险;③ 离机安全,用爆控拉杆和旋翼控制器等控制引信在炸弹离机达到安全分离距离后方能解脱保险;④ 弹道安全,为保证炸弹在未到达目标前不会因摆动、穿过密林或雨、电、磁等外界干扰而误炸,引信应有相应的保险机构;⑤ 弹着目标安全,要求炸弹侵入目标内部才爆炸时,引信与弹体必须有足够的强度,装药品安全性良好。

(4) 稳定性。

稳定性是指航空炸弹在飞行过程中抵御外界干扰趋于回复平衡的能力,可分为静稳定和动稳定。静稳定是指弹丸的加速和减速即与载机分离和击中目标时发动机动力的稳定性及整个操控系统的稳定性。动稳定是指弹丸在行进途中各项指标的稳定性,表现为各动力系统动力协调以及系统对各项数据的控制能力平稳。

8.2.2 航空爆破炸弹

航空爆破炸弹用于摧毁工厂和建筑物、铁路枢纽和车站、铁路和公路干线、隧道、武器装备、有生力量等。其规格大多为 100~3000 lb,其装填系数(炸药重量与炸弹总重之比),高阻弹一般为 50%~65%;低阻弹一般为 40%左右,有的甚至只有 36%。其爆炸时在空气中或水中造成强大的冲击波,或在泥土、混凝土等固体介质中造成强大的应力波,起到爆破或毁坏目标的作用,能形成较大的弹坑;爆破炸弹具有一定的落速,弹体比较坚固,因此具有对防御工事的侵彻能力,能穿透多层建筑物;爆破炸弹爆炸时弹壳所产生的破片,具有杀伤人员和摧毁军事设施的作用。因此,爆破炸弹可以用来攻击防御工事、军事工业设施、发电站、堤坝、铁路枢纽、港口码头、机场跑道、桥梁、舰艇、重型技术兵器、地下工事、大型仓库、工矿区、政治和经济中心等目标。

美国和其他北约国家空军装备中最常用的爆破航弹是美国 80 系列低阻航弹:MK81(250 lb)、MK82(500 lb)、MK83(1000 lb)和 MK84(2000 lb),以及 Ml17(750 lb), M118(3000 lb)式高阻航弹。美国空军在侵略东南亚的战争中曾广泛使用这些航弹,尤其是 MK83 式和 MK84 式,用来摧毁坚固目标(桥梁、公路、机埸、地下仓库、指挥所等)。

英国空军装备的是本国研制的 500~1000 lb 爆破航弹,其型号为 MK-1 式(500 lb);MK-2、MK-6、MK-7、MK-9、MK-10、MK-11、MK-26(1000 lb)。英国空军还装备供低空投弹的带减速装置的航弹。

法国空军的战斗机装备有 2000 kg 以下的航弹,总型号为 SAMP(桑布尔乔机械厂,它是法国的一家航弹制造厂),分为 50~120 kg(BL5、BL6、BL7 式),250~500 kg(EU2、25 式、T200、EU3 式),1000 kg(BL-4)等规格的各种爆破航弹,装填系数为 40%~55%。

由于航空爆破炸弹的用途比较广,绝大部分军事目标均可使用爆破炸弹进行攻击。因此,航空爆破炸弹的消耗量通常占各种炸弹总消耗量的 70%左右。世界各国都很重视航空爆破炸弹的研制和发展工作。图 8.2.5 是 500-1 型航空爆破炸弹示意图。

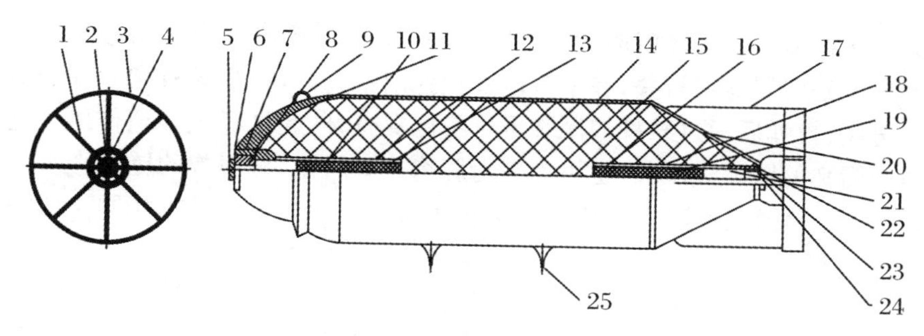

图 8.2.5　500-1 型航空爆破炸弹示意图

1. 支板；2. 内圈；3. 外圈；4. 制旋螺；5. 防潮塞；6. 连接螺栓；7. 螺栓；8. 衬纸筒；9. 弹道环；10. 传爆药柱；11. 弹头；12. 布袋；13. 传爆管壳；14. 弹身；15. 炸药；16. 传爆管壳；17. 翼片；18. 布袋；19. 传爆药柱；20. 尾锥体；21. 纸衬筒；22. 螺套；23. 连接螺套；24. 防潮塞；25. 弹耳

航空爆破炸弹根据使用高度不同以及它在飞机上内挂、外挂位置不同，空气阻力不同，其结构外形要求也就不同。现按其外形分为航空高阻爆破炸弹、低阻爆破炸弹和低阻低空爆破炸弹。它们除外形结构有区别外，内部结构基本上是相同的。

1. 航空高阻爆破炸弹

高阻爆破炸弹由弹体、引信、弹道环、弹耳、装药、传爆管等部分组成。

高阻爆破炸弹的结构特点是外形短粗，长细比小，流线型差，阻力系数大。

高阻爆破炸弹主要是供飞机在弹舱内悬挂使用的。由于飞机弹舱内部空间有限，为了在有限的空间内悬挂尽可能多的炸弹，必须尽量合理地限定各种不同炸弹的长度。

2. 航空低阻爆破炸弹

所谓"低阻弹"就是航空炸弹空投后，在其整个飞行弹道上所受的空气阻力小。这个概念是从炮弹的发展中得到的。航空炸弹要求其阻力小并非着眼于投放后炸弹的飞行，而是着眼于投弹前对飞机性能的影响而提出的。因为飞机现在的一个发展趋势是飞机弹舱外挂弹，如果航空炸弹的飞行阻力很大，势必加大飞机的飞行阻力，使飞机的飞行速度降低，飞机作战距离也会随之减小。这是不利于空军作战的。但是问题的另一方面是航空炸弹空投后必须在弹道上飞行稳定，如果不稳定，那么航空炸弹的作用威力就大大减小，甚至失去作用。例如，航空爆破炸弹投弹后翻滚，若落地后触发引信不能作用，就不能达到爆破的目的。航空燃烧炸弹离机后，若飞行稳定，那么航空燃烧炸弹就会以一定着角碰地，由撞击动能使弹体破碎，黏性燃烧剂向正前方形成均匀的散布，且散布面积大、火种多，燃烧性能好；若飞行不稳定，航空燃烧炸弹碰地后就可能以水平方式着地，因此火种散布面积就较前一种情况大为减小了，失去了燃烧作用。这说明航空炸弹必须具有一定的稳定储备量。众所周知，这种储备量是由稳定装置-尾翼所赋予的。这样就出现了"低阻"与"稳定"这对矛盾，而且还是主要的矛盾。我们知道，尾翼式航弹（即使是发射式迫击炮弹）的稳定性与飞行中的阻力有关，即阻力越大，稳定力矩越大，则飞行就越稳定。为解决"低阻"和"稳定"间的矛盾，应大力发展低阻稳定的航弹。在这方面，可供选择的技术途径，至少有下面三条：

（1）使弹体具有良好的气动外形。在弹体设计中，无论是炮弹还是飞机外挂式炸弹，都必须注意这样一个问题。一般情况下都要尽量使头部的弧形段的曲率半径大，弹头部与圆柱部连续性好，不能有大的突然性变化。弹尾部性状要使得产生的涡流阻力小，并且还能赋予一定的飞行稳定储备量。

（2）采用折叠尾翼结构。航空炸弹装固定式尾翼在工艺性能上是良好的，制造方便。

但固定尾翼给飞机造成较大飞行阻力，如果能将固定尾翼改造成为可动尾翼，那是有益的。所谓可动尾翼就是尾翼能够折叠，在平时以及投弹前不打开，这样既有利于存放保管又有利于飞机飞行速度，投弹后通过某种控制装置可将尾翼打开，起到稳定弹道作用。这类尾翼的改进可参考火箭弹的圆弧式尾翼，也可参考滑膛炮用穿甲爀、破甲弹的尾翼。

(3) 采用稳定伞稳定弹道。这种稳定伞的优点与可动式尾翼基本相同。即投弹前稳定伞不作用，不会对飞机飞行产生阻力，以达到"低阻"的目的。但是，其工艺性较复杂，成本也较高，尤其是伞和伞绳的强度都要求很高，因为飞机大速度投弹时，航空炸弹的开伞动载很大。

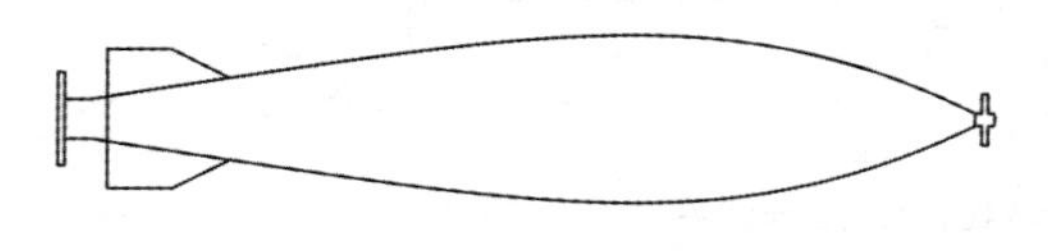

图 8.2.6 美 MK83Mod3 低阻爆破炸弹外形图

目前国外的低阻爆破炸弹长径比都在 7 : 1 以上。图 8.2.6 为美 MK83Mod3 低阻爆破炸弹外形图，该弹质量为 454 kg，长径比为8 : 4，装填系数为 44%。

3. 航空低阻低空爆破炸弹

随着现代军事科学技术的发展，航空技术在使用方面也有了较大的发展。目前低空高速突防技术引起各国空军的普遍重视。因为现代防空技术发展得很快，地面对空防御体系严密，警戒雷达能够早期发现和预先警报中高空突防的空中目标。地面高射炮、地空导弹密集配置，火力很强。如果作战飞机从中、高空突防会较长时间暴露在敌人的有效探测和攻击范围之内，突防飞机被击毁的概率很高。采用超低空大速度突防，尽量使飞机的战斗活动高度保持在敌人雷达视界以下，并在目标上空快速通过，这样就使敌人的雷达难以发现(地面雷达高度 100 m 以下，沿起伏地形飞行的飞机，发现距离为 10000～12000 m，这对敌防空兵器实施有效的射击(发射导弹)是很难的，而且雷达对不同高度上目标的发现概率大不相同，高度 100 m 为 0.3，高度 200 m 为 0.5，高度 500 m 为 0.9，高度 1000 m 以上趋于 1，可见低空和超低空飞行是反雷达的有效措施，也使敌人的高射炮，地空导弹不便于瞄准射击，从而大大提高了突防飞机的生存率(见表 8.2.1)，由于超低空投弹射击距离目标很近，命中率也大为提高。

表 8.2.1 苏-76 飞机突防被击毁概率

飞行高度(m)	300	500	1000	2000	4000
击毁概率(%)	5.5	10	25	16	8.5

注：突防条件 $v = 350$ m/s，突破美高射炮防区。

可见超低空大速度突防攻击，已成为现代空军的重要战术之一。为了适应超低空高速水平轰炸战术的需要，各国都在加紧研制和发展低阻低空炸弹。

超低空炸弹是为了保证载机的安全，必须注意两个问题：

(1) 作战飞机在超低空(50 m，30 m)水平投弹时，如果是使用一般的低阻炸弹，容易产生跳弹，可能损伤载机，因此载机的投弹高度必须大于跳弹高度，并且有一个安全距离。发生跳弹的弹着角及相应的投弹高度和速度见表 8.2.2。

表 8.2.2　发生跳弹的弹着角及相应的投弹高度和速度

介质	弹着角(°)	高度(m)/速度(m/s)
水	0～6	15/139
土壤	0～15	40/139
混凝土	0～45	750/139
钢板	0～50	1200/139

(2) 如果使用不减速的爆破炸弹进行超低空(30 m,50 m)水平投弹,在炸弹爆炸时载机来不及脱离危险区,爆炸冲击波和破片有可能损伤投弹飞机。

通常为了使炸弹爆炸冲击波和破片不致损伤载机,必须保证爆炸点与载机之间的最低安全距离。最低安全距离的大小与载机的投弹高度、速度和炸弹的圆径等有关。

为了保证超低空投弹飞机的安全,通常采用降低炸弹落速,以增大弹着角和安全距离的措施。因此有些国家把低空炸弹称为“减速炸弹”。

为了节省军费,使炸弹弹体通用,既适用于中、高空,也能用于低空。各国普遍采用在普通的爆破弹弹体上加减速装置的方法,使之适用于低空航空炸弹。目前各国使用的低空炸弹,大多是爆破航弹的弹体加上不同结构的减速装置而成。减速装置是一种专用尾翼组件,它可以很方便地装在各种自由落体航弹弹体上,使其在投落后降低下落速度,保证载机在航弹落地爆炸前达到安全距离,既解决了低空攻击时载机不安全的问题,又克服了装普通延期引信的自由落体航弹低空投弹时容易跳弹和精度不佳的缺点。减速装置基本可分为三种类型,即金属伞式、尼龙伞式和布-金属伞式。

金属伞式以美国“蛇眼”航弹为代表,它是在 MK81、MK82 及 M117 式爆破航弹弹体上加装铝合金十字形尾翼而成。尾翼不张开投弹时可作普通炸弹使用;展开尾翼时,可作低空炸弹使用。两种投弹方式可由驾驶员在空中根据作战具体情况选择。美国在侵越战争中曾使用过“蛇眼”炸弹,因为其结构简单,开伞可靠,使用方便。其缺点是十字形伞的阻力小,飞行弹道不稳定,精度低。

尼龙伞以法国“玛特拉”低空炸弹为代表,它是法国玛特拉公司从 1963 年起为 250 kg 和 400 kg 爆破航弹研制的。在炸弹尾翼内装尼龙“降落伞”,也可由驾驶员选择开伞或不开伞投弹。它的关键是有一套保险机构,开伞投弹时,如降落伞正常作用,则引信可碰炸起瞬发作用;如降落伞未张开或有其他故障时,引信碰地(目标)后延期 15 s 起爆,以保证飞机的安全。

布-金属伞式以英国亨廷公司的低空炸弹为代表。它以铝合金十字形尾翼为主,并利用弹尾外壳加装一些尼龙或纺织物的减速带。英国的减速尾翼主要有 117 型和 118 型两种,几乎可装在所有上述英国爆破航弹和美国 MK-82、MK-83、M64、M65 和 Ml 式航弹上。

8.2.3　航空杀伤爆破炸弹与航空杀伤炸弹

1. 航空杀伤爆破炸弹

用飞机来支援地面部队作战,需要摧毁和杀伤敌人在阵地上、行军中和集结地域的有生力量和火炮、火箭发射场、引导站、汽车、装甲运输车,以及轻、中型掩体内的技术兵器。攻击这些目标，使用小口径杀伤炸弹威力不足，使用大口径爆破炸弹杀伤破片少，杀伤效果差。因此，发展了既有一定的冲击波超压值，又具有较多杀伤破片的杀伤爆破炸弹。

航空杀伤爆破炸弹的结构，主要由弹体、引信(头部引信和尾部引信)、装药、安定器、传爆管、弹耳等组成。

其主要特点是弹壁比普通弹厚，内壁预制成环形沟槽(或弹体外壁用钢带缠绕成型)，使炸弹爆炸时能产生较多的有效杀伤破片和增大杀伤面积。例如，100-2 型航空杀伤爆破弹爆炸时，可产生 4 g 以上有效杀伤破片 1168 片，杀伤面积为 3000 m^2。破片的穿甲威力在距爆心 10 m 处，可穿透 30 mm 厚的装甲钢板，距 15 m 处可穿透 12 mm 厚的普通钢板。

航空杀伤爆破炸弹爆炸时，炸药沿圆柱部表面炸碎弹体，65%～90%的破片在弹轴下 50°夹角范围内向四面飞散。因此，炸弹的落角和入土深度对能否充分发挥航空杀伤爆破炸弹的效能有重要的影响。

为了使更多的弹片作用于地面目标，各国在杀伤炸弹上增加了减速伞，以增大落角，使弹轴能接近垂直地面，降低落速，使炸弹不致钻入土壤。苏军在(OAB-100-123Y)杀伤爆破炸弹上加装了伸缩杆式起爆机构。炸弹投下 101 s 以后，从头部伸出约 1.5 m 的长杆。炸弹命中目标时，探杆头部接电片接通电磁引信而起爆，使炸弹在离地面 1.5 m 处爆炸。我国则在弹头上配用无线电空炸引信。利用无线电本身发出的无线电波，并接收从目标反射的回波，当炸弹距离目标越来越近，回波愈来愈强，以致接近目标(如地面兵器，水面舰艇)，到一定距离(5～10 m)时，无线电引信达到足以起爆的强度时，引信电雷管即起爆，引爆炸弹，使炸弹在距离地面 0.5 m 到数米的高度上爆炸，从而增大了杀伤爆破效果。

2. 航空杀伤炸弹

为了杀伤战场上开阔地、堑壕、无顶盖掩体内的敌人有生力量，需要大量的杀伤炸弹。杀伤炸弹主要利用炸弹爆炸时所形成的破片杀伤有生力量和破坏技术兵器，是一种常用的基本航弹。第二次世界大战后，杀伤炸弹发展很快。由于广泛采用预制破片技术，增加有效杀伤破片数，采用高能炸药提高弹片的飞散速度和杀伤动能，增大杀伤面积。近十多年来又发展了子母弹箱集装和撒布技术，使航空杀伤炸弹的威力大大提高。航空杀伤炸弹的结构与爆破炸弹相似。

为了获得一定大小的预制破片，往往是在弹壳上刻上环形沟槽，或者整个炸弹由一圈预先刻槽的钢条缠成。杀伤炸弹圆径范围一般在 2～25 kg 范围，其落角接近 90°，所以其杀伤效率比火炮弹丸大 6～7 倍。

为提高杀伤威力(飞机携弹量不增加)，采用三个小型杀伤航弹集束投落，杀伤效果比一颗大杀伤弹高。如美国 M41 式 20 磅杀伤航弹(结构同 M88 式)，三颗弹加上集束炸弹投弹架组成一个 100 lb 级的航弹，六颗弹全重低于一颗 M88 式，但杀伤威力比 M88 式高得多。

为进一步增大杀伤效果，将大量杀伤小炸弹装在投弹箱内投放，其代表产品有美国 BLU-2 式“菠萝弹”、BLU-24 式“柚子弹”及 BLU-26 系列的“钢珠弹”等。小弹重 1～2 lb，一个投弹箱内最少能装 114 颗，最多可装 700 多颗。这些子母杀伤弹以美国仿制德国的 4 lb 杀伤弹“蝴蝶”弹为典型，逐步发展而成的。

最新式的杀伤弹是以反坦克杀伤等多用途弹为主的子母航弹。典型代表为英国亨廷公司设计并生产的 BL-755 式子母航弹。该弹装有铜药型罩，可攻击坦克顶装甲，弹体由带预制刻槽的方形钢条缠绕、焊接而成。每个小弹爆炸时可产生 2000 个破片，每个破片体积为 16.4 mm^3。

总的来说航空杀伤炸弹具有以下几个方面的特点：

(1) 体积小、重量轻。苏军最大的杀伤弹全长不到 110 cm。直径约为 20 cm，重为 96 kg；最小的杀伤弹全长不到 16 cm，直径为 5 cm，全重只有 0.86 kg。美军最大的杀伤弹全长不到 150 cm，直径稍大于 20 cm，全重为 125 kg；最小的杀伤弹（球形）直径约为 7 cm，质量只有 0.434 kg。

(2) 弹壳厚，装填系数小。由于杀伤弹主要利用分散的破片进行杀伤和破坏，所以要求炸弹爆炸时所形成的破片要多，而且均匀。因此，弹壳一般较厚，并且用较脆的材料铸造而成，有的用铸铁或高碳钢，有的弹有两层弹壳，内层为无缝钢管，外层再缠绕钢带；美军很多杀伤弹的外壳中还铸压许多预制破片。杀伤弹的装药只是用来使弹壳形成所需要的高速飞散的破片，故装填系数很小，一般不超过 20%，最小的只有 3.3%。

(3) 多利用弹束和弹箱投掷。已知苏军 6 种杀伤弹中，有 5 种是用弹束和弹箱投掷的。已知美军 28 种杀伤弹中，至少有 16 种是用弹束和弹箱投掷的。集束投掷杀伤弹，投弹迅速，杀伤面积大，破片利用率高。

(4) 多数杀伤弹只有一个引信室，通常在炸弹头部。50 kg 以上的炸弹中，多数有两个引信室，即头部引信室和尾部引信室，部分小型杀伤弹的外部无引信室，引信安装在弹体中央。

(5) 多数杀伤弹采用瞬发引信，炸弹落地立即爆炸。为了更有效地发挥破片的杀伤、破坏效果，有的杀伤弹利用触发杆或非触发引信使炸弹距地表面一定高度爆炸。为了扰乱对方行动，个别杀伤弹采用延期引信（有的延期时间长达 6.5 h）。

8.2.4　航空穿甲炸弹

1. 航空穿甲炸弹

航空穿甲炸弹主要用于摧毁坚固的混凝土和钢筋混凝土工事，以及具有防护装甲的军舰等目标。它的作用主要是靠炸弹的动能，也就是靠炸弹与目标高速碰撞来侵彻目标。它能穿透装甲，使炸弹在目标内部爆炸，造成目标的破坏和杀伤目标内的人员。

因此，穿甲炸弹的结构与一般炸弹不同。虽然它的基本结构也是由弹体、尾锥部、稳定尾翼、弹箍、传爆管、装药和引信等组成。但它具有以下一些结构特点：

(1) 穿甲炸弹的弹体壁很厚，特别是弹头，弹体材料都采用高强度的合金钢整体铸造。

(2) 弹头形状是流线型的，弹体细长，这是为了减小空气阻力，提高落速，以提高穿甲能力。

(3) 弹头不装引信，为了不减弱弹头强度，以免弹体破裂，只有弹尾部安装引信，且穿甲弹使用的引信均为短延期引信，无反拆卸装置。

(4) 由于弹体壁厚，所以装药量少、装填系数小。航空穿甲炸弹一般装填系数为 12%～19.8%，航空半穿甲炸弹装填系数为 22%～30%。为了阻止炸弹在强烈撞击目标时引起装药爆炸，炸弹内装有机械感度较低的炸药。

航空炸弹的穿甲深度与投弹高度有关，随投弹高度的增加而增加。由于这种穿甲弹没有动力装置，主要依靠投弹后炸弹在弹道上的加速度来获得足够的动能。为此，必须在足够的高度上投弹。高度越高，炸弹在落下过程中受重力加速度时间越长，获得的末速度越大，侵彻力也就越大；反之侵彻力越小。

2. 半穿甲炸弹

实践证明,中、高空投弹精度不高,一般不易直接命中,加之穿甲炸弹的弹体壁厚,容积小,炸药装填系数小,不直接命中破坏效果不大。因此,目前世界各国积极研制和发展既能低空投放又有足够落速和理想着角的新型航空穿甲炸弹。这种炸弹有的国家称它为“混凝土侵彻炸弹”或“火箭助推穿甲炸弹”或“低空反跑道炸弹”。当然它不仅仅用于攻击跑道。

对半穿甲炸弹的要求是超低空、高落速、大着角。这三者要求是相互矛盾的。解决这些矛盾的基本原理是炸弹投放以后,在飞行弹道中先减速,后增速。减速的目的:超低空投弹的飞机,可以远离炸弹爆炸瞬间的弹着点,有足够的安全距离;而使炸弹增大着角,有利于侵彻目标,避免跳弹。增速的目的是使炸弹在有限高度内获得高速动能侵彻混凝土跑道。图8.2.7为法国研制成功的“迪兰达尔”反飞机跑道半穿甲炸弹。

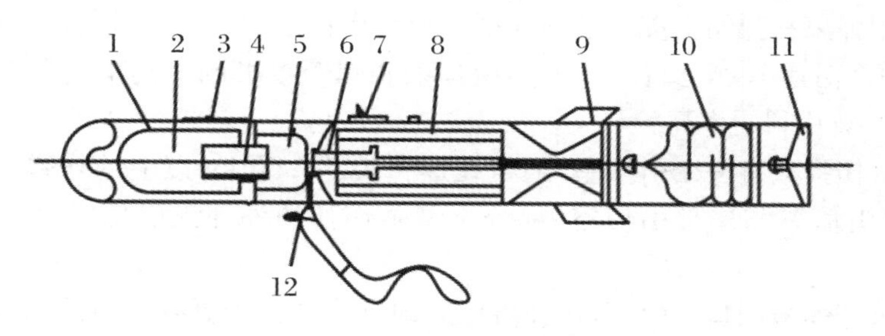

图 8.2.7　法国“迪兰达尔”反跑道炸弹

1. 战斗部;2. 炸药;3. 弹耳;4. 引信;5. 点火程序器;6. 点火器;7. 弹耳;8. 火箭助推发动机;9. 弹翼;10. 主伞;11. 导引伞;12. 点火器安全装置

“迪兰达尔”反飞机跑道炸弹由战斗部、点火系统、火箭助推发动机和减速装置组成。战斗部重约100 kg,内装梯恩梯炸药15 kg。点火系统是炸弹作用顺序的控制装置,用以开伞、解除战斗部保险和点燃发动机。火箭发动机壳体是钢制,内装双基推进剂,在0.45 s内产生90 kN的推力。减速装置包括主伞和副伞。

炸弹由飞机投放后的作用顺序如图8.2.8所示。投放后,点火系统就开始作用,首先张开副伞,使炸弹减速到主伞张开时不致损坏的程度。主伞张开后,当炸弹达到不致跳弹的落角时,引信解除保险并点燃火箭增速发动机。增速发动机把炸弹加速到250 m/s,对跑道进行袭击。由于引信的延时作用,炸弹侵入混凝土后爆炸。“迪兰达尔”炸弹可在60 m低空条件下用来快速水平投掷,一颗“迪兰达尔”炸弹可使跑道造成直径5 m、深度2 m的弹坑,并在弹坑周围产生150～200 m^2的隆起和裂缝区。

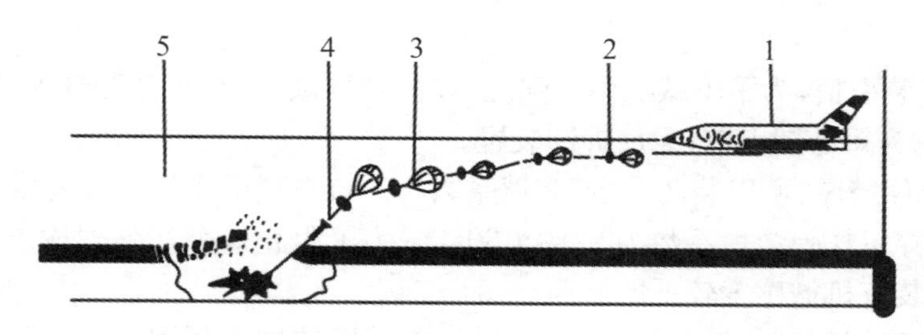

图 8.2.8　法国“迪兰达尔”反跑道炸弹的作用顺序

1. 超低空大速度投弹;2. 副伞张开;3. 主伞张开;4. 增速火箭发动机点火;5. 侵入混凝土跑道

8.2.5 航空燃烧弹

航空燃烧弹是指装有燃烧剂的航空炸弹，又称纵火弹（也有由炮弹、火箭弹、枪榴弹和手榴弹装填燃烧剂）。通常由弹体、燃烧剂、炸药或抛射药、引火管、引信等组成。燃烧剂多选用铝热剂、黄磷、凝固汽油、稠化三乙基铝和稠化汽油等，用于产生高温火焰，毁伤目标；抛射药或炸药用于将弹体炸碎，将燃烧剂引燃抛射至目标。

航空燃烧（纵火）炸弹按其战术用途又可分为火焰炸弹和燃烧炸弹两大类。前者是专门为杀伤战场有生力量和易燃物资而设计的，弹内主要装填凝固汽油或纳邦-B，供各种飞机外挂投放；后者主要是为摧毁较坚固的军事目标和设施而设计的，20 世纪 60 年代以前弹内主要装填铝热燃烧剂，弹壳采用镁合金，之后主要是与炸药混合装填的金属锆块等易燃金属纵火剂，并且多以子母炸弹形式投掷。

火焰炸弹，俗称稠化油料炸弹。整个火焰炸弹由弹体、弹体两端的起爆引信和黄磷点火管、燃烧剂组成。弹内的燃烧剂在 20 世纪 60 年代以前为凝固汽油，之后的燃烧剂为一种由 21%的苯、46%的聚苯乙烯和 33%的汽油混制而成的一种透明胶液，称为纳邦-B（Napalm-B）。美军现装备的火焰炸弹主要有：750 lb（340 kg）级的 BLU-1/B、BLU-1B/B、BLU-1C/B 以及 BLU-27/B；500 lb（227 kg）级的 BLU-23/B、BLU-32/B 以及 BLU-11/B；250 lb（114 kg）级的 BLU-10/B、BLU-10A/B、BLU-35/B、BLU-51A/B、BLU-65/B、BLU-74/B 以及 BLU-75 等。其他国家也有类似的稠化油料炸弹，例如，苏联有 3AБ250-130B、3AБ250-200、3AБ500-280C 和 3AБ500-350；法国有 500、750、900 及 1550L；英国有 454L；意大利有 110 和 160 kg；瑞典有 M/58 型 500 kg，等等。

在现代战场中使用较多的是燃烧航空炸弹，常用的有混合燃烧航空炸弹和凝固汽油航空炸弹。前者装有铝热剂的稠化汽油，弹体较小，弹重 10～50 kg；后者装有凝固汽油和黄磷，弹重可达 500 kg。通常由弹体、燃烧剂、炸药或抛撒药、引火管、引信等组成。燃烧剂多选用铝热剂、黄磷、凝固汽油、稠化三乙基铝和稠化汽油等，用于产生高温火焰，毁伤目标；抛射药或炸药用于将燃烧剂引燃抛撒至目标，将弹体炸碎。

燃烧弹的爆炸威力不大，但爆炸后能形成具有高温的物质或火焰，用以烧穿目标或引燃可燃物质以造成火势的蔓延。多数燃烧弹的弹壳较薄，以保证多容纳燃烧剂，例如，苏军 3AБ-250-200 燃烧弹的弹壳只有 2.5 mm 厚。只有那些弹壳本身是燃烧剂的燃烧弹，弹壳才具有较大的厚度，例如，美军 AN-M50A3 燃烧弹，弹壳全厚几乎占弹体全宽（弹体为六角形）的 1/2，装填系数只有 18.2%。燃烧弹的引信多为瞬发或短延期引信，无长延期引信，也无反拆卸装置。

美国的燃烧航弹有两种：第一种以易燃金属和易燃合金（如镁、铝热剂等）为基础，弹体是用轻质镁铝合金（镁 90%和铝 10%）制成的，这种合金是一种可燃材料；第二种以非金属（黄磷和红磷）和可燃液体（汽油、苯等）为基础，弹体是用钢或铝制成。

第二种燃烧航弹的非金属燃烧剂，美国正式采用的大约有黄磷、凝固汽油、胶状凝固汽油（或称纳邦-B）、三乙基铝和燃料空气炸药五种。发展的次序基本就是上面排列的顺序。美国空军最常用的是装凝固汽油的重（500 lb 以上）航弹。

凝固汽油是一种环烷酸铝或聚苯乙烯与棕榈酸的凝胶化合物。燃烧时（温度约为 2000 ℃，热值为 10000 kcal/kg）能释放大量的热，而且大量地消耗空气中的氧气。于是，在航弹作用半径内含有强烈毒性的一氧化碳的浓度剧增。

8.2.6 航空燃料空气炸弹

燃料空气炸药(fuel air explosive,FAE)是由环氧乙烷、环氧丙烷等碳氢化合物、金属粉与空气充分混合而成的炸药。通常,燃料空气炸药装填于战斗部,通过火炮、导弹发射到目标上空,或者用飞机空投到目标上空,不受地形影响,宜毁伤一般炸药不易破坏的目标,如暴露于地面或隐蔽在坑道、山洞、峡谷内的装备、掩蔽所等敞口的半地下工事中的软目标和人员等;能引爆阵地表面的地雷和海洋中的水雷,摧毁雷场,用作扫雷武器,以及快速清理场地;还具有一定的拦截导弹功能,当跟踪雷达或预警装置探知导弹来袭时,可适时对空连续施放燃料空气炸弹,在一定区域内形成爆炸高压层,拦截并摧毁来袭导弹;也可装填航空炸弹、舰载武器、战术导弹、火箭等武器的战斗部。

燃料空气航空子母炸弹子弹系统的子弹重量为 82 kg,其中燃料重 40 kg。投弹条件如下:投放高度为 80～2000 m,速度为 500～1100 km/h,落角大于 70°,落速为 20～30 m/s。当飞机投弹后,母弹开舱,抛出子弹。子弹在降落伞作用下降落到距地面一定高度后,一次引信作用,弹体内的中心传爆药柱爆炸,将液态燃料迅速均匀地分散在空气中,形成一个云爆剂空气区域;在中心传爆药柱爆炸弹体解体后,二次引信被抛射到云爆剂空气区域,此时,二次引信滑块解脱保险,二次引信中的火帽被刺发火,延时雷管被点燃,当二次引信飞行到云爆剂区域最佳位置时,延时雷管爆炸并引爆二次引信,二次引信爆炸后导致整个云爆剂区域爆轰。

这是一个程序严谨、结合紧密的爆炸系统工程,在这个过程中,任何一处出现问题,都可能影响弹体爆轰。因此,对延期雷管的主要技术要求是,既要高可靠性点火,又要满足一定的安全性;既要保证足够的起爆能力,又要满足引信隔爆安全性;具有较高的时间精度,以保证云爆区域的有效爆轰。

燃料空气炸弹是美国于 20 世纪 60 年代末开始试用的新弹种,1971 年正式装备部队。

图 8.2.9 所示是美国 BLU-73/B 燃料空气炸弹示意图。该弹(共三颗)装入 SUU-49/B 弹箱构成 CNU-55/B 燃料空气子母炸弹。

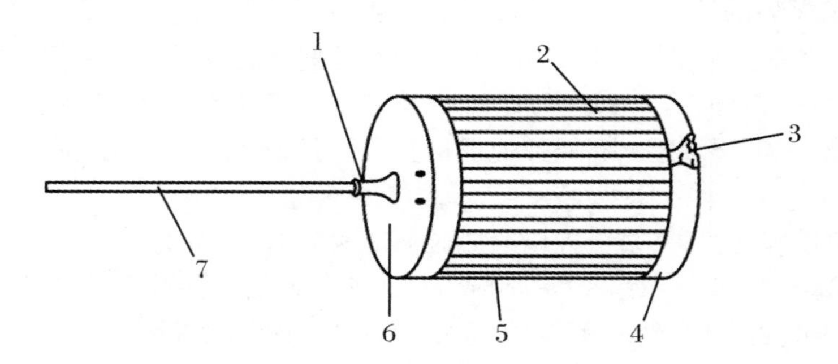

图 8.2.9 美国 BLU-73/B 燃料空气炸弹

1. FUM-74/B 引信;2. 云爆弹;3. 减速伞;4. 伞箱;5. 弹体;6. 自炸装置;7. 延伸探杆

CNU-55/B燃料空气炸弹是供直升机投弹使用的。投弹后，母弹在空中由引信炸开底盖，子弹脱离母弹下落，并借助阻力伞减速，至接近目标时触发爆炸，使液体燃料扩散，在空气中形成汽化云雾。云雾借助于子弹上的云爆管起爆，从而对地面形成超压，杀伤人员、清除雷区和破坏工事等。除此之外，这种炸弹具有夺氧的特点，能够使人因缺氧而窒息。

BLU-73/B燃料空气炸弹，全弹质量59 kg，弹径350 mm，内装液体环氧乙烷33 kg。该弹爆炸时燃料与空气混合形成直径15 m，高度2.4 m的云雾，云雾引爆后可形成20 MPa的压力。这种炸弹的破坏效果比普通炸弹大3～5倍。

1973年美国研制了第二代燃料空气炸弹，以供高速飞机投弹使用。资料表明，1 kg碳氢化合物相当于1 kg梯恩梯的热效应值。实际上，燃料空气炸弹正在迅速发展中，许多国家都在研制这种武器，它有可能成为未来反舰、反飞机和反设施的重要武器。

8.2.7　特种航空弹药

特种航空弹药是航空弹药的重要组成部分，主要包括特种航空炸弹、特种航空火箭弹、特种航空炮弹、航空信号弹和航空干扰弹。特种航空弹药已成为现代高科技战争中各种军用作战飞机不可缺少的武器。特种航空弹药不仅为发挥航空武器的整体作战效能提供了保障，成了“战斗力倍增器”，还为飞机自身的战场生存能力提供了可靠的防御手段。因此引起了各国的普遍重视并有了日新月异的发展。

20世纪80年代以来，随着科学技术的飞速发展和高技术战争的形成，对特种航空弹药既是挑战，也是发展机遇。一方面，某些传统的特种航空弹药在高技术战争中显得无所作为，亟待改进和发展；另一方面，现代高科技的发展，也给特种航空弹药的发展创造了空前未有的条件和机遇，外军从现代高科技发展轨迹中寻觅到未来战争的必然走向，正在大力开发新一代特种航空弹药。

1. 航空照明炸弹

航空照明炸弹主要用于航空侦察、轰炸、支援地面部队夜间作战照明目标和提高战地能见度等。为了适应现代飞机作战的需要，照明炸弹越来越多地采用小动力投放器投掷技术，可大大提高战术空间。美军照明炸弹代表了当前国际先进水平。美军飞机现装备四种照明炸弹。

(1) MK-24 Mod 3和Mod 4型航空照明炸弹。

该弹由圆柱形铝合金弹体、吊伞-照明炬系统及抛射机构与点火引信构成。弹径123.8 mm，弹长914.25 mm，弹重12.25 kg，发光强度200×10^4 cd，燃烧时间3 min。该弹既可从机翼下的挂弹架上投掷，也可从LAU-74/A式或现代化的SUV-25式四管投放器中投掷，美军F-16歼击机和A-10强击机等都可装备。

(2) MK-45 Mod 0型航空照明炸弹。

该弹由圆柱形铝合金弹壳、吊伞-照明炬系统和抛射机构构成。弹径123.7 mm，弹长914.15 mm，弹重12.7 kg，发光强度200×10^4 cd，燃烧时间为3.5 min。该弹可从机载LAU-74/A式投放器投掷。该投放器同时容纳24枚炸弹，可单枚或多枚连投。

(3) LUV-2B/B型航空照明炸弹。

该弹由圆柱形铝合金弹体、吊伞-照明炬系统及计时器构成。弹径127 mm，弹长914.4 mm，弹重12.7 kg，发光强度200×10^4 cd，燃烧时间5 min。可从LAV-74/A投放器中投掷。美军在1988～1989年曾大量采购。据悉，该弹1989年已被美军改装为红外照明剂装药，制成红外照明炸弹作为夜视器材的图像增强器使用，例如，可使夜视目镜的观测距离提高7倍，具有广阔的发展前景。

(4) LUV-4/B型航空照明炸弹。

结构和性能不详。

2．航空照相炸弹

航空照相炸弹用作侦察机夜间航空照相的闪光光源。美国的M112A1和M123A1型航空照相炸弹，外形和装药相同，只是大小不同，都是由筒状外形弹体、电底火、抛射药、装有延期药柱和闪光剂的内筒构成。由安装在飞机上的投放器电点火投掷，将装有延期药柱和闪光剂的内筒抛出，经延期后引爆闪光剂产生强烈的闪光。闪光剂的组成为40%的铝粉，30%的过氯酸钾和30%的硝酸铵。两种型号弹的发光强度分别为10000×10^4 cd和40000×10^4 cd，燃烧时间均为0.04 s。

3．航空发烟炸弹

航空发烟炸弹主要用来施放烟雾，以便用作烟幕遮蔽、迷盲、干扰、信号、目标指示，同时也可兼作纵火等。发烟炸弹所用的发烟剂主要是黄磷，也有采用赤磷或HC(六氯乙烷发烟剂)的。美国在这方面处于领先地位，主要型号有CNU-6/A、CNU-11A/A、CNU-12/A、CNU-12A/A、CNU-13A以及CNU-22/A六种。

4．航空陆地标志炸弹

航空陆地标志炸弹是为飞机进行夜间轰炸和训练提供地面目标标志的一种特种炸弹。它可从飞机机翼下的挂弹架上投掷，也可从LAU-74/A投放器中投掷，用吊伞悬吊落地后燃烧，产生各种光色的火焰，以便于观测和识别。现各国飞机均装备有这种炸弹。美军装备着三种型号的标志炸弹。它们均是由MK-24Mod4型航空照明炸弹改制的，除装药和发光颜色不同外，其他完全相同。三种型号分别是LUV-1/B(红光)，LUV-5/B(绿光)和LUV-6/B(品红光)。它们的主要战术技术性能是弹长914.25 mm，弹径123.8 mm，弹重12.25 kg，发光强度1000 cd(最小)，燃烧时间3 min，抛射延期时间为5 s、10 s、15 s、20 s、25 s和30 s，点火延期时间为10 s、15 s、20 s、25 s和30 s，目视能见距离最低16 km。

5．航空电视侦察炸弹

航空电视侦察炸弹，是利用现代录像和电视技术对战场和军事目标实施侦察的一种新型特种炸弹，利用飞机掷放可实施大纵深侦察，较利用火炮发射更为优越。这类弹药目前仍处于研制阶段。

6．航空干扰弹药

主要是指机载一次性电子干扰弹药，包括红外诱饵弹、雷达干扰弹和通信干扰弹等。它们是电子对抗中电子干扰器材的重要组成部分。

外军现装备的航空箔条弹和红外诱饵弹分别达10多种和20多种，其投放器也多达15种30多个规格，仅美军机载红外诱饵弹就有8种之多。现行的红外诱饵弹典型的抛射方式都是从飞机的投放器中以20～30 m/s的抛射速度抛射，在0.2 s内达到其有效红外输出能量，燃烧时间3.5 s以上，该弹可装填高达1 kg的红外烟火剂，其红外波段一般为1～3 μm或3～5 μm。

现行的箔条弹典型结构是由一个内装箔条偶极子的塑料衬筒和一个烟火点火管构成的。箔条是一种涂铝的玻璃纤维，其标称直径为25 μm，可切割成与目标雷达的工作频率相匹配的长度，其中包括35 GHz和94 GHz毫米波波段。为了对抗新一代制导武器的威胁，国外新一代干扰弹的发展途径是：

（1）发展“红外-箔条复合弹”，美国正在研制陆海空三军通用的兼有红外和无线电频率特征的一次性诱饵弹。Chemring公司将研制出能散射激光和吸收红外的类似箔条的材料。还有一些厂家正在研制涂（镀）或“添加”引火金属或碱金属的红外辐射箔条。据称它能对抗红外成像、双模、双波谱制导导弹。

（2）发展“多维诱饵弹”，为了对抗具有“识别真假目标”能力的和“全方位攻击”的导弹，需要赋予诱饵与发射平台（飞机）相同的多维特征能力，除红外和雷达特征外，还应具有形状、大小、飞行速度相近的特征。例如，发展“火箭式或牵引式”诱饵，使诱饵具有与飞机相同的飞行速度，就能防止导弹依靠辨别真假目标的速度差来追踪目标。

8.2.8　航空弹药的发展方向

航空弹药因其用途广，品种多，威力大，因此在现代战争中具有极其重要的地位和作用。当前，世界各国，无论是发达国家还是发展中国家都十分重视航空弹药的发展。航空弹药的发展呈现如下趋势和特点：

（1）强调对纵深目标的打击能力，发展防区外投放武器。

利用空中打击力量，摧毁敌方纵深的军事目标是现代战争的一个重要趋势。但随着防空火力的日益完善，特别是防空导弹射程的不断发展，使实施空中打击的飞机面临严重的危险，特别是传统的掠飞攻击方法已无法适应当今战场，因此，发展防区外发射武器，远距离精确摧毁目标已成为当今世界各国航弹发展的重要特点。如美国研制的AGM130航弹是通过在CNU-15航弹加装发动机来提高射程。欧洲国家研制的动力型制导布撒器可使载机在距离目标几十千米，甚至几百千米处投放。这些武器的发展充分说明了当今航弹发展的这一特点。

（2）研制和发展摧毁坚固硬目标的航空弹药。

为防止空中打击现代指挥中心、掩体等重要军事工事设施，一些重要目标都深埋于地下且具有钢筋混凝土防护层，从而使一般航弹无法将其摧毁。发展反硬目标航空弹药，如反跑道半穿甲弹药，反跑道串联弹药，反深层目标侵彻弹药等已成为目前航空弹药的另一研究热点。

（3）发展灵巧子弹药技术，加强对集群装甲目标的精确打击能力。

从空中投放集束子弹药攻击集群装甲目标，反炮兵阵地等面目标，是航空弹药的一个主要任务。但海湾战争中暴露了这类弹药的命中精度存在明显缺陷，摧毁效率较低，因此，国外近些年来大力发展灵巧子弹药技术，即对子弹药加上末敏弹道简易修正装置，大大提高了子弹药的命中精度。

（4）强调对点目标的打击能力，大力发展精确制导技术。

在发展远程投放武器的同时，还需要其具有极高的精度。因此需要发展相应的制导技术，如激光制导技术，末段敏感技术，以及惯性导航和全球定位系统等。这些技术在弹上的应用，必将大大提高航弹的远距离精确打击能力，因此成为当代航弹发展的另一重要趋势。

（5）增大覆盖面积。

现代战争中，反坦克群、反装甲车群、大面积杀伤和燃烧是航空兵的重要任务、为适应攻击大面积目标，多用集装小型炸弹，在满足轰炸密度要求下增大覆盖面积。目前世界各国为实现这一目的，应用先进的激光、红外、电视等制导技术和探测技术，改进破甲技术和杀伤技术，采用自锻破片、预制破片装药新技术，设计出品种类型繁多的破甲、杀伤、燃烧等子航弹和盛装的母弹箱。

第 9 章　民用弹药

由于社会经济的发展需求，越来越多的军事弹药技术用于民用，以支持工业生产，从而发展了各种类型的民用弹药产品，如油气射孔弹、切割弹、震源弹、人工增雨弹、灭火弹、爆炸压接弹等。本章将对几种常见的民用弹药产品进行介绍。

9.1　射　孔　弹

随着经济全球化的发展，石油开发越来越多地被国内外重视，而油田勘探开发的主要方式是射孔完井。近年来，水力射孔、激光射孔等各种新型射孔技术的发展在国内外石油射孔领域获得了显著成效，但由于其作业周期长、投资费用高等缺点仍未在石油射孔方面获得大面积推广应用，而采用爆破技术手段打开油气层，以其快速、高效、低廉、作业效果显著等特点占据着射孔技术的重要地位。

随着石油勘探开发的不断深入，越来越复杂的地层条件和井况条件，使得对爆破技术的要求有所提高，目前，我们所研究的是以石油射孔弹为核心的爆破技术，它利用石油射孔弹在爆炸过程中产生的高温高速进行射流，使其在极其短暂的时间内使井筒环境与地层环境互相沟通，形成有效的流油通道。为了提高射孔效率，加深对其机理的研究和认识显得越来越重要。

石油和天然气储集层是由碎屑的、碳酸盐的、黏土的或水化学沉积岩石形成的。油气的勘探开发过程中的一个最重要的阶段就是打开储集层，即探井中要试验或工业生产时要测试的那些生产层位。打开产层分两个阶段：一是钻井过程中打开产层，从钻头进入产层的顶部开始到钻头钻达这个层位的底部为止；二是在下套管并在管外空间注水泥固井之后将产层射开。现代油气井射孔是用电缆或油管将聚能射孔器在套管中下放到产层后点火射孔，射流穿透套管壁和管外的水泥环并在产层岩石里造成通道。

石油射孔属于完井作业，是油田开发的重要环节，也是重新打开油层，沟通油层与油管内腔的一项重要技术措施。它主要利用射孔器油气层部位的套管壁及水泥环进行穿透，使之形成油气层至套管内腔的连通孔道，使油气从油气层中流出来，达到试油或开采的目的。

射孔弹是聚能式射孔器的核心组成部分，将其送入井眼预定层位进行爆炸开孔，让井下地层内流体进入孔眼，普遍应用于油气田和煤田，有时也应用于水源的开采。其射孔原理是利用炸药爆轰的聚能效应产生高能量密度金属射流来射穿套管、水泥环及岩层，使地层中流体流出，完成射孔作业(图 9.1.1)。也就相当于军用的破甲弹在油气工业领域的运用，故其射孔原理不再详述。

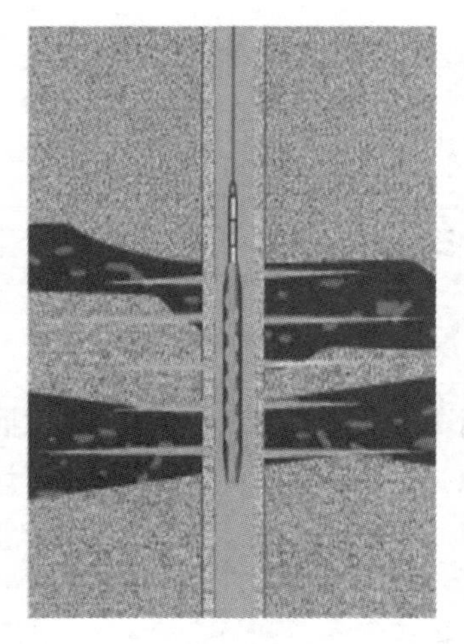

图 9.1.1　射孔弹射孔原理图

9.1.1　射孔弹的应用发展

在石油与天然气工业中,采用射孔完井技术已有 50 多年历史。1932 年,在美国加利福尼亚州洛杉矶 MONTEBELLO 油田上,由该州联合石油公司首次采用射孔方式完井(射孔弹是子弹式)。这一完井方式成功地实现了油井内储集地层与井筒之间形成有控制的液流通道。

从 20 世纪 30 年代起,开始采用多种类型子弹式和鱼雷式射孔器,后来又采用聚能式射孔弹,使射孔弹和射孔器不断完善,形成多种系列的工业产品。目前,世界上油气井已普遍采用射孔完井方式。据有关资料介绍,射孔完井方式占油气生产井和注入井的 90%以上。

在 1943～1947 年第二次世界大战期间,美国、苏联等石油与天然气工业比较发达的国家,为了较快地提高油气井的开发效能,把军事上采用的聚能式装药爆炸技术(如破甲弹)引入到民用工业中。

在 20 世纪 60 年代就开始研制大孔径射孔弹,并很快在油田得到应用。经过 40 余年的发展,已形成系列产品,其品种、性能和配套基本上能满足油田射孔完井的技术要求。以美国哈里佰顿公司射流研究中心(JRC)为例,其大孔径射孔弹单发装药量从十几克到六十几克,射孔后套管孔径从 18 mm 到 30 mm,并且可以实现高孔密射孔,常用孔密为 40 孔/米,对高孔密条件下的弹间干扰问题有了较为深入的研究,并且射孔弹的研制已经完全实现了计算机数值模拟优化设计,建立起了十几种材料状态方程和本构关系的专用数据库。

国内从 20 世纪 60 年代开始研究和仿制苏联的射孔弹,70 年代初开始形成自我研发的能力和个别的产品,1955～1957 年,我国试制聚能式装药射孔弹,并在四川、玉门等地区的井下射孔试验中获得成功,使我国的射孔技术上了一个新台阶。当时推广使用的射孔器有 57-103 型和 58-65 型。为了加快大庆油田的开发进度,需要提高射孔的速度与质量,1966 年研制成功新型的无枪身聚能射孔弹——67 型射孔弹。随后,又生产出 67-2 型和 67-200 型等系列射孔弹。目前,已能生产出几十种不同规格的射孔弹与射孔器。按射孔器型式可分为有枪身和无枪身两大类;根据使用条件,又分为过油管、套管以及大口径、压裂时使用。

射孔完井技术的不断进步,不仅取决于射孔弹和射孔器材的改进,还取决于射孔工艺、射孔方式、射孔发射的控制技术等的不断完善与提高。在 20 世纪 60 年代,生产出专用跟踪式射孔仪及一系列配套设备。在 20 世纪 80 年代,又推广了保护油气层的各种射孔工艺和技术。我国射孔技术在吸收国外先进技术的基础上正在努力向前发展。20 世纪 80 年代末开始引进美国石油学会(API)标准和射孔弹性能测试评价实验方法、仪器,建立起以地面混凝土靶穿孔性能检测为主要评价方法的标准,20 世纪 90 年代初深穿透射孔弹形成系列化,性能已接近当时的国际先进水平,到 20 世纪 90 年代末,提出了大孔径射孔弹(图 9.1.2)研制的课题,同时开始大孔径射孔弹基础理论的研究,建立了射孔弹工程设计的二维数值计算软件。

9.1.2　射孔器、射孔弹的分类及结构特点

1. 射孔器

射孔器按其结构主要分为有枪身和无枪身两大类，对应的射孔弹也就分为无枪身射孔弹和有枪身射孔弹(图 9.1.3)两大类。

图 9.1.2　大孔径射孔弹

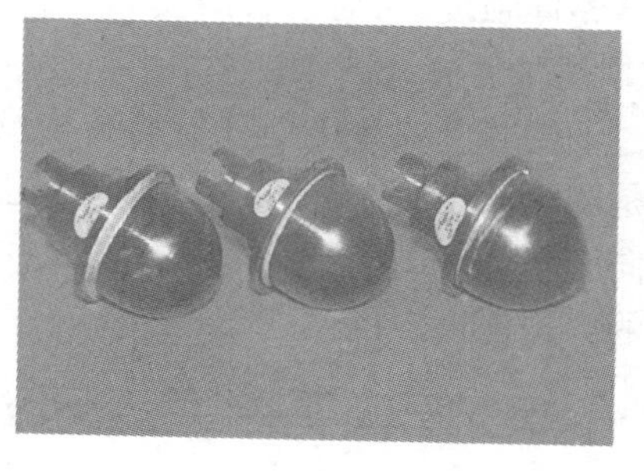

图 9.1.3　无枪身射孔弹

(1) 无枪身射孔器：是指将单个密封的无枪身射孔弹用钢丝、金属杆或薄金属带连起来，直接下井射孔。由无枪身聚能射孔弹、弹架(或非密封的钢管)、起爆传爆部件(或装置)等构成，如图 9.1.4 所示。其种类繁多，但有一个共同的特点就是射孔器在井下作业时，射孔弹、导爆索和雷管均浸没在井液中，直接承受井内的压力和温度。

无枪身射孔器的基本特点有：

① 非钢管枪身，射孔后无枪体膨胀，易从井中取出。

② 弹架有挠性，套管弯曲和有缩径时有良好通过性能，一次下井可射 30 m(或更长)厚的油气层。

③ 重量轻、操作方便，有利于提高施工效率、减轻劳动强度和降低射孔费用。

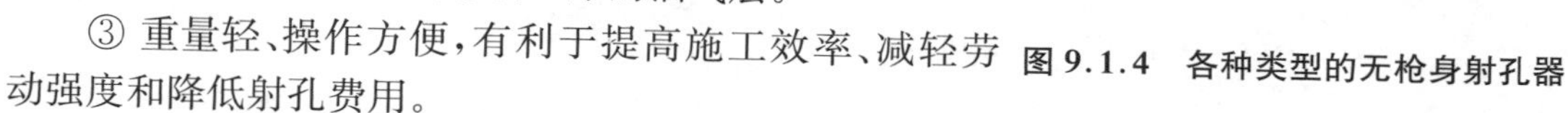

图 9.1.4　各种类型的无枪身射孔器

无枪身射孔器的缺点有：

① 火工器件与液体直接接触，药柱和外壳承受温度和压力联合作用，降低射孔器性能指标，故对射孔弹的性能要求较高。

② 不像有枪身射孔器能保护套管，在小直径套管内射孔时，损坏套管可能性很大且井下残留物多。

③ 单位长度上重量轻，特别是用塑料弹壳时，在加重钻井液里使用，下井比较困难。

常见的几种无枪身聚能射孔器：

① 钢丝架式无枪身聚能射孔器。

钢丝架式无枪身聚能射孔器的基本结构是用两根钢丝作为承载射孔弹的弹架，用夹板在钢丝连接处进行固定并保护射孔弹，以防射孔弹在下井过程中碰撞磨损。钢丝架式无枪身射孔器相位只有两种，即 0°或 180°，孔密 10～13 孔/米，混凝土靶穿深 100～184 mm，适用于薄层裸眼井或过油管射孔。

② 钢板式无枪身聚能射孔器。

钢板式无枪身聚能射孔器的弹架是用条型钢板冲孔而成，其弹架经特殊加工可提供多种相位的射孔方式。不同的射孔弹型号可分别达到200～400 mm的穿深。其他与钢丝式无枪身射孔器相同。

③ 链接式无枪身射孔器。

链接式无枪身射孔器的射孔弹外壳是加工成上下公母接头形式，弹和弹之间彼此相互串联。换句话说就是射孔弹和弹架合二为一。其优点是射孔相位和孔密变化较多，缺点是射孔器整体强度差，对套管的损坏严重。

④ 过油管张开式聚能射孔器。

过油管张开式聚能射孔器的结构及工作过程，如图9.1.5所示。这种射孔器在下井过程中是闭合的(图9.1.5(a))，到达射孔位置后，射孔弹被释放，从下井时的垂直向下转为垂直对向套管(图9.1.5(b))，解决了以往过油管射孔因射孔枪直径所限，射孔弹无法加大而造成的穿透深度浅的问题。

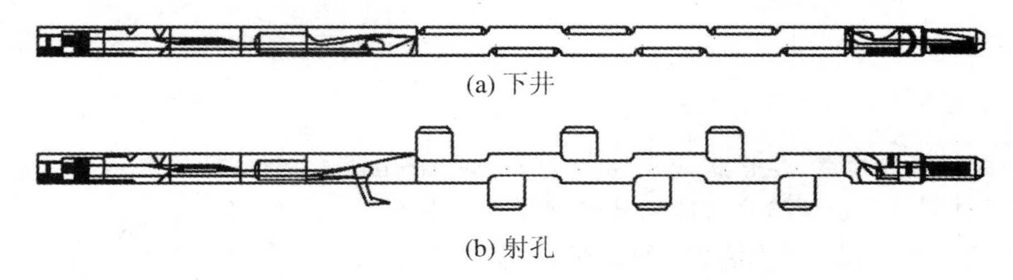

图9.1.5　过油管张开式聚能射孔器结构及工作示意图

(2) 有枪身射孔器：是指将射孔弹、雷管、导火索等火工品装入起密封、承压作用的射孔枪内的组合体。由聚能射孔弹、密封钢管(射孔枪)、弹架、起爆传爆部件等构成。如图9.1.6所示。枪身是射孔器重要部件之一，主要作用有作为射孔弹载体，承受井内液体压力、回收射孔弹爆炸后的碎片，保证射孔弹下井不损坏和防井下落物；枪身能吸收射孔弹爆炸产生的冲击波和气体膨胀的能量，保护套管免遭损伤。

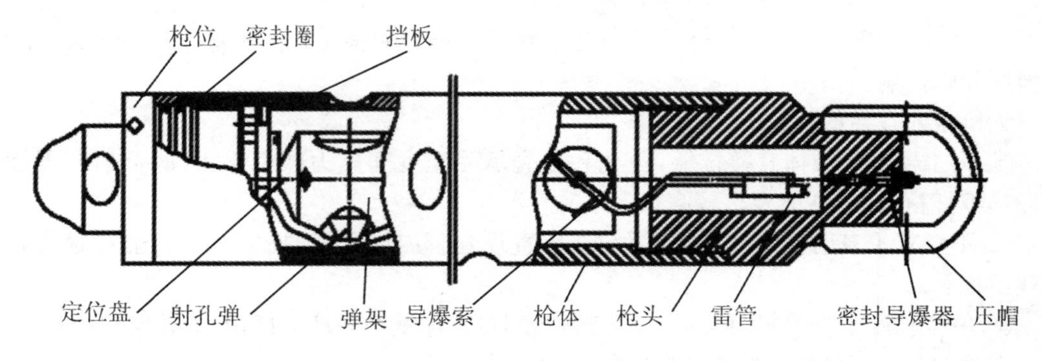

图9.1.6　有枪身射孔器结构图

射孔枪主要由枪身、枪头、枪尾、弹架、中间接头等组成形成一个密闭空间。射孔枪一般采用无缝钢管加工而成，长度一般不超过6 m，分为盲孔枪(内盲孔和外盲孔)和无盲孔枪两种。盲孔的主要作用：一是降低了射孔枪的毛刺高度，避免工程事故；二是减薄了射流处的枪壁厚度，减少射流损耗，提高穿深。

射孔枪已经发展成了技术系列，从直径为51～178 mm。按照耐压级别分别为35 MPa、50 MPa、70 MPa、105 MPa、140 MPa、175 MPa六种，按照耐温级别分为120 ℃、150 ℃、175 ℃、200 ℃、250 ℃五种，射孔枪应该在相应的温度和压力条件下30 min内不渗不漏。

射孔枪主要以射孔枪的耐压、孔密、相位、外径等指标进行命名。如102-16-90-105表示射孔枪外径102 mm、孔密16孔/米、相位角90°、耐压级别105 MPa的射孔枪。

有枪身射孔器虽有不同的类型，但其共同的特点为：

① 所有爆炸物品不与井内液体接触，不承担压力，只受井内温度影响，降低了射孔弹的制造难度，大大提高了施工成功率。

② 射孔弹爆炸后产生的碎屑被留在射孔枪内，避免了射孔爆炸时产生的高速碎屑对套管产生破坏。

③ 能可靠地在斜井、超深井中施工。

④ 利用油管输送方式可一次完成数百米的射孔施工。

⑤ 可通过不同的组合，满足各类施工的要求。

有枪身射孔器按照射孔性能分为(超)深穿透射孔器和大孔径射孔器。按照孔密分为普通孔密射孔器和高孔密射孔器。按照耐温分为常温射孔器、高温射孔器和超高温射孔器。

(超)深穿透射孔器是指以追求穿孔深度为目的的射孔器，射孔枪内装配的是(超)深穿透射孔弹。特点是：穿透深度高、孔径较同型号射孔器小，主要用于低孔渗、致密性非均质严重类油气藏、污染较严重的地层以及有特殊要求的油气井射孔。目前，国内已经形成了从51型到178型系列(超)深穿透射孔器，可以满足不同套管型号的油气井射孔。

大孔径射孔器是指以追求穿孔孔径为目的的射孔器，此类射孔器穿孔孔径应大于14 mm，特点是孔径大、穿深低。主要用于疏松砂岩易出砂储层、稠油储层射孔完井。

常温射孔器是指在163 ℃/2 h，或120 ℃/48 h条件下仍能满足射孔要求的射孔器，一般用R表示常温射孔器。高温射孔器是指在191 ℃/2 h，或160 ℃/48 h条件下仍能满足射孔要求的射孔器，一般用H表示高温射孔器。超高温射孔器是指在250 ℃/2 h，或220 ℃/48 h条件下仍能满足射孔要求的射孔器，一般用Y表示超高温射孔器。

高孔密射孔器是指孔密大于20孔/米的射孔器，一般与大孔径射孔器配合使用，主要用于防砂作业。

射孔器的命名方式是以射孔器外径、射孔弹穿孔性能、射孔弹单发装药量、射孔弹耐温级别、射孔器孔密、射孔器耐压值等命名，并用相应的符号表示。如102DP32H16-70型号，表示该射孔器的外径是102 mm、单发装药量为32 g、高温射孔器、孔密16孔/米、耐压值为70 MPa。

2. 几种聚能射孔弹装药结构

射孔弹是射孔完井的最主要爆炸器材之一，它是利用炸药的聚能原理来实现穿孔的。当射孔弹被引爆时，爆轰波以25000～30000 ft/s的爆速压垮药型罩，产生200万～400万磅的压力，这种巨大的压力推动药型罩微元沿轴线方向加速运动，形成螺旋状的聚能金属射流。从爆炸开始激发、药型罩破裂到射流进入地层的整个过程只有约50 μs。但是射流的尾部速度一般只有约1000 m/s，与药型罩尾部一起低速运动，其不足在于达到侵彻孔道的能力，最后成为杵堵物堵塞在孔道内。

射孔弹一般由壳体、药型罩、主装药三部分组成。壳体的主要作用是支撑、确定装药结构、减缓稀疏波的入侵以及产生一次反射波。炸药主要是为射孔弹提供爆轰穿孔能量，炸药的性能在一定程度上影响着射孔弹的穿孔性能。药型罩被炸药爆炸驱动产生金属射流，冲击靶体产生孔道。影响射孔弹穿孔指标的主要因素有炸高、药型罩材料和结构、炸药类型、起爆能量、壳体结构、成型工艺等。

目前，射孔弹已经发展成了从 51 型到 178 型数十种弹型，涵盖大孔径、高孔密、(超)深穿透、GH 等弹型。

射孔弹的命名方式是以射孔弹的穿孔性能、药型罩开口直径、主炸药类型、射孔弹单发装药量和产品改进型号等内容命名。穿孔性能的含义为深穿透、大孔径，并用相应的符号表示。如射孔弹 BH45 奥克托今 38-1 型号，表示大孔径、罩口直径为 45 mm、高温射孔弹、单发装药量为 38 g、型号为 1 型的射孔弹。

国内外聚能射孔弹和特种射孔弹共有数百种，装药量变化数十种，最小的射孔弹装药为 1～1.5 g，最大的特种弹装药为 90～100 g，后者已超过某些军用破甲弹的装药量。现介绍几种聚能射孔弹装药结构。

(1) SD-65B 型射孔弹(58-65 型)。

该射孔弹的主装药量为 25 g(药饼直径为 12 mm、厚度为 8.2 mm)，药型罩材料为 T2 紫铜，平均穿深 75 mm，平均入口直径不小于 8 mm，其结构如图 9.1.7 所示。

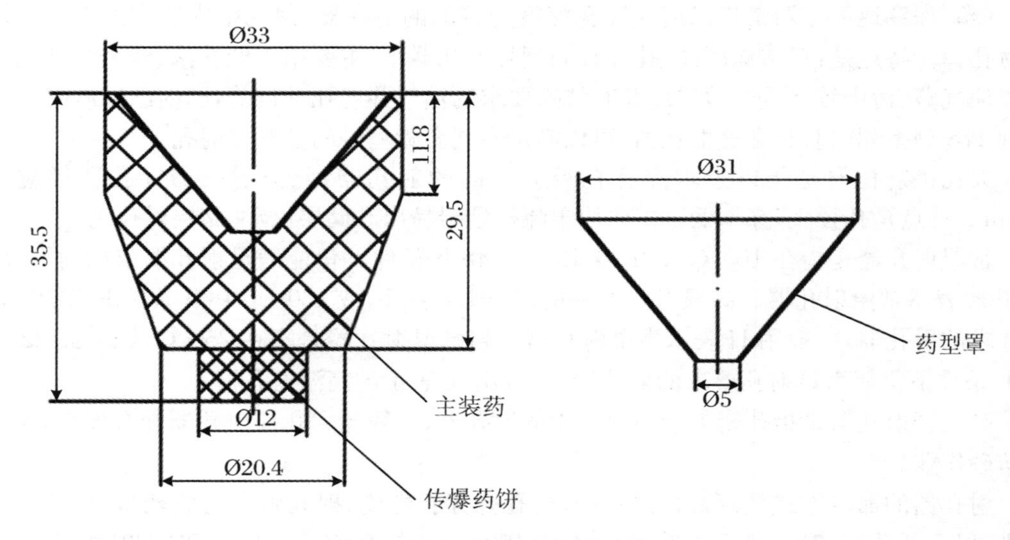

图 9.1.7　SD-65B 型射孔弹

(2) 有枪身普通射孔弹。

该射孔弹的装药量为 23 g，顶部为黑索今，主装药含黑索今 97.5%、蜡类 2%、石墨 0.5%，密度为 1.63 g/cm^3；粉末金属药型罩质量为 32.3 g，密度为 6.8 g/cm^3，组分：含铜 89.3%、锡 10%、磷 0.017%；平均穿深为 106 mm，平均入口直径为 6.5 mm，其结构如图 9.1.8 所示。

(3) 有枪身超高温射孔弹。

该射孔弹的装药量为 12 g，主装药含六硝基芪 98.6%、蜡 1.4%，密度约为 1.6 g/cm^3，粉末金属药型罩的质量为 15 g，粉末粒度直径为 0.15～0.25 mm，组分为铜 89.33%、锡 10%、磷 0.017%；平均穿深 84.7 mm，平均入口直径 8.5 mm，其结构如图 9.1.9 所示。

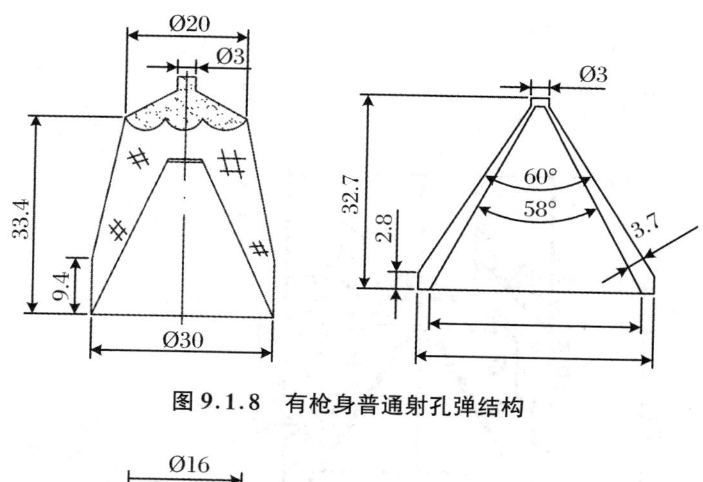

图 9.1.8 有枪身普通射孔弹结构

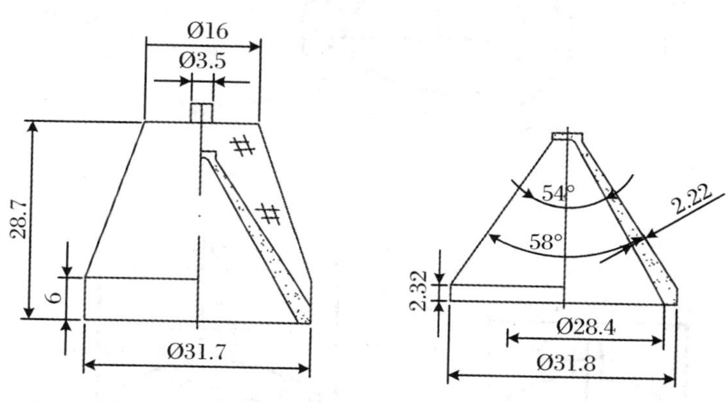

图 9.1.9 有枪身超高温射孔弹结构

(4) 可回收钢丝架型过油管射孔弹。

该射孔弹的最高使用温度为 149 ℃，最高耐压 70 MPa；装药量为 20 g，装药组分为黑索今 98.5%，蜡 1.1%，石墨 0.3%，装药密度为 1.66 g/cm^3；药型罩质量为左 6.5 g，右 9.8 g；平均穿深为左 74.3 mm、右 86.8 mm；平均入口直径为左 10.5 mm、右 12.8 mm，装药及药型罩结构尺寸如图 9.1.10 所示。

(5) 链接式过油管全毁型射孔弹。

该射孔弹的最高使用温度为 147 ℃，最大耐压 70 MPa；装药量为左 12.5 g、右 22 g，装药密度约为 1.6 g/cm^3；药型罩质量为左 8.8 g、右 13 g；平均穿深为左 71.3 mm、右 94.5 mm；平均入口直径为左 12.3 mm、右 12.5 mm，其结构如图 9.1.11 所示。

(6) 大孔径射孔弹的结构设计。

主要技术指标有射孔弹单发装药量≤32 g；配套射孔枪外径为 102 mm；孔密为 12 s/m；适用套管外径 139.7 mm；套管孔径≥20 mm。

大孔径射孔弹的壳体采用钢壳，药型罩直接压入装有炸药的钢壳内，钢壳的内腔和药型罩的结构形状决定炸药柱的结构。射孔弹的装药是射流动能的来源，药型罩的结构确定后，装药结构主要考虑与药型罩的匹配和提高有限装药的有效利用率。

由于采用抛物线形的药型罩，相对而言罩的顶部质量较大，要保证一定的射流头部速度，就要适当增加药柱上部的装药；另一方面，从提高装药的有效利用率出发，确定采用双台锥结构，第一台锥的角度定为 120°，第二台锥的角度定为 60°。

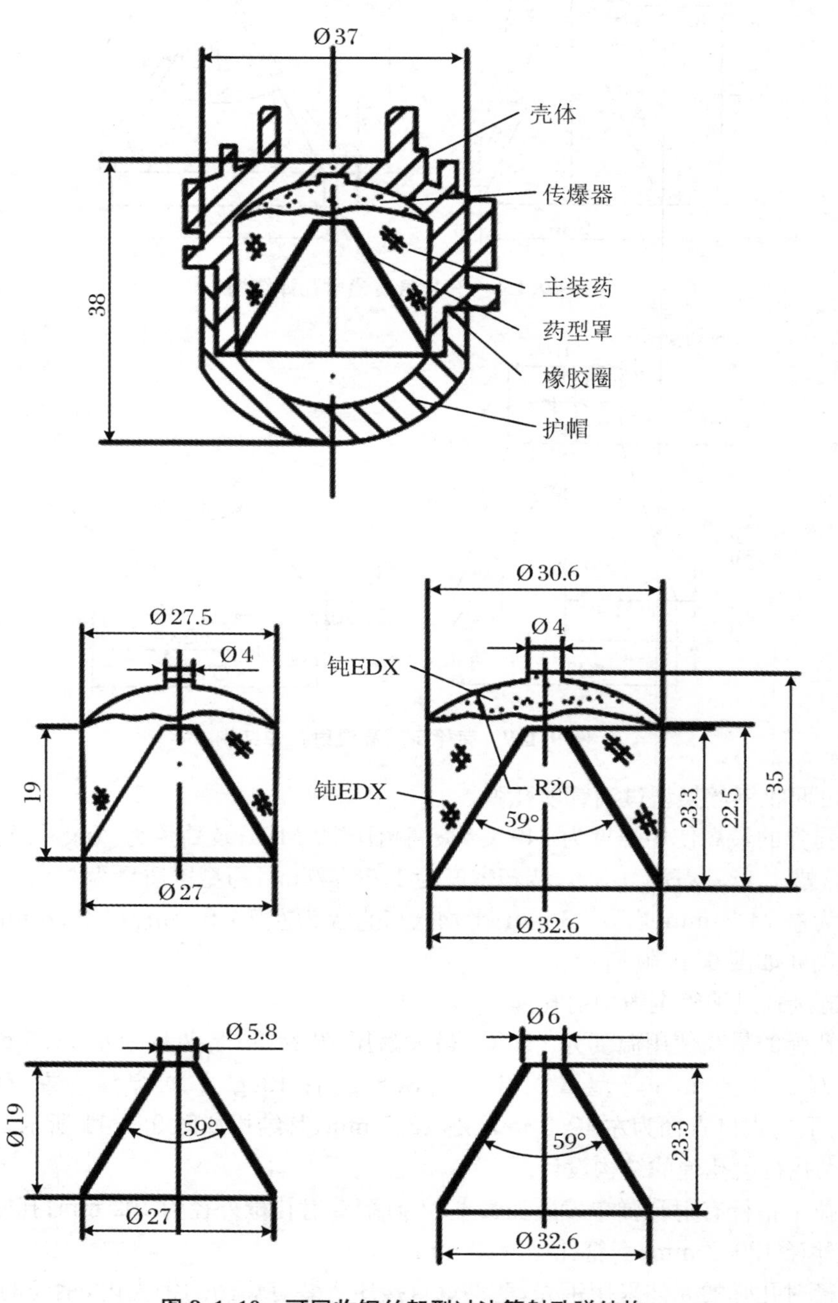

图 9.1.10　可回收钢丝架型过油管射孔弹结构

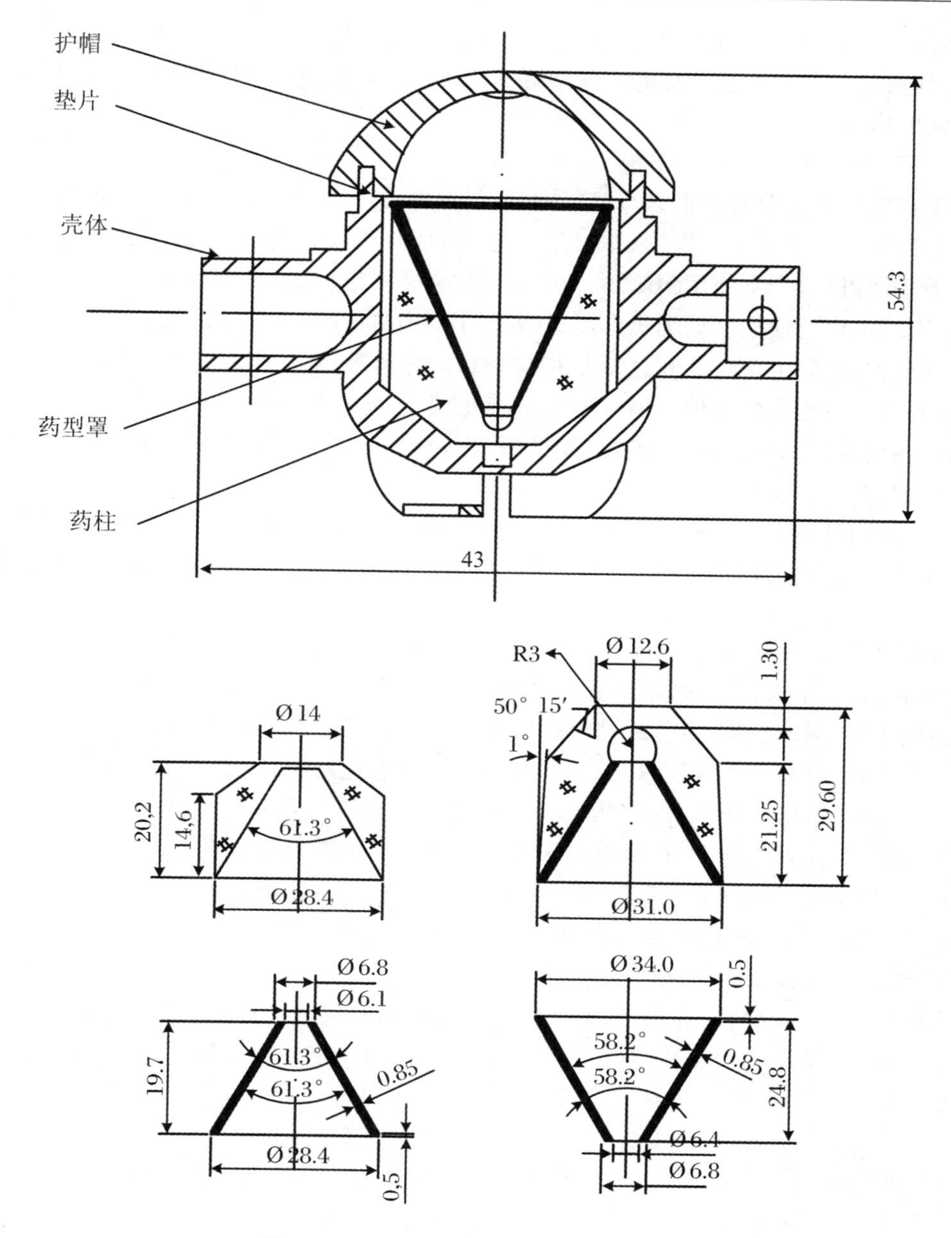

图 9.1.11　链接式过油管全毁型射孔弹

9.1.3　影响射孔弹穿深的因素

穿深是射孔弹穿孔效果的最终体现。影响穿深的因素是多样的，如射孔弹所装炸药的性能、爆轰波形、弹结构(壳体的材料和形状、聚能罩材料和形状结构等)、炸高以及靶材料的强度和波阻抗等。

1. 药型罩对穿深的影响

聚能射孔弹由弹壳、聚能药型罩、主装药和导爆索组成，聚能药型罩是射孔弹中最重要的部件，是获得优质金属射流的重要因素，决定着聚能射孔弹的主要性能，其结构及质量的好坏，直接影响到射流质量的优劣。药型罩几何形状的误差、材料性能及质量等对金属射流都有极大的影响。

(1) 药型罩形状和结构的影响。

药型罩的形状主要有锥形、半球形、喇叭形、双曲线形、双锥形和球锥结合形等。石油射孔弹的药型罩形状主要采用锥形、球锥结合形、喇叭形和双曲线形；特高穿深石油射孔弹药型罩一般采用锥形，个别使用喇叭形。因为锥形药型罩结构简单、制作工艺难度小、质量容易控制，所以被广泛使用。而喇叭形罩母线长，其产生的射流头部速度可达 8000 m/s，且射流速度梯度大，有效射流长。复合罩是指药型罩的内外壁或者顶部和开口采用不同的材料制造，在理论上有很高的价值。但是因加工难度大，质量控制困难，所以一直无法大量推广。

同口径的装药结构，采用双锥罩(大锥角 60°，小锥角 30°)的比单锥罩(锥角 60°)的有效药量可增加 10%左右。

目前，国内外的高穿深石油射孔弹的药型罩基本上采用单锥变壁厚的形式。药型罩的内锥角小于外锥角，可以提高射流头部速度和射流梯度以及有效射流长度，从而提高侵彻深度。

(2) 药型罩锥角的影响。

锥角越大，射流头部速度越低，速度梯度越小，射流趋于短而粗，这时穿孔深度浅而孔径大；锥角较小时，射流头部速度高、速度梯度大，射流趋于细长，穿孔深度增加，而穿孔孔径减小，稳定性变差，且易受外界因素影响。因此，在石油射孔弹中，较少采用小锥角药型罩。一般采用 40°～60°锥角。如果采用有隔板装药结构，药型罩锥角则应更大一些。通常大孔径射孔弹一般采用大锥角药型罩，高穿深射孔弹一般采用小锥角药型罩。

对于药型罩的口径问题，在其他条件相同时，口径增大，会使射流有效长度加长，穿深威力提高。因此，大多数射孔弹药型罩的口径和装药口径基本上都相同。

(3) 药型罩材料性能和成型工艺的影响。

就药型罩而言，影响穿深的主要因素是其密度和长度。因此，希望药型罩材料的密度高，延展性好，以便能使射流在侵彻之前能充分地拉长而不断裂。如果射流在运行过程中发生径向膨胀，使射流分散，则穿孔效果会变差，多年经验总结出，药型罩的材料以紫铜为最佳。

药型罩的制造工艺常采用冷冲压的方法。冷冲压属无切削和少切削加工方法。该方法早已广泛地应用于机械加工工业和石油工业。用这种方法制造药型罩有以下优点：

① 尺寸精度和表面光洁度高，冲压后的药型罩除切口外，不需再进行机械加工。

② 工艺比较简单，操作方便。

③ 生产效率高，生产过程便于自动化，适于批量生产。

④ 制造成本低。原因是材料利用率和生产效率都高。但在研制石油射孔弹阶段，因模具制造成本较高，一般不用冲压法制造药型罩。

(4) 药型罩壁厚的影响。

当爆轰产物的冲量足够大时，药型罩壁厚的增加，对提高穿孔威力有利。装药条件一定时，压垮速度是随壁厚增大而降低的。壁厚太薄，使射流速度变大，但射流质量变小、稳定性变差。目前油气井射孔弹紫铜罩的壁厚一般为 0.2%～3%。从统计结果来看，一般壁厚为 0.6～0.9 mm。

因射孔弹受油管直径的限制，一般都是在低炸高情况下使用，所以射流得不到充分地拉伸。因此，就需要加大射孔的速度梯度。其办法是采用罩顶薄、罩口厚的变壁厚药型罩。

2. 弹壳对穿孔深度的影响

射孔弹的装药爆炸后，放出的能量，一部分消耗于药型罩的穿孔效应，另一部分则消耗于壳体的变形、破碎以及碎片的飞散。所以射孔弹的壳体直接影响着爆炸作用场，对穿孔深度有着重要影响。

石油射孔弹的壳体主要有三个作用，即支撑、确定装药结构以及减缓稀疏波的入侵及产生一次反射波。

减缓稀疏波的入侵及产生一次反射波，指炸药爆轰波可以在壳体上产生反射波；同时，在壳体裂解过程中，使稀疏波的入侵得到延滞；从而使炸药的爆轰能量更好地传递给药型罩微元，提高有效装药量。高穿深石油射孔弹壳体材料均采用钢壳。钢壳材料、加工方法及热处理方式，对壳体裂解时间和一次反射波的强度都有一定的影响。壳体材料的物理性能决定了其弹塑性和强度，这一性能直接影响炸药爆炸能量的利用率。一般而言，壳体强度越大，炸药的爆炸能量越容易集中作用于药型罩，壳体强度越小，壳体就越过早破裂，能量就越容易分散释放，能量利用率也就越低。

实验统计和理论分析表明，壳体厚度达到一定程度后，再增加厚度，对穿孔深度的影响基本没有变化，而且会增加生产和使用难度。

3. 炸药性能和装药结构对穿深的影响

理论分析和试验结果均表明，炸药爆速和爆压的增加，可以使药型罩微元的压垮速度和射流速度增加，提高射流梯度和射流长度，从而提高射流的侵彻效果。所以，在射流形成的临界条件范围内和经济性许可的情况下，尽可能地使用高密度、高爆速和高爆压的炸药，对提高石油射孔弹的性能是有益处的。目前采用的是以黑索金为主体的8852炸药，这是一种综合指标较好的射孔弹用药，另外还有用于不同目的低比压Y971、耐热炸药二苦氨基二硝基吡啶、六硝基芪和以奥克托今为主体的H781炸药等。

炸药品种选择上比较多，但关键在装药结构上。合理的结构设计可以充分利用炸药的爆轰能量以达到最理想的效果。因此如何充分利用射孔弹内的有限空间，合理设计装药结构是提高射孔弹性能的关键技术途径。

大多数石油射孔弹，其药型罩底部外径非常接近装药直径。主要结构参数是药柱高度和罩顶药厚度，装药高度 H 是根据有效装药概念选取的。对于无隔板装 $H=2h$（h 为药型罩有效高度），对于有隔板装药 H 一般要低于 $1.5D$（D 为装药直径）。

装药形状，一般采用圆柱加截锥形，也可采用全收敛形（图9.1.12）。圆柱部分的高度是根据药型罩底部有效装药选取。如果太小，罩底压垮速度会减小，引起射流有效长度的减小。装药的收敛角一般取 $10°\sim12°$。

4. 炸高对穿孔深度的影响

炸高对穿孔深度的影响可以从两个方面来分析。

一方面，随着炸高的增加，使射流拉长，从而提高侵彻深度；另一方面，随着炸高的增加，射流产生径向分散和摆动，射流拉长到一定程度后，会产生断裂现象，分散的金属颗粒射流使侵彻效果急剧下降。

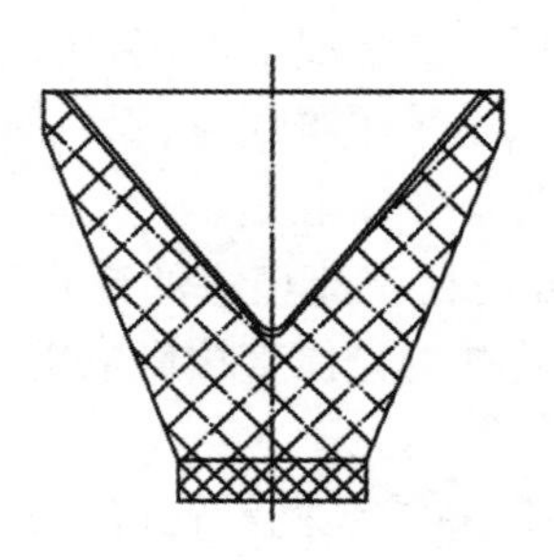
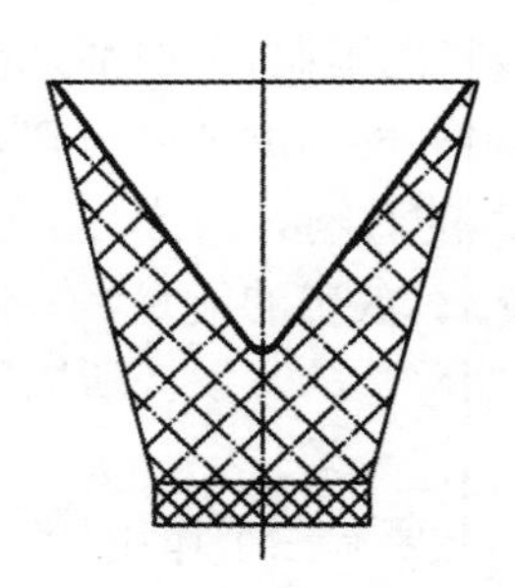

图 9.1.12　圆柱加截锥形装药全收敛形装药

石油射孔弹的最佳炸高在药型罩开口口径的 1～3 倍处。当然，最佳炸高与药型罩的材料有关。确定石油射孔弹最佳炸高有一个简单公式：

$$H_0 = a \times d \tag{9-1-1}$$

式中，H_0 为最佳炸高；a 为与药型罩有关的系数；d 为药型罩开口口径。药型罩锥角系数如表 9.1.11 所示。

表 9.1.1　药型罩锥角系数

锥角(°)	30	40	50	60	70
a	1.33	1.50	1.80	2.0	2.2

但是，这是一个经验公式，随着石油射孔弹技术的发展，系数需要不断修正；同时，石油射孔弹的最佳炸高总是高于实际炸高，经验公式只适于地面钢靶检验时作为参考；各种弹型的检验炸高一般都有相应的数值。

前面已经解释了装枪炸高的产生方式，我们只能在药型罩开口口径、锥角和炸高之间寻找最佳点，片面强调任何一个都是没有意义的和不现实的。

综上所述，只有全面考虑各种因素的影响，才能使石油射孔弹达到最大的穿孔深度，从而获得最佳效益。

9.1.4　几种新型射孔弹的构想与探讨

(1) 利用高燃值纳米金属，提高射孔深度和孔径。某些金属在强冲击波载荷下会燃烧并产生大量的热，它的反应速度和释放的热量往往达到普通金属的数十倍，特别是将其制备成纳米粉末，使两种或两种以上材料均匀混合制成一定的体系，当在强冲击载荷的作用下，会产生强烈的放热反应，这一原理可能是：对于球形粒子，当取 $T<10\ \mu\text{m}$(超细粒子的有效直径，纳米粉末比此还细)，$d = 6\ \text{g/cm}^3$(一般轻金属的密度)，其单位质量的表面积为 $10^5\ \text{cm}^2$。单位质量表面积大，在其加工、制造、生产过程中，储存的势能也越大，释放时获得的功率就越大，这可能就是激发机制的本质。再加上本身这种金属的活跃，在“粒子群”中发生湍流、涡流、粒子间相互参合，犹如沸腾的液体一样，一旦获得激发能量，就会急剧地将能量释放出来，形成大量的热。这种金属粉末可以加入药型罩的配方中，也可以加到炸药配方中，使其产生比一般射流温度高得多的高温射流，这种高温射流与地层岩石产生高速碰撞时，产生强烈的高温腐蚀效应，从而提高穿深和孔径。这种在强冲击载荷下释放大量热的金属粉末，在反应过程中并不需要额外的氧化剂，因此是非常值得研究的。

(2) 利用串联战斗部技术可设计特殊用途的串联射孔弹。串联射孔弹是由两级射孔弹组成，分为前级和后级。前后两级射孔弹通过传爆系列实现射孔的时间差，前级作用完成后，后级再继续作用，目的也是为提高穿深，但这里所用的传爆系列是一个很精确的过程，实现起来困难很大。目前我国军品串联战斗部已研制成功，借鉴这种经验可将这种技术引入串联射孔的设计中，但由于射孔弹本身体积小，又受到枪体的限制，因此实现起来也是很困难的。

212 所在这方面做了一些工作，探讨了一些问题，但没有实质进展。这里想讨论的是如何利用串联射孔弹的原理，来提高孔径而又能保证足够的穿深。稠油井和一些海洋油井的特点是要使用大孔径射孔弹，孔径要求一般在 20～30 mm。对于这种孔径的射孔弹，目前已有相应产品，它的药型罩设计锥角很大。国外的几乎像一个碗状，当然这种射孔弹的穿深也是非常有限的，通常都在 200 mm 左右，很显然这样一个穿深，有时连完井污染带都不能射透(完井污染带一般在 400 mm 左右)，严重降低了产能。而穿深高，孔径小，对这些井而言，其效果也非常不理想，因此将串联射孔弹的前级制成大孔径射孔弹，主要目的是开掘较大的孔径，后级做成中孔径射孔弹以增强穿深，这种组合必定可大大提高产能。另外还可根据不同的目的，设计不同的组合，应该指出这种串联射孔弹的发展是非常有前途的，关键是要解决好它的传爆技术，前级的先期作用不能影响后级的正常作用。

目前采用的传爆系列，一种是用两个电引信雷管，实现两级延时，另一种是通过 1～2 mm 细的银导爆索实现延时，其作用可靠有效。

(3) 多孔一体高孔密射孔弹的设计一改传统的设计思想，在同一个装药中实现多孔射孔，从根本上提高孔密。它的突出特点是：压药工艺一次成型，外观看似一个药饼或药盘，里面按照特定的装药结构装有三个或四个药型罩，均匀沿周角分布，采用导爆索中心点火，使其爆炸后产生相互作用。一方面抵消对枪体的损害，另一方面提高对聚能药型罩的做功能力，在一个平面上沿周角均匀形成 3 个或 4 个孔道。这种多孔一体的射孔弹设计，在装枪上也改变了传统的方式，不需弹架，可根据不同要求随意调整孔密。根据理论计算，当药型罩在 40～50 mm 时，最大孔密可达 60～80 发/米，当然这必须同时考虑枪体强度。这种多孔一体的射孔弹设计，可有效地大幅度提高孔密，但在穿深方面由于弹体的限制可能有所降低，这也是今后研究探索的一个课题。

(4) 射孔弹早期研制时，俄罗斯就是子弹式射孔弹，但由于弹头是实心金属，逐渐被射流式射孔弹所代替。随进式射孔弹是子弹式射孔弹的一种改进，子弹弹头不再是实心，它带有一个高能量的装药，相当于一个战斗部。当弹头在强烈火药作用下，穿入岩层后，弹头再爆炸，在岩层中形成一定的空腔和裂缝，这非常有利于提高产油率，但在这一设计中最关键的问题是弹头在穿过岩层时承受的应力不能引爆其装药，直到达到最大穿深。

9.1.5　国内外石油射孔弹发展概述

油井射孔是石油勘探和开采的一项关键技术。射孔可实现井筒和预测全部油层之间的连通。有效地射孔孔眼对于正确评价油气层、提高油气井产能和油气藏采收率是至关重要的。射孔弹作为射孔作业的能源物质，其质量直接影响石油产能。因此，保证射孔弹质量，提高产品可靠性就显得尤为重要。同时，射孔技术工艺的完善与否直接影响到油气井预期的产能和油气层的保护，因此有人形象地把射孔比作石油行业的“临门一脚”。目前，石油的开采向着深井、超深井方向发展，即要求勘探与开采的目的层位不断加深，随着开采难度的不断加大，为提高开采率，提高射孔质量就显得尤为关键。而射孔弹的质量及可靠性除了与其正确的设计、所用材料质量等因素有关外，还与射孔弹的生产工艺及生产过程中的工艺参数控制密切相关。

1. 国内研究现状

近十年来我国射孔弹研究有了一个飞速的发展，表现在产品上的性能有了大幅度的提高，产品质量已经达到了国际先进水平；产品的系列化程度也得到了完善，形成了高穿深射孔弹系列、大孔径射孔弹系列、无枪身射孔弹系列等，基本上能满足国内各油田的需要。

射孔弹性能的提高，标志着我国射孔弹的设计能力达到了较先进的水平，药柱结构的设计、药型罩结构及材料的设计、生产工艺水平设计等都具有很高的水平。目前在高穿深射孔弹的药型罩设计中，主要采用变壁厚的锥形罩；在大孔径射孔弹的设计中主要采用抛物线形和锥弧形罩，而且国内各生产企业在该领域的研究中已经想出了很多办法，使上述药型罩技术的研究达到了很高的水平，发挥了较好的作用。现在应该在继续进行锥型药型罩和抛物线形、锥弧药型罩水平的研究基础上，提出新的设计思路，并进行研究和试验，试图通过改变新的设计思路，以求获得更好的性能。

从长远来看，射孔弹的发展方向应该是高穿深、高孔密、大孔径、无污染。利用数值模拟手段进行射孔弹优化设计是近十几年的国际发展趋势。石油射孔弹威力的主要体现部件为药型罩，传统的金属药型罩通过旋压成型，新型的金属粉末药型罩对穿深、穿孔孔径、孔道内堵塞物的数量具有极大影响。国外早在 20 世纪 60 年代就将金属粉末药型罩应用于射孔弹，国内在 20 世纪 80 年代末开始研究和应用，主要的化学成分是仿制国外的配方，其工艺经过了烧结和不烧结两个发展阶段，目前金属粉末药型罩在高穿深射孔弹上普遍使用，既解决了杵堵问题，又提高了射孔弹的穿孔深度。随着理论研究的深入和加工工艺的完善，金属粉末药型罩的优点逐步显现出来。目前，石油射孔弹的药型罩形状主要采用锥形、球锥结合形、喇叭形和双曲线形；特高穿深石油射孔弹药型罩一般采用锥形，个别使用喇叭形。由于锥形药型罩结构简单、制作工艺难度小、质量控制容易，所以被广泛使用。金属粉末药型罩（PML）的出现使聚能射孔弹的射孔性能大大提高。目前，先进国家及我国的绝大部分药型罩都是这种药型罩。

现在国内外药型罩的一个重要发展趋势是采用大变形强化技术。Manfred Hell 报道，单纯的钨粉末罩采用传统的压制、烧结后，往往容易在较薄弱的钨-钨颗粒结合面产生断裂，材料微观结合强度较低，加入铁镍金属粉末后再进行锻造和液压挤压变形，钨颗粒被拉长拉细，呈纤维状，断裂的机制和扩展路径也发生了变化，断裂方式主要为沿钨颗粒内部的穿晶解理断裂，由于钨的强度很高，钨颗粒的解理断裂所需启裂能较大，宏观拉断时则呈现很高的拉伸强度，而且延伸率也不错，这样就能够大幅度提高钨合金粉末药型罩的实用性。

现在我国的射孔弹生产厂家，比如四川石油管理局测井公司，在学习和吸收国外设计和制造技术的基础上研制的系列高穿深射孔弹均达到或超过了部颁标准，研制了大孔径弹、聚能切割弹等。

2. 国外研究现状

国外在这方面的技术比较成熟，早在 20 世纪 60 年代就开始研制大孔径射孔弹，并很快在油田得到应用。经过几十年的发展，已经形成系列产品，其品种、性能和配套产品基本上能满足油田射孔完井的技术要求。以美国哈里伯顿公司射流研究中心（JR）为例，其大孔径的射孔弹单发装药量从几十克到六十几克，射孔后套管孔径从18 mm到三十多毫米，并且可以实现高孔密射孔，常用孔密为40孔/米，对高孔密条件下的弹间干扰问题有了较为深入的研究，并且射孔弹的研究已经完全实现了计算机数值模拟优化设计，建立起了十几种材料状态方程和本构关系的专用数据库。在药型罩的应用方面，John A. shield等人报道，美国研制了用纯钼粉烧结的粉末罩，大大简化了工艺，但出现了形状保持难、表面光洁度差、重复性和稳定性差等问题。为了解决这些问题，美国又改为不烧结钼粉末罩，此罩工艺简单，适合大规模工业化生产，质量稳定，重复性好，能较好克服杵堵问题，现已成功地应用于实践。钼具有较高的密度和良好的动态特性，用高纯钼粉制造的钼药型罩晶粒细小，显微组织均匀，有一定的织构，这样就大大提高了射流的稳定性，进而改善了射流的侵彻性能。有文献表明，其破甲深度比铁、铜药型罩提高27%～30%，现已作为一种新型药型罩材料用来制造爆炸成型弹的药型罩。

从20世纪60年代开始，美国、俄罗斯高能气体压裂技术就已广泛采用。20世纪60年代，俄罗斯已开始大规模推广应用电起爆的有壳压裂弹，并形成可转让的成套技术。到20世纪70年代，对高能燃料的爆燃增产机理研究获得了突破性进展。进入20世纪90年代后，从作用机理认识到工艺完善都做了大量的研究工作。现在已经成型配套，广泛地应用于油井开发及水井的解堵、增注方面，技术水平较高，仅加拿大康普乐一家公司的推进剂增产技术就推广了2000多口井。

俄罗斯从20世纪70年代开始研究和推广应用的物理法采油技术形成了以高能气体压裂、电脉冲、超声波和水力震荡为主的物理法油层技术。并不断开发新产品，提高油层的地质作用效果和经济效益。俄罗斯爆炸地球物理研究所是俄罗斯联邦从事爆炸地球物理研究最大的地球物理研究所，主要研究射孔爆炸器材、爆轰弹、爆撑封隔器、爆炸补贴、切割和高能气体压裂技术，据了解它目前已有8种高能气体发生器。另外，还有克拉斯达尔市的俄罗斯石油地球物理仪器开发股份公司、乌发市俄罗斯科研生产股份公司、俄罗斯石油公司、耶尔地球物理生产联合公司等都在高能气体压裂技术上有一定研究。物理法采油技术在俄罗斯应用比较普及，几种方法有效率均在70%以上，每年应用5000口井以上，而且在新产品开发及理论研究上都开展的较为深入。

1997年，美国ICT公司首先研制成功水力高穿深射孔技术。其原理是：采用液压控制技术，以超高压清水为工作介质，实现套管冲孔，并在井下岩层中水力切割出水平深孔，在井筒周围形成孔径25 mm，最大水平穿透深度达2 m的无压实、无污染的水平孔眼，从而提高井筒周围的导流能力，对低渗透、薄油层有较广泛的使用前景。

3. 我国射孔技术与世界先进技术的差距

在石油勘探开发难度增大、油价过低的不利条件下，石油工业发展的趋势就是以降低成本、提高效益为中心，要求不断研究出新工艺、新技术。因此我国射孔技术要发展，就要找出我们与世界先进技术的差距，迎头赶上去。与世界先进水平相比，目前我国射孔技术的差距主要表现在以下几个方面：

(1) 在射孔与油气层微观世界的关系等基础研究方面做得较少。

国外在加强了对油气层内部的微观分析之后，搞清了孔隙、裂缝发育情况等地质特点，了解了污染给产层带来的危害，提出了防止油气层损害和保护油气层的技术要求，从而提出了过油管射孔、油管输送射孔乃至超正压射孔的新工艺。现在进行的TCP多种新技术，如深穿透射孔技术、定方位射孔技术、带压作业技术、一次性完井技术等等也都是基于对油气层内部的微观分析之后提出的。这样的分析研究工作我们做得少，故在新技术创新方面总是跟在别人后面学。

(2) 在优选完井方式方面还需加强。

国外在 20 世纪 90 年代就提出了"智能射孔"的新理念，即根据油气井的不同类型和特点优选完井方式为用户"量身定制"解决方案，包括深穿透高孔密的、防砂的、防水的、需增产处理的、与后期完井措施相一致等方案，从而实现射孔技术与地质技术、地层评价技术和完井技术的整合，达到提高油气井完善程度、增加油气井产量的目的。而我们目前的作业大多数井都不带封隔器，致使很多新工艺无法实现，优化设计大多停留在选择枪型和负压值上。

(3) 在射孔新工艺的研究方面还做得不够。

国外有些新工艺技术我们目前还没有，例如，WCP(电缆输送射孔)新型带压作业技术，该技术使带压作业时射孔枪长度不受防喷管限制；TCP(油管输送射孔)带压作业技术，它能实现高压井的 TCP 带压作业，即在高压油气井中强行将枪下入和取出；CTCP(连续油管输送射孔)技术，它能在大斜度井中完成射孔作业，还能进行捞枪作业等一系列带压作业。此外，还有 TCP 电起爆技术、TWCP(油管、电缆组合输送射孔)作业技术等我国还没有。

国外有些新工艺新技术我们虽然也有，但深度还不够。我们的水平井射孔技术尚限于完成射孔作业，而国外则能进行水平井的一次性完井作业，还能进行后续的增产措施作业、生产测井作业以及封堵作业。

我们的超正压射孔技术自认为搞得还可以，而别人则走到超正压射孔的机理研究阶段，不仅对其适应性已有深入的了解，而且找到了作业产生的裂缝数量、长度、走向等与井口压力、氮气体积、地层压力、地层渗透率、射孔相位、射孔孔道方向等的关系。

国外的射孔-抽油泵联作技术有带封隔器和不带封隔器等多种方式。

我们的一次管柱分层射孔-测试联作技术尚处于初级阶段，但国外已能进行多达 10 个层段的分层射孔和测试作业，尤其是相关的技术解释业已成熟。

(4) 在射孔产品的品种和性能上有待增加和提高。

在射孔产品的品种上，常用的各类高孔密、大孔径、小井眼、大直径系列射孔器没有别人全。例如，国外最高孔密达 118 孔/米；最大孔径达 29 mm；最小直径枪外径为 40 mm；最大直径枪外径为 178 mm。

无枪身系列产品比别人少得多。如欧文公司"SHOGUN SYSTEMS"就有板式、螺旋式、拐折式、铰链式、钢丝式；弹型也多达 15 种以上。

还有一些产品如系列高压孔塞式射孔器、无碎屑射孔弹等产品我们尚未开发，外套式高能气体复合射孔器也还不成熟。

在射孔产品的性能上，最近，国外射孔产品的性能尤其是在穿深性能上有了突进：

为了解决高温炸药(六硝基芪、二苦氨基二硝基吡啶)性能不佳的缺点，美国研制成新型高温炸药 HTX，可提高穿深 5%～10%。

期伦贝谢公司在使用 Powerjet 技术后有效增加了射孔弹的穿深。例如，其 4.5 in(114 mm)枪 38.8 g 药弹穿深达 1374 mm。

欧文公司研制的无枪身射孔弹在采用新技术(NT 和 NTX)后，穿深提高 40%。例如，欧文的 3 in(86 mm)枪 23 g 药弹穿深达 760 mm。

国外射孔弹性能的提高还受益于数值计算模型的建立，它可计算出每一时刻的射流密度、射流速度等，依此设计出各种药型罩及射孔弹并进行优选。

此外，我们在产品的稳定性方面还需提高。

在工程产品如化学切割、套管贴补、过油管桥塞等工程作业我们基本上是空白，油管桥塞我们也用得很少。美国还进行了一些射孔前沿课题的研究，例如，由美国国防部牵头进行了激光射孔和核能射孔；还有将炸药送到岩层间再引爆炸药的层间爆炸技术等。

针对以上差距，认为目前研究重点有：在射孔工艺方面，要深化超正压射孔与加砂压裂联作技术；提高射孔-抽油泵联作技术水平，同时推广成熟射孔技术。在产品方面，要进一步提高深穿透射孔弹尤其是高温射孔弹的穿深和稳定性；要研制安全有效的外套式复合射孔器，同时规范复合射孔器的名称、检测方法及施工规程。

9.2　震源弹及震源药柱

震源弹(source bomb)，是依据聚能原理采用高效能炸药制成的有一定形状外壳的炸药包。在需要使用大量炸药或难以打炮井的地区，应用震源弹可以节省大量炸药，并改善地震勘探的效果。

震源药柱(seismic charge)是在壳体(塑料或其他材料制成)内装填工业混合炸药，爆炸产生地震波，供地震勘探用的成型药柱。震源药柱由壳体、炸药柱、传爆药柱和雷管座等部件组成，震源药柱一般用工业电雷管起爆。如图9.2.1所示，为了提高地震波的传播距离，增加探测深度，可根据测深距离，将震源药柱进行串联组合。例如，油田深层地质资料调查，可将10～20发震源药柱组合，以提高冲击波的强度和持续时间。

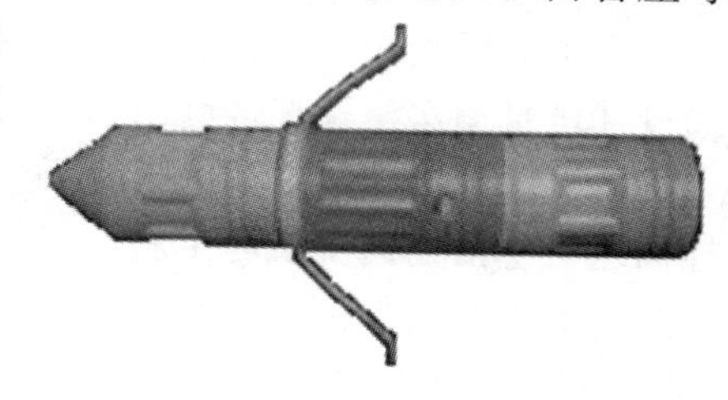

图9.2.1　震源药柱

震源药柱按装药的品种分为铵梯炸药震源药柱、胶质炸药震源药柱、乳化炸药震源药柱和其他震源药柱。

9.2.1　几种震源药柱的结构与生产工艺

下面结合几种具体的震源药柱进行介绍，以便对震源药柱的结构、性能以及生产工艺有一个整体的了解。

1. 粉状铵梯震源药柱的生产工艺

目前，在我国粉状铵梯震源药柱的生产工艺采用间断式制药生产线生产，其生产工艺步骤如下：

(1) 先将硝酸铵进行粗碎，粗碎后加入改性剂，通过螺旋输送至1号凸轮粉碎机进行一次粉碎，粉碎后的硝酸铵通过管道干燥及一级旋风分离后，经螺旋输送至2号凸轮粉碎机进行二次粉碎，经过二次粉碎后的硝酸铵通过管道干燥及两级旋风分离后，经螺旋输送至预混螺旋内，木粉通过定量螺旋输送至预混螺旋内，复合油相经熔化通过计量泵输送至预混螺旋内，硝酸铵、复合油相和木粉在预混螺旋内预混。

(2) 物料经预混后输送至球磨机内进行混合，混合温度≤84 ℃，球磨混合后通过冷却螺旋冷却后出料，出料温度≤80 ℃。

(3) 对半成品进行定量包装。

(4) 半成品通过车辆转运至轮碾工房，由人工将半成品和称量好的梯恩梯按配比加入轮碾机内进行碾压混合，碾压混合温度为60～75 ℃。

(5) 轮碾机混合后再次包装。

(6) 半成品通过车辆转运至装药工房。

粉状铵梯震源药柱生产的工艺条件为：1号凸轮粉碎机内的硝酸铵温度为90～100 ℃，1号凸轮粉碎机的进风温度为145～155 ℃，1号凸轮粉碎机的电机转速为2960 r/min；2号凸轮粉碎机内的硝酸铵温度为100～110 ℃，2号凸轮粉碎机的进风温度为145～155 ℃，2号凸轮粉碎机的电机转速为2960 r/min，复合油相熔化温度为90～100 ℃。

这种间断式制药生产工艺存在着不足之处：物料温度高、电机转速快，存在安全隐患；半成品需两次包装两次转运，工艺复杂、生产成本高、工作效率低。

鉴于这种生产工艺存在的问题进行了改进，设计了一种粉状震源药柱连续化制药生产工艺，其工艺流程图如图9.2.2所示。

粉状震源药柱连续化制药生产工艺步骤如下：

(1) 螺旋预混：先将硝酸铵进行粗碎，粗碎后加入改性剂，硝酸铵和改性剂通过螺旋输送至1号凸轮粉碎机进行一次粉碎，粉碎后的硝酸铵通过管道干燥及一级旋风分离后，经螺旋输送至2号凸轮粉碎机进行二次粉碎，经过二次粉碎后的硝酸铵通过管道干燥及两级旋风分离至预混螺旋内，木粉和梯恩梯通过检重称定量后输送至预混螺旋内，复合油相经熔化后通过计量泵输送至预混螺旋内，硝酸铵、复合油、梯恩梯和木粉在预混螺旋内进行预混合；

(2) 碾压混合：物料经预混后输送至双层碾混机进行碾压混合，经冷却螺旋冷却后通过悬挂输送机直接输送至装药工房。

改进的工艺条件为：在螺旋预混工艺步骤中，1号凸轮粉碎机内的硝酸铵温度为60 ℃，1号凸轮粉碎机的进风温度为100 ℃，1号凸轮粉碎机的电机转速为1200 r/min，2号凸轮粉碎机内的硝酸铵温度为80 ℃，2号凸轮粉碎机的进风温度为100 ℃，2号凸轮粉碎机的电机转速为1200 r/min，复合油相熔化温度为100 ℃。

改进后的粉状震源药柱连续化制药生产工艺具有以下优点：降低了物料温度和电机转速，消除了安全隐患；木粉和梯恩梯采用检重秤定量，精度更高，产品质量更稳定；由双层碾混机代替原有的球磨机和轮碾机，物料连续输送至装药工房，简化了生产工艺、降低了生产成本，提高了工作效率。

2. 环保型无梯震源药柱

石油勘探用高密度震源药柱在生产过程中原材料普遍采用梯恩梯及硝酸铵、木粉混合料进行生产，梯恩梯所占比例在40%～100%范围，梯恩梯学名三硝基甲苯，是一种有毒化学物质，国家已于2007年下发停止生产铵梯类炸药。但因石油勘探对爆破器材爆速、做功能力等要求较高，故未进行限制，所以石油勘探用震源药柱主原料仍然采用梯恩梯、硝酸铵等原料。然而，高性能、环保型震源药柱是震源药柱行业发展的方向。下面介绍一种环保型无梯震源药柱及其生产方法。

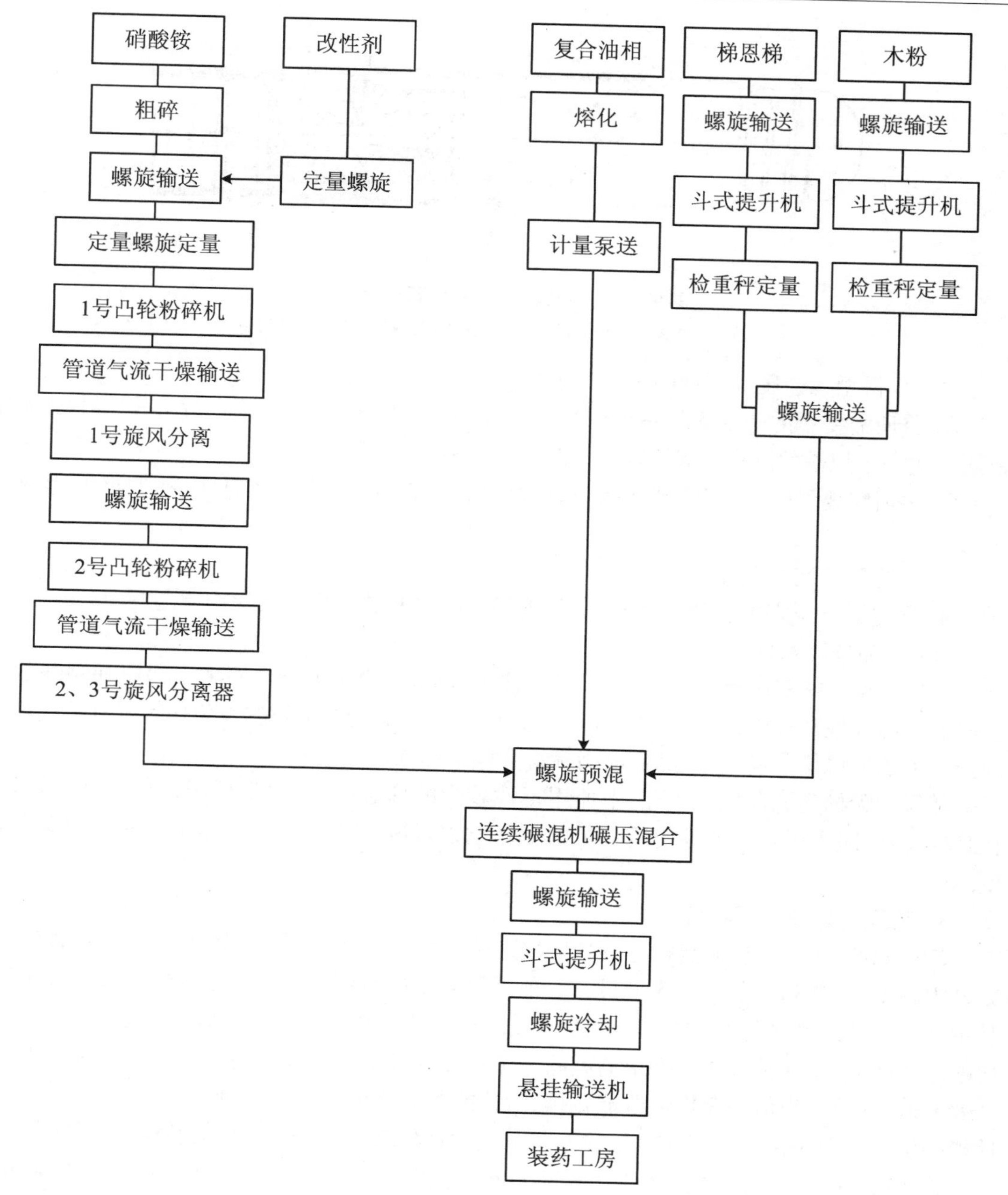

图 9.2.2　粉状震源药柱连续化制药生产工艺流程图

(1) 环保型无梯震源药柱的结构组成。

该环保型无梯震源药柱由起爆具、主装药、密封盖雷管穴、壳体及密封盖等组成，如图9.2.3所示。起爆具按质量比由90～98份的硝基胍混加2～10份的黏合剂经压装而成，主装药按质量比由40～95份的硝基胍，0～65份的硝酸铵，0～5份的木粉及0～5份的黏结剂混合装填得到。黏合剂为沥青、石蜡、硬脂酸、微晶蜡中一种或多种组成。

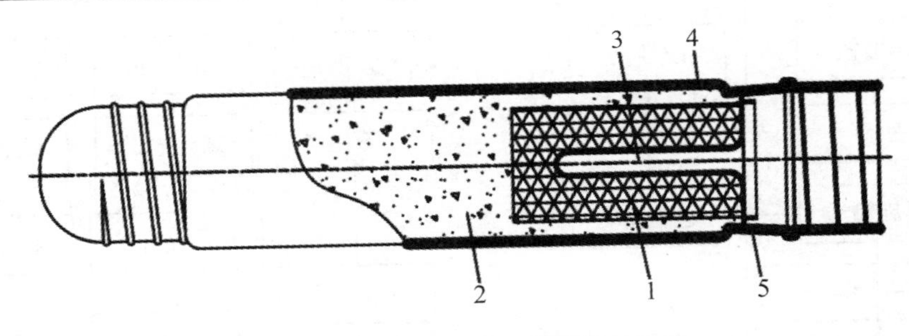

图 9.2.3 环保型无梯震源药柱结构图

1. 起爆具；2. 主装药；3. 密封盖雷管穴；4. 壳体；5. 密封盖

(2) 环保型无梯震源药柱的生产工艺步骤：

① 将所需要量的硝基胍与黏合剂在 50～80 ℃条件下均匀混合后，放入模具中经油压机压装成一定规格的圆柱形起爆药柱即起爆具，备用。

② 将所需要量的硝基胍、硝酸铵、木粉及黏合剂在 50～80 ℃条件下混拌均匀，形成主装药。

③ 将主装药装入壳体。

④ 将起爆具压入主装药中，盖上密封盖得到所需要的环保型无梯震源药柱。

(3) 产品性能及优点。

对环保型无梯震源药柱进行测试，其爆速为 5530～6720 m/s。而采用梯恩梯制备的同规格的震源药柱其性能指标为 5420 m/s。这说明采用硝基胍压制震源药柱起爆具可代替震源药柱中的梯恩梯起爆具，产品性能指标符合国家标准。

环保型无梯震源药柱的优点：不使用毒性较强的梯恩梯，采用更环保、更安全的硝基胍代替梯恩梯，减少了对生产及使用人员的健康危害，且成本低，可广泛用于高爆速震源药柱生产。

3. 新型高爆速震源药柱

GB 15563—2005 震源药柱标准按照爆速将其划分为低、中、高三种类型，其中高爆速又划分为高Ⅰ、高Ⅱ和高Ⅲ型三个型号。目前，国内地质勘探使用的震源药柱多数为高Ⅰ型，其主装药为普通铵梯炸药；高Ⅱ和高Ⅲ型震源药柱的主装药多为单质猛炸药或混合猛炸药熔融浇铸而成，用这种方式生产出的震源药柱必然带来产品的成本高、毒性大、安全性低、生产效率低，不符合当前国家提倡节能减排、清洁能源的要求，难以大量使用与推广。因此，高性能环保型震源药柱将是行业发展的方向。下面就介绍一种高性能环保型震源药柱。

普通粉状硝铵炸药的爆速在 3200～3800 m/s 范围，在强约束条件下爆速也只有 4200 m/s 左右。如何让装填普通硝铵炸药的震源药柱具有高Ⅲ型的爆速是一个难题，下面介绍的这种新型高爆速震源药柱就很好地解决了这个困难。这种新型高爆速震源药柱利用"搭载"原理，在普通硝铵炸药的震源药柱中心贯穿一根具有起爆能力的高爆速药芯，使用时首先用雷管激发中心的高爆速药芯，再让高爆速药芯起爆周围的硝铵炸药，最终达到整个震源药柱的高速爆轰。

(1) 结构组成及成分。

该高爆速震源药柱的结构如图 9.2.4 所示，由主装药、高爆速药芯、外壳等组成。雷管座的中心端与高爆速药芯端头紧密接触。

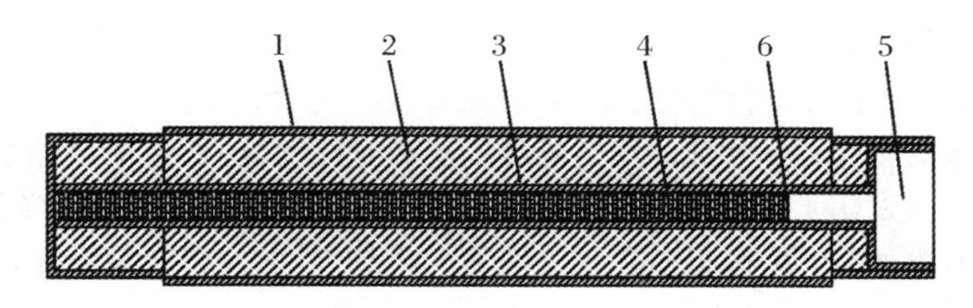

图 9.2.4　高爆速震源药柱结构图

1. 药柱壳体；2. 膨化硝铵炸药；3. 中心辅助管；4. 高爆速药芯；5. 雷管座；6. 中心端

主装药：采用膨化硝铵炸药作为震源药柱的主装药，压药密度为 1.15～1.20 g/cm^3。因为膨化硝铵炸药不仅具有较好的爆炸性能，还具有较好的流散性。

高爆速药芯：采用的太安作为药芯，因为太安爆速较高（≥7000 m/s），且具有较高的起爆强度，能顺利把周围的硝铵炸药引爆。

由于该震源药柱的主装药密度较高，在这样的装药结构中间放置高爆速药芯非常困难，为此，使用中心预留孔装药设备，使其在装药的过程中自动在药柱的中心预留一个中心孔，然后再由人工把高爆速药芯插入其中。

（2）基本原理。

高爆速震源药柱是基于"搭载理论"和"线起爆"理论设计开发。"搭载原理"是物质相对运动的原理，是一种物体借助于另一种物体的相向运动而形成整体统一运动现象。根据搭载原理，该新型高爆速震源药柱利用高爆速药芯带动低爆速装药而形成整体装药高爆速运动。从化学反应和爆炸理论的角度来说，这不同于常规的"点起爆"概念和方式，而是形成了一种高速和连续的"线状起爆"。其结果必然使低爆速装药的轴向爆速达到高速起爆的爆速。

应该注意两个方面：第一，形成的高爆速仅仅是轴向的爆轰速度，而横向爆速增加不明显；第二，轴向爆速增大必然使装药爆炸能量的集中程度（密度）增大，这一点对于纵向和横向都是极其有益的。

震源药柱轴向爆速的提高是提高勘探效果的主要途径。

该新型高爆速震源药柱和原震源药柱径向爆速相当，轴向爆速得到很大提高，使爆炸能量大大集中，爆炸增量显著增大，爆炸的温度和压力增大，最终激发起整个装药更加完全的爆炸反应。这种爆炸反应接近理想爆轰状态，释放更多的有效能量和做功介质，最终接近理想状态的爆炸，形成最大的爆速和爆压。

（3）产品性能特点。

① 用少量的高能炸药激活低能炸药，形成整个药柱的高速爆轰，显著提高了震源药柱的爆炸性能。

② 主装药不含有高感度炸药，显著提高震源药柱产品生产本质安全性。

③ 生产成本低、无毒害、无污染，符合国家提倡的节能减排、清洁能源的发展理念，推动震源药柱产品的发展。

4. 高能乳化炸药震源药柱

目前，用于地震勘探的震源药柱品种主要有铵梯炸药震源药柱和乳化炸药震源药柱两种，它们虽然广泛地应用在地震勘探中，但都存在一定的不足。其中，铵梯震源药柱组分中含有梯恩梯，在制造过程中对环境和人员有一定的危害，在使用过程中易对环境造成二次污染，且铵梯炸药不抗水，常因药柱在井下进水而发生拒爆；现有的乳化震源药柱属环保型产品，但组分中含有大量的水，爆炸威力低，激发地震波的能量弱，药态软，耐压性能差，使用可靠性低，乳化体系的物理化学性能不稳定导致低温起爆感度低、贮存稳定性差。针对现有乳化震源药柱的不足，发明了一种用于地震勘探的高能乳化炸药震源药柱。配方中采用单一硝酸铵作氧化剂，添加多元醇降低氧化剂水溶液的析晶点，加入高能物质提高炸药的爆热和做功能力。

(1) 理论依据。

乳化炸药是以硝酸铵等氧化剂水溶液为内相，以复合燃料油为外相，通过乳化剂在外力作用下形成油包水型乳胶体，再经气泡进行敏化而制成的抗水型工业混合炸药。由于乳化技术的应用，复合燃料油以近似于分子膜的状态包覆在硝酸铵等粒子的表面，而硝酸铵等内相的粒子大小在1～10 μm范围，远远小于铵梯炸药的粒径，因此，乳化炸药的这种微观结构充分说明了各成分的比表面积较大，无疑提高了该炸药爆轰反应的快速性和完全性。

为提高乳化炸药的做功能力，达到提高乳化炸药震源药柱爆炸能量的目的，可采用三种途径：一是优选乳化炸药的原材料，降低含水量；二是在乳化炸药中加入铝、镁、铍等金属粉，增加炸药的爆热；三是改善乳化炸药的氧平衡，根据最大放热法则，采用零氧平衡设计炸药的配方。

(2) 高能乳化炸药震源药柱的配方。

高能乳化炸药震源药柱的配方见表9.2.1。

表9.2.1　高能乳化炸药震源药柱的配方

组分	氧化剂	水	水相添加剂	复合燃料油	复合乳化剂	高能物质	发泡剂
含量(%)	77～84	7～9	0.3～0.8	2～4	1～3	5～10	0.05～0.15

高能乳化炸药震源药柱的主要原材料如下：

① 氧化剂。

氧化剂采用硝酸铵，少用或不用硝酸钠。因为硝酸钠在乳化炸药中的主要作用是提高炸药的氧平衡和降低水相的析晶点，对提高炸药的能量贡献较小。

② 复合燃料油。

作为可燃剂，它是乳化炸药的重要原材料之一，其质量和性能直接关系到乳化炸药的外观、敏化、装药以及产品的爆炸性能和贮存稳定性。对于制备贮存稳定期相对较长的乳化炸药震源药柱，复合燃料油应选取一些氢元素含量高的有机化合物，如碳氢链较长、晶粒较细、熔点较高的微晶蜡等，使制备的乳化炸药形态硬，易于吸留气体，有利于提高炸药的爆轰感度。

③ 乳化剂。

乳化剂直接关系到乳胶的质量和储存稳定性。Span-80是应用最普遍的一种，其主要特点是易于乳化，基本能满足乳化炸药的生产要求，但该产品贮存期相对较短。为了提高乳化炸药震源药柱的贮存稳定性，辅以具有分散、溶化以及中和作用较好的高分子框架结构的W/O型复合乳化剂丁二酰亚胺系列、T剂系列，在W/O界面上形成复合膜，从而增加了界面膜的强度。

④ 高能物质。

常用的高能物质有很多，如铝粉、镁粉、硅铁粉等。它们的加入，使炸药具有良好的后燃效应和较长的爆轰反应区，能提高乳化炸药的能量密度和爆炸势能。例如，铝粉与爆轰产物中的二氧化碳和水反应，放出大量的热量：

$$2Al + 1.5O_2 \longrightarrow Al_2O_3 + 1664\ kJ/mol$$

$$2Al + 3CO_2 \longrightarrow Al_2O_3 + 3CO + 593\ kJ/mol$$

$$2Al + 3H_2O \longrightarrow Al_2O_3 + 3H_2 + 930\ kJ/mol$$

在乳化炸药中，若铝粉细度接近于纳米级，通过该铝粉可以引入大量的微气泡，为炸药的爆轰提供热点。铝粉比表面积大，充分吸附在药体中，炸药爆炸时铝粉表面吸附着的气泡很容易形成热点，有利于炸药的起爆和传爆，提高炸药的起爆和传爆性能，因此铝粉也是一种敏化剂。另外，铝粉具有很强的化学活性，在乳化炸药爆炸过程中容易进行二次反应，使炮孔压力衰减缓慢，从而增加炸药的做功能力。当炸药爆轰以后，铝粉可快速地吸热达到活化温度，使得铝粉参与反应的时间提前，反应区宽度较大，为黑索金、梯恩梯等单质炸药的百倍，这时铝粉在爆轰反应区内反应将更加充分，能量输出更大。对于硝酸铵与铝粉的混合物，随着铝粉含量的增加，其爆热相应增加。

⑤ 水相添加剂。

若单一选取硝酸铵作氧化剂，为避免炸药组分中过量水的汽化吸热降低炸药的爆炸能量，就需要降低氧化剂水溶液中的水含量，但这种氧化剂水溶液的析晶点较高，因此要加入降低析晶点的多元醇作为添加剂。实验结果见表9.2.2。从表9.2.2中可以看出，在氧化剂水溶液中加入多元醇，使得硝酸铵分子与多元醇之间形成氢键，降低了硝酸铵分子表面张力，并随着多元醇含量的增加，其氧化剂水溶液的析晶点依次降低。

表9.2.2　多元醇含量对氧化剂水溶液析晶点的影响

含量(%)	0	0.2	0.4	0.6	0.8
析晶点(℃)	86	81	76	72	70

(3) 生产工艺。

① 乳胶基质制备。首先将水相材料硝酸铵以及水相添加剂加水溶化后保温待用，将油相材料复合蜡、乳化剂加热熔化后保温待用。接着在乳化器中先加入待用的油相材料，并以一定的转速搅拌，然后缓慢地加入水相材料。待水相全部加入后，调整乳化器的转速继续乳化1 min，乳胶基质制备完成。

② 乳化炸药的制备。将乳胶基质冷却至所需温度，加入定量的敏化剂和高能物质搅拌均匀，制成乳化炸药。

③ 震源药柱的制备。将制备的乳化炸药装入壳体，装入起爆具，盖上密封盖，用热封的方法将壳体密封，即得高能乳化炸药震源药柱。

(4) 产品性能。

按照上述配方制得的乳化炸药装入震源药柱壳体内，测得产品的装药密度不低于1.25 g/cm³；爆速4000～5000 m/s，威力不低于330 mL，连接力98 N，传爆药量不低于20 kg；在0.294 MPa水下浸泡48 h后完全爆炸；经－20～60 ℃高低温循环后完全爆炸；9 m跌落试验为不燃不爆；保质期1年。

根据地震勘探的波阻抗匹配原理，该产品可取代中高密度的铵梯炸药震源药柱，或可作为小药量的精细地震勘探使用。高能乳化炸药震源药柱与铵梯炸药震源药柱相比，激发产生的信噪比高，提高了地震勘探的分辨率。

5. 低爆速细长震源药柱

在低密度粒状炸药的基础上，通过设计合理的装药结构，以此来达到细长药柱的爆速与激发介质中地震波的传播速度相接近，提高激发地震波信号的强度，从而提高地震勘探的分辨率。

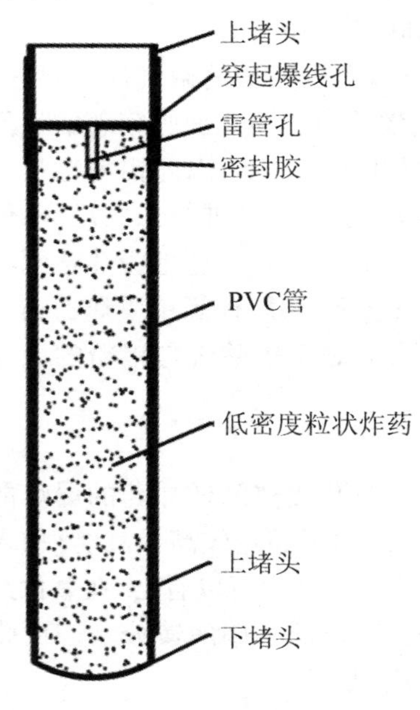

图 9.2.5　低爆速细长震源

(1) 装药结构设计。

外壳选用 PVC 管，因其两端开口，一方面要求两端密封，另一方面要求药柱管之间连接方便可靠。通过大量试验研究，最终设计的装药结构如图 9.2.5 所示。图 9.2.5 中所选用的 PVC 管在 0.3 MPa 水压作用下经过 48 h 后，药柱管不变形，而普通聚乙烯塑料管在 0.1 MPa 的水压下作用立即变形。两端开口的 PVC 管的一端用带有外螺纹的下堵头黏胶密封，装入低密度粒状炸药后，另一端用带有内螺纹和穿线孔的上堵头黏胶密封。两端堵头的内外螺纹相匹配，保证了每个药柱管可以任意对接。

该结构具有以下优点：

① PVC 管材质为聚氯乙烯，抗压强度大，有利于确保低爆速细长震源药柱的抗压性能。

② 药柱管两端的堵头具有单个药柱管密封，以及药柱管之间相互连接的双重作用，带有内螺纹的堵头与另一端带有外螺纹的堵头相匹配。采用这种螺纹连接，操作方便，药柱之间传递爆轰稳定可靠。

③ 每一装药药柱管具有独立的防水和抗压功效。

现场试验结果表明，在井深为 35～40 m，装药长度为 25～30 m，在一端用一发雷管起爆，炸药全部爆轰。

(2) 低爆速细长震源药柱的性能。

低爆速细长震源药柱是根据炸药低速爆轰机理，结合乳化炸药和粉状硝铵炸药生产工艺，将粉状的活化抗水硝酸铵和高能添加剂分散在不规则的气泡载体表面的凹隙中，再用乳化基质包覆而成的低爆速、高威力的粒状炸药。使用图 9.2.5 设计的装药结构，装药直径为 25 mm，制成爆速低、抗压和抗水性能好的细长药柱，其技术指标见表 9.2.3。

表 9.2.3　低爆速细长震源药柱的技术指标

名称	标准值	实测值
装药直径(mm)	25	25
装药密度(g/cm^3)	0.60～0.65	0.62
爆速(m/s)	1800～2000	1869
连接力(N)	≥98	236
传爆长度(m)	≥20	30
抗水压实验(0.294 MPa・48 h)	爆炸完全	爆炸完全
高低温循环(－40～60 ℃)	爆炸完全	爆炸完全
跌落实验(9 m)	不燃不爆	不燃不爆

(3) 低爆速细长震源药柱的激发机制。

若两个药量相等、炸药的性质相同的短药柱在土壤介质中沿垂向延期爆炸，则由爆炸相似律，在距各自爆点相同的距离上将产生相同波的爆炸波。因此，在进行地震波叠加的分析中不妨作如下假设：

① 两个药柱产生的地震波振幅相同。

② 两个地震波的频率和波数相同。

则两个地震波叠加后振幅为

$$A = A_1\sin(k_1x - k_1t) + A_2\sin(k_2x - k_2t) = 2A_1\sin(k_1x - k_1t)$$

对于低爆速细长震源药柱采用顶端起爆的正向依次连续激发方式，亦即爆轰波沿着细长药柱向下稳定传播。若把长为 L 的药柱简化为自上而下的多个点集中药包(相当于多个球形药包)的单井组合爆炸，当药柱爆速等于激发介质的波速时，药柱总的爆炸时差为零，各药包的波前面在垂直向下的方向上是同相叠加的，垂向应力成倍增加，而在其他方向上各药包波前为异相，显示出很强的方向性，有利于纵波的激发和传播。

图 9.2.6 表示了正向激发低爆速细长震源药柱的定向性。假设药柱总长为 5 m，分为 5 个小药包，在波前的共切点有 5 个垂向应力相叠加；当长为 15 m，则有 15 个垂向应力叠加。因此，可以说药柱愈长，则垂直向下的应力愈强，定向性愈好，越利于地震波的激发和传播，越利于突出中、深层的反射，也越利于压制面波、虚反射及表层环境噪声，可提高信噪比。

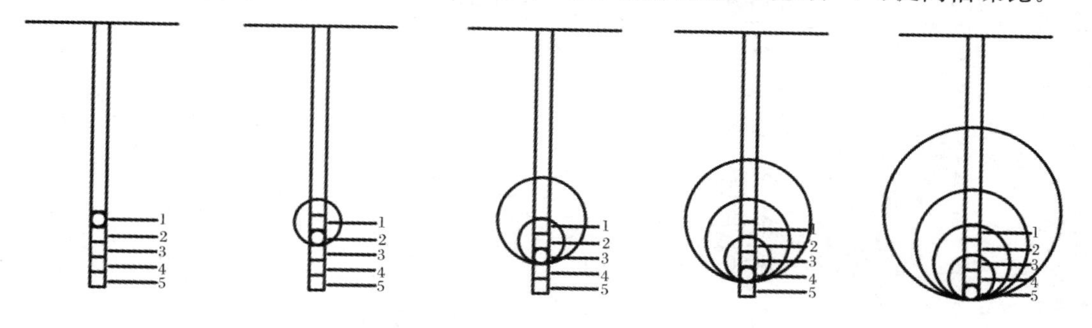

图 9.2.6　低爆速细长震源药柱定向激发过程示意图

注：图中 1～5 分别代表 5 个小药包，图片上文中有相关表述及解释。

6. 膨化硝酸铵震源药柱

采用特殊表面活性剂，在真空强制析晶的条件下，制得一种改性硝酸铵——膨化硝酸铵。由于膨化硝酸铵具有许多微气泡和相当大的比表面，具有自身敏化的爆炸特性。用膨化硝酸铵替代原有震源药柱中的普通硝酸铵，可降低震源药柱中的梯恩梯用量。

(1) 原材料选择。

① 氧化剂。

作为震源药柱氧化剂的膨化硝酸铵具有许多微小气泡、气孔，类似面包状，因此比表面显著增加。由于比表面的增加，氧化剂与可燃剂的接触面和混合均匀度增加，有利于提高爆炸混合物的爆轰反应速度和反应完成程度。另一方面，表面活性剂包覆在硝酸铵颗粒的周围，形成憎水层，有效地降低了硝酸铵的吸湿性和结块性。因此用膨化硝酸铵替代原有震源药柱中的普通硝酸铵作为氧化剂，在降低震源药柱的梯恩梯用量的同时，还改善了震源药柱的贮存性能，提高了起爆率。综上所述，膨化硝酸铵自身敏化，表面性能改善；且工艺性能佳，所以是理想的氧化剂。

② 可燃剂。

复合燃料油选择的基本原则是：具有较高的燃烧热；与硝酸铵有较高的附着力；易于向硝酸铵粒子内部渗透和在表面铺展；具有较强的憎水性；具有较好的加工性和较低的成本。显而易见，必须使用复合油相，经反复试验后，选用表面活性剂、液体燃料油和固体燃料的混合物。

木粉具有多种功能，可作为辅助可燃剂、结块缓冲剂，还具有一定的敏化作用；由于其价格低廉，来源广泛而得到应用。

③ 单质炸药。

在震源药柱中，单质炸药梯恩梯主要用于增加药柱的爆轰速度，提高爆轰感度，以确保震源药柱所需的各种环境条件下的起爆率和高、中、低爆速震源药柱各自的爆速要求。

(2) 膨化硝铵震源药柱的配方设计。

震源药柱内填药用的硝铵炸药配方设计要考虑的主要因素是：物化性能（如内装药的吸湿结块性、密度等）、爆炸性能（特别是爆速等）、经济性（如主装药的原材料成本、生产消耗）以及整个炸药的氧平衡情况，其目的是获得性能较佳、成本较低的新产品。根据上述原则，拟定了以下几种配方，见表 9.2.4。

表 9.2.4　配方设计

序号	膨化硝酸铵×100	复合油相和木粉×100	梯恩梯×100
1	92.0	8.0	0
2	90.0	7.0	3.0
3	88.5	4.5	5.0
4	87.5	4.5	8.0
5	85.5	3.0	11.0
6	80.0	3.0	17.0
7	77.0	3.0	20.0
8	73.0	3.0	24.0
9	84.0	13.0	3.0
10	79.0	18.0	5.0
11	72.0	21.0	7.0
12	78.5	16.5	5.0

根据以上设计的配方，在一定的工艺条件下，制成约 60 mm 的膨化硝铵震源药柱产品，配方 2、3、4、5 满足中爆速震源药柱的爆速要求，配方 6、7、8 满足高爆速震源药柱的爆速要求，配方 11、12 满足低爆速震源药柱的爆速要求。

为确保贮存期内的爆炸性能，特别是各种条件下的起爆率达到要求，选择配方 5、8、12 三种作为试验配方，分别作了高低温性能测试、抗水性试验、贮存期内爆速和起爆率等测试，其结果见表 9.2.5。

经过反复试验，由配方 8、5 和 12 制成的膨化硝铵高爆速、中爆速和低爆速震源药柱性能稳定，主要性能指标均达到 GB 15563—1995 的要求。从生产成本和贮存性能等综合考虑，选择了梯恩梯含量分别为 3%～6%、8%～12%和 18%～25%的膨化硝铵炸药作为膨化硝铵震源药柱低爆速、中爆速和高爆速的主装药，各品种的配方见表9.2.6。

表9.2.5　贮存期内性能测试结果

配方	爆速(m/s)					高低速爆炸完全性			抗水压试验			爆轰连续性(kg)		
	0月	1月	3月	9月	12月	0月	6月	12月	0月	6月	12月	0月	6月	12月
5	4720	4878	4850	4831	4739	爆炸完全			爆炸完全			10		
8	5355	5363	5328	5348	5318									
12	4000	4032	3392	3978	3980									

表9.2.6　膨化硝铵震源药柱的配方

组分	膨化硝铵高爆速震源药柱	膨化硝铵中爆速震源药柱	膨化硝铵低爆速震源药柱
膨化硝铵×100	70～75	80～90	75～80
梯恩梯×100	18～25	8～12	3～6
木粉和复合油相×100	2～5	2～5	15～20

9.2.2　制约震源药柱地震响应的激发因素

地震勘探是钻探前勘测石油与天然气资源的重要手段，在煤田和工程地质勘查、区域地质研究和地壳研究等方面，也得到广泛应用。它以岩石的弹塑性为基础，用炸药作震源，在沿线的不同位置用地震勘探仪检测大地震动，并把数据记录在磁带上，以便进一步分析处理。地质勘探工作的第一步就是解决地震波激发，即如何保证足够能量和所需要的频率成分。目前，地震勘探在客观条件优越的地形条件下，不管从生产效率，还是从经营成本方面分析，都倾向于采用炸药震源激发，在世界上大部分地区其使用性也较强。假若地震作业的钻井速度快、效率高，那么单深井沉放炸药可能是最经济的勘探施工方法。地震勘探震源的选择主要依赖于近地表结构条件以及震源与炮井的可接近性，而震源药柱的地震响应不仅取决于其自身属性，而且受制于药柱与围岩的耦合程度。

药柱激发产生地震子波，最终以地震反射波方式使得地质层位发生响应，并经过处理、解释和研究提取地质成果。所以地震资料的信噪比应该取决于激发能量和初始子波形状，而能量的传递又依赖炸药药柱与炮井的耦合关系来实现。然而不同炸药类型具有不同的特性，使用中主要表现为震源速度和密度的差异，往往产生不同地震响应，得到的地震反射品质也完全不同。地震勘探中地震波的激发频率很重要，而爆速与频率的关系非常密切，爆速高，地震的脉冲窄；爆速低，地震的脉冲宽。地震波激发的同时还会产生许多干扰波。在仪器的接收范围内，爆速越高，频率越高，波长越短，可以使干扰波不容易渗透到有效波中去，即抗干扰能力强，其结果就可以使信噪比高，记录背景比较平静，有显示小分辨率强的优点。高爆速药柱和中层震源弹以其独特的性能，可以在特定的激发条件下获得高信噪比和高分辨率的地震反射信号。

1．阻抗匹配耦合

研究表明，只有当炸药爆炸产生的阻抗值与激发围岩的阻抗值相等或接近时，可产生最

强的弹性波能量，可最大限度地保证激发能量最小量损失和最大量的传播，即

$$\rho_1 \times \nu_1 \approx \rho_2 \times \nu_2 \tag{9-2-1}$$

式中，ρ_1、ν_1 分别是炸药的密度和纵波速度；ρ_2、ν_2 分别是激发围岩的密度和速度。

2. 激发井深与药量

地震勘探技术发展与勘探精度要求激发药量大小与井深计算必须基于近地表结构模型进行定量计算。计算时综合考虑地质研究对象的目的层埋置深度或双程反射时间、勘探期望的最高频率、近地表结构层位数及检波器的自然频率。

激发井深范围确定主要由反射频谱宽度和反射能量强度、高频成分含量及反射子波特性共同决定。激发药量大小主要取决于勘探技术期望指标中所要求的最大频率，而最佳药量大小的计算可能涉及许多因素，诸如勘探区域的沉积相类别、最浅和最深目的层的埋藏深度、各个地质层系的厚度、激发岩性以及是否含水、目的层的最大期望频率等。

3. 钻井工艺与几何形状耦合

(1) 横向耦合。

研究横向耦合目的是满足特种炸药能够放入井中，并保证药柱主体与井壁接触良好。保证爆破力沿井筒下传，满足激发能量，实现地震资料信噪比要求。井径过小或药柱过粗时，不能沉放炸药到设计井深，就造成井下空腔；井径过大或者柱体过细时，导致药柱与井壁存在空隙而不能耦合，若药柱周围充填介质会改变激发岩层的原有特性，若呈现空腔松散状态，无法保障炸药直立沉放，会改变冲击力的方向。

(2) 纵向耦合。

为提高地震勘探信噪比和分辨率，必须考虑炸药爆炸作用时间问题，保证纵向耦合的技术关键是钻井工艺技术，要求药柱沉放深度与钻井井底保持密切接触，以实现化学能向机械能的完全转化及冲量和动量合理转化。

4. 炮井围岩特性

表层地震地质条件是采集工程技术必须关注的基础资料，作为激发特性研究，除关心井深和药量之外，还要考虑激发围岩特性。因为炮井中震源药柱沉放在不同介质中，会有不同的频谱和能量，因此直接影响地震资料反射品质。典型的含水分的激发围岩频带宽度和反射能量远远优越于干沙层中激发。

5. 药柱体的力学结构

药柱体中炸药爆炸的冲力，大多表现为全方位性，所以激发产生的地震子波也具有多方向性，使用中除了采取特殊化学剂特有属性进行定向约束外，同时应该考虑药体的机械结构的力学贡献，以使药柱激发后的最终合力保持良好定向性和能量集中性。

圆柱形药柱爆炸以后，其产物沿着近垂直原药柱体表面的方向向四周飞散，对地球物理勘探的地震效应能够产生作用的仅是药柱端面部的爆炸产物。但是若在药柱顶部装上一个锥孔，则爆炸飞散物先向轴线集中，汇集成一股速度和压力都很高的气流，即聚能气流，一方面它使爆炸产物质点以一定速度沿近垂直于锥形面方向汇集于轴线，使得能量集中；另一方面它使原本高压力的爆炸产物会在轴线汇聚处形成高压区，高压力迫使爆轰产物向周围低压区膨胀，使得能量分散。而将爆破能量集中在小面积范围内，这正是带有锥形孔药柱能够提高破坏作用的原因。

为提高聚能效应就应该设法避免高压膨胀引起能量分散问题。对于聚能作用，能量集中的程度可用能量密度进行比较。爆轰波的能量密度可用下式表示：

$$E = \rho\left[\frac{P}{(n-1)\rho} + \frac{1}{2}\mu^2\right] = \frac{p}{n-1} + \frac{1}{2}\rho\mu^2 \tag{9-2-2}$$

式中，ρ、p、μ、n 分别为爆轰波阵面的密度、压力、质点速度和多方指数，取多方指数为3，则由 $p=\frac{1}{4}\rho_0 D^2$，$\rho=\frac{4}{3}\rho_0$，$\mu=\frac{D}{4}$，可得

$$E = \frac{1}{8}\rho_0 D^2 + \frac{1}{24}\rho_0 D^2 \tag{9-2-3}$$

式中，ρ_0、D 分别表示炸药的密度和爆轰速度，这样右边第一项为位能，第二项为动能。但是爆炸聚能过程中，动能是可以集中的，位能则不能集中，反而起分散作用，所以聚能集中程度不是很高，应该设法将能量尽可能转换成动能形式，以增大提高能量集中程度。

若在药柱锥形孔表面加上一个铜罩，爆轰产物在向轴线推进过程中，可把能量传递给铜罩，利用铜的可压缩性小、优良的延展性及特殊结构造型的特点，使内能增加很少，能量重新分配，提高能量密度，形成金属射流，其端部速度高，尾部速度低，射流被拉长仍然保持射流的能量密度。由于金属射流代替了聚能气流，使用聚能作用大大提高，保证能量的大部分表现为动能的形式，就可避免高压膨胀引起的能量分散。

6. 药柱机械装置结构

炸药结构的独到之处是可以在爆轰瞬间通过特定的机械结构，发生结构肢解，利用化学能和机械能不同时段的一次或多次转化，产生具有巨大穿透力和凝聚力的机械能，以实现地震勘探设计的井深和激发能量，这方面以垂直延迟爆炸为典型代表。在地震勘探工作中，利用军工技术生产的民爆器材充分发挥了军工产品的功效，具有广泛的潜在市场。

由于不同的炸药类型具有不同的爆炸速度和成型密度，直接涉及它们与激发岩性波阻抗值的匹配关系，而最终影响激发能量传播和地震响应的信噪比和分辨率。

通过激发条件试验与三维地震勘探生产证实震源药柱的地震响应受多种因素影响，同一种炸药无法推广应用于岩性横向变化复杂的工区。高爆速药柱以其特有的速度和密度特性，非常适合凹陷的激发岩性，而中层震源弹因具有亲水性，特别适宜于中深层勘探目标的河滩或河道中激发，其激发能量强、激发频率高。

7. 炸药类型对地震响应的影响

在野外地震勘探项目中，围绕的核心一直都是如何提高信噪比和分辨率的问题，这里的一个重要环节就是关于提高激发子波的能量。如炸药爆炸后产生的绝大部分能量都消耗在加热周围介质、破坏周围介质、推动激发介质位移上了；当炸药激发的应力波传播到破坏带时，岩石将被严重破坏、扭曲，产生很多裂隙，介质颗粒之间的摩擦为能量的主要损耗对象，高频能量的损失非常大；当炸药激发的应力波传递到弹性带上时，激发地震波的振幅已经减弱，在弱振动的作用下，介质中所含液体在孔隙中的喷挤作用就是能量损耗的主要因素。激发所产生的能量在经过这几个区带之后，能量已经严重衰减，只有较小部分能量转化为我们地震勘探中所需要的地震波。

在野外地震勘探时使用高能小药量炸药激发会具有较高的信噪比，而增加药量使用大药量激发会使对岩石破坏作用加剧，能量消耗比较大，而不会增加太多对我们地震勘探有用的弹性能量。为此，在地震勘探的项目中不宜选择低能的大药量激发或破坏力很强的炸药，应选择做功能力强的高能小药量炸药，这样才能够激发出较强能量的弹性波。

另外，一般的野外地震勘探项目中，选用较低爆速的成型炸药进行激发也容易造成爆炸的不完全及每次激发效果的不一致性。目前我们所用的炸药的爆速一般都在5000～5500 m/s，

所以采集过程中我们一般不采用长药包炸药，尽量缩短药包长度。

8. 炸药几何尺寸

基于对地震勘探激发理念的认识，以往曾经提出过细长药柱类型、聚能弹等多种类型炸药，但在实际生产中的运用效果并不佳。长药柱其长度较大，而我们的地震勘探项目中的激发介质的岩性一般都是呈层状变化较快，这样导致激发岩性不单一，激发效果就不稳定；还容易产生较强的干扰；一般的长药柱选用了中低爆能的炸药，而由于其较低的爆速，必然会影响到本身的爆轰效果和爆炸的稳定性，致使激发效果变差，很难达到预期目的；从理论上讲，长药柱可以起到延迟叠加爆炸效应；由于钻头直径是固定的而当细长药柱的直径一般较细，这样就会出现药柱与井壁间有较大间隙的现象导致几何耦合不好，那么就会出现发生爆炸中断或爆炸转变为燃烧的现象，都会大大降低激发效果；由于长药柱长度大，炸药厂家加工时工艺复杂，实际生产中规模性使用供应压力大：不易操作，且成本高、生产周期长。

9.2.3 地震勘探震源药柱技术进展

地震勘探是通过人工方法模拟地震产生地震波并接收来自地层内部的回波信息，从而获得地质构造，进而判断、寻找可能藏有目的物构造的一种方法。所应用的震源一般有炸药震源（包括震源药柱、震源导爆索等）、空气地震枪、机械式震动震源及瓦斯发爆器等。目前，大部分陆上地震队使用炸药震源。

目前国内定点生产震源药柱的厂家有10家左右，所生产的产品外观大同小异，内装药各有特色。产品名称除沿用国家标准外，尚有各自不同的名称。国家《震源药柱产品样本》归纳为八类：高、中、低密度震源药柱；高分辨率型；高抗水型；地面定向型；高威力型及震源导爆索。

1. 目前的主要品种、性能及生产工艺

中国震源药柱国家标准以产品密度和爆速分类，将震源药柱分为高、中、低密度三类，其主要技术性能如表9.2.7所示。

表9.2.7 震源药柱技术性能一览表

项目	指标		
	低密度	中密度	高密度
密度(g/cm³)	1.00～1.20	1.20～1.40	≥1.40
水压试验	爆轰完全		
连接力(N)	≥98(Ø60 mm)		
爆轰连续性(kg)	Ø60 mm以下6,Ø60 mm以上10		
爆速(m/s)	≥3500	≥4000	≥5000
高低温循环实验(－20～50 ℃)	爆轰完全		
跌落试验	不燃不爆		
贮存期(a)	2		1

其分类原则基于震源药柱选型上的“阻抗匹配”理论，未考虑内装药的成分及形态，对内装药的做功能力也未作要求。性能指标中高低温循环实验一项的规定方法较模糊，未规定

测试时的温度条件。在地震勘探技术日益进展，对震源要求越来越细以及施工地域环境条件、储运条件日益复杂多变的今天，这种分类方法及性能要求已显露出了一定的局限性。

低、中密度震源药柱一般以粉状铵梯炸药为主装药，装药工艺以螺旋装药为主，生产自动化程度较低。由于主装药不抗水，一旦药柱壳体或密封部位破损，在井下易进水发生拒爆。高密度药柱可采用螺旋装药、压装和热塑工艺生产。螺旋装药压力大，对药室形状和壳体刚度要求高，否则易变形破损；压装工效低，对壳体要求也较高。目前国内一般采用热塑工艺生产高密度震源药柱：先将梯恩梯熔化，再加入固态的硝铵、木粉或其他高熔点猛炸药，经充分混合塑化，再装入壳体内，安装传爆药柱和雷管座后密封而成。此种内装药较粉状铵梯炸药抗水性有所增加，但亦不完全抗水，壳体破损后因井深、井压、井中介质的 pH 值不同而失效的时间有所不同，中性介质中一般 12 h 内还可以起爆。使用环境温度超过 50 ℃亦可能对其起爆产生影响。

上述品种都使用有毒有害的梯恩梯，有的品种含量还较大，其生产和使用都存在健康和环保隐患，因此生产和使用量都呈逐年下降趋势。震源药柱的内装药正逐步向优良工业炸药品种过渡。

2. 内装药技术进展

按内装药的种类及形态不同，震源药柱可分为铵梯型、膨化硝铵型、太梯型、梯黑型及乳化型、胶质炸药型等。乳化型按药态又可分为普通(胶状)乳化型和粉状(固体)乳化型；按功能大小又可分为普通型和高能型等。主装药的发展方向很明确：开发乳化炸药或无梯、少梯炸药作为主装药，将存在健康、安全、环保隐患的主装药逐步淘汰。例如，凯龙公司开发的膨化硝铵型震源药柱由于其梯恩梯含量较以往铵梯震源药柱有明显降低，所以该系列产品1999 年获国家级新产品称号。该公司 1999 年开发的乳化系列震源药柱，其性能指标见表9.2.8。高能乳化型产品添加了高热值的铝粉，在爆轰过程中能产生二次反应，增长了爆轰反应区的长度，并使爆温升高，从而使爆炸能量更有效地转变为弹性波的能量，增强激发效果。该产品在海南的山地、大西北的黄土高原、非洲的沙漠都受到用户的好评。其局限性是环境温度的变化对性能的影响较大。该系列产品在 2000 年亦获得了国家级新产品称号。

表 9.2.8　乳化震源药柱技术性能指标

项目	指标		
	乳化震源药柱		高能乳化震源药柱
密度(g/cm^3)	1.05～1.20		
爆速(m/s)	Ø60 mm 以下 4500，Ø60 mm 以上 5000		
做功能力(ml)	260		300
爆轰连续性(kg)	0.75(Ø30 mm)	2(Ø45 mm)	10(Ø60 mm)
使用温度范围(℃)	－20～50		
保质期(月)	6		10

目前，正研究粉状乳化型震源药柱。粉状乳化炸药重量威力较大，但体积威力不足，这是作为震源药柱主装药的一大缺陷。通过工程技术人员的努力，已取得了一定的进展，可将装药密度提高到 1.15 g/cm^3 左右，其他爆炸性能优良。

3. 载药壳体用附件技术进展

国内震源药柱基于经济方面的原因，一般以高密度聚乙烯吹塑容器作为载药壳体，其刚度较差，厚薄不均。如果主装药为非固体状，则药柱偏软，影响连接，有时还会造成下井困难。凯龙公司刚开发乳化型震源药柱时，用户对此反应较大，后采取将壳体壁加厚、沿轴向分布加强筋等才解决上述问题。HDPE 是一种很难实施黏结的非极性材料，国内老式结构其壳体和雷管座的密封仅依靠黏胶剂的黏附作用，一旦胶黏剂老化或壳体所用染料、增塑剂迁出，易造成密封失败。凯龙公司为解决此弊病，设计了一种新型载药壳体，并获得国家专利。其密封方式为塑料熔接，虽工效不高，但可靠性大大加强。

目前，该公司正与有关单位联合开发自动化封口机械。该结构壳体的连接须通过一特制的连接套来实现，产品在出厂时每发即连了一个连接套，使用很方便。这种壳体结构呈纺锤形，两头螺纹细，中间直体粗。在装填粉状或胶状炸药时，靠螺旋压装或挤压式装药均可，但在装填由柱状块体炸药组装的药柱时存在困难。凯龙公司设计了一种哑铃型的壳体，用于装填由猛炸药压块组装的产品，并命名为高能震源药柱，其性能见表 9.2.9。该系列产品爆速高、密度大，尤其适应于山地或地质条件复杂地区及作高分辨率地震勘探用。河南某队在人口密集地区施工时选用此品种获得满意的效果：施工药量小，能量集中下传，对炮点周围建、构筑物的影响小。

表 9.2.9　高能震源药柱技术性能

项目	指标
密度(g/cm^3)	1.40～1.55
爆速(m/s)	≥6000
保质期(a)	2

深井作业时，须用炮杆将单发或首尾连接的多发药柱捅到井底，此过程中炮线易受损产生哑炮。凯龙公司设计了一种承压堵头，用其保护顶端的雷管及炮线。在有水井中施工时或激发层在潜水面以下时，井中水压和浮力易导致药柱上浮，使激发点偏离，资料失真。凯龙公司设计了一种防浮定位尾翼，将其固定在药柱的最下方，起防浮(翼挂住井壁)和定位作用。这两种附件都获得了国家专利。

4. 施工方式探讨及震源药柱未来展望

炸药在土石介质中爆炸形成三个区，即排出区、破碎松动区和震动区。地震勘探上把破碎松动区所包括的范围称为“等效空穴”。地震波的强度取决于爆炸反应物在“等效空穴”界面上的压强和维持压强时间的长短。一般用振幅和频率来表示地震波的能量，振幅和频率与药量有关，小药量易激发高频率地震波，但振幅小。地震波在土石介质中传播会以摩擦的形式将弹性能转变为热能而损耗，因此地震波的高频成分不易到达深层。可选用能产生二次反应主装药的震源药柱解决此矛盾；也可利用地震波的叠加效应，采用组合式震源或在同一井中间隔装药分段起爆。对于高分辨率地震勘探和深层地震勘探尤其有意义，可提高资料的信噪比。间隔装药分段起爆可利用高精度的电子雷管或电子元件控制普通电雷管的得电时间而实现。有条件的施工队在勘探试验期可结合目的层大致深度、激发层地质条件等试验，确定装药间隔及延期时间，以获得高性价比的地质材料。

在埋藏深、断裂发育、波场复杂的区域应采用组合井激发，提高激发能量，拓宽激发子波频带。多井组合激发，既能保证子波的主频，又能保证子波高频段的能量，从而提高地震分辨率。对组合激发有以下几点认识：

(1) 短药柱炸药激发效果接近于点源效果，激发能量与药量之间有较为简单的比例关系。

(2) 考虑到深层能量问题，可以进行短药柱组合，以达到大药量点源的效果。优点是：① 基本保持点源效果；② 总药量并不大，且由于能量叠加，可以接近于大药量激发时的下传能量；③ 合理的点源分布还可以压制激发噪音。

(3) 小药量井组合同时起爆产生的地震波频率(主频)比各个小药包放在单井内爆炸产生的高。

井组合一般要考虑的因素有：

(1) 要考虑殉爆距离，与药型有关。

(2) 要考虑破坏半径 R_0，经验公式：$R_0=1.43\ Q^{1/3}$，Q 为药量(kg)。

(3) 一般情况下，组内井距 $a\geqslant 2R_0$。

(4) 应使药包顶部在同一水平面上，组内井底高程尽可能相同，保证组合效果。

(5) 组合图形：长药柱和组合激发对纵波勘探是不利的，线性井组合激发的子波在各个方向上存在差异，使地震记录的一致性变差。所以在施工中除了两井和三井是线性组合外，四井和五井皆采用呈中心对称的正方形面积组合，使井组合激发接近点源激发。

(6) 组合基距：组合基距的大小应考虑采集所保护的最高频率接近零压制，若区内规则干扰发育，为提高该区有效信号的低频端信噪比，通常考虑较大组合距，但保证对有效反射的压制必须小于 -3 dB。

① 小组合基距对提高地震资料分辨率有利。

② 以提高地震资料分辨率为目标的采集中，在保证信噪比前提下，应尽量缩小组合基距。

③ 适当大组合基距，有利于削弱面波等规则干扰，提高有效信号能量，提高信噪比。

震源药柱的内装药随工业炸药的进步而发展，突出体现健康、安全、环保主题。在国家民爆器材“十五”科技计划中，震源药柱的发展目标是开发以乳化炸药或无梯炸药为主装药的震源药柱或震源弹。所以乳化型及水胶型将是今后的主流。结合施土条件及施工习惯，满足差别化需求的低密度、低爆速、高威力震源药柱及高密度、高爆速、高威力震源药柱的研制将成为重点，聚能型及地面型震源药柱也将占一席之地。壳体结构及材质将成为争相改进的热点。国外大壁厚、高加工精度、脆性材质壳体在井压大、井距小、内装药为气泡敏化型产品时优越性十分突出，是国内产品的发展方向。

震源药柱作为一种成型炸药，除应用于地震勘探外，由于其装药约束大，抗水性好，可方便地实施间隔装药，在光面爆破、贵重石材开采、深水底集束爆破等特种爆破作业场所亦会取得越来越多的应用。同时，它亦会促进震源药柱品种和功能的多样化。

9.2.4　特殊震源的类型及激发方式

炸药震源是目前国内外在常规的地震勘探中最常用而较为理想的主要震源，它激发的地震波具有良好的脉冲性质和较高的地震波能量。在陆上地震勘探中，多数情况下炸药是在充满水的浅井中爆炸，以激发地震波。在无法钻井或钻井困难的地区多采用坑中爆炸。在江河湖海勘探时采用水中爆炸。随着勘探程度的不断深入，勘探要求也越来越高，特别是一些有特殊要求的地震勘探，如高分辨率地震勘探、深层地震勘探、山地地震勘探等技术的推广应用，普通的成型炸药由于产生的震动大，破坏作用明显，所以，在城镇、工农业密集区，河流、盐田、虾池、楼房等特殊地表条件下激发受到限制，并且普通震源激发后信噪比低，次干扰严重等影响已经不适合特殊地震勘探的要求，所以人们开始寻找更好的激发震源，以求得比较好的勘探效果。

1. 特殊殊震源的类型及激发方式

通过对震源的激发机制的研究，结合高分辨率勘探的特点，这里重点分析垂直延迟叠加震源、爆炸地震锤、聚能震源弹、两弹对撞震源和细长药柱五种震源系列。

（1）垂直延迟叠加震源。

按照高分辨率和深层地震勘探的要求研制成的地质勘探定向爆炸延迟叠加震源，是由多个单元定向爆炸，并且从顶端起爆，从而使爆炸各单元之间的延迟速度可近似于地震波在周围介质的传播速度，依次爆炸，使在垂直向下方向上爆炸各单元产生的波前而重合，而垂直向上方向上，波前面相差较大距离，从而加强了向下能量，压制了上传能量。有效地压制了向上的面波和虚反射；并且采用了高爆速、高猛度、大威力炸药和厚壁高强度金属外壳，以及先进的激发传爆机理，提高了爆炸后形成地震波的频率。该震源还可以根据不同地质情况的需要，调整各单元激发震源之间传爆延迟时间，并可根据不同要求进行二单元、三单元、多单元的组合，扩大了应用范围，增加了使用灵活性。

（2）爆炸地震锤。

聚能震源弹仅使炸药爆炸产生的射流物质沿轴线汇集向F射击地层，而真正能够转换成地震波的能量不大，该种聚能震源弹虽有聚能向下的作用，但产生的能量大部分用以穿透地层，只有爆炸产物射击地层时的摩擦力产生地震波，能量利用很小一部分。为了研制一种充分利用炸药爆炸产生的能量来转换成地震波的震源，并且能够解决特殊地震勘探中在复杂地表区的激发问题，同时激发的地震波要具有较高的频率，研制爆炸地震锤震源，它可以使得爆炸射流抛射锤头撞击地层，产生振动，从而产生地震波。

（3）聚能震源弹。

为了降低或消除炸药爆炸瞬间对周围介质的强烈冲击而造成的破坏，以及减缓地表质点的振动速度，从而保证在楼房建筑近距离使用该震源有绝对的安全性，同时又可保证使用能获取较为理想的地质资料。要实现上述构思要求爆炸必须增加下传能量(有效信号)，减少对地面的冲击。要达到这种激发效果，经过分析研究，采用了定向聚能的原理，研制出了定向聚能弹，使激发的能量集中向下，减少了对地面设施的冲击，达到最初的目的。特殊震源聚能弹主要由护盖、密封圈、装药弹体、密封槽、密封盖五部分组成，如图9.2.7所示。

（4）两弹对撞震源。

为了充分利用震源爆炸后产生的激发地震波的能量，采用聚能的原理在震源的两端同时激发两个药包，产生射流在震源中间聚合产生强大的冲击波，从而提高高频能量，如图9.2.8所示。

（5）低爆速细长药柱。

点状震源能在瞬间放出巨大的能量，对周围岩土的破坏性大，转变为地震波的能量相对减少，但是，由于这种震源是在瞬间完成的，所以激发频谱相对较宽。另外，还具有能量在球面上分布均匀的特点。

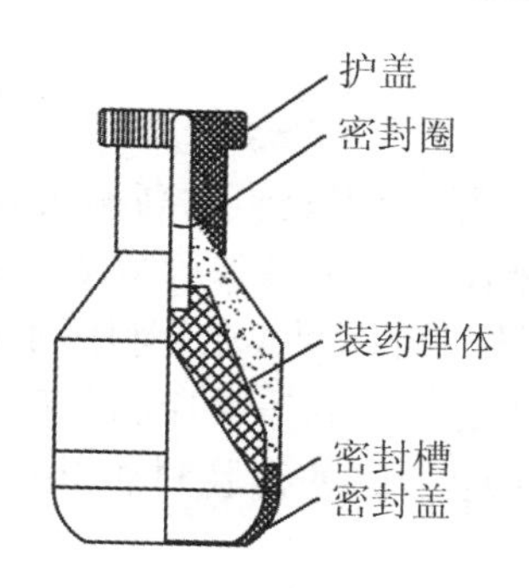

图 9.2.7　聚能震源弹结构示意图

图 9.2.8　两弹对撞震源激发示意图

对长药柱采用顶端起爆的正向激发方式，可把它简化为多个等药包的组合爆炸，当爆速等于药柱附近介质速度时，各药包的波前面在垂直向 F 的方向上是同相叠加的，垂向应力成倍增加，而在其他方向上各药包波前为异相，显示出很强的定向性，有利于纵波的激发和传播，如图 9.2.9 所示。因此可以说药柱愈长，定向效应愈明显。根据长药柱的定向性可以计算应力分布。θ 为药柱与向下传播射线的夹角，称为观测方位角，当波的传播时差等于激发延迟时，可得 $\cos\theta = v_1/v_2$。

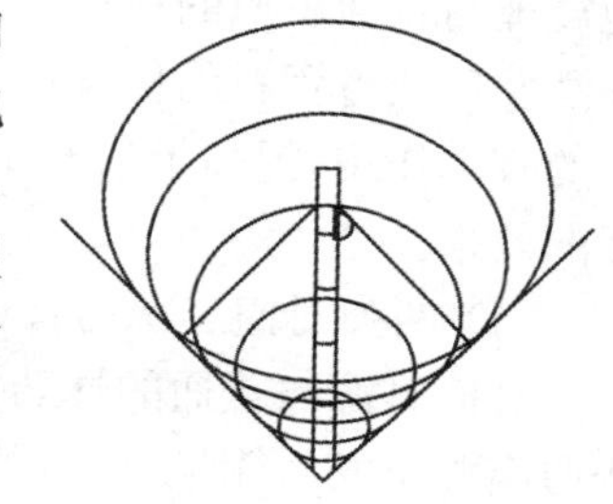

图 9.2.9　细长药柱激发

θ 角也是波前包线与水平线的夹角，即强应力区位于与水平线夹角波前共切线上，θ 角速度差变小，夹角也越来越小，直到 $v_1 = v_2$，θ 角为零度，此时长药柱激发后达到的同相叠加性最好。

细长药柱呈线状形式，分布范围较大。采用正向激发方式，震源的爆速 v_1 与介质的速度 v_2 相等时，药柱越长，垂直向下的应力越强，定向性越好，越有利于纵波的激发和传播，频率成分丰富，越利于突出中、深层的反射，也越利于压制面波、虚反射及表层环境噪声，可提高信噪比与分辨率；反之如反向起爆，应力集中向上，将会产生强的干扰。

当震源的爆速 v_1 与介质的速度 v_2 相等时，药柱总的爆炸时差为零，不会产生低频响应，随着爆速 v_1 越大于介质的速度 v_2，定向性越差，低频响应也越严重。因此，细长药柱的使用效果关键在于选择合适的药柱长度和爆速。

2. 特殊震源试验应用效果对比

(1) 垂直延迟叠加震源和普通炸药震源对比。

通过在不同地区的试验资料对比分析，普通炸药单井记录上面波较强，垂直延迟叠加震源记录面波较弱。

从反射层的能量、连续性、记录背景以及反射波的频宽等品质来看，垂直延迟叠加震源的信噪比和分辨率都比普通炸药有明显的提高，垂直延迟叠加震源激发后获得地震信号高频成分丰富，波组特征明显。

从两种震源的激发能量上看出，垂直延迟叠加震源由于采用延迟叠加和利用小药量激发与大药量的普通炸约激发相比在能量上有明显的差异，垂直延迟叠加震源比普通震源能量强，频率也有很大的提高，从整体面貌上来看，信噪比有了明显提高。

垂直延迟叠加震源的子波窄，而普通震源的子波比垂直延迟叠加震源宽。

因此，垂直延迟叠加震源激发后可以获得高频丰富的地震波。影响延迟爆炸激发效果的一个重要参数是炸药之间的垂向距离，即极间距。实际试验资料表明，相同药量和激发方式下，不同的极间距会使地震波的主频和频宽产生变化。

(2) 聚能震源弹和普通炸药震源对比。

根据普通震源与聚能震源弹对比记录上分析，聚能震源弹获得资料的高频成分丰富，中浅层的地信号的信噪比明显比普通震源高，波组关系清楚，250 g 的震源弹效果最好。从激发后对地表的破坏作用效果来看，聚能震源弹由于采用了聚能的特点，充分利用了爆炸的下传能量，压制上传的能量，所以对地表的震动小，获得的地震信号的信噪比和频率提高。利用聚能震源弹解决了城镇、工农业密集区等复杂地表的地震勘探，使得胜利油田的野外采集已经具有在复杂地表不放空炮的水平。

(3) 地震锤和普通震源对比。

从地震锤系列试验的效果来看，随着地震锤的药量的增加反射波的能量也增强。通过地震锤与普通震源的单炮对比记录和频谱、能量对比记录，从记录对比效果分析，定向地震锤激发后获得资料的信噪比较高，增加了有效地震波的能量，减弱了爆炸带来的干扰和对地面的破坏作用，提高了信噪比，这种震源在砾石区等一些特殊地表条件的地震勘探中具有较好的效果。

(4) 两弹对撞震源与普通震源对比。

对撞震源与普通的炸药震源的试验效果分析，对撞震源激发后转换为地震波的能量比普通震源激发后能量高，分别对 2 kg 药量的对撞震源和普通炸药震源激发后获得对比记录，从记录上可以看出，对撞震源激发后获得剖面的信噪比分辨率有明显的提高，在 1.6～1.7 s 处对撞震源剖面上的反射层的能量、同相轴连续性、记录的背景等品质比较好。通过两种震源的频谱和能量的对比分析，对撞震源在总能量和高频端的能量比普通震源有优势。

(5) 细长药柱震源与普通震源对比。

通过对于 6 kg 药量的不同细长药柱与 6 kg 药量的普通震源对比实验记录，细长药柱是采用正向激发方式，震源的爆速与周围围岩的速度相等。从对比记录上分析，细长药柱激发后获得的剖面信噪比和分辨率明显比普通震源好。在 1.0～1.2 s 处普通震源激发后获得记录背景噪音干扰严重，同相轴连续性差。因此，药柱越长越细，垂直向下的应力越强，定向性越好，有利于纵波的激发和传播，有利于突出中、深层的反射，压制虚反射降低表层环境噪音的影响程度，提高资料的信噪比和分辨率。

9.3 增雨弹

随着全世界范围的科学技术的进步和人们对周围环境的认识不断提高，人类可以通过一些人为的方式来改变我们周围的环境。这其中就包括气象环境。早在第二次世界大战期间，就有一些国家通过对一定时间区域气象环境的改变，制造有利己方的条件来获得战争的胜利。增雨弹作为在一定条件下，能够改变区域气象环境的工具。它也是在军用武器的基础之上发展而来。作为一种人工降雨的工具，现在已成熟、广泛应用于民生。

增雨弹，又叫增雨火箭、催雨弹(the cannonball for artificial precipitation)等，是一种用来人工降雨，准确点说是人工催雨的炮弹。它是用高射炮或者借助火箭等把炮弹送到高空爆炸，但这些炮弹不是作战用的杀伤炮弹，弹头是改装过的非金属外壳弹头，内部除了少量炸药外还装有碘化银颗粒，是专门特制的催雨炮弹。增雨弹不仅可以用于人工降雨，还可以用于人工消云雾、消闪电、削弱台风、抑制冰雹等。

9.3.1　概述

1. 人工影响天气的原理

地球上的江河湖海以及陆地表面中的水分子受到阳光照射，不断地蒸发、升腾，融入大气中。水汽随着温暖的上升气流升入高空后，由于温度变得越来越低，水汽达到过饱和状态，于是便吸附在凝结核上结成小水滴，无数的小水滴集合在一起便形成了云。云中水滴继续吸附水汽，体积由小增大形成了大水滴，大到空气的浮力不足以支撑它们的时候，便会落到地面形成了雨。

变幻莫测的天气，是怎样服从人类的调遣，降下雨来的呢？

首先让我们看看云的降水机制。云是空气垂直运动的结果，随着空气的上升，地面的水汽也被夹带着一起上升，在这个过程中，一部分水汽蒸发掉，一部分则升入云中，冷却而凝结，成为云中水汽的一部分。高空的云是否下雨，不仅仅取决于云中水汽的含量，同时还取决于云中供水汽凝结的凝结核的多少。即使云中水汽含量特别大，若没有或仅有少量的凝结核，水汽是不会充分凝结的，也不能充分地下降。即使有的小水滴能够下降，也终会因太少太小，而在降落过程中蒸发。基于这一点，人们就想出了一个办法，即根据云的情况（性质、高度、厚度、浓度、范围等），分别向云体播撒制冷剂（如干冰、丙烷等）、结晶剂（如碘化银、碘化铅、间苯三酚、四聚乙醛、硫化亚铁等）、吸湿剂（食盐、尿素、氯化钙）和水雾等，以改变云滴的大小、分布和性质，干扰气流，改变浮力平衡，加速其生长过程，达到降水之目的。

人工催雨的原理，其实就是把降雨原有的过程缩短：当观测到云层有适合的厚度和程度时，就将装有碘化银粉末的炮弹打到云层中，催雨弹在云层中爆炸，碘化银粉末成为冰核，吸纳了云层中的水汽，经过不断互相碰撞等一系列反应后，形成足够下降重量的雨滴降落。也就是说，使用高炮和增雨弹人工催雨，除了要有高炮和催雨炮弹外，关键还是要遇到合适的云层才能够催雨，并不是在晴天盲目向天空开炮就能够把雨"揍"下来的。

高空的云有暖型云（云内温度在0 ℃以上）和冷型云（云内温度在0 ℃以下）。对冷型云的人工增雨，常常是用飞机等播撒干冰、碘化银等制冷剂和结晶剂，增加云中冰晶浓度，使冷云层上部的冰晶密度数超过1个/升，以弥补云中凝结核的不足，达到降雨的目的；对暖型云的人工增雨，则通常是用飞机、炮弹携带等方法，向云中播撒盐粉、尿素等吸湿剂和水雾，使云层中半径大于0.04 mm的大云滴有足够的密度数，并让它们迅速与小云滴碰撞并增长，成为半径超过1 mm的雨滴以便形成降水。

人工增雨最理想的天气是作业区上空有水汽含量较丰富的积状云，且云层较厚，云顶高度在6100～12200 m范围，地面有小于10 km/h的微风。

一般来说人工增雨需选择在云层厚、云底低、含水量大、云中空气对流不太强的情况下进行。作业一般是在一个地点，对合适作业的云体发射3～5枚火箭弹为最佳效果。而人工消雨是将过量的凝结核播撒在云中，迫使云中的大水滴分解，变成微小的小水滴而不能降落到地面变成雨。这需要比增雨所需的3～5枚多若干倍的火箭弹才能达到消雨的效果。

2. 人工增雨的方法

目前人工增雨的催化作业方式大体有三种：

(1) 以在地面布置 AgI 燃烧炉为主手段。催化剂依靠山区向阳坡在一定时段常有的上升气流输送入云。这种方式的优点是经济、简便，其明显的缺点是难以确定催化剂入云的剂量。这种方式主要适合于经常有地形云发展、交通不便的山区。

(2) 以高炮和火箭为主的地面作业，该方式作业较为广泛。高炮和火箭是在弹头和弹体内装填适量碘化银，从地面发射到云中适当部位后爆炸播撒或沿火箭弹道喷撒。其缺点是虽已有车载火箭装备，可在一定范围内移动，但相对于飞机机动性仍差，适合于在固定目标区（如为水库增水）作业，特别是对飞机飞行安全有威胁的强大对流云进行的催化增雨作业。

(3) 飞机催化作业。飞机催化作业的面比较宽，可以根据不同的云层条件和需要，选用暖云催化剂及其播撒装置，选用制冷剂及其播撒装置（如干冰、液氮），也可挂载 AgI 燃烧炉、挂载飞机炮弹发射系统，还可装载探测仪器进行云微结构的观测和催化前后云层、微观状态变化的追踪监测。飞机增雨主要针对大范围的稳定性云层进行催化增加降雨量，特别适合于对层状可降水云系进行的催化作业。飞机作业一般选择稳定性天气，才能确保安全。

9.3.2 增雨防雹火箭弹

雨弹是在火箭弹的基础上设计而来的，雨弹的发动机部分由于与火箭弹实现相同功能，即将雨弹弹体按一定的外弹道送上预定高度云层而得以保留；当雨弹实现升空，抵达云层附近时，雨弹通过一定机构使贮存在弹头附近的焰剂进行撒播作业；最后为了使雨弹完成撒播任务后能够安全着陆，避免地面人员伤亡及财产损失，需要有一定的安全着陆装置。

一般的增雨防雹火箭弹基本上都由四大部分组成，即发动机、播撒舱、伞舱（自毁装置）、尾翼。如图 9.3.1 所示。

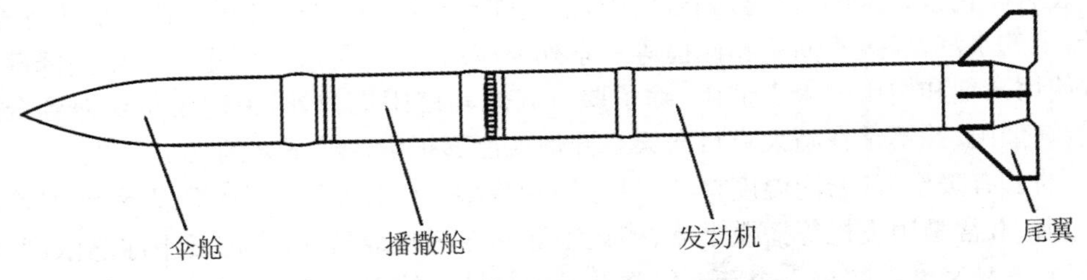

图 9.3.1　增雨防雹火箭弹基本结构

1. 发动机

火箭发动机是自带推进剂而不依赖外界空气，由反作用喷射流而获得推力的喷气推进系统。火箭发动机分为固体火箭发动机和液体火箭发动机，推进剂为液态的称为液体火箭发动机，推进剂为固态的称为固体火箭发动机，增雨防雹火箭弹所用发动机一般为固体火箭发动机。固体火箭发动机主要由燃烧室、固体推进剂药柱、喷管、点火装置等部分组成。

燃烧室壳体主要承受发动机工作时的内压，当药柱在燃烧室中燃烧时，将产生大量的高温高压燃气，燃烧室内燃气压力主要取决于推进剂的性质、燃烧面积、药柱的燃烧速度和喷管喉部面积的大小。

推进剂药柱是火箭发动机的能源。它是根据发动机工作条件设计成的具有一定形状、尺寸要求的药柱。目前我国增雨防雹火箭常用的固体火箭推进剂有双铅-2 推进剂、双石-2

推进剂和聚氯乙烯复合推进剂等，最常用的药型有星孔形药柱和单孔管状药柱。推进剂用量的多少和药型取决于火箭弹所需的速度要求和射程要求。

火箭发动机的喷管是一种具有收敛-扩张段的拉瓦尔喷管。一是通过喷管截面几何形状的改变，加速燃气流流速，使燃气的热能尽可能地转变成动能；二是以喷管喉部面积的大小来控制火箭发动机的压力，使药柱能够正常燃烧。

发动机点火器的任务是点燃发动机药柱，并且在燃烧室内建立起需要的点火压力。点火器内一般装有电发火管和点火药。点火器在发动机中的安装位置会直接影响火箭发动机的工作性能。根据点火器在火箭发动机中的位置，称之为前端、后端和中部点火，由发动机的类型来确定，最好使点火药燃烧所产生的高温燃烧气体能接触到药柱所有表面。对于内孔燃烧药柱的发动机，点火器一般位于燃烧室头部，用来点燃药柱，并使之持续燃烧。

2．稳定装置

尾翼是火箭的稳定装置，用以稳定火箭的飞行姿态，一般采用整体注塑尾翼或折叠式刀型尾翼。尾翼式火箭弹的飞行稳定性主要是借助尾翼所产生的升力，使火箭弹的压力中心移至质心之后。这样，火箭在飞行过程中处于静稳定状态。如果稳定的火箭受到某种干扰因素使其纵轴偏离飞行速度方向时，火箭依靠空气动力作用使攻角（火箭纵轴方向与飞行速度方向的夹角）减小并恢复到原来的飞行速度方向。尾翼的形状和翼面尺寸取决于火箭飞行速度和静稳定度要求。

3．播撒装置

火箭的播撒装置是用来将 AgI 等催化剂通过燃烧分散成小颗粒播撒入云层中的结构。播撒装置通常由壳体、挡板、喷嘴、焰剂药块和延时点火器等组成，结构如图 9.3.2 所示。

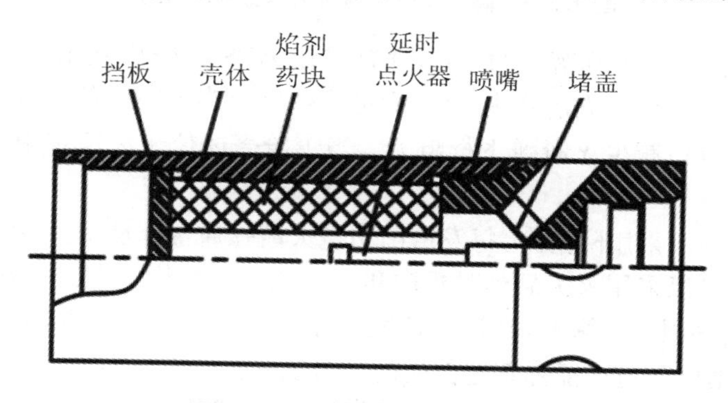

图 9.3.2　播撒装置结构示意图

壳体是用来装填焰剂并使之在其内进行燃烧的容器，通常为圆柱形壳体。当焰剂在燃烧室中燃烧时，将高温高压生成的气溶胶通过喷嘴播撒出去。壳体燃烧室内燃气压力主要取决于焰剂的性质、燃烧面、燃烧速率和喷嘴面积的大小。壳体材料通常选用耐烧蚀的层压非金属材料和 ABS 塑料。

焰剂是将对云体催化有用的物质（如 AgI、KCl、KI、NaCl 等）与氧化剂（如过氯酸铵、过氯酸钾等）、燃烧剂（如镁粉、铝粉等）、黏合剂（如酚醛树脂、聚氨醋等）以及其他添加剂混合而成的可燃烧的物质，通过燃烧将催化物质分散成亚微米级的颗粒扩散到云中，影响云的微物理结构。碘化银在人工降雨中所起的作用在气象学上称作冷云催化。碘化银只要受热后就会在空气中形成极多极细（只有头发直径的百分之一到千分之一）的碘化银粒子。1 g 碘化银可以形成几十万亿个微粒。这些微粒会随气流运动进入云中，在冷云中产生几万亿到上百亿个冰晶。因此,用碘化银催化降雨不需飞机,设备简单、用量很少,费用低廉,可以大面积推广。碘化银除了人工降水(雨、雪)外,还可以用于人工消云雾、消闪电、削弱台风、抑制冰雹等。

喷嘴是将催化焰剂燃烧生成的气溶胶排出的通道。通常设计多个喷孔,以利于形成柱状播撒带,气体喷射方向应与弹体飞行方向相反,并与弹体轴线成一定夹角。这样就不会因为飞行超压造成播撒舱内部压力增高,导致舱体爆炸,另外还可以减小火箭的飞行阻力。

延期点火具为了充分利用催化焰剂,通常催化剂的播撒都是在火箭飞行到一定高度后开始的,这就要求播撒装置延时点火,需要设计延时点火具。延期时间应能保证在常用射角55°～75°的情况下,火箭在进入云层后才开始播撒,否则会造成不必要的浪费。

4. 安全着陆装置

目前我国人工影响天气作业使用的火箭弹安全着陆装置基本分为降落伞安全着陆方式和自炸安全着陆方式。降落伞安全着陆装置由伞舱壳体、减速装置(降落伞)和抛伞装置等组成,图9.3.3为降落伞安全着陆装置结构示意图。

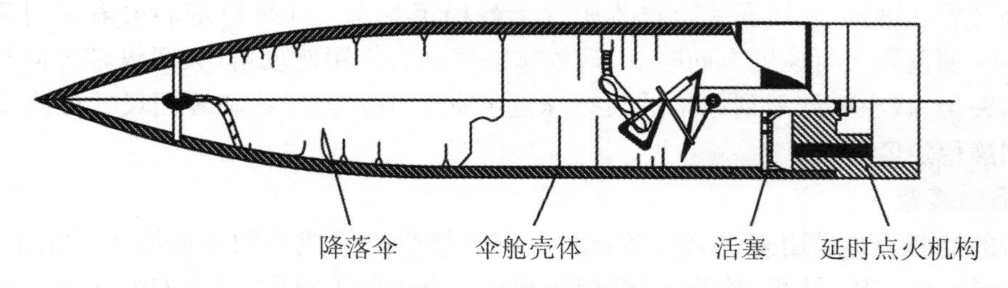

图9.3.3 降落伞安全着陆装置结构示意图

(1) 伞舱壳体是用来装降落伞的容器,通常采用ABS工程塑料、酚醛布管、玻璃布管等非金属材料。伞舱壳体位于火箭弹头部时,伞舱壳体又充当火箭弹的整流罩,因此制成圆锥形、圆弧形、椭球形等以减少火箭弹飞行阻力。当伞舱壳体位于火箭弹中部时,只需采用圆柱形。

(2) 减速装置一般采用降落伞,每发增雨防雹火箭弹通常都携带大、小两个降落伞。

(3) 延时机构可以采用火工品延时机构和电子式延时机构。火工品延时机构受称量精度、温度、湿度等诸多因素的影响,其延时精度较差,误差在±2 s范围,但由于结构简单,可靠性较高,是目前增雨防雹火箭弹普遍使用的延时机构。

(4) 开伞机构通常采用活塞式机构和切割索式开伞机构。

① 活塞式开伞机构的原理是以火药燃烧产生压力,推动活塞向前运动,活塞撞击伞舱壳体向前运动,由于降落伞相对伞舱壳体静止而被抛出。活塞式开伞机构通常由底座、黑火药、导向螺杆、活塞等组成。

② 切割索式火工开伞机构的原理是利用炸药装药的聚能原理,由炸药索爆炸产生的聚能射流剪切箭体,抛出降落伞。它由连接座、螺帽、火帽、保险簧、击针、延时器、传爆管、环形切割索等组成。

(5) 自炸安全着陆装置工作原理是在火箭弹播撒结束后启动自炸机构,将火箭弹箭体炸成一定规格的碎片降落到地面。自炸安全着陆装置通常由自毁延期点火具、一级延期管、二级延期管、头部自毁体、中部自毁体、尾部自毁体等组成。

5. 技术原理及性能指标

人工增雨的技术原理是向某些发展中的尚缺乏一定条件或降水效率不高的云播撒该催化剂，使云体改变云质粒相态或其分布，促使云体胶性不稳定发展，影响其微物理过程进而间接引起宏观动力过程产生变化。增雨火箭弹的降雨作业过程如图 9.3.4 所示。

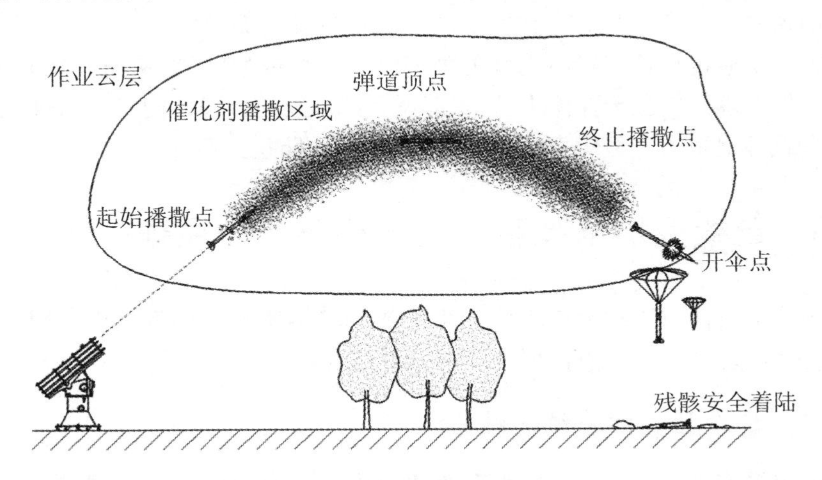

图 9.3.4　增雨火箭弹的降雨作业过程

雨弹的工作原理主要是通过火箭发动机发射升空，尾翼保证发射外弹道的稳定，播撒舱将催化剂播撒至外界，最后通过伞降或自毁装置保证其安全着陆。根据其着陆方式的不同一般分为自毁型雨弹、活塞式伞降雨弹及切割索式伞降雨弹三类，其典型代表分别为 BL-1 型自毁雨弹、WR-98 型活塞式伞降雨弹及 HJD-82C 型切割索式伞降雨弹。

人工增雨的性能指标：一般情况下，碘化银催化剂播撒在 −15 ℃左右负温度云层区增雨效果更理想，地处亚热带气候区的河源高空零度层一般在 4000～5000 m。河源采用了人工增雨发射车发射火箭播撒碘化银实施人工增雨，火箭发射高度最高可达 8000 m，这种方法完全达到了人工增雨的技术性能指标。火箭人工增雨技术推广应用范围可以广泛应用于抗旱减灾、人工消雹、森林火灾扑救、增加水库库容等。火箭人工增雨技术推广应用不仅可以直接产生经济效益，而且可以产生巨大的社会效益。火箭人工增雨技术具有较高的安全性，比高炮人工增雨技术安全系数高，因为增雨火箭弹带有降落伞，降落时速度较缓，地面上的人完全来得及躲避。只要严格遵守操作规范和安全守则，严格按程序办事，作业人员能实行准军事化行动，一切行动听指挥，就能确保作业安全。

6. 雨弹的分类

根据雨弹着陆方式的不同，雨弹主要分为以下三类：

(1) 活塞式伞降雨弹。

活塞式伞降雨弹安全着陆采用的是活塞式伞降方式，其工作原理是电信号将发动机、焰剂延期点火具及伞舱延期管同时点燃，当焰剂撒播完后伞舱延期管将开伞药点燃，开伞药燃气使开伞机构中的活塞向前运动，将伞舱的壳体打开，从而使降落伞张开实现弹体的安全着陆。活塞式伞降雨弹的典型代表是 WR-98 型增雨防雹火箭弹。

(2) 切割索式伞降雨弹。

切割索式伞降雨弹的安全着陆装置是通过切割索切割弹体实现降落伞的抛撒。其安全着陆装置的工作原理是通过发射时向前的惯性力使惯性发火机构的火帽向后压缩保险弹簧，撞击击针发火，然后点燃延时药剂引爆传爆管，传爆管爆炸产生的爆轰波引爆安全着陆装置中的环形切割索，通过切割索切割弹体使降落伞抛撒出仓，以实现伞降方式的安全着陆。切割索式伞降雨弹的典型代表为HJD-82C型增雨防雹火箭弹。

(3) 自毁型雨弹。

自毁型雨弹的弹体升空及焰剂撒播功能的实现与其他类型雨弹大体一致，主要区别是其安全着陆方式是通过自毁装置将雨弹的玻璃钢壳体炸成絮状物，从而实现安全着陆。其安全着陆的工作原理是使位于弹体头部、中部及尾部三处的自毁体同时被引爆，从而实现弹体的自毁。自毁型雨弹的典型代表为BL-1型自毁增雨防雹火箭弹。

9.3.3 自毁型增雨弹系统的结构及工作原理

自毁型雨弹是目前应用较为广泛的一种雨弹，其具有无需考虑发射后的回收、靠火工品实现自毁、可靠性较高等特点，故占据了一定的市场份额。

9.3.3.1 自毁型雨弹系统的结构

利用自毁装置实现安全着陆的雨弹系统主要由火箭发动机、焰剂撒播装置及安全着陆装置等主要部件构成。其中，火箭发动机由电点火头、发动机及发动机点火具等构成，发动机又主要由固体火箭推进剂、发动机壳体、喷管等元器件构成；焰剂撒播装置由电点火头、焰剂延期点火具、焰剂、喷烟口密封胶带及雨弹壳体等组成；安全着陆装置由一级延期管、电延期管、传火药、二级延期管及自毁体等部件组成。此外，为了保证雨弹升空飞行过程中外弹道的稳定，设计了一个稳定装置，即尾翼。整个雨弹系统结构如图9.3.5所示。

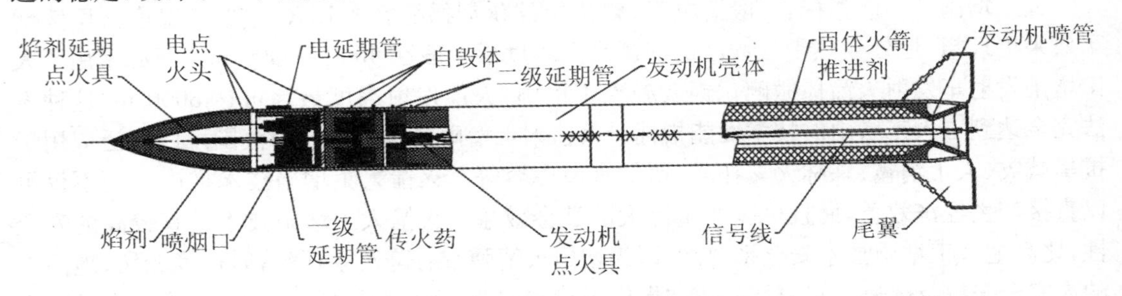

图9.3.5 雨弹系统结构图

为了防止发动机单元的火焰串火使自毁装置提前被引爆，火箭发动机与自毁装置间通过一层燃烧速度更慢的可燃密封胶层相互隔开，同时也保证了在贮存条件下及发射升空过程中自毁装置能够固定在弹体靠近弹头位置。发动机壳体是用透明的玻璃钢制成，当自毁装置工作时由于玻璃钢材料的特性，保证了弹体能被炸成絮状物飘落至地面，避免造成人员财产伤害。喷烟口用易燃的密封胶带密封，防止贮存条件下弹体内火工品受潮。雨弹头部主要贮存焰剂，并完成焰剂播撒，其弹头壳体是用轻质非金属材料制成，既能防止焰剂撒播装置工作时焰剂被瞬间撒播，又能保证弹壳最后能安全着陆避免人员财产损失。雨弹各火工品元器件的封装及相互间的固定件均采用非金属材料，以防雨弹自毁后对地面人员财产造成伤害。雨弹火工品元器件清单主要如表9.3.1所示。

表 9.3.1　雨弹火工品元器件清单

元器件名称	数量	元器件名称	数量	元器件名称	数量	元器件名称	数量
电点火头	6	发动机点火具	1	焰剂延期点火具	2	固体火箭推进剂	1
电延期管	1	焰剂	1	一级延期管	1	传火药	1
二级延期管	6	自毁体	6				

9.3.3.2　雨弹系统的工作原理

对雨弹系统进行可靠性研究，必须明确各元器件的功能，并找出其对雨弹系统可靠性产生影响的关重件。因此需要掌握雨弹系统的工作原理，明确雨弹系统的工作任务剖面。

雨弹系统的工作原理是：雨弹在外界（发控器）电能作用下，通过信号线使三组各两个电点火头发火，将发动机点火具、焰剂延期点火具、电延期管同时点燃。发动机点火具点燃固体火箭推进剂，火箭弹离架升空，同时将隔离发动机部分与自毁装置的密封层也同时点燃，密封胶层缓慢燃烧。焰剂延期点火具延期 15 s 后点燃弹头内焰剂，焰剂点燃喷烟口的密封胶带并燃烧成颗粒状催化剂随雨弹外弹道一起运动开始在云层播撒。电延期管延期 30 s 后点燃自毁装置，为保证自毁装置工作的可靠性，焰剂被点燃瞬间将一级延期管点燃，一级延期管延期 14～16 s 后点燃自毁装置。自毁装置包括头部、中部和尾部三组各两个自毁体，电延期管及一级延期管首先点燃传火药，此时隔离发动机部分与自毁装置的密封胶层已完全燃烧，即发动机壳体已经连通，以便传火药燃气压力使中部自毁体及尾部自毁体运动至弹体中卡及喷管口位置。传火药将三组各两个二级延期管点燃，二级延期管再分别将三组自毁体引爆。自毁体爆炸使玻璃钢发动机壳体在不低于 2000 m 的空中炸成絮状物实现安全着陆。系统的基本工作原理如图 9.3.6 所示。

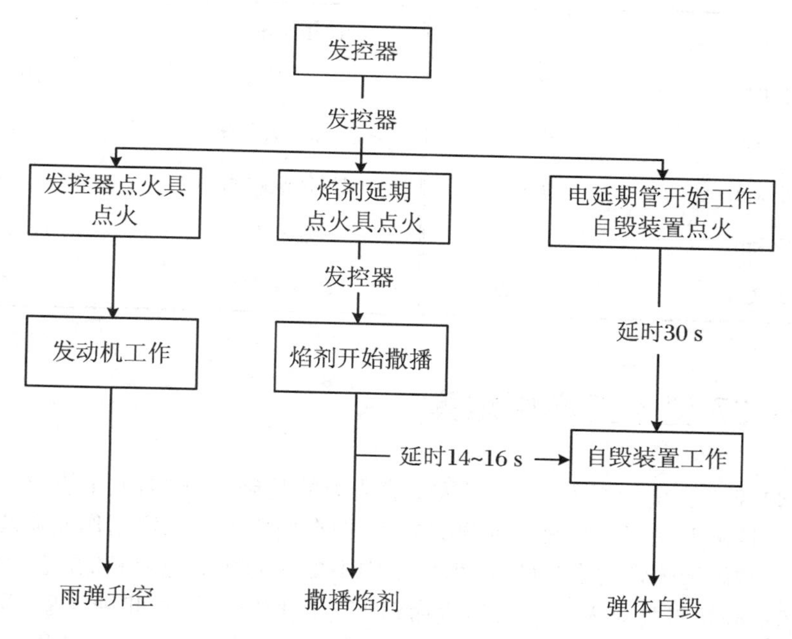

图 9.3.6　雨弹系统工作原理

根据雨弹系统的工作原理，焰剂延期点火具的延期时间与焰剂将一级延期管点燃后的延期时间相加与电延期管的延期时间正好相同，这是点燃自毁装置的冗余设计以提高自毁装置工作的可靠性。为了提高雨弹系统的可靠性，雨弹系统单元中有多组相同的元器件，均为与自身构成冗余设计或者与其他元器件串联两两构成冗余设计。雨弹最终完成工作任务需实现三个阶段任务功能：首先能将雨弹发射升空，其次焰剂能实现撒播并与云层发生反应达到人工影响天气效果，最后自毁装置能够可靠工作将雨弹弹体炸毁实现雨弹的安全着陆。

9.3.4 57 mm 高炮防雹增雨弹

高炮防雹增雨弹型号很多，下面对最常用的 57 mm 高炮防雹增雨弹进行介绍。

57 mm 高炮防雹增雨弹是利用军工技术优势提升对气象事业服务能力项目，产品由延期引信、弹丸、发射装药组成，弹丸内腔装有垫片、小药柱(高能炸药)、(纳米)碘化银催化剂、弹底自毁装置；发射装药由发射药、药筒、底火组成。

其作用过程为：弹丸飞行至一定高度后，延期引信起爆装药弹丸，弹丸壳体在小药柱作用下迅速破碎，碘化银催化剂被抛撒到云中，其效果既起到催化作用，又有爆炸冲击波产生振动效应，使之达到良好的防雹增雨功效。

该弹具有射程远，作用覆盖范围大、弹体携带催化剂数量多，爆炸后催化剂抛撒面积大，防雹增雨效率高、勤务处理及使用过程安全性高等特点。其作用区域可达原 37 mm 防雹增雨弹的 6 倍以上，单发作用效率相当于 37 mm 防雹增雨弹的 5 倍以上。安全性方面破片基本控制在 10 g 以下，可靠性方面较原 37 mm 增雨弹综合作用可靠率提高 200 倍以上，其主要技术参数见表 9.3.2。57 mm 高炮防雹增雨弹可应用于气象部门，人工影响天气领域。

表 9.3.2 57 mm 高炮防雹增雨弹主要技术参数

弹径(mm)	57	使用年限(年)	≥5
弹长(mm)	534	成核率	10^{13}～10^{15}
全弹质量(kg)	6.2	综合失效率	≤1/10000
最大射高(km)	≥8000	炮口保险距离(m)	≥20
最大射程(km)	≥12	发射平台	59 式 57 高炮
使用温度(℃)	−20～50	破片重量(g)	≤10

9.3.5 07 型人工增雨炮弹

83 型和 89 型人工增雨炮弹，是在军队作战武器的基础上，根据人工影响天气作业的特点改进而来的，技术上采用军队改进炮弹的方法，但在使用上人工增雨作业强调安全性。

然而，人工增雨炮弹常常发生哑弹(射向空中不爆炸的增雨炮弹)和在空中爆炸的现象，哑弹和爆炸超标碎片极易对人民群众的生命财产造成伤害。针对此种现象，我国研发出了新型产品——07 型人工增雨炮弹，并在全国人工影响天气作业部门推广使用。

(1) 旧型人工增雨炮弹分析。

① 引信发火率低，采用单引信发火引爆。若该引信失效，则出现哑弹(500 g左右)高空坠落，严重危害到人民群众的生命财产安全。旧型人工增雨炮弹的引信发火率按现在行业规定要求指标是97%，即100万发炮弹中，因引信瞎火使得从天上掉下来3万发哑弹也属正常范围，但人工增雨首先要求安全，人工增雨作业时，要求设置好安全射界，增雨炮弹要射向空旷的地带，但引信发火率低，始终是人工增雨最危险的因素。

② 爆炸碎片大。虽然炮弹碎片指标要求控制在50 g左右，但人工增雨炮弹空中爆炸后时常有超标碎片(100 g左右)，主要集中在弹丸的引信、定心部两端，其形成原因在于壳结构较厚重，弹丸爆炸时火药破坏力不足以使其完全破碎，碎片重量过大，坠落到地面后存在极大的安全隐患。

③ 降低爆炸威力。取消碰炸(着发)引信后，遗留空腔带来的泄爆效应，降低了爆炸威力，是造成人工增雨炮弹产生碎片大的主要原因。

(2) 新型人工增雨炮弹特点。

新型增雨炮弹针对旧型增雨炮弹弹丸做出了如下改进：

① 提高引信作用可靠性问题。将原"榴-1"引信由单路作用改为冗余并联可以完全独立作用的双路引信；新型人工增雨炮弹的引信发火率按现在行业规定要求指标是99.7%，提高了引信的发火率，同时改善原引信传爆序列反向起爆的先天弊病；引信体既保证射击强度，又保证减少"爆炸互联"现象。

② 改善全弹传爆序列有效性问题。提高引信从点火到引爆引信传爆管的可靠性；避免催化剂上部"阻隔"惰性对全弹传爆序列的负面影响；在弹丸尾部增加弹尾药柱，消灭"爆炸死角"，增加弹丸爆炸威力。

③ 减小弹丸杀伤破片问题。新型人工增雨炮弹分别将引信、定心部内壁经机械加工削薄，同时预加应力。消灭引信体"空腔部位"的大破片；力求全弹体受力均匀，爆轰均匀，破碎均匀；消灭弹体"爆炸死角"和"爆炸关联性"。

以上措施的采用，可使最大弹丸破片重量小于15 g，大大降低了因过大弹丸碎片对地面人员和建筑物的伤害。

(3) 对新型人工增雨炮弹的评价。

新型人工增雨炮弹的技术改进，对于突破爆炸破片超标的瓶颈有着重要意义，使新型人工增雨炮弹引信更加可靠，提高了引信发火可靠性。引信瞎火率由3%下降到3‰，是一个质的跨越；改进了全弹传爆序列；改善了全弹破碎条件；减小了弹丸爆炸后的破片重量。通过上述关键问题的解决，弹丸破片小于15 g，技术上的改进，使炮弹的安全性能得到提高。用独立双路作用机理解决引信瞎火率偏高问题，是理智的创新思维，这对弹药改进和设计都有启发作用，提高了使用安全性、使用可靠性和产品本身的性价比，对人工影响天气事业无疑可以起到更好的保障作用。

9.3.6　我国在人工影响天气领域的现状及发展前景

1. 现状

我国开展人工影响天气已60多年，几经起落，大体可分为三个不同时期。

1958～1980年为第一时期，处于外场作业规模不断扩大时期，同时结合作业对云、降水微物理结构、冷云催化剂制备方法、播撒装备、暖云催化剂核化机理等开始进行研究。

1981～1987年为第二时期，1980年年底根据中央提出的"调整、改革、整顿、提高"方针，对人工影响天气工作提出了加强科学试验，大规模作业要慎重的调整意见。经过几年努力，无论在技术装备的引进和研制，还是在科学研究等方面都有了很大的改善和提高，同时缩减了作业次数和规模，减少了盲目性。

1987年下半年开始进入第三时期。在认真总结前两个时期的成绩和经验教训的基础上，国家气象局为了使人工影响天气正常开展，对一些政策性的提法做了必要的调整，制定了"关于当前开展人工影响天气工作的原则意见"。从此我国人工影响天气工作逐步走上健康发展的道路。

现代人工降雨防雹等影响天气的科研和野外试验工作已开展50多年，但理论至今尚未成熟。由于实际需要很迫切，国内外都是一边试验研究，一边应用，二者往往结合在一起。据统计，世界上有62个国家不同规模地进行了人工影响天气试验，这些试验受到农林、水利和军事部门的支持。我国也有25个省、市、自治区开展了人工影响天气的工作，其规模之大，参加人员之多，在生产上发挥的作用之大，是国外无法相比拟的。近年来，我国研制成功较高射程火箭、炮弹、飞机焰弹，并已广泛应用于人工增雨和防雹催化作业，初步建成了一个覆盖全国关键地区的作业网络和人工影响天气现代技术体系，主要以雷达、卫星、高空地面探测、中尺度云雨天气分析和云物理多项专用探测系统和通信计算机网络等组成联网，通过中心处理机，以包括数值模拟等多项专家系统实施业务运行，可对云场和降水场增雨潜力进行实时预报，实时指挥作业，杜绝了盲目性，提高了科学性。

然而，人工增雨目前还处在试验研究阶段，许多问题还有待研究解决，诸如实施人工影响作业后，雨量的净增量、落区、时效及撒播催化剂的种类、时机、方法等方面，都还需要进一步的研究。要达到按照人们自己的意志呼风唤雨的目标，仍需要长期努力。

2. 发展前景

我国的人工增雨实践，已经走过了60多年，已取得了一些显著的成就，据有关部门测算，人工增雨作业的投入产出比大约为1∶30，在某些特定地区效益还会更大些。科学研究和作业实践都证明，人工增雨是缓解旱情、增加水资源的有效途径。随着全球气候的变暖和环境因素的影响，强对流天气的加剧，特别是干旱和冰雹等灾害性天气更加频繁。各行各业要求应用人工影响天气来进行防灾减灾越来越迫切，越来越受到各级人民政府的重视和支持，受到广大人民群众的欢迎。而我国又是世界上人工影响天气活动规模最大的国家之一。这为人工影响天气工作提供了良好的发展机遇，相信随着人类科学的进步，大自然的运行规律迟早会被人类所掌握，人工增雨防雹作业的前景必定更加广阔。

9.4 灭火弹

灭火弹是利用瞬间爆炸迅速消耗着火点周围氧气或者是在可燃物表面形成一层隔膜，阻止可燃物与氧气继续反应，从而达到灭火效果的一种安全消防器材。灭火弹一般由外壳、灭火剂、中心装药、引爆装置等组成，如图9.4.1所示。

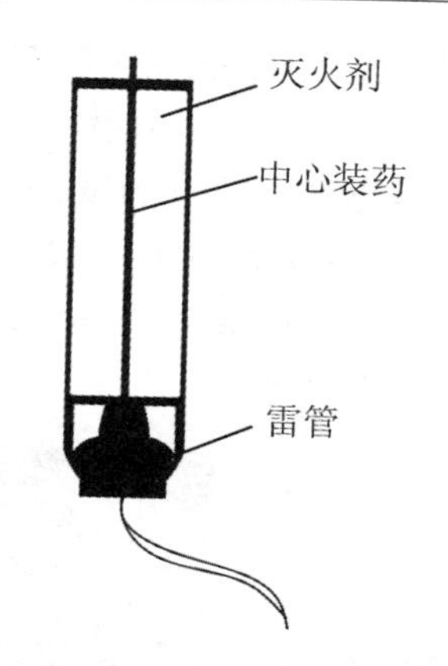

图 9.4.1　灭火弹结构简化图

9.4.1　灭火弹的分类

灭火弹种类繁多，传统的灭火弹主要分为两类：沙石灭火弹和干粉灭火弹。

(1) 按型号大小分为大、中、小及超大型四种，小型覆盖面积约 20 m^2，效果比较理想，其主要材料对环境无毒性无污染，制作亦无污气、污水、污物排放，爆炸时对人体、建筑物及其他家私器材等不会造成伤害，只对火源起灭火作用。其适用于家居住宅、机关、学校、商店、娱乐场所、仓库、码头、车辆、轮胎、飞机及森林等场所，起灭火作用。如火势过大及油罐等爆炸引起大火者可选用中、大型灭火弹。其使用轻便不附带设备，灭火迅速，能在较短时间内将火源消灭，在不使用时，可放于适当地方，当火源燃着弹体时，能自动引爆灭火，以及时控制火源迅速扩展，有利于争取更多时间，减少损失。而超大型灭火弹需要借助附带设备装置发射，一般用于大型森林、草原等火灾以及不便于人员接触的场所火灾。

(2) 按爆破源不同分为传统型灭火弹和安全型灭火弹。传统型灭火弹主要采用炸药类物质作为爆破源，引爆多为拉环式和导爆式，存在很大的安全隐患。安全型灭火弹采用非炸药类物质，采用瞬间产生大量惰性气体的方法，将弹内的灭火介质均匀地抛散出去。如高氯酸钾和铁铝合金粉等化学原料以及高压气体等作为爆破源，大大提高了存贮、运输、使用的安全性。

(3) 按发射方式分为手投式和借助装置发射式。手投式灭火弹有貌似手榴弹形状的，也有像大罐头瓶样式的；有带拉环和保险顶的（拉发式），还有只需掏出超导热敏线的（引燃式）。弹体外壳由纸质制成。发生火情时，灭火人员握住弹体，撕破保险纸封，勾住拉环，用力投向火场，灭火弹在延时 7 s 后在着火位置炸开（拉发式），或握住弹体，撕破保险纸封，掏出超导热敏线，直接投入火场，超导热敏线在火场受热速燃并爆炸，释放出超细干粉灭火剂，可在短时间内使突发初起火灾得到有效控制。适用于森林火灾的扑救，为消防人员接近大火，减少扑救人员的伤亡效果显著。但手投灭火弹的缺点是：灭火效能低（每发灭火面积为 1～2 m^2），安全性较差（需靠近投掷，并且无安保机构），经常发生伤人事故。

借助装置发射式灭火弹一般是大型、超大型灭火弹。借助发射装置将灭火弹远距离抛向火灾区，主要发射装置有军用迫击炮、火箭炮等以及专门的灭火弹发射平台或借助飞机空投，如图 9.4.2 所示。这种灭火弹用于大型火灾，特别是大面积森林火灾。这种类型的灭火弹因各自所借助的发射装置不同，其性能也存在着一些差异。例如，机载式灭火弹由于条件要求高，灭火成本高，无法迅速反应等原因，未能在一般森林火情扑救中发挥作用。对于大型森林火灾的扑救，炮射灭火弹的应用较为广泛，炮射式森林灭火弹一般由现有弹种改装而成，因为炮弹的设计定型非常复杂，需要经过反复的试射修正，不但费用高而且有一定的危险性，因此在设计森林灭火弹时本着提高效率、规避风险、降低成本的原则，一般采用现已定型的炮弹外形及技术参数进行改装。通过改装战斗部内部结构，按照一定的比药量装填灭火剂和中心爆炸药管来设计远程森林灭火弹。

图 9.4.2　各种灭火弹

9.4.2　森林灭火弹

森林火灾在全世界频繁地发生，其对自然生态系统的严重破坏，被世界公认为八大自然灾害之一。森林火灾因受气象、地形和可燃物三大自然因素的影响，火场变化无常，给扑火人员带来了极大的危险。森林灭火弹是专门针对森林火灾火情复杂，人员常常无法近距离救火的特点而研制的灭火用弹。当森林发生火灾时，由灭火人员携带该弹进入灭火区域，在现场指挥人员的统一指挥下，通过向失火区域发射灭火炮弹，实施远距离高效、安全灭火作业，达到迅速扑灭或抑制森林火灾、避免灭火人员伤亡的目的。20 世纪 80 年代初期，初级的灭火弹在我国问世，并应用于森林火灾的扑救。通过 20 多年来对森林灭火弹的研制与改进，我国的森林灭火弹不仅在种类上得到增加，而且性能也得到了很大的提高。其中以干粉灭火弹为主力军，特别是近几年来所研制的超细干粉灭火弹以优良的性能崭露头角。在认识各种灭火弹之前，我们很有必要先了解一下灭火弹的灭火机理。

1. 灭火弹的灭火机理

灭火弹爆炸所产生的冲击波与抛洒的灭火介质都能对火灾现场进行有效的控火、灭火。为了实现控火、灭火，我们主要是从两个方面入手：一方面，破坏火焰区稳定燃烧的条件，即 $Q_{燃热} > Q_{吸热}$；另一方面，阻止热量由火焰区向燃烧物的热反馈。燃烧的热量传递主要有三种方式：导热、对流传热、热辐射。它们同时存在于整个火灾过程中，然而，在火灾的某个特定阶段，或者某个区域中，却可能只有一种方式起着决定性的作用。当燃烧直径超过0.3 m时，热辐射将成为火灾中主要的传热方式。热辐射对人体伤害较大，导致消防员不能近距离灭火，而且热辐射是火灾蔓延的主要凶手。

(1) 冲击波灭火机理。

燃烧有其固有的流场，周围空气由于压力差从四周被卷吸流入火场，为火场燃烧补充足够的氧气，燃烧产物向上运动形成烟雨区，因此火场介质分子的运动方向是斜向上方的。大的火场会形成强大的对流柱和空气漩涡，导致火势加大、火灾蔓延，造成更大的人员伤亡、经济损失。冲击波灭火机理就是通过爆炸产生的冲击波扰乱火场流场，使周围空气不能及时为火场补充氧气导致燃烧稳定条件遭到破坏，从而达到控火、灭火的目的。为了简化分析，我们单从冲击波阻止周围空气进入燃烧区的角度考虑，因此假定火场介质运动方向是水平的，与冲击波运动方向相反。冲击波的三个守恒条件如下所示：

$$\text{质量守恒：}\rho_0(v_D - v_0) = \rho_1(v_D - v_1) \tag{9-4-1}$$

$$\text{动量守恒：}P_1 - P_0 = \rho_0(v_D - v_0)(v_1 - v_D) \tag{9-4-2}$$

$$\text{能量守恒：}E_1 - E_0 = \frac{(P_1 + P_0)(V_0 + V_1)}{2} \tag{9-4-3}$$

式中，ρ_0、v_0、P_0、V_0、E_0 分别表示波前质点的密度、速度、压力、体积、内能；ρ_1、v_1、P_1、V_1、E_1 分别表示波后质点的密度、速度、压力、体积、内能；v_D 表示冲击波的速度。

根据式(9-4-1)和式(9-4-2)，我们可以得出冲击波过后质点的运动速度为

$$v_1 + v_0 + \sqrt{(P_1 + P_0)(V_0 - V_1)} \tag{9-4-4}$$

由于冲击波过后压力、密度都要大于波前压力、密度，因此波后质点速度大小、方向取决于 v_0 与 $\sqrt{(P_1 - P_0)(V_0 - V_1)}$ 的关系。这就出现两种情况：一是当波前速度较大、冲击波威力较小时，波后质点速度方向与波前质点运动方向一致，但波后质点速度大小相对于波前来说要小得多，从而阻碍了周围空气进入火场；二是当波前质点速度较小、冲击波威力较大时，波后质点速度方向与波前相反，与冲击波方向一致，因此对周围空气起到了阻隔作用，甚至可以直接“吹断”火焰，出现脱火熄灭现象。不管是哪种情况，冲击波过后，进入火场的周围空气量都明显减少，支持燃烧的氧气量减少，最终导致燃烧终止，从而达到对火场控火、灭火的目的。冲击波过后，还可以扰乱火场温度场，破坏稳定燃烧的条件，增加了控火、灭火的效果。

(2) 灭火介质灭火机理。

灭火弹中装填的灭火介质多种多样，下面主要讲述常用的灭火介质水和干粉的灭火机理。

① 水雾灭火机理。

水是很好的受热体，且具有良好的导热性，当水与燃烧物接触或流经燃烧区时，将被加热或汽化，吸收大量的热量，从而使燃烧区的温度降低，致使燃烧终止。水的灭火作用有以下几种：

a. 冷却作用。水的比热大，蒸发潜热高，每千克水的温度升高 1 ℃，可吸收热量 4184 J，每千克水蒸发汽化时，可吸收热量 2259 kJ。因此水雾蒸发汽化后将会带走大量的热量，破坏了稳定燃烧的条件，导致燃烧区的温度急剧下降，从而达到快速灭火效果。

b. 窒息作用。水完全蒸发汽化后，体积增大 1700 倍，从而有效地稀释了可燃混合气体，阻止了空气进入燃烧区，大大降低了燃烧区氧气的含量，使得可燃物得不到足够的氧而

使燃烧终止。

c. 分离作用。爆炸抛洒后，水雾把火焰区与燃烧物隔离开，阻碍了热量由火焰区向燃烧物的反馈，使得燃烧物不能及时供给燃料，从而减少生成热，破坏了稳定燃烧的条件。使其燃烧终止。

爆炸发生后水介质发生抛洒，由于受爆炸生成的气体推动作用大于空气阻力作用，所以液体首先做加速运动，当液体速度达到最大值 U_0 时，液体开始做减速运动。液体抛洒速度按如下形式进行衰减：

$$v = v_0 e^{\omega} \tag{9-4-5}$$

式中，ω 为液体衰减系数。

由于受空气阻力、表面张力、黏性耗散的影响，液体发生首次破碎，破裂成不规则的液体丝、带、块或直径为毫米量级的不规则液体单元，首次破碎后的液体颗粒如果其颗粒尺寸和运动速度等满足一定的条件后将破碎成更小的颗粒，产生二次破碎、雾化。液体的二次破碎与无因次韦伯数 W_c、昂色格数 O_h 和无因次破碎时间 T 有很大的关系，其中，W_c 是阻力和表面张力之比，而 O_h 是黏性力和表面张力之比，它包含了液滴黏度及液滴振动频率对破裂过程的影响。它们的表达式分别如下所示：

$$W_c = \frac{\rho_g d_0 v^2}{\sigma} \tag{9-4-6}$$

$$O_h = \frac{\mu_1}{\sqrt{\rho_1 \mathrm{d}_0 \sigma}} \tag{9-4-7}$$

$$T = \frac{tv\sqrt{\dfrac{\rho_g}{\rho_0}}}{d_0} \tag{9-4-8}$$

式中，ρ_g 为气体密度；ρ_1 为液体密度；d_0 为二次雾化过程中某级水滴的平均直径；v 为水滴运动速度；σ 为水滴表面张力系数；μ_1 为液体的动力黏性系数；t 为水滴的破碎时间。

水雾冷却火场主要是通过对流换热和热传导实现的。水雾由于其巨大的比表面积，因此在传热方面有巨大的优势。水雾吸热蒸发，蒸发速率与它的表面积、对流换热系数、周围气流的相对速率有关。在静止的空气中，其对流换热系数可写为

$$h = \frac{k}{d} \tag{9-4-9}$$

式中，k 为周围空气的导热系数；d 为水雾直径。

根据上式可得，直径越小，对流换热系数越大，水雾单位表面积吸热量越大，传热速率越大。水雾与周围气流的相对速率越大，传热速率越大。因此散热量增大，降温速率加快。水雾吸热蒸发是需要一定时间的，但时间很短暂，在秒量级之内甚至毫秒量级，它与雾滴直径平方满足线性关系

$$t_v = \frac{8\delta_0^2}{K_v} \tag{9-4-10}$$

式中，t_v 为雾滴蒸发时间；δ_0 为雾滴初始直径；K_v 为蒸发常数。

水雾蒸发汽化吸收大量的热量，使得燃烧散热量增大，破坏了原有热量平衡，降低了火场温度；汽化后，水蒸气占据大量的空间，阻隔新鲜空气进入火场，稀释燃烧气体，降低生成热；水雾还可以吸收热辐射，阻碍热反馈，防止火灾蔓延、保护人员安全，从而达到有效控火、灭火的目的。

② 干粉灭火机理。

生活中常见的灭火介质有水、泡沫、二氧化碳等，但大都不适合用来做灭火弹填充剂，市场上大多用的是干粉灭火剂，主要有磷酸铵盐干粉灭火剂、超细干粉灭火剂等。干粉灭火剂较前面的灭火介质在灭火速率、灭火面积、等效单位灭火成本及效果上有很大的优势。干粉灭火剂使用温度范围广，制作工艺不复杂，无毒，无污染，目前在固定或手提式灭火系统上应用广泛，是替代哈龙灭火剂的理想灭火产品。

干粉灭火剂派生出的两大灭火剂，一种是磷酸铵盐灭火剂，另一种是超细干粉灭火剂。两大干粉灭火剂除组成成分有区别外，其灭火机理大致相同，窒息、冷却是其灭火的基本机理，其中化学抑制起灭火的主要作用。

a. 对有焰燃烧的抑制作用。燃烧是靠不断生产的燃烧自由基来传播，而燃烧自由基是燃烧分子在氧气作用下形成的，自由基非常活泼，且能量很高。一旦火焰生成，除非燃烧自由基裂解，否则将一直持续下去。干粉灭火剂是由燃烧不活泼物质组成，当与燃烧自由基接触后，发生一系列化学反应，消耗自由基，当消耗速度大于生成速度时，火焰即被扑灭。干粉灭火剂的作用被称为对燃烧的化学抑制或负催化作用。

b. 对表面燃烧的熄灭作用。能够扑灭物体表面燃烧是干粉灭火剂的又一大功效。当干粉灭火剂被喷洒到燃烧物表面后，干粉晶体与灼热物体表面接触，并发生化学反应，反应生成物在高温下又被融化成一层玻璃状覆盖物，该覆盖物能将燃烧层与空气隔离，使火焰熄灭。

c. 冷却、窒息与对热辐射的遮隔作用。干粉灭火剂在火场中发生分解反应，其生成物是一些不活性体（水、二氧化碳等），可吸收燃烧热量，并稀释氧气浓度，起到冷却与窒息作用。干粉灭火剂大多以雾状形式被喷洒到火场，与火焰混合后，可降低火焰在燃烧物表面的热辐射。此外，某些干粉灭火剂（如磷酸铵盐干粉灭火剂）在灭火时，还能使燃烧物表面碳化，而碳化物是热的惰性导体，不仅降低了火焰温度，还延缓燃烧速度。这些都是干粉灭火剂对热辐射的遮隔作用。

干粉是一种干燥的、易流动的并具有很好防潮、防结块性能的固体粉末，又称为粉末灭火剂，由具有灭火效能的无机盐和少量的添加剂经干燥、粉碎、混合而成微细固体粉末组成。它是一种消防中得到广泛应用的灭火剂。干粉灭火剂主要通过在加压气体作用下喷出的粉末与火焰接触混合时发生的物理、化学作用灭火。一是靠干粉中的无机盐的挥发性分解物，与燃烧过程中燃烧所产生的自由基或活性基团发生化学抑制和负催化作用，使燃烧的链反应中断而灭火；二是靠干粉的粉末飘落到可燃物表面上，发生化学反应，并在高温作用下形成一层玻璃状覆盖层，从而阻止热量由火焰区向燃烧物的热反馈，使燃烧终止。另外，有些干粉受热分解出二氧化碳和水，起到稀释燃烧区氧气的作用，而使燃烧窒息熄灭。

2. 影响森林灭火弹灭火效果的因素

森林灭火弹是通过爆炸作用将灭火剂快速、均匀地抛撒到火场，使灭火剂与森林可燃物充分接触，从而达到灭火效果。灭火剂抛撒的形状和灭火剂的浓度对灭火效果有直接的关系，但是火药爆轰过程非常复杂，加上弹体破裂的不确定性使得灭火剂的抛撒面积、形状、浓度都极难控制。下面给出影响灭火弹灭火效果的主要因素：

(1) 比药量对灭火剂抛撒效果的影响。

根据爆炸作用力与气动阻力相对大小，将灭火剂的爆炸抛撒过程划分为三个阶段：近区加速阶段、中远区减速阶段和湍流阶段。

比药量是指抛撒装药质量与被抛撒介质(灭火剂)的质量之比,它在一定的范围(<5%)内,与云雾半径成正比。灭火弹爆炸后云雾的最大半径可通过下式来确定:

$$R = \sqrt{\frac{m}{Q \cdot \pi \cdot h}} \tag{9-4-11}$$

式中,R 为爆炸后的云雾半径(m);h 为云雾高度(m);m 为灭火剂的装填量(kg);Q 为灭火剂的用量(k/m^3)。

实验和理论都表明在一定范围内,较大的比药量更有利于灭火剂的抛撒。灭火剂的最佳比药量应该确定在2%左右。

(2) 灭火剂质量对抛撒后云雾的影响。

灭火剂的质量对抛撒后的云雾形状和灭火效果有直接的影响,实验表明灭火剂产生的云雾直径的持续时间近似与灭火剂的质量成正比,灭火剂质量较大时云雾的高度和持续时间也会相应地增大。而在比药量相同的情况下,增加灭火剂质量并不能明显增加云雾体积。因此,增加灭火剂质量会更有利于增大灭火剂的浓度,从而增大云雾的持续时间。

(3) 其他影响因素。

① 侧风。侧风对云雾的形状影响很大,并且高处的云雾更加容易受到影响。考虑到在森林火灾中空气对流强烈,风对灭火效果的影响将非常大,减小空气对流对灭火剂的影响是灭火的关键。因此,应选择高效、快速灭火的灭火剂以减小风对云雾的影响。

② 壳体材料及结构。壳体结构对抛撒效果的影响主要表现在云雾形状上,当容器上下两面的强度高于侧面时,有利于形成扁圆柱形云雾。同时,在壳体侧面加工应力槽,可以使壳体均匀解体,以利于形成均匀分布的云雾,提高灭火效率。在不考虑弹药发射时壳体强度的前提下,战斗部结构宜选用带有应力槽的钢质薄壳圆柱结构。

③ 长径比。战斗部的长径比在一定范围内(1.35～5)对云雾的最终尺寸参数影响不大,但大的长径比有利于形成扁平状云雾,而且有利于改善弹药的外形,减小弹药的飞行阻力。因此,战斗部宜选用较大的长径比。

9.4.3 高层建筑消防用灭火弹的特点

1. 高层建筑消防用灭火弹特点

一般来说,常用高层建筑用灭火弹的投送方式取决于其工作机理。按投送方式来分,目前针对高层建筑消防用的灭火弹可分为固定式灭火弹和投送式灭火弹,其中投送式又包括了手抛、炮射等方式。

固定式灭火弹一般直接固定安装或悬挂于建筑物内部,内装灭火剂,由检测装置如温度传感器等检测环境状况,当认定检测值高于设定值时,灭火弹内部控制单元电控引爆,打开阀门释放灭火剂进行灭火。一般固定式灭火弹既可以自己单独安装,也可以和其他报警控制装置相连,实现报警控制一体化。但受工作原理限制,固定式灭火弹应用场合被大为限制,并且一般来说因为悬挂或安装的原因,装药量也不能过大,影响了其灭火能力的发挥。

手抛式灭火弹的使用方法类似于手榴弹,通常有拉发式带拉环保险和引燃式使用前掏出超导热敏线。在使用时,由消防人员人工投掷至火场,拉发式在去保险后一定时间会自动引爆,引燃式则在火场受热速燃并引爆。这类灭火弹弹体外壳一般由纸质制成,制造简单,成本低廉,使用方便。但最大的不安全因素在于该类灭火弹需要人工解除保险投掷到火场,存在引线受潮，或使用中出现拉断引线、热敏线在掷出前感热作用等危险，一旦操作不当，可能会引爆或伤人，故手抛式灭火弹的使用必须谨慎，需要对消防人员进行培训。另外由于尺寸和重量的限制，手抛式灭火弹的灭火能力有限，一般适用于小范围灭火，不适用于已经蔓延的大规模火场。

炮射式灭火弹是一种新型消防设备，按发射媒介分，一般可以分为迫击炮射式灭火弹、气体炮射式灭火弹和火箭炮射式灭火弹。在城市使用环境，因为消防炮能迅速就位、准备完毕，消防人员也能够在远离火场的条件下实施远距离精确灭火，并且能方便地调整炮身姿态，降低对地形的要求，所以炮射式灭火方式显然更适宜城市这种环境的使用。另外，炮射式消防系统基于消防炮的特点使得系统的研制可以借鉴武器系统的设计与控制方案，可以有效提高打击精度从而保证灭火效率。

2. 高层建筑灭火炮工作方式

高层建筑是指高度高于25 m的民用建筑和商业建筑，随着我国经济技术和城市化的发展，城市人口密度不断增加，城市高层建筑不断拔地而起，相应的高层建筑火灾事故也不断发生，呈现出加速上升的趋势。现在扑灭高层建筑消火灾遇到的困难有：楼层较高，外部消防设施到达不了；楼内消防设施有限，一旦火势蔓延仅靠楼内的消防设施很难灭火；消防人员徒步登上高层较困难很难保障其人身安全。高层建筑起火主要集中在房间内和楼道里。针对这些困难提出了高层建筑灭火炮这个方案。随着消防科学的发展，超细干粉灭火剂广泛应用于消防的各个领域。在一个密闭房间里一定剂量的干粉灭火剂足以扑灭整个房间的火势。

灭火炮系统工作示意图如图9.4.3所示。灭火炮利用高压气体提供动力源，将装有一定剂量超细干粉的灭火弹发射到密闭空间里，灭火弹主要通过房间或者楼道的窗户进入室内，灭火弹撞击屋顶或温度传感器感知火情爆破，超细干粉立即弥散整个房间覆盖火源。工作流程如下：

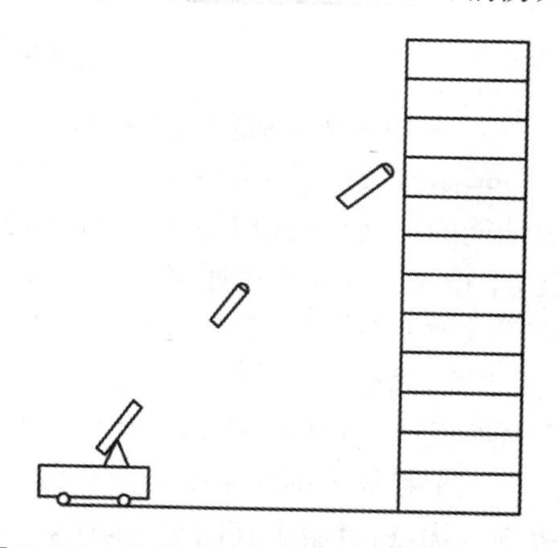

图9.4.3　高层建筑灭火炮系统工作示意图

(1) 发射准备阶段，供弹系统上弹，灭火弹由弹仓进入发射腔，此时弹头部受止行机构限位，弹尾部仅受低压气体作用。

(2) 击发控制阀打开，高压气体进入发射腔，灭火弹随伴随机构一起向前运动，伴随机构至极限位置时止行机构解除限位，灭火弹在膛内运动至出膛后自由飞行。

(3) 灭火弹在外弹道某轨迹点上经由建筑物窗口进入火场内部，在弹体撞击到玻璃时获取到一个负加速度信号，此时引信解除保险，进入预备起爆状态，同时温度传感器开始对环境温度信息进行采样，且内部计时器开始计时。

(4) 在计时时间内，温度传感器持续采集环境温度信息，在达到预设温度阈值后，引信起爆中心爆管，实现灭火剂在火场内的弥散，达到有效灭火的目的。

(5) 若计时时间到，而该段时间内温度传感器检测值始终小于启动阈值，则认为打偏，退出预备起爆状态，便于事后安全处理。

灭火炮采用计算机智能控制系统，能够根据工作环境快速计算出所需要的射击诸元，根据参数调整灭火炮的位姿进行发射。灭火炮具有三个功能，一是自动上弹功能，能自动将灭火弹推进到发射位置并自动密封炮膛；二是在发射时能够在极短的时间内将高压气室的高压气体全压加到灭火弹后方进行发射。针对这一点我们在设计上采用了伴随式发射原理，有效地解决了气动阀开启时间对发射过程的影响；三是灭火弹要实现连续发射，每次发射完灭火炮的各个发射机构要自动恢复到初始位置。

灭火弹室内弥散如图 9.4.4 所示，装有一定剂量的超细干粉灭火弹通过灭火炮发射到密闭空间里，灭火弹主要通过房间或者楼道的窗户进入室内，通过撞击屋顶或温度传感器感知火情爆破，超细干粉立即弥散整个房间覆盖火源。灭火弹前部装有碰撞传感器和温度传感器，通过传感器信息引爆中心爆管将灭火弹爆破，使灭火剂在火药的爆炸力作用下向周围弥散覆盖火源。在外墙面起火时，直接通过灭火炮将灭火弹发射至起火墙面，灭火弹撞击墙面引爆，灭火剂在惯性和火药爆破的作用下，覆盖墙面火源，阻止火势蔓延。

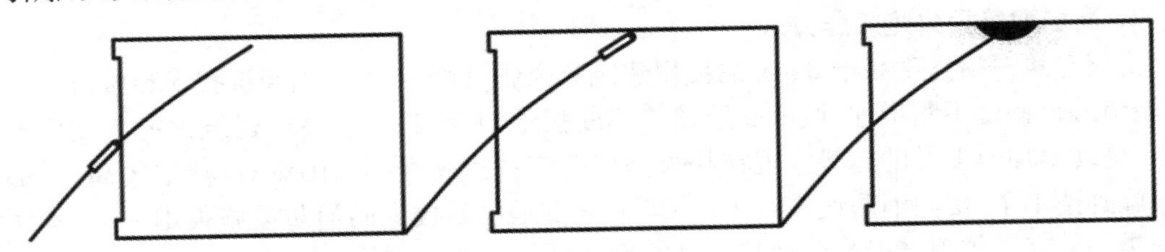

图 9.4.4　灭火弹室内弥散示意图

3. 干粉灭火剂弥散灭火机理

消防领域最早应用干粉灭火剂是 20 世纪 30 年代。干粉灭火剂是由一种或多种具有灭火功能的细微无机粉末和具有特定功能的填料、助剂共同组成。与水、泡沫、二氧化碳等相比，干粉灭火剂在灭火速率、灭火面积、等效单位灭火成本效果三个方面远远优于前者，且具有灭火效率快，制作工艺过程不复杂，使用温度范围宽广，对环境无特殊要求，无需外界动力、水源，无毒、无污染、安全等特点，目前在手提式和固定式灭火系统上得到广泛的应用，是替代哈龙灭火剂的一类理想环保灭火产品。

在干粉灭火剂的基础上派生出了超细干粉灭火剂，超细干粉灭火剂汲取了目前在用灭火剂的优点，克服了其固有缺陷；采用了不同于现有灭火剂的最新灭火组分，应用世界最先进加工工艺，使其环保性能、使用性能各项指标均处于国内领先水平，灭火性能处于世界领先水平。对有火焰燃烧的抑制、对表面燃烧的窒息及对热辐射的遮蔽及燃烧区氧的稀释作用是超细干粉灭火剂灭火机理的集中体现：

(1) 对有焰燃烧的抑制作用。有焰燃烧是一种链式反应过程。燃烧分子在燃烧的高温下或其他形式的能量作用下被活化，在氧的存在下产生自由基或活性基团，并靠这些具有很高能量的自由基传播反应，维持燃烧的持续进行。它们具有很高的能量，非常活跃，一旦生成就立即发生下一步反应，生成更多的自由基，表现为火越烧越大，直到燃烧分子被彻底裂解。

超细干粉灭火组分中的微细颗粒是燃烧反应的不活性物质，当它们进入燃烧区与火焰混合时，可以同时捕获燃烧自由基。火焰中的燃烧自由基在超细干粉灭火组分的作用下，结合成不活跃的水蒸气及其他不活性体，结果使火焰燃烧自由基被消耗的速度大于生产的速度，燃烧自由基很快被耗尽，链式反应的历程被终止，火焰迅即熄灭。

(2) 对表面燃烧的熄灭作用。超细干粉灭火剂不仅可有效扑灭有焰燃烧，还可有效扑灭一般固体物质的表面燃烧。超细干粉晶体粉粒与灼热的燃烧物表面接触时，发生一系列的化学反应，部分反应物质在固体燃烧物的表面被熔化并形成一个玻璃状覆盖层，这层玻璃状覆盖层将固体的表面与周围空气中的氧隔开，使燃烧窒息。

（3）对热辐射的遮隔和对燃烧区氧的稀释作用。使用超细干粉灭火剂灭火时，浓云般的粉雾与火焰相结合，可以有效地遮隔火焰对燃烧物表面的热辐射。超细干粉灭火剂的基料在火焰的高温作用下会发生一系列的分解反应，这些分解反应一般都是吸热反应，可吸收火焰的部分热量。这些分解反应产生的一些不活性体如二氧化碳、水蒸气等，对燃烧区内的氧浓度具有稀释作用。灭火剂释放时，用作驱动作用的氮气也随之喷出，进一步稀释了燃烧区内的氧，使燃烧熄灭。

9.4.4　几种森林灭火弹的介绍

1．82 mm 森林灭火弹

（1）简介。

82 mm 森林灭火迫击炮弹配用于 82 mm 灭火发射器或 82 mm 制式迫击炮，用于森林灭火作业。该弹是专门针对森林火灾火情复杂，人员常常无法近距离救火的特点而研制的灭火用弹。当森林发生火灾时，由灭火人员携带该弹进入灭火区域，在现场指挥人员的统一指挥下，通过向失火区域发射灭火炮弹，实施远距离高效、安全灭火作业，达到迅速扑灭或抑制森林火灾、避免灭火人员伤亡的目的。

（2）产品技术特点。

① 射程远，射程覆盖范围宽。最大射程达到 540 m，最小射程小于 100 m。

② 灭火效率高。灭火剂采用高效干粉灭火剂，灭火剂携带量大(2 kg)，弹丸爆炸后灭火剂抛撒面积大且均匀(单发静态灭火剂抛撒面积≥10 m^2)，灭火效率高。如三人一组，每小时可布撒灭火剂 2400 kg，静态灭火面积达 12000 m^2。

③ 勤务处理、使用过程安全。引信安全性高，作用可靠；弹体内不含炸药；弹体采用工程塑料，形成的破片不会对灭火作业人员造成伤害。对极低概率下未作用的弹丸，弹上设置了专用销毁机构，保证了灭火后火场的及时安全清理。

（3）主要技术指标。

① 射击方式：固定击针撞击击发或拉发。

② 引信类型：碰炸引信，具有自毁功能。

③ 高低射界：45°～85°。

④ 安全性：勤务处理、使用过程安全。

⑤ 射速：≥20 发/分钟。

⑥ 发射使用环境温度：－40～50 ℃。

2．60 mm 森林灭火弹

（1）工作流程分析。

由于山体高拔，山地森林火情常呈跳跃式蔓延。其产生的原因是点燃的树枝被风吹至高空并向远处落下后引起。火灾受地形、风速、风向、森林特点等火场环境影响，距火源 300 m 以内灭火人员无法靠近，有着很多危险因素，事故发生率较高。根据森林火险这一特定工况，所设计的 60 迫 120 灭火弹大致工作流程如下：

① 灭火弹装填阶段。该灭火弹采用常规 60 mm 迫击炮发射，前膛装填，后膛拉发，由

于弹体的独特的设计，将灭火弹缓缓推送至炮膛，让弹体战斗部自动卡在迫炮外沿即可。

② 灭火弹发射阶段。该阶段为灭火弹的内弹道发射阶段。灭火弹从前膛装填完毕后，经后膛拉发，灭火弹基本装药点火，发射药燃烧产生大量的高压气体，火药气体作用于弹底上推动弹丸向前运动。此时，灭火弹主要受到高压气体压力、轴向惯性力、装填物(灭火剂)压力、不均衡力及弹丸自身重力等，随后在膛压作用下加速运动，在炮口处弹丸速度达到最大。由于膛内气压呈抛物线不断变化，灭火弹所受的力也随之变化，在膛压最大时，所受各种力也是最大，所以要对灭火弹弹尾在其最大膛压下发射进行强度校核。

③ 灭火弹飞行阶段。该阶段为灭火弹在外弹道飞行阶段。迫击炮内没有膛线，弹丸发射后不会产生旋转。弹丸在空气中受到空气阻力，还要考虑风向，要建立弹丸质心运动方程，还需对弹丸在空中飞行方程做出修正。此外，基于弹体的空气动力学相关理论，还需对灭火弹飞行中所受诸力与力矩，通过计算其空气动力学参数，对其飞行稳定性做出判断。

④ 灭火弹爆炸阶段。灭火弹进入火场后，弹头触发着火物体，引信获取到负加速度信号或温度传感器采集到环境温度信息后，引爆中心爆管，使灭火弹外壳炸裂，同时灭火剂在火场内弥散，达到灭火效果。

(2) 灭火效能分析。

灭火能力是灭火弹最主要的技术指标，其最终目的是通过灭火剂弥散，达到对火场的覆盖灭火。在设计中，要充分考虑弹体战斗部的尺寸及灭火剂的装填量，而灭火剂抛撒范围、浓度及抛撒速率对火情的控制有直接影响，因此还要考虑中心装药量，使比药量(中心装药质量与灭火剂装填质量之比)达到合理配制。60 迫 120 灭火弹在弹体设计上，充分考虑了灭火效能，尽可能的增大装填量，并使弹丸圆柱部从膛内移到膛外，战斗部直径从60 mm增大到 120 mm，经实验及经验测算，灭火剂装填量为 2.5～3 kg，比药量为 2%较为适宜。

(3) 弹道性能及射程分析。

主要指外弹道特性，由灭火弹弹道系数和炮口初速决定。灭火弹以合适的轨迹或角度侵入火场这也是灭火的关键步骤。灭火弹外弹道与其射距、射高、弹道轨迹的选取有直接关系，同时受到火场环境条件和自身特性与飞行姿态的影响，灭火弹在设计时，首先应计算安全灭火射程，森林火情的安全灭火距离不得少于 300～400 mm，其次要保证灭火弹具有良好的空气动力外形、灭火弹的飞行稳定性，减小外弹道飞行过程中的摆动振幅与速度衰减，确保灭火弹从正确姿态进入火场。

(4) 射击精度与散布分析。

射击精度是指弹丸理想弹着点与实际弹着点的偏差。这主要是灭火弹的发射误差与外弹道的偏差引起的。灭火弹虽不比常规杀伤性武器要求的射击精度高，但仍要求灭火弹弹着点尽可能靠近火源，这样灭火效能才能更高。弹丸散布是指在相同发射条件下，弹着点的分布范围，其影响因素主要有瞄准误差、弹丸自身误差(质量偏心、气动外形不对称等)和气象条件等。对于此灭火弹而言，射程较短，飞行高度也有限，气压、弹道风的影响不大，所以重点在于灭火弹自身设计及制造上，尽量保证灭火弹的对称性及质量的均匀分布。

(5) 发射安全性分析。

安全性是指弹丸在贮存、运输、装填、发射等阶段必须确保安全。一般来说，弹丸在发射过程中最容易发生事故，比如炸膛，这是最危险的，将导致炮身破裂和炮手的伤亡。60 迫 120 灭火弹设计上采用发射装药进行发射，当灭火弹设计不合理时，如密封不好，身管强度低等，发射产生的膛压可能使弹丸发生大变形，进而影响内弹道性能，当弹体因变形导致结构破坏后，引发弹体内炸药爆炸，发生膛炸。因此，弹丸在设计上要保证密封性，在发射时，要进行发射强度校核，中心爆管装药要有良好的化学稳定性，确实保证发射的安全可靠。

（6）经济性能。

经济性能主要是考虑灭火成本。火灾已然造成一定的经济损失，如果再加上较高的灭火成本，这也是难以让人接受的。60 迫 120 灭火弹结构简单，产品设计基于 60 迫击炮发射，可以规避森林防火因各种复杂地形带来的不利因素，对火情实施远距离压控，且成本低，携带方便，有很大的实用价值。

3. 自引式森林灭火弹

（1）简介。

作为灭火配套设备的灭火弹目前主要采用炸药类物质作为爆破源，依靠灭火粉剂覆盖可燃物隔氧阻燃的原理，引爆多为拉环式和导爆式，灭火效果不好且存在很大的安全隐患。为解决现有灭火弹的不足，黑龙江省森林保护研究所根据我国森林防火现状及实际应用情况，于 2001 年完成了自引式森林灭火弹的设计和研制工作。

新研制的自引式森林灭火弹用高氯酸钾和铁铝合金粉等化学原料作为爆破源，这些非炸药类物质运输携带十分方便，大大提高了使用的安全性。这项产品没有导爆装置，利用林火自行引燃爆炸灭火，其引芯为新型材料，可在水中等隔氧条件下燃烧，保证了引芯引燃。同时这种灭火弹为方形设计，不容易滚动，投掷起来安全稳定。

根据这些特点，灭火人员可以依火情火势，事先将这种灭火弹投放在林区，只有明火条件下才能将其引燃，从而达到爆炸灭火的目的。经过长期试验，这种灭火弹可在扑灭林火过程中广泛应用，是一种很好的灭火配套设备。

（2）结构组成。

设计研制的自引式森林灭火弹由药芯、引信、填充物和外包装四个部分组成，如图 9.4.5 所示。

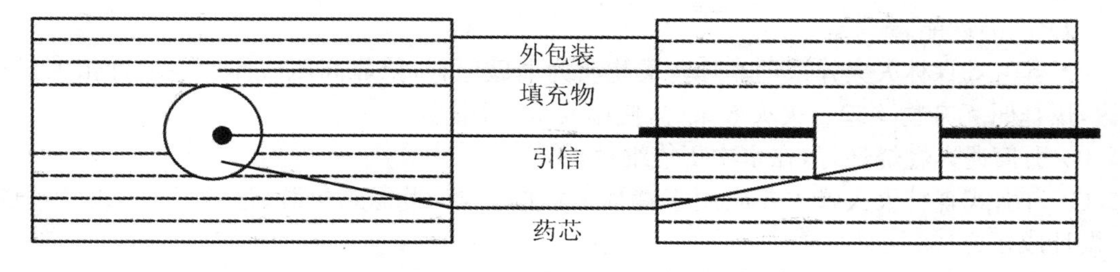

图 9.4.5　自引式灭火弹结构示意图

① 药芯是灭火弹主要组成部分，引燃爆破后可产生高压气体及冲击波灭火。选用既有一定爆炸猛度，又十分安全的非炸药类的Ⅰ号药粉。

② 引信是遇林火自动引爆药芯的装置，为了保证与林火接触，每枚灭火弹装 2 根引信。选用的引信是一种特殊药剂包装成的索状物，遇到林火后自行引燃，并引爆药芯灭火。燃烧速度为 80 mm/s。因引信内的药剂反应时可自行产生氧气，所以在水中等隔氧环境中仍能继续燃烧。同时，由于特殊的包装材料，引信的药剂及包装的任何部分接触林火后均能引燃，数段打结连接，燃烧也不间断。

③ 填充物既可加速高压气体产生冲击波，又可辅助灭火。选用干粉灭火剂，同时加 10%氯化钠作为消焰剂。

④ 外包装是定型灭火弹的材料。选用 320 g 木浆纸及聚乙烯软包装，既能防潮，又能使爆炸时产生的碎片不危及人身安全。

(3) 灭火原理。

该灭火弹的灭火原理如图 9.4.6 所示。该灭火弹无需起爆药。投入林火中，引信遇到明火迅速引燃，瞬间点燃药芯产生剧烈反应并爆炸。爆炸后产生的高压、高温气体产物形成柱状冲击波，随后向周围空气传播，经过燃烧物后得到加速，产生负压效应，破坏燃烧链环节，从而起到灭火作用。

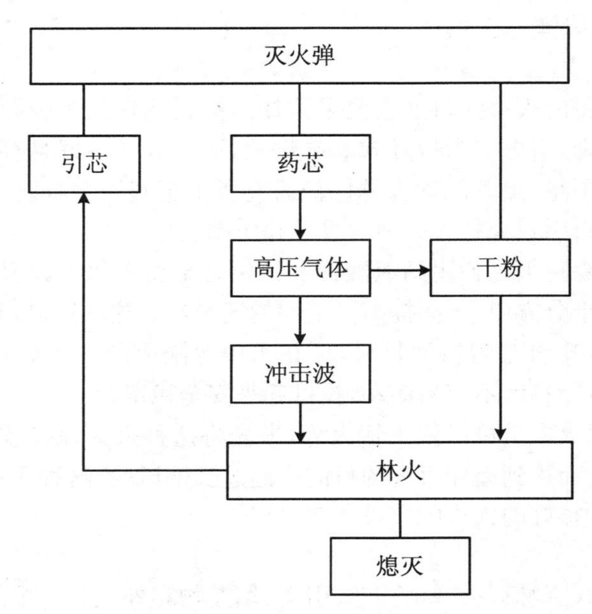

图 9.4.6　自引式森林灭火弹灭火原理示意图

(4) 产品性能。

① 自引式森林灭火弹采用非炸药类物质为爆破原料，依靠高压气体产生的冲击波进行灭火，爆炸时无杂物飞起。灭火效果好，使用安全，污染小。

② 引信遇火燃烧性好，在水中仍能继续燃烧。

③ 自引式森林灭火弹主要应用于森林火灾的扑救，考虑到包装、运输及投掷时的稳定性，设计成正方体。

④ 有三种规格，单枚灭火面积 6～10 m^2，质量 1.5～3.2 kg，可满足不同需要。

Ⅰ型：100 mm×100 mm×100 mm；　　Ⅱ型：130 mm×130 mm×130 mm；

Ⅲ型：150 mm×150 mm×150 mm

⑤ 每枚灭火弹安装两根引信，可充分保证与林火接触引燃。

⑥ 贮存条件：温度 −40～50 ℃，相对湿度为 60% 。

4. 机载式超细干粉森林灭火弹

下面介绍一种由武汉绿色消防器材有限公司研制并生产的大型机载式超细干粉森林灭火弹。

(1) 简介。

为了解决森林火灾极难扑灭，并且给生命财产带来极大损失的问题，武汉绿色消防器材有限公司研制并生产了一款大型机载森林灭火弹。与一般小型的、手投式的灭火弹相比，该产品灭火威力大，主要靠飞机往火场投掷，这对于解决森林火灾这一世界性难题具有重要意义。

(2) 结构特征。

该机载式超细干粉森林灭火弹，有弹形外壳和尾翼，弹体内设置有撞杆、撞针机构，撞杆上还设置有保险环和保险拉环，其特征在于：弹形外壳是一种纸质的弹壳，其壳体中央设置有启动装置，启动装置通过固定十字架与撞杆、撞针相连接，启动装置内装载的撞杆、撞针撞击着火即会迅速膨化的启动剂，启动装置壳体上设置有一至多个卸压用通孔，弹形外壳内腔填充有超细干粉灭火剂。弹形外壳弹头部位设置有金属座。尾翼上设置有连接于尾翼之间的定向环。定向环设置在尾翼的底部。定向环的高度为10～30 cm。如图9.4.7所示。

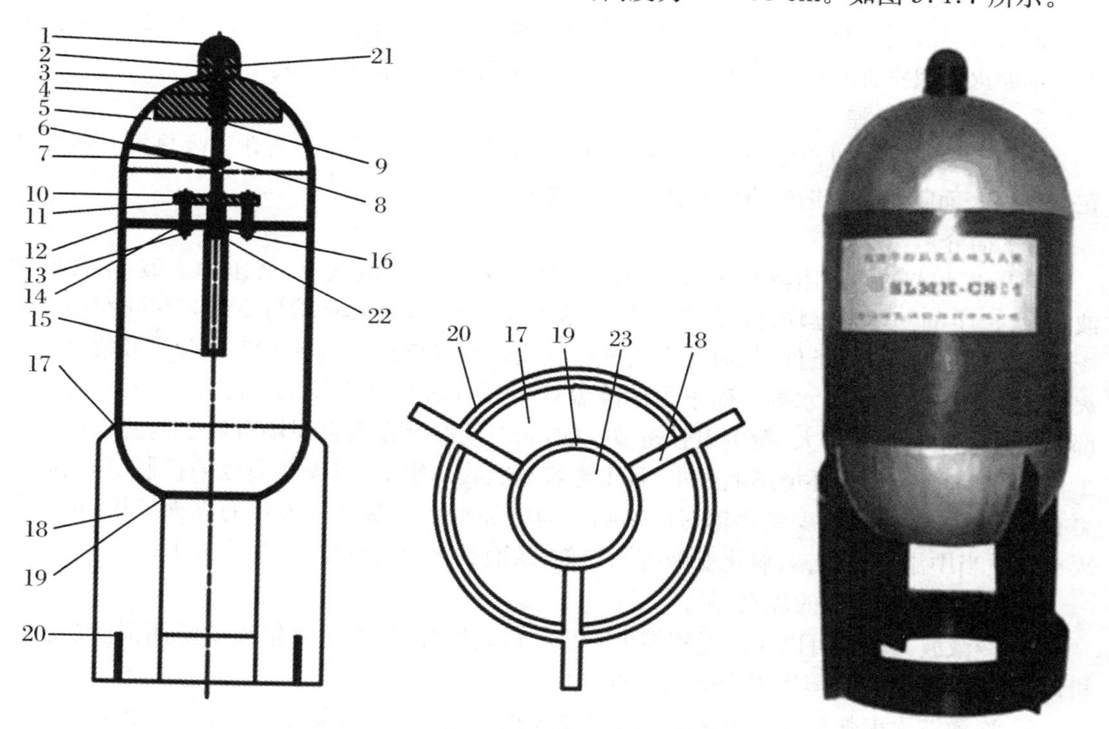

图9.4.7　机载式超细干粉森林灭火弹结构示意图及实物图

1. 撞杆；2. 保险环；3. 金属座；4. 缓冲弹簧；5. 弹簧座；6. 紧固弹簧；7. B型柱销；8. 撞针；9. O型密封圈；10. 螺钉；11. 固定螺帽；12. 紧固弹簧；13. 固定十字架；14. 螺母；15. 启动装置；16. 缓冲弹簧；17. 弹形外壳；18. 尾翼；19. 壳体固定环；20. 定向环；21. 保险栓；22. 卸压通孔；23. 壳体底面

该灭火弹结构简单，灭火弹的弹头的金属座和尾翼及定向环设计保证了灭火弹准确机投，能瞬间熄灭树上及地面上的有焰燃烧，为人员进入森林并彻底熄灭森林火灾创造条件。

(3) 工作过程及原理。

该灭火弹重量轻适合由飞机运载至森林火灾发生区空投，空投前先拉出保险环中的保险栓，将弹投出机舱，灭火弹下投过程中气流集中从灭火弹尾翼穿过，气流从定向环穿出，自动调节弹体方向，始终保证弹头朝下，从而保证了灭火弹定点投放。灭火弹碰到地面后撞杆带动撞针，其撞击出的火花将自动引发其弹体内启动装置内的启动剂，启动剂产生的气体从卸压通孔中冲出，以大于风力灭火机10倍的冲击力带动超细干粉灭火剂向四周喷发，瞬间扑灭森林的主体燃烧火焰。投弹宜采用“地毯式”投法，以迅速熄灭大片森林燃烧明火，有效遏制森林火灾的发展,并为人员进入森林并彻底熄灭火灾创造条件。

(4) 性能特点。

该森林灭火弹装置内部填充的是超细干粉高效灭火剂,是当今灭火速度最快、效率最高、浓度最低的灭火剂。而且它能自然防潮,不需硅油包裹,在常态下不分解、不吸湿、不结块,具有良好的流动性、弥散性和电绝缘性,灭火后残留物易清理。森林灭火弹以运用灵活、携带安全方便、灭火效率高、灭火速度快等优点得到了广大消防官兵的青睐。同时,它灭火威力大、覆盖面广,其灭火速度是水的40倍,而重量只有水系弹的1/4。它的冲击力相当于风力灭火机的10倍以上,具有自动引发、自动定向功能,能定点准确灭火。每充装100 kg的超细干粉,能扑灭不小于200 m^2 面积的火灾。

该灭火弹适用于林区、草原和不便于人员接触的场所。除针对森林灭火外,该产品也可用于草原火灾及室外恶性火灾的扑救,是森林大面积灭火的尖端武器。

5. 冷激波灭火弹

冷激波灭火弹通过冷激波扰乱火场流场,破坏稳定燃烧条件,灭火介质吸热挥发或黏结在燃烧物表面阻止热反馈的方法达到灭火的效果。

(1) 简介。

冷激波灭火弹是采用特种炸药作为抛洒动力源,爆炸形成低温、低压冲击波,俗称冷激波,爆炸产生的气体与爆炸冲击波相互作用抛洒灭火介质,灭火介质与冷激波共同作用于火场,破坏火场稳定燃烧条件,从而对火灾进行有效的控制与扑灭。冷激波灭火弹可装填的灭火剂种类很多,如干粉、水等。而干粉的降温效果没有水介质明显,干粉作为灭火介质与外部环境之间相互影响较大,粉尘很容易被吹散,长时间漂浮在火灾现场有碍于消防人员正常工作,爆炸水雾对周围环境影响很小,且水雾容易吸收热辐射,对火场蔓延的控制更有利,也更有利于保护火场人员少受热辐射的影响。为增加水系冷激波灭火弹的灭火效果,可以在灭火介质当中添加氯化钠、氯化亚铁等添加剂,从而破坏火场链反应,加快灭火。

(2) 冷激波灭火弹的优点。

① 冷激波灭火弹可以实施远程控火、灭火,机动性强,从而有效解决了常用消防装备的机动性差、易受各种环境因素影响的缺点。

② 冷激波灭火弹是弹体发射,可以实现灭火的及时性、快速性,免去了奔赴火场的时间,提高了灭火效率,从而大大降低了火灾造成的巨大损失。

③ 冷激波灭火弹采用水作为灭火介质时,具有水雾灭火的一切优点,控制好比药量,可以应用于很多火灾场合。

由于上述优点,冷激波灭火弹在高楼火灾、森林火灾、草原火灾中得到广泛的应用。

6. 高温感应灭火火箭弹

(1) 简介。

在现有技术中有多管发射和自旋灭火火箭弹技术,由于多管发射灭火火箭弹的成本较高,实施起来有一定的难度;而自旋式灭火火箭弹的灭火剂是一点点的均匀洒出,所以灭火的速度和效果不是十分理想。为克服已有技术中存在的不足,降低灭火火箭弹的成本,提高快速灭火的速率和效果,发明了一种高温感应灭火火箭弹。该灭火弹特别适用于消防人员不能靠近的森林、储油罐、高层建筑等高危火场的灭火。

(2) 结构组成。

该高温感应灭火火箭弹的结构如图9.4.8所示。在圆锥形的弹头顶部固定装有三个高温感应器，在带有内衬隔热板的弹头内设有与高温感应器通过导线依次连接着的温度控制器、电源开关、蓄电池组、变压器，在与弹头通过螺钉连接着的管状弹体内尾部隔段上环形凸起的固定座内设有一根细管，在细管内装有与变压器连接的两组正、负电极块和炸药，在弹体弹头一端封头上、细管的中间位置设有穿导线用的封闭管，在细管的侧面设有往弹体的空腔内注入水基型灭火剂的注液管，在弹体尾部通过隔段形成的尾部开口槽内插固着由外壳、外壳尾部上设有固定的电子遥控点火器、及外壳内装有的火药助推剂所构成的推进器。该火箭弹中的弹头、弹体和推进器的外壳都采用高分子复合玻璃钢制作。

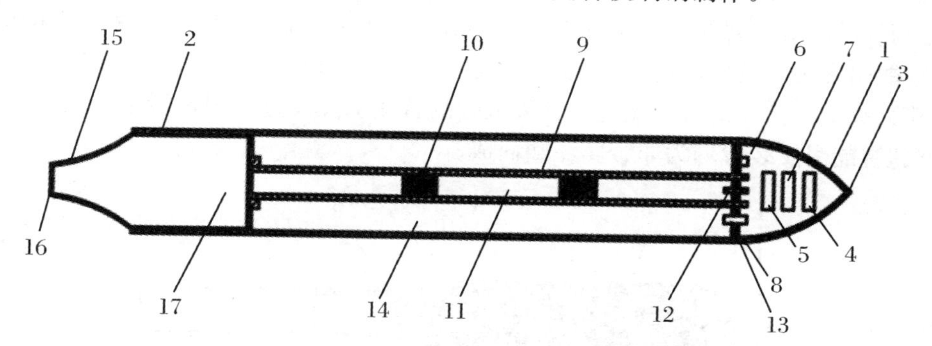

图 9.4.8 高温感应灭火火箭弹结构示意图

1. 弹头；2. 弹体；3. 高温感应器；4. 温度控制器；5. 蓄电池组；6. 变压器；7. 电源开关；8. 内衬隔热板；9. 细管；10. 电极块；11. 炸药；12. 封闭管；13. 注液管；14. 灭火剂；15. 外壳；16. 电子遥控点火器；17. 火药助推剂

(3) 工作原理。

当外界环境达到一定的温度，即当该火箭弹被发射到火场内时，在火焰的高温作用下，高温感应器和温度控制器控制变压器产生强大的电流，通过进入封闭管内导线连接的两组正、负电极板产生强大的电弧，从而引爆弹体内细管内的炸药产生爆炸，将弹体炸开，爆炸产生的冲击波会把火箭弹所携带的水基型灭火剂洒向四周正在燃烧的物体表面阻隔空气，降低燃烧物的温度，进而控制火势，达到快速灭火的目的。在发射前先将电源开关打开。

(4) 性能特点。

① 该高温感应灭火火箭弹不同于已有的灭火弹，它可采用民用直升机或车载的发射方式，运载发射方便。

② 该火箭弹采用温度感应控制系统，当弹打入火场内时，在500～1500 ℃自主引爆，火箭弹内的大量水基型灭火剂直接喷洒在燃烧物表面，灭火效果好。

③ 因该火箭弹自身带有推进器，所以可实现远程发射，可准确打到火点的内部，达到快速、安全灭火，减少人员伤亡的目的。

④ 因可远程发射，所以不受地形、交通的限制，尤其适用于消防人员无法靠近的森林、油港、储油罐、仓库、化工厂、高层建筑等高危、高难火场的扑救。

7. 弹射式智能型森林灭火弹

近年来，世界各地森林火灾不断。无情的森林火灾正以其不可预见性和巨大的破坏性威胁着森林安全。森林消防已经成为世界性的难题。近年来新增添的灭火方式有迫击炮发射式森林干粉灭火弹和火箭炮发射式森林干粉灭火弹，而这两种灭火方式都存在着不足：灭火弹引发装置均采用延期时间引发或触地后引发，灭火弹能否进入火场，又能否在火源中实施灭火，均存在着不确定性，即灭火精准度不高；迫击炮由于发射后坐力大，单门炮难于实现集束发射、快速压制火势，必须多门炮同时使用才有好的效果；火箭炮后喷危险区域大，发射场地受限。

为了克服上述现有技术的缺点，人们发明了一种弹射式智能型森林灭火弹，该灭火弹具有灭火精准度高，发射场地不受限的优点。下面对其进行简要介绍。

(1) 结构特点。

弹射式智能型森林灭火弹的结构如图 9.4.9 所示，包括壳体，壳体的中心设有中心药管，中心药管的一端与智能引发装置连接，中心药管的另一端与尾管上的撞击机构连接，热电池和智能引发装置及撞击机构连接，尾管通过连接底螺和壳体连接，中心药管和壳体之间装有干粉灭火剂。该弹射式智能型森林灭火弹的智能引发装置采用智能定高无线电近炸引信，壳体和智能引发装置均为非金属注塑而成。

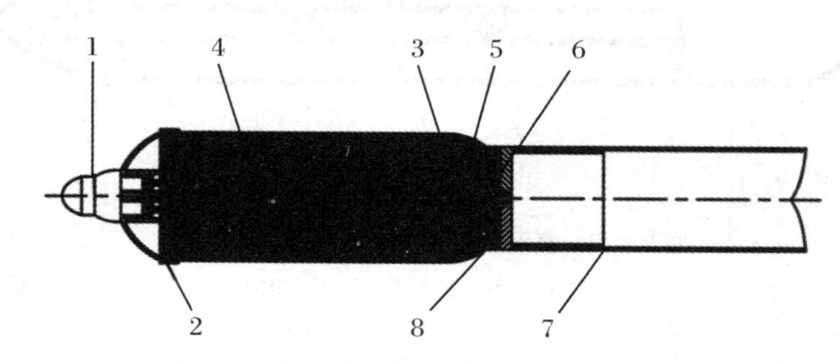

图 9.4.9　弹射式智能型森林灭火弹结构示意图

1. 智能引发装置；2. 壳体；3. 中心药管；4. 干粉灭火剂；5. 连接底螺；6. 热电池；7. 尾管；8. 撞击机构

(2) 工作原理。

当弹射式智能型森林灭火弹穿入弹射装置后，由磁发电发射控制器提供电流于药筒内电底火，电底火发火后输出火焰将药筒内发射装药点燃产生推力，在激活热电池的同时，推动灭火弹向前飞行，灭火弹采用智能定高无线电近炸引信作为灭火弹的智能引发装置，在灭火弹飞行过程中，智能引发装置由热电池提供能源，连续发出宽频冲击雷达波，经地面反射再由智能引发装置接收处理，进而判断是否发出点火信号，灭火弹进入火场后，智能引发装置依据发射前装定的炸高，在火源焰心引发。灭火弹采用复合灭火机理，通过灭火弹内置中心药管被引发后急剧产生的高温、高压气体，经干粉的冷却后变为冷激波，干粉在冷激波的推动下，冲破非金属弹体的束缚高速进入火场，在冷激波强大的冲击力、覆盖力、窒息力和干粉连续的物理、化学共同作用下，确保了灭火弹高速、高效的灭火效果。

(3) 性能特点。

① 在远距离上(距离火场 300～800 m)发射干粉灭火弹，针对高山峻岭、森林纵深等人员难以到达的区域，实现压制“火头”，抑制火势蔓延，迅速扑灭森林大火。

② 采用智能引发装置，可现场人工装定(2 m、5 m、触发)三种炸高，实现灭火弹最佳灭火效果。

③ 采用冲击覆盖灭火机理，利用冷激波和干粉的冲击力、覆盖力、窒息力的共同作用快速扑灭火灾。

④ 干粉灭火弹采用环保材料，灭火后不会对森林生态环境构成破坏。

⑤ 具有灭火精准度高、发射场地不受限的优点。

9.4.5　几种高层建筑灭火弹的介绍

1. 国外灭火弹

美国Weyerhauser公司研制了一款空投式灭火弹，该弹主要由圆柱体、转轴、轴衬和尾翼等部分组成，直径约为1.2 m，可装900 kg的水与阻燃剂，弹体主要材料是PVC塑料。采用空投方式使用，由直升机直接投下，降落伞会在一定高度自动打开，随后灭火弹在临近火场一定高度时把水和阻燃剂抛向火场。但一般情况下，由于失火建筑上空往往存在着强烈的上升气流和紊流，水和阻燃剂易被强力高温气流驱散，一定程度上影响了灭火能力的发挥。

韩国的LEE WOONG BOO曾设计了一种通过可移动的发射车发射的远程火箭式灭火弹，其结构如图9.4.10所示。该灭火弹主要包括弹壳、电子定时引信、燃爆药、火箭推进器和平衡翼。所采用的灭火介质为液体或者粉体灭火剂。

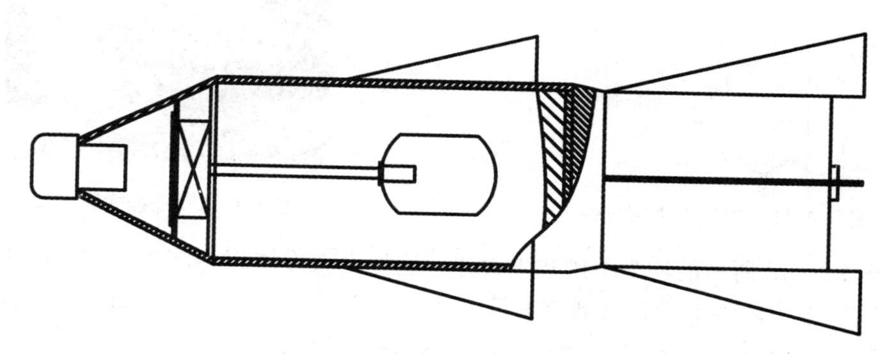

图9.4.10　远程火箭式灭火弹

日本曾研究设计了一种由飞机投掷的灭火弹。该灭火弹包括内外弹壳，外弹壳上开设了喷射口，内弹壳为弹性橡胶材料，其内装灭火剂，弹顶有近炸引信或碰撞引信。使用中，灭火弹从飞机上被空投后，至一定高度或者触碰到火场目标后引信点燃气体发生剂，而后完成灭火弹开爆，灭火剂自喷射口喷撒，在火场弥散灭火。

俄罗斯的研究人员曾在BTR-80装甲车的基础上设计了一种高效灭火弹和GAZ-5903消防车，GAZ-5903消防车拥有22个发射筒，可携带44枚灭火弹，以火药爆燃做功为动力，可以齐射多枚内装灭火粉的火箭弹式灭火弹，射程为50～300 m，并且越野能力强，该设备在用于建筑或森林消防时可发挥较好的效果。

2. 国内灭火弹

在我国，针对高层建筑消防用灭火弹的研究已经取得了一定的进展，出现了一些不同类型的灭火弹。相关的技术和产品大致有如下几类：

（1）由李政等人设计的爆炸水雾灭火弹。主体结构包括壳体、药柱和盐水三个部分，如图9.4.11所示，其结构简单、拆装方便，可在火场附近水源处灵活组装，另外可分开拆装的弹体外壳可以保证药柱的单独保存运输，提高了安全性。该种灭火弹的灭火介质添加了大量消焰剂的盐水，灭火弹在火场上空爆炸后产生均匀的水雾喷射抛撒到火场，消焰剂会大量吸热，使水雾灭火效果有效提高。

(2) 武汉绿色消防器材有限公司生产的悬挂式灭火弹，如图 9.4.12 所示。可固定或悬挂于墙壁、天花板等处，安装简单、使用方便，机动性强，可在任何适宜或需要的场合设置。这类灭火弹所采用的灭火介质多为超细干粉灭火剂，由于超细干粉粒径小、流动性好，可在空气中悬浮一定时间，因此灭火效率较高，可应用于相对封闭空间或开放场所局部的灭火。这种类型的灭火弹的启动方式因为工作原理的不同而不同，一般来说可分为感温元件温控启动、热引发启动和电引发启动三种。感温控制启动在温度超过预设值时可激活灭火装置工作，也是应用最多最为常见的，热启动则一般建立在热敏线等热敏元件或者易熔阀等对热敏感材料的基础上。灭火剂在灭火装置起作用后，受压力或其他驱动力作用下向外喷撒，从而达到灭火的目的。

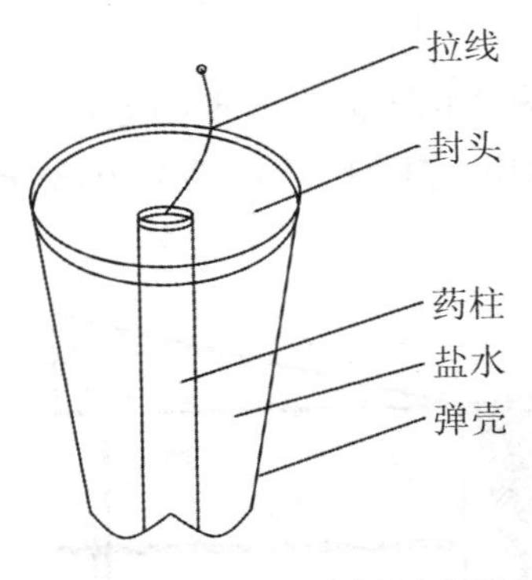

图 9.4.11　爆炸水雾灭火弹

图 9.4.12　悬挂式灭火弹

(3) 图 9.4.13 所示的均为手抛式灭火弹。这种灭火弹体积小、携带方便、运用灵活，所装填灭火剂一般为超细干粉灭火剂或者烷基铝类火灾灭火剂，使用时由消防人员携带至高层建筑火场附近，在拉发后投入火场或直接投入火场引发使用，灭火弹内产气剂会产生压力作为推动源将灭火剂外喷。常规的手投式灭火弹弹重在 0.3～1.5 kg，一般来说灭火速度快，但只能由消防员携带进入大楼内部才能使用，因此受人力所限无法远距离使用，并且操作存在一定危险性，相对来说灭火面积也比较小，对于大规模火势的控制效果不是很明显。

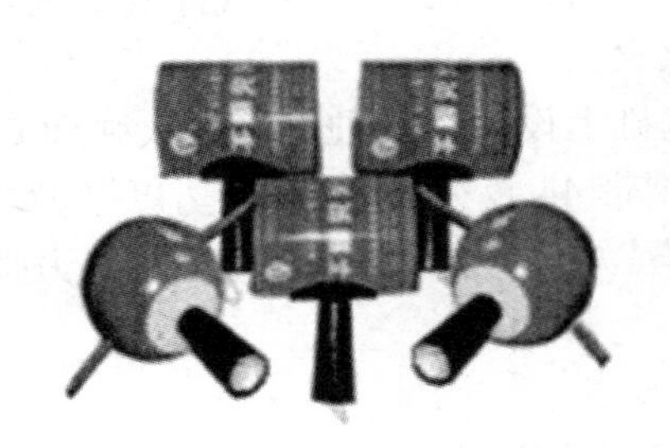

(a) 手抛式干粉灭火弹

(b) 手抛式超细干粉灭火弹

图 9.4.13　手抛式灭火弹

(4) 炮射灭火弹是由消防炮将灭火弹投送至火场进而引爆，达到灭火目的的一种灭火弹。相对前面所介绍的几种灭火弹而言，炮射式灭火弹最大的优点是具有较高的灭火效率，一般来说消防炮可以连续多次发射，故可对目标火场火势实行持续的控制。另外，针对高层建筑规模和火灾实际情况，可以选用不同的消防炮，目前已出现了可由单兵肩负或带支架使用的小型消防炮，也有需用车载运送、规模较大的大型消防炮。图 9.4.14 所示的“PZ120 支架式炮射消防炮”即是一种小型消防炮，具有机动灵活的特点，最大射程达 210 m，所配灭火弹内装超细干粉灭火剂，单枚最大灭火面积可达 13 m^2。

图 9.4.14　PZ120 支架式炮射消防炮弹系统

以上所介绍的是目前已经在研或已经形成产品、技术较成熟的几种灭火弹，目前高层建筑用灭火弹的发展趋势是从单一的灭火弹向规模化、系列化的炮弹产品转变，从单一普通干粉灭火剂的使用向多用途的混合、高效灭火剂的使用转变。高层建筑消防用灭火弹等系列装备正向着反应快速、技术可控、灭火效能高、安全可靠、成本低廉、使用方便的方向发展。

参考文献

[1] 王儒.弹药工程[M].北京:北京理工大学出版社,2006.

[2] 娄建武,龙源,谢兴博.废弃火炸药和常规弹药的处理与销毁技术[M].北京:国防工业出版社,2007.

[3] 叶迎华.火工品技术[M].北京:北京理工大学出版社,2007.

[4] 朱福亚.火箭弹构造与作用[M].北京:国防工业出版社,2005.

[5] 李向东,钱建平,曹兵.弹药概论[M].北京:国防工业出版社,2004.

[6] 王志军,尹建平.弹药学[M].北京:北京理工大学出版社,2005.

[7] 王泽山,何卫东.火药装药设计原理与技术[M].北京:北京理工大学出版社,2006.

[8] 姜春兰,邢郁丽.弹药学[M].北京:兵器工业出版社,2000.

[9] 钱学森.导弹概论[M].北京:中国宇航出版社,2009.

[10] 张柏生,李云娥.火炮与火箭内弹道原理[M].北京:北京理工大学出版社,1996.

[11] 王德才.火药学[M].南京:南京理工大学出版社,1988.

[12] 周兰庭.灵巧弹药的构造及作用[Z].南京:南京理工大学.

[13] 王颂康.现代弹箭与装甲技术[M].北京:兵器工业出版社,1994.

[14] 马官起.人工影响天气三七高炮实用教材[M].北京:气象出版社,2005.

[15] 王颂康.现代弹箭与装甲技术(第二部)[M].北京:兵器工业出版社,1996.

[16] 罗春阳.人工防雹增雨弹与37高炮的使用[D].重庆:长安工业,2000.

[17] 华东工程学院202教研室.弹丸作用和射击原理:下册[Z].南京:华东工程学院,1975.

[18] 孟宪昌.弹箭结构与作用[M].北京:兵器工业出版社,1989.

[19] 华东工程学院202教研室.炮弹的构造和作用[M].南京:华东工程学院,1974.

[20] 李庆州.07型人工增雨防雹弹使用说明书[M].重庆:长安工业,2009.

[21] 于骐.弹药学[M].北京:国防工业出版社,1987.

[21] 蒋浩征,周兰庭,蔡汉文.火箭战斗部设计原理[M].北京:国防工业出版社,1982.

[23] 李定才.人工增雨炮弹弹丸不爆炸的原因[J].河南气象,2000(4):37.

[24] 张志鸿,周申生.防空导弹引信与战斗部配合效率和战斗部设计[M].北京:宇航出版社,1994.

[25] 曹柏桢.飞航导弹战斗部与引信[M].北京:宇航出版社,1994.

[26] 赵承庆,蒋毅.火箭导弹武器系统概论[M].北京:北京理工大学出版社,1994.

[27] 王颂康,朱鹤松.高新技术弹药[M].北京:兵器工业出版社,1997.

[28] 马宝华.引信构造与作用[M].北京:国防工业出版社.1984.

[29] 钱元庆.引信系统概论[M].北京:国防工业出版社,1987.

[30] 金泽渊,詹彩琴.火炸药与装药概论[M].北京:北京理工大学出版社,1988.

[31] Cooper P W. Explosives Engineering [M]. New York: Wiley-VCH, 1996.

[32] 张续柱.双基火药[M].北京:北京理工大学出版社,1997.

[33] 马庆云.符合火药[M].北京:北京理工大学出版社,1997.

[34] 叶志成.高威力抗水型地震勘探震源弹及新铝二号混合炸药通过鉴定[C].国际烟火技术与炸药学

术会议论文集,1987.
[35] 龙强,李兴福. GB 15563《震源药柱》2006 版修订内容[J]. 现代机械,2006(5):136-138.
[36] 韩学军. 地震勘探震源药柱技术进展[J]. 爆破,2002,19(4):83-85.
[37] 颜事龙,黄文尧,吴红波,等. 高密度高爆速水胶炸药震源药柱及其制备方法:201110287966.4 [P]. 2012.
[38] 倪欧琪,张凯铭,俞珍权. 固态乳化炸药震源药柱及其制备方法:201010178422.X [P]. 2011.
[39] 沈跃华,刘世坤,沈建军,等. 环保型无梯震源药柱及其生产方法:201010261376.X [P]. 2010.
[40] 任伟. 可降解环保震源药柱:201120496830.X [P]. 2012.
[41] 赵洁,余振权,于永华,等. 耐压高威力乳化震源药柱及其性能研究[J]. 爆破器材,2013,42(1):22-25.
[42] 赵洁,余振权,于永华,等. 耐压高威力乳化震源药柱及其制备方法:201110127745.0 [P]. 2011.
[43] 李公华. 新型高爆速震源药柱研究[J]. 煤矿爆破,2010(3):27-30.
[44] 何伯应,张印,朱翠玲,等. 一种膨梯震源药柱:201210225184.2 [P]. 2012.
[45] 刘耀鹏,王克印,陈吉潮,等. 超口径森林灭火弹技术研究与展望[J]. 信息技术,2012(6):149-152.
[46] 赵义刚. 高温感应灭火火箭弹:201020292288.1[P]. 2011.
[47] 赵瑞成,王克印,魏茂洲,等. 固体灭火弹在中心抛散炸药作用下的试验研究[J]. 科学技术与工程,2008,8(2):428-431.
[48] 陈吉潮,王克印,刘耀鹏. 国内外森林灭火弹发射装置研究现状[J]. 机电工程,2012,9(5):616-620.
[49] 宋明韬,朱恒斌,孙晓琳. 机投超细干粉森林灭火弹:200320012707.5[P]. 2007.
[50] 梁福雄. 机载超细干粉灭火弹:200620096130.0[P]. 2007.
[51] 蒋耀港,沈兆武,马宏昊. 冷激波灭火弹的灭火机理及应用研究[J]. 火灾科学. 2007,16(4):26-31.
[52] 王昕. 炮用灭火弹及其发射器:200820107313.0[P]. 2009.
[53] 许广九. 森林火灾灭火弹:201020683261.5[P]. 2011.
[54] 陈世文. 灭火弹:200610017188.6[P]. 2007.
[55] 李忠臣. 森林灭火弹:200820013788.4[P]. 2009.
[56] 战继有,杨宗祥,黄荣明,等. 森林灭火弹:200920127087.3[P]. 2010.
[57] 魏茂洲,王克印. 森林灭火装备的现状与展望[J]. 林业机械与木土设备,2006,34(7):11-14.
[58] 李政,汪泉,惠强强,等. 一种爆炸水雾灭火弹的设计[J]. 消防科学与技术,2010,29(4):304-308.
[59] 刘长芳,李革新,段保华,等. 一种弹射式智能型森林灭火弹:201120390110.5 [P]. 2012.
[60] 陈雪礼,王克印,龚龙新. 一种森林灭火弹的终点效应分析[J]. 消防科学与技术,2010,29(8):689-691.
[61] 阳世清,邹晓蓉,文海,等. 一种适用于森林灭火弹的水系灭火剂及其制备方法:200910259734.0 [P]. 2011.
[62] 姚建全,蔡建文. 自引式森林灭火弹的研制[J]. 林业机械与木土设备,2003,31(6):16-18.
[63] 李晋庆. 几种新型石油射孔弹的研究和讨论[J]. 爆破器材,2003,32(4):27-30.
[64] 郭胜文,王宏伟. 具有独立传爆部件的射孔弹及其射孔工艺研究[J]. 石油化工高等学校学报,2012,25(2):73-76.
[65] 石健,季红鹏,王宝兴,等. 聚能射孔弹的正交试验方法[J]. 测井技术,2008,32(6):581-583.
[66] 王艳萍,黄寅生,刘德全. 浅谈石油射孔弹技术设计[J]. 煤矿爆破,2001(1):22-24
[67] 原庆春,熊健,付万凤. 石油射孔弹弹壳切大端液压半自动化改造[J]. 石油机械,2011,39(10):78-81.

[68] 马云富.我国弹药装药装配技术现状及发展对策[J].兵工自动化,2009,28(9):1-4.
[69] 郭圣延,徐永胜.影响石油射孔弹穿孔深度的几个主要因素[J].测井技术,2005,29(增刊):52-54.
[70] Munroe C E. Wave-like effects produced by the detonation of gun-cotton[J]. American Journal of Science,1888,36(211):48-50.
[71] Neumann M. Einiges über brisante Sprengstoffe[J]. Angewandte Chemie International Edition,2010,24(47):2233-3340.
[72] Cheese P J,Briggs R I,Fellows J,et a1. Cook-off tests on second-Ary elplosives[C]. 11th Symposium (International) on Detonation. Snow-mass:Lawrene Livermore National Laboratory,1998.
[73] Dagley 1 J,Robert P P,David A J,et a1. Simulation and moderation of the thermal response of confined pressed explosive compositions [J]. Combustion and Flame,1996,106(4):428-441.
[74] 魏旭辉,张清,陆卫冬,等.多种弹型人工防雹增雨火箭发射装置系统设计[J].科技资讯,2008(4):3-5.
[75] 魏旭辉,张清,彭成海,等.增雨防雹火箭弹的构造原理[J].沙漠与绿洲气象,2009,3(增刊):241-242.
[76] 王琼林,刘少武,于慧芳,等.高性能改性单基发射药的制备与性能[J].火炸药学报,2007(12):68-71.
[77] 李煜,郭德惠,赵成文,等.新型含能纤维可燃药筒性能研究[J].含能材料,2009(6):334-338.
[78] 王泽山.模块装药技术及其进展[J].含能材料,2004(12):122-122.
[79] 王浩.随行装药效果与敏感性研究[J].弹道学报,1996,8(1):20-25.
[80] 杨京广,余永刚.固体随行装药内弹道模型及数值模拟[J].火炮发射与控制学报,2006(2):1-5
[81] 高辉.浅谈高新技术弹药设计思路[J].中国新技术新产品,2012(4):4.
[82] 张方宇.我国弹药生产技术和装备发展现状及发展对策初探[J].兵工自动化,2008,4:1-7.
[83] 马云富.我国弹药装药装配技术现状及发展对策[J].兵工自动化,2009,9:1-4.
[84] 马云富.加强工艺与装备创新,推进弹药技术的发展[J].兵工自动化,2012,12:18-21.
[85] 蒋浩龙,王晓峰,陈松.炸药混合技术的发展和应用[J].工艺与材料,2014,12(1):74-79.
[86] 段爱梅.一种热塑态真空振动装药工艺[J].兵工自动化,2012,4(4):21-24.
[87] 张金勇,胡双启,曹雄.两种新型装药工艺[J].工艺安全与环保,2006,4:56-58.
[88] 徐宇.振动技术在推进剂装药中的应用[J].飞航导弹,2004,5:45-48.
[89] 王继楷,肖川,谢利科.精密注装技术在模拟轻弹破甲弹中的应用[J].火炸药学报,1998(3):22-24.
[90] 吴涛,直小松,孙强.分步压装高能混合炸药在战斗部装药中的应用研究[J].国防技术基础,2009,6:43-47.
[91] 王迎春,王洁,管维乐.穿甲弹的现状及发展趋势研究[J].武器系统,2013,1:48-53.
[92] 刘振华,苟瑞君.爆炸成形弹丸技术概述[J].机械管理开发,2008,8(4):19-20.
[93] 张彤,阳世清,徐松林,等.串联战斗部的技术特点及发展趋势[J].飞航导弹,2006,10:51-55.
[94] 陈智刚,赵太勇,侯秀成.聚能装药金属射流形成技术研究[J].爆破器材,2004,4:4-8.
[95] 陶钢,陈昊,沈钦灿.聚能装药铜射流超塑性问题的研究[J].爆炸与冲击,2008,4:336-340.
[96] 尹志新,马常祥,李守新,等.聚能射流穿甲后超高强度钢靶板的损伤特征及其机理[J].金属学报,2002,38(11):1210-1214.
[97] 胡昌明,贺红亮,胡时胜.45 号钢的动态力学性能研究[J].爆炸与冲击,2003,2:188-192.
[98] 安二峰,沈兆武,周听清,等.一种新型聚能破甲战斗部及其发展趋势探讨[J].中国工程科学,2004,6(6):85-91.
[99] 黄正祥.大炸高条件下药型罩结构设计[J].弹箭与制导学报,2002,3(3):51.

[100] 黄正祥.串联随进射孔弹随进技术实验研究[J].爆破器材,2004,33(6):33-35.
[101] 曹兵.减小破甲弹穿深跳动量的工艺研究[J].南京理工大学学报(自然科学版),1997.
[102] 胡忠武.药型罩材料的发展[J].稀有金属材料与工程,2004,33(10):1009-1012.
[103] 安二峰.一种新型聚能战斗部[J].爆炸与冲击,2001,24(6):546-552.
[104] 陈鲁英.破甲战斗部新型装药:聚奥黑炸药[J].火炸药学报,2002(3):26-30.
[105] 安二峰.一种新型聚能破甲弹的应用研究[J].力学与实践,2004,26(3):68-71.
[106] 梁鹏程.聚能破甲战斗部参数建模技术研究[J].弹箭与制导学报,2007,27(3):119-123.
[107] 肖明杰.炮射导弹技术发展与关键技术分析[J].武器系统,2007,11(9):36-41.
[108] 余正心.激光半主动自动寻敌的炮射导弹[J].国外坦克,2003,1:32-35.
[109] 王狂飙.俄罗斯与西方国家的炮射导弹[J].火炮发射与控制学报,2002,4:57-61.
[110] 吴晓欧.以色列"拉哈特"炮射导弹[J].现代兵器,2005,8:16-17.
[111] 孟秀云.导弹制导与控制系统原理[M].北京:北京理工大学出版社,2003.
[112] 王儒策,刘荣忠,苏玳,等.灵巧弹药的构造及作用[M].北京:兵器工业出版社,2001.
[113] 史博,赵志宁,白宝健.末制导炮弹发展概况和趋势[J].价值工程,2012,13:314-315.
[114] 章蕾,高志峰,李黎明,等.红外成像/毫米波雷达复合导引头制导策略研究[J].激光与红外,2010,4:394-396
[115] Shinichi H, Naohisa U. Millimeter-Wave Radar Technology for Automotive Application[J]. Technicai Repots, 2001,6:11-13.
[116] 李江涛,徐锦,徐世录.美国高功率微波弹药[J].舰船电子工程,2006,5:42-48
[117] 盛兆玄,孙新利.新型电磁脉冲导弹的发展动态[J].飞航导弹,2007(11):7-11.
[118] 宋扬,刘赵云.电磁脉冲武器技术浅析[J].武器系统,2009(2):24-29.
[119] 陈增凯,孙新利,陈黎梅.电磁脉冲导弹技术及其发展动态[J].导弹与航天运载技术,2003,5:59-62.
[120] 周霖,张向荣.炸药爆炸能量转换原理及应用[M].北京:国防工业大学出版社,2015.
[121] 宫健,王春阳,郭艺夺.高功率微波武器作战效能建模及仿真[J].现代防御技术,2008,36(6):32-35.
[122] 段建,周刚,田春雨,等.半穿甲弹设计及穿甲实验研究[J].实验力学,2011,8(4):383-381.
[123] 熊飞,石全,张成,等.不同头部形状半穿甲战斗部侵彻薄钢板数值模拟[J].弹箭与制导学报,2015,2(1):55-59.
[124] 陈闯,李伟兵,王晓鸣,等.联战斗部前级 K 装药结构的优化设计[J].高压物理学报,2011,2(1):73-79.
[125] 李斌,韦富喜,孙建兵.串联战斗部前级装药结构对后级装药的影响[J].机械管理开发,2013,4(2):40-41.
[126] 席鹏,南海.串联侵彻战斗部装药技术及发展趋势[J].引战系统,2014,6:87-90.
[127] 姜会霞,李柯.地空导弹武器系统信息化发展趋势[J].中国管理信息化,2016,3(5):173-174.
[128] 谢彦宏,孔挺,王旭明.空空导弹发展趋势研究[J].舰船电子工程,2014,7:11-15.
[129] 樊会涛,崔颢,天光.空空导弹 70 年发展综述[J].航空兵器,2016,2(1):3-13.
[130] 杜安利,王迎春,王洁.聚能装药技术的发展及应用[J].引战系统,2012,2:85-89.
[131] 王芳,冯顺山.FAE 战斗部毁伤威力评价的试验研究[J].爆炸与冲击,2006,3(2):179-183.
[132] 王强,解艳芳,石丽娜.制导技术在火箭弹上的应用分析[J].控制与制导,2010,8:71-75.
[133] 李保平.航空制导炸弹的发展技术途径与关键技术[J].弹箭与制导学报,2006,3:100-102.

[134] 姚金侠,胥会祥,于海江.燃料空气炸药的发展现状及展望[J].引战系统,2014,2(1):85-90.
[135] 孔维红,姜春兰,王在成.某型航空子母弹子弹地面散布研究[J].航空兵器,2005,8(4):43-46.
[136] 张明远,舒立福,杜鹏东.森林灭火弹的国内外研究现状[J].林业机械与木工设备,2015,3:13-17.
[137] 徐冬英.火箭人工增雨作业中应注意的一些技术问题[J].气象研究与应用,2014,9(3):85-89.
[138] 韩学军.地震勘探震源药柱技术进展[J].爆破,2002,12(4):83-85.
[139] 吴明桂.浅谈人工增雨防雹火箭系统的构成及发展趋势[J].山西电子技术,2020(6):90-93.